"十四五"时期国家重点出版物出版专项规划项目

浙 江 昆 虫 志

第十卷

双 翅 目

短角亚目（II）

薛万琦　张春田　主编

科学出版社

北京

内 容 简 介

本志记述浙江双翅目 Diptera 短角亚目 Brachycera 环裂次目 Cyclorrhapha 有瓣蝇类 Calyptratae 7 个科，包括花蝇科 Anthomyiidae、厕蝇科 Fanniidae、蝇科 Muscidae、丽蝇科 Calliphoridae、鼻蝇科 Rhiniidae、麻蝇科 Sarcophagidae 和寄蝇科 Tachinidae，共 159 属 420 种。这些记录是在检视大量标本的基础上，考证了以往的相关文献确认的。文中配有 389 幅形态特征图，提供了分属和分种的检索表；文末附有中名索引和学名索引。

本书可为昆虫学、生物多样性保护、生物地理学研究提供基本资料，并可供昆虫学工作者及教学和农林业生产部门工作人员参考。

图书在版编目（CIP）数据

浙江昆虫志. 第十卷，双翅目　短角亚目. II/薛万琦，张春田主编.—北京：科学出版社，2022.8

"十四五"时期国家重点出版物出版专项规划项目

国家出版基金项目

ISBN 978-7-03-069283-2

Ⅰ. ①浙… Ⅱ. ①薛… ②张… Ⅲ. ①昆虫志-浙江 ②双翅目-昆虫志-浙江 ③短角亚目-昆虫志-浙江 Ⅳ. ①Q968.225.5 ②Q969.440.8

中国版本图书馆 CIP 数据核字(2022)第 083600 号

责任编辑：李　悦　孙　青/责任校对：宁辉彩

责任印制：肖　兴/封面设计：北京蓝正合融广告有限公司

科学出版社出版

北京东黄城根北街 16 号
邮政编码：100717
http://www.sciencep.com

中国科学院印刷厂　印刷

科学出版社发行　各地新华书店经销

*

2022 年 8 月第　一　版　　开本：889×1194　1/16
2022 年 8 月第一次印刷　印张：24 1/4
字数：795 000

定价：398.00 元

（如有印装质量问题，我社负责调换）

《浙江昆虫志》领导小组

主　　　任　　胡　侠（2018年12月起任）

　　　　　　　林云举（2014年11月至2018年12月在任）

副　主　任　　吴　鸿　杨幼平　王章明　陆献峰

委　　　员　　（以姓氏笔画为序）

　　　　　　　王　翔　叶晓林　江　波　吾中良　何志华

　　　　　　　汪奎宏　周子贵　赵岳平　洪　流　章滨森

顾　　　问　　尹文英（中国科学院院士）

　　　　　　　印象初（中国科学院院士）

　　　　　　　康　乐（中国科学院院士）

　　　　　　　何俊华（浙江大学教授、博士生导师）

组　织　单　位　浙江省森林病虫害防治总站

　　　　　　　浙江农林大学

　　　　　　　浙江省林学会

《浙江昆虫志 第十卷 双翅目 短角亚目（II）》
编写人员

主 编 薛万琦 张春田

副主编 杜 晶

作者及参加编写单位 （按研究类群排序）

蝇 总 科

花蝇科 杜 晶 薛万琦（沈阳师范大学）

厕蝇科 王明福 薛万琦 郝 博（沈阳师范大学）

蝇 科 薛万琦 杜 晶 郝 博（沈阳师范大学）

狂蝇总科

丽蝇科 薛万琦 董艳杰 郝 博（沈阳师范大学）

鼻蝇科 薛万琦 杜 晶 郝 博（沈阳师范大学）

麻蝇科 薛万琦 杜 晶 郝 博（沈阳师范大学）

寄蝇科 张春田 李君健 郝 博（沈阳师范大学）

刘家宇（贵州医科大学）

王 强（上海海关）

侯 鹏（沈阳大学）

梁厚灿（大连海关）

《浙江昆虫志》序一

　　浙江省地处亚热带，气候宜人，集山水海洋之地利，生物资源极为丰富，已知的昆虫种类就有 1 万多种。浙江省昆虫资源的研究历来受到国内外关注，长期以来大批昆虫学分类工作者对浙江省进行了广泛的资源调查，积累了丰富的原始资料。因此，系统地研究这一地域的昆虫区系，其意义与价值不言而喻。吴鸿教授及其团队曾多次负责对浙江天目山等各重点生态地区的昆虫资源种类的详细调查，编撰了一些专著，这些广泛、系统而深入的调查为浙江省昆虫资源的调查与整合提供了翔实的基础信息。在此基础上，为了进一步摸清浙江省的昆虫种类、分布与为害情况，2016 年由浙江省林业有害生物防治检疫局（现浙江省森林病虫害防治总站）和浙江省林学会发起，委托浙江农林大学实施，先后邀请全国几十家科研院所，300 多位昆虫分类专家学者在浙江省内开展昆虫资源的野外补充调查与标本采集、鉴定，并且系统编写《浙江昆虫志》。

　　历时六年，在国内最优秀昆虫分类专家学者的共同努力下，《浙江昆虫志》即将按类群分卷出版面世，这是一套较为系统和完整的昆虫资源志书，包含了昆虫纲所有主要类群，更为可贵的是，《浙江昆虫志》参照《中国动物志》的编写规格，有较高的学术价值，同时该志对动物资源保护、持续利用、有害生物控制和濒危物种保护均具有现实意义，对浙江地区的生物多样性保护、研究及昆虫学事业的发展具有重要推动作用。

　　《浙江昆虫志》的问世，体现了项目主持者和组织者的勤奋敬业，彰显了我国昆虫学家的执着与追求、努力与奋进的优良品质，展示了最新的科研成果。《浙江昆虫志》的出版将为浙江省昆虫区系的深入研究奠定良好基础。浙江地区还有一些类群有待广大昆虫研究者继续努力工作，也希望越来越多的同仁能在国家和地方相关部门的支持下开展昆虫志的编写工作，这不但对生物多样性研究具有重大贡献，也将造福我们的子孙后代。

印象初

河北大学生命科学学院

中国科学院院士

2022 年 1 月 18 日

《浙江昆虫志》序二

　　浙江地处中国东南沿海，地形自西南向东北倾斜，大致可分为浙北平原、浙西中山丘陵、浙东丘陵、中部金衢盆地、浙南山地、东南沿海平原及海滨岛屿 6 个地形区。浙江复杂的生态环境成就了极高的生物多样性。关于浙江的生物资源、区系组成、分布格局等，植物和大型动物都有较为系统的研究，如 20 世纪 80 年代《浙江植物志》和《浙江动物志》陆续问世，但是无脊椎动物的研究却较为零散。90 年代末至今，浙江省先后对天目山、百山祖、清凉峰等重点生态地区的昆虫资源种类进行了广泛、系统的科学考察和研究，先后出版《天目山昆虫》《华东百山祖昆虫》《浙江清凉峰昆虫》等专著。1983 年、2003 年和 2015 年，由浙江省林业厅部署，浙江省还进行过三次林业有害生物普查。但历史上，浙江省一直没有对全省范围的昆虫资源进行系统整理，也没有建立统一的物种信息系统。

　　2016 年，浙江省林业有害生物防治检疫局（现浙江省森林病虫害防治总站）和浙江省林学会发起，委托浙江农林大学组织实施，联合中国科学院、南开大学、浙江大学、西北农林科技大学、中国农业大学、中南林业科技大学、河北大学、华南农业大学、扬州大学、浙江自然博物馆等单位共同合作，开始展开对浙江省昆虫资源的实质性调查和编纂工作。六年来，在全国三百多位专家学者的共同努力下，编纂工作顺利完成。《浙江昆虫志》参照《中国动物志》编写，系统、全面地介绍了不同阶元的鉴别特征，提供了各类群的检索表，并附形态特征图。全书各卷册分别由该领域知名专家编写，有力地保证了《浙江昆虫志》的质量和水平，使这套志书具有很高的科学价值和应用价值。

　　昆虫是自然界中最繁盛的动物类群，种类多、数量大、分布广、适应性强，与人们的生产生活关系复杂而密切，既有害虫也有大量有益昆虫，是生态系统中重要的组成部分。《浙江昆虫志》不仅有助于人们全面了解浙江省丰富的昆虫资源，还可供农、林、牧、畜、渔、生物学、环境保护和生物多样性保护等工作者参考使用，可为昆虫资源保护、持续利用和有害生物控制提供理论依据。该丛书的出版将对保护森林资源、促进森林健康和生态系统的保护起到重要作用，并且对浙江省设立"生态红线"和"物种红线"的研究与监测，以及创建"两美浙江"等具有重要意义。

　　《浙江昆虫志》必将以它丰富的科学资料和广泛的应用价值为我国的动物学文献宝库增添新的宝藏。

康乐

中国科学院动物研究所

中国科学院院士

2022 年 1 月 30 日

《浙江昆虫志》前言

　　生物多样性是人类赖以生存和发展的重要基础，是地球生命所需要的物质、能量和生存条件的根本保障。中国是生物多样性最为丰富的国家之一，也同样面临着生物多样性不断丧失的严峻问题。生物多样性的丧失，直接威胁到人类的食品、健康、环境和安全等。国家高度重视生物多样性的保护，下大力气改善生态环境，改变生物资源的利用方式，促进生物多样性研究的不断深入。

　　浙江区域是我国华东地区一道重要的生态屏障，和谐稳定的自然生态系统为长三角地区经济快速发展提供了有力保障。浙江省地处中国东南沿海长江三角洲南翼，东临东海，南接福建，西与江西、安徽相连，北与上海、江苏接壤，位于北纬27°02′～31°11′，东经118°01′～123°10′，陆地面积10.55万km^2，森林面积608.12万hm^2，森林覆盖率为61.17%，森林生态系统多样性较好，森林植被类型、森林类型、乔木林龄组类型较丰富。湿地生态系统中湿地植物和植被、湿地野生动物均相当丰富。目前浙江省建有数量众多、类型丰富、功能多样的各级各类自然保护地。有1处国家公园体制试点区（钱江源国家公园）、311处省级及以上自然保护地，其中27处自然保护区、128处森林公园、59处风景名胜区、67处湿地公园、15处地质公园、15处海洋公园（海洋特别保护区），自然保护地总面积1.4万km^2，占全省陆域的13.3%。

　　浙江素有"东南植物宝库"之称，是中国植物物种多样性最丰富的省份之一，有高等植物6100余种，在中东南植物区系中占有重要的地位；珍稀濒危植物众多，其中国家一级重点保护野生植物11种，国家二级重点保护野生植物104种；浙江特有种超过200种，如百山祖冷杉、普陀鹅耳枥、天目铁木等物种。陆生野生脊椎动物有790种，约占全国总数的27%，列入浙江省级以上重点保护野生动物373种，其中国家一级重点保护动物54种，国家二级保护动物138种，像中华凤头燕鸥、华南梅花鹿、黑麂等都是以浙江为主要分布区的珍稀濒危野生动物。

　　昆虫是现今陆生动物中最为繁盛的一个类群，约占动物界已知种类的3/4，是生物多样性的重要组成部分，在生态系统中占有独特而重要的地位，与人类具有密切而复杂的关系，为世界创造了巨大精神和物质财富，如家喻户晓的家蚕、蜜蜂和冬虫夏草等资源昆虫。

　　浙江集山水海洋之地利，地理位置优越，地形复杂多样，气候温和湿润，加之第四纪以来未受冰川的严重影响，森林覆盖率高，造就了丰富多样的生境类型，保存着大量珍稀生物物种，这种有利的自然条件给昆虫的生息繁衍提供了便利。昆虫种类复杂多样，资源极为丰富，珍稀物种荟萃。

　　浙江昆虫研究由来已久，早在北魏郦道元所著《水经注》中，就有浙江天目山的山川、霜木情况的记载。明代医药学家李时珍在编撰《本草纲目》时，曾到天目山实地考察采集，书中收有产于天目山的养生之药数百种，其中不乏有昆虫药。明代《西天目山祖山志》生殖篇虫族中有山蚕、蚱蜢、蜣螂、蛱蝶、蜻蜓、蝉等昆虫的明确记载。由此可见，自古以来，浙江的昆虫就已引起人们的广泛关注。

　　20 世纪 40 年代之前，法国人郑璧尔（Octave Piel，1876～1945）（曾任上海震旦博物馆馆长）曾分别赴浙江四明山和舟山进行昆虫标本的采集，于 1916 年、1926 年、1929 年、1935 年、1936 年及 1937 年又多次到浙江天目山和莫干山采集，其中，1935～1937 年的采集规模大、类群广。他采集的标本数量大、影响深远，依据他所采标本就有相关 24 篇文章在学术期刊上发表，其中 80 种的模式标本产于天目山。

　　浙江是中国现代昆虫学研究的发源地之一。1924 年浙江昆虫局成立，曾多次派人赴浙江各地采集昆虫标本，国内昆虫学家也纷纷来浙采集，如胡经甫、祝汝佐、柳支英、程淦藩等，这些采集的昆虫标本现保存于中国科学院动物研究所、中国科学院上海昆虫博物馆（原中国科学院上海昆虫研究所）及浙江大学。据此有不少研究论文发表，其中包括大量新种。同时，浙江省昆虫局创办了《昆虫与植病》和《浙江省昆虫局年刊》等。《昆虫与植病》是我国第一份中文昆虫期刊，共出版 100 多期。

　　20 世纪 80 年代末至今，浙江省开展了一系列昆虫分类区系研究，特别是 1983 年和 2003 年分别进行了林业有害生物普查，分别鉴定出林业昆虫 1585 种和 2139 种。陈其瑚主编的《浙江植物病虫志　昆虫篇》（第一集 1990 年，第二集 1993 年）共记述 26 目 5106 种（包括蜱螨目），并将浙江全省划分成 6 个昆虫地理区。1993 年童雪松主编的《浙江蝶类志》记述鳞翅目蝶类 11 科 340 种。2001 年方志刚主编的《浙江昆虫名录》收录六足类 4 纲 30 目 447 科 9563 种。2015 年宋立主编的《浙江白蚁》记述白蚁 4 科 17 属 62 种。2019 年李泽建等在《浙江天目山蝴蝶图鉴》中记述蝴蝶 5 科 123 属 247 种，2020 年李泽建等在《百山祖国家公园蝴蝶图鉴　第Ⅰ卷》中记述蝴蝶 5 科 140 属 283 种。

　　中国科学院上海昆虫研究所尹文英院士曾于 1987 年主持国家自然科学基金重点项目"亚热带森林土壤动物区系及其在森林生态平衡中的作用"，在天目山采得昆虫纲标本 3.7 万余号，鉴定出 12 目 123 种，并于 1992 年编撰了《中国亚热带土壤动物》一书，该项目研究成果曾获中国科学院自然科学二等奖。

　　浙江大学（原浙江农业大学）何俊华和陈学新教授团队在我国著名寄生蜂分类学家祝汝佐教授（1900～1981）所奠定的文献资料与研究标本的坚实基础上，开展了农林业害虫寄生性天敌昆虫资源的深入系统分类研究，取得丰硕成果，撰写专著 20 余册，如《中国经济昆虫志　第五十一册　膜翅目　姬蜂科》《中国动物志　昆虫纲　第十八卷　膜翅目　茧蜂科（一）》《中国动物志　昆虫纲　第二十九卷　膜翅目　螯蜂科》《中国动物志　昆虫纲　第三十七卷　膜翅目　茧蜂科（二）》《中国动物志　昆虫纲　第五十六卷膜翅目　细蜂总科（一）》等。2004 年何俊华教授又联合相关专家编著了《浙江蜂类志》，共记录浙江蜂类 59 科 631 属 1687 种，其中模式产地在浙江的就有 437 种。

　　浙江农林大学（原浙江林学院）吴鸿教授团队先后对浙江各重点生态地区的昆虫资源进行了广泛、系统的科学考察和研究，联合全国有关科研院所的昆虫分类学家，吴鸿教授作为主编或者参编者先后编撰了《浙江古田山昆虫和大型真菌》《华东百山祖昆虫》《龙王山昆虫》《天目山昆虫》《浙江乌岩岭昆虫及其森林健康评价》《浙江凤阳山昆虫》《浙江清凉峰昆虫》《浙江九龙山昆虫》等图书，书中发表了众多的新属、新种、中国新记录科、新记录属和新记录种。2014～2020 年吴鸿教授作为总主编之一还编撰了《天目山动物志》（共 11 卷），其中记述六足类动物 32 目 388 科 5000 余种。

上述科学考察以及本次《浙江昆虫志》编撰项目为浙江当地和全国培养了一批昆虫分类学人才并积累了 100 万号昆虫标本。

通过上述大型有组织的昆虫科学考察，不仅查清了浙江省重要保护区内的昆虫种类资源，而且为全国积累了珍贵的昆虫标本。这些标本、专著及考察成果对于浙江省乃至全国昆虫类群的系统研究具有重要意义，不仅推动了浙江地区昆虫多样性的研究，也让更多的人认识到生物多样性的重要性。然而，前期科学考察的采集和研究的广度和深度都不能反映整个浙江地区的昆虫全貌。

昆虫多样性的保护、研究、管理和监测等许多工作都需要有翔实的物种信息作为基础。昆虫分类鉴定往往是一项逐渐接近真理（正确物种）的工作，有时甚至需要多次更正才能找到真正的归属。过去的一些观测仪器和研究手段的限制，导致部分属种鉴定有误，现代电子光学显微成像技术及分子 DNA 条形码分子鉴定技术极大推动了昆虫物种的更精准鉴定，此次《浙江昆虫志》对过去一些长期误鉴的属种和疑难属种进行了系统订正。

为了全面系统地了解浙江省昆虫种类的组成、发生情况、分布规律，为了益虫开发利用和有害昆虫的防控，以及为生物多样性研究和持续利用提供科学依据，2016 年7 月"浙江省昆虫资源调查、信息管理与编撰"项目正式开始实施，该项目由浙江省林业有害生物防治检疫局（现浙江省森林病虫害防治总站）和浙江省林学会发起，委托浙江农林大学组织，联合全国相关昆虫分类专家合作。《浙江昆虫志》编委会组织全国 30 余家单位 300 余位昆虫分类学者共同编写，共分 16 卷：第一卷由杜予州教授主编，包含原尾纲、弹尾纲、双尾纲，以及昆虫纲的石蛃目、衣鱼目、蜉蝣目、蜻蜓目、襀翅目、等翅目、蜚蠊目、螳螂目、螆虫目、直翅目和革翅目；第二卷由花保祯教授主编，包括昆虫纲啮虫目、缨翅目、广翅目、蛇蛉目、脉翅目、长翅目和毛翅目；第三卷由张雅林教授主编，包含昆虫纲半翅目同翅亚目；第四卷由卜文俊和刘国卿教授主编，包含昆虫纲半翅目异翅亚目；第五卷由李利珍教授和白明研究员主编，包含昆虫纲鞘翅目原鞘亚目、藻食亚目、肉食亚目、牙甲总科、阎甲总科、隐翅虫总科、金龟总科、沼甲总科；第六卷由任国栋教授主编，包含昆虫纲鞘翅目花甲总科、吉丁甲总科、丸甲总科、叩甲总科、长蠹总科、郭公甲总科、扁甲总科、瓢甲总科、拟步甲总科；第七卷由杨星科研究员主编，包含昆虫纲鞘翅目叶甲总科和象甲总科；第八卷由吴鸿和杨定教授主编，包含昆虫纲双翅目长角亚目；第九卷由杨定和姚刚教授主编，包含昆虫纲双翅目短角亚目虻总科、水虻总科、食虫虻总科、舞虻总科、蚤蝇总科、蚜蝇总科、眼蝇总科、实蝇总科、小粪蝇总科、缟蝇总科、沼蝇总科、鸟蝇总科、水蝇总科、突眼蝇总科和禾蝇总科；第十卷由薛万琦和张春田教授主编，包含昆虫纲双翅目短角亚目蝇总科、狂蝇总科；第十一卷由李后魂教授主编，包含昆虫纲鳞翅目小蛾类；第十二卷由韩红香副研究员和姜楠博士主编，包含昆虫纲鳞翅目大蛾类；第十三卷由王敏和范骁凌教授主编，包含昆虫纲鳞翅目蝶类；第十四卷由魏美才教授主编，包含昆虫纲膜翅目"广腰亚目"；第十五卷由陈学新和王义平教授主编、第十六卷由陈学新教授主编，这两卷内容为昆虫纲膜翅目细腰亚目。16 卷共记述浙江省六足类 1 万余种，各卷所收录物种的截止时间为 2021 年 12 月。

《浙江昆虫志》各卷主编由昆虫各类群权威顶级分类专家担任，他们是各单位的学科带头人或国家杰出青年科学基金获得者、973 计划首席专家和各专业学会的理事长和副理事长等，他们中有不少人都参与了《中国动物志》的编写工作，从而有力地保证了《浙江昆虫志》整套 16 卷学术内容的高水平和高质量，反映了我国昆虫分类学者对昆虫分类区系研究的最新成果。《浙江昆虫志》是迄今为止对浙江省昆虫种类资源最为完整的科学记载，体现了国际一流水平，16 卷《浙江昆虫志》汇集了上万张图片，除黑白特征图外，还有大量成虫整体或局部特征彩色照片，这些图片精美、细致，能充分、直观地展示物种的分类形态鉴别特征。

浙江省林业局对《浙江昆虫志》的编撰出版一直给予关注，在其领导与支持下获得浙江省财政厅的经费资助。在科学考察过程中得到了浙江省各市、县（市、区）林业部门的大力支持和帮助，特别是浙江天目山国家级自然保护区管理局、浙江清凉峰国家级自然保护区管理局、宁波四明山国家森林公园、钱江源国家公园、浙江仙霞岭省级自然保护区管理局、浙江九龙山国家级自然保护区管理局、景宁望东垟高山湿地自然保护区管理局和舟山市自然资源和规划局也给予了大力协助。同时也感谢国家出版基金和科学出版社的资助与支持，保证了 16 卷《浙江昆虫志》的顺利出版。

中国科学院印象初院士和康乐院士欣然为本志作序。借此付梓之际，我们谨向以上单位和个人，以及在本项目执行过程中给予关怀、鼓励、支持、指导、帮助和做出贡献的同志表示衷心的感谢！

限于资料和编研时间等多方面因素，书中难免有不足之处，恳盼各位同行和专家及读者不吝赐教。

《浙江昆虫志》编辑委员会

2022 年 3 月

《浙江昆虫志》编写说明

　　本志收录的种类原则上是浙江省内各个自然保护区和舟山群岛野外采集获得的昆虫种类。昆虫纲的分类系统参考袁锋等 2006 年编著的《昆虫分类学》第二版。其中，广义的昆虫纲已提升为六足总纲 Hexapoda，分为原尾纲 Protura、弹尾纲 Collembola、双尾纲 Diplura 和昆虫纲 Insecta。目前，狭义的昆虫纲仅包含无翅亚纲的石蛃目 Microcoryphia 和衣鱼目 Zygentoma 以及有翅亚纲。本志采用六足总纲的分类系统。考虑到编写的系统性、完整性和连续性，各卷所包含类群如下：第一卷包含原尾纲、弹尾纲、双尾纲、昆虫纲的石蛃目、衣鱼目、蜉蝣目、蜻蜓目、襀翅目、等翅目、蜚蠊目、螳螂目、蛸虫目、直翅目和革翅目；第二卷包含昆虫纲的啮虫目、缨翅目、广翅目、蛇蛉目、脉翅目、长翅目和毛翅目；第三卷包含昆虫纲的半翅目异翅亚目；第四卷包含昆虫纲的半翅目同翅亚目；第五卷、第六卷和第七卷包含昆虫纲的鞘翅目；第八卷、第九卷和第十卷包含昆虫纲的双翅目；第十一卷、第十二卷和第十三卷包含昆虫纲的鳞翅目；第十四卷、第十五卷和第十六卷包含昆虫纲的膜翅目。

　　由于篇幅限制，本志所涉昆虫物种均仅提供原始引证，部分物种同时提供了最新的引证信息。为了物种鉴定的快速化和便捷化，所有包括 2 个以上分类阶元的目、科、亚科、属，以及物种均依据形态特征编写了对应的分类检索表。本志关于浙江省内分布情况的记录，除了之前有记录但是分布记录不详且本次调查未采到标本的种类外，所有种类都尽可能反映其详细的分布信息。限于篇幅，浙江省内的分布信息以地级市、市辖区、县级市、县、自治县为单位按顺序编写，如浙江（安吉、临安）；由于四明山国家级自然保护区地跨多个市（县），因此，该地的分布信息保留为四明山。对于省外分布地则只写到省份、自治区、直辖市和特区等名称，参照《中国动物志》的编写规则，按顺序排列。对于国外分布地则只写到国家或地区名称，各个国家名称参照国际惯例按顺序排列，以逗号隔开。浙江省分布地名称和行政区划资料截至 2020 年，具体如下：

　　湖州：吴兴、南浔、德清、长兴、安吉

　　嘉兴：南湖、秀洲、嘉善、海盐、海宁、平湖、桐乡

　　杭州：上城、下城、江干、拱墅、西湖、滨江、萧山、余杭、富阳、临安、桐庐、淳安、建德

　　绍兴：越城、柯桥、上虞、新昌、诸暨、嵊州

　　宁波：海曙、江北、北仑、镇海、鄞州、奉化、象山、宁海、余姚、慈溪

　　舟山：定海、普陀、岱山、嵊泗

　　金华：婺城、金东、武义、浦江、磐安、兰溪、义乌、东阳、永康

　　台州：椒江、黄岩、路桥、三门、天台、仙居、温岭、临海、玉环

　　衢州：柯城、衢江、常山、开化、龙游、江山

　　丽水：莲都、青田、缙云、遂昌、松阳、云和、庆元、景宁、龙泉

　　温州：鹿城、龙湾、瓯海、洞头、永嘉、平阳、苍南、文成、泰顺、瑞安、乐清

目　　录

第一章　蝇总科 Muscoidea

一、花蝇科 Anthomyiidae

主要特征：中小型蝇类，体灰黑色，少有浅色者。雄额狭，雌额宽，罕见两性额都狭或都宽，间额鬃常存在，上眶鬃有或无，如有则往往与下眶鬃排成 1 列；背中鬃 2+3。前胸基腹片和后基节片通常裸；前胸前侧片中央凹陷具毛仅见于个别属；背侧片有时具毛；小盾端腹面除个别类群外均具直立红毛。除个别属外 cu_1+an_1 合脉均达翅缘。腹部第 1、第 2 两节的背板愈合为第 1+2 合背板，接合缝消失；雄性第 6 背板常隐匿于第 5 背板之下，通常无鬃；肛尾叶一般不分成左右两叶，常短于侧尾叶；第 5 腹板侧叶除极个别类群退化外明显发达。雌性第 6 背板通常在两侧具第 6、第 7 两对气门。花蜜是成蝇的主要食物来源；此外，成蝇也取食植物上的蚜虫分泌的蜜露和某些植物的汁液。其卵一般略呈纺锤形，通常很少超过 1 mm 长，一般雌蝇将卵产在幼虫将取食的植物上，或产在寄主植物附近的土中，或产在幼虫孳生物质上；少数种类产卵器侧扁特化，可将卵产在植物中。少数花蝇是卵胎生。幼虫经历 3 个龄期后化蛹，取食植物汁液的幼虫老熟后离开植物，在土中或地表落叶层内化蛹，粪生的种类即在附近化蛹，栖生于蜂巢的种类可在蜂窝小室内化蛹。由于大部分幼虫为害土内作物种苗或地下根茎，因此花蝇是农林业重要的地下害虫。

分布：本科世界性分布，在古北区更具多样性。在我国，总体来说是北方多于南方，高原山区多于平原或荒漠。本科全世界已知 1600 余种，中国记录 671 种，浙江分布 13 属 30 种。

分属检索表

1. 粪种蝇属 *Adia* Robineau-Desvoidy, 1830

Adia Robineau-Desvoidy, 1830: 558. Type species: *Adia oralis* Robineau-Desvoidy, 1830.

Scategle Fan, 1982: 379. Type species: *Musca cinerella* Fallén, 1825.

主要特征： 额狭，有 1 对上眶鬃，无间额鬃；口前缘突出，明显前于额前缘，上倾口缘鬃 1 行，中鬃列通常 2 行，列间大多无小毛，仅个别种有小毛列，小盾下面有立纤毛，前缘脉下面无毛；足后胫前腹鬃 1，后背鬃通常为 2；阳体未分化，端枝末端明显短于端片末端，端片骨化，单独形成一大而侧扁的端阳体，前阳基侧突骨化极强，2 个刚毛位于内面，常着生在一共同的小突上，此外在近端部或前缘尚有一或大或小的内侧片突，其他尾器特征如肛尾叶愈合，不分叉，呈长三角形，末端具 1 对鬃，侧尾叶常有小分叉。

分布： 古北区和东洋区。中国记录 5 种，浙江分布 1 种。

（1）小灰粪种蝇 *Adia cinerella* (Fallén, 1825)（图 1-1）

Musca cinerella Fallén, 1825: 77.

Egle trigonigaster: Pandellé, 1900: 242.

特征： 体长 3.5–5.5 mm。雄性额宽约为触角第 3 节之半，黑色，间额消失或存在，间额鬃缺如，侧颜明显窄于触角第 3 节，约为其宽之半，额、侧颜及下侧颜均黑色，覆银灰色粉被，上倾口缘鬃 1 行，触角芒具毳毛；胸底色黑，覆淡灰黄色粉被，胸背无斑纹，中鬃 2 行，排列规则，前中鬃列间距与它和前背中鬃列间距相等，翅前鬃较后背侧片鬃短，背侧片无小毛，腹侧片鬃 2+2；前胫各鬃为 0、1、0、（1–2），中胫各鬃为 1、1、1、2，后股仅端部具长大前腹鬃 3–4，后腹鬃缺如，后胫各鬃为 1、（2–3）、2、0；腹略呈圆锥形，密覆灰黄色粉被，各背板具狭的三角形黑色正中条，但不达各背板后缘。第 5 腹板侧叶内缘末端具短鬃簇，前阳基侧突 2 短鬃位于小突起上，阳茎宽大，末端略呈钩状。雌性间额完全黑色，有时前方略带红色，间额鬃存在；腹部卵形。

分布： 浙江（临安、磐安）、黑龙江、吉林、辽宁、内蒙古、北京、天津、河北、山西、山东、河南、陕西、宁夏、甘肃、青海、新疆、江苏、上海、安徽、湖北、湖南、福建、台湾、广东、四川、贵州、云南、西藏；俄罗斯，日本，中亚地区，印度，尼泊尔，瑞典，北美洲，非洲北部。

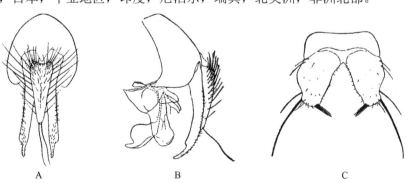

图 1-1　小灰粪种蝇 *Adia cinerella* (Fallén, 1825)（范滋德等，1988）

A. ♂尾器后面观；B. ♂尾器侧面观；C. ♂第 5 腹板腹面观

2. 花蝇属 *Anthomyia* Meigen, 1803

Anthomyia Meigen, 1803: 281. Type species: *Musca pluvialis* Linnaeus, 1758.

Melinia Ringdahl, 1929: 270. Type species: *Aricia pullula* Zetterstedt, 1845.

主要特征：眼裸；雄性间额很窄或消失，黑色。雌性间额很宽。上眶鬃前倾 1，后倾 2，两性均有间额鬃；触角芒具毵毛、短纤毛或呈羽状。胸部盾片淡灰色，具圆形、卵形的绒黑色斑纹，一般沟前 2，沟后 3，有时斑纹消失或互相连接，有些种类形成横带或宽纵条；小盾片两侧常有 1 对黑色纵条，有时小盾片基部或两侧黑色，端部具淡灰色粉被斑；前胸前侧片中央凹陷具纤毛，前胸基腹片、上后侧片及后基节片均无毛；下前侧片鬃 2+2。腹部第 3–5 背板前缘各有倒"山"字形黑斑，斑的尖端不达后缘；雄性肛尾叶宽大，略近三角形，侧尾叶狭长；前阳基侧突、后阳基侧突均发达。

分布：世界广布。中国记录约 19 种，浙江分布 1 种。

（2）横带花蝇 *Anthomyia illocata* Walker, 1857（图 1-2）

Anthomyia illocata Walker, 1857: 129.

特征：体长 4.0–6.0 mm。雄性两侧额密接，间额消失；前倾的上眶鬃缺如，间额鬃极细短；下眶鬃 2–3 对；整个头密覆灰白色粉被，仅下侧颜具暗色斑。中胸盾片紧靠盾沟的沟后部分有一暗色宽横带，其宽度约为沟后部分长度的 1/3；中鬃 2 行；小盾片基部暗色。腹密覆淡色粉被，第 3–5 背板具倒"山"字形斑，正中及前缘均暗色，前缘两侧的暗色斑略呈三角形；尾节黑色，粉被缺如；前阳基侧突近于四边形，前后缘近平行，而端部较斜；后阳基侧突前缘中央有一透明的叶状突，钩形的端部几乎超过全长的 2/5；阳基后突腹面观铲形，骨化部较大，阳茎无茎基后突；愈合的肛尾叶略呈心脏形，端部向后翘，末端有 4 个短鬃和若干不长的毛，基部的毛不十分密；侧尾叶亚基部后方具一斜位的半圆形片状突，侧面观特别明显；后内方端部 1/4 处有一齿状突，突下具 2 鬃，亚端部内方有一深的剜入；末端圆钝，不扭曲；第 5 腹板侧叶后内缘的片突眉月形。雌性额宽约等于一眼宽或稍狭，间额前半部黑色，上眶鬃 3，间额鬃发达。产卵器瘦长，第 6、第 7 背板宽，缘鬃发达，第 6 腹节气门紧位于第 6 背板边缘上，而第 7 腹节气门位于第 7 背板的侧后部；第 6、第 7 腹板均狭长，各具 3 对鬃；第 8 腹节的背板和腹板都为成对的骨化带，后缘骨片最强，背板有多数缘鬃，腹板仅 2 对缘鬃；肛上板宽短而肛下板狭长；受精囊近于圆形而末端稍平。

分布：浙江（临安）、全国各地（除黑龙江、宁夏、青海、新疆、江西、西藏不详外）；朝鲜，日本，印度，尼泊尔，泰国，斯里兰卡，菲律宾，印度尼西亚，澳大利亚。

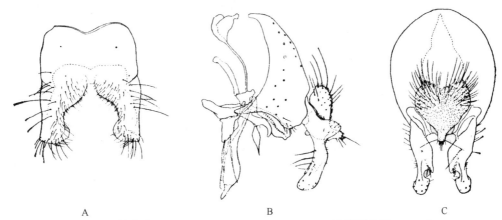

A　　　　　　　　　B　　　　　　　　　C

图 1-2　横带花蝇 *Anthomyia illocata* Walker, 1857（仿范滋德等，1988）

A. ♂第 5 腹板腹面观；B. ♂尾器侧面观；C. ♂尾器后面观

3. 地种蝇属 *Delia* Robineau-Desvoidy, 1830

Delia Robineau-Desvoidy, 1830: 571. Type species: *Delia floricola* Robineau-Desvoidy, 1830.

主要特征：眼大多裸；雄性额狭，一般狭于触角第 3 节宽（雌性额宽）；两性均具间额鬃，但在雄性中一般极短细；触角芒裸或具毳毛；侧面观口器窝前缘不突出；背侧片除鬃外仅少数种类有毛，翅前鬃通常短或缺如，下前侧片鬃 1+2；翅前缘脉下面仅少数种类有小刚毛；足大多黑色，前胫前背鬃 0–1，1–2 个中位后鬃或后腹鬃，并有一或强或弱的端位后腹鬃；中胫后背鬃 1；后股后腹鬃列缺如；后胫具有发达的后腹鬃。腹部多数种类狭而扁平；雄性第 5 腹板常形，但装备多样；雄性肛尾板单纯且显然短于侧尾叶，侧尾叶或狭长或稍宽，末端绝不分叉；阳茎瘦长，在多数种类中端部具侧阳体。本属已知大多潜食绿色植物根、茎和叶，但与真正寄生者略有不同。不少在寄主植物附近土中，兼食腐烂植物，往往被称为根蛆。

分布：世界广布。中国记录 9 种，浙江分布 1 种。

（3）灰地种蝇 *Delia platura* (Meigen, 1826)（图 1-3）

Anthomyia platura Meigen, 1826: 171.

Delia platura: Hennig, 1974: 817.

特征：体长 4.0–6.0 mm。雄性两眼相接近；额狭于前单眼宽，间额等于或狭于一侧额宽，有 1 对小毛状的间额交叉鬃；触角黑色，芒具短毳毛。胸褐灰色，有很不明显的正中条；中鬃 2 行，不大整齐，列间距略小于与前背中鬃间距；盾沟前第 2 对和小盾沟前最后 1 对较长大；翅前鬃短，等于或稍长于后背侧片鬃长的一半；小盾片下面有纤毛。翅透明，前缘脉腹面无小毛；第 1、第 2 合中脉末端直，几乎与微向后弯的第 4、第 5 合径脉平行。足黑色，后股端部一半长度内具前腹鬃列，端部 1/3 长度内具后腹鬃列 5–6；后胫前腹鬃 2–4，后腹面整个长度内密生一行（在基部一半常为复行）差不多等长的尖端稍向下方弯曲的直立细鬃。腹瘦狭，各背板前缘有狭的暗带；肛尾叶长略超过侧尾叶长的 1/2，愈合为一近于纺锤形的长椭圆形，侧缘有 3 对鬃，端部有 3 对扭曲的鬃，末端无毛；侧尾叶侧面观几乎是直的，向端部变细，但末端不尖，后面观不很宽，中部微向内弯，之后均匀地向端部弯曲，稍抱合；后面端部 1/3 具淡色纤毛，密如绒毯；后阳基突短，阳基后突短，末端钝平，阳茎侧阳体侧面观骨化部分长约为宽的 1/6；第 5 腹板侧

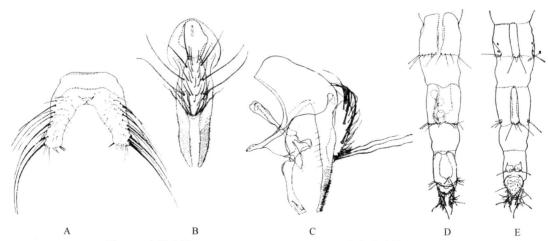

图 1-3　灰地种蝇 *Delia platura* (Meigen, 1826)（仿范滋德等，1988）

A. ♂第 5 腹板腹面观；B. ♂尾器后面观；C. ♂尾器侧面观；D. ♀产卵器背面观；E. ♀产卵器腹面观

叶后端略钝平，外缘有 5-6 个长鬃，其中 3 个特别长大，侧叶内缘少毛，后端有 2 对钝头的鬃。雌性体长 4.0-6.0 mm。额远离。中胫前背鬃 1，后背鬃 2，后腹鬃 2；后胫前腹鬃 2（少数为 3），前背鬃 5，后背鬃 3。腹部长卵形；各背板上具略明显的长形的黑色倒三角形正中斑；各背板宽阔，而正中缘不骨化或骨化不全；缘鬃 1 列，第 6 背板前狭后宽；第 6、第 7 腹板狭长；第 8 腹板为 1 对短的骨片；肛上板小，半圆形；肛下板大，略呈心脏形，端部有 2 对长的和若干短的缘毛。

分布：浙江（临安）、全国各地（山东、湖北、湖南、广东、海南、广西等不详）；世界各地。

4. 粪泉蝇属 *Emmesomyia* Malloch, 1917

Emmesomyia Malloch, 1917: 114. Type species: *Emmesomyia unica* Malloch, 1917.

主要特征：腋瓣下肋具鬃，下腋瓣明显突出；雄性无间额鬃，雌性具间额鬃；前缘脉腹面具毛，中胫无前背鬃，后胫仅有 2 后背鬃；雄性第 6 背板裸；幼虫粪食性。

分布：世界广布。中国记录 9 种，浙江分布 5 种。

分种检索表

1. 足包括股节大部黄色 ·· 大孔粪泉蝇 *E. megastigmata*
- 足至少股节黑色 ··· 2
2. 雄性第 5 腹板侧叶后端淡色，第 5 腹板上的毛约为侧叶的长度 ································ 诹访粪泉蝇 *E. suwai*
- 雄性第 5 腹板侧叶全黑，第 5 腹板上的鬃状毛显然超过侧叶的长度 ·· 3
3. 雄性第 5 腹板基部不特别长，基部上的和侧叶上的鬃毛等强 ··· 4
- 雄性第 5 腹板基部明显比侧叶长，基部前方的鬃状毛明显比侧叶上的毛为长 ·········· 长板粪泉蝇 *E. hasegawai*
4. 雄性第 4 腹板后缘中部的鬃状毛明显比第 5 腹板所有的毛都强大，侧尾叶后内缘无小切口；触角第 3 节长约为宽的 3 倍，芒短羽状，毛长约为芒基部横径的 2 倍 ·································· 东方粪泉蝇 *E. oriens*
- 雄性第 4 腹板后缘中部的鬃状毛至多与第 5 腹板上的毛等长，侧尾叶后内缘有一小切口；触角第 3 节长略小于其宽的 3 倍，芒具毳毛，毛长略等于芒基部的横径 ·································· 朔粪泉蝇 *E. grisea*

（4）朔粪泉蝇 *Emmesomyia grisea* (Robineau-Desvoidy, 1830)（图 1-4）

Phorbia grisea Robineau-Desvoidy, 1830: 560.

Emmesonyia grisea: Fan, 1988: 376.

特征：体长 7.0 mm。雄性眼裸，额等于前单眼宽；间额黑，最狭段消失；上眶鬃微毛状，下眶鬃 4-5 个；头前面粉被银白色，侧颜宽约为触角第 1 鞭节宽的一半；触角黑，第 1 鞭节粉被灰色，长为梗节的 2.5 倍；芒具毳毛；颊高约与触角第 3 节等宽；口前缘位于额前缘之后；下颚须黑而侧扁，中喙具粉被，前颏长宽比约为 2：1。胸背粉被淡褐色，前方肩胛及背侧片较淡，盾片前方在前中鬃列与前背中鬃列之间有细黑纵条，肩后区亦有黑斑；中鬃 2 行列间有不整齐的小毛 4 行；前中鬃列间距略宽于它与前背中鬃列间距；肩后鬃 1+1，翅前鬃长约为后背侧片的 3/4；下前侧片鬃 1+2，腋瓣下肋有一鬃。翅棕色，翅基黄棕色，前缘基鳞基部褐色而端部带金黄色，脉深棕色；前缘刺短；m-m 横脉略内凹；腋瓣棕色，下腋瓣明显凸出，上瓣、下瓣交接处褐色；平衡棒黄。足除胫节黄色外，余黑色；前股前腹面基半部有细鬃列，后腹鬃列完整；前胫中位后腹鬃 1；中股后腹基半部有强鬃列，其端半及前腹面仅有稍长的毛列；中胫具后背鬃 1，后腹鬃 2；后股前腹鬃列完整，后腹面有中位、亚中位鬃各 1；后胫具前腹鬃 1，前背鬃 2，后背鬃 2。腹长卵形，粉被密，呈淡灰黄色，有黑色正中条；后腹几无粉被，亮黑色，第 6 背板裸；肛尾叶红棕色；侧尾叶外枝后内缘有切口，第 5 腹板基部多长毛，越向前去越长；侧叶沿内缘有刚毛列，在近基部 2 行，端部

1 行，末端圆略向内抱合。

分布：浙江（临安）、黑龙江、台湾、四川、贵州；朝鲜，日本，印度，欧洲。

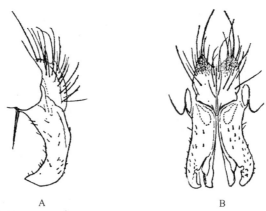

图 1-4 朔粪泉蝇 *Emmesomyia grisea* (Robineau-Desvoidy, 1830)（范滋德等，1988）

A.♂尾器侧面观；B.♂尾器后面观

（5）长板粪泉蝇 *Emmesomyia hasegawai* Suwa, 1979（图 1-5）

Emmesomyia hasegawai Suwa, 1979: 1.

特征：体长 4.0–5.5 mm。雄性额宽约等于前单眼的宽度，下眶鬃 3–5 个，测验宽约等于触角第 1 鞭节宽的 1/2，触角长而黑，触角芒毳毛状，口前缘显然在额前缘之后，颊高稍宽于触角第 1 鞭节宽，口缘鬃 1 行，仅有 1 个上倾的口缘鬃。胸背粉被灰色，盾片前缘有略宽的亚中条，肩后区有黑斑，中鬃 2 行，列间有 2 行小毛，前中鬃列间距约为它与前背中鬃列间距的 1.25 倍，翅前鬃约为后背侧片鬃的 3 倍长，腹侧片鬃 1+2，腋瓣下肋有一鬃。翅淡棕色，翅基部、前缘基鳞和平衡棒均黄色，腋瓣淡黄色。各足膝部及胫节黄色，余均黑色。前胫亚中位后腹鬃 1，中股基部有 4 直鬃，中胫前腹、前背、后背、后腹各鬃顺次为 0、0、1、2，后股前腹鬃列完整，后腹亚基位鬃 1，中位鬃 2，后胫各鬃顺次为 1、3、2、6。腹带卵形，基半略扁平，粉被淡黄灰色，各背板有长三角形黑色正中条或两侧缘平行的黑色正中条。后腹部前方有粉被，在后方亮黑色，第 5 腹板基部显然长于侧叶，基部的毛越向前方越长，最长毛显然超过第 5 腹板长。

分布：浙江（临安、磐安）、辽宁、江苏；日本。

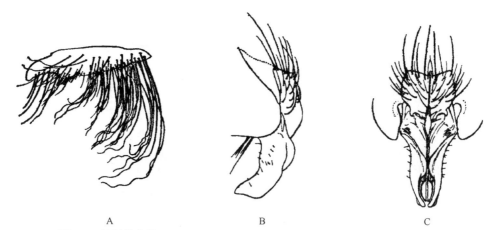

图 1-5 长板粪泉蝇 *Emmesomyia hasegawai* Suwa, 1979（范滋德等，1988）

A.♂第 5 腹板侧面观；B.♂尾器侧面观；C.♂尾器后面观

（6）大孔粪泉蝇 *Emmesomyia megastigmata* **Ma, Mou *et* Fan, 1981**（图 1-6）

Emmesomyia megastigmata Ma, Mou *et* Fan, 1981: 225.

特征：体长 6.0 mm。雄性眼有疏微毛，合生，复眼前面的小眼面扩大；额宽约为前单眼宽的 1/4，最狭段间额消失；内顶鬃、外顶鬃和侧后顶鬃细弱但都存在；下眶鬃 4 对，无上眶鬃；侧颜微宽于触角第 3 节宽的 1/2，触角第 1 鞭节稍短于梗节的 3 倍，芒具长毳毛；口缘鬃一行，第二个较长而明显上倾；头粉被灰色，中喙短，前额长约为高的 1.5 倍，具薄粉被；唇瓣大，下颚须黑色。胸盾片黑色，具薄粉被，背中鬃 2+3，翅内鬃 0+2；翅前鬃约与后背侧片鬃等长，背侧片无小毛；中胸气门较强，淡黄色，后气门亦淡黄色，巨大，为靥所掩，长显然超过下后侧片的长度；腋瓣下肋 3-4 鬃，其最后一个呈小毛状；下前侧片鬃 2+3。翅淡棕色，透明，前缘脉下面具毛，前缘刺缺如，前缘基鳞黄色，R_{4+5} 脉基部结节腹面有小毛，m-m 横脉呈"S"形弯曲，但不十分倾斜；腋瓣平衡棒均为黄色，下腋瓣明显突出。足大部黄色，基节、转节及前足股节基部均带暗色。前胫后腹鬃 1；中股基半后腹面有 5 个长鬃；中胫具后背鬃 2，后腹鬃 1；后股后腹面基部有 1 鬃，中段有 2 长鬃，前腹鬃列完整；后胫具前腹鬃 1，前背鬃 3，后背鬃 2。腹底色黑，具灰色粉被和前后几乎等宽的狭的黑色正中条；第 5 腹板基部中等长，侧叶端部合抱，末端色淡并屈向内腹方，侧叶内缘基半部具细长毛；肛尾叶后面观正中有一锐角，侧尾叶侧面观呈弧形，末端圆，后面观端段瘦，端部有细的后枝，前枝末端轻度抱合，前阳基侧突两分叉，前枝宽大而后枝瘦小，但后者的末端刚毛显然长大，后阳基侧突狭长，近端部有一浅凹，阳基后突侧面观瘦而屈曲；阳茎侧阳体基部宽。

分布：浙江（临安）、辽宁、河南、福建、海南、四川、贵州。

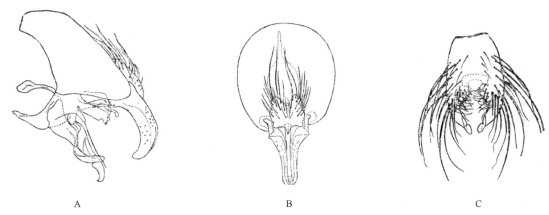

　　　　A　　　　　　　　　　　　　　　　B　　　　　　　　　　　　　　　　C

图 1-6　大孔粪泉蝇 *Emmesomyia megastigmata* Ma, Mou *et* Fan, 1981（仿范滋德等，1988）
A.♂尾器侧面观；B.♂尾器后面观；C.♂第 5 腹板腹面观

（7）东方粪泉蝇 *Emmesomyia oriens* **Suwa, 1974**（图 1-7）

Emmesomyia oriens Suwa, 1974: 187.

特征：体长 4.5-6.5 mm。雄性额宽约等于前单眼宽；间额黑色，在最狭处如线或消失；眼具疏微毛，有 1 对微毛状的上眶鬃，下眶鬃 4-5；头前面粉被银白色，侧颜宽约为触角第 1 鞭节宽的 1/2；触角长、黑，梗节有时带黄色，第 1 鞭节约为梗节的 2.3 倍；芒短羽状，最长芒毛约为触角第 1 鞭节宽的 2/5；颊高约为侧颜的 2 倍；口前缘位于额前缘之后，口缘鬃 1 行，上倾口缘鬃 2；下颚须黑色，端部扁平增宽；前额亮黑色。胸亮青铜色，有薄的橄榄黄色粉被，盾片前后缘、肩胛和背侧片粉被较密，肩后区及翅上区亮黑色；中鬃列 2 行，列间有不整齐的小毛 3-4 行；前中鬃列间距为它与前背中鬃列间距的 1.5 倍；翅前鬃约为前背侧片鬃的 1/2；下前侧片鬃 1+2；腋瓣下肋有 1 鬃；中胸气门黄色，后气门洞开。翅淡棕色，前缘刺短，前缘稍带棕色，翅基浓黄色，脉及前缘基鳞棕黄色；前缘脉下面几乎全长有毛；m-m 横脉 "S" 形弯曲；腋瓣及平衡棒黄色，下腋瓣显然超过上腋瓣，缘缨黄色或略带棕色。足除胫节膝部有时带黄色和胫节黄色外余呈暗色；前股前腹面基半部有鬃列，后腹鬃列完整；前胫有一亚中位后腹鬃和前背面亚端毛；中股前腹有短鬃列，后腹基半部有 5 直立强大的鬃；中胫具后背鬃 1，后腹鬃 1–3；后股有疏的前腹鬃列，后腹有基位、亚中位鬃各 1；后胫具前腹鬃 1，前背鬃 3，后背鬃 2。腹有暗色正中条，后腹有粉被，第 6 背板无缘鬃，第 4 腹板略呈梯形，沿后缘有长刚毛。

分布：浙江（临安）、中国东北部（长白山）、台湾、海南、四川、贵州；日本。

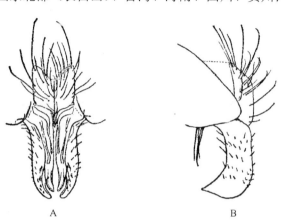

图 1-7 东方粪泉蝇 *Emmesomyia oriens* Suwa, 1974（范滋德等，1988）

A. ♂尾器后面观；B. ♂尾器侧面观

（8）诹访粪泉蝇 *Emmesomyia suwai* (Ge *et* Fan, 1988)（图 1-8）

Musca socia Fallén, 1825: 65.

Emmesomyia socia suwai: Ge *et* Fan, 1988: 374.

特征：体长 5.5 mm。雄性额微狭于前单眼宽，在额最狭段间额消失；无间额鬃，有微毛状上眶鬃 1 对，下眶鬃 4–5 对；头前面粉被银白色，侧颜狭，侧面观大部看不到；颊高约等于触角第 1 鞭节宽；触角黑色，第 1 鞭节带些灰色，芒具长毳毛；口前缘后于额前缘。胸背底色黑，粉被微带灰黄色，有不明显的暗色正中条；中鬃 2 行，列间有 2–3 行小毛，前中鬃列间距约等于或微宽于它与前背中鬃列间距，外方的肩后鬃存在；翅前鬃短于后背侧片鬃，腋瓣下肋有 1 鬃，下前侧片鬃 1+2。翅带黄棕色，前缘脉下面有毛；腋瓣白

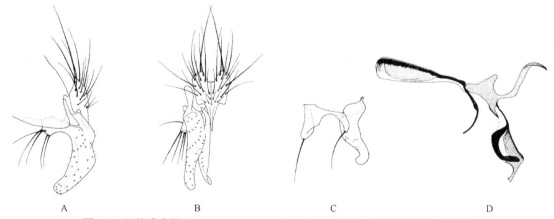

图 1-8 诹访粪泉蝇 *Emmesomyia suwai* (Ge *et* Fan, 1988)（仿范滋德等，1988）

A. ♂尾器侧面观；B. ♂尾器后面观；C. ♂前阳基侧突和后阳基侧突侧面观；D. ♂阳茎和阳基内骨侧面观

色至淡黄色。各足股节暗色而末端黄色，胫节黄色，跗节暗色但基部较黄。腹椭圆、扁平，粉被灰色，具狭的暗色正中条。

分布：浙江（临安）、黑龙江、河南、四川、贵州、云南。

5. 九点花蝇属 *Enneastigma* Stein, 1916

Enneastigma Stein, 1916: 122. Type species: *Anthomyia triplex* Loevi, 1873.

主要特征：额雄狭于雌，一般两性都具间额鬃，有时缺如；雄无上眶鬃而雌具有（后倾者 2，前倾者 1）；眼具毛或裸；前缘脉腹面全长都有毛或几乎裸；前中侧片存在；小盾片下面有直立纤毛；中胫前腹鬃 1，前背鬃 1，后背鬃 1；后胫后背鬃 2，后腹鬃 0 2；雄腹几乎呈圆柱形，少数略扁平，第 3-5 各背板除有暗色正中条或纵斑外，两侧沿前缘尚有 1 对轮廓不很明确的暗色斑；雄各腹板略宽，第 5 腹板侧叶短，内缘呈倒"V"形，肛尾板心脏形或近似心脏形，末端常有小裂口，侧尾叶常亮黑色、骨化；前后阳基侧突单纯，阳茎侧阳体片状，后方相互联合，端阳体在前方较骨化。

分布：古北区和东洋区。中国记录 2 种，浙江分布 1 种。

（9）上海九点花蝇 *Enneastigma shanghaiensis* Fan *et* Chen, 1984（图 1-9）

Enneastigma shanghaiensis Fan *et* Chen, 1984: 251.

特征：体长 7.5 mm。雄性头宽大于胸宽，眼毛极疏，额约为前单眼的 2 倍宽，间额灰黑色，略等于一侧额宽，有 1 对间额鬃，长几乎等于最后 1 对下眶鬃，下眶鬃 6，头前面粉被银白色，侧颜宽稍宽于触角第 1 鞭节宽，触角黑色，第 1 鞭节长为宽的 2 倍弱，为梗节长的 1 倍，芒几乎是裸的，额前缘显然前于口前缘，颊高为眼高的 3/13，后头背区有毛，下颚须黑色，喙齿钝头细弱；胸粉被淡灰色，前盾有灰色的正中条和很狭的亚中条，其间有线状的淡色粉被条分隔，盾片则有一带砂黄色粉被的正中条和 1 对翅内粉被条，中鬃 2 行，沟前不整齐的 3 对略发达，沟后小盾前一对强大，前中鬃间距为它与前背中鬃间距的 2 倍弱，肩后鬃 1+0，翅前鬃与前背侧片鬃等长，背侧片无小毛，小盾片背面多毛，腹侧片鬃 2+2；翅透明，微带淡黄灰色，前缘基鳞黄色，脉黄色，前缘脉下面全长都有小毛，前缘刺发达，腋瓣白色，下腋瓣不超过上腋瓣，平衡棒淡黄色；足黑色，前胫各鬃为 0、1、2、(1–2)，中股后腹鬃基半有鬃，中胫各鬃为 1、1、1、3，后股前腹鬃列完整，后腹面有 2 亚基位鬃和 2 中位鬃，后胫各鬃为 2、3、2、0；腹近于柱形的长锥形，粉被灰白色，各背板有不达后缘的狭长倒三角形黑色正中中斑，背面观前缘两侧有黑色点斑，斑略呈亚三角形，宽度不超过该背板的正中斑宽，第 2–4 各腹板毛不太长，较长大的毛在两侧及后缘，长宽比约为 2：3，后缘略方，前缘略圆，第 5 腹板基部与侧叶的长度比为 7：5，第 6 背板无毛。

分布：浙江（临安）、上海、四川。

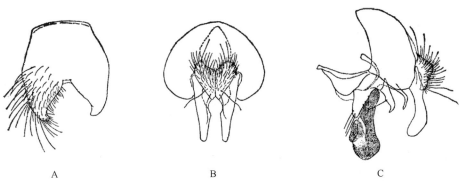

图 1-9　上海九点花蝇 *Enneastigma shanghaiensis* Fan *et* Chen, 1984（仿范滋德等，1988）
A. ♂第 5 腹板腹面观；B. ♂尾器后面观；C. ♂尾器侧面观

6. 叉泉蝇属 *Eutrichota* Kowarz, 1893

Eutrichota Kowarz, 1893: 140. Type species: *Coenosia inornata* Loew, 1873.

Arctopegomyia Ringdahl, 1938: 190. Type species: *Anthomyza tunicata* Zetterstedt, 1846.

主要特征：雄性额狭，雌性额宽，或雄性、雌性两眼均远离；两性间额鬃均缺如；上眶鬃 3；雄性额狭，无上眶鬃；口前缘通常后于额前缘；触角芒裸，具毳毛以至长羽状。前中鬃列间有小毛；前胸前侧片中央凹陷，上后侧片、后基节片裸，前胸基腹片有时有毛；小盾下面有毛，翅前缘腹面具毛。足全黑色或部分黄色；后胫后背鬃 2–3，无端位后腹鬃。腹部长锥形或圆筒形，有时略扁平；第 5 腹板侧叶末端圆，雄性肛尾板端部常有小分叉；侧尾叶狭长，呈棒状或棍棒状，末端有小分叉；阳体骨化往往强，侧阳体很发达，有时骨化很强。

分布：古北区、东洋区。中国记录 19 种，浙江分布 1 种。

（10）硕大叉泉蝇 *Eutrichota gigas* Fan, 1988（图 1-10）

Eutrichota gigas Fan, 1988: 314.

特征：体长 13.5 mm。雄性眼具疏短微毛；额宽为后单眼外缘间距的 1.6 倍；外顶鬃发达，无上眶鬃及间额鬃；下眶鬃 4；间额前方棕色，后方黑色，与一侧额等宽，有微毛；头前面粉被银白色；侧颜宽为后者的 1.2 倍；颊高为触角第 1 鞭节宽的 2 倍；上倾口缘鬃 1 行，口前缘位于额前缘之后；触角梗节前方及端部大部黄色，明显宽于第 1 鞭节；第 1 鞭节黑色，长为宽的 2.9 倍；芒长羽状，芒基 2/11 增粗；下颚须棕色，端段黑色；中喙具粉被，前额长为高的 2.25 倍。胸前盾片前方银白向后转为灰白色，后盾片粉被呈淡灰色；黑正中条向后者不显，至后盾片成一棕色正中条，不达于小盾沟，并有断续不明显的黑色背中条；小盾背面中心有小毛；前中鬃毛状，有 2 对稍长大，列间有 2 行小毛；列间距约为它与前背中鬃列间距的 4/5 宽；小盾前一对后中鬃强大，翅前鬃稍长于背侧片鬃；下前侧片鬃 1+2。翅淡黄棕色，透明，翅基、前缘基鳞及腋瓣黄色；前缘刺中等长；dm-cu 脉 "S" 形弯曲，极倾斜，与 M 脉相交角为 30°。足大部黄色，跗节黑色；前胫前背鬃 1，后腹鬃 1；中股后腹面基部 2/5 有 3 鬃；中胫前背鬃 1，后背鬃 1，后腹鬃 2；后股前腹鬃列几乎完整，后腹面有 1 个近中位鬃和 1 个中位鬃；后胫前腹鬃 1，前背鬃 2，后背鬃 2。腹略呈长圆锥形，粉被呈淡色，各背板有略呈狭长的倒三角形正中条；第 5 腹板侧叶内缘几乎全长有毛，向内端去稍增长，并有 3 个毛状鬃，外侧有鬃；后腹有粉被，第 6 背板无毛。雌性体长 13.0 mm。眼几乎裸，额稍宽于一眼宽；间额前方棕色，后方黑色，无鬃，着生若干小毛；间额宽为一侧额宽的 1.4 倍；外顶鬃发达；上眶鬃及下眶鬃各 3 对；触角第 3 节宽为颜宽的 7/8；前中鬃列间距约为它与前背中鬃列间距的 2/3。

分布：浙江（临安）。

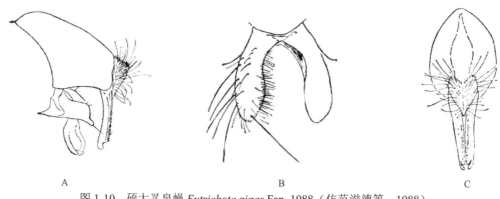

图 1-10　硕大叉泉蝇 *Eutrichota gigas* Fan, 1988（仿范滋德等，1988）

A.♂尾器侧面观；B.♂第 5 腹板腹面观；C.♂尾器后面观

7. 海花蝇属 *Fucellia* Robineau-Desvoidy, 1841

Fucellia Robineau-Desvoidy, 1841: 269. Type species: *Fucellia arenaria* Robineau-Desvoidy, 1841.

主要特征：体长 4.0–6.5 mm。两性额均宽，眼裸、椭圆形，内顶鬃、外顶鬃均发达，上眶鬃 3，下眶鬃 2–3，间额鬃 1 对均发达；触角芒裸，芒基呈纺锤形变粗，口前缘在额前缘之后，缘粗短，唇瓣大，喙齿强大，盾片具淡棕色的 3 纵条，前中侧片鬃缺如，小盾片下面无毛，腹侧片鬃 2+2。前缘脉有疏的前缘棘列，有时有翅斑或晕（雌性无），下腋瓣狭如带。后胫无后腹鬃。腹基部扁薄，第 5 腹板基部后方正中常有一小三角突，前阳基侧突不发达，但具 1、2 个较长的刚毛。成蝇喜湿和喜软体动物，最常见的是嗜海水和嗜海螺的，肉食或捕食小的无脊椎动物，有时也食腐烂植物，但极少食粪。

分布：世界广布。中国记录 9 种，浙江分布 2 种。

（11）黑斑海花蝇 *Fucellia apicalis* Kertész, 1908（图 1-11）

Fucellia apicalis Kertész, 1908: 71.

特征：体长 4.0–6.0 mm。雄性间额黄棕，侧颜在触角第 3 节水平处有一烟熏色斑，侧颜和颊黄棕，覆淡粉被。新月片、触角、口上片、髭角均黑，下颚须黑，基部黄，上眶鬃 3，下眶鬃 3，颊高约为眼高的 1/5。胸粉被淡灰色略带棕色，中鬃 3+5，小盾缘外背面具一行小毛，腹侧片鬃 2+2。翅端有一棕色圆形斑，位于 m-m 横脉一线的外方，向后达于 M 脉，r_{4+5} 室和 r 室差不多等宽（雌性翅透明无斑，r_{4+5} 室为 r_3 室宽的 1 倍）。足胫节黄，前胫各鬃为 0、1、0、1；中胫各鬃为 0、1、1、1；后胫各鬃为（4–8）、4、3、0。腹第 1 腹板常裸，第 5 腹板灰，第 7、第 8 合腹节除细毛外常有 2 对鬃，第 9 背板正中凹入深，该背板末端具密集鬃毛。侧尾叶后面观在内方中部凹陷，内缘有一斜向下方的指状突，侧面观侧尾叶前缘基部明显朝前突出，端部钝尖，前阳基侧突具 2 刚毛。雌性产卵器第 7 腹板呈“Y”形，叉端各具 2 小鬃。

分布：浙江（定海）、山东、上海、福建、广东；俄罗斯，日本。

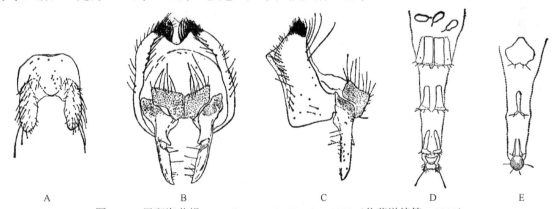

图 1-11　黑斑海花蝇 *Fucellia apicalis* Kertész, 1908（仿范滋德等，1988）
A. ♂第 5 腹板腹面观；B. ♂尾器后面观；C. ♂尾器侧面观；D. ♀产卵器背面观；E. ♀产卵器腹面观

（12）中华海花蝇 *Fucellia chinensis* Kertész, 1908（图 1-12）

Fucellia chinensis Kertész, 1908: 71.
Chirosia alutia Séguy, 1948: 171.

特征：体长 5.0–6.5 mm。雄性眼裸、椭圆、相互远离，间额黄棕，约为侧额宽的 3 倍，侧额灰，侧颜和侧额等宽，侧颜黄棕，在触角第 3 节基部水平处具一可变色的暗斑，上眶鬃 3，下眶鬃 3，与眼缘之间具

3 个或 4 个小毛，间额鬃 1 对，很发达，触角基节灰，端部有时略黄，触角第 1 鞭节黑，为梗节长的 11 倍强，触角芒黑色，裸，基部 1/3 变粗，口上片暗灰，髭角突出呈灰色，颊高约为眼高的 1/4，颊和颊的前部黄棕，下颚须黄，端部常暗，前颏长约为本身宽的 2 倍，喙发达；胸肩胛淡灰，盾片灰，具 3 条不太清晰的纵条，前中鬃 3，后中鬃 5-6，背中鬃 2+3，翅内鬃 0+2，沟前鬃 1，肩后鬃 1+0，翅前鬃 1，翅上鬃 1，小盾基鬃、心鬃、端鬃各 1，腹侧片鬃 2+2；翅前缘基鳞黄，脉黄，翅斑淡棕色，自 r-m 横脉外方渐波及翅尖并向后达于 m-m 横脉；足基节灰白，转节黄，股节灰，端部略黄，胫节黄，跗节黑，前胫各鬃为 0、1、0、2，中胫各鬃为（0-1）、1、1、2，后胫各鬃为（4-6）、4、3、0；腹基部扁薄，有一暗色正中纵条，第 1 腹板两侧大多有少数细毛，第 5 腹板侧叶棕黄，侧叶内缘前方有一亮黑斑，第 7、第 8 合腹节仅有细毛，无鬃，第 9 背板正中仅微凹，其内侧仅有细毛，微凸部的两侧着生较密而内倾的细毛，后面观肛尾叶似菱形，侧尾叶基部具 7-9 长鬃，侧面观侧尾叶前缘稍凹陷，后缘基部处略凹陷，末端呈钝头状，前阳基侧突后缘在中位、亚中位各着生一等长的刚毛。

分布：浙江（临安、磐安）、山东、上海、安徽、福建、广东。

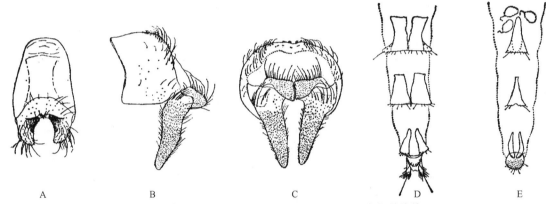

图 1-12　中华海花蝇 *Fucellia chinensis* Kertész, 1908（仿范滋德等，1988）
A. ♂第 5 腹板腹面观；B. ♂尾器侧面观；C. ♂尾器后面观；D. ♀产卵器背面观；E. ♀产卵器腹面观

8. 隰蝇属 *Hydrophoria* Robineau-Desvoidy, 1830

Hydrophoria Robineau-Desvoidy, 1830: 503. Type species: *Hydrophoria littoralis* Robineau-Desvoidy, 1830.

主要特征：眼裸；雄额狭；雌性两眼远离间额鬃；下眶鬃间有时有毛；触角芒具毳毛到长羽状；背中鬃 2+3，翅前鬃短细或长大，下前侧片鬃（1-2）+2，背侧片与下后侧片裸或具毛。前缘脉腹面具毛；下腋瓣显然比上腋瓣突出，如两者等长则中鬃缺如。足黑色或部分黄色；雄性前跗粗短或正常；中跗细长或正常；后胫前鬃 3-4，长大，或为 1 列短鬃，或为 1 列由数个长短鬃交替的鬃列。腹长卵形或长圆锥形。成虫嗜花、植物或粪，多见于潮湿之处；幼虫喜湿，取食腐败植物或粪便，个别种可能具寄生性。

分布：古北区、东洋区和新热带区。中国记录 26 种，浙江分布 2 种。

（13）山隰蝇 *Hydrophoria montana* Suwa, 1970（图 1-13）

Hydrophoria montana Suwa, 1970: 348.

特征：体长 7.5 mm。雄性额宽为前单眼宽的 1/2；间额消失；下眶鬃 5-6；侧颜宽，颊高略狭于侧颜宽；上倾口缘鬃一行；触角第 1 鞭节约为梗节的 1.6 倍长，芒长羽状，约为触角第 1 鞭节宽的 2 倍；中喙亮黑，前颏长为高的 2 倍。胸部盾片有很宽的正中粉被条，前中鬃 3 对强大，列间有小毛 2 行，列间距约等于它与前背中鬃列间距；肩后鬃 1+0，翅前鬃为后背侧片鬃长的 2/3。翅带褐色，前缘基鳞褐色，腋瓣淡棕黄色。

前胫具前背鬃 1，后腹鬃 1；中股前腹面无鬃，后腹面仅基部一半有鬃；中胫具前背鬃 1、后背鬃 1、前腹鬃 4；后股前腹鬃列全，后腹面有基位、中位、端位鬃各 1；后胫具前腹鬃 2、前背鬃 5、后背鬃 2。腹部背板各有一暗色正中条和暗色前缘带；第 2、第 3、第 4 各腹板在端部各有 1 对鬃；第 5 腹板侧叶端部稍增宽，第 6 腹板裸；侧尾叶长，端段后面具淡色绒毛，中段为黑色长毛；肛尾叶只及侧尾叶长的 1/3。

分布：浙江（临安）、黑龙江、辽宁、台湾、四川；朝鲜，日本。

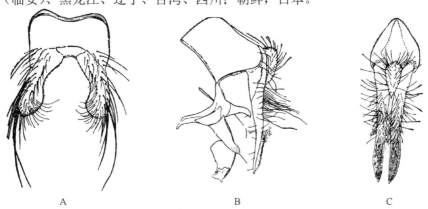

图 1-13　山隐蝇 *Hydrophoria montana* Suwa, 1970（仿范滋德等，1988）

A. ♂第 5 腹板腹面观；B. ♂尾器侧面观；C. ♂尾器后面观

（14）乡隐蝇 *Hydrophoria ruralis* (Meigen, 1826)（图 1-14）

Anthomyia ruralis Meigen, 1826: 101.

Hydrophoria anthomyea Rondani, 1866: 141.

特征：体长 5.0–6.5 mm。雄性额宽仅约为前单眼的 2/5，间额在额最狭段消失，下眶鬃 5–6，侧颜宽为触角第 1 鞭节宽的 2/3，颊高微大于侧颜宽的 2 倍，上倾口缘鬃 1 行，触角第 1 鞭节为梗节长的 2 倍强，芒呈很长的羽状，中喙亮黑，前额长为高的 3 倍。盾片沟前正中、背中粉被条均宽，亚中条暗色，前中鬃列间有小毛 2 行，列间距与前中鬃、前背中鬃列间距等宽，肩后鬃 1+0，翅前鬃稍长于后背侧片鬃之半，背侧片与后气门前肋均无小毛。翅带灰棕色，翅基棕色，前缘基鳞黄，腋瓣淡黄。足胫节大部棕黄，前胫有前背近端毛及 1 后腹鬃；中股基部 2/5 长度内有后腹鬃列；中胫各鬃为 0、1、2、2；后股前腹鬃列疏而完整，后腹面仅中部有 2 鬃；后胫各鬃为 2、(5–6)、2、(3–6)。腹部各背板有暗色前缘带和正中条，第 5 腹板常形，侧叶内缘毛较密，第 6 背板裸，侧尾叶侧面观呈“S”形弯曲。

分布：浙江（临安、景宁）、黑龙江、吉林、辽宁、内蒙古、山西、江苏、上海、安徽、福建、四川、贵州、云南；朝鲜，日本，欧洲，北美洲，南美洲。

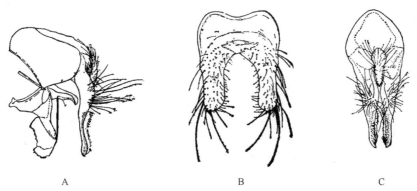

图 1-14　乡隐蝇 *Hydrophoria ruralis* (Meigen, 1826)（仿范滋德等，1988）

A. ♂尾器侧面观；B. ♂第 5 腹板腹面观；C. ♂尾器后面观

9. 种蝇属 *Hylemya* Robineau-Desvoidy, 1830

Hylemya Robineau-Desvoidy, 1830: 550. Type species: *Musca vagans* Panzer, 1798.

Lopesohylemya Fan, Chen *et* Ma, 1989: 567-568. Type species: *Lopesohylemya qinghaiensis* Fan, Chen *et* Ma, 1989.

主要特征： 间额鬃存在，芒羽状，分枝毛至少为触角第 3 节宽，喙具粉被。下前侧片鬃 2+2；前中侧片鬃发达，前缘脉腹面有毛；小盾背面中心无小毛，翅前鬃通常短，外方的 1 个肩后鬃常缺如；后背中鬃 3，翅前缘棘列具有或缺如。足大部黄色或全黑色。腹部第 6 背板有粉被，但裸；雄性第 5 腹板单纯，肛尾叶仅及侧尾叶的一半左右，两者均单纯，不分叉；前后阳基侧突亦单纯，都发达；阳体亦单纯，端阳体直而瘦长。

分布： 古北区、东洋区。中国记录 9 种，浙江分布 2 种。

（15）黄股种蝇 *Hylemya detracta* (Walker, 1852)（图 1-15）

Anthomyia detracta Walker, 1852: 356.

Hylemya detracta: Fan, 1988: 125.

特征： 体长 8.0 mm。雄性眼几乎裸；外顶鬃稍显；额稍宽于前单眼的 1/2；间额黑，在额狭段消失；无上眶鬃，间额鬃仅为下眶鬃长的一半，下眶鬃 5；头前面粉被银白，前额为触角第 3 节宽的 7/10，侧颜宽为后者的 3/5 弱；颊高为侧颜的 1.8 倍；上倾口缘鬃 1 行，在它的上方尚有一些小毛；口前缘后于额前缘，后头背区无毛；触角黑，第 1 鞭节长约为宽的 1.8 倍；芒长羽状，芒基 1/4 稍增粗，芒毛长约为触角第 1 鞭节宽的 1.4 倍；下颚须褐色；中喙有粉被；前额高为长的 3/10。胸粉被淡黄灰褐色，有褐色正中条，断续的棕色背中条，肩后区及由翅内列向两侧去有黑斑，小盾基部中央有三角形棕色粉被斑；前中鬃仅 1 对，间隔约为它与前背中鬃间距的 1/2；肩后鬃 1+0，翅前鬃约为后背侧片鬃的 4/5；前中侧片鬃发达，背侧片无小毛，下前侧片鬃 2+2；中胸气门鬃附近无小毛。翅淡棕，前缘基鳞、翅基棕黄；前缘刺与 r-m 脉等长；dm-cu 横脉略倾斜；上腋瓣淡黄，下腋瓣白，平衡棒黄。足除胫节黑色外均黄色；前胫仅 1 前背鬃；中股前腹面基部 1/4 有短鬃列，后腹面有 1 发达的亚基鬃；中胫具前背鬃 1、后背鬃 1、后腹鬃 2；后股前鬃列完整，后腹面有 1 基鬃，中段有 2 鬃；后胫具前腹鬃 2、前背鬃 3、后背鬃 2、后腹鬃 3。腹背面观带锥形，粉被灰白，有暗色正中条、前缘带和很狭的后缘带，侧叶内缘及端部黄，外侧有鬃，内端小毛较密；后腹部有粉被，第 6 背板无毛；肛尾叶后面观末端圆，侧尾叶前缘均匀地呈凹弧形，前后外缘均有超过侧尾叶宽的长毛。

分布： 浙江（临安）、福建、四川、贵州、云南；印度，尼泊尔。

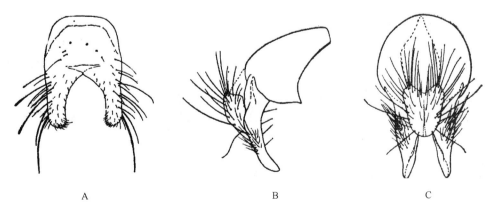

A　　　　　　　　　　　B　　　　　　　　　　　C

图 1-15　黄股种蝇 *Hylemya detracta* (Walker, 1852)（仿范滋德等，1988）

A. ♂第 5 腹板腹面观；B. ♂尾器侧面观；C. ♂尾器后面观

（16）宅城种蝇 *Hylemya urbica* van der Wulp, 1896（图 1-16）

Hylemya urbica van der Wulp, 1896: 338.

　　特征：体长 6.0 mm。雄性有间额鬃，下眶鬃 4–5；额约为前单眼的 1.3 倍；间额黑，宽约为一侧额的 2 倍；侧颜略狭于触角第 1 鞭节宽；触角第 1 鞭节略带灰棕色，长为梗节的 2 倍；颊高约为侧颜宽的 2 倍；口前缘位于额前缘之后；下颚须暗棕色，端部不变宽；中喙有粉被；前颏长为高的 3 倍。胸具灰棕色粉被，具一不达小盾沟的不太深的褐色正中条；中鬃 2 行，前中鬃 3 对，列间距稍狭于它与前背中鬃间距；肩后鬃 1+0；翅前鬃稍长于后背侧片鬃的一半；前中侧片鬃存在，下前侧片鬃 2+2。翅棕黄色，前缘棘列明显，前缘刺与 r-m 横脉等长；前缘基鳞棕色；腋瓣淡棕黄色，平衡棒黄色。胫节带暗棕色，前胫具前背鬃 1、后腹鬃 1，有端位后背鬃；中股基部 2/5 有后腹鬃；中胫具前背鬃 1、后背鬃 1、后腹鬃 1，并有 1 后鬃；后股前腹有疏鬃列，后腹鬃列在亚端段不全；后胫具前腹鬃 2、前背鬃 4、后背鬃 3、后腹鬃 5。侧尾叶端部侧面观略呈棍棒状，端阳体长。

　　分布：浙江（临安）、黑龙江、辽宁、新疆、台湾、四川；俄罗斯，欧洲，墨西哥。

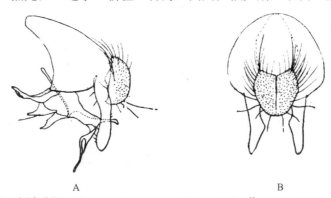

图 1-16　宅城种蝇 *Hylemya urbica* van der Wulp, 1896（仿 van der Wulp，1996）
A. ♂尾器侧面观；B. ♂尾器后面观

10. 纤目花蝇属 *Lasiomma* Stein, 1916

Lasiomma Stein, 1916: 168. Type species: *Lasiops ctenocnema* Kowarz, 1880.
Monotrixa Karl, 1943: 66. Type species: *Aricia octoguttata* Zetterstedt, 1845.

　　主要特征：雄性额常狭，上眶鬃小毛状或缺如；颊向眼后方去明显变窄；口前缘通常后于额前缘；外方的肩后鬃和前中侧片鬃存在，前中鬃列间距不宽于它与前背中鬃列间距。前胫无前背鬃；中胫后背鬃常为 1；后胫大多无端位后腹鬃，前背鬃大多在 6 个以上，后背鬃至少有 3 个长大，后腹鬃一般多于 3 个，有时有 2 行。胸部粉被弱，呈暗黑色或暗褐色，沟前有时有正中暗色纵条。腹部粉被较浓，常有正中黑条，有时各节还有暗色前缘带，很少并有后缘带；第 5 腹板除个别种的侧叶基部、端部内缘有强大扁鬃外，均呈常形；第 7、第 8 合腹节大多粉被弱或亮黑，第 9 背板依缩在第 7、第 8 合腹节之下；阳基呈简单的管状，侧面观轻微波曲；前阳基侧突发达，大多具 2 个刚毛；肛尾叶后面观一般略呈三角形，纵缝明显，端部两侧具鬃；侧尾叶瘦长，末端不分枝或很少分枝。

　　分布：古北区、东洋区。中国记录 10 种，浙江分布 1 种。

（17）扭叶纤目花蝇 *Lasiomma pectinicrus* Hennig, 1967（图 1-17）

Lasiomma octoguttatum pectinicrus Hennig, 1967: 195.

　　特征：体长 4.0–5.0 mm。雄性眼裸，如有毛亦极短疏；两侧额相接，间额消失；侧额狭，约为触角第 1 鞭节宽之半或稍宽，具金黄色闪光；颊与触角第 1 鞭节等宽或稍宽；触角芒具毳毛或近乎裸；上倾口缘鬃 2 行。中胸盾片覆灰色粉被；前中鬃 3 对，以第二对较大，后中鬃仅小盾前一对较大，余为 2 行小毛；翅前鬃较后背侧片鬃短小；下前侧片鬃 1+2。翅色褐，翅基及基部脉黄褐；前缘刺很小或不明显；腋瓣白；平衡棒红棕色。前胫后腹鬃 2；中胫具前背鬃 1、后背鬃 1、后腹鬃 2–3；后胫具前腹鬃 1–3、前背鬃 10、后背鬃 3–4，后腹鬃 2 行偏后面的一行鬃强大，偏腹面的一行鬃短小直立，鬃列不超过基部 3/4 长度。腹狭长，黑褐，覆深灰色粉被；背板暗色正中条存在，各背板前缘亦暗色；肛尾叶近三角形，具长鬃毛，近端两侧各有长大鬃 2，末端有短细毛 2，侧尾叶端部约 1/3 向外扭；前阳基侧突末端及后缘各 1 鬃，后阳基侧突端半部前缘凹入，凹陷基部边缘有 1 鬃，阳体基部宽，向端部渐细，呈波曲状；侧尾叶不分叉，第 9 背板后下缘无垂突。

　　分布：浙江（临安）、黑龙江、辽宁、北京、江苏、上海、安徽、湖南、福建、四川、西藏；北美洲。

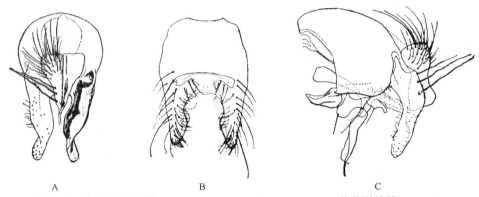

图 1-17　扭叶纤目花蝇 *Lasiomma pectinicrus* Hennig, 1967（仿范滋德等，1988）

A. ♂尾器后面观；B. ♂第 5 腹板腹面观；C. ♂尾器侧面观

11. 植蝇属 *Leucophora* Robineau-Desvoidy, 1830

Leucophora Robineau-Desvoidy, 1830: 562. Type species: *Leucophora* Robineau-Desvoidy, 1830.

Hylephila Rondani, 1877: 13. Type species: *Musca buccola* Fallén, 1824.

　　主要特征：眼裸，两性额均狭，如雌性额宽则间额甚狭；交叉鬃及侧额鬃存在或短小，侧颜与颊均宽。眼后鬃列不连续到腹方一半，后头背区外侧有毛，侧后头膨隆。触角芒具毳毛或几乎裸，或长羽状。喙较短细，唇瓣小，胸无明显暗斑，背中鬃 2+3，翅前鬃有或无，腹侧片鬃 1+2（雌性 1+1），前胸基腹片一般无毛，少数种类两侧具鬃。翅前缘脉腹面几乎裸，前缘刺短。m-m 横脉通常倾斜或带 "S" 形，腋瓣约等大。足不带黄色，中足胫节前背鬃、后背鬃各 1，后鬃 2；中足各分跗节前后侧端棘较显；后足胫节后背鬃 3，强大，后腹面端鬃缺如。腹部一般体躯较壮，腹部圆筒形，露尾节突出，阳茎端部常侧扁，通常侧阳体发达、骨化，末端尖。

　　分布：古北区、东洋区和新热带区。中国记录 21 种，浙江分布 1 种。

（18）杭州植蝇 *Leucophora hangzhouensis* Fan, 1988（图 1-18）

Leucophora hangzhouensis Fan, 1988: 202.

　　特征：体长 5.5 mm。雄性眼裸，额与两后单眼外间距等宽，间额黑，具银灰粉被，约为一侧额的 2 倍宽，上眶鬃 1 对，毛状，无间额鬃，下眶鬃 7，鬃列内外侧有极少数小毛，头前面底色黑，粉被银白，前额宽为触角第 1 鞭节宽的 1.6 倍，侧颜宽为后者的 1.4 倍弱，侧颜上部有可变色的暗灰色斑，颊高为侧颜宽的 1.3 倍，上倾口缘鬃 1 行，口前缘后于额前缘，后头背区有毛，触角梗节带棕色，第 1 鞭节黑，后者长为宽的 1.7 倍，又为梗节长的 1.5 倍，芒约与触角等长，具中等长的毳毛，芒基 1/3 弱增粗，黑色，而芒其余部分淡色，下颚须黄，中喙具粉被，前额长约为高的 2.5 倍；胸被淡棕色粉被，前中鬃 3 对，肩后鬃 1+0，翅前鬃稍短于后背侧片鬃，背侧片无小毛，前胸基腹片裸，腹侧片鬃 1+2，小盾背面中心裸；翅淡灰棕色，翅基带棕黄色，前缘基鳞黄，脉基部棕色，其余带暗褐色，前缘脉下面无小刚毛，前缘刺短，腋瓣白，下腋瓣很小，平衡棒淡黄。足转节、胫节及股节膝部棕黄色，余黑，前胫各鬃 0、1、0、1，中股前腹面仅有毛列，后腹面基半有鬃列，中胫各鬃为 1、1、1、2，后股前腹鬃列越向基部越弱，在基部 1/3 仅为细弱的毛，后腹鬃列仅端段有鬃，其余为细而略长直立的毛，后胫各鬃为 4、(3–4)、3、(4–5)；腹粉被淡黄灰色，各背板有黑色至褐色正中条，中部并有不全和不很明确的前缘带，第 5 腹板常形，沿内缘有疏短鬃毛。后腹有粉被，第 6 背板裸。

　　分布：浙江（临安）。

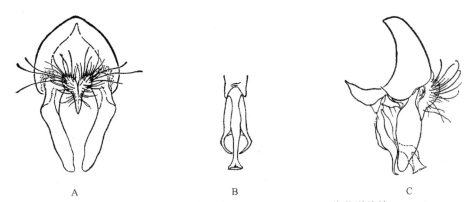

图 1-18　杭州植蝇 *Leucophora hangzhouensis* Fan, 1988（仿范滋德等，1988）
A. ♂尾器后面观；B. ♂阳茎前面观；C. ♂尾器侧面观

12. 泉蝇属 *Pegomya* Robineau-Desvoidy, 1830

Pegomya Robineau-Desvoidy, 1830: 598. Type species: *Anthomyia hyoscyami* Panzer, 1809.

Chaetopegomya Ringdahl, 1938: 196. Type species: *Anthomyia setaria* Meigen, 1826.

　　主要特征：眼裸或有疏短微毛；雄性两眼相接或靠近；常无间额鬃和上眶鬃；雌性眼远离；上眶鬃发达，通常无间额鬃；口前缘不前突；髭互相远离；触角芒裸或具毳毛但不呈羽状。胸部覆淡灰色粉被，中胸盾片暗色纵条通常不明显；背中鬃 2+3，翅前鬃通常存在，较少缺如；背侧片通常裸，或少数具毛；小盾下面有毛；翅前缘脉腹面具小刚毛，下腋瓣极少突出。足黄色或部分黄色，少数黑色；后胫后背鬃一般为 2，很少为 1 或 3，前背鬃 2。雄性腹略呈圆筒形、长锥形或略扁平，具狭暗色正中条；肛尾板简单，侧尾叶二分叉或有多个分枝；前阳基侧突发达，有时分为 2 叶；侧阳体通常发达，常自阳基基部分出；雌性腹较宽扁，正中条有时不显。幼虫植食或少数食腐烂植物。

　　分布：世界广布。中国记录 57 种，浙江分布 11 种。

分种检索表

1. 后胫前腹鬃常有 1 个，总是没有后鬃或后腹鬃 ·· 2
- 后胫前腹鬃常有 2 个，有时有 1 个后鬃或后腹鬃 ······························· 四条泉蝇 *P. quadrivittata*
2. 第 6 背板裸，无缘鬃亦无毛 ··· 3
- 第 6 背板有缘鬃或毛 ··· 8

3. 第 5 腹板侧叶端部游离并变瘦，覆有淡色绒毛 ·· 4
- 第 5 腹板侧叶宽，或即使端部变瘦，但不具淡色绒毛 ·· 6
4. 第 5 腹板侧叶特别狭长 ··· 金叶泉蝇 *P. aurapicalis*
- 第 5 腹板侧叶基部宽度超过端部宽的 2 倍 ··· 5
5. 第 5 腹板侧叶内缘中段呈三角形，外面有粉被 ··· 皱叶泉蝇 *P. pliciforceps*
- 第 5 腹板侧叶中段呈弧形，外面发亮无粉被 ··· 亮叶泉蝇 *P. argacra*
6. 第 5 腹板侧叶端部发亮无粉被，有瓦楞状皱襞 ·································· 江苏泉蝇 *P. kiangsuensis*
- 第 5 腹板侧叶全具粉被，不具瓦楞状皱襞 ··· 7
7. 触角大多梗节黄，后足转节后腹面近端部有一由十余个小棘组成的棘群，前中鬃除 3 对鬃外无小毛 ··········
　·· 棘基泉蝇 *P. spinulosa*
- 触角梗节仅端部黄色，后足转节后腹面仅有一般的毛而无小棘，前中鬃 3 对以外在第一、第二两对鬃前后常有若干小毛
　··· 毛笋泉蝇 *P. phyllostachys*
8. 第 5 腹板侧叶外缘近于方形，末端发亮无粉被，且有瓦楞状皱襞 ····················· 厚尾泉蝇 *P. pachura*
- 第 5 腹板侧叶不具瓦楞状皱襞 ··· 9
9. 前中鬃近于毛状，具毛列 4 行或 4 行以上，其外方毛列间距往往大于它与前背中鬃列间距，第 5 腹板侧叶端部近于方形，
　有毛；背侧片具小毛 ··· 琴叶泉蝇 *P. lyrura*
- 前中鬃 2–8 对，如有多行或更多对则至少有 1 对超过前背中鬃倒 2 对长的 1/2；第 5 腹板侧叶端部不近于方形，端部无毛；
　背侧片无小毛 ··· 10
10. 前中鬃一般为 8 对，至少有 1 对是强大的；第 5 腹板侧叶褐色，末端圆钝，侧叶内缘具密毛，几乎达于末端，且有朝里
　面生的毛列；侧尾叶侧面观几乎等宽 ··· 日本泉蝇 *P. japonica*
- 前中鬃毛状，一般为 1–2 对，极少为 3 对；第 5 腹板侧叶棕黄色，末端带角形、不发亮，侧叶内缘毛列 2–8 列，端部沿
　内缘仅仅有淡色绒毛 ··· 中华泉蝇 *P. chinensis*

（19）中华泉蝇 *Pegomya chinensis* Hennig, 1973（图 1-19）

Pegomya chinensis Hennig, 1973: 542.

　　特征：体长 4.5–5.5 mm。雄性额宽稍狭于前单眼宽；间额棕或黑；下眶鬃 5–6；侧颜宽为触角第 1 鞭节宽的 3/5；颊高为侧颜宽的 2.3 倍；上倾口缘鬃 1 行；下颚须黑色；中喙具薄粉被；前额长为高的 3 倍。胸背粉被淡灰色，有轮廓不清的前宽后狭黑色正中条及暗色肩后斑；中鬃 1+5，小盾前一对强大；肩后鬃 1+0；翅前鬃与前背侧片鬃等长；下前侧片鬃 1+3；前中侧片鬃不明显；中胸气门淡灰，后气门小而洞开；小盾背面有少数毛，中心裸。翅呈很淡的褐色；前缘基鳞淡棕色；腋瓣污白色，缘毛灰色；平衡棒黄色。足胫节黄色，余均黑色；前胫前背鬃 1、后腹鬃 1；中股无前腹鬃，后腹面基半部有鬃列；中胫前背鬃 1、

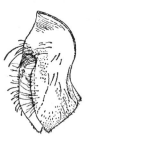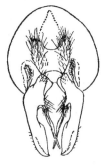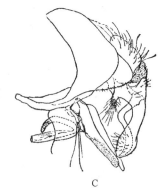

图 1-19　中华泉蝇 *Pegomya chinensis* Hennig, 1973（仿范滋德等，1988）

A. ♂第 5 腹板侧面观；B. ♂尾器后面观；C. ♂尾器侧面观

后背鬃 1、后腹鬃 3；后股前腹鬃列除基段外几乎是完整的，后腹面有基鬃 1、中鬃 2；后胫前腹鬃 2、前背鬃 3、后背鬃 3、后腹鬃 1。腹略呈前方微扁的圆柱形，淡褐灰色，背板有一黑色狭中条；第 2-4 腹板近于方形，第 5 腹板侧叶端部无毛，内缘基部、中部有毛列，毛几乎等长；后腹部有粉被；第 6 背板仅稍短于第 5 背板，黑，有粉被，具心鬃及缘鬃；肛尾叶相互愈合，侧尾叶上端稍宽。

　　分布：浙江（临安）、上海、湖南、福建、四川。

（20）江苏泉蝇 *Pegomya kiangsuensis* Fan, 1964（图 1-20）

Pegomya kiangsuensis Fan, 1964: 615.

　　特征：体长 4.5-8.5 mm。雄性额宽等于或狭于前单眼宽；间额棕色至黑色，在最狭处消失；下眶鬃 6-7；头前面银白；侧颜约为触角第 1 鞭节宽的 3/4；颊高为侧颜宽的 2 倍；上倾口缘鬃 2 行；触角除梗节末端黄色外均灰黑色，第 1 鞭节长为梗节长的 2 倍；芒具短毡毛；下颚须基部黄，端部暗色；中喙有粉被；前颏长为高的 2.6 倍。胸背粉被淡灰，沟前有暗色正中条及不大的肩后斑，沟后条或斑均弱；中鬃 3+6，沟前第二对和小盾前一对强大，列间有个别小毛，列间距约等于它与前背中鬃列间距；肩后鬃 1+1；翅前鬃稍长于后背侧片鬃；下前侧片鬃 2+3；中胸气门淡色，后气门小；小盾背面多毛，但前方及正中无毛。翅色淡棕色至淡褐色，脉棕色至褐色，翅基棕黄，前缘基鳞黄；前缘刺短；腋瓣淡黄，上腋瓣、下腋瓣交接处毛淡黄或灰，平衡棒黄。足前胫具前背鬃 1、后腹鬃 1-2；中股无前腹鬃，后腹鬃基半完整，鬃列疏；中胫具前背鬃 1、后背鬃 1、后腹鬃 2-3；后股除基部外前腹鬃列几乎完整，无后腹鬃；后胫具前腹鬃 1-2、前背鬃 3、后背鬃 4-5。腹锥形略扁，末端钝，粉被淡，具黑色正中条，第 2-4 腹板侧叶端部亮黑，后外角圆钝，有瓦楞状纹；后腹部底色黑有粉被，第 6 背板无毛；侧尾叶狭、稍前屈，裂短，内枝稍短；肛尾叶棕，较狭长，倒三角形。

　　分布：浙江（临安）、江苏、上海、安徽、湖南、福建、四川、贵州。

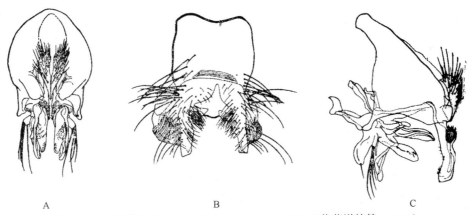

图 1-20　江苏泉蝇 *Pegomya kiangsuensis* Fan, 1964（仿范滋德等，1988）
A.♂尾器后面观；B.♂第 5 腹板腹面观；C.♂尾器侧面观

（21）厚尾泉蝇 *Pegomya pachura* Fan, 1980（图 1-21）

Pegomya pachura Fan, 1980: 203.

　　特征：体长 9.0-10.5 mm。雄性稍狭于前单眼的 2 倍；最狭点间额如线，间额浅棕黑色，略具灰色粉被；下眶鬃 4-6 个；头前面粉被银灰色，新月片暗灰色至黄灰色；触角除梗节端部黄边外，均黑色；第 1 鞭节长为梗节的 2 倍，芒几乎裸；侧颜稍短于触角第 1 鞭节宽；颜堤下端在髭外上方有 1-2 个小毛；颊高为眼高的 3/8；口前缘位于额前缘之后，喙短，具粉被；下颚须黄，末端黑。胸盾片仅暗色侧斑明显，粉被微带黄色的淡灰色；中鬃仅小盾前一对很长大，几乎与第二对后背中鬃等长，其余都不发达，但稍可辨认出沟前约 3 对，沟后尚有 4 对，列间有 2 行小毛；翅内鬃 0+2，肩后鬃 1+1；翅前鬃略等于前背侧片鬃长，有 2–3 个较短的前中侧片鬃；下前侧片鬃 2+3。翅淡棕色，翅基黄色；前缘脉下面有毛；前缘刺短但存在；m-m 横脉斜，略呈 "S" 形；前缘基鳞、腋瓣及平衡棒黄色；后气门小，黄色，亚圆形。足除基节基部和跗节向末端去变暗外，余全黄；前股后背鬃列完整发达，后腹鬃列向基部去渐成毛状；前胫前背鬃 1、后腹鬃 2；中股基部 1/2 有后背鬃列及一近端后背鬃和近端后鬃，后腹面基部 1/3 有 3–5 鬃，余为毛列；中胫前背鬃 1、后背鬃 1、后腹鬃 4；后股具前背和前腹鬃列，近端有一短列（6–7）后腹鬃；后胫前腹鬃 2、前背鬃 3、后背鬃 2。腹卵形，粉被淡灰，前腹各背板具暗色正中条，前方较细，向后去稍增宽，第 5 背板上的后方收尖；后腹部淡灰粉被浓密；第 6 背板具缘鬃和一些刚毛，正中有一灰色倒三角斑；第 9 背板前半黑而后半黄，并发亮；侧面观膨腹端厚大；肛尾叶黄色，中部内陷正中深陷而两侧缘隆起，其端部夹在第 9 背板上翅的后腹角的中间；侧尾叶宽大，有 "S" 形弯曲的细长的内枝，分叉长与侧尾叶长度比为 7∶13。

分布：浙江（临安）、上海、湖南、四川。

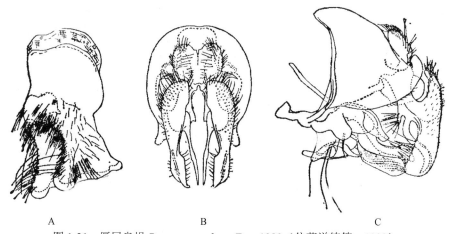

图 1-21　厚尾泉蝇 *Pegomya pachura* Fan, 1980（仿范滋德等，1988）

A. ♂第 5 腹板腹侧面观；B. ♂尾器后面观；C. ♂尾器侧面观

（22）毛笋泉蝇 *Pegomya phyllostachys* Fan, 1964（图 1-22）

Pegomya phyllostachys Fan, 1964: 614.

　　特征：体长 7.5 mm。雄性额很狭；间额深棕色至黑褐色，最狭段消失；下眶鬃 7–8，头前面粉被银灰；侧颜约为触角第 1 鞭节宽的 2/3；下侧颜底色稍带黄棕色；触角第 1 鞭节为梗节的 2 倍长，后者末端微带棕黄，芒具短毳毛；颊高约为眼高的 1/4；上倾口缘鬃 1 行；下颚须不很宽，基部黄，端部黑色段超过全长之半；中喙长约为高的 3 倍。胸背粉被淡灰，有一暗色正中条；中鬃 2 行，仅沟前第二对和小盾前 1–2 对较长大，余均毛状，列间距略等于它与前背中鬃列间距；肩后鬃 2+1；翅前鬃长约为第一后背中鬃的 6/7；下前侧片鬃 2+（3–4）；中胸气门灰色，后气门小。翅透明，翅基微黄；前缘刺常不发达；前缘基鳞及腋瓣淡黄，上腋瓣、下腋瓣后缘相齐，平衡棒黄。足黄色，有时前股后面有小片灰色，跗节带黑色；前胫具前背鬃 1、后腹鬃 1；中股基部 3/7 长度内具后腹鬃列；中胫具前背鬃 1、后背鬃 1、后腹鬃 3；后股具密的前腹鬃列和疏的后腹鬃列；后胫具前腹鬃 1、前背鬃 3、后背鬃 3。腹呈背腹略扁的长锥形，背面观粉被灰色，有轮廓明确的暗色正中条，尚有隐约可见的暗色前缘带；第 3 腹板两侧缘平行，长为宽的 2 倍；第 5 腹板稍短，仅略突出，后缘中部有成簇刚毛，侧叶不突立于腹下，全覆粉被，后缘不向内卷，内枝短，亚基部后面有斜走的隆脊。

　　分布：浙江（临安）、湖南、四川。

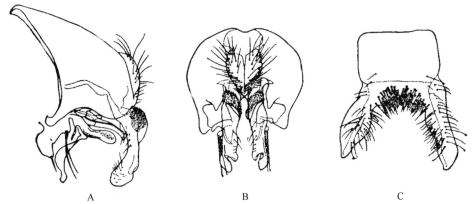

图 1-22　毛笋泉蝇 *Pegomya phyllostachys* Fan, 1964（仿范滋德等，1988）

A.♂尾器侧面观；B.♂尾器后面观；C.♂第 5 腹板腹面观

（23）四条泉蝇 *Pegomya quadrivittata* Karl, 1935（图 1-23）

Pegomyia quadrivittata Karl, 1935: 44.

特征：体长 5.5–6.0 mm。雄性额宽约为前单眼的 1.5 倍；间额棕黑色或前方带棕色，为一侧额的 2–4 倍宽；无上眶鬃和间额鬃；下眶鬃 4，集中于额前方 1/3 处；头前面底色棕，粉被银白；侧颜宽约为触角第 3 节的 3/5；颊高约为侧颜宽的 2 倍；上倾口缘鬃 1 行；触角长，达于或接近口前缘，色黑，第 1 鞭节长约为宽的 2.3 倍；芒具短毳毛，芒基增粗段约为 1/5；下颚须褐色；中喙具薄粉被；前颏长约为高的 3 倍；喙齿尖，不太长大。胸背粉被灰色至淡灰色，前盾片前方灰白色，且具黑色的亚中条及肩后纵斑；中鬃 2 行，仅小盾前一对强大，余均毛状；前中鬃 4 对，列间距约为它与前背中鬃列间距的 1/2；肩后鬃 1+1，翅前鬃约为后背侧片鬃的 7/10；背侧片无小毛，前中侧片鬃 1，发达；下前侧片鬃 1+2。翅带淡棕色，翅基浓黄色；前缘基鳞及平衡棒黄色，腋瓣淡黄色；前缘刺很短。足大部黄色，但基节暗色、转节棕色或褐色、前股后背面稍带棕色及各足跗节黑色；前胫具前背鬃 1、后腹鬃 1；中股仅一中位后腹鬃；中胫具前背鬃 1、后背鬃 1、后腹鬃 2；后股除最基部外，前腹面有疏鬃列，后腹面有基鬃、亚基鬃各 1；后胫具前腹鬃 2、前背鬃 2、后背鬃 2、后腹鬃 1。腹扁，背面观略带锥形，末端钝，粉被淡灰，有一暗色正中条；第 5 腹板基部沿后缘及侧叶带黄色，后者短小，末端裸，轻微向内抱合；后腹部有粉被，第 6 背板裸；肛尾叶末端不尖，稍分叉；侧尾叶外枝短杆状，内枝向端部收尖，几与外枝等长，末端尚有一刺状鬃。雌性间额黑色，侧缘平行，约为一侧额的 2 倍宽；无间额鬃，下眶鬃 2，与上眶鬃在同一线上。

分布：浙江（临安）、辽宁、河南、福建、台湾、广东、四川、贵州、云南；朝鲜，日本，印度，缅甸，斯里兰卡，马来西亚。

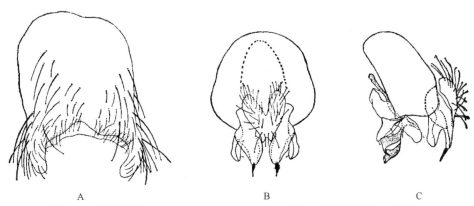

图 1-23　四条泉蝇 *Pegomya quadrivittata* Karl, 1935（仿范滋德等，1988）

A.♂第 5 腹板腹面观；B.♂尾器后面观；C.♂尾器侧面观

（24）棘基泉蝇 *Pegomya spinulosa* Fan, 1980（图1-24）

Pegomya spinulosa Fan, 1980: 203.

特征：体长6.0–8.5 mm。雄性额稍宽于前单眼宽；间额棕黑色，前方棕色；下眶鬃5–7；头前面粉被淡灰黄色，下侧颜底色棕黄；侧颜与触角第1鞭节等宽；触角梗节黄，第1鞭节黑。第1鞭节长约为梗节的1.5倍；颊高约为侧颜宽的2倍；髭角明显位于额角之后；口缘鬃1行，上倾口缘鬃2–3个；下颚须黄，端部1/3黑；中喙短，具薄粉被；后头背区具毛。胸棕灰色，前盾片前方有黑色正中斑和肩后斑；后盾片有细而短的正中条和侧背中条；中鬃2行，前中鬃第二鬃位和后中鬃小盾前一对长大，余均呈毛状，鬃间和列间有少数小毛，列间距稍狭于它与前背中鬃列间距；肩后鬃1+1；翅前鬃与前背侧片鬃等长；下前侧片鬃（1–2）+（3–4）。翅淡棕色，翅基棕黄色；前缘基鳞黄色；前缘刺不发达；前缘脉下面有毛；腋瓣及边缘缨状毛淡褐色，平衡棒黄色。足黄色，仅最基部和最端部带暗色；前股前腹亚基部有一毛状鬃，后腹鬃列完整；前胫具前背鬃1、后腹鬃2；中股前腹面基部1/3有鬃列，腹面亚基部有一些细毛；中胫具前背鬃1、后背鬃1、后腹鬃3；后转亚端后腹面有黑色短棘十余个；后股前腹面有疏而强大鬃列，后腹面有亚基位鬃、近中位鬃各1；后胫具前背鬃3、后背鬃2、后腹鬃1。腹粉被淡灰色，有一狭的黑色正中条，后腹有不太浓的粉被；第6腹板裸，第5腹板侧叶后外角稍大于直角。

分布：浙江（临安）、福建、四川。

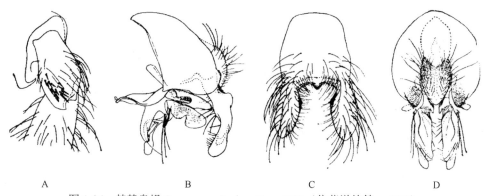

图1-24 棘基泉蝇 *Pegomya spinulosa* Fan, 1980（仿范滋德等，1988）
A. 左后足转节腹面观；B.♂尾器侧面观；C.♂第5腹板腹面观；D.♂尾器后面观

（25）皱叶泉蝇 *Pegomya pliciforceps* Fan, 1980（图1-25）

Pegomya pliciforceps Fan, 1980: 203.

特征：体长7.0 mm。雄性额宽等于前单眼宽，间额黑色，在最狭处消失，下眶鬃5对，触角梗节黄，第1鞭节暗黄灰，长为梗节的2倍，侧颜略狭于触角第1鞭节宽，颊高约为眼高的1/6，头粉被灰色，后头背区在眼后鬃后有一行鬃，喙具薄粉被，中喙长为高的2.5倍，下颚须黄，末端黑；胸具灰色粉被，斑或条都不显，前中鬃2行，为3对，行间杂有少数小毛，后中鬃仅小盾前一对长大，背中鬃2+3，翅内鬃0+2，肩后鬃1+1，前中侧片鬃约为后背侧片鬃的1.6倍，前中侧片鬃存在，腹侧片鬃1+3，下方有细鬃；翅棕黄，前缘基鳞黄，前缘刺长为前缘脉横径的2倍，腋瓣棕黄，边缘缨状毛黄色，下腋瓣不突出，或比上腋瓣稍微突出，平衡棒黄；足除基节带灰黑外，全为黄色，前胫各鬃为0、1、0、1，中股基部一半有3个后腹鬃，中胫各鬃为0、1、1、2，后胫各鬃为0、3、2、0；腹略带圆筒形，前腹部各背板具狭长的倒三角形黑斑，第6背板裸，第7、第8合腹节有3行鬃，第5腹板突出于腹下侧叶长，肛尾叶略带方形；侧尾叶后面观端部分叉占本身长的1/3，内侧分枝约占分叉长的2/3，前后阳基侧突和阳基后突均大型，后者侧面观呈三角形，表面有较平坦的小棘。

分布：浙江（景宁）、江苏、上海。

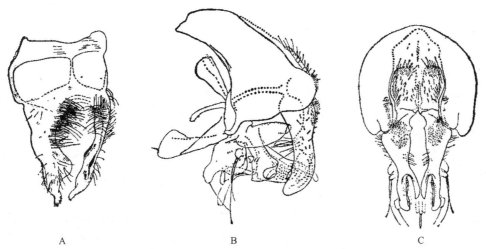

图 1-25　皱叶泉蝇 *Pegomya pliciforceps* Fan, 1980（仿 Fan, 1982）

A.♂第 5 腹板腹侧面观；B.♂尾器侧面观；C.♂尾器后面观

（26）亮叶泉蝇 *Pegomya argacra* Fan, 1982（图 1-26）

Pegomya argacra Fan, 1982: 201.

特征：体长 5.0–7.0 mm。雄性额宽约等于前单眼宽，间额黄色至暗棕色，在额最狭处消失，下眶鬃 5 对，侧颜约为触角第 1 鞭节宽的 2/3，触角黑，仅梗节末端带黄色，具很短的毡毛，基部稍变粗，颜堤无毛，头前面粉被银白色至银灰色，后头背区具鬃状毛，颊高约为眼高的 2/9，中喙长约为高的 2 倍，下颚须灰黄色；胸盾片粉被灰色，具不很明确的暗色正中条和侧条，中鬃 2 行，沟前 3 对，沟后仅小盾前 1 对发达，背中鬃 2+3，翅内鬃 0+2，肩后鬃 1+1，翅前鬃比后背侧片鬃稍长，前中侧片鬃存在，腹侧片鬃（1–2）+3；翅透明，带淡棕黄色，翅基带黄色，前基鳞黄色，前缘刺明显；足大部黄色，仅基节、跗节及前股灰色，基节、股节大部及跗节末端较灰暗，前胫各鬃为 0、1、0、2，中股基部 1 具后腹鬃列，中胫各鬃为 0、1、1、4，后胫各鬃为 1、3、2、0；腹略带圆筒形，前腹各背板具长而明确的倒三角形黑色正中斑和不明确的狭暗色前缘带，第 6 背板亦具倒三角形黑色正中斑，第 7、第 8 合腹节被覆略密的鬃状毛，肛尾板略带心脏形，侧尾叶棕黄至亮黑，前阳基侧突后方外突上有 4 支长曲毛，第 5 腹板侧叶带状，游离在腹下，亮棕色，末端尖。

分布：浙江（安吉、临安）、江苏、上海。

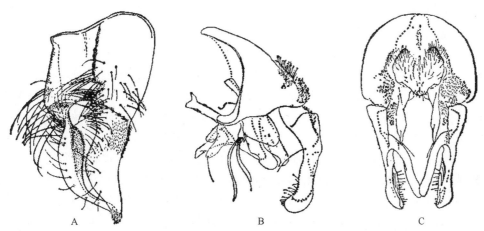

图 1-26　亮叶泉蝇 *Pegomya argacra* Fan, 1982（仿范滋德等，1988）

A.♂第 5 腹板腹侧面观；B.♂尾器侧面观；C.♂尾器后面观

（27）琴叶泉蝇 *Pegomya lyrura* Fan, 1980（图 1-27）

Pegomya lyrura Fan, 1980: 202.

　　特征：体长 7.5–9.0 mm。雄性头额宽约为前单眼宽的 1–2 倍，间额黑，最狭处狭于或 1.5–2 倍于一侧额宽。下眶鬃 8 对，侧颜表面宽稍狭于触角第 1 鞭节宽，侧颜上方则稍宽于该节。触角黑色，仅梗节末端略带棕色，触角芒几乎是裸的，基部稍增粗。后头背区具毛，后头下部大部膨隆。口前缘明显后于额前缘。下颚须黑，中喙长为高的 2 倍。胸黑色，具灰色粉被，盾片仅前中鬃列与背中鬃列间有不很明显的暗色纵条；中鬃除小盾前 1 对发达外，余均呈毛状，因此沟前有 4、5 行毛，背中鬃 2+3，肩后鬃 1+1，翅内鬃 0+2，翅前鬃约为后翅内鬃的 1.75 倍，背侧片具数个小毛，前气门灰棕色，前侧片鬃存在，腹侧片鬃 1+3；翅黄棕色透明，前缘刺短，前缘基鳞、腋瓣及缘缨、平衡棒均黄色；足除胫节和股节端部呈黄色外，余呈黑色，前胫各鬃为 0、1、0、2，中胫各鬃为 0、2、1、3，后胫各鬃为 1、3、2、0；腹略带圆筒形，具稍细的黑色正中条，第 6 背板具毛，中部具鬃，第 5 腹板突立在腹下，侧叶近于长方形，无长的毛或鬃，肛尾叶轮廓呈钝头的心脏形，侧尾叶基部腹面具毛。

　　分布：浙江（临安）、四川。

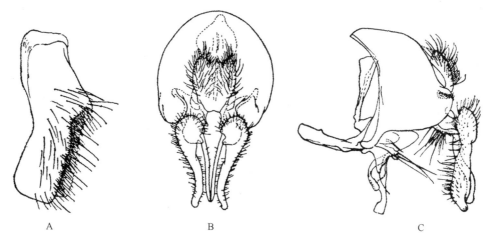

图 1-27　琴叶泉蝇 *Pegomya lyrura* Fan, 1980（仿范滋德等，1988）

A. ♂第 5 腹板侧面观；B. ♂尾器后面观；C. ♂尾器侧面观

（28）日本泉蝇 *Pegomya japonica* Suwa, 1974（图 1-28）

Pegomya japonica Suwa, 1974: 225.

Pegomya mokanensis Fan, 1980: 202.

　　特征：体长 6.0–6.5 mm。雄性额宽为一侧额宽的 1.5 倍，间额黑色，下眶鬃 6，前端尚有一小毛，头前面粉被银灰，侧颜宽为触角第 1 鞭节宽的 12 倍，颊高为侧颜宽的 2 倍，上倾口缘鬃 1 行，触角全黑，第 1 鞭节为梗节的 2 倍长，芒具极短毳毛，基部微增粗，下颚须黄、末端暗，中喙有灰色粉被，前额长为高的 2 倍；胸背粉被灰色，前盾前半有狭黑正中条，有暗色的肩后斑和斜侧斑，中鬃 3+5，仅沟前第二对和小盾前一对长大，肩后鬃 1+1，翅前鬃略长于前背侧片鬃，前中侧片鬃存在，腹侧片鬃 2+3，后气门小盾背面有毛；翅色淡褐，翅基褐，前基鳞灰褐，腋瓣淡褐、灰褐，毛暗色，平衡棒黄；足各股节黑，但最末端棕色，各胫节棕色，前胫各鬃为 0、1、0、1，中股前腹面仅有毛列，后腹鬃列完整，中胫各鬃为 0、1、1、4，后足股节前腹面端段有鬃列，后腹面端部二大部有鬃列，后胫各鬃为 2、3、3、0；腹略带锥形，粉被灰，有黑色正中条，各节前缘略有暗带，第 6 背板有粉被、缘鬃和小毛，第 7、第 8 合腹节与前节等长。

　　分布：浙江（临安）、广东；日本。

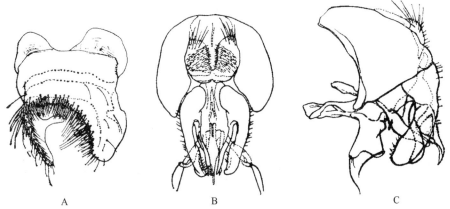

图 1-28　日本泉蝇 *Pegomya japonica* Suwa, 1974（仿范滋德等，1988）

A.♂第 5 腹板腹侧面观；B.♂尾器后面观；C.♂尾器侧面观

（29）金叶泉蝇 *Pegomya aurapicalis* Fan, 1980（图 1-29）

Pegomya aurapicalis Fan, 1980: 201.

　　特征：体长 5.0–7.0 mm。雄性额略宽于前单眼，间额在最狭点消失，下眶鬃 4–5，侧颜带棕色，宽约为触角第 1 鞭节宽的 2/3，频高为侧颜宽的 2 倍，上倾口鬃 1 行，触角几达于口前缘，梗节黄，第 1 鞭节橙灰色，触角芒具毳毛，下颚须黄，末端灰暗中喙具薄粉被，前颏长为高的 3.5 倍强；胸粉被灰色，前中鬃 3 对，肩后鬃 1+1，翅前鬃为后背侧片鬃长的 1.5 倍，前中侧片鬃存在，腹侧片鬃 1+3，小盾背面虽有毛，但中心一大片无毛；翅淡黄透明，脉黄，翅基呈微暗的黄色，前缘刺微短于径中横脉，前缘基鳞及平衡棒均黄，腋瓣黄或淡黄，下腋瓣与上腋瓣相齐或微长；足除基节略灰暗外全黑，前胫各鬃为 0、1、0、1，中股无前腹鬃，后腹面端半有鬃列，后股前腹面端部 2，有鬃列，无后腹鬃，后胫各鬃为 2、3、3、0；腹呈短钝卵形，粉被青灰，有明显的黑色正中条，第 2–4 腹板略近方形，第 5 腹板粉被灰色，侧叶瘦长，内缘具长毛列，基段有多列密毛，端部具淡黄金色绒毛。

　　分布：浙江（临安、定海）、江苏、四川、贵州。

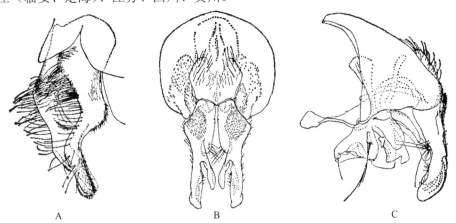

图 1-29　金叶泉蝇 *Pegomya aurapicalis* Fan, 1980

A.♂第 5 腹板腹侧面观；B.♂尾器后面观；C.♂尾器侧面观

13. 须泉蝇属 *Pegoplata* Schnabl *et* Dziedzicki, 1911

Pegoplata Schnabl *et* Dziedzicki, 1911: 108. Type species: *Pegomyia palpata* Stein, 1906.

Psiloplastinx Enderlein, 1936: 199. Type species: *Anthomyia infirma* Meigen, 1826.

主要特征：雄性有上眶鬃但极小，或无；下颚须略短而扁平，在雌性中尤甚；触角芒长羽状，仅个别种呈短羽状；位于小盾端鬃之间小盾末端的小毛非常纤细，前缘脉下面具毛或裸，下腋瓣稍比或明显比上腋瓣突出；腹扁平，后腹部不大，第 5 腹板两侧叶内缘呈倒"V"形，沿内缘呈短毛状；肛尾叶分叉或不分叉，较单纯，侧阳体为相连的左右较宽的两片，端部前缘常有若干对小突或齿。

分布：古北区、东洋区、新北区。中国记录 9 种，浙江分布 1 种。

（30）棕黄须泉蝇 *Pegoplata fulva* (Malloch, 1934)（图 1-30）

Pegomyia fulva Malloch, 1934: 14.

特征：体长 4.5–5.5 mm。雄性眼无毛，额合生，仅为前单眼宽的 1/3；间额棕色，上眶鬃、间额鬃均缺；下眶鬃 3；侧颜及头前面粉被淡黄；侧颜宽约为触角第 1 鞭节宽的 2/3；颊高与触角第 1 鞭节等宽；新月片及触角全黄；触角第 1 鞭节约为梗节的 3 倍；芒基部黄色而端部黑色，羽状，最长芒毛接近触角第 1 鞭节宽；上倾口缘鬃短，约有 4 个；口前缘退缩，明显位于额前缘之后；下颚须黄色、宽扁；喙不长，黄色。胸底色黄，黄色粉被极弱，中鬃 3+7；肩后鬃 1+1（外方的 1 个短），无翅前鬃；下前侧片鬃 1+2；前中鬃列间距稍狭于前中鬃与前背中鬃列的间距；前缘基鳞、翅及脉、腋瓣和平衡棒均为淡黄色。前胫无鬃；中胫具后背鬃 1、后腹鬃 1；后股前腹鬃疏，基半部的鬃短而端半部的鬃长；后胫具前腹鬃 1、前背鬃 2、后背鬃 2。腹及尾器全黄，第 6 腹板裸。雌性额宽等于一眼宽的 9/7；间额橙色，为侧额的 4 倍；后倾上眶鬃 2，前倾上眶鬃 1；间额鬃强大，内顶鬃、外顶鬃均发达；下颚须阔扁；翅前鬃为后背侧片鬃长的 1/4–2/3；前胫在端部 1/5 处有一短的前背鬃；中胫具前背鬃 1、后背鬃 1、后腹鬃 1；后胫具前腹鬃 2、前背鬃 2、后背鬃 2。

分布：浙江（临安）、海南、四川、贵州、云南。

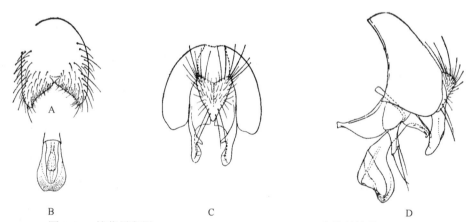

图 1-30　棕黄须泉蝇 *Pegoplata fulva* (Malloch, 1934)（仿范滋德等，1988）
A. ♂第 5 腹板腹面观；B. ♂阳茎前面观；C. ♂尾器后面观；D. ♂尾器侧面观

二、厕蝇科 Fanniidae

主要特征：眼无毛，少数具短纤毛；雄性两眼接近，雌性眼间距多变化；灰色或黑色种；腹部略有光泽，基部有时带黄色，腹部最宽处在第 1+2 合背板的后缘处。

分布：世界广布。本科全世界已知 158 种，中国记录 3 属 135 种，浙江分布 1 属 5 种。

14. 厕蝇属 *Fannia* Robineau-Desvoidy, 1830

Fannia Robineau-Desvoidy, 1830: 567. Type species: *Musca saltatrix* Robineau-Desvoidy, 1830

主要特征：体躯中型或小型（4.0–8.0 mm），眼无毛，少数具短纤毛；雄性两眼接近，雌性眼间距多变化；侧额宽阔，有直立的鬃；侧颜裸，发亮或被有略厚的粉被和生小毛；触角芒裸或具短毳毛，或不很明显；背中鬃 2+3；中鬃细毛状，略呈明显而整齐的 2 行；翅前鬃 1–2 或缺如；下前侧片鬃 1+2；翅，R_{4+5} 脉和 M 脉并行或稍微靠近，cu_1+an_1 脉短，an_2 脉长，明显弯曲到 cu_1+an_1 脉末端外侧；前缘刺缺如。足细长，中足基节具刺、纤毛或缨毛等。灰色或黑色种；腹部略有光泽，基部有时带黄色，腹部最宽处在第 1+2 合背板的后缘处。幼虫孳生在人或动物的粪便中、腐败植物或正在腐败的动物质中，也孳生在尸体中及发酵的或渍制的食物中，还生活在蜂类的巢穴或鸟巢中，也有寄生在昆虫或软体动物体内的，有不少种类的幼虫可致人皮下或肠道蝇蛆症。成蝇常飞入家屋，为疾病的媒介者。雄性常在适宜季节于树荫下绕树干，有些种可离地五六米成群回飞；雌性不与雄性一起回飞，可在附近随伴回飞。

分布：世界广布，而以古北区种类最多。中国记录 133 种，浙江分布 5 种。

分种检索表

1. 中足基节下缘具刺 ·· 2
- 中足基节下缘无刺 ·· 3
2. 中胫腹面有一瘤状隆起 ··· 瘤胫厕蝇 *F. scalaris*
- 中胫腹面无瘤状隆起 ·· 溪口厕蝇 *F. kikowensis*
3. 腹部背板上无成对的暗色纵斑，仅有正中斑条或者无斑 ··· 4
- 腹部背板灰白，第 3、第 4 背板除有暗正中斑外，尚有成对的略呈圆形的黑色侧斑 ·············· 白纹厕蝇 *F. leucosticta*
4. 腹部灰色，有正中暗色纵条 ·· 元厕蝇 *F. prisca*
- 腹部第 1+2 合背板，第 3、第 4 背板各具倒 "T" 形暗色斑，其两侧部分呈黄色 ··············· 夏厕蝇 *F. canicularis*

（31）夏厕蝇 *Fannia canicularis* (Linnaeus, 1761)（图 1-31）

Musca canicularis Linnaeus, 1761: 454.

Fannia canicularis: Wu, 1940: 339.

特征：体长 5.0–7.0 mm。复眼裸。胸部有 3 条明显的棕色纵条；前胸前侧片中央凹陷裸；翅前鬃存在。中足胫节腹面的小毛很短，最长的毛约为胫节最宽处的 1/3，具 1 根后背鬃；后足基节后内缘具毛，胫节无栉状的前背鬃，无后背鬃；后胫前腹鬃 2。腹板第 1+2 合背板，第 3、第 4 背板各具倒 "T" 形暗色斑，其两侧部分呈黄色。

分布：浙江（全省各地）、全国各地；世界各地。

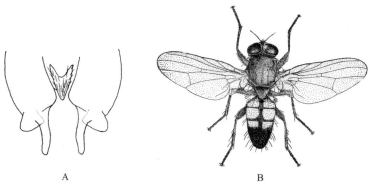

图 1-31　夏厕蝇 *Fannia canicularis* (Linnaeus, 1761)（仿 Hennig, 1955）

A.♂尾器后面观；B.♂全形图

（32）元厕蝇 *Fannia prisca* Stein, 1918（图 1-32）

Fannia prisca Stein, 1918: 154.

　　特征：体长 4.0–6.5 mm。额宽约等于触角第 1 鞭节宽。前胸前侧片中央凹陷裸；翅前鬃存在。中足第 1 分跗节基部腹面无齿状刺，胫节具 1 后背鬃；后足基节后内缘具毛，胫节无栉状前背鬃，无后背鬃，前腹鬃 2 个；股节前腹面中部无刺状鬃。腹部灰色，有正中暗色纵条。

　　分布：浙江（全省各地）、全国各地（青海、新疆、西藏不详）；蒙古国，朝鲜，日本，澳大利亚。

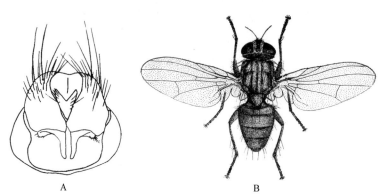

图 1-32　元厕蝇 *Fannia prisca* Stein, 1918（仿范滋德，1965）

A.♂尾器后面观；B.♀全形图

（33）溪口厕蝇 *Fannia kikowensis* Ôuchi, 1938（图 1-33）

Fannia kikowensis Ôuchi, 1938b: 20.

　　特征：体长 5.5–6.5 mm。雄性侧额和侧颜具银白色粉被；触角基节带黄色，第 1 鞭节长约为宽的 3 倍，触角芒具短毳毛，下眶鬃约 10 对。胸亮黑；翅淡褐黄色，翅基黄色；平衡棒橙黄色；腋瓣淡黄色。各足股节棕色，胫节黄色，跗节黑色；前胫端部 1/3 不增粗，无毛簇，中足基节内端具 1 刺，中股前腹面和后腹面均具短鬃列，后腹面近端部有由 9 根短鬃组成的小栉列；后足基节内后缘具小毛，后股前腹鬃 5 根以上。

　　分布：浙江（临安）、江苏；朝鲜，日本。

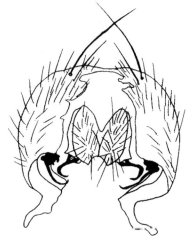

图 1-33　溪口厕蝇 *Fannia kikowensie* Ôuchi, 1938（仿 Kurahashi，1971）
♂尾器后面观

（34）白纹厕蝇 *Fannia leucosticta* (Meigen, 1838)（图 1-34）

Anthomyia leucosticta Meigen, 1838: 328.

Fannia leucosticta: Stein, 1915: 28.

　　特征： 体长 3.0–4.0 mm，体小型。侧颜无鬃；下腋瓣突出；后足基节后内缘具毛；中足第 1 分跗节基部腹面无齿状刺；腹部背板灰白，向基部去不变狭，最宽处在第 1+2 合背板后缘处，第 3、第 4 背板除有暗正中斑外，尚有成对的略呈圆形的黑色侧斑。

　　分布： 浙江（临安）、辽宁、内蒙古、河北、山西、河南、新疆、江苏、台湾；世界各地。

图 1-34　白纹厕蝇 *Fannia leucosticta* (Meigen, 1838)（仿 Hennig，1955）
♂尾器后曲观

（35）瘤胫厕蝇 *Fannia scalaris* (Fabricius, 1794)（图 1-35）

Musca scalaris Fabricius, 1794: 332.

Fannia scalaris: Hennig, 1955: 81.

　　特征： 体长 5.0–7.0 mm。间额狭于一侧额的宽度；侧颜无鬃。中股腹面中部具钝头的刺状鬃簇；中足基节具 3 根钩状刺，中胫腹面具一瘤状突起。

　　分布： 浙江（全省各地）、全国各地；世界各地。

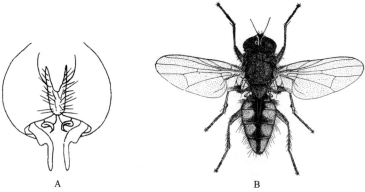

图 1-35　瘤胫厕蝇 *Fannia scalaris* (Fabricius, 1794)（仿 Hennig，1955）

A. ♂尾器后面观；B. ♂全形图

三、蝇科 Muscidae

主要特征：胸部后小盾片不突出，下侧片无鬃，夜蛾亚科有鬃但绝不成行排列；A_1+CuA_2 脉不达翅缘，A_2 脉的延长线同 A_1+CuA_2 脉延长线的相交点在翅缘的外方；后胫亚中位无真正的背鬃，有时有刚毛状鬃也偏于后背方；后足第 1 跗节无基腹鬃；雌性后腹部各节均无气门。

分布：世界已知约 4500 种。中国记录 1700 多种，浙江分布 26 属 88 种。

分属检索表

- 下颚须不很瘦长而呈末端增粗的短棒状，常在基部有若干粗短黑背鬃和在宽的末端密生淡色细毛······芒蝇属 *Atherigona*
18. 前中鬃 2 列，之间有 2 列短刚毛··毛膝蝇属 *Hebecnema*
- 前中鬃为均匀的毛状，不规则的 6 列以上···妙蝇属 *Myospila*
19. 侧颜仅具若干纤毛，下颚须端部呈匙形扩大··溜蝇属 *Lispe*
- 侧颜裸，下颚须端部不呈匙形扩大··20
20. 腹侧片鬃 3 个，排成等腰三角形，下方一个鬃位于此三角形的顶端；如下方 1 个鬃缺或后移，后倾上眶鬃 1，如为 2 则其
中前方 1 个较短、下方 1 个前气门鬃向下弯······································22
- 腹侧片鬃如为 8 个，下方的 1 个不位于等腰三角形的顶端；下方 1 个前气门鬃向上弯或不显；第 1 腹板裸··········21
21. 后基节片裸，下腋瓣无小叶··池蝇属 *Limnophora*
- 后基节片在后气门前肋和后气门前下方有小刚毛，下腋瓣具小叶························纹蝇属 *Graphomya*
22. 侧额具 2 对后倾上眶鬃···溜头秽蝇属 *Lispocephala*
- 侧额仅具 1 对后倾上眶鬃，或缺如··秽蝇属 *Coenosia*
23. 中股无近端位前背鬃··裸圆蝇属 *Brontaea*
- 中股有 1 个近端位前背鬃··24
24. 后气门下缘无黑色鬃状毛，R$_{4+5}$脉至少在基部下面有小刚毛·····························重毫蝇属 *Dichaetomyia*
- 后气门下缘无黑色鬃状毛，R$_{4+5}$通常背腹都无毛··25
25. 后胫无强大后背鬃··阳蝇属 *Helina*
- 后胫近端位具一个强大的后背鬃（距）··棘蝇属 *Phaonia*

15. 茸芒蝇属 *Acritochaeta* Grimshaw, 1901

Acritochaeta Grimshaw, 1901: 41. Type species: *Acritochaeta pulvinata* Grimshaw, 1901.

主要特征：雄性下颚须瘦长棒状，端部往往略粗或侧扁；雌性下颚须常呈宽而侧扁的弧形带状；触角大多黑色；头侧面观一般呈长方形或近于方形。前中鬃毛列通常为 4–5 行或 3–4 行，即在盾沟紧前方有 4–5 行；小盾基鬃为侧鬃长之半；小盾中心小毛常较多，在 20 个左右。r-m 横脉位于 dm 室前缘的中央或稍偏于端方。前股通常近端背面有一浅凹，少数则不具有浅凹，有时有若干端位后背鬃，有时端部有一弯的前鬃；后股端半及后胫基半有时均有腹脊；第 5 背板有异形鬃或异常鬃。

分布：世界广布。中国记录 3 种，浙江分布 1 种。

（36）东方茸芒蝇 *Acritochaeta orientalis* (Schiner, 1868)（图 1-36）

Atherigona orientalis Schiner, 1868: 295.

Acritochaeta pulvinata Grimshaw, 1901: 42.

特征：体长 3.5–5.5 mm。雄性间额大多黄而向后去稍棕，偶见较暗；单眼三角、头顶附近及后头底色暗，粉被带灰色至淡灰黄色；头前面其余部分底色黄，粉被亦较淡；侧额不发亮，内倾下眶鬃 5–6 对；侧颜宽约为触角第 3 节宽之半；触角黑，基节、梗节、第 1 鞭节最基部及芒基部暗黄色；下颚须球棒状、色暗黄，端半下面密生立茸毛。胸底色暗，密覆淡灰黄色粉被，三暗纵条完整；前中毛列通常 3、4 列乃至 5 列，肩胛及小盾端缘黄，侧板大部及前胸基腹片暗；小盾中心小毛较多。翅透明，前缘基鳞黄色，腋瓣稍带黄色；平衡棒黄色。足大部黄色，前股端部有时暗色，前胫至多端部小半暗色；前跗除第 1 分跗节有时带些黄色外大部稍暗，既不变形亦无特殊的毛；后胫有时部分稍暗，后足基部几个分跗节亦稍暗。腹底色大部黄色，粉被灰黄色；第 1+2 合背板仅有 1 对横宽无粉被斑；第 3、第 4 背板各有 1 不全的暗中条和 1 对暗色三角斑，第 5 背板有 1 对更小的暗点斑。雌性间额全黄，有时后端稍暗；触角梗节部分较暗；下颚

须细长而等粗微弯，至少端半稍暗，亦有全呈黄色。盾片纵暗条有时隐约可见。足大部黄；前胫无亚端鬃。腹底色黄，第 1+2 合背板及第 3 背板无侧点斑，但暗色中条较明显，第 3 背板有时有斑而无正中条。

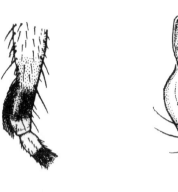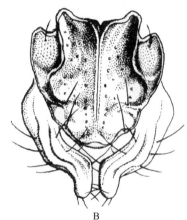

图 1-36　东方茸芒蝇 *Acritochaeta orientalis* (Schiner, 1868)（仿范滋德，2008）
A. ♂前股端部后面观；B. ♂尾器后面观

分布：浙江（临安）、陕西、江苏、上海、湖北、江西、湖南、福建、台湾、广东、海南、香港、四川、贵州；日本，中亚地区，巴基斯坦，印度，尼泊尔，孟加拉国，泰国，斯里兰卡，菲律宾，马来西亚，印度尼西亚，北美洲，澳大利亚，非洲，南美洲。

16. 芒蝇属 *Atherigona* Rondani, 1856

Orthostylum Macquart, 1851: 245. Type species: *Orthostylum rufipes* Macquart, 1851.

Atherigona Rondani, 1856: 97. Type species: *Atherigona varia* Meigen, 1826.

主要特征：雄性下颚须瘦长棒状，端部往往略粗或侧扁；雌性下颚须常呈宽而侧扁的弧形带状；触角大多黑色；头侧面观一般呈长方形或近于方形。前中鬃毛列通常为 4–5 行或 3–4 行，即在盾沟紧前方有 4–5 行；小盾基鬃为侧鬃长之半；小盾中心小毛常较多，在 20 个左右。r-m 横脉位于 dm 室前缘的中央或稍偏于端方。前股通常近端背面有一浅凹，少数则不具有，有时有若干端位后背鬃，有时端部有一弯的前鬃，后股端半及后胫基半有时均有腹脊；第 5 背板有异形鬃或异常鬃。

分布：世界广布。中国记录 32 种，浙江分布 7 种。

分种检索表

不突出 ………………………………………………………………………………………… 黑须芒蝇 **A. atripalpis**

- 雄性前足股节基部 1/4 黄色，尾节凸起正中突和两侧 1 对大小相仿，黄色；三叶状突中叶末端有一裂口，侧叶内缘亚基部
突出 ………………………………………………………………………………………… 粟芒蝇 **A. biseta**

（37）黑须芒蝇 *Atherigona atripalpis* Malloch, 1925（图 1-37）

Atherigona atripalpis Malloch, 1925: 116.

　　特征：体长 3.0–4.0 mm。雄性间额棕黄，头大部底色暗，头前面粉被淡灰黄色；内倾下眶鬃 4；触角棕黑；下颚须黑，末端有些淡色毛；前额棕黑。胸底色黑，覆黄色粉被；盾片暗色纵条弱；小盾中心有小毛 10 个左右；前胸基腹片棕黑。翅透明无晕；腋瓣白，下腋瓣带淡黄白色，平衡棒黄。足大部黄色，前股端部小半、前胫端部大半和前跗黑，后者不变形亦无纤毛等特殊装备；中足、后足有时跗节稍暗。腹底大部黄色，覆有淡色粉被；第 1+2 合背板无色斑或有不明显的弱暗斑；第 3、第 4 背板分别有一略完整和不完整的暗中条、1 对占节长大部的暗色长方纵斑和占节长小部的暗色卵形点斑；第 5 腹板有 1 对更小的圆形暗弱点斑。尾节突起通常棕色至黑褐色，为 1 横列的三分叉形，正中突狭小并明显低于两侧突，各突末端都圆钝；三叶状突及柄全黑，中叶后面观端部呈短菱形，末端不凹入，侧面观端半稍增厚，短鬃、侧鬃间几乎等距；柄细长等粗，长约为侧叶长的 3 倍；侧叶内侧基半有小叶，肩明显，后方略向后突出。雌性间额黑，侧额粉被淡灰，下颚须暗色、细长弧形。盾片有弱的暗色 3 纵条，肩胛及小盾端带黄色。前股除基部外，前胫端部大部及各足跗节暗棕。腹底色黄，第 3、第 4 背板各有 1 暗中线及 1 对长三角形暗斑；第 5 背板仅有 1 对暗小点斑。产卵器：第 6 腹板主片舌形，前圆后方，长宽比约为 2∶1，后缘片狭于主片，有 4 缘鬃。

　　分布：浙江（临安）、山西、河南、江苏、上海、湖北、湖南、福建、广东、海南、重庆、四川、贵州、云南；印度，尼泊尔，缅甸，斯里兰卡，菲律宾，印度尼西亚，澳大利亚。

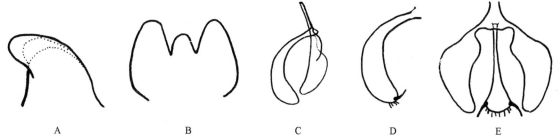

图 1-37　黑须芒蝇 *Atherigona atripalpis* Malloch, 1925（仿 Pont，1973）
A. ♂尾节突起侧面观；B. ♂尾节突起前面观；C. ♂三叶状突侧面观；D. ♂三叶状突侧面观；E. ♂三叶状突后面观

（38）粟芒蝇 *Atherigona biseta* Karl, 1939（图 1-38）

Atherigona biseta Karl, 1939: 279.

　　特征：体长 3.0–4.5mm。雄性间额黑褐，头前面粉被淡灰，后头上部亮褐，侧颜宽约为触角第 1 鞭节宽的 1/3，髭黑，触角黑褐，芒具短毳毛，芒基略淡，梗节长为粗的 2 倍；下颚须黑，末端有些淡色毛。胸底色暗，具密的灰色粉被，肩胛小盾端部及侧板前方常带黄色；盾片 3 暗纵条弱。翅透明，r_{4+5} 室端部两脉轻度抱合；腋瓣白，平衡棒淡黄。足：大部黄色，但前股除基部 1/4 及膝端外大部呈黑色，前胫大部黑色，前足跗节全黑；中足、后足仅跗节暗色，有时后胫甚至中胫亦微带暗色。腹底色黄，覆灰黄粉被，第 1+2 合背板有弱棕色侧斑，但有时不显；第 3 背板有略呈长三角形暗侧斑及弱中条，第 4 背板有卵形暗侧斑及不全中条，第 5 背板至多有 1 对微弱的暗色点斑。尾节突起黄，三尖端前面观末端均圆钝、几乎等大，而两侧突稍高于正中突并前倾略见收尖，有时正中突末端略平；三叶状突的中叶端部后面观呈短菱形，末端

正中裂口深，端鬃间距不大于它与侧鬃间距之半，侧面观弧形，端半部略增厚，后缘不发达较平；侧叶内缘无小叶，最宽处在基部 1/3，向端部去渐收狭，稍短于中叶。雌性下颚须线状微弯、全黑；前股除最基部外几乎全黑，前胫黑；腹第 3、第 4 背板暗色侧斑较雄性为大，略呈长方形，第 5 背板有成对暗色小圆点斑。第 7 腹板：主片前宽后稍狭，长为宽的 3 倍弱，前后主片等长且两侧相连，前主片前端圆钝，后缘弧形凹入，后主片倒梯形，后缘方；后缘片三角形与主片后缘等宽，有 5 缘鬃。

分布： 浙江（安吉）、黑龙江、吉林、辽宁、河北、山西、山东、陕西、甘肃、福建、台湾、四川；俄罗斯，日本。

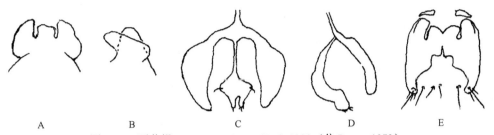

图 1-38　粟芒蝇 *Atherigona biseta* Karl, 1939（仿 Pont，1973）

A. ♂尾节突起前面观；B. ♂尾节突起侧面观；C. ♂三叶状突后面观；D. ♂三叶状突侧面观；E. ♀第 8 背板

（39）钝突芒蝇 *Atherigona crassibifurca* Fan *et* Liu, 1982（图 1-39）

Atherigona crassibifurca Fan *et* Liu, 1982: 8.

特征： 体长 3.0 mm。雄性间额褐色至黑色；触角全黑色，第 1 鞭节侧面观相当宽；芒基增粗，部分芒长超过下颚须长的一半，大部带黑色，但至少端部绒毛带白色；下颚须黑。前股端半黑而膝部黄，前胫几乎全黑，前足跗节黑，端部有前背毛；第 1+2 合背板有 3 个灰色或棕色斑，各背板有 1 对棕色小点斑；尾器突起二分叉，分叉部分不深凹，基部也不很高；三叶状突的侧叶末端圆。雌性不详。

分布： 浙江（安吉）、广东。

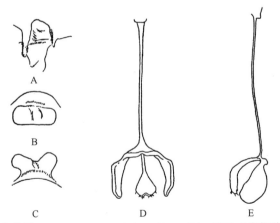

图 1-39　钝突芒蝇 *Atherigona crassibifurca* Fan *et* Liu, 1982（仿范滋德，1982）

A. ♂尾节突起侧面观；B. ♂尾节突起背面观；C. ♂尾节突起前面观；D. ♂三叶状突后面观；E. ♂三叶状突侧面观

（40）大叶芒蝇 *Atherigona falcata* (Thomson, 1869)（图 1-40）

Coenosia falcata Thomson, 1869: 560.

Atherigona nudiseta megaloba: Fan, 1965: 69.

特征： 体长 2.5–5.0 mm。雄性间额全黄色，头前面粉被淡灰黄色，侧额内缘不发亮；内倾下眶鬃 4；

触角第 1 鞭节基部及基节、梗节黄，第 1 鞭节大部黑色，为梗节长的 3 倍余至近 4 倍；芒基半黄，第 2 小节长为粗的 1.5 倍；下颚须全黑。胸底色黑，密具淡灰黄色粉被，盾片无明显暗纵条，小盾末端通常不黄。翅透明，亚缘室端无暗晕，有时在 r_{2+3} 室末端有微晕并及 M 脉末端两侧；腋瓣及平衡棒呈很淡的黄白色。足全黄色，仅有时在前胫末端及前足第 1 分跗节可见稍呈暗色，有时前跗端部 3、4 个分跗节前背毛略长密。腹底色黄，第 3 背板有 1 对不及节长之半的卵形黑斑，第 4 背板有 1 对小圆黑点斑，其余部分无斑。雌性间额稍狭，翅透明，前股端部小半、前胫端部大半及前跗大部暗色。腹黄，第 3、第 4 两背板各有 1 对暗色小圆点斑，有时有不明显的正中条，第 5 背板通常无斑。产卵器：第 6 腹板主片高水缸形，长约为宽的 1.5 倍，第 7 背板前片骨化部略呈短棍棒形，后缘鬃 10，其中较强的 4 鬃各着生于 1 骨化点上；第 7 腹板主片略呈腰鼓形，长宽比为 7 : 3。

　　分布：浙江（临安）、北京、天津、河北、山西、山东、河南、江苏、上海、湖北、江西、湖南、福建、台湾、广东、海南、香港、广西、四川、贵州、云南；印度，尼泊尔，孟加拉国，缅甸，斯里兰卡，菲律宾，澳大利亚，巴布亚新几内亚，非洲。

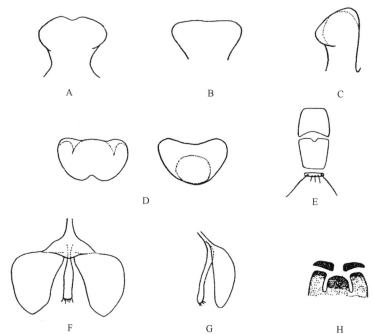

图 1-40　大叶芒蝇 *Atherigona falcata* (Thomson, 1869)（仿 Pont，1973）
A.♂尾节突起前面观；B.♂尾节突起前面观；C.♂尾节突起侧面观；D.♂尾节突起；E.♀第 7 腹板；F.♂三叶状突后面观；
G.♂三叶状突侧面观；H.♀第 8 背板前部

（41）庞特芒蝇 *Atherigona ponti* Xue *et* Yang, 1998（图 1-41）

Atherigona ponti Xue *et* Yang, 1998: 329.

　　特征：体长 3.5 mm。雄性额中部宽约为头宽的 1/3；间额暗褐色，为侧额中部的 2.5 倍宽；下眶鬃 5；上眶鬃缺如；单眼鬃约等于间额宽；侧额和侧颜棕灰色具灰黄色粉被；髭角、口缘和颊部黄色；侧颜中部约为触角宽的 1/3；触角全为黑褐色，第 1 鞭节端部宽大；颊高约等于侧颜宽；下颚须黑褐色；唇瓣大。胸暗黑，肩胛黄；小盾和翅后胛褐色；盾片无斑条；前中鬃呈 2 列刚毛状；小盾前 1 对中鬃粗大；前背中鬃 2；后背中鬃在后半部有 3 根明显；后翅内鬃 2；翅前鬃体毛状；小盾端鬃比小盾基鬃长大；前侧片鬃 2，前气门鬃 1，刚毛状，附近具 23 根小毛；腹侧片鬃呈三角形排列。翅透明；前缘基鳞棕色；前缘刺极短小；脉黄色，前缘脉除基部外腹面裸；腋瓣近圆形，淡黄色；下腋瓣为上腋瓣的 1.5 倍长；平衡棒黄色。前股近端部具环状暗褐色斑，斑长约等于股节长的 1/3，前胫端半部黑色，前跗节黑褐色；足其他各节均黄色，各足爪及爪垫短小；前股近端位后腹鬃 1，后背鬃列明显，前胫无明显的鬃，中股近端位后背鬃 1，中胫中位后鬃 1；后股除前背鬃列外无其他明显的鬃，后胫亚中位前腹鬃 1，中位前背鬃 1，端部 1/3 处具 1 短小后背鬃。腹部背面观呈卵形，大部为黄色；第 3 背板中部后方略带棕色，第 3、第 4 背板各具 1 对黑褐色斑，第 3 背板斑向前方伸延；第 2 腹板长大且具黑色鬃毛。雌性不详。

分布：浙江（安吉）。

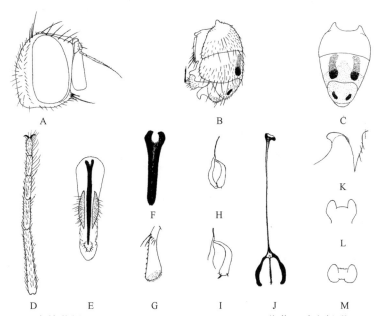

图 1-41　庞特芒蝇 *Atherigona ponti* Xue *et* Yang, 1998（仿薛万琦和杨明，1998）
A.♂头部侧面观；B.♂腹部侧面观；C.♂腹部背面观；D.♂前足跗节背面观；E.♂中喙背面观；F.♂上唇背面观；G.♂下颚须；H.♂三叶状突中叶侧面观；I.♂三叶状突侧面观；J.♂三叶状突后面观；K.♂尾节突起侧面观；L.♂尾节突起前面观；M.♂尾节突起腹面观

（42）稻芒蝇 *Atherigona oryzae* Malloch, 1925（图 1-42）

Atherigona oryzae Malloch, 1925: 117.

Atherigona samoaensis Malloch, 1929: 159.

特征：体长 3.0–3.5 mm。雄性间额棕黑；头顶、单眼三角及后头底色暗，覆有灰色粉被；头前面及下部底色黄，覆淡黄白粉被；内倾下眶鬃 4；髭黑，触角暗色，第 1 鞭节最基部及基节、梗节部分黄色；下颚须全黄色，基部有时稍带灰黄色。盾片、小盾底色暗，肩胛及小盾末端黄色；前胸基腹片棕色，侧板底色大部暗；胸覆有较密的淡灰黄色粉被，盾片具不很明显的 3 条暗纵条。翅透明，有时亚缘室末端有轻微暗晕；腋瓣淡黄色，平衡棒黄色。足大部黄色；前股有时端部至多约 1/4 有灰色斑；前胫端半左右黑色，无鬃；前跗无特殊纤毛，大部暗色，端部的 1 个至数个分跗节淡色，中足、后足黄色，后跗有时基部暗。腹底色黄，覆淡色粉被；第 3 背板有 1 对约占节前方 3/4 长度的长形暗斑；第 4 背板有 1 对约占节长 1/3 的卵形暗点斑；第 5 背板有时有 1 对更小暗点斑。雌性下颚须橙黄色，基部常略暗、细长弯曲。前股大部黑色，仅基部 1/4 黄色；前胫最基部黄色；前跗全黑色；中足、后足大部黄色，唯后胫部分以至大部棕色；中足、后足跗节暗棕色。腹底色黄，覆黄色粉被；第 1+2 合背板常有 3 个无粉被淡棕色斑；第 3 背板常有 1 不全的棕色正中线和 1 对不及节之半的暗色三角斑或较小的棕色点斑；第 4 背板有 1 对暗色小三角形点斑或很小的不明显的棕色点斑；第 5 背板至多有 1 对很小的点斑，第 6 腹板主片长方形，长宽比为 7：5，第 7 背板主片全角长宽比为 25：19，第 7 腹板主片全角长宽比为 2：1，前主片正方形，后主片钵形。

分布：浙江（安吉、临安）、辽宁、河北、山西、河南、江苏、上海、湖北、湖南、福建、台湾、广东、海南、广西、四川；日本，巴基斯坦，印度，尼泊尔，孟加拉国，缅甸，斯里兰卡，菲律宾，马来西亚，印度尼西亚，澳大利亚。

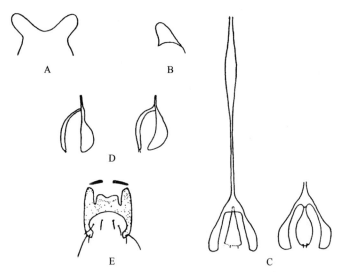

图 1-42　稻芒蝇 *Atherigona oryzae* Malloch, 1925（仿 Pont，1973）

A.♂尾节突起前面观；B.♂尾节突起侧面观；C.♂三叶状突后面观；D.♂三叶状突侧面观；E.♀第 8 背板

（43）毛蹠芒蝇 *Atherigona reversura* Villeneuve, 1936（图 1-43）

Atherigona reversura Villeneuve, 1936: 11.

Atherigona bella sinobella Fan, 1965: 69.

　　特征：体长 3.0–4.0 mm。雄性间额前半橙黄色，后半黑褐色；头其余部分底色黄，粉被淡灰黄色，仅侧额有时沿内缘发亮；内倾下眶鬃 4；侧颜宽约为触角第 1 鞭节宽之半；触角基节、梗节及第 1 鞭节最基部带黄色，第 1 鞭节黑色，芒基常带黑色；下颚须全黄色；前额亮黑色，盾片及小盾大部底色暗，肩胛及小盾端黄色，前胸基腹片黄色；盾片黄灰色粉被密，3 暗色纵条常明显；小盾中心小毛在 10 个以上。翅透明，腋瓣淡黄色，其中下腋瓣黄色稍显；平衡棒黄白色。足大部黄色；前股近端部及前胫端部大部黑色；前跗亦黑色，第 1 分跗节前腹、后腹两面各有黑色疏的立纤毛列，纤毛长约等于节粗，其余各分跗节两侧亦有较短疏立黑纤毛，且前背毛列稍长。腹底色黄、粉被淡黄，第 3、第 4 两背板各有 1 对略占节长之半的黑色长方形纵斑，有时尚有不全的弱暗色正中条；第 5 背板带有 1 对小暗卵形点斑。雌性下颚须黄色、

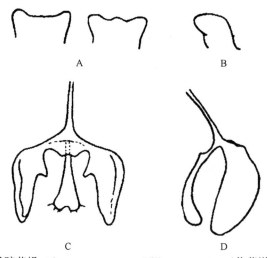

图 1-43　毛蹠芒蝇 *Atherigona reversura* Villeneuve, 1936（仿范滋德，1965）

A.♂尾节突起前面观；B.♂尾节突起侧面观；C.♂三叶状突后面观；D.♂三叶状突侧面观

线状。前股除端部暗色外大部黄色，前胫除基部黄色外大部暗；前跗暗棕色，具黑色立纤毛；中足、后足黄色。腹底色黄、粉被灰黄色，第 1、第 2 合背板常有暗中条；第 3、第 4 两背板常有弱暗中条和约占节长之半的暗三角形点斑；第 5 背板有 1 对小暗点斑。

分布：浙江（临安）、天津、河北、山西、河南、江苏、上海、湖北、湖南、福建、台湾、广东、海南、重庆、四川、云南；日本。

17. 裸圆蝇属 *Brontaea* Kowarz, 1873

Brontaea Kowarz, 1873: 461. Type species: *Anthomyia polystigma* Meigen, 1826.

Anaclysta Stein, 1919: 138. Type species: *Limnophora ultipunctata* Stein, 1903.

主要特征：复眼大。前胸基腹片无毛。r_{4+5} 室在端部变狭，R_{4+5} 脉基部及径脉结节的背腹两面均裸。第 1 腹板较宽大，边缘总是具刚毛。成蝇访花；幼虫孳生在哺乳动物粪便中，主要在牛粪中，也有在马粪、人粪和象粪中，3 龄幼虫具有肉食性，捕获其他双翅目幼虫；有的卵具短的端角。

分布：世界广布。中国记录 11 种，浙江分布 2 种。

（44）升斑裸圆蝇 *Brontaea ascendens* (Stein, 1915)（图 1-44）

Limnophora ascendens Stein, 1915: 32.

Brontaea ascendens: Kowarz, 1873: 461.

特征：体长 4.0–4.5 mm。雄性侧颜上部无粉被呈亮黑色；侧额鬃毛不达侧颜。前胸基腹片侧缘无刚毛；肩后鬃发达；背中鬃 2+4；前中鬃列间距小于它与背背中鬃列间距。M 脉末端稍向前弯曲；R_1 脉无毛；R_{4+5} 脉基部及径脉结节的背腹两面均裸。足全黑；中足胫节后鬃 1。腹部正中淡色条狭，第 4 背板具 1 对大型三角斑，第 5 背板具 1 对狭条；前方 3 个腹节的底色呈淡棕色半透明；第 1 腹板较宽而突出，具若干明显的刚毛；尾器小，侧尾叶内侧无明显分支，肛尾叶沿其内侧常愈合。雌性不详。

分布：浙江（临安）、河南、陕西、江苏、上海、江西、湖南、福建、台湾、广东、海南、四川、贵州、云南；日本，印度，缅甸，泰国，斯里兰卡，印度尼西亚。

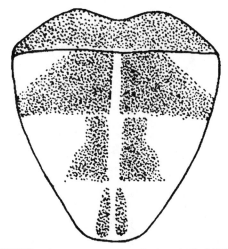

图 1-44　升斑裸圆蝇 *Brontaea ascendens* (Stein, 1915)（仿范滋德，1965）

♂腹部背面观

（45）花裸圆蝇 *Brontaea tonitrui* (Wiedemann, 1824)（图 1-45）

Anthomyia tonitrui Wiedemann, 1824: 52.

Brontaea tonitrui: Pont, 1986: 155.

特征：体长 4.0–4.5 mm。雄性中胸盾片在沟前靠前方有 1 对黑斑，紧沿沟后有黑色横带，该横带的宽约为盾片沟后部分长的 1/2；肩后鬃发达；前中鬃列间距小于前背鬃列间距，背中鬃 2+4。M 脉末端稍向前弯曲。足部分带棕色；中足胫节后鬃 1。腹部第 3、第 4 背板各沿后缘两侧有黑色横斑，各在前缘正中有 1 棕色点斑；第 5 背板沿后缘有棕色小斑；第 1 腹板较宽而突出，具若干明显的刚毛；尾器小，侧尾叶内侧无明显分支；肛尾叶沿其内侧常愈合。雌性不详。

分布：浙江（安吉）、上海、福建、台湾、广东、贵州、云南；巴基斯坦，印度，尼泊尔，斯里兰卡，马来西亚，非洲。

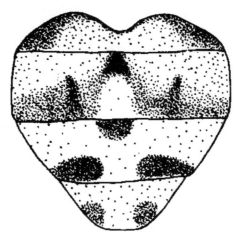

图 1-45　花裸圆蝇 *Brontaea tonitrui* (Wiedemann, 1824)（仿范滋德，1965）

♂腹部背面观

18. 秽蝇属 *Coenosia* Meigen, 1826

Coenosia Meigen, 1826: 210. Type species: *Musca tigrina* Fabricius, 1775.

Xanthorrhinia Ringdahl, 1945: 20. Type species: *Anthomyza fulvicornis* Zetterstedt, 1845.

主要特征：两性额在头顶宽小于头宽的 1/4，向前去额稍加宽；额三角通常不超过额中部；单眼鬃显著小，呈短细毛状；后倾上眶鬃 2 对；内倾下眶鬃常 2 对；触角第 1 鞭节长约为梗节的 2 倍；芒羽状，小毛达芒末端；背中鬃 2（1）+3，如具 2 对前背中鬃，则第 1 前背中鬃明显短于第 2 前背中鬃；腹侧片鬃 3，常呈等腰三角形排列。小盾基鬃和端鬃均发达；下腋瓣长通常约为上腋瓣的 1.5 倍；中股具近端后鬃 1；中胫常具 2 后背鬃；后胫具 1 前腹鬃、2 前背鬃和 2 后背鬃。

分布：世界广布。中国记录 140 种，浙江分布 11 种。

分种检索表

1. 中股节、后股节至少基部 1/4 黄色 ·· 短阳秽蝇 *C. breviaedeagus*
- 中股节、后股节几乎全部黑色或暗褐色 ··· 2
2. 下腋瓣显著小，至多约为上腋瓣长的 3/5 ··· 3

- 下腋瓣长接近或长于上腋瓣 ·· 4
3. 股节基半部腹面具大量细长毛 ··· 缨足秽蝇 *C. fimbripeda*
- 股节腹面正常 ··· 长足秽蝇 *C. longipeda*
4. 触角第1鞭节前下端具锥突状 ·· 黄路秽蝇 *C. flaviambulans*
- 触角第1鞭节前下端不具锥突状 ··· 5
5. 股节除末端外均为黑色或暗褐色 ··· 黑角秽蝇 *C. nigricornis*
- 至少中股节、后股节基部黄色 ··· 6
6. 前股至少基部2/3黑色 ·· 7
- 前股几乎均为黄色或端部2/3背面黑色 ··· 9
7. 中股、后股均为黄色 ·· 山栖秽蝇 *C. monticola*
- 中股、后股至少端部1/4具暗色 ··· 8
8. 第1–4分跗节黄色；腹部具明显的中斑条和侧斑；肛尾叶侧无毛 ········· 黄杂秽蝇 *C. flavimixta*
- 跗节黑色；腹部无正中条；肛尾叶侧缘具密毛 ····································· 大秽蝇 *C. grandis*
9. 盾片不具斑条 ··· 帽儿山秽蝇 *C. mandschurica*
- 盾片具斑条 ··· 10
10. 额三角达额上部1/3，各股节无斑 ··· 匙叶秽蝇 *C. spatuliforceps*
- 额三角达额中部，各股节端部具环状暗黑色斑 ····························· 葫尾秽蝇 *C. lagenicauda*

（46）短阳秽蝇 *Coenosia breviaedeagus* Wu *et* Xue, 1996（图 1-46）

Coenosia breviaedeagus Wu *et* Xue, 1996: 418.

Coenosia leigongshana Wei *et* Yang, 2007: 480.

特征：体长 3.2–3.5 mm，翅长 3.0–3.2 mm。雄性宽为头宽的 0.32–0.36 倍，额侧缘平行，额和侧颜具浓密的银白色粉被，额三角位于额上部的 1/3–2/5，单眼鬃长度短于额宽，内顶鬃长大，无外顶鬃，后顶鬃约与单眼鬃等长，上眶鬃 1，后倾，下眶鬃 3，侧颜中部稍狭于触角宽，触角黑褐色，第 1 鞭节为梗节长的 2 倍，其前下缘呈锐角，但绝不呈锥状尖，芒基部 4/5 具短纤毛，最长芒毛长于芒基宽，颊和后头粉被灰色至淡灰色，颊高约为复眼高的 1/10 弱，中喙无粉被，发亮，下颚须黑褐色，复眼裸，下后缘不凹入；胸部底色黑，粉被淡灰色，盾片和小盾片的粉被为棕灰色，盾片具 3 条褐色狭条，中鬃呈 2 列整齐的长刚毛状，背中鬃 1+3，翅内鬃 0+2，小盾基鬃和端鬃均长大，前侧片鬃 2，前气门鬃 2，腹侧片鬃呈三角形排列，腋瓣白色，下腋瓣长大，为上腋瓣长的 2.5 倍；翅透明，前缘刺短小，平衡棒黄色；各足转节、胫节和中股及后股的大部为黄色，前股黑色，跗节和中股及后股端部背面为褐色，基节大部黑色，前胫中位后腹鬃长大，超过该胫节长的 1/2，中股前腹鬃列为刚毛状，其基半部较长，约为该胫节横径的 2 倍长，具 2 根粗大的前鬃，端位后背鬃 2，基部 2/3 具 4–5 根较长的后腹鬃，中胫近中位前背鬃和后背鬃均发达，基部 2/3 具 3–4 根长的后腹鬃，端位后背鬃 1，后胫前腹鬃和前背鬃着生于同一截面上，近端位背鬃 1，约等于上方的前背鬃长，端位前背鬃略短，后足跗节略短，各足爪垫为半圆形；腹部底色黑，粉被蓝灰色，背面观近卵形，第 3–5 背板正中条和侧斑均褐色，体毛疏少，各背板后缘鬃短小，第 1 腹板裸，第 2–4 腹板端部各具 1 对长毛，第 7 和第 8 合背板具 2 根后缘鬃。雌性间额、侧额和侧颜粉被灰色至灰棕色，额三角粉被棕灰色，位于额上半部，前股端部不像雄性带黄色，全黑，中股和后股基半部黄色，跗节暗褐色，腹部侧斑小，正中条亦不很明显。

分布：浙江（安吉、庆元）、贵州。

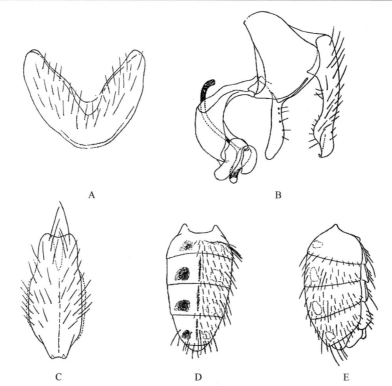

图 1-46　短阳秽蝇 *Coenosia breviaedeagus* Wu *et* Xue, 1996（仿吴鸿和薛万琦，1996）
A. ♂第 5 腹板腹面观；B. ♂尾器侧面观；C. ♂肛尾叶后面观；D. ♂腹部背面观；E. ♂腹部侧面观

（47）黄路秽蝇 *Coenosia flaviambulans* Xue, 1997（图 1-47）

Coenosia flaviambulans Xue, 1997: 1507.

特征：体长 2.8–3.0 mm。雄性复眼裸，额宽为头宽的 0.36 倍，往前稍收狭，间额黑褐色，间额为一侧额宽的 2.5 倍，额三角呈正三角形，位于额上方，具灰色粉被，下距 2，其间有 1 根刚毛，上鬃 1，后倾，单眼弱，短于额前部的宽度，单眼后鬃长于单眼鬃，外顶小，内顶第 3 节长为宽的 2.5 倍，其末前缘具锥形突起，芒全长具短纤毛，毛长约等于芒基宽；角位于额角之后，髭位于眼下缘之上，高不超过眼高的 1/10，短毛、下后头和后头背区毛均黑；下须黑色，有时基部呈褐色，前颊发亮，唇瓣小。胸部黑色，盾前具蓝灰色粉被，后方粉被灰棕色，盾片具 3 条不明显的褐色条，中鬃呈粗刚毛状，列间距小，背中鬃 1+3，翅内 0+2，无翅前鬃；小盾基鬃和端鬃发达，前侧片鬃 1，前气门鬃 2，下方 1 根下倾，腹侧片鬃呈三角形排列，下方 1 根靠近前方 1 根。翅淡棕色，透明，前缘基鳞淡黄色，前缘刺短小，前缘脉达 M 脉末端，其腹面具小刚毛；平衡棒黄色，腋瓣淡黄色，下腋瓣长舌状，长为宽的 1.5 倍，明显突出。足除中足和后足基节呈棕色外，其余各节全黄色；前胫亚中位后腹鬃 1；中股基半部具前鬃列 4–5 根，基部具 2–3 根前腹鬃，基部后腹鬃 1，近中位后腹鬃 1，端位后背鬃 2，中胫亚中位前鬃 1，中位后背鬃 1；后股前腹鬃约 5 根，在端半部的 2 根长大，亚基位具 1–2 根短小的后腹刚毛，中位具 1 根长大的后腹鬃，后胫前腹鬃 1，前背鬃 1，端位背鬃 1；各足爪及爪垫短小。雄腹部第 1–3 背板和第 1–4 腹板呈透明黄色，第 1–3 背板正中斑条褐色，第 4、第 5 背板暗黑色，分别具 1 对长条黑斑，第 1 腹板裸，第 5 腹板侧叶宽大，第 9 背板黑褐色，肛尾叶后面观宽为长的 3/7；雌腹卵锥形，第 1+2 合背板基部和两侧以及第 3 背板的腹缘呈黄色，其他部分均为暗黑色，第 3–5 背板背面分别具 1 对卵形或长卵形暗褐色斑。

分布：浙江（安吉）、四川。

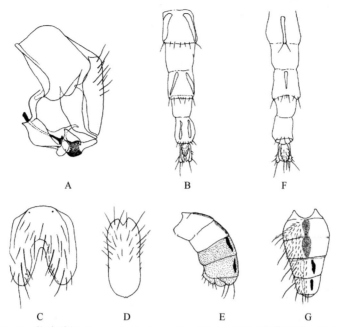

图 1-47　黄路秽蝇 *Coenosia flaviambulans* Xue, 1997（仿薛万琦，1997）

A. ♂尾器侧面观；B. ♀产卵器背面观；C. ♂第 5 腹板腹面观；D. ♂肛尾叶后面观；E. ♂腹部侧面观；F. ♀产卵器腹面观；G. ♂腹部背面观

（48）黄杂秽蝇 *Coenosia flavimixta* Feng *et* Xue, 1998（图 1-48）

Coenosia flavimixta Feng *et* Xue, 1998: 79.

特征：体长 3.3 mm。雄性额为头宽的 2/5，中部稍宽，间额暗褐色，为一侧额宽的 4 倍，额三角粉被灰色，达额下方 1/4 处，单眼鬃等于或长于额宽，后顶鬃短于上眶鬃，后倾上眶鬃 1，短于额宽，下眶鬃 3，第 2 对短小，侧额、侧颜和颊具灰色至淡灰色粉被，侧颜略宽于触角第 1 鞭节的 1/2，触角基节、梗节暗褐色，第 1 鞭节褐色，第 1 鞭节为梗节长的 2.5 倍，前下缘略呈直角，芒呈短纤毛状，芒毛长不超过芒基宽，髭角明显位于额角之后；颊约为眼高的 1/9，复眼下后缘不凹入，下颚须棕色，基半部带暗棕色，约等于前额长，前额发亮，长约为高的 3 倍；胸部粉被灰色，侧板褐色，盾片和小盾片黑褐色，盾片黑褐色条不明显，中鬃 0+1，背中鬃 1+3，翅内鬃 0+2，小盾基鬃和端鬃均发达；前侧片鬃和前气门鬃各 2，腹侧片鬃呈三角形排列。翅透明，脉大部为黄色，前缘基鳞棕色，前缘刺很短小，前缘脉终止于 M 脉末端；腋瓣淡黄色，下腋瓣约为上腋瓣长的 1.5 倍，平衡棒黄色。各足基节和股节大部褐色，转节、股节端部、胫节和前足跗节黄色，中足和后足跗节及股节基部淡棕色，各足跗节分别长于胫节；前胫具亚中位后腹鬃 1；中股无前腹鬃，前刚毛列亦不明显，基部 2/5 具 3 根后腹鬃，端位后背鬃 2，中胫无前背鬃，中位后背鬃 1；后股

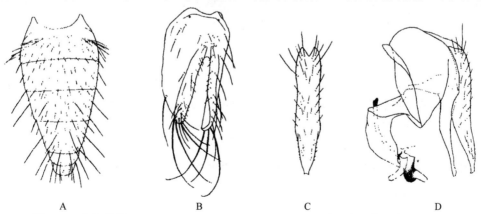

图 1-48　黄杂秽蝇 *Coenosia flavimixta* Feng *et* Xue, 1998（仿冯炎和薛万琦，1998）

A. ♂腹部背面观；B. ♂第 5 腹板侧腹面观；C. ♂肛尾叶后面观；D. ♂尾器侧面观

前腹鬃列不明显，其中端部 1/3 具 2 根、中部具 1 根、基部具 1、2 根较粗大，端位后背鬃 2，后胫无前腹鬃和后背鬃，中位前背鬃 1，近端位背鬃 1。腹部粉被灰色，第 3、第 4 背板具斑痕，腹部侧面观其背缘略拱起，腹缘略平，第 5 腹板膨出腹面，较大，侧叶达腹末端，其末端具 3–5 根长鬃；第 1 腹板裸，其余各腹板无长鬃；各背板体毛略疏。雌性不详。

　　分布：浙江（安吉）、四川。

（49）缨足秽蝇 *Coenosia fimbripeda* Wu *et* Xue, 1996（图 1-49）

Coenosia fimbripeda Wu *et* Xue, 1996: 422.

Coenosia homorosa Wei *et* Yang, 2007: 479.

　　特征：体长 4.5 mm，翅长 4.1 mm。雄性额宽为头宽的 0.34 倍，间额黑色，具少数灰棕色粉被，间额为一侧额宽的 3.5 倍，额三角粉被浓，灰棕色，前端达额中部，单眼鬃长大，长于额宽，后顶鬃为单眼鬃长的 1/2，外顶鬃不明显，侧额粉被黄灰色，上半部为暗棕色，侧颜和颊部粉被淡灰色，侧颜上部带黄灰色，上眶鬃 1，后倾下眶鬃 3，中间 1 对为毛状，侧颜约为触角宽的 1/3，触角黑色，第 1 鞭节长为宽的 3 倍，约为梗节长的 2.5 倍，前下缘为直角，芒全长具短纤毛，复眼裸，下后缘不凹入；胸部底色暗黑，粉被蓝灰色，背面粉被棕灰色，盾片具 4 条暗褐色条，2 中条稍狭，中侧片后部具 1 棕色粉被斑，中鬃呈 2 列体毛状，背中鬃 1+3，翅内鬃 0+1，小盾端鬃和基鬃均发达，前侧片鬃和前气门鬃各 2 根，腹侧片鬃呈三角形排列；翅带淡棕色，透明，前缘脉终止于 M 脉末端，腋瓣淡黄色，下腋瓣短小，仅为上腋瓣长的 1/3，平衡棒黄色；各足转节、膝部、胫节基部和前足跗节黄色，其余为黑色至黑褐色，各足基节和股节基部 1/3 腹面以及腹侧片下缘具密而长的缨毛，前胫端部 2/5 具 1 列刚毛状前背鬃，亚中位后腹鬃长大，中股具 1 长大的亚中位前腹鬃，近中位具 1–2 根小的前腹鬃，端部 3/5 处具 1 前鬃，端位后背鬃 2，基半部后腹面具 2 列密而长的缨毛，中胫亚中位前背鬃和中位后背鬃各 1 根，后股中位前腹鬃和后腹鬃长大，亚中位前腹鬃和后腹鬃短小，基部 1/3 后腹面具 2 列长缨毛，端位后背鬃 3，后胫亚中位前腹鬃 1，中位前背鬃 1，中位后背鬃为前背鬃长的 2/5 弱，近中位具 1 小的后背鬃，近端位背鬃 1，各足第 4 分跗节稍短，爪略长于爪垫；腹部筒状，底色暗黑，粉被暗蓝灰色，第 3–5 背板各具 1 宽梯形暗褐色斑，第 5 背板鬃毛较长大，第 7 和第 8 合背板具 2 根短鬃，第 1 腹板裸。

　　分布：浙江（庆元）、贵州。

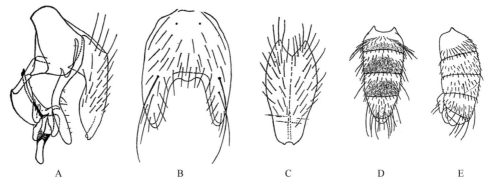

图 1-49　缨足秽蝇 *Coenosia fimbripeda* Wu *et* Xue, 1996（仿吴鸿和薛万琦，1996）
A. ♂尾器侧面观；B. ♂第 5 腹板腹面观；C. ♂肛尾叶后面观；D. ♂腹部背面观；E. ♂腹部侧面观

（50）大秽蝇 *Coenosia grandis* Xue *et* Zhao, 1998（图 1-50）

Coenosia grandis Xue *et* Zhao, 1998: 321.

　　特征：体长 5.2 mm，翅长 5.4 mm。雄性额中部约为头宽的 1/3，上狭下宽，间额黑色，为一侧额宽的

3.5 倍，额三角粉被灰色，前端超过额中部；单眼鬃长明显超过额宽，外顶鬃和后顶鬃短，上眶鬃 1，下眶鬃 3，前额具 1–2 根小毛，侧额、侧颜和颊具灰色粉被，侧颜中部约为触角宽的 1/4，触角黑色，第 1 鞭节为梗节长的 2.5 倍，第 1 鞭节长为宽的 3 倍，其前下缘呈直角，末端距口前缘的间距约为触角第 1 鞭节长的 1/3，芒基部 4/5 具短纤毛，纤毛长度短于芒基宽，颊高为眼高的 1/10，口上片不突出，髭角明显位于额角之后，后头粉被灰色；前额具少数粉被，下颚须黑褐色，长于前额；胸部底色黑，粉被暗灰，盾片具 3 条黑褐色条，正中条较狭，中鬃呈 2 列刚毛状，背中鬃 1+3，翅内鬃 0+2，小盾基鬃和端鬃均发达，前侧片鬃和前气门鬃均为 2，后者下方 1 根朝下，腹侧片鬃呈三角形排列；翅透明，脉褐色，前缘刺缺如，前缘脉腹面具小毛，腋瓣淡黄色，下腋瓣为上腋瓣长的 1.5 倍，平衡棒黄色；各足较瘦长，转节、膝部、前股近基部、中股和后股基部 1/4 黄色，中足和后足基节棕色，各足胫节除基部 1/4 呈黄色外，其余为淡棕色至棕色，各跗节、股节大部和前足基节为黑褐色，各足爪及爪垫发达，几乎等于各足第 4 分跗节长，前足跗节具感觉毛，前胫亚中位后鬃 1，中股前腹鬃仅在基部略明显，呈刚毛状，基半部具 1 前刚毛列，基部 2/3 具 4–5 根长大的后腹鬃，端位后背鬃 2，中胫亚中位后背鬃 1，后股前腹鬃稀疏，参差不齐，后腹鬃列略完整，其中近中位和亚中位的鬃较长大，余为长刚毛状，后股大部失落；腹部黑色，粉被灰色，第 3–5 背板各具 1 对长形暗黑色斑，斑的轮廓并不很明显，无正中斑条，腹末端缘鬃长大，第 7+8 合背板后缘具 2 对刚毛状鬃，第 1 腹板裸。雌性不详。

分布：浙江（庆元）。

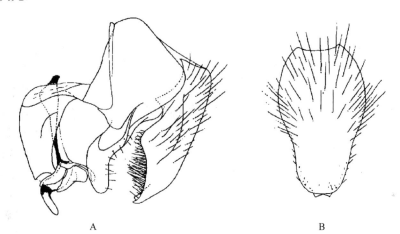

图 1-50 大秽蝇 *Coenosia grandis* Xue *et* Zhao, 1998（仿薛万琦和赵宝刚，1998）
A. ♂尾器侧面观；B. ♂肛尾叶后面观

（51）葫尾秽蝇 *Coenosia lagenicauda* Xue *et* Zhao, 1998（图 1-51）

Coenosia lagenicauda Xue *et* Zhao, 1998: 319.

特征：体长 2.8–3.3 mm，翅长 3.0–3.5 mm。雄性额宽约为头宽的 0.34 倍，额侧缘平行，间额黑，为一侧额的 3 倍宽，额三角粉被棕灰色，达额上方 1/3 处左右；单眼鬃较短，其长度约等于额宽的 3/5，稍长于后顶鬃，内顶鬃粗大，无外顶鬃，后倾上框鬃 1，内倾下眶鬃 3，侧额、侧颜和颊具灰色粉被，侧颜约等于触角宽的 1/2，触角全黑，第 1 鞭节前下缘近锥状，长度为梗节长的 2.5 倍强，第 1 鞭节长为宽的 3.5 倍，芒具短纤毛，纤毛长约等于芒基宽，口上片不突出，髭角位于额角之后，颊高约为眼高的 1/10，下颚须暗褐色，略长于前额，复眼裸，下后缘不凹入；胸部黑色，粉被灰色，盾片在中鬃和背中鬃列位置具 3 条暗黑色狭条，中鬃呈 2 列刚毛状，背中鬃 1+3，翅内鬃 0+2，小盾端鬃和基鬃均发达，前侧片鬃和前气门鬃各 2，腹侧片鬃呈三角形排列；翅基透明，脉黄色，翅外方和翅基部稍带淡棕色，脉也变为褐色，前缘刺短小，腋瓣淡黄色至白色，下腋瓣长为上腋瓣长的 1.5 倍，平衡棒黄色；前足基节基半部、中足和后足基节及各跗节暗褐色，前足第 1 分跗节有时呈黄棕色，前足基节端半部、各股节、胫节和转节黄色，后股端部的后腹和背面带褐色，各足爪及爪垫不长大，前胫亚中位后鬃 1，中股无前腹鬃列，基半部具 1 前鬃列，基部 2/3 具 4–5 根长的后腹鬃，近端位后背鬃 2，中胫中位后背鬃 1，后股前腹鬃列往端部去粗大，后腹鬃列较疏，后胫前腹鬃 1，前背鬃 1，近端位背鬃 1，无后背鬃；腹部黑色，背面粉被蓝灰色，第 3–5 背板各具 1 对斑，无正中条，第 7、第 8 合背板具 2 对鬃，第 1 腹板裸。雌性不详。

分布：浙江（庆元）。

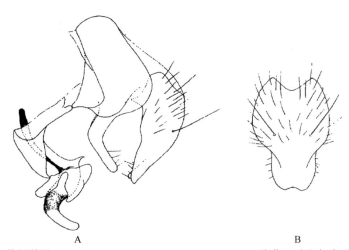

图 1-51　葫尾秽蝇 Coenosia lagenicauda Xue et Zhao, 1998（仿薛万琦和赵宝刚，1998）

A. ♂尾器侧面观；B. ♂肛尾叶后面观

（52）长足秽蝇 Coenosia longipeda Wu et Xue, 1996（图 1-52）

Coenosia longipeda Wu et Xue, 1996: 423.

Coenosia qiana Wei et Yang, 2007: 483.

特征：体长 5.2 mm，翅长 5.4 mm。雄性额为头宽的 0.38 倍，间额黑色，具棕色粉被，间额为一侧额宽的 3.0 倍，额三角很短小，单眼鬃长大，长于额宽，后顶鬃短于单眼鬃，侧额上半部粉被棕色，下半部粉被灰色，侧颜和颊部粉被淡灰色，上眶鬃 1，后倾，下眶鬃 4–5，仅 2 对长大，侧颜宽约为触角宽的 1/3，触角黑色，第 1 鞭节为梗节长的 2.0 倍，芒具短纤毛，芒毛长约等于芒基宽，口上片稍微突出于额角，颊高约为复眼高的 1/5 弱，下颚须基半部黄色，端部 1/3 黑褐色，中喙具少数粉被，复眼裸，下后缘不凹入；胸部底色黑，粉被蓝灰色至灰色，盾片和小盾片粉被棕灰色，盾片具 5 条暗褐色条，2 列毛状中鬃在沟前靠近，沟后变为不整齐的 1 列，背中鬃 1+3，翅内鬃 0+1，小盾端鬃和基鬃均长大，前侧片鬃和前气门鬃各 2，腹侧片鬃呈三角形排列；翅带淡棕色，脉褐色，前缘脉终止于 M 脉末端，腋瓣淡黄色，下腋瓣短小，平衡棒黄色；各足转节、前足第 1–4 分跗节、前胫、中股和后股的膝部、中胫和后胫的基部等黄色，其余均为黑色，前胫无中位后腹鬃，中股基部 1/4 和 1/2 处各具 1 根小的前腹鬃，基半部具 1 前鬃列，近端位前鬃 1，端位后背鬃 2，直立的后腹鬃 3、4 根，近中位的较长大。中胫亚中位前背鬃和中位后背鬃各 1，后股端半部 2 根、基部 1/4 处具 1 根前腹鬃，基部 1/3 处具 1 根小的前背鬃，后胫前腹鬃 1，前背鬃 1，后背鬃 1，刚毛状，近端位背鬃 2，前足跗节总长明显长于前胫长，各足爪稍长于爪垫；腹部筒状，底色黑，灰色粉被疏少，略发亮，背面粉被灰棕色，无斑条，第 2–4 背板后缘鬃弱，第 5 背板鬃毛较长大，尾末端短小，第 1 腹板具 2 根小毛。

分布：浙江（庆元）、贵州。

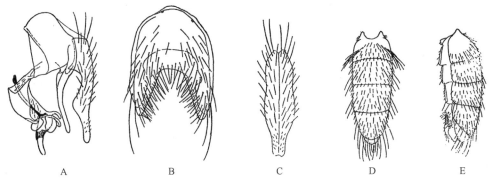

图 1-52　长足秽蝇 *Coenosia longipeda* Wu et Xue, 1996（仿吴鸿和薛万琦，1996）
A.♂尾器侧面观；B.♂第 5 腹板腹面观；C.♂肛尾叶后面观；D.♂腹部背面观；E.♂腹部侧面观

（53）帽儿山秽蝇 *Coenosia mandschurica* Hennig, 1961（图 1-53）

Coenosia mandschurica Hennig, 1961: 572.

　　特征：体长 3.0–3.5 mm，触角黑色，触角第 1 鞭节长为宽的 3.5–4 倍。胸背无纵条，小盾端鬃与小盾基鬃等长，前侧片鬃 2 个。下腋瓣大，明显地突出于上腋瓣；足的末跗节并不膨大，后胫前背鬃与前腹鬃不并列，中胫无前背鬃，后胫无后背鬃。

　　分布：浙江（安吉）、黑龙江、辽宁。

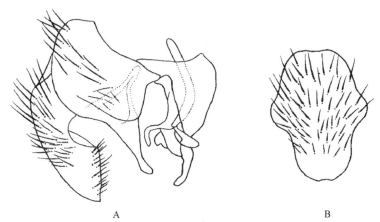

图 1-53　帽儿山秽蝇　*Coenosia mandschurica* Hennig, 1961（仿 Hennig，1961）
A.♂尾器侧面观；B.♂肛尾叶后面观

（54）山栖秽蝇 *Coenosia monticola* Xue et Zhao, 1998（图 1-54）

Coenosia monticola Xue et Zhao, 1998: 322.

　　特征：体长 4.0–5.0 mm，翅长 4.0–5.0 mm，雄性额为头宽的 0.34 倍，间额黑棕色，为一侧额宽的 3.5 倍弱，额三角粉被灰棕色，达额中部，单眼鬃长约等于额宽，长于后顶鬃，内顶鬃粗大，无外顶鬃，后倾上眶鬃 1，内倾下眶鬃 2，在下眶鬃的上方和下方各具 1 根刚毛；侧额粉被蓝灰色，侧颜、颊和后头粉被灰色，侧颜宽约为触角宽的 1/2，触角黑色，第 1 鞭节端部前缘无锥状突，其长为宽的 3.5 倍，为梗节长的 2.5 倍，芒具短纤毛，芒毛稍长于芒基宽，口上片不突出，髭角位于额角之后，颊高为眼高的 1/7，下颚须暗褐色，约等于前额长，复眼下后缘不凹入；胸部黑色，粉被蓝灰色至灰色，盾片具 3 条暗褐色粉被条；中鬃为不整齐的 2 列刚毛状，背中鬃 1+3，翅内鬃 0+2，小盾端鬃和基鬃均发达，前侧片鬃和前气门鬃各 2，腹侧片鬃呈三角形排列；翅透明，翅基黄色，前缘刺短小，腋瓣淡黄色，下腋瓣约等于上腋瓣长的 2 倍，平衡棒黄色；各足基节、中足和后足跗节及前股基部 2/3 暗褐色，前足跗节黄色或橙色，其余各节均黄色，前胫无亚中位后鬃，中股基部 1/3 具 2-3 根刚毛状前腹鬃，基半部具前刚毛列，基部 3/5 具 4 根后腹鬃，端位后背鬃 2，中胫中位后背鬃 2，后股基部 1/3 具 2-3 根短小的前腹鬃，亚中位和近端位前腹鬃各 1，基部、亚基位和亚中位后腹鬃各 1，后胫亚中位前腹鬃细小，中位前背鬃长大，近端部背鬃 1，无后背鬃，各足爪及爪垫短于第 4 分跗节长；腹部长筒状，黑色，具蓝灰色粉被，第 3-5 背板各具 1 对黑褐色长斑，斑间距约为斑宽的 1/2，后方各背板的缘鬃和心鬃较明显，第 7、第 8 合背板后缘鬃 6 根，第 1 腹板裸。

　　分布：浙江（庆元）。

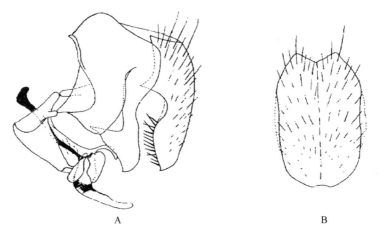

图 1-54　山栖秽蝇 *Coenosia monticola* Xue *et* Zhao, 1998（仿薛万琦和赵宝刚，1998）

A. ♂尾器侧面观；B. ♂肛尾叶后面观

（55）黑角秽蝇 *Coenosia nigricornis* Wu *et* Xue, 1996（图 1-55）

Coenosia nigricornis Wu *et* Xue, 1996: 420.

　　特征：体长 4.2 mm，翅长 4.0 mm。雄性额宽约为头宽的 0.27 倍，间额黑色，为一侧额宽的 4.0 倍，额三角狭，粉被灰棕色，前端达额中部，单眼鬃短小，短于额宽，后顶鬃约等于单眼鬃长，外顶鬃明显短于单眼鬃，侧额粉被灰色至灰黄色，侧颜和颊部粉被淡灰色，上眶鬃 1，后倾下眶鬃 3，中间 1 对呈毛状，侧颜约为触角宽的 1/3，触角黑色，第 1 鞭节约为梗节的 2.0 倍，末端钝，芒基部 3/4 具短纤毛，芒毛长不超过芒基宽，颊高约为复眼高的 1/15，额角钝，髭角不突出，中喙和下颚须黑色，复眼裸，下后缘不凹入；胸部底色黑，粉被蓝灰色，盾沟前具 5 条略宽的褐色条，至沟后斑条融合，仅在小盾沟前方有小部分呈淡色，小盾正中带褐色，中鬃呈 2 列刚毛状，背中鬃 1+3，翅内鬃 0+1，小盾基鬃和端鬃均长大，前侧片鬃和前气门鬃 1（2），腹侧片鬃呈等腰三角形排列，翅透明，前缘脉腹面具毛，下腋瓣长大，约为上腋瓣长的 2.5 倍，平衡棒黄色；各足除转节、膝部和胫节基部黄色外，其余为黑褐色，前胫亚中位后腹鬃长大，中股无明显前腹鬃，基部 2/3 具 1 前鬃列，基部 2/5 具 2 根后腹鬃，近中位后腹鬃较长大，端位后背鬃 2，中胫亚中位前背鬃和后背鬃均短小，后者稍长，后股前腹鬃 2，其中亚中位 1 根强于近中位的 1 根，基部 2/3 具 3 根后腹鬃，端位后背鬃 1，后胫前腹鬃 1，前背鬃 1，近端位背鬃 1，前足跗节约为胫节长的 1.5 倍；腹部背面观为长卵形，底色黑，粉被蓝灰色，第 5 背板长大，第 2-5 背板各具 1 宽梯形暗褐色斑，第 5 背板后缘鬃和心鬃较粗壮，第 7 和第 8 合背板后缘鬃 3 对。

　　分布：浙江（庆元）。

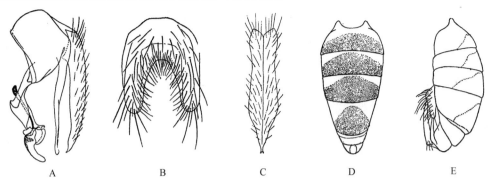

图 1-55　黑角秽蝇 *Coenosia nigricornis* Wu *et* Xue, 1996（仿吴鸿和薛万琦，1996）

A.♂尾器侧面观；B.♂第 5 腹板腹面观；C.♂肛尾叶后面观；D.♂腹部背面观；E.♂腹部侧面观

（56）匙叶秽蝇 *Coenosia spatuliforceps* Xue *et* Zhao, 1998（图 1-56）

Coenosia spatuliforceps Xue *et* Zhao, 1998: 320.

　　特征：体长 4.6 mm，翅长 4.8 mm。雄性额宽为头宽的 0.34 倍，下方稍变宽，间额黑，为一侧额宽的 3.5 倍，额三角粉被棕灰色，达额中部左右，单眼鬃长度约等于或短于额宽，长于后顶鬃，内顶鬃粗大，无外顶鬃，后倾上框鬃 1，内倾下眶鬃 3，侧额、侧颜和颊具灰色至蓝灰色粉被，侧颜约等于触角宽的 1/2，触角全黑，第 1 鞭节长为宽的 4 倍，为梗节长的 3 倍，触角前下缘无锥状突，芒具短纤毛，纤毛长约等于芒基宽，口上片不突出，髭角位于额角之后，颊高为眼高的 1/15，下颚须黑色，长于前颊，复眼裸，下后缘不凹入；胸部黑色，具灰色至蓝灰色粉被，盾片无斑条，中鬃为不整齐的 1 列刚毛状，背中鬃 1+3，翅内鬃 0+2，小盾端鬃和基鬃均发达，前侧片鬃和前气门鬃各 2；翅基黄色透明，脉黄色，前缘刺明显，约等于 r-m 横脉长，腋瓣淡黄色，下腋瓣约等于上腋瓣长的 2 倍，平衡棒黄色；各足基节、转节、股节和胫节黄色，跗节暗黑色，各股节端部具环状暗黑色斑，各足爪及爪垫短于第 4 跗节长，前胫亚中位具 1 小的后鬃，中股基部 1/3 具刚毛状前腹鬃，基半部具 1 前鬃列，基部 3/5 具 4 根长大的后腹鬃，近端位后背鬃 2，中胫中位后背鬃 1，后股近中位、亚中位和近端位各具 1 根前腹鬃，近中位、亚中位和亚基位各具 1 根后腹鬃，后胫亚中位前腹鬃 1，近中位前背鬃 1，近端位背鬃 1，无后背鬃；腹部近长筒状，黑色，粉被蓝灰色，第 3–5 背板各具 1 对长形黑褐色斑，各背板侧鬃和后缘鬃的侧部较长大，第 1 腹板裸，雄侧尾叶呈匙状向后方扭曲，阳基内骨较宽大。

　　分布：浙江（庆元）。

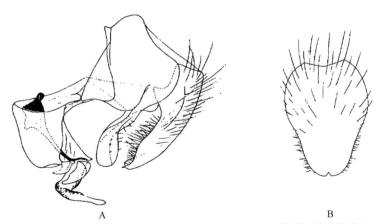

图 1-56　匙叶秽蝇 *Coenosia spatuliforceps* Xue *et* Zhao, 1998（仿薛万琦和赵宝刚，1998）

A.♂尾器侧面观；B.♂肛尾叶后面观

19. 重毫蝇属 *Dichaetomyia* Malloch, 1921

Dichaetomyia Malloch, 1921: 163. Type species: *Dichaetomyia polita* Malloch, 1921.

Agdestis Séguy, 1937: 246. Type species: *Agdestis kouligianus* Séguy, 1937

主要特征：躯体部分或大部分呈棕黄色，中小型蝇类，复眼裸，极少有长纤毛，少数种小眼面扩大；额狭，一般不超过触角宽，间额在中部常消失；下眶鬃常分布在额下半部，最下方 1 对常特别粗壮，上眶鬃 1–2 对，细小；触角常带黄色，至少在基部呈红棕色，芒长羽状，雄性也无间额交叉鬃，中鬃 0+1；背中鬃（1–2）+（2–4）；无前翅内鬃；背侧片常具小毛；翅后坡下部常具短纤毛。小盾片短，有的在小盾腹侧缘具直立的细纤毛或黑刚毛；下前侧片鬃 1+2；上背侧片具短毛或裸，后气门下缘总是具 1 列黑刚毛；翅略带淡棕色；R_1 脉裸；经脉结节和 R_{4+5} 脉基部腹面常具刚毛，M 脉直或在末端稍向前弯曲；下腋瓣不具小叶；前胫少数种有中位后鬃；中胫后鬃 2–3；后胫无距，有的种在股节具特殊鬃或栉；腹板背板常有斑块或透明区，腹末端常发亮。成蝇常在森林的树叶和草地上停息，据 Pont 记载，在牛奶场废弃物和溪流旁常有发现；在国外有的还可以在垃圾上停落，甚至进入居室；幼虫在牛粪中发现，为粪食性和腐食性，也有的在稻田中刺破鳞翅目幼虫表皮，进行取食，很可能具有环境和卫生学意义。

分布：世界广布。中国记录 28 种，浙江分布 2 种。

（57）条点重毫蝇 *Dichaetomyia alterna* (Stein, 1915)

Mydaea alterna Stein, 1915: 18.

Dichaetomyia alterna: Fan, 1992: 399.

特征：体长 5.5–6.5mm。雄性额无间额鬃和前倾上眶鬃，触角淡灰橙色，触角芒长羽状；后背中鬃 3 个鬃位，鬃均强大，第一个离盾沟距离小于或等于其与第二个鬃间距，小盾全黑，小盾沿下缘无直立的黑色小刚毛，下面也无直立淡色毛；翅前鬃短而明显，腹侧片鬃 1+2，前胸基腹片、翅侧片上部具毛，前胸侧板中央凹陷裸。前胫无中位后鬃，胸至少盾片中部暗色，有明显纵条，R_1 脉裸，径脉结节和 R_{4+5} 脉基部腹面常具刚毛，M 脉直或在末端稍向前弯曲；下腋瓣不具小叶；中后两股节基部暗色，前股无前腹栉，前股全黑，前胫节暗色；腹部亮黑，第 3 背板两侧黄色，透明，腹末第 5 腹板后缘带棕黄色。

分布：浙江（安吉）、台湾。

（58）铜腹重毫蝇 *Dichaetomyia bibax* (Wiedemann, 1830)（图 1-57）

Anthomyia bibax Wiedemann, 1830: 431.

Dichaetomyia kaga: Hori *et* Kurahashi, 1967: 68.

特征：体长 5.0–8.0 mm。雄性体暗黑，具橄榄色金属光泽；触角梗节红棕色，第 1 鞭节除基部带红色外大部黑褐色，触角芒长羽状；颊高为眼高的 1/7；下颚须、腹部侧板大部、翅下大结节均呈褐色。中鬃 0+1；后背中鬃 3；翅前鬃短而明显；小盾腹侧缘具淡色细纤毛（有时仅有几根）；前胸基腹片、翅侧片上部具毛；前胸侧板中央凹陷裸。M 脉末端明显向前弧形弯曲，因此前缘脉第 6 段显然短于第 5 段；有时股节也变黄。前胫无中位后鬃，极少为 1。腹通常全呈黑褐色，略带青铜金属光泽。

分布：浙江（临安）、吉林、辽宁、内蒙古、河北、山西、山东、河南、陕西、湖北、福建、台湾、广东、海南、广西、重庆、四川、贵州、云南、西藏；日本，印度，缅甸，泰国，菲律宾，马来西亚，印度尼西亚。

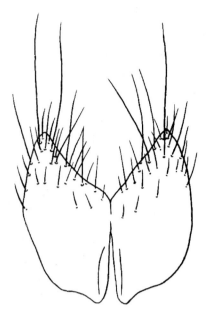

图 1-57　铜腹重毫蝇 *Dichaetomyia bibax* (Wiedemann, 1830)（仿薛万琦和赵建铭，1998）
♂肛尾叶后面观

20. 优毛蝇属 *Eudasyphora* Townsend, 1911

Eudasyphora Townsend, 1911: 170. Type species: *Lucilia lasiophthalma* Macquart, 1834.

Dasypyrellia Lobanov, 1976: 1181. Type species: *Pyrellia cyanicolor* Zetterstedt, 1845.

主要特征：复眼具毛或裸；侧额和侧颜常具银灰色粉被。胸部和腹部常具绿、青、紫的金属色，部分种小盾片和腹部带黄色，盾片上面常具白色粉被；前中鬃多数缺如，少数仅 1 对；前胸基腹片较宽，上后侧片具毛。翅 R_1 脉基部和 R_{4+5} 脉具毛或裸。中胫至少有一强大的前背鬃。幼虫主要以牛粪为食，亦有食羊粪、马粪、人粪便及腐烂蔬菜的报道。

分布：世界广布。中国记录 6 种，浙江分布 2 种。

（59）赛伦优毛蝇 *Eudasyphora cyanicolor* (Zetterstedt, 1845)（图 1-58）

Pyrellia cyanicolor Zetterstedt, 1845: 1323.

Eudasyphora cyanicolor: Pont, 1986: 104.

特征：体长 6.5–9.0 mm。雄性眼裸或仅具微毛；额宽约为触角第 1 鞭节宽的 1/3；下眶鬃在 15 个以上，间有少数细毛；侧额下部与整个侧颜具厚的银白色粉被，侧颜宽为触角第 1 鞭节宽的 1/3–1/2；触角黑棕色，第 1 鞭节具银白色粉被，其长为宽的 2 倍，又为梗节长的 2–2.5 倍；芒长羽状；颜堤具小毛，向下达颜堤的 3/4 处；颊高约为眼高的 1/8；下颚须端部略粗，其长与中喙相近。胸部呈金属亮青色、墨绿色或橄榄绿色，粉被很弱；前盾片有淡色粉被的宽纵条；前胸基腹片裸；中鬃仅存小盾前的 1 对；背中鬃（2–3）+4；翅内鬃 0+3；翅前鬃 1；翅上鬃 2；肩鬃 3；肩后鬃 3；小盾侧鬃 2 对；前气门暗色。翅透明，翅基腹面裸，脉棕黄；前缘基鳞黑；前缘刺不发达；R_1 脉在基部有几个小毛；径脉结节具小刚毛 11–14 个，但毛列不达 r-m 横脉处；上腋瓣、下腋瓣白色或黄色；平衡棒淡黄色。足黑，中胫在亚中位上有 1 发达的腹鬃，前背鬃接近胫节的末端，与腹鬃不在同一水平上。腹部呈卵圆形，与胸部同色，无粉被或粉被极弱。雌性外顶鬃存在；下眶鬃 9 对，间有细毛；上眶鬃后倾 1 对、前倾 2 对；额宽为头宽的 1/3 弱；间额棕黑色，其宽为 1 侧额宽的 3–4 倍。中足胫节前背鬃 1–2。

分布：浙江（安吉）、黑龙江、辽宁、新疆；俄罗斯，蒙古国，朝鲜，日本，伊朗，欧洲。

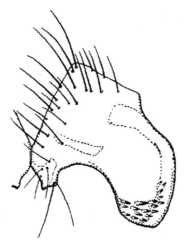

图 1-58　赛伦优毛蝇 *Eudasyphora cyanicolor* (Zetterstedt, 1845)（仿 Zimin，1951）
♂肛尾叶后面观

（60）半透优毛蝇 *Eudasyphora semilutea* (Malloch, 1923)（图 1-59）

Orthelli semilutea Malloch, 1923: 515.

Eudasyphora semilutea: Fan, 1992: 299.

特征：体长 7 mm。雄性头黑色，体部分呈黄色；复眼几乎裸，至多具疏短微毛；上眶鬃 3；触角梗节黄色；下颚须棕黄色。胸盾片全黑；中鬃 0+1；背中鬃 2+4；翅内鬃 0+2；腹侧片鬃 1+3；小盾部分带黄色，具 4 对缘鬃；前胸基腹片大部分裸；后胸气门三角形。R_1 脉腹面基部和径脉结节腹面有小刚毛；R_{4+5} 脉背面、腹面小刚毛列几乎达 r-m 横脉；M 脉向前弯曲；腋瓣上肋裸；翅下大结节裸；肩胛全黑；平衡棒淡黄色。足黄色，中胫有一强大的前背鬃；腹部除第 5 背板外，其他各背板带部分黄色。雌性不详。

分布：浙江（临安）、湖南、台湾、四川、云南；尼泊尔，印度尼西亚。

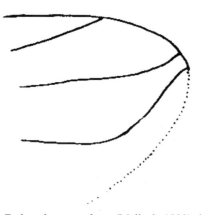

图 1-59　半透优毛蝇 *Eudasyphora semilutea* (Malloch, 1923)（仿范滋德，1992）
翅

21. 纹蝇属 *Graphomya* Robineau-Desvoidy, 1830

Graphomya Robineau-Desvoidy, 1830: 403. Type species: *Musca maculata* Scopoli, 1763.

Curtonevra Macquart, 1834: 146. Type species: *Musca maculata* Scopoli, 1763.

主要特征：体中等，黑色或棕黄色，胸和腹部具略固定的斑纹。复眼具毛，眼后缘内陷，侧面观复眼肾形；颊狭；雌性间额宽，无交叉鬃，额三角达额前缘；触角芒长羽状。上后侧片裸，后基节片在后气门前下方有纤毛；背中鬃 2+3，翅内鬃 0+1。下腋瓣内方具小叶；M 脉末端呈弧形或近角形弯曲。后胫前背鬃 1（2），前腹鬃 1（2），近端位背鬃 1，无后背鬃。雄肛尾叶具近三角形端突，左右两叶接合缝短，阳基后突宽而末端圆，阳休基部宽大，端部直而长。孳生于畜粪和垃圾中，具捕食性，卵具宽大背翼，幼虫呈棘蝇形。

分布：世界广布。中国记录 4 种，浙江分布 3 种。

分种检索表

1. 雄性复眼合生，雌性前顶鬃 2，两性在盾沟前具 5 纵条；雄性第 1+2 合背板黄色，第 3 背板除正中斑外，两侧中部无斑；足和下颚须黄色 ·· 疏斑纹蝇 *G. paucimaculata*

- 雄性复眼分离，雌性前顶鬃 1，雄性在盾沟前具 3 黑条，雌性具 4 黑条；雄性第 1+2 合背板色暗，第 3 背板两侧中部具斑；足和下颚须暗褐色至棕色 ··· 2

2. 雄性下眶鬃附近具少数毛；盾片的淡色条和黑色侧条在盾沟附近的宽度略等宽；胫节棕色，其他各节黑色；雌性触角间楔常狭于触角梗节宽的 1/2 ·· 绯胫纹蝇 *G. rufitibia*

- 雄性下眶鬃附近具密毛；盾片的白条在盾沟附近的宽度狭于黑色侧条；足常全黑；雌性触角间楔常宽于触角梗节宽的 1/2 ··· 天目斑纹蝇 *G. maculata tienmushanensis*

（61）天目斑纹蝇 Graphomya maculata tienmushanensis Ôuchi, 1939（图 1-60）

Graphomya maculata tienmushanensis Ôuchi, 1939: 231.

特征：体长 8.5–10.0 mm。雄性体表粉被略带黄色；无外顶鬃；触角芒长羽状；喙为正常的舐吸型；下颚须棒状。中鬃 0+1（小盾前）；背中鬃 2+4；翅内鬃 0+1；翅前鬃短而大；翅上鬃 1；翅后鬃 3；肩鬃 2；沟前鬃 1；背侧片 2；前胸基腹片无毛；前胸侧板中央凹陷、翅侧片都无毛；下侧片在后气门前下方有纤毛；后气门前肋上常具毛；上侧背片具略长的毳毛；后胸侧板无毛。M 脉末端弯曲较膨大；Sc 脉呈明显的弓把形；前缘刺不发达；R_1 脉裸。中胫无腹鬃，后胫无后背鬃；腹部粉被弱，因此大部呈棕色，背板除正中纵斑外其他斑纹不明显，第 3 背板两侧中部仅在近缘部有棕色小横斑。雌性侧额在中部狭于间额宽的 1/3。

分布：浙江（临安）。

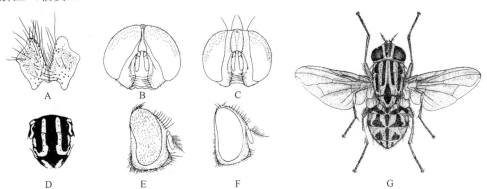

图 1-60　天目斑纹蝇 *Graphomya maculata tienmushanensis* Ôuchi, 1939（仿范滋德，1965）

A. ♂肛尾叶后面观；B. ♂头部前面观；C. ♀头部前面观；D. ♀胸部背面观；E. ♂头部侧面观；F. ♀头部侧面观；G. ♀全形图

（62）疏斑纹蝇 *Graphomya paucimaculata* Ôuchi, 1938（图 1-61）

Graphomya paucimaculata Ôuchi, 1938a: 10.

特征：体长 5.5–7.0 mm。黄色种。雄性复眼合生；前顶鬃 2；触角芒长羽状；喙为正常的舐吸型；下颚须棒状，且须黄色。两性在盾沟前具 5 纵条；中鬃 0+1（小盾前）；背中鬃 2+4；翅内鬃 0+1；翅前鬃短而大；翅上鬃 1；翅后鬃 3；肩鬃 2；沟前鬃 1；背侧片 2；前胸基腹片无毛；前胸侧板中央凹陷、翅侧片都无毛；下侧片在后气门前下方有纤毛；后气门前肋上常具毛；上侧背片具略长的毳毛；后胸侧板无毛。M 脉末端弯曲较膨大；Sc 脉呈明显的弓把形；前缘刺不发达；R_1 脉裸。足黄色，中胫无腹鬃，后胫无后背鬃。雄性第 1+2 合背板黄色；第 3 背板除正中斑外，两侧中部无斑。

分布：浙江（临安）、福建、海南、云南。

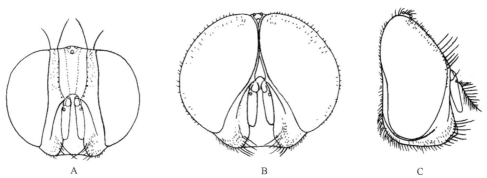

图 1-61　疏斑纹蝇 *Graphomya paucimaculata* Ôuchi, 1938（仿范滋德，1965）
A. ♀头部前面观；B. ♂头部前面观；C. ♂头部侧面观

（63）绯胫纹蝇 *Graphomya rufitibia* Stein, 1918（图 1-62）

Graphomya rufitibia Stein, 1918: 147.

特征：体长 6.5–8.0 mm。雄性触角芒长羽状；喙为正常的舐吸型；下眶鬃附近具少数毛；下颚须棒状。盾片的淡色条和黑色侧条在盾沟附近的宽度略等宽；中鬃 0+1（小盾前）；背中鬃 2+4；翅内鬃 0+1；翅前鬃短而大；翅上鬃 1；翅后鬃 3；肩鬃 2；沟前鬃 1；背侧片 2；前胸基腹片无毛；前胸侧板中央凹陷、翅侧片都无毛；下侧片在后气门前下方有纤毛；后气门前肋上常具毛；上侧背片具略长的毳毛；后胸侧板无毛。M 脉末端弯曲较膨大；Sc 脉呈明显的弓把形；前缘刺不发达；R_1 脉裸。足胫节棕色，其他各节黑色；中胫无腹鬃；后胫无后背鬃。第 1+2 合背板大部为褐色。雌性触角间楔常狭于触角第 2 节宽的 1/2。

分布：浙江（临安、庆元）、吉林、辽宁、北京、天津、河北、山西、山东、河南、上海、湖北、江西、湖南、福建、台湾、广东、海南、广西、云南；朝鲜，日本，巴基斯坦，印度，缅甸，斯里兰卡，印度尼西亚，澳大利亚。

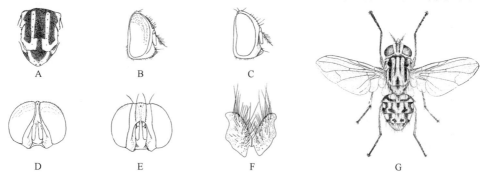

图 1-62　绯胫纹蝇 *Graphomya rufitibia* Stein, 1918（仿范滋德，1965）
A. ♂胸部背面观；B. ♂头部侧面观；C. ♀头部侧面观；D. ♂头部前面观；E. ♀头部前面观；F. ♂肛尾叶后面观；G. ♀全形图

22. 角蝇属 *Haematobia* Le Peletier *et* Serville, 1828

Haematobia Le Peletier *et* Serville 1828: 499. Type species: *Conops irritans* Linnaeus, 1758.
Priophora Robineau-Desvoidy, 1863: 611. Type species: *Haematobia serrata* Robineau-Desvoidy, 1830.

主要特征：眼后缘在下半部稍凹入；下颚须长，末端同喙末端几乎相齐，下颚须端部扩展呈侧扁的半管状；后头上部平，下部非常凸出，触角芒上侧具纤毛。前胸基腹片、前胸前侧片中央凹陷及后基节片无毛；无前中侧片鬃。腹部具长的暗色正中条；雄性第 5 腹板侧叶长，肛尾叶具明显的内角，阳体无阳基后突。成蝇吸食家畜血液，并常停栖在畜体上或畜体周围，参与锥虫类 *Trypanosoma* 等多种病原体的传播。幼虫孳生于草食动物粪便中。

分布：古北区、东洋区、新北区、新热带区。中国记录 4 种，浙江分布 1 种。

（64）东方角蝇 *Haematobia exigua* de Meijere, 1903（图 1-63）

Haematobia exigua de Meijere, 1903: 17.
Lyperosia flavohirta Brunetti, 1910: 89.

特征：体长 2.5–4.5 mm。雄性眼裸，较大，其后缘在下半部稍微弯入；额宽为头宽的 1/8 强；间额棕色，为一侧额的 2/3 宽；下眶鬃 8–9 个，外顶鬃存在，不发达；鬃毛大多为淡色，头前面观粉被银黄色；侧颜宽为触角第 1 鞭节宽的 1/2；下侧颜棕黑色，颊高与侧颜等宽；触角大部或基部两节及第 1 鞭节基部黄色，第 1 鞭节为梗节长的 2 倍弱；下颚须大多黄色，较强且略扁；中喙棕黄色，发亮，基半部粗，末端具小的口盘。胸背粉被灰黄色，具窄的暗纵条；肩鬃 2，肩后鬃 1，翅前鬃缺如；无前中侧片鬃，背侧片无小毛，下前侧片鬃 1+1；前胸基腹片具细长黄毛，前胸前侧片中央凹陷及后基节片均裸。翅淡棕黄色，M 脉略呈弧形弯曲，下腋瓣黄白色，具淡黄色、白色或淡棕色缘，平衡棒黄色。足大部黄色；后足分跗节呈扁平状，第 1、第 2 分跗节末端向后背方呈角状扩大，第 2、第 3 分跗节中段的后列毛显然长于节宽。腹部略黄，呈三角形的狭长卵形，略扁；粉被灰黄色，具较窄的暗色正中纵条，不呈倒三角形，且纵贯第 1–5 各背板，有时在第 5 背板的纵条不显。雌性额宽为头宽的 1/4 强至 1/3，下眶鬃常为 6，前倾上眶鬃 3，触角第 3 节为第 2 节长的 1.3 倍强。

分布：浙江（全省各地），除新疆、香港、澳门、西藏外遍布全国；日本，朝鲜，俄罗斯，马来西亚，印度，菲律宾，越南，美国，密克罗尼西亚，塞舌尔群岛。

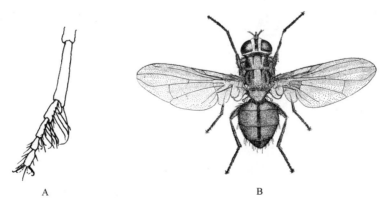

图 1-63　东方角蝇 *Haematobia exigua* de Meijere, 1903（仿范滋德，2008）
A.♂左后足跗节背面观；B.♀全形图

23. 血喙蝇属 *Haematobosca* Bezzi, 1907

Haematobosca Bezzi, 1907: 414. Type species: *Haematobia atripalpis* Bezzi, 1895.

Lyperosiops Townsend, 1912: 47. Type species: *Stomoxys stimulans* Meigen, 1824.

主要特征： 眼后缘稍微凹入；雄额为一眼宽的 1/6–1/4，雌额略等于一眼宽；间额等于一侧额宽；触角芒羽状，上侧和下侧均具毛，下侧毛仅 1–3 根；下颚须侧扁，其末端与喙的末端几乎相齐；前胸基腹片具毛，雄性前胸前侧片中央凹陷有时具毛；前中侧片鬃 1，后基节片在后气门的前下方和下后侧片具毛，背侧片具小毛，下前侧片鬃 1+1；R_1 脉裸，r_{4+5} 室开口小，稍短于 r-m 横脉长；腹部第 3、第 4 背板具成对侧斑和正中条；雄肛尾叶左右愈合，但愈合段很短。成蝇吸食牛、马、驴和骡血液。幼虫孳生于乳牛等草食动物粪便中。

分布： 古北区、东洋区。中国记录 4 种，浙江分布 2 种。

（65）刺血喙蝇 *Haematobosca sanguinolenta* (Austen, 1909)（图 1-64）

Bdellolarynx sanguinolenta Austen, 1909: 290.

Haematobosca sanguinolenta: Pont, 1986: 110.

特征： 体长 5.0–6.0 mm。雄性眼裸，后缘凹入；额为头宽的 0.12 倍，间额黑，约与一侧额等宽；下眶鬃约 17，侧额、侧颜粉被灰至深灰，侧颜等于或稍宽于一侧额；颊极狭；触角黑，第 1 鞭节长为梗节的 3 倍弱；芒黑；下颚须黄而末端暗，约为中喙长的 3/4，中段稍波曲。胸底色深灰，中胸背板斑纹明显，由黑色的 1 对细的亚中条和 1 对侧条组成；后盾后半有短狭的弱黑正中纵条；小盾与盾片同色，前缘有很狭的暗色横带；中鬃 0+1；背中鬃 1+2；下前侧片鬃 1+1；前胸前侧片中央凹陷和后基节片均裸。翅透明，翅基稍带棕色，R_1 脉裸，R_{4+5} 脉上面在近基部有很少几个小刚毛，下面有 2 个较大些的小刚毛；M 脉向前呈弧形弯曲，r_{4+5} 室宽约为开口处宽的 2 倍；腋瓣带点淡灰黄色；平衡棒黄色。股节黑而末端带棕色，中股尤其如此；胫节基部 1/3 棕色，其余部分黑色；跗节黑色；前股后背鬃列基半较短，后腹鬃列疏而长；中股有 2 个刺状近端位后鬃；后股有一细长的亚基位腹鬃。腹与胸同色，第 3–5 背板可见狭的亮黑前缘带，第 3、第 4 背板各有一暗色狭正中条及 1 对亚三角形暗斑，第 4 背板上的条和斑较短小；尾器前阳基侧突末端头状。雌性额宽为头宽的 0.39 倍；外顶鬃不很明显；间额黑，两侧中部呈弧形增宽，中段宽为一侧额的

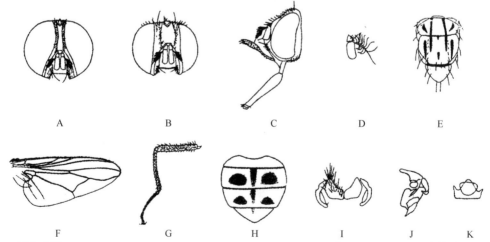

图 1-64　刺血喙蝇 *Haematobosca sanguinolenta* (Austen, 1909)（D、G、I 仿 Zumpt，1973；余均仿 Ho，1936）
A. ♂头部前面观；B. ♀头部前面观；C. ♀头部侧面观；D. ♂触角；E. ♂胸部背面观；F. 右翅；G. ♂后足前面观；H. ♀腹部背面观；I. ♂尾叶后面观；J. ♂外生殖器侧面观；K. ♂阳茎腹面观

2.7 倍左右，前后端则略狭于一侧颚的 2 倍；下眶鬃约 12 对；上眶鬃及若干参差小毛位于侧额后部的外侧。各胫节全带棕色。

　　分布：浙江（安吉、临安）、全国各地；朝鲜，日本，印度，尼泊尔，缅甸，越南，老挝，泰国，柬埔寨，斯里兰卡，菲律宾，印度尼西亚，澳大利亚。

（66）扰血喙蝇 *Haematobosca stimulans* (Meigen, 1824)（图 1-65）

Stomoxys stimulans Meigen, 1824: 161.

Haematobosca stimulans: Pont, 1986: 110.

　　特征：体长 5.0–7.0 mm。雄性眼裸，后缘稍凹，眼间距狭，约为头宽的 1/10；间额黑，等于或宽于 1 侧颜；头前面粉被银白，在前额上下色泽带黄灰，仅内顶鬃发达；下眶鬃约 9 对；前倾上眶鬃 1 对；口前缘前于额前缘；触角黑褐，第 1 鞭节长约为梗节的 2.5 倍；芒基部 1/3 增粗；下颚须橙黄，稍短于中喙，端部明显扩展，最宽处约为触角第 1 鞭节宽的 3/4；中喙亮黑；前额长约为高的 6.3 倍。胸底色黑，粉被黄灰至黄褐；肩胛粉被较淡；盾片有 2 对黑纵条；中鬃 0+1；背中鬃 1+（2–3）；翅内鬃 0+1；翅前鬃 0；翅上鬃 1；肩后鬃 1+0；腹侧片鬃 1+1；小盾有前基鬃、基鬃、侧鬃、端鬃各 1 对；前胸基腹片宽，侧缘具毛；前胸侧板中央凹陷及下侧片裸。翅带烟色，脉棕色；R_1 脉上面基半有小刚毛，有时则裸；R_{4+5} 脉基部上面、下面都有少数小毛；M 脉端段呈弧形；下腋瓣狭，平衡棒淡黄色。足黑褐色，膝略带黄棕色，胫节基部带黄色；中胫有 1 中位后鬃；后胫有 1 个中位前背鬃和 1 个近端背鬃。腹卵形，长宽相仿，底色黑褐，有灰黄粉被，背板关节处亮黑，无明显的鬃；第 2–4 各腹板狭；第 5 腹板后侧突细长；前阳基侧突宽、末端钝，后阳基侧突镰刀状、末端尖，肛尾叶缝合段中等长，阳体端部锚状，有向两侧伸展的刺状侧突。雌性额后部宽约与眼等宽；间额向前稍增宽，为一侧额的 3–3.5 倍；下颚须稍微比雄性的宽；前倾上眶鬃 2–3，其后为一群较小的鬃状毛。胸粉被较雄性的淡些，呈淡黄灰色；盾片上的小毛亦较短；翅灰色；中股、后股带红黄色，在末端有略发达的宽的暗色环。腹正中斑形成近于完整的狭正中条，向后渐收狭，并不达于腹末端。

　　分布：浙江（安吉）、新疆；蒙古国，印度，尼泊尔，欧洲。

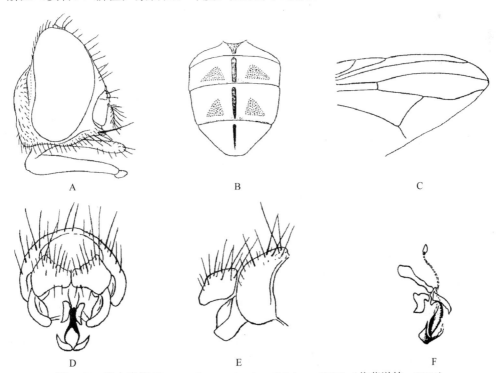

图 1-65　扰血喙蝇 *Haematobosca stimulans* (Meigen, 1824)（仿范滋德，2008）
A. ♂头部侧面观；B. ♂腹部背面观；C. 右翅端半部；D. ♂尾器后面观；E. ♂尾器侧面观；F. ♂外生殖器侧面观

24. 毛膝蝇属 *Hebecnema* Schnabl, 1889

Hebecnema Schnabl, 1889: 331. Type species: *Anthomyia umbratica* (Meigen, 1826).

主要特征：复眼具毛或裸，前上方的小眼面常扩大；雄性额侧面观扁平，多数狭；触角芒长羽状；口上片不突出。前中鬃 2 列，之间有 2 列短刚毛，后背中鬃 4，翅前鬃缺如或呈体毛状；背侧片无小毛，前胸基腹片、下后侧片、后基节片和第 1 腹板均裸。翅无斑点，R_{4+5} 脉背面裸，个别种具小刚毛，M 脉直。后胫无后背鬃。腹部背板无成对的点斑，至多具一黑色正中条。幼虫主要孳生于有蹄类动物的粪便中，亦可在腐烂植物中孳生。在英国温带地区以幼虫和蛹越冬；雄蝇在植物叶片上停留，雌蝇在孳生地附近活动。

分布：世界广布。中国记录 5 种，浙江分布 1 种。

（67）暗毛膝蝇 *Hebecnema fumosa* (Meigen, 1826)（图 1-66）

Anthomyia fumosa Meigen, 1826: 109.

Hebecnema fumosa: Pont, 1986: 160.

特征：体长 4.5–6.0 mm。雄性复眼具纤毛（雌性疏少），头具褐色粉被，侧颜向内凹入，侧面观几乎看不到；触角芒长羽状；口上片不突出。胸部暗褐色；后背中鬃 4；背侧片无小毛，前胸基腹片、下后侧片、后基节片和第 1 腹板均裸。两中鬃列间有不规则的 3–4 列小毛。翅带褐色；M 脉直；R_{4+5} 脉背面裸。中足和后胫黄色，有时为暗棕色，后胫无后背鬃。腹部黑色，具褐灰色粉被，正中条不明显。

分布：浙江（临安）、山西、台湾、广东、贵州；欧洲，非洲。

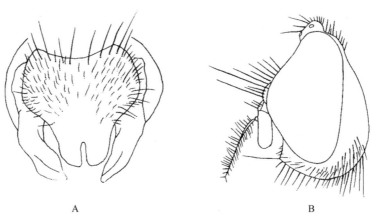

A 　　　　　　　　　　　　　　　　　B

图 1-66　暗毛膝蝇 *Hebecnema fumosa* (Meigen, 1826)（仿范滋德，1992）

A. ♂尾器后面观；B. ♂头部侧面观

25. 阳蝇属 *Helina* Robineau-Desvoidy, 1830

Helina Robineau-Desvoidy, 1830: 493. Type species: *Helina euphemioidea* Robineau-Desvoidy, 1830.

主要特征：腹部第 3、4 背板常具成对点斑，复眼多数裸，少数具纤毛；胸部盾片常具 4 黑条，翅侧片裸，多数种类后足基节片裸，至多具散生的细毛，腹侧片鬃 2+2（3）或 1+2。

分布：世界广布。中国记录 266 种，浙江分布 1 种。

（68）亚密胡阳蝇 *Helina subdensibarbata* Xue *et* Yang, 1998（图 1-67）

Helina subdensibarbata Xue *et* Yang, 1998: 336.

特征：长 8.0 mm。雄性复眼被疏长毛；额宽约为前单眼宽的 1.5 倍；间额宽约为一侧额的 1.5–2.0 倍；下眶鬃分布在额下半部约 7 对；间额黑色，侧额、侧颜和颊具薄层灰色粉被；新月片黄色；侧颜宽约等于触角宽；触角黑色，第 1 鞭节约为梗节长的 3.0 倍；触角芒长羽状，最长芒毛长于触角第 1 鞭节宽；颊高为眼高的 2/11；髭角位于额角之后，口缘鬃密而长；颊毛黑色，较密长；下颚须黑色棒状，约为前颏长的 1.5 倍；前颏长为高的 2.5 倍。胸底色黑色，略发亮，具灰色粉被；盾片具 4 黑色宽纵条；小盾与中胸同色；中鬃 0+1；背中鬃 2+4；翅内鬃 0+2；翅前鬃弱于后背侧片鬃；前胸基腹片、翅侧片、后足基节片和后气门前肋均裸；前后气门均褐色；腹侧片鬃 2।2。翅带淡褐色，前缘脉棕黄色，其余褐色，前缘基鳞黄色；前缘刺明显，除前缘脉具毛外，其他各脉均裸，横脉附近略具暗晕；平衡棒黄色；腋瓣黄色。各足全黑，前胫后鬃 2，中位 1 根较发达，亚中位 1 根长约等于胫节宽；中股近端位后背鬃 3，基部 1/3 具 4 根直立的后腹鬃，中胫无前背鬃，后鬃 4–5 根，其中 3 根粗大；后股端部 1/3 具 4–5 根长的前腹鬃，后背鬃 2，无后腹鬃，后胫端半部前腹鬃 4，前背鬃 3，端部 3/5 后面具鬃毛列，端位前背鬃长于胫节横径，无后背鬃。腹部底色黑色，具灰色粉被，背面观呈卵形，第 3、第 4 背板分别具 1 对近三角形黑色斑，斑长约等于背板长的 4/5，黑斑前外侧略具变色斑，各背板侧鬃发达，第 4、第 5 背板缘鬃、心鬃均发达。第 1 腹板具纤毛。

分布：浙江（安吉）。

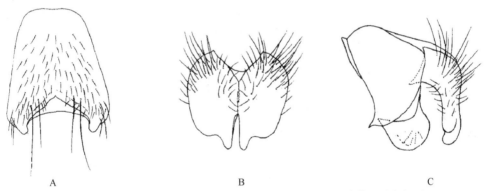

图 1-67 亚密胡阳蝇 *Helina subdensibarbata* Xue *et* Yang, 1998（仿薛万琦和杨明，1998）
A. ♂第 5 腹板腹面观；B. ♂肛尾叶后面观；C. ♂尾器侧面观

26. 齿股蝇属 *Hydrotaea* Robineau-Desvoidy, 1830

Hydrotaea Robineau-Desvoidy, 1830: 509. Type species: *Musca meteorica* Linnaeus, 1758.

Hydrotaeoides Skidmore, 1985: 119. Type species: *Musca dentipes* Fabricius, 1805.

主要特征：中型或小型蝇类，亮黑色、灰黑色或棕黑色种。雄复眼接近，雌复眼远离，具交叉的间额鬃 1 对，常有 1 对发达的前倾上眶鬃；部分种单眼三角向前伸展为发达的额三角；新月片银白色或银灰色，触角芒裸或具毳毛。中鬃如发达则为 2 行，背中鬃 2+4（个别种为 2+3）；翅前鬃细小或缺如；下前侧片鬃通常为 1+1。前胸基腹片、前胸前侧片中央凹陷、下后侧片上无毛，部分种可有或长或短的暗色毳毛；无前缘刺，Sc 脉较直，M 脉直。前足股节近端部腹面有齿，前胫腹面同齿相应的有缺刻，但部分种类前胸基腹片具毛的亮黑色种无此特征；在中足与后足上常有特征性的装备，但后者基节后表面裸。腹具灰色粉被和暗色中位纵斑，部分种类粉被缺如，个别种类腹部部分地呈黄色；尾节不很突出。幼虫粪食、腐食和捕食性，有时寄生。常见孳生于人、畜（禽）粪便和腐败动植物及垃圾、肥料中；也有在犬、猫、鼠等动物尸体以及鼠、獾、蚁等动物、昆虫洞穴和鸟巢中孳生的；有时亦发现孳生于蕈、藻类中。成蝇活动范围广泛，山林、草原、农田、城镇皆有分布，不少种类为访花者；常见活动于人畜粪便上、厕所中、垃圾上以及肉、蛋、水果等食物上，喜食人畜创伤流出的脓血和眼、鼻、口唇、皮肤的分泌物，骚扰刺激使人、畜不得安宁，并能传播疾病。

分布：世界广布。中国记录 53 种，浙江分布 3 种。

分种检索表

1. 后股基部腹面 1/5 段内有 2 个挨近的长刺 ···隐齿股蝇 *H. armipes*
-. 后股基部腹面 1/5 段内无刺 ·· 2
2. 眼有较长纤毛 ···南曲脉齿股蝇 *H. cyrtoneura*
-. 眼毛疏短，裸或几乎裸 ···常齿股蝇 *H. dentipes*

（69）隐齿股蝇 *Hydrotaea armipes* (Fallén, 1825)（图 1-68）

Musca armipes Fallén, 1825: 75.

Hydrotaea riparia: Robineau-Desvoidy, 1830: 512.

特征：体长 4.5–6.0 mm。雄性眼具密毛；额最狭处稍狭于后单眼外缘间距，约为前单眼宽的 2 倍；下眶鬃达单眼三角，无上眶鬃；触角黑，第 1 鞭节长略小于宽的 2 倍，触角芒具短毳毛；侧额下方及侧颜和颊具银灰色或暗灰色粉被；侧颜中部宽度约为触角第 1 鞭节宽的 1/2；颊高等于触角第 1 鞭节宽，前方有上倾口缘鬃；口上片不突出；下颚须黑色；喙粗短，唇瓣发达。胸部黑色，粉被暗灰色，2 对暗色纵条隐约可见；中鬃 2+（4–5）；背中鬃 2+4；翅前鬃缺如；下前侧片鬃 1+1，前胸基腹片、背侧片、后基节片和下后侧片裸。翅稍带黄棕色；R₁ 和 R₄₊₅ 脉裸；M 脉直；m-m 横脉略直，中部微弯；腋瓣浅黄色，平衡棒端部黑棕色。足黑色，前股前端 1/3 腹面除有内、外 2 齿外，在外齿的后内面有一隆起；前胫无中位后鬃；中股有 1 列长毛状的后鬃，基半部有 1 列前背鬃；中胫后鬃 2–3，端半部的前腹面和后腹面各有 1 列鬃状毛；后股基部 1/5 腹面有 2 密接的钩状刺，钩刺与股基间距等于或稍大于钩刺长；端部 1/3 具 1 列长大的前腹鬃，后腹面无粗壮的鬃；后胫有 1 列完整的前背鬃状毛，端半部有 1 列毛状前腹鬃，端 1/4 腹面有 1 簇毛和 1 长大的后背鬃。腹部长卵形，具灰白粉被和黑正中条；第 1 腹板裸。第 3、第 4 背板具棕色缘带。雌性眼具稀疏纤毛，有 1 前倾和 2 后倾上眶鬃；侧额具灰粉被，不发亮；侧颜在触角基部水平处有亮黑色斑；前中鬃 2–3 对；后胫前腹鬃 2–3，前背鬃 1，后背鬃 1；后股无钩状刺。

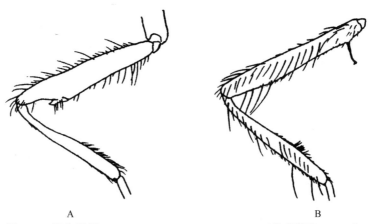

图 1-68 隐齿股蝇 *Hydrotaea armipes* (Fallén, 1825)（仿范滋德，1965）

A.♂前足后面观；B.♂后足前面观

分布：浙江（临安）、吉林、辽宁、内蒙古、北京、天津、河北、山西、河南、陕西、宁夏、甘肃、青海、新疆、台湾、四川；俄罗斯，蒙古国，朝鲜，韩国，日本，中亚地区，欧洲，非洲。

（70）南曲脉齿股蝇 *Hydrotaea cyrtoneura* Séguy, 1938

Hydrotaea cyrtoneura Séguy, 1938: 115.

特征：体长 6.5 mm。雄性体黑青色，被长底毛。眼前内方小眼面轻度增大，具密长毛，眼间距较狭处比单眼三角稍宽；间额及侧额绒黑色；颊等于触角第 1 鞭节宽；中喙与下颚须黑色；触角黑、短，第 1 鞭节为梗节的 1.5 倍长，后者有 3 个长鬃。平衡棒棕色，膨大部分黑色；翅基红色，脉铜色；M 脉在端部轻微抱合；dm-cu 横脉轻度"S"形波曲；腋瓣黄、边缘红，下腋瓣突出，并在其上面覆有淡色纤毛。足黑，中股、后股细长，中股在内面突出着 7–8 个粗鬃，分布仕基半；后足跗节比后足胫节长。腹具小毛长，覆有厚灰粉被和一不规则的黑正中条；尾器小，第 5 腹板两侧齿钝，不很突出，肛尾叶壮。雌性不详。

分布：浙江（临安）。

（71）常齿股蝇 *Hydrotaea dentipes* (Fabricius, 1805)（图 1-69）

Musca dentipes Fabricius, 1805: 303.

Hydrotaea obscuripennis: Macquart, 1835: 304.

特征：体长 7.0–8.0 mm。雄性眼裸，额最狭处略大于后单眼外缘间距；间额黑，最狭处约为银灰色 1 侧额宽的 2 倍；下眶鬃列达于单眼三角；触角黑，第 1 鞭节长约为宽的 2 倍，触角芒具短毳毛；侧颜具银灰色粉被，中部宽度狭于或等于触角第 1 鞭节宽；颊具灰暗粉被，颊高约为触角第 1 鞭节宽的 1.5 倍；胸黑具灰白粉被，前盾片具 2 对黑条，中鬃 3+4，背中鬃 2+4，翅内鬃 0+3；下前侧片鬃 1+1；背侧片有小毛。翅透明，稍带棕黄色，翅基明显；dm-cu 横脉中部稍向基部弯曲；腋瓣浅黄白色，边黄色；平衡棒黑棕色，棒基和棒杆暗红棕色。足黑，前股近端部腹面具内外 2 齿，中股基半部腹面和前后面具密长鬃状毛；中胫有 1–2 中位后腹鬃；后股前腹面和后腹面具毛状的鬃列，仅端半部的前腹鬃长大；后胫前腹鬃 2–4；有 1 列小毛状的前背鬃；端部 1/3 有一长大的后背鬃。腹部长圆筒形，具灰白和灰黄浓粉被；各背板具正中细黑条，有闪光侧斑；第 1 腹板裸。雌性额宽约为一眼宽；有 1 前倾和 2 后倾上眶鬃；前胫亚中位有 1 前背鬃；中胫有 1 前背鬃和 2 后鬃；后胫前腹鬃 2–3，前背鬃 1 和 1 长大的后背鬃。翅前鬃长大，略与后背侧片鬃等大。腹宽卵形，末端狭，具灰白粉被和细正中黑条，闪光变色斑明显。

分布：浙江（临安）、黑龙江、吉林、辽宁、内蒙古、北京、河北、山西、山东、陕西、宁夏、甘肃、青海、新疆、江苏、上海、四川、云南、西藏；俄罗斯，蒙古国，朝鲜，韩国，日本，中亚地区，印度，尼泊尔，欧洲，非洲。

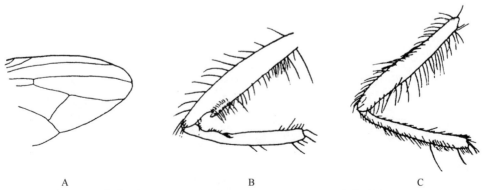

图 1-69　常齿股蝇 *Hydrotaea dentipes* (Fabricius, 1805)（仿范滋德，1965）

A.♂后翅；B.♂前足后面观；C.♂后足前面观

27. 池蝇属 *Limnophora* Robineau-Desvoidy, 1830

Limnophora Robineau-Desvoidy, 1830: 517. Type species: *Limnophora palustris* Robineau-Desvoidy, 1830.

Limnina Malloch, 1928: 327. Type species: *Limnina elongata* Malloch, 1928.

主要特征：成蝇喙较细长，唇瓣小；前胸基腹片两侧总是具小毛，上后侧片、后基节片均裸；翅的径脉结节背腹面均有 2–3 根小刚毛，少数种 R_{4+5} 脉上亦有毛。后胫除正常的背鬃之外无近端位前背鬃，或至多具一长度不超过后胫横径的小前背鬃。腹部第 3、第 4 背板多分别具 1 对近三角形的黑褐色斑；体中小型。成蝇多栖于湖岸、溪边的沙石、苔藓上，其喙形态适于捕食生活，其食物有小的摇蚊等昆虫；幼虫多水生，常固着在苔藓上游动，捕食寡毛类环虫和蠓类、毛蠓类等小的昆虫幼虫，也有一些种在粪便或腐烂的动植物体上孳生；温带地区池蝇正常一年繁殖 1 代或 2 代。成蝇数量和密度与水质污染程度成反比，可能是一种潜在的环境保护指示生物。

分布：世界广布。中国记录 48 种，浙江分布 4 种。

分种检索表

1. 背中鬃 2+3 ··· 2
 - 背中鬃 2+4 ··· 3
2. 盾沟前斑条略宽；前足胫节端位后腹鬃不很明显，中足胫节后鬃常 1 根，腹部第 4 背板的黑斑接近或等于该背板长；肛尾叶游离部不明显变狭，肛尾叶侧突起无刚毛 ·································· 隐斑池蝇 **L. fallax**
 - 盾沟前淡色粉被条略窄；前足胫节端位后腹鬃明显，中足胫节后鬃常 2 根，腹部第 4 背板的黑斑略超过该背板长的 1/2；肛尾叶游离部较宽，约为基部宽的 2/3，侧尾叶内侧分枝小且无毛 ·········· 小隐斑池蝇 **L. minutifallax**
3. 额宽等于头宽的 1/3；后盾片前半部具棕黑色横带 ·· 斑板池蝇 **L. exigua**
 - 额宽为头宽的 1/8–1/7；后盾片前半部无棕黑色横带 ·· 鬃脉池蝇 **L. setinerva**

（72）斑板池蝇 *Limnophora exigua* (Wiedemann, 1830)（图 1-70）

Anthomyia exigua Wiedemann, 1830: 658.

Limnophora plumiseta: Stein 1903: 109.

特征：体长 2.5–3.7 mm。雄性复眼裸，额宽等于头宽的 1/3；触角芒短羽状，芒毛多数超过触角宽的 1/2。背中鬃 2+4，侧颜裸，口上片不突出，髭角位于额角后方；后盾片前半部具棕黑色横带，小盾片全部棕黑色，

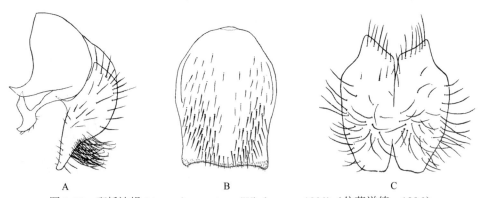

　　　　A　　　　　　　　　　　　B　　　　　　　　　　　　C

图 1-70　斑板池蝇 *Limnophora exigua* (Wiedemann, 1830)（仿范滋德，1996）

A. ♂尾器侧面观；B. ♂第 5 腹板腹面观；C. ♂肛尾叶后面观

前中鬃呈刚毛状，背侧片裸，前胸基腹片宽大，其侧缘具刚毛；径脉结节上具小刚毛；前胫无中位后鬃，前股基部具一些长而端部向前弯曲的鬃；腹部第 2 腹板具强大的鬃毛，第 5 腹板具密短鬃毛组成的鬃斑；后面观肛尾叶游离端宽而平截，其上生有许多长的缨状毛。

分布：浙江（安吉、临安）、台湾、广东、贵州、云南；中亚地区，欧洲，非洲。

（73）隐斑池蝇 *Limnophora fallax* Stein, 1919（图 1-71）

Limnophora fallax Stein, 1919: 72.

特征：体长 5.0–6.0 mm。雄性复眼裸，侧颜裸，上眶鬃细小，口上片不突出，触角位于额角后方，盾沟前斑条略宽，具较明显的 3 条黑褐色斑，前中鬃呈刚毛状，前胸基腹片宽大，其侧缘具刚毛，背侧片裸；经脉结节上具小刚毛；前胫无中位后鬃，端位后腹鬃常不很明显，中胫后鬃常为 1；腹部第 4 背板的黑斑长度接近或等于该背板长，雄性肛尾叶游离部不明显变狭，侧尾叶内侧突起无刚毛。雌性不详。

分布：浙江（安吉、临安）、江苏、上海、安徽、湖北、湖南、台湾、广东、广西、四川、贵州、云南；日本，东洋区广布。

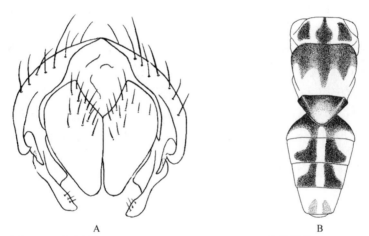

图 1-71　隐斑池蝇 *Limnophora fallax* Stein, 1919（仿范滋德，1996）
A. ♂尾器后面观；B. ♂胸部+腹部

（74）小隐斑池蝇 *Limnophora minutifallax* Lin *et* Xue, 1986（图 1-72）

Limnophora minutifallax Lin *et* Xue, 1986: 419.

特征：体长 3.8–4.8 mm。雄性复眼裸，侧颜裸，侧额灰色，间额为一侧额宽的 1.0–1.5 倍，口上片不突出，触角位于额角后方；盾沟前淡色粉被条略窄，前中鬃 4 列，前中鬃呈刚毛状，背侧片裸，前胸基腹片宽大，其侧缘具刚毛；径脉结节上具小刚毛；前胫无中位后鬃，端位后腹鬃明显，中股基部无后腹鬃，中胫后鬃 2。腹部第 4 背板的黑斑长度略超过该背板长的 1/2，较小，不呈长方形，向后侧方扩展；第 5 背板具 1 对棕色斑，第 5 腹板侧面观末端尖；肛尾叶游离部宽，约为基部宽的 2/3；侧尾叶内侧分枝小且无毛。雌性不详。

分布：浙江（安吉、临安）、陕西、湖南、广东、贵州、云南。

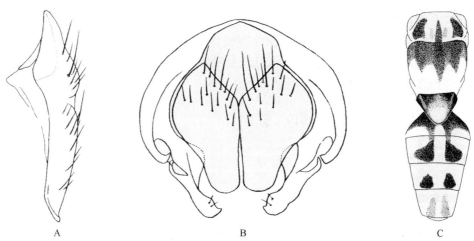

图 1-72　小隐斑池蝇 *Limnophora minutifallax* Lin *et* Xue, 1986（仿林家耀和薛万琦，1986）

A.♂第 5 腹板侧面观；B.♂尾器后面观；C.♂胸部+背部

（75）鬃脉池蝇 *Limnophora setinerva* Schnabl, 1911（图 1-73）

Limnophora setinerva Schnabl, 1911: 279.

特征：体长 4.5–5.0 mm。雄性复眼裸，侧颜裸，额宽为头宽的 1/8–1/7，间额黑色，约为一侧额宽的 3 倍，侧颜银色，约为触角第 1 鞭节宽的 1/2；触角芒短毳毛状；口上片不突出，龈角位于额角后方。前中鬃呈刚毛状，中鬃 2 列；背中鬃 2+4；背侧片裸；前胸基腹片宽大，其侧缘具刚毛；径脉结节上具小刚毛；R$_{4+5}$ 脉上的小刚毛从径脉结节及其附近向外延伸达第一脉段的 3/5 处。前胫无中位后鬃，后股具完整而长的前腹和后腹鬃列；肛尾叶后面观末端具双突起，呈钳状分开，侧尾叶侧面观呈舌形。

分布：浙江（安吉、临安）、吉林、辽宁、河北、山西、河南、陕西、湖北、湖南、广东、广西、四川、贵州、云南；日本，欧洲。

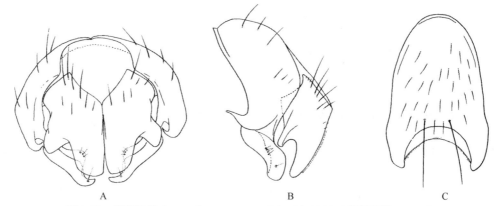

图 1-73　鬃脉池蝇 *Limnophora setinerva* Schnabl, 1911（仿范滋德，1996）

A.♂尾器后面观；B.♂尾器侧面观；C.♂第 5 腹板腹面观

28. 溜蝇属 *Lispe* Latreille, 1796

Lispe Latreille, 1796: 169. Type species: *Musca tentaculata* De Geer, 1776.

Blepharopoda Enderlein, 1936: 195. Type species: *Lispe caesia* Meigen, 1826.

主要特征：体中等大小或近于小型。雄、雌复眼都远离；间额无交叉鬃，颜垂直并呈方形，侧颜仅具若干纤毛，在眼的前下缘无独立的刚毛，通常具 1–2 对强大的鬃；下颚须突出，端部呈匙形扩大；触角第 1 鞭节卵形或圆筒形，触角芒羽状，上侧的纤毛常较长；背中鬃 2+3 或 2+4，有时仅后方的鬃发达；下前侧片鬃 1+1 或 1+2；下腋瓣突出；前股通常有 1 行完整的后腹鬃；腹部略扁，雄第 5 腹板很少突出，露尾节不很发达；肛尾叶或变为近乎四角形的骨板，或长而末端变尖细。幼虫两栖或水栖，捕食性，或者为粪食、尸食。成虫嗜湿和具喜沼泽性。常见在地面积水的水面上活动，少数种类为嗜海性。成虫肉食，捕水生小昆虫等为食。

分布：世界广布。中国记录 34 种，浙江分布 4 种。

分种检索表

1. 后足胫节有前腹鬃 ··· 白点溜蝇 *L. leucospila*
- 后足胫节无前腹鬃 ·· 2
2. 后足胫节在端部一半有 1 列前背鬃；中足和后足胫节除端部暗褐色外大部呈黄色 ·············· 双条溜蝇 *L. bivittata*
- 后足胫节在端部一半无 1 列前背鬃；各足胫节均灰黑色 ··· 3
3. 下颚须棕黄色；后足股节有完整的前、后腹鬃列；腹部第 3、第 4、第 5 各背板具 "八" 字形暗褐斑，第 5 背板上的斑相互接近或接合 ··· 东方溜蝇 *L. orientalis*
- 下颚须棕黑色；后足股节无完整的前、后腹鬃列；腹部第 3、第 4、第 5 各背板有成对的暗棕色三角形斑，第 5 背板上的斑相互接近或接合 ·· 天目溜蝇 *L. quaerens*

（76）双条溜蝇 *Lispe bivittata* Stein, 1909（图 1-74）

Lispe bivittata Stein, 1909: 262.

特征：体长 5.0–5.5 mm。雄性侧颜在近触角基部处有一棕色斑；下颚须黑色，柄带黄色。胸黑，光泽，背面具薄浅棕色粉被，从后面观各有一宽的有光泽的黑色侧条。平衡棒黄色。腹部圆筒形，裸，侧面具不长大的鬃毛，仅在末节的后缘具鬃；第 1+2 合背板变暗，但从后面观具黄灰色的粉被；第 3–5 各背板具一梯形暗色中斑，并具一细的浅黄灰色的正中条将中斑不完全地分为两部分，而其侧部几乎为白灰色色调。雌性不详。

分布：浙江（临安）、湖南、台湾、海南；日本，印度，斯里兰卡，马来西亚，印度尼西亚，埃及。

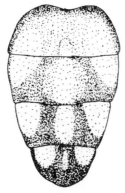

图 1-74　双条溜蝇 *Lispe bivittata* Stein, 1909（仿范滋德，1965）
♂腹部背面观

（77）白点溜蝇 *Lispe leucospila* (Wiedemann, 1830)（图 1-75）

Coenosia leucospila Wiedemann, 1830: 441.
Lispe leucospila: Pont, 1986: 187.

特征：体长 4.0–5.0 mm。雄性盾缝前仅 1 个强大的背中鬃；翅棕色；盾片上灰棕色纵条明显，正中暗色纵条宽，直达小盾端；肩胛和背侧片具白色粉被。前足第 1 分跗节外侧无长指状突；中足第 4 分跗节末端内侧无棒状鬃，中胫无前腹鬃和前背鬃；后胫有 2 个前腹鬃，后腹面端部 1/3 有 1 列长而直的纤毛。腹部第 5 腹板具较大的中叶；肛尾叶游离部的基部狭，末端圆钝，两叶分离较远。雌性侧颜在眼前缘下面无 1 强鬃；芒羽状，芒上的纤毛超过触角第 1 鞭节宽度；下颚须黄色；前背中鬃 1 对，长而强。后胫有 1 个前腹鬃。

　　分布：浙江（临安）、山东、河南、上海、福建、台湾、广东、海南、广西；巴基斯坦，印度，斯里兰卡，菲律宾，马来西亚，印度尼西亚，澳大利亚，非洲。

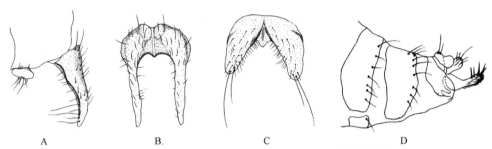

图 1-75　白点溜蝇 *Lispe leucospila* (Wiedemann, 1830)（仿范滋德等，1996）
A.♂尾器侧面观；B.♂肛尾叶后面观；C.♂第 5 腹板腹面观；D.♀产卵器侧面观

（78）东方溜蝇 *Lispe orientalis* Wiedemann, 1824（图 1-76）

Lispe orientalis Wiedemann, 1824: 51.

　　特征：体长 6.0–8.0 mm。雄性下颚须棕黄色。中胫无前背鬃和前腹鬃；后足股节有完整的前、后腹鬃列。腹部具灰白色浓粉被，第 3、第 4、第 5 各背板具"八"字形暗褐斑，第 5 背板上的斑互相接近或接合；第 9 背板具灰色粉被。雌性侧颜一般具 3 行纤毛。

　　分布：浙江（临安）、吉林、辽宁、北京、河北、山东、江苏、上海、安徽、湖北、福建、台湾、广东、海南、广西、四川、云南；朝鲜，日本，巴基斯坦，印度，缅甸，斯里兰卡，马来西亚，印度尼西亚。

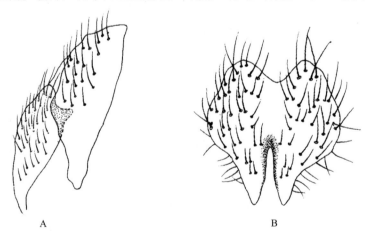

图 1-76　东方溜蝇 *Lispe orientalis* Wiedemann, 1824（仿范滋德等，2008）
A.♂尾器侧面观；B.♂肛尾叶后面观

（79）天目溜蝇 *Lispe quaerens* Villeneuve, 1936（图 1-77）

Lispe quaerens Villeneuve, 1936: 157.

　　特征：体长 4.5–6.0 mm。雄性下颚须棕黑色。后足股节无完整的前、后腹鬃列。腹部具灰白色浓粉被，第 3、第 4、第 5 各背板有成对的暗棕色三角形斑；第 9 背板全具灰色浓粉被。雌性后股端半部具有 4–5 个弱的前腹鬃；缝前有一强大的背中鬃和肩后鬃。腹大部具黄灰色亮粉被，具分开的亮棕色斑，后腹部全具灰粉被。

分布：浙江（临安）、吉林、辽宁、山西；中亚地区，欧洲。

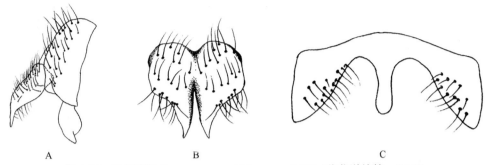

图 1-77　天目溜蝇 *Lispe quaerens* Villeneuve, 1936（仿范滋德等，2008）
A.♂尾器侧面观；B.♂肛尾叶后面观；C.♂第 5 腹板腹面观

29. 溜头秽蝇属 *Lispocephala* Pokorny, 1893

Caricea Robineau-Desvoidy, 1830: 530. Type species: *Caricea erythrocera* Robineau-Desvoidy, 1830.

Lispocephala Pokorny, 1893: 532. Type species: *Anthomyia alma* Meigen, 1826.

主要特征：两性额均宽，额三角通常完全达额前缘；后倾上眶鬃 2 对，通常前方 1 对稍长；内倾下眶鬃 2 对，后方 1 对明显短；触角芒通常基半部短羽状或具纤毛，端半部几乎裸，背中鬃 2+3；翅内鬃 0+2（1），小盾基鬃和端鬃均发达，通常基鬃稍短于端鬃；腹侧片鬃 3，呈等腰三角形排列；前侧片鬃 2；前气门鬃 2，下方 1 根下倾；下腋瓣明显长于上腋瓣；前胫通常无中位后腹鬃，中股前鬃 1，近端后鬃 2，中胫具 1 根中位后背鬃；后胫前腹鬃 1，前背鬃 2，后背鬃 2；雄性肛尾叶愈合，基部较宽而端部细长或侧扁，末端尖；雌性产卵器短，第 7、第 8 背板相愈合，第 7、第 8 腹节愈合但可见接缝。

分布：古北区和东洋区。中国记录 49 种，浙江分布 5 种。

分种检索表

1. 各足基节和股节完全黄色 ··· 虎爪溜头秽蝇 *L. ungulitigris*
- 至少中足和后足基节暗色 ·· 2
2. 各足股节不全为黄色，翅透明 ·· 3
- 各足股节完全黄色，翅带淡棕色 ··· 暗翅溜头秽蝇 *L. obfuscatipennis*
3. 前股全黄色 ··· 小钩溜头秽蝇 *L. paulihamata*
- 至少前股背面明显具棕色 ·· 4
4. 触角梗节完全黄色或红黄色 ··· 球突溜头秽蝇 *L. orbiprotuberans*
- 触角梗节除端缘外为暗褐色 ··· 寒溜头秽蝇 *L. frigida*

（80）寒溜头秽蝇 *Lispocephala frigida* (Feng *et* Xue, 1997)（图 1-78）

Caricea frigida Feng *et* Xue, 1997: 155.

Lispocephala frigida: Xue *et* Zhang, 2011: 199.

特征：体长 4.0 mm。雄性复眼裸，眼后缘不凹入，额在中部稍宽，为头宽的 0.37 倍，间额黑色，额三角达额前缘，具灰色粉被，单眼鬃长约等于额宽，外顶鬃粗于且略长于后顶鬃；侧额具灰色至灰黄色粉被，上框鬃 2 对，后倾，前方一根长于后方的上眶鬃，下眶鬃 2 对，内倾，前方的一根为后方一根的 2 倍长，2 根上眶鬃间距为 2 根下眶鬃间距的 2 倍，下眶鬃外方具一根小毛；新月片棕黄色，侧颜具黄灰色粉被，中部狭，约为触角宽的 1/3，触角梗节端部和第 1 鞭节基部 1/3 黄色，其余为暗褐色，第 1 鞭节约为梗节长的 2.5 倍，芒基部 3/5 呈短羽状，往基部去变长，端部裸，芒毛多数短于触角宽；口上片不突出，髭角位于额角之后；颊具灰色粉被，颊毛和下后头毛黑，颊高约为眼高的 1/12；下颚须黄色；前额略发亮，唇瓣两侧各有喙齿 3 个。胸底色黑，粉被灰色，沿背中鬃列具 2 狭的褐色条，前中鬃 3 对，第 2 对毛状，后中鬃往后方去为毛状，背中鬃 2+3，第 1 根前背中鬃为第 2 根长的 1/2，翅内鬃 0+2；小盾基鬃稍短于端鬃，均发达；前侧片鬃和前气门鬃各 2，后者下方一根朝下；腹侧片鬃呈三角形排列，下方一根仅为上方的 1/2 长。翅透明，前刺短小，前缘基鳞黄色，前缘脉腹面具毛；平衡棒黄色，腋瓣淡黄色，下腋瓣呈舌状，为上腋瓣的 1.5 倍，各足转节、胫节、跗节、股节端部和中股及后股基部 1/4 黄色，其余为暗褐色，两个副模标本股节中段为淡褐色；前胫无中位后鬃；中股前腹鬃列刚毛状，近中位前鬃 1，端位后背鬃 2，基半部具 2 根长大后腹鬃。腹部背面观长卵形，粉被灰色，较浓密，第 3-5 背板各具 1 对黑褐色斑，第 3 背板斑常不明显，腹部末端略向腹方膨大；第 1、第 2 合背板和第 3 背板两侧及腹面黄色，第 4 背板侧面前下部和第 1-4 腹板亦黄色，第 5 腹板侧叶黄色，余为暗黑色；腹部侧面观尾末端高度大于腹基部高。

分布：浙江（安吉）、四川、贵州。

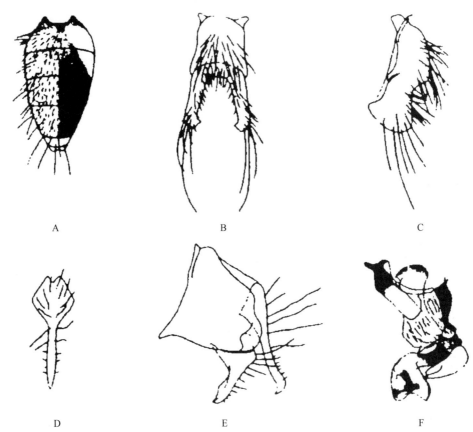

图 1-78 寒溜头秽蝇 *Lispocephala frigida* (Feng *et* Xue, 1997)（仿冯炎和薛万琦，1997）
A.♂腹部背面观；B.♂第 5 腹板腹面观；C.♂第 5 腹板侧面观；D.♂肛尾叶后面观；E.♂尾器侧面观；F.♂尾器侧面观

（81）暗翅溜头秽蝇 Lispocephala obfuscatipennis (Xue, 1998)（图 1-79）

Caricea obfuscatipennis Xue, 1998: 88.

Lispocephala obfuscatipennis: Xue *et* Zhang, 2011: 187.

特征：体长 4.3-4.8 mm。雄性额宽为头宽的 0.38 倍，向后方去稍变狭，间额黑色；额三角达额前缘，粉被黄灰色；单眼鬃发达，约等于额宽，外顶鬃粗大，长于单眼鬃，内倾下眶鬃 2，上方一根为下方的 3/5 长，后倾上眶鬃 2，下方一根长，2 根上眶鬃间距为下眶鬃间距的 2 倍，下眶鬃外侧具 1 根小毛，侧额、侧颜和颊具淡灰色粉被，颜堤底色黄，粉被淡黄色，侧颜中部为触角宽的 1/2，触角第 1 鞭节端部 2/3 呈褐色，其余均为黄色，触角第 1 鞭节为梗节长的 2.5 倍，芒基半部呈短羽状；胸部底色黑，粉被淡灰色，盾片具不明显的暗黑色 3 纵条，中鬃呈 2 列刚毛状，背中鬃 2+3，翅内鬃 0+2，小盾端鬃和基鬃均发达，前侧片鬃 1，前气门鬃 2，腹侧片鬃呈等腰三角形排列；翅基部略透明，脉黄色，翅外方大部淡褐色，较暗，脉亦变为暗褐色，腋瓣淡黄色，下腋瓣突出，为上腋瓣长的 1.5 倍，平衡棒黄色；足除中足和后足的基节暗褐色外，其余均为黄色，前胫无中部后腹鬃，中股前腹面具 1 列短刚毛，近基部 2 根和近端部 3–4 根仅为胫节横径的 1.5 倍长，近中位前鬃 2，端位后背鬃 2，基部 1/3 具 2 后腹鬃，中胫中位后背鬃 1，后股前腹鬃列疏而壮，前背鬃列完整，基部 1/3 具 2 根后背鬃，近端部具 1 后腹鬃，后胫前腹鬃 1，前背鬃 2，后背鬃 1；各足爪及爪垫小；腹部筒形，基半部大部黄色，端半部底色黑，粉被灰色，各腹板黄色，第 2 背板背面正中斑褐色，第 3 背板正中斑暗褐色，第 3–5 背板各具 1 对圆形黑斑，斑长为其背板长的 1/3–1/2，第 5 背板缘鬃和心鬃发达，第 2–5 腹板各具 1 对强鬃。

分布：浙江（庆元）。

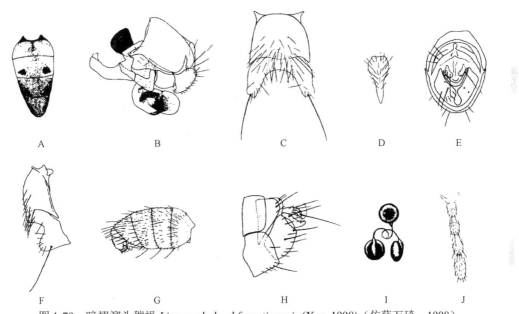

图 1-79　暗翅溜头秽蝇 *Lispocephala obfuscatipennis* (Xue, 1998)（仿薛万琦，1998）

A. ♂腹部背面观；B. ♂尾器侧面观；C. ♂第 5 腹板腹面观；D. ♂肛尾叶后面观；E. ♀产卵器后面观；F. ♂第 5 腹板侧面观；G. ♂腹部侧面观；H. ♀产卵器侧面观；I. ♀受精囊；J. ♀第 1–5 腹板腹面观

（82）球突溜头秽蝇 *Lispocephala orbiprotuberans* (Xue *et* Yang, 1998)（图 1-80）

Caricea orbiprotuberans Xue *et* Yang, 1998: 332.

Lispocephala orbiprotuberans: Xue *et* Zhang, 2011: 181.

特征：体长：4.0–4.2 mm，翅长 3.8 mm。雄性复眼裸，额宽约为头宽的 1/3，前方稍变宽，间额黑色，前缘棕色，约为一侧额宽的 2.5 倍，额三角具灰色浓密粉被，宽大，达额前缘，下眶鬃和上眶鬃各 2，其上方 1 根均短，单眼鬃长约等于额宽，侧额、侧颜和后头粉被灰色，侧颜粉被灰黄色，侧额约为触角宽的 1/3，触角基节、梗节和第 1 鞭节基部黄色，第 1 鞭节大部黑褐色，芒基半部具短纤毛，纤毛长稍大于芒基宽，角位于额角之后，颊高狭于触角宽，下颚须全黄，长于前额，盾前至后盾片中部正中具 1 不明显的棕色条，中呈 2 列体毛状，背中鬃 2+3，翅内鬃 0+2，小盾基鬃和端鬃均长大，前侧片鬃和前气门鬃各 2，前气门黄色，腹侧片鬃呈三角形排列；翅前部带淡棕色，脉黄色，前缘基鳞黄色，前缘刺短，前缘脉腹均具毛，腋瓣淡黄色，下腋瓣突出，约为上腋瓣长的 1.5 倍，平衡棒黄色；中足和后足基节及各股节端部背面略带褐色，其他各节均黄色，各足跗节约等于胫节长，各足第 4 分跗节均变短，前足第 4 节仅为第 3 节长的 1/2，前胫无中位后鬃，中股中位前鬃 1，近中位和基部各具 1 根直立的后腹鬃，近端部后背鬃 2，中胫中位后背鬃 1，后股端半部具 3 根长大的前腹鬃，近端部后背鬃 1，后胫前腹鬃 1，前背鬃 2，后背鬃 2，近端部背鬃 1，各足爪及爪垫长大；腹部背面观呈长卵形，具少数灰色粉被，第 1、第 2 合背板除正中具三角形淡褐色斑外，均为黄色，各背板后缘黄，第 3–4 和第 5 背板大部为黑褐色，第 2 背板具 1 对褐色侧斑，第 3–4 背板正中具不明显的棕色条，侧斑为黑褐色，第 5 背板无斑，第 1 腹板裸，第 5 腹板侧叶黄色，后阳基侧突呈长球状膨大。雌性腹部背面观较雄蝇略短宽，呈卵形，后股端部 3/5 呈褐色。

　　分布：浙江（安吉）。

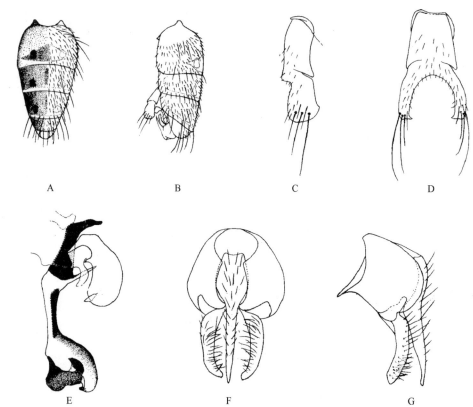

图 1-80　球突溜头秽蝇 *Lispocephala orbiprotuberans* (Xue *et* Yang, 1998)（仿薛万琦和杨明，1998）

A.♂腹部背面观；B.♂腹部侧面观；C.♂第 5 腹板侧面观；D.♂第 5 腹板腹面观；E.♂阳体侧面观；F.♂尾器后面观；G.♂尾器侧面观

（83）小钩溜头秽蝇 *Lispocephala paulihamata* (Xue, Feng *et* Liu, 1998)（图 1-81）

Caricea paulihamata Xue, Feng *et* Liu, 1998: 74.

Lispocephala paulihamata: Xue *et* Zhang, 2011: 197.

　　特征：体长 3.2 mm，翅长 3.0 mm。雄性额宽为头宽的 0.35 倍，间额黑色，粉被疏少，额三角粉被灰黄色，达额前缘，间额为一侧额宽的 3 倍，单眼鬃长约等于额上部宽度，外顶鬃为内顶鬃长的 1/2，上眶鬃和下眶鬃各 2，下方 1 根均粗大，2 根上眶鬃间距为下眶鬃间距的 2 倍，前额具 3–4 根小毛，侧额、侧颜和颊的粉被灰色，侧颜中部宽约为触角宽的 1/3，触角全黄，第 1 鞭节为梗节长的 2.5 倍，芒基部 2/5 呈短纤毛状，端部 3/5 裸，最长芒毛长稍超过芒基宽，口上片不突出，髭角位于额角之后，颊高为复眼高的 1/15，复眼后下缘不凹入，后头背区具刚毛，前额短，下颚须淡黄色，细长；胸部黑色，粉被灰色，盾片无斑条，中鬃呈刚毛状，背中鬃 2+3，第 1 根前背中鬃为第 2 根长的 3/5；翅内鬃 0+2，小盾端鬃和基鬃均发达，前侧片鬃和前气门鬃各 2，腹侧片鬃 3，呈三角形排列；翅透明，脉淡棕色，前缘基鳞黄色，前缘刺短小，平衡棒黄色，腋瓣淡黄色，下腋瓣为上腋瓣长的 1.3 倍；中足和后足基节褐色，足其余各节均黄色，各足爪及爪垫短小，前胫无中位后腹鬃，中股前腹鬃呈刚毛状，仅基部几根稍明显，基半部具 1 前刚毛列，中位前鬃 1，端位后背鬃 2，基部 1/3 具 2–3 根长的后腹鬃，中胫中位后背鬃 1，后股前腹鬃列参差不等，近中位后腹鬃较长，亚基位后腹鬃较短，后胫亚中位前腹鬃 1，前背鬃和后背鬃各 2，近端位背鬃 1；腹部背面观呈卵形，第 1–3 背板侧面、第 4 背板腹缘和第 1–4 腹板黄色，第 1+2 合背板背面褐色，其余各部均暗，第 3–5 背板各具 1 对黑斑，无正中条，粉被灰色，第 5 背板心鬃和后缘鬃发达，第 7、第 8 合背板具 1 对缘鬃，第 1 腹板裸。雌性不详。

　　分布：浙江（庆元）。

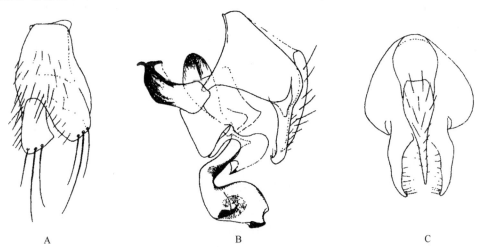

图 1-81　小钩溜头秽蝇 Lispocephala paulihamata (Xue, Feng et Liu, 1998)（仿薛万琦等，1998）

A.♂第 5 腹板侧腹面观；B.♂尾器侧面观；C.♂尾器后面观

（84）虎爪溜头秽蝇 *Lispocephala ungulitigris* (Feng *et* Xue, 1997)（图 1-82）

Caricea ungulitigris Feng *et* Xue, 1997: 154.

Lispocephala ungulitigris: Xue *et* Zhang, 2011: 176.

　　特征：体长 3.5 mm。雄性眼裸，眼后缘不凹入，额为头宽的 1/3，额长大于额宽；间额黑，侧额及侧颜均具灰色粉被；额三角粉被棕灰色，达额前缘；单眼鬃不发达，其长度明显短于额宽；内倾下眶鬃 2 对，上方 1 对很小，后倾上眶鬃 2 对，上 1 对约为前 1 对长的 1/2，前 1 对上眶鬃和上 1 对下眶鬃间距约为上眶鬃间距的 1/2；侧颜狭，其中部约为触角宽的 1/3；触角大部黄色，第 1 鞭节端半部褐色，第 1 鞭节长为梗节的 2 倍，触角芒短羽状，越往端部去越短，基部最长芒毛略短于触角宽；口上片不突出，髭角位于额角之后，颊为眼高的 1/13；下颚须淡黄色；前颏发亮，长为高的 2.5 倍；唇瓣大，喙齿很小。胸部底色暗黑，具灰色粉被，盾片粉被棕灰色，无斑条；中鬃呈 2 行体毛状，盾沟前不对称，背中鬃 2+3，第 1 对前背中鬃为第 2 对前背中鬃长的 2/7，翅内鬃 0+2，翅前鬃缺如，前侧片鬃 2，前气门鬃 2，下方 1 根朝下；前后气门均小；腹侧片鬃 3，呈三角形排列；小盾片与胸同色，具基鬃和端鬃各 1 对，均长大。翅透明，除前缘脉具毛外，其他各脉均裸；翅肩鳞和前缘鳞均黄色，前缘刺约等于 r-m 横脉长，dm-cu 横脉直；腋瓣淡黄色，下腋瓣明显突出于上腋瓣，平衡棒淡黄色。足全黄色，前胫中位无后鬃；中股前腹鬃列刚毛状，基半部 3–4 根较长，基半部后腹鬃 3，近中位前鬃 1，端部后背鬃 2，中胫后背鬃 1；后股具完整前腹和前背鬃列，基部 1/3 具后腹鬃列，其中 1–2 根长大，端位后背鬃和后腹鬃各 1，后胫前腹鬃 1，前背鬃和后背鬃各 2，近端位有 1 长大背鬃。腹略具粉被，第 1+2 合背板、第 3 背板前方大部和第 4 背板腹缘及侧面前下部均黄色，略透明，第 5 背板和第 4 背板后方大部暗黑色，第 1+2 合背板及第 3–5 背板各具点斑 1 对，第 3、第 4 背板具褐纵条，第 5 背板后缘正中不侧扁，第 5 背板后缘鬃和心鬃列很发达，第 7、第 8 合腹节背面具 1 对鬃，第 1 腹板裸，第 5 腹板侧叶长大，达腹末端，除基部略暗色外，其余各腹板均黄色，第 9 背板黄色，肛尾叶及侧尾叶亮黑色；第 1–4 腹节扁筒状，第 5 腹节略向腹方膨大。雌性不详。

分布：浙江（安吉）、四川。

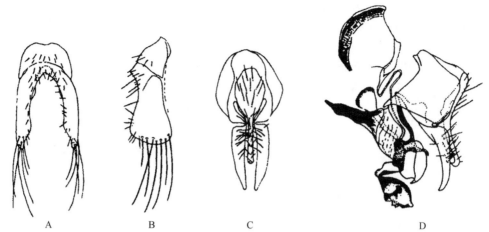

图 1-82　虎爪溜头秽蝇 Lispocephala ungulitigris (Feng et Xue, 1997)（仿冯炎和薛万琦，1997）
A. ♂第 5 腹板腹面观；B. ♂第 5 腹板侧面观；C. ♂尾器后面观；D. ♂尾器侧面观

30. 莫蝇属 *Morellia* Robineau-Desvoidy, 1830

Morellia Robineau-Desvoidy, 1830: 405. Type species: *Morellia agilia* Robineau-Desvoidy, 1830.

Dasysterna Zimin, 1951: 212. Type species: *Cyrtoneura simplex* Loew, 1857.

主要特征：体型中等大小，呈黑色，有轻微的青色闪光和发达的淡色粉被；两性外顶鬃呈细鬃状；雄复眼下方具纤毛，雌复眼无纤毛；间额在后部具单行鬃列；触角芒长羽状。M 脉在端段缓缓呈弧形弯曲，R_1 脉裸，R_{4+5} 脉上面或下面具刚毛或纤毛，毛列不超过 r-m 横脉。前胸基腹片宽，裸或具毛，前胸前侧片中央凹陷裸；腋瓣上肋裸。雄性足有略发达的呈小刺状的、鬃状的或长的鬃状纤毛或毛组成的附加装备。幼虫主要孳生于牛粪中，成蝇喜食畜体血液和汗液，也食粪和花蜜。

分布：世界广布。中国记录 15 种，浙江分布 3 种。

分种检索表

1. 下腋瓣棕色，边缘和缨毛常淡色 ··· 中华莫蝇 *M. sinensis*
- 下腋瓣黄白色 ··· 2
2. 中足胫节后腹鬃 1 个，位于近端部的半段上 ·· 圆莫蝇 *M. hortensia*
- 中足胫节后腹鬃 4–5 个 ··· 济州莫蝇 *M. asetosa*

（85）济州莫蝇 *Morellia asetosa* Baranoff, 1925（图 1-83）

Morellia asetosa Baranoff, 1925: 59.

Morellia (*Dasysterna*) *simplicissima* Zimin, 1951: 221.

特征：体长 7.0–9.0 mm。雄性额宽超过触角第 3 节宽，复眼裸，侧额、侧颜暗，颊具明显银白色粉被；触角黑，第 3 节为第 2 节长的 2 倍。胸部背板有 1 对宽的黑色纵条且达于小盾沟，中鬃 0+2，背中鬃（3–4）+5，且后背中鬃前方的 2 对明显小于后方的几对；肩鬃 3，肩后鬃 1；前胸基腹片具毛；下侧片在后足基节上方具小毛；后气门前肋前方具毛；前气门、后气门均暗棕色。径脉结节上的小毛几乎达 R_{4+5} 脉的中部，上腋瓣、下腋瓣黄白色，平衡棒黄色。前股后背、后腹鬃列完整长大；前胫无明显长鬃，但在端段 1/3 处前、后两面有较长的淡色毛；中胫有 4–5 个后腹鬃，比较均匀地排列在整个胫节长度内，其中有 1–2 个鬃着生位置略偏于后方；另有 2–3 个后鬃；后胫端半有 6–7 个前背鬃，3 个后背鬃，其中 1 个长大，后腹鬃细、6–7 个，其长度稍长于横径。腹部具有银灰色粉被的可变色斑，暗色正中纵条明显。雌性额稍狭于 1 眼宽；侧额前半及侧颜粉被银色；间额黑色、约为 1 侧额的 2.5 倍弱，有 1 强大的前倾上眶鬃。翅 R_{4+5} 脉小毛列仅约达于第 1 段基部 3/4。各腹节背板后缘有灰色粉被而无明显的暗色带或斑。

分布：浙江（安吉）、黑龙江、吉林、辽宁、内蒙古、山东、新疆、江苏、上海；俄罗斯，蒙古国，朝鲜，日本，欧洲。

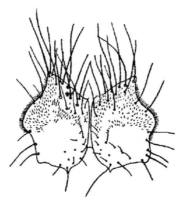

图 1-83　济州莫蝇 *Morellia asetosa* Baranoff, 1925（仿范滋德，1965）

♂肛尾叶后面观

（86）园莫蝇 *Morellia hortensia* (Wiedemann, 1824)（图 1-84）

Musca hortensia Wiedemann, 1824: 49.

Morellia (Dasysterna) pingi Hsieh, 1958: 82.

特征：体长 5.5–8.0 mm。雄性眼具稀疏的微毛，额宽大于触角第 3 节宽；侧颜狭于触角宽；侧额及侧颜有银灰色粉被；触角第 1 鞭节有灰色粉被；其长度为梗节的 2.5 倍。盾片具银灰色粉被且有 2 条宽的暗纵条达于小盾沟，中鬃（4–5）+2，背中鬃 3+（4–5），翅内鬃 0+1；肩鬃 3-4，肩后鬃 1-2；前胸基腹片具毛，下后侧片具毛；后基节片近后足基节处具毛；后气门红棕色。翅透明，翅膜均具微毛；R_{4+5} 脉背面的小毛从径脉结节远伸至 R_{4+5} 脉上；上腋瓣、下腋瓣黄白色；平衡棒黄色。前胫仅有 1 行极短的前背鬃和略长的倒伏的后腹毛；中胫有 1–2 个后鬃及 1–2 个长的后腹鬃；后胫端半约有 7 个细的前腹鬃，另在端段 1/2 处有 2–3 个后背鬃，在端段后腹面有 1 行细毛。腹板色暗，有银灰色粉斑，且有 3 条略明显的暗色纵条。雌性额在头顶为头宽的 1/3，在前方 1/4 稍狭，稍宽于头宽的 1/4；间额均匀地向前变狭，在中段

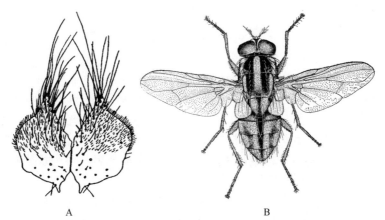

图 1-84　园莫蝇 *Morellia hortensia* (Wiedemann, 1824)（仿范滋德，1965）

A.♂肛尾叶后面观；B.♂全形图

有 1 侧额的 2 倍；侧额上半在内倾下眶鬃列的外方有 1–2 个前倾上眶鬃和 1 行前倾小刚毛；侧额前方 2/5 及颜面覆有银色粉被；额上部暗色，前面观可见前单眼前方有 1 横的金灰粉被点斑。胸粉被密，下后侧片有时有毛，下腋瓣较白。后胫前腹鬃较雄性少，仅 3 个。

分布： 浙江（临安）、黑龙江、吉林、辽宁、内蒙古、山西、山东、河南、陕西、甘肃、新疆、江苏、上海、湖北、湖南、台湾、广东、广西、贵州、云南；俄罗斯，朝鲜，日本，印度，斯里兰卡，马来西亚，新加坡，印度尼西亚，澳大利亚，非洲。

（87）中华莫蝇 *Morellia sinensis* Ôuchi, 1942（图 1-85）

Morellia sinensis Ôuchi, 1942: 53.

特征： 体长 6.0–9.0 mm。雄性眼裸，额宽为触角第 3 节宽的 1/2–2/3；触角第 1 鞭节为梗节长的 3 倍；侧额略窄于额宽；侧额、侧颜黑，粉被不显；前胸基腹片具毛；胸部有灰色粉被，且具 2 条不完整的暗色纵条；中鬃 0+1；背中鬃 2+4；肩后鬃 1；腹侧片鬃 1+2；前、后气门棕黑。翅透明，除上腋瓣外侧近 1/2 处为白色外，其余部分及下腋瓣棕色；平衡棒黄色，基部偏暗。前胫有 2 个细长的后鬃；中胫有 2–3 个后鬃，2 个后腹鬃后胫端部 1/2 处的后腹面有多行细长毛，还有 1 亚中位后背鬃。腹部黑，有明显银色粉被斑；肛尾叶下缘外侧呈明显的角状突起，下缘中部锥形突起长，其长度为本身基部宽的 1.5–2 倍，下缘自下外侧角形突起至中部锥形突起间略呈抛物线形凹陷；侧尾叶两侧端突由 3 个比较大的不同角度的骨片构成。雌性额宽为 1 复眼宽的 4/5，两复眼内缘平行；额前、后等宽。

分布： 浙江（德清、临安）、河南、江苏、上海、江西、台湾、四川、云南、西藏。

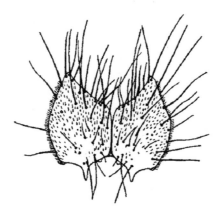

图 1-85　中华莫蝇 *Morellia sinensis* Ôuchi, 1942（仿范滋德，1965）
♂肛尾叶后面观

31. 家蝇属 *Musca* Linnaeus, 1758

Musca Linnaeus, 1758: 589. Type species: *Musca domestica* Linnaeus, 1758.
Pseudosetimusca Joseph *et* Parui, 1972: 180. Type species: *Musca* (*Pseudosetimusca*) *santoshi* Joseph *et* Parui, 1972.

主要特征： 中型蝇种，较少是小型的。眼裸，具纤毛或微毛；触角芒长羽状；胸背具淡色粉被夹着 4 黑色纵条，后者有时合并为 2 宽纵条，或粉被不显，胸背几乎全黑；前胸基腹片有毛，翅后缘无毛；中鬃 0+1，背中鬃（0–2）+（1、2 或 4 以上）；后背中鬃常有 4 个以上，后方的几个较发达，下前侧片鬃 1+2；上后侧片具有弱毛，后基节片多数无毛，少数种类具小刚毛或纤毛；腋瓣上肋刚毛具有或缺如。干径脉上面后缘常有一至数根刚毛，除 R_{4+5} 脉的下面具小刚毛外，其他各纵脉都无毛；在端段呈角形弯曲。腹部带黄、橙等色，在基部两侧具黑色或棕色的条或带和或深或淡的粉被斑，雌性有较多的粉被，偏于灰色。幼虫大多孳生于人畜粪便中，孳生于牛粪中的种类尤其多；少数种类幼虫为杂食性。成蝇习性因种类而异。

分布：世界广布。中国记录 27 种，浙江分布 8 种。

分种检索表

1. 腋瓣上肋裸，后刚毛簇全缺；翅通常越过 r-m 横脉无小刚毛，一般仅存在于基部；雄肛尾叶乳突低平，阳基后突不分叉，侧面观不很弯曲；雌产卵器第 6 和第 7 两腹节后缘各有 6 个骨化点 ·· 2
- 腋瓣上肋前刚毛簇存在，如缺如则翅 R_{4+5} 脉下面越过 r-m 横脉有小刚毛，并几乎接近于翅尖，或腋瓣上肋后刚毛簇存在，前胸前侧片中央凹陷无毛，第 1 腹板具毛；雄肛尾叶下内方乳突很突出，阳基后突呈三角形，并具或长或短分叉，侧面观很长的弯曲 ·· 5
2. 后基节片在后气门的前下方有毛，喙齿末端不尖 ······································· 市蝇 *M. sorbens*
- 后基节片在后气门的前下方无毛，喙齿末端常尖锐 ··· 3
3. 前胫有 1 后腹鬃 ··· 逐畜家蝇 *M. conducens*
- 前胫无后腹鬃 ·· 4
4. 中胸气门黄色，后气门缘毛棕色；腹部大部呈黄色 ·································· 黄腹家蝇 *M. ventrosa*
- 中胸气门棕色，后气门暗棕色；腹部暗 ·· 带纹家蝇 *M. confiscata*
5. 腋瓣上肋后刚毛簇缺如 ·· 6
- 腋瓣上肋后刚毛簇存在 ·· 7
6. 复眼具微毛，腋瓣白色，平衡棒棕色 ·· 黑边家蝇 *M. hervei*
- 复眼无毛，腋瓣黄色，平衡棒黄色 ·· 秋家蝇 *M. autumnalis*
7. 中胸背板具 2 对明显黑纵条，均达小盾沟；小盾片正中有一较宽的暗纵条；后胫前腹鬃 3 ·············· 北栖家蝇 *M. bezzii*
- 中胸背板 2 对黑纵条，中间 1 对不达小盾沟，显然较外侧的 1 对短；小盾端部具暗色斑；后胫前腹鬃 2 ·· 突额家蝇 *M. convexifrons*

（88）秋家蝇 *Musca (Eumusca) autumnalis* De Geer, 1776（图 1-86）

Musca autumnalis De Geer, 1776: 83.

Musca prashadi Patton, 1922: 69.

　　特征：体长 4.5–7.5 mm。雄性复眼无毛；额狭，大约等于前单眼宽；间额黑，在最狭段呈一线，下眶鬃通常 25 个左右；触角芒棕色，基部增粗段约占全长的 1/3，长羽状；颜堤毛上升至下方的 1/2 处；颊高约为眼高的 1/6；下颚须黑，约与中喙等长；端喙具发达喙齿。胸暗灰，中胸背板具 2 对黑纵条；小盾端部黑，中鬃 0+1；背中鬃 2+4；翅内鬃 0+1；翅前鬃 1；翅上鬃 2；肩后鬃 1+0；沟前鬃 1；小盾的前基鬃细小，有时缺如；基鬃、端鬃强大，心鬃 2 对，也较发达；腋瓣上肋前刚毛簇存在，后刚毛簇缺如；前胸基腹片具毛；前胸侧板中央凹陷裸；前气门白色，后气门棕色；翅侧片在翅下小结节的下方具 2 个粗的鬃；后基节片裸，腹侧片鬃 1+2。翅透明，前缘基鳞黄色；脉棕黄色，干径脉上后方具 1–3 个毛，径脉结节上面、下面具 1–2 个小刚毛；M 脉的第二段比第三段长；腋瓣白色；平衡棒棕色。足黑色，前胫仅具端鬃；中股基部前腹鬃 2–3，中胫后背鬃 2，后腹鬃 6；后股前腹鬃 7，前背鬃列常为 12–14 个鬃；后胫前腹鬃 2，前背鬃 9–11，后背鬃 1。腹部第 4 背板具暗色正中条，各腹板主要呈橙黄色。雌性额宽约为头宽的 1/3，间额稍宽于侧额的宽度；侧颜为触角第 3 节宽的 2 倍，又大约等于一侧额宽；外顶鬃同内顶鬃一样发达，上眶鬃 3–4，下眶鬃在中后部或仅在后部有 2 列不整齐的列；腹部第 1+2 合背板上面全黑而两侧具灰白粉被闪斑，其腹缘橙黄色。

　　分布：浙江（安吉、临安）、甘肃、青海、新疆；俄罗斯，巴基斯坦，印度，欧洲，北美洲，非洲，南美洲。

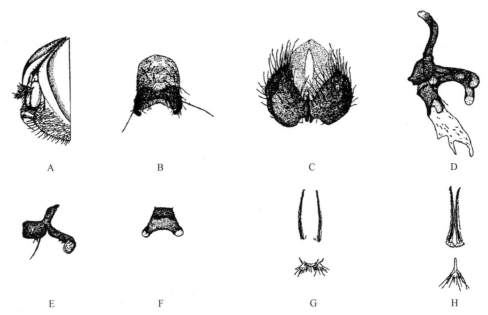

图 1-86　秋家蝇 *Musca (Eumusca) autumnalis* De Geer, 1776（A 仿 Zimin，1951；B–F 仿 Patton，1913；G、H 仿 Ho，1938）

A.♂头前半部分前侧面观；B.♂第 5 腹板腹面观；C.♂肛尾叶后面观；D.♂外生殖器侧面观；E.♂阳基侧突；F.♂阳基后突前腹面观；
G.♀第 8 背板、肛上板及肛尾叶；H.♀第 8 腹板及肛下板

（89）北栖家蝇 *Musca bezzii* Patton *et* Cragg, 1913（图 1-87）

Musca bezzii Patton *et* Cragg, 1913: 19.

Musca pilosa Awati, 1916: 137.

　　特征：体长 9.0–9.5 mm。雄性眼具疏短微毛；额很窄，约与前单眼等宽；侧颜无毛，为触角第 1 鞭节
宽的 1.5 倍；头顶黑色，从侧额向下去的头前面观覆银白色粉被；触角黑，第 1 鞭节暗，上覆有棕色粉被，
长约为梗节的 3 倍；眼高约为颊高的 4 倍弱，下颚须黑，不及喙长。中胸背板具 2 对明显黑纵条，均达小
盾沟；小盾片正中有一较宽的暗纵条；中鬃 0+1；背中鬃 2+（4–5），前方的 2–3 对较短些；腋瓣上肋前、

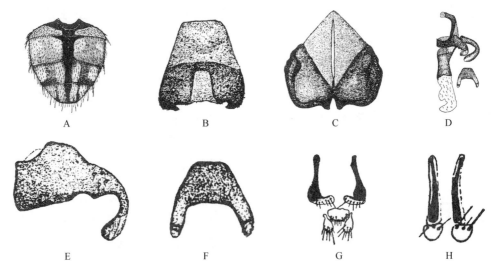

图 1-87　北栖家蝇 *Musca bezzii* Patton *et* Cragg, 1913（G、H 仿瞿逢伊，1956；余均仿 Patton，1933）

A.♂腹部背面观；B.♂第 5 腹板腹面观；C.♂肛尾叶后面观；D.♂外生殖器侧面观；E.♂阳基侧突；F.♂阳基后突前腹面观；
G.♀第 8 背板、肛上板及肛尾叶；H.♀第 8 腹板及肛下板

后刚毛簇存在；前胸基腹片具毛，前胸前侧片中央凹陷裸；中胸气门白色，后气门棕色；下前侧片鬃 1+2。翅透明，前缘基鳞黄，干径脉上面后侧具 6–7 个小刚毛；R_{4+5} 脉的小刚毛超过 r-m 横脉，但不达心角的垂线处；腋瓣淡棕色，可见淡色部分；下腋瓣上面无毛，平衡棒黄色。足黑色，前股后腹鬃列 20 多个；前胫无鬃；中胫后腹鬃 5 个；后胫前腹鬃 3，前背鬃 1 列，后背鬃 1。腹部大部分黄棕色，第 1+2 合背板前方大部呈黑色，仅后侧缘及下侧缘黄色；第 3 背板黑色正中条中段宽约为其本身长之半，第 4 背板的黑色正中条约为第 3 背板暗正中条宽的 2/3，第 4 背板后缘有窄的缘带，第 5 背板的暗正中条亦很明显，并有 2 条暗色亚中纵条；第 3、第 4 两腹板黄色，第 5 腹板后缘骨化区的中央凹入部很深。雌性上眶鬃 3–4，下眶鬃 1 行逾 10 个，两侧上另有不完整的自上而下的 1–3 行毛，分布于整个侧额。腹部沿第 3、第 4 两背板后缘的黑色狭缘带从背方延伸到腹方；第 5 腹板后缘无后延部。

分布：浙江（临安）、黑龙江、吉林、辽宁、山东、河南、陕西、甘肃、江苏、安徽、湖北、湖南、台湾、广东、海南、四川、云南、西藏；俄罗斯，朝鲜，日本，印度，尼泊尔，缅甸，马来西亚。

（90）逐畜家蝇 *Musca conducens* Walker, 1859（图 1-88）

Musca conducens Walker, 1859: 138.

Musca kweilinensis Ôuchi, 1938a: 11.

特征：体长 3.5–5.5 mm。雄性复眼裸，额比前单眼宽；间额黑，最狭段呈一线；下眶鬃 17；头的前面覆银白粉被；侧颜约等于触角第 1 鞭节宽；触角第 1 鞭节为梗节长的 2.0–2.5 倍，前者暗灰略覆淡色粉被，后者黑；触角芒长羽状；颊高约为眼高的 1/6；下颚须黑，约与前额等长，具发达而末端尖锐的啄齿 5 对。胸部灰，具淡色粉被，中胸盾片上具 2 对黑纵条；中鬃 0+1；背中鬃 2+5；翅内鬃 0+1；腋瓣上肋前、后刚毛簇缺如，前胸基腹片具毛，前胸前侧片中央凹陷裸；中胸气门白色，后气门棕色；后基节片裸，下前侧片鬃 1+2。翅透明，前缘基鳞和脉棕黄色；前缘脉第五段约为第三段长的 1.5 倍；M 脉末端呈心角弯

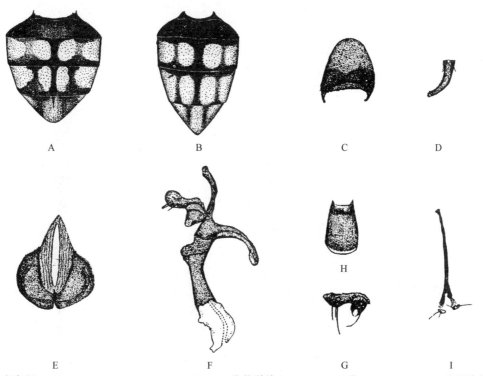

图 1-88　逐畜家蝇 *Musca conducens* Walker, 1859（A、B 仿范滋德，1965；C–H 仿 Patton，1932；I 仿瞿逢伊，1956）

A. ♂腹部背面观；B. ♀腹部背面观；C. ♂第 5 腹板；D. ♂第 5 腹板后侧突；E. ♂肛尾叶后面观；F. ♂外生殖器侧面观；G. ♂阳基侧突；
H. ♂阳基后突前腹面观；I. ♀第 6 背板

曲；腋瓣棕黄，下腋瓣上面无毛；平衡棒黄。足黑，前股后腹鬃列具 17 鬃；前胫后腹鬃 1；中胫后腹鬃 3；后胫前腹鬃 1，前背面具 1 行短鬃。腹部第 1+2 合背板全黑，第 3、第 4 背板除具黑色正中条外，大部分橙黄色，且具银白粉被；第 5 背板在对向光源的情况下，有 1 线状的黑色正中条，而两旁的暗条较宽但轮廓不清楚；条斑的闪变可使该节背板呈暗色，第 2 腹板黑，第 5 腹板的一部或全部黑。雌性额宽约等于一眼宽，间额约为一侧额的 1.67 倍，下眶鬃 6，上眶鬃小，2–3 个，前倾小刚毛 1 行。腹部底色黑，覆灰色粉被；第 3 背板沿后缘暗色狭横带明显，其宽为这一节长的 1/5–1/4，且沿这节的前缘具暗带。

分布：浙江（临安）、辽宁、河北、山东、河南、陕西、江苏、安徽、湖北、江西、湖南、福建、台湾、广东、海南、广西、四川、云南、西藏；朝鲜，日本，印度，尼泊尔，缅甸，越南，泰国，斯里兰卡，菲律宾，马来西亚，印度尼西亚，非洲。

（91）带纹家蝇 *Musca confiscata* Speiser, 1924（图 1-89）

Musca confiscata Speiser, 1924: 104.

Musca minuta Awati, 1916: 148.

　　特征：体长 3.6–4.5 mm。雄性复眼无毛；间额全长呈一线，额狭于触角第 1 鞭节宽，下眶鬃 9–11；头顶黑，头的前面覆银白粉被；侧颜无毛，约等于触角第 1 鞭节宽；触角第 1 鞭节暗灰色，具淡色粉被，梗节黑色，前者约为后者长的 2 倍；触角芒黑，长羽状；颊高约为眼高的 1/9，下颚须黑，胸部暗，胸背沟前具 2 对黑色纵条，正中的银白粉被条至少等于暗色纵条的宽度，背中淡色粉被条很狭；沟后黑色纵条合并为 1 对，不达小盾沟，在小盾沟前方粉被略向两侧扩展；肩胛、背侧片均具淡色粉被；中鬃 0+1，背中鬃 2+4，翅内鬃 0+1；小盾片黑色，中胸气门棕色，后气门暗棕色；后基节片裸，下前侧片鬃 1+2。翅透明，翅腹面全被微毛，前缘基鳞棕黄色，M 脉末端心角弯曲缓和，前缘脉第五段约为第三段长的 2 倍；腋瓣棕黄色，上腋瓣上面无毛，平衡棒棕黄色，棒端略淡。足黑，中胫后腹鬃 3；后胫前腹鬃 1，前背鬃 1 列、短；后跗前背面在第 2 分跗节的末端有 1 突立的毛，第 3、第 4 分跗节的整个长度内有数个突立的曲毛，毛长显然超过跗节的横径。腹板第 1+2 合背板黑，第 3–5 背板具暗色正中条，逐节渐细，第 1 腹板无毛。雌性额宽约等于一眼宽，间额黑，约为一侧额宽的 3 倍；下眶鬃 7，后倾及前倾上眶鬃各 1，连毛呈一行。胸背

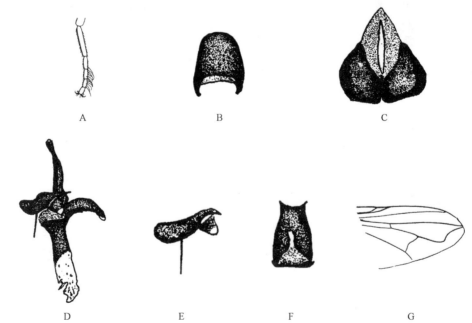

A　　　　　　　　　B　　　　　　　　　C

D　　　　　E　　　　　F　　　　　G

图 1-89　带纹家蝇 *Musca confiscata* Speiser, 1924（A、G 仿范滋德，1965；B–F 仿 Patton，1936）

A. ♂右后足跗节背面观；B. ♂第 5 腹板；C. ♂肛尾叶右面观；D. ♂外生殖器侧面观；E. ♂阳基侧突；F. ♂阳基后突前腹面观；G. 右翅

2 对暗纵条明显。后跗无突立的曲毛。腹板第 3 背板黑，仅在两侧缘有淡色粉被斑且延续到腹面，第 4 背板沿前缘、后缘都有狭而明显的暗色缘带，第 5 背板也具暗色前缘带，正中条比第 4 背板上的细。

　　分布：浙江（临安）、江苏、江西、福建、台湾、广西、云南；日本，阿富汗，印度，缅甸，越南，斯里兰卡，菲律宾，马来西亚，欧洲，非洲。

（92）突额家蝇 *Musca convexifrons* Thomson, 1869（图 1-90）

Musca convexifrons Thomson, 1869: 547.

Musca shanghaiensis Ôuchi, 1938a: 5.

　　特征：体长 5.5–8.0 mm。雄性眼具微毛，额很狭；间额黑，在狭段呈一线；额宽约为触角第 1 鞭节宽的 1/2；侧额向下去的前面覆有银白色粉被，侧颜的宽度狭于或略等于触角第 1 鞭节宽；触角第 1 鞭节暗，梗节黑，前者约为后者长的 3 倍；下颚须黑。中胸背板黑纵条 2 对，中间 1 对不达于小盾沟，显然比外侧的 1 对短；小盾端部具暗色斑；中鬃 0+1；背中鬃 2+5；翅内鬃 0+1；腋瓣上肋前、后刚毛簇存在；前胸前侧片中央凹陷裸，前胸基腹片具毛；中胸气门白色，后气门棕色，下前侧片鬃 1+2。翅透明，前缘基鳞黄，R_{4+5} 脉下面小刚毛越过 r-m 横脉后几乎达于心角前方处，下腋瓣上面无毛，平衡棒黄。足黑，前胫无后腹鬃；中胫后腹鬃 4–5；后胫前腹鬃 2，前背鬃 1 行，后背鬃 1。腹部底色棕黄色，粉被淡黄色；第 1+2 合背板在最基部呈棕黑色，无粉被斑，第 5 背板后缘略暗；第 3–5 各背板的两侧各有 1 对大型的淡黄色粉被斑。雌性额宽为头的 1/3，侧额宽略等于或狭于间额宽的 1/2；侧额在下眶鬃列外侧有散乱的 2、3 行小刚毛，其中上眶鬃约 3 个略大；侧颜比侧额稍宽，约为触角第 3 节宽的 1.5 倍；中胸背板黑纵条 2 对，都达小盾沟；腹部第 1+2 合背板基第 3 背板前方的大部底色黄棕色，第 3 背板后缘及第 4、第 5 两背板底色暗棕色以至黑色；第 1+2 合背板具前方黑斑，黑色正中纵条狭，并沿后缘向两侧扩展成为一横跨整个背面的黑色缘带，无粉被斑；第 3 背板黑色正中纵条宽约为长的 1/3，近正中粉被斑长方形。

　　分布：浙江（临安）、山东、陕西、江苏、湖北、湖南、福建、台湾、广东、海南、香港、广西、四川、云南；日本，印度，尼泊尔，缅甸，斯里兰卡，菲律宾，马来西亚，印度尼西亚。

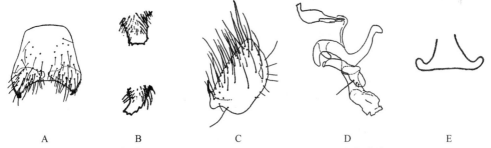

A　　　　B　　　　C　　　　D　　　　E

图 1-90　突额家蝇 *Musca convexifrons* Thomson, 1869（仿范滋德，1965）
A. ♂第 5 腹板；B. ♂第 5 腹板后侧突；C. ♂肛尾叶后面观；D. ♂外生殖器及受精囊小骨；E. ♂阳基后突前腹面观

（93）黑边家蝇 *Musca hervei* Villeneuve, 1922（图 1-91）

Musca (Eumusca) hervei Villeneuve, 1922: 335.

　　特征：体长 5.0–7.5 mm。雄性复眼具微毛；额宽约等于前单眼宽；间额黑，在最狭段成一线；下眶鬃约 25 个；头顶黑灰，额下方的头前面覆银白色粉被；侧颜无毛，比触角第 1 鞭节宽；触角第 1 鞭节暗灰，梗节黑，前者约为后者长的 2.5 倍；触角芒长羽状；颊高约为眼高的 1/6，下颚须黑，前额长约为高的 3 倍。中胸背板呈灰、淡黄灰等色，具 2 对黑纵条，中间 1 对差不多等宽，末端终止于后盾片的中部；中鬃 0+1；背中鬃 2+4；翅内鬃 0+1，肩后鬃（1–2）+0；腋瓣上肋前刚毛簇存在，后刚毛簇缺如；前胸基腹片具毛，前胸前侧片中央凹陷裸；中胸气门黄色，后气门缘毛棕色，其后缘嵌生黑色鬃；后基节片裸，下前侧片鬃1+2。翅透明，前缘基鳞黄色，脉棕黄色；干径脉的上方后侧具1个小毛，仅径脉结节有毛；M脉角形弯曲和缓，腋瓣黄色，下腋瓣上面无毛；平衡棒黄色。足黑色，前股后腹鬃列达17个；前胫仅具端鬃；中胫前背鬃1，后鬃4；后股前腹面和前背面各具1行发达的鬃，后鬃4–5较短小；后胫前腹鬃2，后背鬃1。腹部第1+2合背板上面黑色。雌性额宽稍大于一眼宽，间额约为一侧额宽的1.3倍；外顶鬃与内顶鬃同样发达；下眶鬃8–10；侧额上方约有3上眶鬃，疏具2–3行小刚毛；侧颜约与侧额等宽。中胸背板上的中间1对暗色纵条达小盾沟。腹底色较暗。

分布：浙江（临安）、吉林、辽宁、北京、天津、河北、山西，山东、河南、陕西、宁夏、甘肃、江苏、安徽、湖北、江西、湖南、福建、四川、贵州、云南、西藏；朝鲜，日本，印度，尼泊尔，缅甸，越南，斯里兰卡。

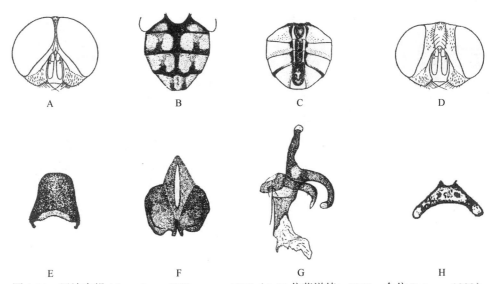

图1-91　黑边家蝇 *Musca hervei* Villeneuve, 1922（A–D仿范滋德，1965；余仿 Patton, 1933）
A. ♂头部前面观；B. ♂腹部背面观；C. ♂腹部腹面观；D. ♀头部前面观；E. ♂第5腹板；F. ♂肛尾叶后面观；G. ♂外生殖器侧面观；H. ♂阳基后突前腹面观

（94）市蝇 *Musca sorbens* Wiedemann, 1830（图1-92）

Musca sorbens Wiedemann, 1830: 418.

Musca eutaeniata Bigot, 1888: 605.

特征：体长4.0–7.0 mm。雄性额大于或略小于触角第3节宽，即使很狭，两侧额亦不相连接，喙齿末端不尖。中胸后盾片分4纵条合并为2条宽的黑色纵条，并达于小盾沟。后基节片在后气门的前下方有毛，前股后腹鬃列疏，约12个。腹部第1+2合背板黑色（有少数个体呈棕色或近中两侧有黄色斑），第3背板具黑色正中条，其中段宽约为这一节长的1/2，其旁为淡黄色粉被斑，斑外侧隔着狭的可变色的黄色纵条，背面观有淡黄色的略带三角形的侧粉被斑；第4背板除正中黑色条较狭，后缘常有暗色缘带外，余均极似第3背板；第5背板中央有宽的黄灰色粉被斑，其外缘以狭的可变色的暗色纵条与背面呈三角形的粉被侧斑相隔。各腹板大多呈黄色。雌性腹部一般底色棕黑色，具淡黄色的粉被，第1+2合背板全黑，第3背板具暗色正中条，其两侧具宽度比正中条宽的近中粉被斑，后者的外方为暗色条，宽度略狭于正中条，界限有时不整齐，且有时可变色，致使与侧粉被斑难以区别；第4背板斑纹似第3背板，但暗色纵条较狭；第5背板大部分为粉被所覆，仅在正中线两旁有1对可变色的暗色纵斑，各腹板大多呈灰色。

分布：浙江（安吉、临安）、辽宁、内蒙古、河北、山西、山东、河南、陕西、甘肃、新疆、江苏、安徽、湖北、湖南、福建、台湾、广东、海南、广西、四川、云南；古北区、东洋区和新热带区广布。

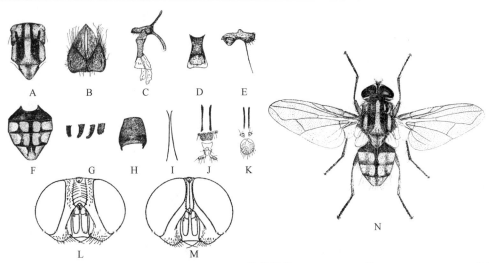

图 1-92　市蝇 *Musca sorbens* Wiedemann, 1830（A、B、L、M 仿范滋德，1965；C–H 仿 Patton，1932；I–K 仿瞿逢伊，1956）

A. ♀胸部背面观；B. ♂肛尾叶后面观；C. ♂外生殖器侧面观；D. ♂阳基后突前腹面观；E. ♂阳基侧突；F. ♀腹部背面观；G. ♂第 5 腹板后侧突；H. ♂第 5 腹板；I. ♀第 6 背板；J. ♀第 8 背板、肛上板及肛尾叶；K. ♀第 8 腹板及肛下板；L. ♀头部前面观；M. ♂头部前面观；N. ♂全形图

（95）黄腹家蝇 *Musca ventrosa* Wiedemann, 1830（图 1-93）

Musca ventrosa Wiedemann, 1830: 656.

Musca kasauliensis Awati, 1916: 138.

　　特征：体长 4.0–7.0 mm。雄性复眼无毛，额狭；间额在额的最狭段呈一线；额宽等于或宽于前单眼的横径，下眶鬃 19；侧额亮黑色，其下方和下方的头前面覆银白粉被；侧颜无毛，约与触角第 1 鞭节等宽；

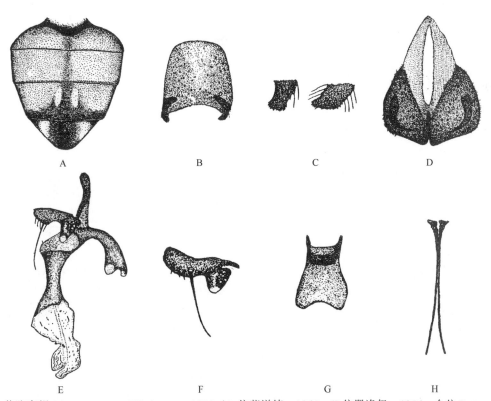

图 1-93　黄腹家蝇 *Musca ventrosa* Wiedemann, 1830（A 仿范滋德，1965；H 仿瞿逢伊，1956；余仿 Patton，1933）

A. ♂腹部背面观；B. ♂第 5 腹板；C. ♂第 5 腹板后侧突；D. ♂肛尾叶后面观；E. ♂外生殖器侧面观；F. ♂阳基侧突；G. ♂阳基后突前腹面观；

H. ♀第 6 背板

触角第 1 鞭节灰棕色，梗节棕色，前者约为后者长的 3 倍；颜堤毛上升至下方的 1/2 处，颊高约为眼高的 1/9；下颚须黑色，前颊长约为高的 3 倍。胸背黑灰覆较少的银白粉被，具 2 对暗纵条，中间 1 对短；小盾片端部黑色，沿小盾沟后缘也呈黑色；翅侧条暗色连续到翅后坡及小盾基部的侧缘；中鬃 0+1，背中鬃 2+5，翅内鬃 0+1；腋瓣上肋前、后刚毛簇全缺，前胸基腹片具毛，前胸前侧片中央凹陷裸；中胸气门黄色，后气门缘毛棕色，其后缘嵌生 2–3 个黑鬃，后基节片裸，下前侧片鬃 1+2。翅透明，翅膜面全覆微毛，前缘基鳞黄，亚前缘骨片黄，脉棕黄，前缘脉第三段略短于第五段，干径脉上后方具 1 个小毛，翅除前缘脉外其余各脉均无毛，M 脉末端呈心角弯曲；腋瓣黄色，下腋瓣上无毛，平衡棒黄色。腹部大部呈黄色。雌性额宽约等于一眼宽，间额约为一侧额宽的 4 倍，下眶鬃 9，上眶鬃呈整齐的 1 行，约 11 个，侧颜比侧额宽。产卵器：第 6 背板两细长骨片几乎趋向于并合，第 8 背板狭长的主片不与缘片分离，肛上板小。

分布：浙江（临安）、河北、河南、陕西、江苏、湖北、福建、台湾、广东、海南、广西、四川、云南；日本，印度，尼泊尔，缅甸，泰国，斯里兰卡，菲律宾，马来西亚，印度尼西亚，澳大利亚，非洲。

32. 腐蝇属 *Muscina* Robineau-Desvoidy, 1830

Muscina Robineau-Desvoidy, 1830: 406. Type species: *Musca stabulans* Fallén, 1817.

Steelea Emden, 1965: 187. Type species: *Steelea pales* Emden, 1965.

主要特征：复眼裸；雌具 1 对间额交叉鬃；触角芒长羽状；盾片具 4 黑条，小盾端带棕色；前胸基腹片、上后侧片、后基节片和下后侧片均裸，下侧背片具长毳毛，后胸侧板下方具毛。M 脉末端略向前方呈弧形弯曲，R_{4+5} 脉基部无毛；下腋瓣具小叶或呈舌形。后胫具后背鬃。腹部常具闪光斑。常在腐败物质中孳生，3 龄幼虫可捕食其他双翅目幼虫，在部分害虫体内有育出的记载。在北方温室中可连续繁殖。可传播多种肠道传染病。

分布：世界广布。中国记录 6 种，浙江分布 3 种。

分种检索表

1. 下腋瓣具小叶，后内缘与小盾片的侧缘相连接 ·· 2
- 下腋瓣不具小叶，后内缘不与小盾片的侧缘相连接 ······················· 厩腐蝇 *M. stabulans*
2. 雄性额极狭，明显小于触角第 3 节宽，腋瓣淡棕色 ····················· 牧场腐蝇 *M. pascuorum*
- 雄性额宽，明显大于触角第 3 节宽，腋瓣褐色 ····························· 日本腐蝇 *M. japonica*

（96）日本腐蝇 *Muscina japonica* Shinonaga, 1974（图 1-94）

Muscina japonica Shinonaga, 1974: 118.

Muscina nigra Shinonaga, 1970: 239.

特征：体长 8.0–10.0 mm。雄性眼裸，头底色黑；额宽为头宽的 0.06–0.07 倍，在最狭段，间额如线或几与侧额等宽。下眶鬃列纵贯全长，约有鬃 12 个；侧颜显宽于 1 侧额而狭于额宽，头前面粉被银灰色，新月片粉被带金色至带棕色，颜及颊粉被略钝，颊高为眼高的 0.18–0.23 倍；触角黑，梗节末端及第 1 鞭节基部带红色，第 1 鞭节约为梗节长的 2 倍强，芒黑、长羽状；下颚须橙黄色，前颊黑色。盾片黑色，无明显纵条，小盾同色而端部带棕色；中鬃 3（1–2）、后者以小盾前较发达；背中鬃 3+4；翅内鬃 0+2；肩鬃 3；肩后鬃 1+1，翅前鬃弱，翅上鬃 2，翅后鬃 3；小盾基鬃、端鬃发达，前基鬃、心鬃弱，侧鬃 2 对；腹侧片鬃 1+2；前、后气门均黑。翅淡灰棕色，透明，前缘基鳞黑，M 脉末段呈急弧形前曲，终末于翅尖紧前方，r_{4+5} 室开口宽度约为最大室宽的 1/4，dm-cu 横脉略呈 "S" 形波曲和稍倾斜；腋瓣及缘缨褐色，下腋瓣内缘具小叶，呈家蝇型，缘缨黑色；平衡棒褐色。足全黑色；前股、后股鬃列长大；前胫无中位后鬃，有若干不长的前背鬃；中股基半有前腹及后腹鬃列；中胫具 2 后鬃；后股具前腹鬃 1 整列，而无后腹鬃列；后胫各鬃为 2-4、1、1、0，尚有较短前背和后背鬃列。腹短卵形，包括各腹板底色均黑，背板覆薄灰粉被，无棋盘状闪光斑，而除第 5 背板外，前方各背板具细狭黑色正中条。雌性额宽约为头宽的 1/3 强，间额钝黑，约为一侧额宽的 3 倍，上部有狭的单眼三角，两侧短鬃，间额鬃不明显，后倾上眶鬃 2，侧额除疏少的下眶鬃外全长尚有 1 列（前端为 2 列）短毛；腹第 5 背板心鬃明显。余似雄性。

分布：浙江（临安）、吉林、辽宁、河北、山西；韩国，日本。

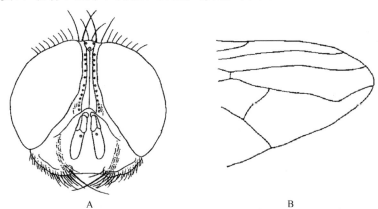

图 1-94　日本腐蝇 *Muscina japonica* Shinonaga, 1974（仿范滋德等，1992）

A. ♂头部前面观；B. 右翅端半部

（97）牧场腐蝇 *Muscina pascuorum* (Meigen, 1826)（图 1-95）

Musca pascuorum Meigen, 1826: 74.

Muscina pascuorum: Robineau-Desvoidy, 1863: 644.

特征：体长 8.5-11.0 mm。雄性眼裸，额极狭，明显小于触角第 1 鞭节宽，在额上段最狭处间额狭如线；侧额全长具 1 列约 18 个下眶鬃；头前面银白色，新月片稍带金色，颜及颊底色黑，粉被灰色；颊高约为眼高的 0.21 倍强；触角暗褐色，梗节端部稍带红棕色、第 1 鞭节最基部带红色；第 1 鞭节为梗节长的 2 倍，芒长羽状；下颚须黄色，端部侧扁，似棒状。胸底色黑带青铜色，粉被灰色，盾片具 2 对黑色纵条，它们向后去渐宽而粉被渐弱；小盾与盾片同色，末端带棕黄色；中鬃 3+4，其中小盾前 2 个较发达，背中鬃 3+4，翅内鬃 0+2，肩鬃 3，肩后鬃 1+1，翅前鬃约与后背侧片鬃等长；下前侧片鬃 1+2；前、后气门均褐色。翅淡棕透明，前缘基鳞黑；M 脉末端弧形向前弯曲，腋瓣淡棕色，平衡棒黑色。足黑色；前股后腹鬃列发达；前胫仅有若干短的前背鬃，无后背鬃；中股中胫后鬃 2，后股近前腹鬃列发达；后胫前腹鬃 3，前背鬃 1，后背鬃 1。腹短卵形，底色黑，第 3、第 4 两背板各具自前缘向后伸的细狭的黑色正中纵斑。雌性

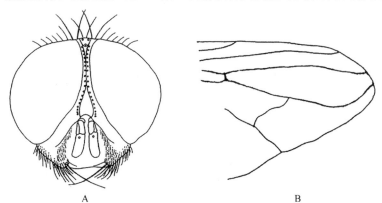

图 1-95　牧场腐蝇 *Muscina pascuorum* (Meigen, 1826)（仿范滋德等，1992）

A. ♂头部前面观；B. 右翅端半部

额宽约为头宽的 1/3，向头顶去稍狭些；间额在额中部约为 1 侧额的 3.5 倍宽，具略逾后半的额三角，很狭亦不膨隆，间额前端较狭；间额鬃 1 对，偏在后段，有别于小毛；后倾上眶鬃 2 对，下眶鬃约 10 对，侧颜微宽于侧额，裸；颊高约为眼高的 0.23 倍。小盾前方 1 对后中鬃较发达。腹粉被略浓于雄性，两侧不现棕色调。

分布：浙江（临安）、黑龙江、吉林、辽宁、内蒙古、河北、山西、山东、新疆、江苏、云南；俄罗斯，蒙古国，韩国，日本，印度，欧洲，北美洲，非洲。

（98）厩腐蝇 *Muscina stabulans* (Fallén, 1817)（图 1-96）

Musca stabulans Fallén, 1817: 252.

Muscina stabulans: Pont, 1986: 61.

特征：体长 6.0–9.5 mm。雄性眼裸，额宽为触角第 1 鞭节宽的 1.5–2 倍，间额黑，等于或略宽于一侧额宽，下眶鬃 10–11 对，头底色黑，颜及下侧颜及其附近至口上片棕色至深棕色，侧额的一部分和侧颜粉被灰色至银白色，后者略狭于触角第 3 节宽，颊黑，颊高为眼高的 1/6–1/5，触角暗色，下颚须黄，中喙暗色；盾片暗色，覆淡灰色粉被，2 对黑纵条明显，中鬃 3+1，背中鬃 2+4，翅内鬃 0+2，肩鬃 3–4，肩后鬃 3，小盾与盾片同色而端部约 1/3 带红棕色，小盾基鬃、端鬃各 1 对，发达，前基鬃和侧鬃弱，心鬃不显，背侧片具小毛，前胸基腹片、前胸侧板中央凹陷、翅侧片及下侧片均裸，腹侧片鬃 1+2，气门暗色，淡棕色，透明，翅肩鳞及前缘基鳞黄，前缘脉第三段略等于第五段长，除前缘脉外各脉均裸，亚前缘脉呈弓把形，M 脉终末于翅尖的紧后方，腋瓣微带棕色，平衡棒黄色；足胫节黄色，股节端部亦呈黄色，股节其余部分及跗节暗色，前胫仅有短的前背鬃而无后鬃，中股基半有前腹鬃和后腹鬃并有少数前鬃及后鬃，中胫有后鬃 2–3 个，后股具有前腹鬃列、基半具毛状的后腹鬃，后胫前腹鬃 2，前背、后背鬃列不发达，仅其中的中位和亚中位各 1 个较长；腹短卵形，底色黑，密覆棋盘状带金色粉被斑和不很明显的暗色条，第 5 背板中鬃、缘鬃较明显。雌性眼离生，额宽明显大于头宽的 1/3，外顶鬃发达，间额黑，覆淡灰黄粉被，为一侧额宽的 3.3–3.4 倍，具间额鬃 1 对，侧额除下眶鬃约 8 对及 2 对后倾上倾鬃外，近眼前缘有 1 行小毛随侧额渐增宽而向前方呈不整齐的多行。

分布：浙江（临安）、黑龙江、吉林、辽宁、内蒙古、北京、天津、河北、山西、山东、河南、陕西、宁夏、甘肃、青海、新疆、江苏、上海、湖北、福建、台湾、广东、重庆、四川、贵州、云南、西藏；俄罗斯，蒙古国，朝鲜，韩国，日本，中亚地区，巴基斯坦，克什米尔，印度，欧洲，北美洲，澳大利亚，南美洲。

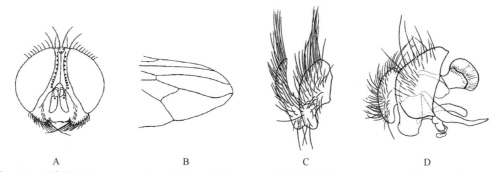

图 1-96　厩腐蝇 *Muscina stabulans* (Fallén, 1817)（A、B 仿范滋德等，1992；C、D 仿 Henning，1962）

A. ♂头部前面观；B. ♂右翅端半部；C. ♂肛尾叶侧后面观；D. ♂尾器侧面观

33. 妙蝇属 *Myospila* Rondani, 1856

Myospila Rondani, 1856: 91. Type species: *Musca meditabunda* Fabricius, 1781.

Parapictia Pont, 1968: 179. Type species: *Parapictia nudisterna* Pont, 1968.

主要特征：喙短，唇瓣发达。前中鬃为均匀的毛状，不规则的 6 列以上，上后侧片裸，下前侧片鬃 1+2

或 2+2。后胫无明显后背鬃，后足基节后腹表面无毛。径脉结节背面、腹面均具毛；M 脉在紧末端或多或少向前弯曲，r$_{4+5}$ 室开口处长度至少为 r-m 横脉长的 2 倍；亚前缘脉呈弓把形弯曲。幼虫孳生于动物粪便、腐烂水果中和植物坏死部分；个别种类可在鳞翅目幼虫后期发现。

分布：世界广布。中国记录 28 种，浙江分布 5 种。

分种检索表

1. 前胸基腹片裸 ·· 2
- 前胸基腹片具毛 ··· 3
2. 前缘基鳞暗褐色，足黑色至暗褐色，腹部无黄色部分 ··· 欧妙蝇 *M. meditabunda*
- 前缘基鳞黄色，足胫节、跗节及股节端部 1/10–1/2 棕黄色，腹部具浓灰黄色粉被 ········· 百色妙蝇 *M. boseica*
3. 翅内鬃 0+2，小盾片腹面裸 ··· 4
- 翅内鬃 0+1；小盾片腹面侧方具软毛 ·· 天目妙蝇 *M. tianmushanica*
4. 前缘基磷黑色 ·· 毛爪妙蝇 *M. piliungulis*
- 前缘基磷淡色 ··· 棕跗妙蝇 *M. laevis*

（99）百色妙蝇 *Myospila boseica* Feng, 2005（图 1-97）

Myospila boseica Feng, 2005: 197.

特征：体长 6.0–7.0 mm。雄性体部分黄，眼具疏短微毛，额为前单眼宽的 2.5 倍，间额为前单眼宽的 1/2，下眶鬃 8，上眶鬃 2；侧颜为触角第 3 节宽的 0.4–0.5 倍；芒长羽状，无颜脊，口前缘不突出，颊高为眼高的 0.1–0.2 倍；下颚须暗黄，喙短。胸黑，覆浓灰黄粉被，具 1 对黄褐色亚中条，末端不达小盾沟，外侧条不明显；前盾中部具小毛 8 列，中鬃 0+1；背中鬃 2+4；翅内鬃 0+2；翅前鬃毛状；小盾片覆浓灰黄粉被，端鬃周围及侧面大部分黄色，缘鬃外侧无小毛，侧面及腹面裸；前胸基腹片、背侧片、下侧片、后气门前肋及后胸侧板前区均裸；前气门乳白色；腹侧片鬃 2+2；翅肩鳞及前缘基鳞黄；R$_1$ 脉背面裸；径脉结节仅腹面具毛；R$_{4+5}$ 脉仅腹面基部具毛 1–2 根；M 脉端部微上弯；腋瓣棕黄透明；平衡棒淡红棕。各足股节除端部 1/10–1/2 棕黄外其余均黑，胫节及跗节棕黄；前胫无后鬃，中股前腹鬃、后腹鬃各 1 列，基

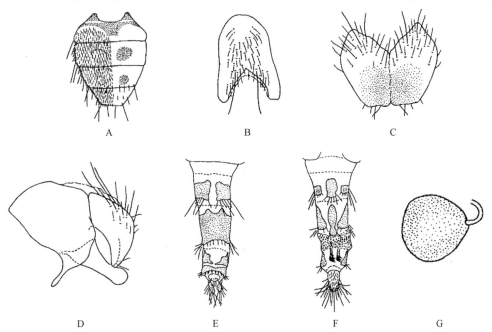

图 1-97　百色妙蝇 *Myospila boseica* Feng, 2005（仿冯炎，2005）

A.♂腹部背面观；B.♂第 5 腹板腹面观；C.♂肛尾叶后面观；D.♂尾器侧面观；E.♀产卵管背面观；F.♀产卵管腹面观；G.♀受精囊

半具前鬃 1 列，亚端位具几根细弱的后鬃；中胫后鬃 2；后股具前背鬃 1 列，端半具前腹鬃 1 列，基 1/3 具后腹鬃 3–4；后胫前腹鬃、前背鬃各 1。腹黑，扁，长卵形，覆浓灰黄粉被，第 3、第 4 背板各具椭圆形棕褐色斑 1 对，无纵条，第 5 背板后缘黄，第 1 腹板裸，第 1–5 腹板后缘各具长鬃 1 对；雄阳茎侧面观呈圆筒状，背面观呈三叉状。雌性额为头宽的 0.333–0.375 倍，额三角达额前缘；下眶鬃 4，上眶鬃 1；间额为侧额宽的 4.0–4.5 倍；下颚须在端部显著变宽；径脉结节有时在背面具毛。

分布：浙江（临安）、海南、广西、云南。

（100）棕跗妙蝇 *Myospila laevis* (Stein, 1900)（图 1-98）

Spilogaster laevis Stein, 1900: 380.

Myospila laevis: Fan, 1992: 343.

特征：体长 6.0–8.7 mm。小盾下缘裸，侧面全呈淡黄褐色，在小盾缘鬃列的下方有 1 行毛，前胸基腹片有毛，前方 1 个后翅内鬃强大。前缘基鳞、转节、股节和胫节均呈淡色，基节常呈棕色，雄性跗节棕黑色，雌性跗节末端棕色。第 3、第 4 背板粉被棕色，仅有 1 狭的灰色粉被正中条，第 5 背板大部覆灰色粉被；后气门前肋有毛，后气门大，至少与后气门前肋等长，前缘有若干细长黑毛。

分布：浙江（安吉、临安）、湖南、台湾、广东、云南；日本，印度，缅甸，斯里兰卡，菲律宾，马来西亚，印度尼西亚，澳大利亚。

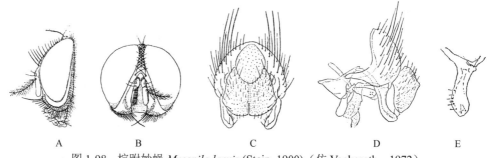

图 1-98　棕跗妙蝇 *Myospila laevis* (Stein, 1900)（仿 Vockeroth，1972）

A. ♂头部侧面观；B. ♂头部前面观；C. ♂尾器后面观；D. ♂尾器侧面观；E. ♂侧尾叶侧面观

（101）欧妙蝇 *Myospila meditabunda* (Fabricius, 1781)（图 1-99）

Musca meditabunda Fabricius, 1781: 444.

Myospila meditabunda: Pont, 1986: 159.

特征：体长 7.5 mm。雄性复眼常具不明显短纤毛，眼间距约等于后单眼外缘间距或稍宽，雌性复眼裸；

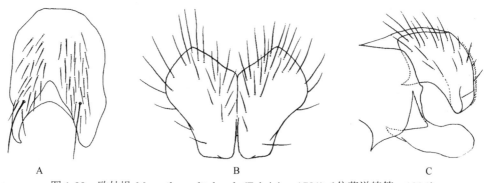

图 1-99　欧妙蝇 *Myospila meditabunda* (Fabricius, 1781)（仿范滋德等，1996）

A. ♂第 5 腹板腹面观；B. ♂肛尾叶后面观；C. ♂尾器侧面观

侧颜宽超过触角第 1 鞭节宽的 3/4，颊高约为触角第 1 鞭节宽的 2 倍；触角第 1 鞭节长为宽的 2.5 倍，芒最长毛为触角第 1 鞭节宽的 1.5–2.0 倍；侧面观额角突出；下眶鬃较疏。前胸基腹片裸；前缘基鳞暗褐色。M 脉末端明显向前弯曲。足黑色至暗褐色，中胫前背鬃 0（1），无后腹鬃，后胫前腹鬃 2。腹部无黄色部分，背板斑点状，斑间距大于斑宽。

分布：浙江（临安）、我国长江以北各省（自治区）；世界各地。

（102）毛爪妙蝇 *Myospila piliungulis* Xue *et* Yang, 1998（图 1-100）

Myospila piliungulis Xue *et* Yang, 1998: 335.

特征：体长 6.8 mm。雄性复眼裸，额宽为前单眼宽的 2.0–2.5 倍，间额为侧额的 1.5–2.0 倍宽，下眶鬃 10 对，达前单眼下方附近，单眼鬃发达，长于外顶鬃、内顶鬃及后顶鬃，侧额、侧颜和颊具灰色粉被，侧颜中部约为触角宽的 1/2，新月片黄色，触角黑色，第 1 鞭节长为宽的 3.5 倍，触角芒长羽状，最长芒毛超过第 1 鞭节宽的 2.0 倍；口上片不突出，髭角位于额角之后；口缘鬃前上方具 1–2 列上倾的鬃毛，颊毛和下后头毛均黑色，颊高约为眼高的 1/9 倍；下颚须黑色，为前颏长的 1.2 倍，前颏长为高的 2.0 倍。胸底色黑，具灰色粉被，盾片具 4 黑色纵条，内侧 1 对不达小盾沟，小盾端部棕色，中鬃 2+1，前中鬃毛列 8 列，背中鬃 2+4；肩鬃 2；翅内鬃 0+2；腋瓣上肋和翅后坡均裸，前胸基腹片具毛，前胸侧板中央凹陷、翅侧片、下侧片和后气门前肋均无毛。翅略带棕色，脉基部黄色，端部棕色，前缘基鳞黑色，前缘刺明显，前缘脉腹面具毛，亚前缘脉弓把形弯曲，径脉结节背腹面均具毛，M 脉末端轻度向前方波曲，上腋瓣棕色，下腋瓣淡黄色，平衡棒黄色。各足胫节和股节端部黄色，前股基部 3/4 黑褐色，中股基部 1/2–2/3 褐色，后股基部 2/3 棕色，其余各节黑褐色，前胫无中位后鬃，中股基半部具前刚毛列，前腹鬃列鬃短小，近端位前鬃 1、后背鬃 3；中胫后鬃 2，后股前腹鬃列完整，近端位后背鬃 2，无后腹鬃，后胫前腹鬃 2，前背鬃 2；各足爪及爪垫发达，各足爪基部 3/4 具毛，两侧毛较长，最长毛长超过爪宽。腹部底色黑，具薄层灰色粉被，背面观呈短卵形，侧面观腹缘平直，各背板无明显斑，第 4、第 5 背板缘鬃及心鬃较发达，第 1 腹板裸。

分布：浙江（安吉）。

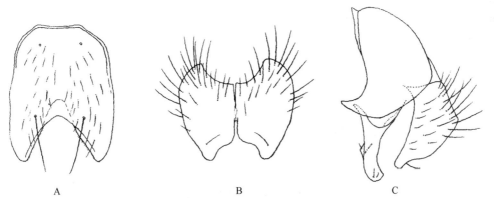

图 1-100 毛爪妙蝇 *Myospila piliungulis* Xue *et* Yang, 1998（仿薛万琦和杨明，1998）
A.♂第 5 腹板腹面观；B.♂肛尾叶后面观；C.♂尾器侧面观

（103）天目妙蝇 *Myospila tianmushanica* Feng, 2005（图 1-101）

Myospila tianmushanica Feng, 2005: 201.

特征：体长 6.5 mm。雄性眼覆疏短微毛，眼面枣红色，光亮，额约等于前单眼宽，亦为头宽的 0.045 倍，间额如线，在侧额前 2/3 具下眶鬃 6，上眶鬃 2，侧颜为触角第 1 鞭节宽的 0.16 倍；触角基 2 节暗黄，

第 1 鞭节长为宽的 2.3 倍，芒长羽状，颜脊痕迹状，口前缘不突出，颊部为眼高的 0.2 倍，下颚须暗棕，喙短。胸部底色暗，覆浓灰黄粉被，背中鬃间粉被青灰色；具 4 黑条，中间 1 对达小盾沟；前盾片中部具小毛 12 列；中鬃 0+1；背中鬃 2+4；翅内鬃 0+1；翅前鬃毛状；小盾片背面大部黄色，侧面及腹面全黄色，缘鬃外侧无小毛，侧腹缘具淡色毛，侧面及腹面裸；前胸基腹片具毛，背侧片在前侧片鬃周围有几根小毛；下侧片、后气门前肋及后胸侧板前区裸；气门黄褐色；腹侧片鬃 1+2。翅肩鳞及前缘基鳞黄色；R$_1$ 脉及 R$_{4+5}$ 脉在基半背面具毛，径脉结节背面、腹面具毛；M 脉端段微上弯；腋瓣淡黄透明；平衡棒黄色。各足基节及前股基 2/3 暗褐色，其余部分均黄色。前胫无后鬃，中股仅基半具前腹鬃和前鬃各 1 列；中胫具后鬃 3，后股具前腹鬃、前背鬃各 1 列，基半具后腹鬃 1 列，后胫具前腹鬃、前背鬃各 2；腹部底色暗黄，扁，覆浓灰黄粉被，短锥形，无斑条；第 1 腹板裸，第 2–4 腹板基 2/3 各具端部弯曲的密而长的细鬃，第 2–5 腹板后缘黄色。

分布：浙江（临安）。

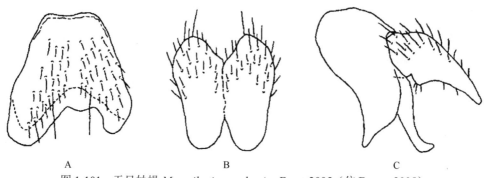

图 1-101　天目妙蝇 *Myospila tianmushanica* Feng, 2005（仿 Feng，2005）
A.♂第 5 腹板腹面观；B.♂肛尾叶后面观；C.♂尾器侧面观

34. 翠蝇属 *Neomyia* Walker, 1859

Neomyia Walker, 1859: 138. Type species: *Musca gavisa* Walker, 1859.

Pyrelliomima Zimin, 1951: 86. Type species: *Orthellia* (*Pyrelliomima*) *latipalpis* Zimin, 1951.

主要特征：体绿色或紫绿色，头短，侧额上部具明显金属光泽。后翅内鬃至多为 1，小盾缘鬃 3 对，上后侧片具毛，前胸基腹片和腋瓣上肋具毛。R$_1$ 脉裸，亚前缘骨片具纤毛，M 脉末端角形至弧形弯曲。雄基阳体短，阳茎大，具多数宽大刺状齿，肛尾叶基部宽，侧尾叶后缘常具缺刻。雌蝇常在牛粪裂缝中栖息，于缝中产卵，幼虫粪食性，在同一孳生物中追捕其他蝇类幼虫，亦被其他捕食性蝇科幼虫所取食，幼虫后期逐渐变成蓝色；成蝇没有嗜汗性和嗜血性，有时在人粪和低山密林中被发现。

分布：世界广布。中国记录 16 种，浙江分布 7 种。

分种检索表

1. 后背中鬃 1，无缝前鬃，下前侧片鬃 0+1；侧额下部和侧颜上部分别具银白色粉被斑；M 脉末端呈弧形弯曲，腋瓣暗棕色 ⋯⋯⋯ 2

- 后背中鬃 3–4，有缝前鬃，下前侧片鬃 1+(2–3)；侧额下部和侧颜上部无明显斑块；M 脉末端呈角形弯曲，如呈弧形则前背中鬃发达，腋瓣白色 ⋯⋯⋯⋯⋯⋯⋯⋯⋯⋯⋯⋯⋯⋯⋯⋯⋯⋯⋯⋯⋯⋯⋯⋯⋯⋯⋯⋯⋯⋯⋯⋯ 3

2. 中鬃和翅内鬃缺如 ⋯⋯⋯⋯⋯⋯⋯⋯⋯⋯⋯⋯⋯⋯⋯⋯⋯⋯⋯⋯⋯⋯⋯⋯⋯⋯⋯⋯⋯⋯ **明翅翠蝇 *N. claripennis***

- 中鬃和翅内鬃均为 0+1 ⋯⋯⋯⋯⋯⋯⋯⋯⋯⋯⋯⋯⋯⋯⋯⋯⋯⋯⋯⋯⋯⋯⋯⋯⋯⋯⋯⋯⋯⋯ **紫翠蝇 *N. gavisa***

3. 后背中鬃具 3 个鬃位 ⋯⋯⋯⋯⋯⋯⋯⋯⋯⋯⋯⋯⋯⋯⋯⋯⋯⋯⋯⋯⋯⋯⋯⋯⋯⋯⋯⋯⋯⋯⋯ **绿翠蝇 *N. cornicina***

（104）明翅翠蝇 *Neomyia claripennis* (Malloch, 1923)（图 1-102）

Orthellia claripennis Malloch, 1923: 515.

Neomyia claripennis: Fan, 1992: 218.

　　特征：体长 6.0–7.0 mm。雄性眼裸，前面上方小眼面略增大，额宽约为前单眼宽的 1.5 倍，间额黑，最狭处约为一侧额宽的 1/3，侧额亮黑，其下端沿眼前缘有狭长银白粉被斑，下眶鬃除前方第 2 对较发达外，余均呈毛状，侧额宽为触角第 1 鞭节宽的 0.73 倍，中段有银白粉被斑；下侧颜及颊均亮黑，后者带些紫色，髭位于口前缘紧上方；颜深陷，有灰白粉被，触角长为宽的 3 倍弱，芒长羽状，最长芒毛为触角第 3 节长的 1.25 倍；胸亮深青绿色，无粉被，有紫色光泽，翅后胛前端稍露黄棕色，背中鬃 0+1，翅前鬃短于后背侧片鬃，中鬃、翅内鬃、沟前鬃、肩后鬃全缺，前中侧片鬃亦缺，下前侧片鬃 0+1，前、后气门黑，后基节片上部有小毛，前胸基腹片有小毛；翅呈透明的极淡黄棕色，脉淡棕色，前缘基鳞前半黑褐色、后半棕黄色，M 脉末端呈弧形，腋瓣及缨缘棕色；平衡棒淡黄色；足全黑色，中胫有 4 后鬃和 1 亚中位后腹鬃；后股端部 2/5 有明显的前腹鬃，后腹面无独立突出的鬃；后胫前腹面有中位、亚中位鬃各 1。腹部背面观略带圆形，亮深青绿色，无斑；腹板黑色，第 1 腹板有毛，第 2 腹板宽，亚梯形；肛尾叶长大于左右两叶合宽，侧尾叶瘦长，除基部外几乎是等粗的。雌性体长 5.0–6.0 mm。头亮黑微带紫色光泽，仅间额钝黑色；眼裸，额宽为头宽的 0.26 倍，两侧缘几乎平行，间额内缘下半稍凹，中段宽为 1 侧额的 1/2 强；内倾下眶鬃 10，侧额上部外侧有形成 1 列的前外倾上眶鬃 6，最下端近眼前缘有银白小点斑；侧颜为触角第 3 节宽的 0.64 倍，中段有仅比侧颜微狭的长方形银白色斑；颊高为眼高的 0.23 倍；触角第 3 节长为宽的 2.3 倍；下颚须黑色。

　　分布：浙江（临安）、湖南、台湾、广东、广西、四川、云南、西藏；日本，印度，尼泊尔，缅甸，泰国，斯里兰卡，菲律宾，马来西亚，印度尼西亚。

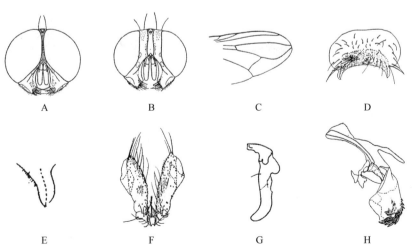

图 1-102　明翅翠蝇 *Neomyia claripennis* (Malloch, 1923)（仿范滋德等，1965）

A. ♂头部前面观；B. ♀头部前面观；C. 右翅；D. ♂第 5 腹板；E. ♂第 5 腹板后腹突；F. ♂肛尾叶后面观；G. ♂侧尾叶；H. ♂外生殖器侧面观

（105）绿额翠蝇 *Neomyia coeruleifrons* (Macquart, 1851)（图 1-103）

Lucilia coeruleifrons Macquart, 1851: 248.

Neomyia coeruleifrons: Fan, 1992: 218.

特征：体长 7.0–8.0 mm。雄性眼有疏短微毛，前上方小眼面不扩大；额稍大于前单眼宽，间额黑，后部消失；侧额及侧颜底色黑，粉被银白色至黄白色；下眶鬃 1 行；侧颜约与额等宽，侧颜有时呈棕色，颊高为眼高的 0.22 倍；颊及后头黑，略带古铜闪光；后头上半亮深青紫黑色，颜深陷，有灰粉被；触角梗节棕黑色，第 1 鞭节灰棕色，最基部红色，长为宽的 4.3 倍；芒长羽状，最长羽状毛"合宽"稍小于触角第 1 鞭节长；下颚须暗棕色至黑色，中喙暗棕色。胸亮深绿色至亮深青绿色，有薄的棕色粉被，前盾片有 1 对铜褐色亚中条，及 1 对紫色肩后斑，后盾片有 1 对紫色侧背中条，翅后胛紫棕色，中鬃 0+1，背中鬃 2+4；翅前鬃为后背侧片鬃的 0.8 倍强；下前侧片鬃 1+3；前、后气门黑褐色；翅淡灰褐色，透明，翅基棕色，前缘基鳞黑色，脉棕色至褐色；R_{4+5} 脉腹面小刚毛列越过 r-m 横脉，脉末段直；M 脉末端角形弯曲；du-cm 横脉极倾斜，略呈"S"形弯曲；腋瓣及缘缨棕色，平衡棒褐色至黑色。足黑色或带棕色；中股前腹鬃列全，后腹面有中位鬃和亚基鬃各 1；中胫无前背鬃，后鬃 5–6，后腹鬃 1；后股前腹鬃列弯曲，后胫前腹鬃 2–3，前背鬃 1，后背鬃 1；腹呈亮绿色，背面观无粉被。雌性体长 8.0–9.0 mm。眼有疏短微毛，额两侧缘平行，仅中段稍微膨大，宽为头宽的 0.31 倍，间额黑，为一侧额的 1.36 倍，下眶鬃 1 行，上眶鬃为 2 个前倾、1 个后倾；侧额有小毛 3–4 行，侧颜宽为间额宽的 1/2 强，颊高为眼高的 0.25 倍，触角第 3 节长为宽的 3 倍，最长芒毛合宽约等于触角第 3 节长。

分布：浙江（临安）、河南、台湾、广东、广西、云南、西藏；日本，尼泊尔，老挝，泰国，菲律宾，马来西亚，印度尼西亚。

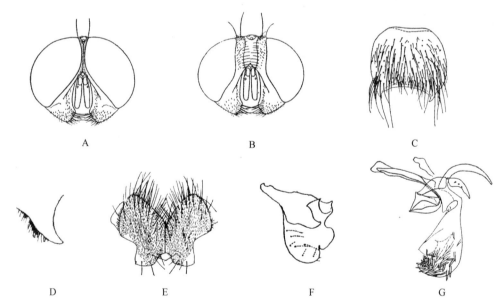

图 1-103　绿额翠蝇 *Neomyia coeruleifrons* (Macquart, 1851)（仿范滋德，1965）
A. ♂头部前面观；B. ♀头部前面观；C. ♂第 5 腹板；D. ♂第 5 腹板后侧突；E. ♂肛尾叶后面观；F. ♂侧尾叶；G. ♂外生殖器侧面观

（106）绿翠蝇 *Neomyia cornicina* (Fabricius, 1781)（图 1-104）

Musca cornicina Fabricius, 1781: 438.

Neomyia timorensis: Pont, 1986: 97.

特征：体长 6.0–8.0 mm。雄性体金属绿色，带青绿色或黄铜绿色，腹铜色，反光较显；新羽化个体呈亮深紫蓝色。眼有略疏微毛，前面小眼面不增大，额宽为头宽的 1/8，侧颜亮紫黑色，宽为后单眼外缘间距的 1.33 倍，间额黄棕色，稍狭于一侧额宽，内顶鬃强大，外顶鬃缺如，侧后顶鬃 1，下眶鬃 1 列，侧颜及下侧颜粉被银黄色，侧颜宽约为触角第 3 节宽的 1.25 倍，颊高为眼高的 0.58 倍，下侧颜上有疏黑毛。髭着生位置明显高于口前缘，颜面底色棕色，粉被灰棕色；触角深褐色，第 1 鞭节长为宽的 1.25 倍，芒长羽状，下颚须直线状，深褐色，中喙亮深棕色。中鬃（0–1）+1，背中鬃 2+3，翅内鬃 0+1，肩鬃 2，肩后鬃 1+0，翅后鬃 3，小盾基鬃 1、端鬃 1、侧缘鬃 1，均发达，无前中侧片鬃，腹侧片鬃 1+2，前、后气门黑褐色。翅淡褐色，透明，翅基带棕色，脉黄褐色至褐色，前缘基鳞深褐色，R_{4+5} 脉腹面小刚毛列越过 r-m 横脉，M 脉末端钝角形弯曲，du-cm 横脉倾斜并呈"S"形弯曲，腋瓣及缨缘全白色，平衡棒杆棕色，端部褐色。足黑色，前胫前背面端半有栉状短鬃列；中股有 1 近中位前腹鬃和 1 中位后腹鬃；中胫有 4–5 后鬃和 1 强大的后腹鬃；后股前腹面基部有 1 毛状鬃、端半有鬃列和 1 近中位后腹鬃；后胫前腹鬃 2，前背鬃 1，后背鬃 1。腹第 1+2 合背板和第 3 背板亮深紫色，第 4 背板亮青绿色，第 5 背板亮绿色，有黄铜闪光；腹板黑，第 1 腹板有毛，第 2 腹板舌形。雌性体色：胸亮绿色，腹亮黄绿色，有铜色光泽。眼具疏短微毛，额宽为头宽的 0.46 倍，向头顶稍变狭而向前稍增宽，间额为 1 侧额的 0.67 倍，后者亮深绿色，前半有弱粉被，向前去渐厚，同侧颜、下侧颜的粉被一样呈银白色，间额底色黑，有银灰粉被，前半有下眶鬃 5 个，排成 1 列，列外侧有较疏短前倾小毛，后半为密长黑毛，其中大体上内方略多于一半的毛内倾，其余则外倾，内外顶鬃发达。

分布：浙江（临安）、内蒙古、甘肃、青海、新疆、四川、西藏；俄罗斯，蒙古国，日本，中亚地区，巴基斯坦，印度，尼泊尔，欧洲，北美洲。

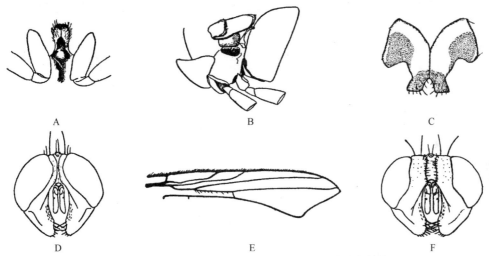

图 1-104　绿翠蝇 *Neomyia cornicina* (Fabricius, 1781)（仿叶宗茂等，1982）
A. ♂前胸腹面观；B. ♂后胸气门；C. ♂肛尾叶后面观；D. ♂头部前面观；E. ♂右翅前半部；F. ♀头部前面观

（107）紫翠蝇 *Neomyia gavisa* (Walker, 1859)（图 1-105）

Musca gavisa Walker, 1859: 138.

Neomyia gavisa: Fan, 1992: 219.

特征：体长 9.0 mm。雄性头亮黑，眼裸，前面小眼面略增大；额宽为前单眼宽的 1.3 倍，间额黑，最狭处消失或与 1 侧额等宽；侧颜宽约为触角第 3 节宽的 0.7 倍，中部有狭长银白粉被斑，长为宽的 3.6 倍；颊高为眼高的 0.27 倍，下侧颜无小毛，颜面深陷有淡灰粉被；下颚须黑色，扁平，中喙亮黑。胸亮深青绿色，小盾与盾片同色，前盾前方有薄的褐色粉被，翅后胛带棕色；中鬃 0+1，背中鬃 0+1，翅内鬃 0+1；翅前鬃约为后背侧片鬃长的 3/4；下前侧片鬃 0+1；前胸基腹片有毛，前、后气门分别为棕黑色及暗棕色；翅淡灰透明，翅基暗色，脉褐色至黑色；M 脉端段弧形弯曲，du-cm 横脉很倾斜并呈明显的"S"形弯曲；腋瓣及缨缘暗棕色，平衡棒浓黄色。足黑色；中股基部 3/5 有细鬃列；中胫后鬃 4，亚中位后腹鬃 1；后股前腹鬃列全，有 1 近中位后腹鬃；后胫有 4-6 前腹鬃、1 列栉状的前背毛列，端部 1/4 处有 1 后背鬃及 1-2 个亚端背鬃。腹无粉被；第 1 腹板有毛，第 2 腹板舌形。雌性体长 8.0-9.0 mm。头亮黑色，微带紫色光泽，两侧缘略平行，间额钝黑色，约为一侧额宽的 0.64 倍，在后方 1/4 处稍变狭，眼裸；额宽为头宽的 0.29 倍，前端外侧有银白点斑，内缘有一行下眶鬃列，上眶鬃不显，无间额鬃；侧颜与触角第 3 节等宽，颊高为眼高的 0.33 倍；下颚须黑色，扁平。前盾片前缘有棕色粉被；前、后气门全黑。

分布：浙江（临安）、河南、陕西、甘肃、江苏、安徽、湖北、江西、湖南、福建、台湾、广西、四川、云南；巴基斯坦，印度，尼泊尔，缅甸，斯里兰卡，印度尼西亚。

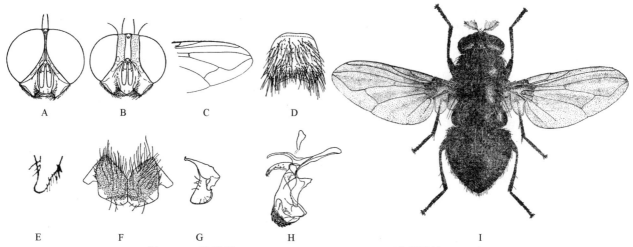

图 1-105 紫翠蝇 Neomyia gavisa (Walker, 1859)（仿范滋德，1965）

A. ♂头部前面观；B. ♀头部前面观；C. 右翅；D. ♂第 5 腹板；E. ♂第 5 腹板后侧突；F. ♂肛尾叶后面观；G. ♂侧尾叶；H. ♂外生殖器侧面观；I. ♀成虫图

（108）印度翠蝇 *Neomyia indica* (Robineau-Desvoidy, 1830)（图 1-106）

Lucilia indica Robineau-Desvoidy, 1830: 453.

Neomyia indica: Fan, 1992: 219.

特征：体长 7.0-7.8 mm。雄性眼裸，前面上半小眼面特别增大，眼合生；额宽仅为前单眼的 0.25 倍，额棕色至褐色，中段消失，前后段狭如一线；内倾下眶鬃 1 行，侧颜中段最狭，仅为触角第 1 鞭节宽的 1/2 强，下侧颜橙色，颊高为眼高的 0.15 倍强；颊及后头亮黑色或带棕色和绿色光泽，触角梗节棕色，其末端及第 1 鞭节基部橙色，第 1 鞭节其余部分棕灰色，第 1 鞭节长为宽的 3.5 倍，芒长羽状，最长羽状毛合宽为触角第 1 鞭节长的 0.9 倍强，下颚须细长，中喙暗棕；胸亮铜绿，中鬃 0+1，背中鬃 2+（3-6），翅内鬃 0+1；翅前鬃约为后背侧片鬃的 3/5 长；下前侧片鬃 1+3；前、后气门暗棕色至黑色。翅微带棕色透明，翅基黄色，前缘基鳞黑色，脉黄色至黄褐色；du-cm 横脉倾斜，向基方凹入；腋瓣及缨缘淡黄白色，平衡棒灰棕色；足黑褐色至黑色，具薄粉被，总是不带青绿紫等金属光泽，股节有时带暗棕色；前胫端部 1/3 有 1 前背鬃；中股前腹鬃列基半细弱，中胫在端部 1/4 有 1 前背鬃，后鬃 4，后腹鬃 1，有时尚有 1-3 个后背鬃；后股前腹鬃列完整，仅基部 2、3 个较细弱，基半有后腹鬃列，后胫前腹鬃 2-3，前背鬃 2-3，后背鬃 1；胸呈亮黄铜绿色，第 4 背板缘鬃完整略突立。雌性额宽为头宽的 0.36 倍，两侧缘近于平行，中段微向两侧增宽，间额底色黑，有灰色粉被，中段宽为 1 侧额的 1.7 倍弱；头顶及侧额上部亮绿色有铜色光泽，向前去呈灰绿色，有弱粉被，越向前方去粉被越浓，不见绿色；内缘下眶鬃 1 列，向外侧去有不规则排列的小毛约 4 行，后段有前倾上眶鬃 1-2，后倾上眶鬃 2，侧颜、下侧颜均有淡银灰色粉被，为间额的一半宽；颊亮黄绿色至亮绿色，有淡色薄粉被；触角梗节连同第 1 鞭节最基部均为橙色，余呈灰棕色，后者为梗节长的 2.9 倍，下颚须线状，棕色而末端黑色。上腋瓣、下腋瓣带污白色，缨缘白色或带淡黄色。

分布：浙江（临安）、江苏、江西、福建、台湾、广东、广西、贵州、云南；日本，印度，缅甸，老挝，泰国，斯里兰卡，菲律宾，马来西亚，印度尼西亚。

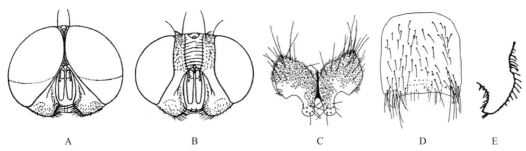

图 1-106 印度翠蝇 *Neomyia indica* (Robineau-Desvoidy, 1830)（仿范滋德，1965）

A.♂头部前面观；B.♀头部前面观；C.♂肛尾叶后面观；D.♂第 5 腹板；E.♂第 5 腹板后侧突

（109）蓝翠蝇 *Neomyia timorensis* (Robineau-Desvoidy, 1830)（图 1-107）

Lucilia timorensis Robineau-Desvoidy, 1830: 460.

Neomyia timorensis: Pont, 1986: 100.

特征：体长 5.5–9.0 mm。雄性眼有疏短微毛，前面上半小眼面特别增大，在整个额长度内有 20–22 排小眼面；额极狭，仅为单眼宽的 1/4；侧额粉被棕色，间额红棕色，在最狭处消失；侧颜为触角第 3 节宽的 1/2，覆有灰色粉被，底色大部黑色，中段前缘基下端及下侧颜呈红棕色，粉被灰色；颊高为眼高的 0.19 倍，黑色，有很薄的棕色粉被；触角梗节棕色，第 1 鞭节灰棕色，梗节末端和第 1 鞭节基部橙色；第 1 鞭节长为宽的 4.8 倍；芒长羽状，最长羽状毛合宽稍小于触角第 1 鞭节宽；下颚须深褐色，端半渐增宽，侧扁；中喙暗棕色有薄粉被，前额长为高的 1.8 倍。胸深青绿色，前盾沟前鬃附近的肩后区明显有亮紫色闪光外，都呈略钝的青铜色，有 1 对铜褐色亚中条，两条之间较绿，后盾片铜褐色的亚中条延伸至后盾中央，还有 1 对侧背中条，在这两条之间色暗，不清楚；小盾有紫色闪光。中鬃 0+1，背中鬃 2+4；下前侧片鬃 1+0；中胸气门灰褐色，后气门黑褐色。翅呈极淡的灰褐色，透明，翅基棕黄色，前缘基鳞黑色，脉棕色，翅膜全被微刚毛；R_{4+5} 脉腹面小刚毛列越过 r-m 横脉，末端在近端部稍呈弧形；M 脉末端钝角形弯曲；du-cu 横脉倾斜；腋瓣及缨缘棕色，上腋瓣、下腋瓣联合处及缨缘白色，后者有时带黄色；平衡棒黄色。足黑色，中股前腹面仅基半有略长的毛列，其中有 3 个呈鬃状，端半则为 1 列倒伏的短刚毛，后腹面基半有 4 鬃并杂有略长的毛；中胫无前背鬃，后鬃 4–5，后腹鬃 1；后股前腹鬃列完整，端半段的鬃强大，向基部去渐细，最基部为毛状鬃，后腹鬃 1；后胫前腹鬃 2–4，前背鬃 1，后背鬃 1。腹短卵形，与胸同色，背面观无斑，除色较深暗的第 1+2 合背板淡色粉被稍显及各背板前缘有极弱粉被外，均呈深青绿色；胸部呈铜色。雌性

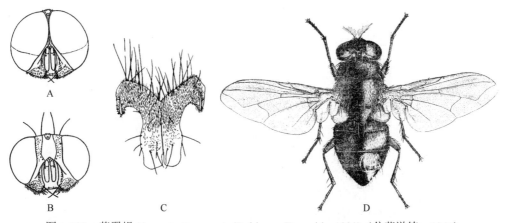

图 1-107 蓝翠蝇 *Neomyia timorensis* (Robineau-Desvoidy, 1830)（仿范滋德，1965）

A.♂头部前面观；B.♀头部前面观；C.♂肛尾叶后面观；D. 成虫图

体长 6.5–9.0 mm。间额黑，有时前方棕红，有灰粉被，侧额亮黑，除前端外几无粉被，大部带铜色，上半及头顶则有紫蓝闪光或带青绿反光；间额宽为一侧额宽的 2.5–3.6 倍；下眶鬃 10–11 对，上眶鬃 3–4 对；侧颜约与触角第 1 鞭节等宽或稍狭，颊高约为眼高的 1/5 强；触角梗节暗棕色，第 1 鞭节灰棕色，基部橙色；第 1 鞭节长为宽的 3.4 倍；最长芒毛略等于触角第 1 鞭节长；下颚须暗棕色，棍棒状侧扁，长约为宽的 3.6 倍。胸部具 1 个短的内后背中鬃，通常明显。腋瓣淡棕色。

分布：浙江（临安）、辽宁、内蒙古、河北、山东、河南、陕西、宁夏、甘肃、江苏、安徽、湖北、湖南、福建、台湾、广东、香港、广西、四川；日本，印度，尼泊尔，孟加拉国，缅甸，越南，泰国，斯里兰卡，菲律宾，马来西亚，印度尼西亚。

（110）云南翠蝇 *Neomyia yunnanensis* (Fan, 1965)（图 1-108）

Orthellia yunnanensis Fan, 1965: 108.

Neomyia yunnanensis: Fan, 1992: 220.

特征：体长 6.0–7.0 mm。雄性眼裸，前方小眼面不特别大，整个额长度内约 30 排小眼面，额宽为前单眼宽的 1/3 至等宽，间额棕色，在最狭段消失，向前、后稍稍增宽，无外顶鬃，侧额、侧颜上部底色暗，其下部及下侧颜带红棕色，都有棕灰粉被，眶鬃列纵贯侧额全长，侧颜宽为触角第 1 鞭节宽的 1/2 强，颊亮黑色，带古铜色光泽，具薄的棕色粉被；芒长羽状，羽状部最大合宽约为触角第 1 鞭节长的 12 倍，下颚须深褐色，侧扁，中喙亮黑色，前额长约为高的 3 倍。胸亮青绿色，盾片前方较绿，盾片后方及小盾片较青，前胸基腹片有毛，中鬃 0+1，背中鬃 2+（3–4），翅内鬃 0+1，肩鬃 3，肩后鬃 1+0，翅前鬃长为后背侧片鬃的 0.75–0.90 倍。翅呈极淡的褐色，透明，翅基微带棕色，脉黄色至棕色，前缘基鳞黑色，翅膜全被微刚毛，du-cu 横脉倾斜并呈"S"形弯曲；上腋瓣、下腋瓣及缨缘棕色，两腋瓣连接处及缨缘白色至黄白色。足黑色；中股基部 1/3 有前腹鬃列，基部 1/2–3/5 有后腹鬃列，其中 1 个中位较发达；中胫后鬃 4

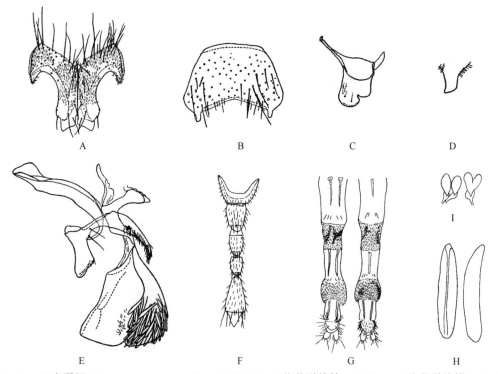

图 1-108　云南翠蝇 *Neomyia yunnanensis* (Fan, 1965)（A–E 仿范滋德等，1965，F–I 仿范滋德等，2008）
A. ♂肛尾叶后面观；B. ♂第 5 腹板；C. ♂侧尾叶外面观；D. ♂第 5 腹板后侧突；E. ♂外生殖器侧面观；F. ♀第 1–5 腹板；
G. ♀产卵器背面观及腹面观；H. ♀受精囊；I. 卵的背面观及侧面观

（少数为 5），后腹鬃 1；后股前腹鬃列几乎完整，后腹面有 1 亚中位鬃，有时尚有 1 短的中位鬃；后胫各鬃为（2–3）、（1–2）、1、0。腹：略呈半球形，大体与胸同色；但胸为亮深青绿色，则腹更倾向于亮绿色；胸为亮紫黑色，则腹倾向于亮深紫色；胸为亮深紫色，则腹倾向于亮紫色。雌性第 6 背板杆状骨片前端扩大、肛上板半圆形，与蓝翠蝇不同。

分布：浙江（安吉、临安）、贵州、云南、西藏。

35. 黑蝇属 *Ophyra* Robineau-Desvoidy, 1830

Ophyra Robineau-Desvoidy, 1830: 516. Type species: *Ophyra nitida* Robineau-Desvoidy, 1830.

主要特征：体几乎无粉被，呈亮黑色、亮黑青色或亮铜黑色等。眼通常裸，雄性眼相接或互相远离；雌性眼相互远离，侧额较狭，具上眶鬃前倾 1、后倾 2；间额具交叉的间额鬃 1 对，额三角发达，总是超过额长之半；侧额和额三角通常亮黑；颊通常狭，部分种类的眼后缘凹入；触角一般短，个别种较长，触角芒裸或具毳毛。胸部底毛密而短，中鬃（0–2）+（1–2），具前中毛列；背中鬃 2+4，翅前鬃缺如或短小，前中侧片鬃缺如，下前侧片鬃 1+1（有时前方 1 个发达，有时后方尚有细小的第 3 鬃）；前胸基腹片、前胸前侧片中央凹陷，上后侧片及下后侧片上常具或长或短的暗色毳毛；下侧背片上亦具有略长的纤毛。无前缘刺，R_{4+5} 脉与 M 脉末端常平行，仅有时在末端稍微靠拢；下腋瓣舌形无小叶。前股无齿或刺；前胫无缺刻，无中位后鬃；前跗黑色，有时分跗节端部部分呈黄白色；中胫仅具后鬃（或仅具后腹鬃）。腹卵形或短卵形，通常与胸同为底色亮黑，有时具极不明显的粉被而可见弱的正中暗色条，通常背板无强大的鬃。雌性产卵器第 8 背板骨化片分离，有时端片具钝头缘鬃。幼虫粪食、腐生或尸生，3 龄幼虫常捕食同一小生境中其他蝇，如家蝇、螫蝇、腐蝇、丽蝇、绿蝇、麻蝇等的幼虫；常在禽类和鸟巢中孳生，也在人粪、畜粪、腐败动物质、腐败植物质和垃圾中孳生，具广栖性，亦有成蝇进入人家，具有较强的住区性，参与传病。

分布：世界广布。中国记录 10 种，浙江分布 4 种。

分种检索表

1. 侧面观眼后缘直而不凹入或轻微凹入 ·· 2
- 侧面观眼后缘中段有明显凹入或稍凹 ··· 3
2. 前足分跗节黑色，腋瓣棕色 ··· **银眉黑蝇 *O. ignava***
- 前足分跗节端部有明显的黄白色部分，腋瓣淡黄色至黄色 ·············· **斑蹠黑蝇 *O. chalcogaster***
3. 颊高约为眼高的 1/12，后气门淡棕色 ······························· **厚环黑蝇 *O. spinigera***
- 颊高约为眼高的 1/20，后气门褐色 ································· **暗额黑蝇 *O. obscurifrons***

（111）斑蹠黑蝇 *Ophyra chalcogaster* (Wiedemann, 1824)（图 1-109）

Anthomyia chalcogaster Wiedemann, 1824: 52.

Ophyra chalcogaster: Rondani, 1866: 68.

特征：体长 5.0–6.5 mm。雄性体亮黑，稍带青色光泽。头底色暗黑，头前面粉被灰白色；眼很大，裸，后缘直；额等于或略狭于前单眼宽，最狭段间额消失；下眶鬃 5–7，位于侧额的前半，有时还有少数小鬃；新月片底色褐色，粉被银白色；侧额很狭，颊高约为眼高的 1/12；触角暗色，梗节末端及第 1 鞭节基部稍带棕色，第 1 鞭节粉被灰色，长约为梗节的 2.1 倍；芒具毳毛，芒基棕黄；下颚须细长，暗色；中喙暗色，有薄粉被，前颏长不及高的 2 倍。胸亮黑带棕色薄粉被；中鬃（2–3）+1，前中毛列 3–4 行，背中鬃 2+4，翅内鬃 0+2；下前侧片鬃 1+1；前胸基腹片两侧、前胸前侧片中央凹陷、上后侧片及下后侧片均具毳毛，下侧背片具毛；前、后气门黑褐。翅淡灰褐色，透明，翅基带黄色，脉大多棕黄色，前缘基鳞带褐色，亚前缘骨片黄，除前缘脉外无毛；R_{4+5} 脉末端稍微向 M 脉靠拢而终末于翅尖，dm-cu 横脉不倾斜呈极轻微"S"形波曲；下腋瓣淡黄色至黄色，缨缘黄色至棕黄色；平衡棒暗褐色。足黑，前足分跗节端部有很明显的黄白色部分；前胫无后鬃；中股腹面无鬃，仅有 1 列后鬃；中胫有中位、亚中位后鬃各 1；后股端部有 1 行前腹鬃，前至前背鬃列全，基部大半有后背毛列，腹方有很少几个不逾节粗的立刺状鬃；后胫直，有 3–4 个前腹鬃、1 个前背鬃、2 个后背鬃，稍逾端半长度内有前腹、后腹及腹面长毛列。腹亮黑泛青具光泽，因覆有薄棕色粉被而带铜色，有不明显正中条；第 1+2 合背板正中愈合缝明显长于背缘，约从侧缘近中起向端部收狭，末端稍圆而不尖。雌性额宽约为头宽的 0.26 倍，额三角前伸至稍逾间额一半长，两侧缘直，间额鬃位于稍逾额三角长的一半处的两侧缘上；额三角、侧额及侧额上半均亮黑，间额褐，两侧较直，中段宽约为一侧额的 2 倍；上眶鬃后倾 2、前倾 1，下眶鬃约 5 个，位于前半。前足各分跗节末端呈黄白色；后胫前腹鬃一般 1 个，少数 2 个。前腹部背板无正中条。

分布：浙江（临安）、吉林、辽宁、内蒙古、北京、天津、河北、山西、山东、河南、陕西、宁夏、甘肃、江苏、上海、安徽、湖北、江西、湖南、福建、台湾、广东、海南、广西、重庆、四川、贵州、云南；蒙古国，韩国，日本，印度尼西亚，澳大利亚，非洲。

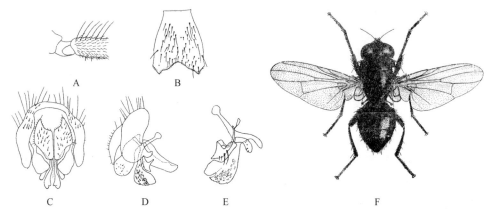

图 1-109　斑蹠黑蝇 *Ophyra chalcogaster* (Wiedemann, 1824)（A、F 仿 Shinonaga *et* Kano，1971；B–E 仿杨梅新，1984）
A.♂后股基部前面观；B.♂第 5 腹板；C.♂尾器后面观；D.♂尾器侧面观；E.♂外生殖器侧面观；F.♀成虫图

（112）银眉黑蝇 *Ophyra ignava* (Harris, 1780)（图 1-110）

Musca ignavus Harris, 1780: 154.

Ophyra ignava: Rondani, 1866: 70.

特征：雄性体长 5.0–7.0 mm。体色亮黑。头底色黑，眼极大、裸，后缘中段稍微凹入；额宽约等于前单眼宽，最狭段间额如线；下眶鬃列位于侧额前半；新月片粉被银白，头前面粉被灰白，侧颜很狭；颊高为眼高的 1/18–1/16；触角梗节褐色，第 1 鞭节底色棕，带灰棕粉被，长为梗节的 2 倍；芒具短纤毛，棕色；下颚须黑褐色，细长，中喙暗色，前额长约为高的 2.5 倍。胸亮黑带暗青光泽，中鬃 1+1，有时前盾为 2；背中鬃 2+4，翅内鬃 0+2，下前侧片鬃 1+1；背侧片有小毛，前胸基腹片前方两侧、前胸前侧片中央凹陷、下后侧片、上后侧片及后基节片前方均有带棕色纤毛，下侧背片有立纤毛；前、后气门暗褐色。翅淡黄棕透明，翅基带棕黄色，脉黄棕色，前缘基鳞带褐色；R_{4+5} 脉端段微缓后弯，M 脉直，m-m 横脉稍凸向翅基方；腋瓣棕色，平衡棒褐色；足黑，跗节无异色；前胫无鬃；中胫中位及亚中位各有 1 后鬃；后股亚中位有 2、3 个钝立刺状后腹鬃；后胫约在亚中位 2/5 处明显弯向腹方，在端部约 2/3 长度内具较长大的前腹鬃列且前腹和后腹面具多数密长毛，其中最长毛位于基部 1/3 的后腹面上；在中位具较长的前背鬃和后背鬃各 1，除基部外尚有 1 行短的前背鬃。腹亮，腹板暗棕，除第 1 腹板外具鬃和毛。雌性额宽约为头宽的 0.28 倍，间额两侧缘极轻微膨出；头顶、侧额、侧颜上部及额三角亮黑，后者绝不达额前缘，两侧缘直；间额交叉鬃位于其前单眼以前部分的一半长度的侧缘处；侧额具上眶鬃后倾 2 及较长的前倾 1；新月片银白色，侧颜、下侧颜大部粉被灰白，颊隆面亮黑，额极狭。腋瓣淡棕，下腋瓣棕色具棕缨缘。后胫前腹鬃一般为 2 个。

分布：浙江（临安）、黑龙江、吉林、辽宁、内蒙古、北京、天津、河北、山西、山东、河南、陕西、宁夏、甘肃、青海、新疆、江苏、上海、安徽、江西、湖南、福建、台湾、广西、重庆、四川、贵州、云南、西藏；俄罗斯，蒙古国，朝鲜，韩国，日本，中亚地区，克什米尔，印度，尼泊尔，欧洲，澳大利亚。

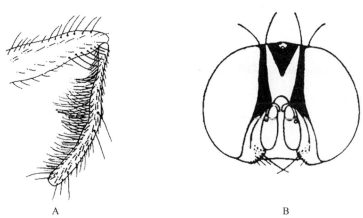

图 1-110 银眉黑蝇 *Ophyra ignava* (Harris, 1780)（仿范滋德等，1992）
A.♂后足；B.♀头部前面观

（113）暗额黑蝇 *Ophyra obscurifrons* Sabrosky, 1949（图 1-111）

Ophyra obscurifrons Sabrosky, 1949: 424.

特征：体长 5.0 mm。雄性眼裸，眼后缘中央偏下方有凹陷；头底色褐色至黑色，除头顶和侧颜下部及颊隆面亮黑外，侧额及侧颜上部具灰色粉被而呈暗色；颊宽明显大于前单眼宽的 2 倍，间额狭，下眶鬃 6；新月片底色棕，粉被银白；颊高约为眼高的 1/12；触角褐，第 1 鞭节长约为梗节的 1.5 倍强；芒暗色，基半具毳毛；下颚须暗色，中喙不长，前颊黑，具弱粉被；胸底色黑，因薄灰色及棕色粉被而显得胸背沿两侧较少发亮，底毛长密；在前中鬃列外侧与前背中鬃列间不存在 1 对缺底毛的纵条；中鬃 1+1，背中鬃 2+4，翅内鬃 0+（0–1）；下前侧片鬃 1+1；中胸气门暗棕色，后气门淡棕色；翅略带棕黄色，透明，前缘基鳞褐色，R_{4+5} 脉末端微向直走的 M 脉末端抱合，腋瓣黄棕色，平衡棒端暗色；足黑色；前股有 1 列长的后腹鬃列；前胫无中位后鬃；中股基部有 2 个短而明显的立刺状鬃；中胫后鬃 2；后股端半有前腹鬃列；后胫

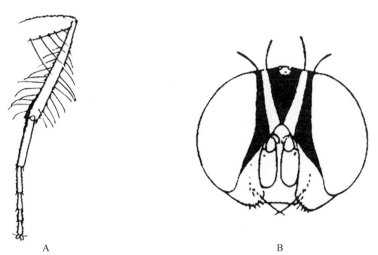

图 1-111 暗额黑蝇 *Ophyra obscurifrons* Sabrosky, 1949（仿范滋德等，1992）
A.♂后足；B.♀头部前面观

微弯，前背鬃 2，腹方具略长的前腹、后腹鬃状毛列。腹底色黑微带褐，因带薄棕色粉被而光泽色暗，底毛较长，腹板较暗。雌性额宽约为头宽的 1/3，间额宽约为头宽的 2/3 强，又为一侧额的 4 倍强，后者内缘几乎不凹入；额三角底色带棕色，达于额前缘，两侧缘轻微膨出，间额鬃位于前单眼至额前缘之间的侧缘上；除头顶及侧额下端亮黑外，侧额、侧颜大部及额三角均覆有灰或棕粉被而呈暗色，触角第 3 节长约为第 2 节的 2.5 倍强。后胫前腹鬃 4。

分布：浙江（临安）、辽宁、内蒙古、北京、天津、河北、山西、山东、河南、陕西、甘肃、江苏、上海、湖南、福建、广东、香港、广西、四川、贵州、云南；日本，印度，尼泊尔，缅甸，越南。

（114）厚环黑蝇 *Ophyra spinigera* Stein, 1910（图 1-112）

Ophyra spinigera Stein, 1910: 555.

特征：体长 4.5–6.0 mm。雄性头底色黑，眼几乎裸，眼后缘中央偏下方有明显凹入；额宽约与前单眼等宽，间额在上中段大部消失；侧额下半部具下眶鬃列，有 6 个或 7 个；侧额及侧颜上部亮黑无粉被，侧颜下部及新月片粉被银白；头前面其余部分粉被灰白；口前缘明显后于额前缘；颊高约为眼高的 1/20；触角黑，第 1 鞭节约为梗节的 2 倍强，芒具短毳毛；下颚须黑、侧扁稍宽略向上弯，中喙短，前颏黑具粉被；胸底色亮黑，棕色粉被稍显；中鬃 0+1，前中毛列 4–6 行，其外侧同前，背中鬃列间明显无底毛；背中鬃 3+4；翅内鬃 0+1；背侧片具小毛，下前侧片鬃 0（1）+1；前胸基腹片两侧、前胸前侧片中央凹陷、上后侧片、下后侧片均具毳毛，下侧背片具立纤毛；中胸气门黑，后气门褐。翅脉大多黄色至棕黄色，小部分棕色，前缘基鳞棕色，亚前缘骨片亦带棕色；R_{4+5} 脉端段微向后弯，终末于翅尖紧前方，M 脉直；腋瓣及缘缨棕色，平衡棒端黑而杆带淡色；足黑，前股无中位后鬃；前跗黑；中股基半有 2–3 个短钝立刺状后腹鬃，鬃长约为节粗之半，有后鬃列而腹方无鬃列；中胫后鬃 2；后股端 1/3 长度内有前腹鬃 3–4 个，基部 1/4 长度内有 1 个或 2 个长约为节粗之半的钝头立刺状鬃；后胫有约为节粗的亚中位后背鬃 1，在前背刚毛列中有亚中位前背鬃 1，腹亮黑。雌性额宽为头宽的 0.27–0.29 倍，并缓缓向前增宽；侧额约为间额的 1/6，具上眶鬃后倾 2、前倾 1，下眶鬃 5–7 个。下腋瓣黄色。中股、后股无钝头立刺状后腹鬃，后股基部有 1 个长的后腹毛；后胫腹方无稍长的毛列，而仅有 1 或 2 亚中位前腹鬃。第 6 背板基骨片的前端显然呈宽大的扇形扩展。

分布：浙江（临安）、黑龙江、吉林、辽宁、内蒙古、北京、天津、河北、山西、山东、河南、陕西、甘肃、江苏、上海、湖北、湖南、福建、台湾、广东、海南、广西、重庆、四川、贵州、云南；俄罗斯，朝鲜，韩国，日本，印度，尼泊尔，越南，斯里兰卡，菲律宾，马来西亚，新加坡，文莱，印度尼西亚，澳大利亚。

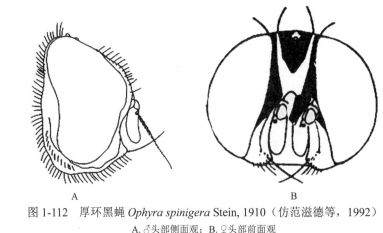

A　　　　　　　　　　　　　B

图 1-112　厚环黑蝇 *Ophyra spinigera* Stein, 1910（仿范滋德等，1992）

A. ♂头部侧面观；B. ♀头部前面观

36. 棘蝇属 *Phaonia* Robineau-Desvoidy, 1830

Phaonia Robineau-Desvoidy, 1830: 482. Type species: *Phaonia viarum* Robineau-Desvoidy, 1830.

主要特征：眼裸或多毛；雄复眼大多合生或两眼接近，雌复眼离生；触角芒长羽状或具短毛，很少裸；在雌性中仅有 2 个后倾上眶鬃，无前倾鬃，极少有间额鬃；颊无明显的上倾鬃。盾片底色黑色、灰色或棕色，纵条存在或缺如；前中鬃存在或缺如；后背中鬃 3–4；下前侧片鬃 1+2（极少为 1+3）；翅前鬃常存在；前胸前侧片中央凹陷及上后侧片裸，前胸基腹片在很少数种类中两侧具细长刚毛。翅亚前缘脉弓把形弯曲，R_1 脉及 R_{4+5} 脉裸；M 脉直；下腋瓣舌形、无小叶。足中股有 1 近端位前鬃，中胫无前腹鬃或前背鬃；后胫在端部和中部之间有一强大的距状的后背鬃，极少在基部还有 1–2 个附加的后背鬃。

分布：世界广布。中国记录 362 种，浙江分布 3 种。

分种检索表

1. 背中鬃 2+3，中足股节无后腹鬃 ··· 浙江肥须棘蝇 *P. crassipalpis zhejianga*
- 背侧片 2+4，中足股节具后腹鬃 ·· 2
2. 足除跗节为黑色外全呈黄色，腋瓣黄色 ··· 次游荡棘蝇 *P. suberrans*
- 足几乎全呈红砖色，腋瓣灰白色 ··· 三列棘蝇 *P. triseriata*

（115）浙江肥须棘蝇 *Phaonia crassipalpis zhejianga* Xue *et* Yang, 1998（图 1-113）

Phaonia crassipalpis zhejianga Xue *et* Yang, 1998: 337.

特征：体长 6.0 mm。雄性复眼具疏短纤毛，额宽约等于后方两单眼外缘间距，间额如线状，侧额邻接，下眶鬃 4 对，分布在额下方 2/5，无上眶鬃，侧额、侧颜和颊具淡灰色粉被，侧颜为触角宽的 3/4 强，触角黑褐色，第 1 鞭节长为宽的 2.5 倍，触角芒长羽状，最长芒毛约为触角第 1 鞭节宽的 1.5 倍，颊高约为眼高的 1/9，下颚须黑褐色，前额长约为高的 2.0 倍；胸部底色呈褐色，盾片暗褐色，具 4 条明显黑褐色纵条，中鬃 0+1，背中鬃 2+3，翅内鬃 0+2，翅前鬃长于后背侧片鬃，前胸基腹片裸，前胸侧板中央凹陷、背侧片、后气门前肋均无毛，腹侧片鬃 1+2；翅带淡棕色，翅脉黄色，前缘基鳞黄色，前缘刺短小，亚前缘脉弓把形弯曲，R_{4+5} 脉和 M 脉直，腋瓣淡黄色，下腋瓣舌状突出，平衡棒黄色；各足基节褐色，转节、股节和胫节大部为黄色，中胫、后胫基部 1/3 带棕色，跗节黑褐色，中足、后足等 4 分跗节变短，长为宽的 1.2 倍，前胫中位后鬃 1，无端位后腹鬃，中股无前腹鬃和后腹鬃，基半部具前刚毛列，近端位前鬃 2，背鬃 3，中胫后鬃 2–3，无后腹鬃，后股端部 1/3 具 3 根前腹鬃，无后腹鬃，后胫前腹鬃 2，中位 1 根极

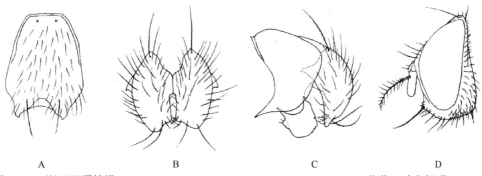

图 1-113 浙江肥须棘蝇 *Phaonia crassipalpis zhejianga* Xue *et* Yang, 1998（仿薛万琦和杨明，1998）
A.♂第 5 腹板腹面观；B.♂肛尾叶后面观；C.♂尾器侧面观；D.♂头部侧面观

细小，前背鬃 1–2，端部 1/4 处有 1 根明显的后背鬃，无端位后腹鬃；腹部底色褐色，背面观长卵形，具淡灰色粉被，第 3、第 4 背板正中具不明显暗褐色条，无变色斑，第 4、第 5 背板后缘鬃及其他背板侧缘鬃长大。

　　　　分布：浙江（安吉）。

（116）次游荡棘蝇 *Phaonia suberrans* Feng, 1989（图 1-114）

Phaonia suberrans Feng, 1989: 344.

　　　　特征：雄性眼具疏长纤毛，间额黑，狭如线，侧额、侧颜和颊被灰色浓粉被，下眶鬃 6 对，仅 3 对粗壮，无上眶鬃，触角基部两节棕色至暗棕红色，第 1 鞭节暗棕色，后者长为宽的 3 倍强，触角芒基半部黄棕色，纤毛呈长羽状，颊高为眼高的 1/4，新月片棕色，下鄂须暗棕色，端半部黑色，较细长；喙粗短，中喙具粉被，不发亮。胸盾片黑，具灰黄粉被和 4 黑纵条，中鬃 0+1，背中鬃 2+4，翅前鬃长大，与前背侧长鬃相仿，明显长于后背侧片鬃，腹侧片鬃 1+2，小盾片和盾片同色，在紧末端稍带红棕色，小盾侧面和腹面裸，背侧片在后背侧片鬃前方有几根小刚毛，前胸基腹片、翅侧片和下侧片（包括后气门前肋和后气门前下方）全裸，前气门黄色，后气门浅棕色。翅透明，前缘刺不发达，除前缘脉有小棘列外，其他各脉均裸，r-m 横脉和 dm-cu 横脉周围透明，无暗晕，翅肩鳞和前缘基鳞棕色，亚前缘骨片黄色，腋瓣黄色，平衡棒棕黄色。足除跗节为黑色外，全黄色；中股基半部后腹面有 1 列长鬃，中胫有 2 后鬃，无前背鬃和后腹鬃，后股具完整的前腹鬃列，后腹面仅在中部稍远处有 1 根明显的后腹鬃，后胫有 2–3 根前腹鬃，1–2 前背鬃，在端部 1/5 处有 1 后背鬃。腹宽卵形，覆浓灰黄粉被和闪光变色斑，正中暗条不明显，随光线角度而变化。第 5 腹板侧叶红棕色，第 9 背板暗棕色，肛尾叶棕黄色。雌性不详。

　　　　分布：浙江（安吉）、四川。

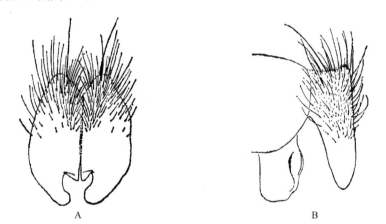

图 1-114　次游荡棘蝇 *Phaonia suberrans* Feng, 1989（仿马忠余和冯炎，1989）
A. ♂肛尾叶后面观；B. ♂尾器侧面观

（117）三列棘蝇 *Phaonia triseriata* Emden, 1965（图 1-115）

Phaonia triseriata Emden, 1965: 282.

　　　　特征：雄性眼密生长纤毛，额不及前单眼宽；侧额在上半部相接，在触角梗节水平处有 1 暗斑；下眶鬃 5 对，上方有 6 根小刚毛，无上眶鬃；触角基部两节浅红棕色；触角芒长羽状，最长芒毛稍超过触角第 1 鞭节宽；下颚须暗棕色。胸黑色，具浅灰色和浅褐色粉被，盾片具 4 黑条，中鬃 0+1，背中鬃 2+4；翅前鬃为后背侧片鬃长的 2 倍；背侧片和后基节片裸；中胸气门浅黄色。翅带浅灰色，半透明，翅膜全部具毛被；径脉结节裸；R_{4+5} 脉和 M 脉末端平行；r-m 和 dm-cu 横脉无暗晕，后者狭而弯曲；腋瓣灰白色，边浅橙色，平衡棒带黄色。足几乎全呈红砖色；前胫无中位后鬃；中股基半部有 5 根直立的后腹鬃；中胫有 2–3 后鬃；后股前腹鬃列完整，以端半部 4–5 根强大，近中位有 1 根后腹鬃；后胫有 3–4 前腹鬃、2 前背鬃和 1 后背鬃。腹部椭圆形，有暗正中条及斑块。雌性体具灰黄粉被，盾片上的斑条较宽而清晰。后股近中部无后腹鬃；后胫仅具 1 前鬃，2 前腹鬃。腹部具 1 线状正中暗条及闪光暗斑，后者几乎连成为横带。

分布：浙江（临安）；缅甸。

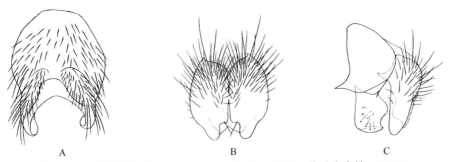

图 1-115　三列棘蝇 *Phaonia triseriata* Emden, 1965（仿马忠余等，2002）
A. ♂第 5 腹板腹面观；B. ♂肛尾叶后面观；C. ♂尾器侧面观

37. 直脉蝇属 *Polietes* Rondani, 1866

Polietes Rondani, 1866. 71, 19. Type species: *Musca lardaria* Fabricius, 1781.
Pseudomorellia Ringdahl, 1929: 273. Type species: *Musca albolineata* Fallén, 1825.

主要特征：体躯中等大小，黑色，具灰白色粉被。头：眼具毛，雄性眼相接近，雌性眼远离，具上眶鬃及间额鬃，间额约为 1 侧额的 4 倍宽；触角中等长，触角芒长羽状，喙短粗，唇瓣大。胸：中胸盾片具 2 对黑色纵条或 1 对宽的黑色纵条。前胸基腹片具毛或裸；前胸侧板中央凹陷无毛；翅侧片具毛；后气门的长显然大于其高；后气门前肋有时具少数毛，有时裸；后胸侧板后下角具纤毛；中鬃发达，为完整的两行，背中鬃 3+4。M 脉直，下腋瓣无小叶。腹短卵形。具可变色的不规则粉被斑。第 1 腹板具毛，个别种则裸。本属的卵呈家蝇型，幼虫与墨蝇属近缘，孳生于牛粪中，3 龄幼虫具捕食性。以幼虫越冬。

分布：古北区和东洋区。中国记录 9 种，浙江分布 1 种。

（118）荣华直脉蝇 *Polietes ronghuae* Wang et Xue, 2015（图 1-116）

Polietes ronghuae Wang et Xue, 2015: 12.

特征：体长 10.5–10.8 mm。眼具密的棕色长毛，大多数毛长约为前单眼宽的 2 倍，额约等于触角宽，间额黑色且窄；下眶鬃 14–15；颊具灰色粉被；侧颜约为触角第 1 鞭节宽的 0.8 倍；触角黑，第 1 鞭节长为宽的 3.5 倍，芒长羽状，上方的毛为触角宽的 2.0–2.2 倍，下方的毛为触角宽的 1.5–1.8 倍；新月片橙色，巅角位于额角之后；颊毛和颊后头毛全黑，颊高约为眼高的 2/7。胸黑色，覆有灰色粉被，盾片具 4 黑条，内侧条达小盾沟；中鬃 3+3；背中鬃 3+4；翅内鬃 0+2；翅前鬃约为后背侧片鬃长的 1.2 倍；下后侧片具毛；小盾片侧缘和腹缘具毛，小盾基鬃和小盾端鬃长大，前气门和后气门较大，棕黑色。翅脉棕褐色；前缘基鳞黑色；Sc 呈弓把形弯曲；R_{4+5} 背面和腹面基部具毛，R_{4+5} 脉和 M 脉直；下腋瓣舌状且棕色，其外缘橘黄色；平衡棒棕黑色。前胫中鬃 4，后腹鬃 2；中股无强壮的鬃，中胫具 1 个亚中位前背鬃，后背鬃 3，后鬃 4–5，后腹鬃 3；后股具完整的前腹鬃列，无后腹鬃。第 3–5 背板具黑色条；第 4 背板侧面具 2 个闪光斑；第 5 背板具 1 个闪光斑；第 1 腹板具黑毛。

分布：浙江（临安）。

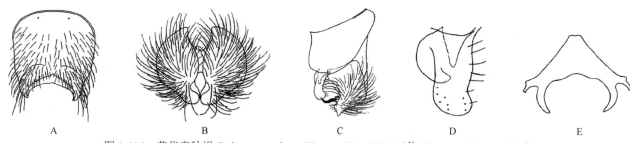

图 1-116 荣华直脉蝇 *Polietes ronghuae* Wang et Xue, 2015（仿 Wang and Xue，2015）
A.♂第 5 腹板腹面观；B.♂肛尾叶后面观；C.♂尾器侧面观；D.♂ 侧尾叶侧面观；E.♂下生殖板

38. 璃蝇属 *Rypellia* Malloch, 1931

Rypellia Malloch, 1931: 190. Type species: *Rypellia flavipes* Malloch, 1931.

主要特征：雄性眼裸或几乎裸，额狭，间额往往如线，单眼鬃呈毛状，外顶鬃缺如，触角梗节常带黄色。体底色全黑或大部黑，或呈铁青色、暗青铜色，胸背略具粉被，前盾片可见粉被条，肩胛有时黄色，小盾末端有时部分地呈黄色，前胸基腹片宽、裸，腋瓣上肋裸，背中鬃（2–3）+4，翅前鬃短，腹侧片鬃 1+3，小盾有 3 对缘鬃，前气门常带白色，少数为棕色，后气门横宽而大，不呈三角形；M 脉呈弧形弯曲，干径脉背面后侧有 1 小刚毛，R₁脉背面裸（个别个体有毛）；足部分黄色，或几乎全黑，中胫无强大的前背鬃，腹全黑色或有时在基部两侧带黄色，粉被不显，仅后半略见粉被，但不呈可变色斑，第 1 腹板有毛，肛尾叶有宽大的长超过内叶的外叶，腹面端部有 1 行齿尖朝下的齿，侧尾叶无端部的脊状卷边，阳体末端宽大呈倒漏斗状。雌性产卵器第 7、第 8 背板及腹板的端骨片上的鬃呈单行，常不很强大。

分布：古北区、东洋区。中国记录 6 种，浙江分部 1 种。

（119）半透璃蝇 *Rypellia semilutea* (Malloch, 1923)（图 1-117）

Orthellia semilutea Malloch, 1923: 115.

Rypellia flavipes: Enderlein, 1934a: 422.

特征：体长 2.0–7.5mm。雄性眼几乎裸，额为前单眼宽的 4/7，又为头宽的 0.02 倍强，间额褐，侧额下半及侧颜具银白粉被，下眶鬃约 15 个，后倾上眶鬃 1–2，侧颜微宽于额，颜堤下端棕黄，颊高为眼高的 0.14 倍，芒长羽状，下颚须棕色，中喙前颏棕色，长为高的 2.8 倍；胸背黑色，小盾端半、翅后胛前端棕黄，肩胛及背侧片亦有薄粉被，中鬃 0+1，背中鬃 2+4，翅内鬃 0+2，肩鬃 3，肩后鬃 2+0，翅前鬃与后背侧片鬃等长，小盾基鬃、侧缘鬃、端鬃各 1 对，均强大，前基鬃及心鬃各 1 对均弱，腹侧片后角及翅侧片后半大半呈棕色，前气门黄白色，后气门棕色，背侧片、下侧片及后胸侧板有毛，后气门前肋裸，前中侧片鬃 1，腹侧片鬃 1+3，前侧片鬃 2，前气门鬃 1；翅淡棕，前缘基鳞黄，前缘刺不发达，前缘脉下面有小刚毛，M 脉末段弧形弯曲，dm-cu 横脉倾斜，腋瓣及缘缨棕黄，平衡棒黄；足全黄，前股约有 13 个后腹鬃，前胫除有 1 近端背鬃外，无其他鬃，中股在稍大于基半长度内有前腹及后腹鬃列，中胫有后鬃 9，后腹鬃 1，后股前腹鬃列全，后胫前腹鬃 4；腹短卵形，第 2 合背板黄，第 3 背板大部黄，有黑褐三角形正中斑及狭的后缘带，第 4 背板前半两侧棕黄，正中及后半黑褐色至黑色，带铜色光泽；第 5 背板黑色，第 1 腹板有毛，除第 2 腹板黄色外，余均褐色至黑色，尾节亮黑色。

分布：浙江（临安）、湖南、台湾、四川、云南；尼泊尔，印度尼西亚。

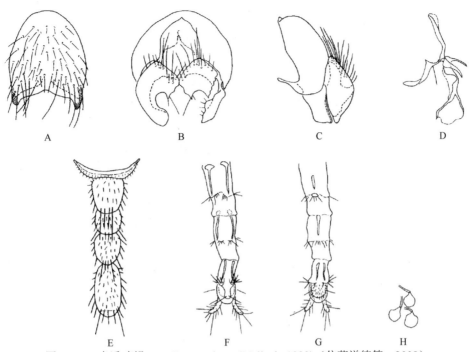

图 1-117　半透璃蝇 *Rypellia semilutea* (Malloch, 1923)（仿范滋德等，2008）

A. ♂第 5 腹板腹面观；B. ♂尾器后面观；C. ♂尾器侧面观；D. ♂外生殖器侧面观；E. ♀第 1–5 腹板腹面观；F. ♀产卵器背面观；
G. ♀产卵器腹面观；H. ♀受精囊

39. 螫蝇属 *Stomoxys* Geoffroy, 1762

Stomoxys Geoffroy, 1762: 449. Type species: *Conops calcitrans* Linnaeus, 1758.

　　主要特征：复眼后缘凹入；触角芒仅上侧具毛；下颚须圆棒状，约为中喙长的 1/3。前胸基腹片和前胸前侧片中央凹陷具纤毛；前中侧片鬃 1，下后侧片具纤毛，下前侧片鬃 0+1，翅后坡无毛；R_1 脉背面在肩横脉后方有小刚毛，M 脉末端略呈弧形弯曲，R_{4+5} 脉背腹两面具刚毛。雄阳体无阳基后突，基阳体短，阳体端部具带齿的骨化片；肛尾叶宽，端缘具 3 个圆形突起。除骚扰人畜外，成蝇吸食温血动物血液，尤喜牛血；机械性传播家畜的炭疽病和锥虫病等多种传染病，是医学和兽医学中重要传播媒介，对畜牧业发展影响很大。幼虫孳生于畜禽和兽类粪便中，在腐败的植物性物质中也有发现。

　　分布：世界广布。中国记录 4 种，浙江分布 3 种。

分种检索表

1. 两性间额具有正中淡棕色粉被纵条 ·· 厩螫蝇 *S. calcitrans*
- 两性间额正中淡色粉被纵条缺如 ··· 2
2. 额宽为头宽的 1/10–1/8，腹部第 3、第 4 背板沿后缘有完整暗横带，正中纵条与它们相连·············· 印度螫蝇 *S. indicus*
- 额宽约为头宽的 1/6，腹部第 3、第 4 背板沿后缘无横带，仅在两侧有横点斑，正中纵斑不与它们相连 ········ 南螫蝇 *S. sitiens*

（120）厩螫蝇 *Stomoxys calcitrans* (Linnaeus, 1758)（图 1-118）

Conops calcitrans Linnaeus, 1758: 604.

Stomoxys griseiceps: Becker, 1908: 195.

　　特征：体长 5.0–7.5 mm。雄性眼裸，额宽为其头宽的 1/4；间额宽为一侧额宽的 3 倍以上，间额正中有淡棕色粉被纵条，从单眼三角往下延伸，呈倒长三角形；下眶鬃 9–12，侧额上方大于或等于 1/3 长度内有若干前倾及外倾鬃状毛；外顶鬃存在，头前面观粉被银灰色；侧颜略窄于触角第 1 鞭节宽；下侧颜棕色，颊狭，约为侧颜宽的 2/3；触角粗；下颚须黄色，细长形；中喙棕黑色发亮，细长，仅基半部稍粗。胸背具灰黄带橄榄色粉被，盾片具 2 对暗色纵条，中鬃 0+1，前背中鬃 1，后背中鬃仅 2 个较大；背侧片具小毛，下前侧片鬃 0+1；前胸基腹片具毛，前胸前侧片中央凹陷具毛；前气门、后气门均小，中胸气门棕黄，后气门棕黑。翅透明，翅脉棕黄，翅基略暗，前缘刺不发达，翅肩鳞黑，前缘基鳞棕黄色以至黄色；R$_{4+5}$ 脉下面的小毛仅见于基部，不超过 r-m 横脉；M 脉末端轻微地弧形弯曲，腋瓣淡黄色，平衡棒黄。足黑，前股后背、后腹鬃列长大；前胫无鬃；中股的前腹、后腹鬃列仅基半部长大；中胫无鬃；后股近前背鬃列长，前腹鬃不明显；后胫有 1 列短的前背鬃，3 个短的前腹鬃。腹黑，具灰黄色粉被及带纹。第 3、第 4 两背板正中和两侧下缘各具 1 个不相连的暗斑。雌性额宽为头宽的 1/2 弱，间额宽为一侧额宽的 4 倍以上，间额上方有 1–2 对小鬃，下眶鬃 8–12 对，侧额上部另有下倾鬃状毛不整齐的 2 行，其中 2 个较大；侧颜裸，与触角第 3 节几乎等宽。前缘基鳞黄，腋瓣白，平衡棒黄。腹部斑纹比雄性明显。

　　分布：浙江（临安）、几乎遍及全国各地；除两极和高寒地区外，世界性分布。

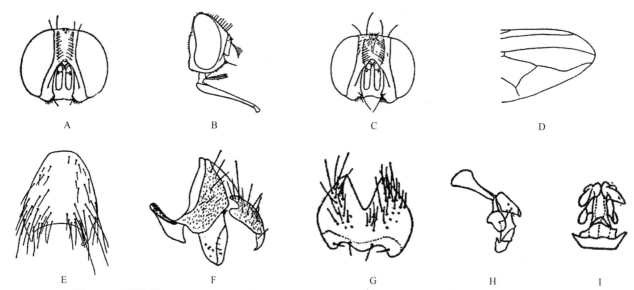

图 1-118　厩螫蝇 Stomoxys calcitrans (Linnaeus, 1758)（E–I 仿 Ho，1936；余均仿范滋德，1965）
A. ♂头部前面观；B. ♂头部侧面观；C. ♀头部前面观；D. 右翅端半部；E. ♂第 5 腹板腹面观；F. ♂尾器侧面观；G. ♂肛尾叶后面观；
H. ♂外生殖器侧面观；I. ♂外生殖器前面观

（121）印度螫蝇 Stomoxys indicus Picard, 1908（图 1-119）

Stomoxys indicus Picard, 1908: 20.
Stomoxys hastate Séguy, 1935: 42.

　　特征：体长 5.0–6.0 mm。雄性眼裸，额宽约为头宽的 1/10；间额黑，为一侧额的 6 倍宽或等宽；下眶鬃 12，具外顶鬃，头前面观腹部呈灰白色；侧颜宽为触角第 1 鞭节宽的 1/3；下侧颜棕色，颊极低，仅为侧颜宽的 1/2；触角黄色，梗节略暗，第 1 鞭节具褐色粉被；第 1 鞭节长为梗节的 2.5 倍，触角芒基部 1/3 增粗且呈黄色；下颚须黄，细短，约为中喙长的 1/5；中喙细长，棕色发亮，基半部略粗些。胸背粉被呈灰黄色，盾片具 2 对明显的暗纵条，中鬃 0+1，背中鬃 2+7，仅后方的 3 个长大；肩鬃 3，前中侧片鬃存在，下前侧片鬃 0+1。翅棕黄色，翅肩鳞及前缘基鳞均黄色，r$_{4+5}$ 室开口处的宽度接近于 r$_{4+5}$ 室最宽处的 1/2；上腋瓣、下腋瓣淡黄色，平衡棒黄色。足股节棕色，胫节黄色，后胫有 1–2 个前腹鬃。腹部近半圆形，略扁；粉被灰黄色，第 3、第 4 两背板沿后缘有完整暗横带，正中纵条与它们相连。雌性体长 6.0 mm。额宽约为头宽的 1/3，间额宽为一侧额的 4 倍，下侧颜黑灰色，触角棕色，下眶鬃 9，侧额还有上眶鬃 3–4 个和 1–2 个小刚毛。足全黄。

　　分布：浙江（临安）、北京、天津、河北、山西、山东、河南、陕西、宁夏、甘肃、江苏、上海、湖北、江西、湖南、福建、台湾、广东、海南、广西、贵州、四川、云南；日本，印度，缅甸，越南，泰国，斯里兰卡，菲律宾，马来西亚，印度尼西亚，北美洲。

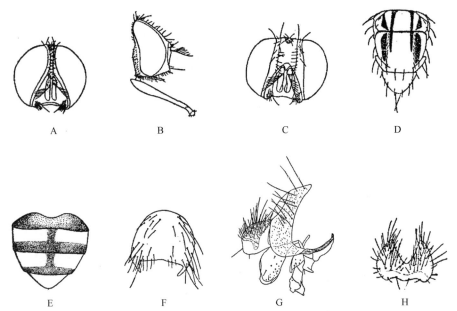

图 1-119　印度螫蝇 *Stomoxys indicus* Picard, 1908（仿 Ho，1936）

A. ♂头部前面观；B. ♂头部侧面观；C. ♀头部前面观；D. ♂胸部背面观；E. ♂腹部背面观；F. ♂第 5 腹板腹面观；G. ♂尾器侧面观；H. ♂肛尾叶后面观

（122）南螫蝇 *Stomoxys sitiens* Rondani, 1873（图 1-120）

Stomoxys sitiens Rondani, 1873: 288.

Stomoxys separabilis Séguy, 1935: 45.

　　特征：体长 5.0–6.0mm。雄性眼裸，额宽约为头宽的 1/6，间额灰棕色，无粉被纵条，其宽度至多为一侧额宽的 2 倍，下眶鬃 9，外顶鬃存在，头前面观粉被呈银黄色，侧颜宽为触角第 1 鞭节宽的 2/5 倍，颊高约与侧颜等宽，触角褐色，第 1 鞭节被棕色厚粉被，其长度为梗节长的 3.5 倍，触角芒基部 1/2 增粗，下颚须黄；细长圆柱形，中喙细长发亮，约为下颚须长的 3 倍，且基半部稍增粗。胸背具灰黄色粉被，具 2 对暗纵条，外侧条在盾沟处明显中断；肩鬃 2，肩后鬃 1，前中侧片鬃存在，但不发达；背侧片具小毛，腹侧片鬃 0+1，前气门、后气门小，呈棕红色以至黄色。翅淡棕黄色，R_{4+5} 脉在下面的小毛列超过 r-m 横脉，r_{4+5} 室端部开口处的宽度显然比 r_{4+5} 室最宽处的 1/2 为小，M 脉末端稍呈弧形弯曲，上腋瓣、下腋瓣黄白色，平衡棒黄色。足棕色，胫节褐色，仅最基部带些黄色，后胫有 1 列短的前背鬃。腹部亦具灰黄色粉被，在第 3、第 4 两背板两侧有横点斑，沿后缘无完整的横带，正中纵斑不与它们相连。雌性额宽为头宽的 1/3 倍，间额为一侧额宽的 3 倍弱，下眶鬃 7，额在正中无淡色粉被纵条，侧额约上半有上眶鬃及小刚毛仅 1 行，侧颜宽为触角第 1 鞭节宽的 3/5，触角第 1 鞭节长为第 2 节的 4 倍，触角芒基部仅 1/3 增粗，肩后鬃 1，很弱。其余特征同雄蝇。

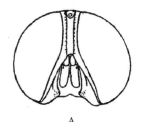  

图 1-120　南螫蝇 *Stomoxys sitiens* Rondani, 1873（仿范滋德，1965）

A. ♂头部前面观；B. 右翅端半部；C. ♂腹部背面观

分布：浙江（安吉）、福建、台湾、广东、海南、香港、广西、云南；印度，缅甸，老挝，泰国，斯里兰卡，菲律宾，马来西亚，新加坡，非洲。

40. 合夜蝇属 *Syngamoptera* Schnabl, 1902

Syngamoptera Schnabl, 1902: 79. Type species: *Syngamoptera amurensis* Schnabl, 1902.

Magma Albuquerque, 1949: 163. Type species: *Magma opportunum* Albuquerque, 1949.

主要特征：复眼裸；雄额宽常为后单眼外缘间距的 1–2 倍，单眼鬃长大，约等于或接近于单眼三角长的 2 倍。前胸基腹片裸，中鬃 0+1，前中毛列 3–5 行，背中鬃 2+3，翅内鬃 0+2（1），翅前鬃 0，翅上鬃 2，下前侧片鬃 1+2，后足基节片在后气门紧下方有一簇鬃。前缘脉在 r$_{4+5}$ 室开口处明显变弱，r-m 横脉和 dm-cu 横脉远离，肘臀合脉接近于翅缘。腹部第 3 背板有中心鬃；雄肛尾叶长形有分叉；雌第 6–8 背板完整，第 9 背板单一。

分布：古北区和东洋区。中国记录 7 种，浙江分布 1 种。

（123）浙江合夜蝇 *Syngamoptera chekiangensis* (Ôuchi, 1938)（图 1-121）

Tertiuseginia chekiangensis Ôuchi, 1938b: 15.

Syngamoptera chekiangensis: Fan, 1992: 224.

特征：体长 9.5 mm。雄性眼大形；额为单眼三角宽的 1.5 倍；间额浅红棕色，略等于一侧额宽；颊高稍狭于眼高的 1/6，覆淡色粉被；下眶鬃 7 对，无上眶鬃和间额鬃，单眼三角色黑、膨隆，侧面观额角带弧形；侧颜几乎与侧额等宽，均呈淡黄色；口上片不突出，宽约为额宽的 2 倍；眼高为颊高的 4.1 倍强；眼后鬃 1 行，向下与下后头鬃列相连，侧后头包括眶部呈灰色，少毛，上部几乎裸；颊及下后头淡灰黄色，有一不规则的黑鬃列斜走于颊中部至髭角之间；下侧颜带红色，无口缘鬃；下颚须杆状，稍微扁平，带黄色，有短毛，末端毛亦短钝。胸黄色，背板较侧板暗些，鬃和毛均黑色，粉被稀薄色淡。中鬃 0+1，背中鬃 2+3，肩后鬃仅内方 1 个；翅内鬃 0+2，翅前鬃缺如；小盾无粉被；背侧片鬃 2，无小毛；前胸基腹片和前胸前侧片中央凹陷裸；下前侧片鬃 1+2；中胸气门及后气门均黄色；中胸后背片有 1 暗色条纵贯全长。翅脉全黄，前缘脉腹面有毛；M 脉稍微与 R$_{4+5}$ 脉背离；dm-cu 横脉稍微波曲；腋瓣淡棕黄色，下腋瓣卵形稍向后变狭，其突出部分与上腋瓣等长；平衡棒黄色。足黄色，前股无栉状鬃列，有一行疏而完整的后腹鬃列；前胫中段有前背鬃 3 和后背鬃 1；中股有前腹、前背和后腹鬃列；中胫仅在中段有 3 个后背鬃；后足基节有 1 近端前背鬃；后胫有中位、亚中位前腹鬃各 1，前背鬃和后背鬃各 2；爪和爪垫长。腹长卵形；前腹部背面、腹面色泽均向后渐带棕色；第 1 腹板裸，第 2、第 3 两腹板各有 1 对强大缘鬃，第 4 腹板缘鬃稍弱并有很少数长毛；第 6 背板极短，几乎在正中中断；第 7、第 8 背板和腹节棕黄，第 9 背板除细毛外无鬃，第 5 腹板亦然，后缘呈凹弧形，但无裂口。雌性不详。

分布：浙江（临安）。

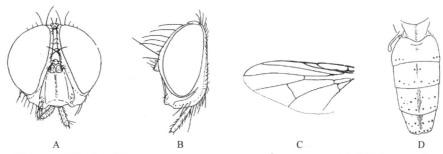

图 1-121　浙江合夜蝇 *Syngamoptera chekiangensis* (Ôuchi, 1938)（仿范滋德，1992）

A.♂头部前面观；B.♂头部侧面观；C.♂翅；D.♂腹部背面观

第二章　狂蝇总科 Oestroidea

四、丽蝇科 Calliphoridae

主要特征：中大型种，体多呈青、绿或黄褐等色，并常具金属光泽。雄复眼一般互相靠近，雌复眼远离；口器发达，舐吸式；触角芒一般长羽状，少数长栉状。胸部通常无暗色纵条，或有也不甚明显；胸部侧面观，外方的 1 个肩后鬃的位置比沟前鬃低，两者的连线略与背侧片的背缘平行；前胸基腹片及前胸前侧片中央凹陷具毛，后基节片在后气门的前下方有呈曲尺形或弧形排列的成行的鬃，上后侧片具鬃或毛。翅 M 脉总是向前做急剧的角形弯曲。成虫多喜室外访花，传播花粉；许多种类为住宅区传病和蛆症病原蝇类。其幼虫食性广泛，大多为尸食性或粪食性，亦有捕食性或寄生性的，可在医药和养殖业中利用。有些尸食性幼虫的种类，还可提供疑难案件的侦破数据，充实法医昆虫学。有些种类繁殖势能大、周期短，是重要的实验昆虫。

分布：世界各地，世界已知 478 种。中国记录 152 种，浙江分布 15 属 29 种。

分属检索表

13. 外方肩后鬃缺如，侧阳体往往无端勾 ·· **拟粉蝇属 Polleniopsis**
-　 外方肩后鬃存在，侧阳体端勾发达 ·· **陪丽蝇属 Bellardia**
14. 侧颜具毛，亚前缘骨片具小刚毛 ··· **粉蝇属 Pollenia**
-　 侧颜裸，亚前缘骨片而无小刚毛 ··· **瘦粉蝇属 Dexopollenia**

41. 闪迷蝇属 *Silbomyia* Macquart, 1843

Silbomyia Macquart, 1843: 117. Type species: *Musca fuscipennis* Fabricius, 1805.

Biomyioides Matsumura, 1916: 388. Type species: *Biomyioides cyaneus* Matsumura, 1916.

主要特征：雄额、雌额均宽，常具外顶鬃和侧额鬃，颜脊很发达；后气门前厣有 1 明显的后倾长毛簇，足前胫具 2 根发达的后腹鬃（个别种例外），后胫有 1 根端位后腹鬃；外方的肩后鬃位于沟前鬃的前方；雄、雌第 2-4 腹板具刺状鬃；雄阳体稚小。成虫常活动于路旁灌木林及山间丛林中，喜吸食野花花蜜。有些种类的幼虫寄生于蜗牛体内。

分布：东洋区和澳洲区。中国记录 3 种，浙江分布 1 种。

（124）华南闪迷蝇 *Silbomyia hoeneana* Enderlein, 1936

Silbomyia hoeneana Enderlein, 1936: 439.

特征：体长 13.0–17.5 mm。雄性头前面底色黄，粉被金黄；间额为一侧额的 3.1 倍，间额橙至橙黄，颊高约为眼高的 0.26 倍弱；中颜脊稍短于额长，形稍呈脊状而不呈纺锤形，侧颜宽为触角第 1 鞭节宽的 2.5 倍，颜堤仅在下端 1/4 有细毛。颊高为眼高的 0.22 倍；单眼后鬃发达，有时为 2 对；触角淡橙色，第 1 鞭节为梗节长的 3.7 倍左右；下颚须黄。胸：盾片呈金属翠绿色，偶见铜色反光，个别标本带青紫色，下端亦带青色，侧板青绿，后基节片和上后侧片呈红棕带金属绿色闪光；中鬃 2+4，背中鬃 3+3，翅内鬃 1+3，下前侧片鬃 2+1，上前侧片、下前侧片上常有大而密的白色粉被点斑。翅色暗棕，在翅室中央和翅后缘暗色变得较弱，M 脉末端自心角沿翅脉角前段一线延伸达翅后缘间距为角前段本身长的 1.5–1.7 倍，M 脉第二段长为角前段本身长的 2.6–3.5 倍；前缘刺明显，稍短于 r-m 横脉，前缘脉腹面小毛列到 R_1 脉末端；腋瓣白，下腋瓣缘缨暗棕。足黑，股节带些暗绿。腹与胸背同色，第 3 背板背面大部有白色粉被，并向腹方去形成明显的中央银白粉被带，第 4 背板无粉被，第 5 背板有 1 对侧方大形粉被区并形成两侧闪光斑，第 3 背板通常有 2 对侧缘鬃，第 1+2 合背板无中缘鬃，第 3、第 4 两背板无中心鬃，但正中毛略直立呈刺状，第 5 背板上的毛长而直立，稍呈刺状。雌性额宽约为头宽的 1/2 强，间额约为一侧额的 2.6 倍，颊高约为眼高的 0.31 倍，下眶鬃 8，后眶纤毛列明显，侧后顶鬃 1，颊和侧颜颊雄性宽，侧颜宽约为触角第 3 节的 3.5 倍。

分布：浙江（德清、临安）、江苏、湖北、江西、广东、海南、四川、云南。

42. 阿丽蝇属 *Aldrichina* Townsend, 1934

Aldrichina Townsend, 1934: 111. Type species: *Calliphora grahami* Aldrich, 1930.

Aldrichiella Rohdendorf, 1931: 177. Type species: *Calliphora grahami* Aldrich, 1930.

主要特征：中型种。体呈藏青色或暗蓝色。雄额宽，颊毛黑色；中鬃及背中鬃均为 3+3，下前侧片鬃 2+1。雄露尾节特别巨大；雌第 6 背板骨化部分呈蝶形或"W"形。成蝇喜室外，常活动于垃圾堆、厕所、人畜粪便、腐烂的动物及蚜虫或开花的植物上，偶亦入室。幼虫为杂食性而偏嗜人粪，常孳生于人粪、垃圾和动物尸体中。在春季和初夏，我国中部地区的该蝇种在厕所（或粪缸）中孳生，且占蝇种比重较大，这时在各类孳生场所中的群落组成为 86.7%–100%。

　　分布：古北区和东洋区。中国记录 1 种，浙江分布 1 种。

（125）巨尾阿丽蝇 *Aldrichina graham* (Aldrich, 1930)（图 2-1）

Calliphora grahami Aldrich, 1930: 1.

Aldrichina grahami:Verves, 2005: 241.

　　特征：体长 8.0–11.0 mm。雄性复眼裸；在额的最狭部，间额大于或等于一侧额宽的 2 倍；颊灰黑色有粉被；触角芒羽状，略稀，上侧纤毛稍短些，裸端占芒毛长的 1/8–1/4；头除后头中下部散生淡黄色毛外，所有的鬃和毛都是黑色的。胸底色黑，有粉被，中胸盾片前中央有 3 条特征性的黑色纵条；中胸气门深橙黄色或暗棕色；中鬃 3+3；背中鬃 3+3，翅内鬃 0+1，肩后鬃 3；下前侧片鬃 2+1。翅透明，带极淡的暗色；下腋瓣淡黄褐色，有淡黄白色边，上面大部疏生棕色长纤毛，上腋瓣和下腋瓣同色，但具褐色缨缘。足黑色或棕黑色。腹板一般呈暗绿青色，有灰白色粉被；雄性生殖腹节外露，平时向前反折在腹下，形成黑色球形巨大的膨腹端，第 2–4 各腹板短而阔，像百叶窗那样叠着；侧尾叶为坚强的长而反曲的杆，基部呈角形突出于后方，端部的前缘有小棘列，尖端有 1 向前钩曲的爪，中段宽而稍微扭曲；肛尾叶退化得很小，基部垫状，生刚毛，端部细，夹在侧尾叶间，左右相合并；阳基内骨有发达的正中翼，强阳基侧突宽，阳基后突细长，下阳体骨化部窄，侧阳体端部细，端阳体稍向后屈；射精器小骨稍开展。雌性体长约 10.6 mm。间额约为一侧额的 2.5 倍。腹部的色泽有时比雄性微倾向青色，腹部的斑状分布较明显；第 5 腹板大，宽度常超过第 6 背板上第六气门之间的距离，状如倒置的梨形，后侧缘附近的刚毛粗短而强大，后缘无长刚毛；第 6 背板骨化部分呈"W"形或蝶形，后缘及侧缘常不骨化，第 6 背板前方的节间膜上常有分布不规则的骨化点，第 7 背板的左右两骨化部分远离，并列呈倒"人"字形；第 8 背板骨化极弱，第 6 腹板锚形，后侧缘略圆，轮廓长圆形；第 7 腹板在后侧部不骨化。

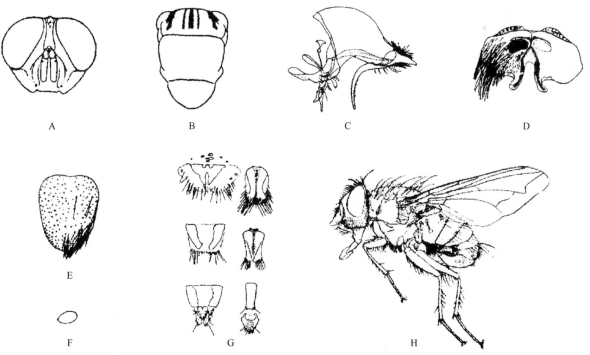

图 2-1　巨尾阿丽蝇 *Aldrichina graham* (Aldrich, 1930)（仿范滋德等，1997）
A. ♂头部；B. 胸部；C.♂尾器侧面观；D.♂第 5 腹板腹面观；E.♀第 5 腹板；F.♀受精囊；G.♀产卵器；H.♂全形图

　　分布：浙江（德清、富阳、临安）、黑龙江、吉林、辽宁、内蒙古、北京、天津、河北、山西、山东、河南、陕西、宁夏、甘肃、青海、江苏、上海、安徽、湖北、江西、湖南、福建、台湾、广东、海南、广西、四川、贵州、云南、西藏；俄罗斯，朝鲜，韩国，日本，巴基斯坦，印度，北美洲。

43. 陪丽蝇属 *Bellardia* Robineau-Desvoidy, 1863

Bellardia Robineau-Desvoidy, 1863: 548. Type species: *Bellardia vernalis* Robineau-Desvoidy, 1863.

Feideria Lehrer, 1970: 15. Type species: *Polleniopsis menechma* Séguy, 1934.

主要特征：体金属青黑色，有灰白粉被和腹部闪光斑或显或不很明显；体长 4–11 mm。眼裸或仅具疏微毛，前额宽为侧面观眼长的 1/4–1/2，高为眼高的 1/4–1/2，间额红棕色至黑色，侧额及侧颜有黑色小毛群及白色粉被，眶部及颊隆面红棕色至黑色，颊有密的暗色毛，触角第 1 鞭节为梗节的 1.5–3.0 倍长，芒基 2/3 有羽状毛，下颚须黄至暗棕，下眶鬃 9–12，雌性下眶鬃约 10，上眶鬃后倾 1、前倾 2。胸金属青黑色，粉被灰白，仅见部分不明显的纵条；气门灰棕色至黑棕色，腋瓣上肋前簇存在，中鬃（1–3）+（2–3），背中鬃（2–3）+3，翅内鬃（0–1）+2，肩鬃（2–5），肩后鬃 2–3，小盾缘鬃 2–5，心鬃 1–2。翅透明，翅基及前缘大多淡棕，脉棕至暗棕，前缘基鳞棕色至黑色，M 脉末段总是呈钝角形弯曲，平衡棒黄棕。足黑。腹金属青黑色至橄榄绿色，大多有正中条，背板有缘鬃。侧尾叶和肛尾叶形式多样，侧面观大多位于同一平面上，阳茎以侧阳体强大为特征，向前指的端钩突出于阳茎的中段，中条则常被一薄膜相联系，雌性产卵器短，部分骨片不发达，适于产幼虫。幼虫似乎是寄生性或者捕食性的，可自蚯蚓中育出。

分布：全北区、东洋区和澳洲区。中国记录 20 种，浙江分布 1 种。

（126）拟新月陪丽蝇 *Bellardia menechmoides* Chen, 1979（图 2-2）

Bellardia menechmoides Chen, 1979: 389.

特征：体长 4.5–7.0 mm。雄性前气门暗棕，额略狭于后单眼外缘间距，侧额在最狭处约等于前单眼横径，间额棕至黑，侧额及侧颜上部有多数细毛，头前面粉被略带银色，下侧颜带棕色，颊底色黑，颊高约为眼高的 1/5，颊毛及下后头毛均黑；触角梗节棕色，第 1 鞭节褐色，长为梗节的 2 倍强，芒长羽状，下颚须黄；胸灰黑，粉被淡灰，前盾有黑色亚中纵条，前中鬃 2，背中鬃 2+3，翅内鬃 1+2，肩后鬃 1+1，肩鬃 3，腹侧片鬃 2+1；翅带淡棕色，前缘基鳞红棕色，M 脉末段角后段长为角前段的 1.3 倍，腋瓣带棕色，平衡棒棕色，头较暗；足黑；腹灰褐有金属光泽，粉被灰色略呈棋盘状斑，各腹板均被黑毛，第 5 腹板后内角突出，肛尾叶侧面观游离部弯曲，末端具明显的爪，侧尾叶近端部后缘呈弧形，后面观近端部后缘外翻，下阳体中条弯，后面观分叉部瘦且离得较开。

分布：浙江（乐清）、辽宁、河北、山东、陕西、甘肃、江苏、上海、湖北、四川、贵州、云南；朝鲜，韩国，日本。

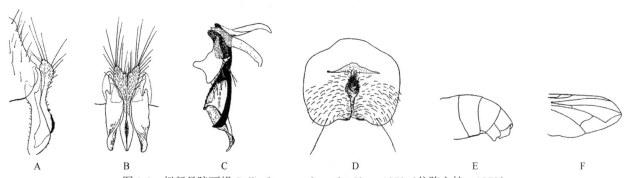

　　　　A　　　　　　　　B　　　　　　　　C　　　　　　　　D　　　　　　　E　　　　　　　F

图 2-2　拟新月陪丽蝇 *Bellardia menechmoides* Chen, 1979（仿陈之梓，1979）

A. ♂尾器侧面观；B. ♂尾器后面观；C. ♂外生殖器侧面观；D. ♂第 5 腹板腹面观；E. ♂腹部侧面观；F. ♂翅端半部

44. 孟蝇属 *Bengalia* Robineau-Desvoidy, 1830

Bengalia Robineau-Desvoidy, 1830: 425. Type species: *Bengalia testacea* Robineau-Desvoidy, 1830.

Anshuniana Lehrer *et* Wei, 2010: 23. Type species: *Bengalia fani* Feng *et* Wei, 1998.

主要特征：体中大型。体多呈淡棕色；雄、雌复眼均离生；口前缘大多突出；触角芒长羽状。前胸基腹片有毛，下前侧片鬃 1+1，中鬃仅小盾前的刺状，背中鬃 2+（2–4）。雄足前胫多数有刺或鬃。腹部各背板常具暗色的缘带。成虫可捕食搬运中的蚁幼虫及白蚁。成虫静息树荫处，飞翔极缓慢，亦有飞入人家的。

分布：东洋区和新热带区。中国记录 8 种，浙江分布 4 种。

分种检索表

1. 翅下大结节有一朝下的尖头，呈葫芦形；中足胫节无亚中位腹鬃 ·············· **突唇孟蝇 *B. labiata***
- 翅下大结节无尖头，略呈长的圆形；中足胫节具 1 个亚中位腹鬃 ······················· 2
2. 雌雄第 5 背板有中心鬃；雄性第 5 腹板中叶两侧无 1 对副突 ·············· **变色孟蝇 *B. varicolor***
- 雌雄第 5 背板无中心鬃；雄性第 5 腹板中叶两侧具 1 对副突 ······················· 3
3. 翅肩鳞黑色而且具有黄色后缘；翅侧片上的毛全黄 ·············· **浙江孟蝇 *B. chekiangensis***
- 翅肩鳞黄色；翅侧片上的毛几乎全为黑色 ·············· **环斑孟蝇 *B. escheri***

（127）浙江孟蝇 *Bengalia chekiangensis* Fan, 1965（图 2-3）

Bengalia (*Ochromyia*) *chekiangensis* Fan, 1965: 194.

特征：体长 12.0 mm。雄性额宽为头宽的 1/3；间额棕黄色；侧额、侧颜有银黄色粉被；侧额宽超过触角第 3 节宽的 1/2；侧颜中段宽稍超过触角第 1 鞭节宽的 2/3；侧颜及颊上的毛呈淡色；侧颜上部暗色斑的长度约等于触角第 1 鞭节长；下颚须及喙黄带红色；中喙很膨大。中胸盾片及小盾片色暗，两侧缘淡色带窄，且无明显的灰白色条；中鬃 0+1，背中鬃 2+4；上前侧片有一可变色的淡棕色小斑；下前侧片及后基节片较暗，上后侧片上的毛全黄；中胸气门黄白，后气门黄，均大形。翅透明，翅肩鳞黑色而具有黄色的后缘；前缘基鳞黄，翅下大结节圆而黄；径脉结节上的小毛分布在从径脉结节到 r-m 横脉距离的 1/2 处；上腋瓣、下腋瓣黄，上腋瓣、下腋瓣连接处的缘缨亦黄；翅在 r-m 横脉处无淡色小点斑；平衡棒黄色有时带红色。足全黄，前股后腹面中部的 3 个鬃像钝刺；前胫腹面的刺近基部的较长，前背鬃 3；中股后腹面端部的短钝刺有 12 个左右，分布在中股长度约 1/3 处；中胫无长毛，具前背鬃 1，后鬃 2；后胫亦无长毛，具前背鬃 2，前腹鬃 2–3。背板上可见银色粉被，前几节大部呈棕黄色，后两节暗色；第 3 背板上的正中黑色纵条狭，第 5 背板无中心鬃；第 1–3 腹板黄，除黑髭外，毛呈黄色；第 5 腹板中叶的后缘圆形，两侧的副突端部弯向外方。雌性体长 13.0 mm。侧颜较宽，宽于触角第 1 鞭之宽；仅有 1 个前倾上眶鬃。中胫亚中位有 1 个腹鬃。

分布：浙江（临安、庆元）、安徽、江西。

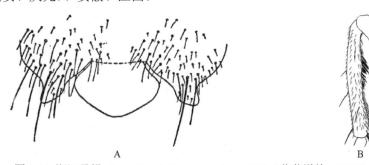

图 2-3　浙江孟蝇 *Bengalia chekiangensis* Fan, 1965（仿范滋德，1965）
A. ♂第 5 腹板腹面观；B. ♂前足

（128）环斑孟蝇 *Bengalia escheri* Bezzi, 1913（图 2-4）

Bengalia escheri Bezzi, 1913: 76.

　　特征：体长 13 mm。雄性额宽为头宽的 1/3，间额呈偏暗的棕黄色，其上毛淡、疏而广布下鬃 6–7，侧额、侧颜稍稍超过触角第 1 鞭节宽之半，侧颜上部的黑斑近触角梗节长，第 1 鞭节约为梗节的 3 倍，侧颜上宽下窄，其上毛及颊上毛呈黄色的不多，髭位于口上片上缘处，颊很狭，下颚须黄，端部带红色，喙发红。胸部：中胸盾片棕色，两侧缘淡色带不均匀，小盾片看上去大部呈棕黄色；中鬃 0+1，背中鬃 2+4，后方 2 个长大些，小盾缘鬃 3 对，翅侧片黄带棕，几乎全为黑色毛；腹侧片毛大部黑色。前气门白黄，后气门黄。翅透明，翅肩鳞及前缘基鳞黄，翅下大结节圆而黄，径脉结节到 r-m 横脉距离内的上、下两面小毛分布稍超过 1/2，翅在 r-m 横脉处有一淡色小斑，上腋瓣、下腋瓣黄，两者连接处的边缘缨毛棕色，平衡棒黄，端部带暗色。足黄，除了前足胫节前面端部、中足股节端部 1/2 及后足股节前部呈棕色外，看上去各股节有宽的暗棕色环形斑；前足胫节前腹面有密长毛，中部腹面的刺粗长，但近基部的并不长，前足胫节具前背鬃 3，后腹鬃 1；中足股节端部约有 6 个前鬃，中足胫节前背鬃 1，后鬃 2；后足股节亦无长毛，后足胫节具前背鬃 2，前腹鬃 2，腹部呈棕色，第 3 背板的正中暗色纵条宽，宽度约为节长的 1/2，第 1、第 2 合背板的后缘带窄，第 3、第 4 两背板的缘带均为该节长的 1/2，第 4 背板有 1 对中缘鬃，第 5 背板无中心鬃，几乎全黑，第 1–4 腹板棕色带黄色，第 1–3 腹板上的毛大部黄。雌性体长 14.0–15.0 mm。侧颜上部的黑斑为触角梗节长的 2 倍，前倾上眶鬃 1，下须全黄，中足胫节有一亚中位腹鬃，余见雄性。

　　分布：浙江（临安）、安徽、福建、台湾、海南、四川、云南；印度。

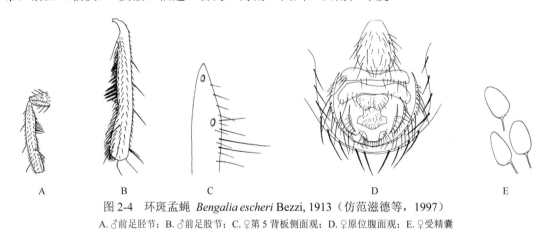

　　图 2-4　环斑孟蝇 *Bengalia escheri* Bezzi, 1913（仿范滋德等，1997）
A. ♂前足胫节；B. ♂前足股节；C. ♀第 5 背板侧面观；D. ♀原位腹面观；E. ♀受精囊

（129）突唇孟蝇 *Bengalia labiata* Robineau-Desvoidy, 1830（图 2-5）

Bengalia labiata Robineau-Desvoidy, 1830: 426.

Bengalia melanocera Robineau-Desvoidy, 1830: 426.

　　特征：体长 7.5–9.5 mm。额宽在最窄处为头宽的 1/4 强，间额棕黄色，向头顶去稍暗，上布有稀的黑毛；下眶鬃 8 对，侧额、侧颜都很狭，侧额宽为触角第 1 鞭节的 1/2 弱，侧颜为触角第 1 鞭节宽的 1/3 强，两者或多或少地具小毛，除复眼与头后面外，头大部呈黄色，新月片上黑毛明显，触角第 1 鞭节背方稍暗，其长度为梗节长的 2.5 倍左右，髭极接近口上片上缘，上唇基非常突出，下颚须及喙黄。胸部盾片大部呈灰黑色，肩胛及盾片两侧缘黄，小盾片边缘亦黄，各侧片大部黄，中侧片上方中央带暗棕色，翅侧片上毛均黄，中鬃 0+1，背中鬃 2+4，翅内鬃 0+2，肩鬃 2，肩后鬃 1，小盾基鬃、侧鬃及端鬃各 1 对，均长大，心鬃 1 对很细小，前气门、后气门黄白色。翅透明，前缘基鳞黄，径脉结节上下均具毛，翅下大结节有一朝下的尖头，呈葫芦形，翅下小结节呈黑色，上腋瓣、下腋瓣及平衡棒黄。足黄，仅末端稍暗，前足胫节前腹面有 3-4 个钝长刺，前背鬃 2，后腹鬃 1；中足胫节无前背鬃，亦无亚中位腹鬃，仅有后鬃 2；后足胫节隆脊部分不完整，占胫节基部长的 1/2-2/3，具前背鬃 2，前腹鬃 2-3。

分布：浙江（临安）、海南、云南；孟加拉国，马来西亚，印度尼西亚。

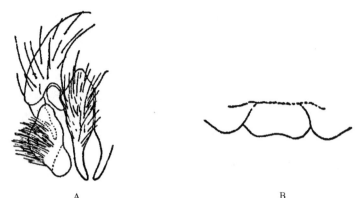

图 2-5　突唇孟蝇 *Bengalia labiata* Robineau-Desvoidy, 1830

A.♂尾器侧面观；B.♂第 5 腹板

（130）变色孟蝇 *Bengalia varicolor* (Fabricius, 1805)（图 2-6）

Musca varicolor Fabricius, 1805: 296.

Afridigalia fanzideliana: Lehrer, 2005: 42.

特征：体长 11.0-14.0 mm。雄性额宽为头宽的 1/4 强；间额红棕色；侧额棕色有灰黄色粉被；下眶鬃 8 对；侧额、侧颜宽均超过触角第 1 鞭节宽的 1/2；新月片裸或有 1-2 根黑毛；侧颜上的黑毛明显，上部暗斑略可辨；触角梗节红黄，第 1 鞭节大部分暗，仅基部黄；下颚须黄，喙棕黄。胸部盾片棕色，两侧缘淡，小盾片棕色，各侧片黄色至黄棕色；中鬃 0+1，背中鬃（1-2）+4；小盾基鬃、侧鬃和端鬃 1 对，心鬃缺如；前气门、后气门大而黄。翅透明，翅肩鳞及前缘基鳞均黄；亚前缘骨片黄；上腋瓣、下腋瓣黄，平衡棒亦黄。足中股及后股外侧略带棕色，其余部分呈黄色至黄棕色；前胫中央偏基部有小刺，它们的长度都不超过胫节横径的 1/3，前背鬃 3，后腹鬃 1；中胫后腹面的毛长为胫节横径的 1.5 倍左右，具前背鬃 1，后鬃 2；后胫端部超过 1/2 长度具前腹、后腹细长毛，前背鬃 2，前腹鬃 1，后背鬃 1。腹部黄棕，各背板均有黑色缘带，但无纵条，有时第 3 背板的缘带为节长的 1/6；第 4 背板的缘带为节长的 1/5；第 3 背板有 1 对强大的中缘鬃；第 5 背板有 1 对强大的中心鬃；各腹板黄，大部分具黄毛；第 5 腹板中叶的两侧缘略直，整个中叶的轮廓呈梯形，后缺口深。雌性前倾上眶鬃 2。足无雄性足的长毛及刺。第 5 背板后缘正中有小凹陷，第 4 腹板后缘很平直，第 5 腹板末端亦较平直。

分布：浙江（临安、定海、庆元）、江西、福建、台湾、广东、海南、四川、云南、西藏；印度，越南，老挝，泰国，马来西亚，印度尼西亚。

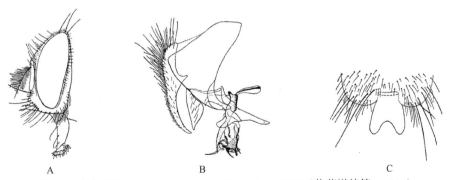

图 2-6　变色孟蝇 *Bengalia varicolor* (Fabricius, 1805)（仿范滋德等，1997）

A.♂头部侧面观；B.♂尾器侧面观；C.♂第 5 腹板

45. 绛蝇属 *Caiusa* Surcouf, 1914

Caiusa Surcouf, 1914: 52. Type species: *Caiusa indica* Surcouf, 1914.

Pseudocaiusa Villeneuve, 1927: 393. Type species: *Caiusa dubiosa* Villeneuve, 1927.

主要特征：中型种，体常呈黄色或黄褐色。雄复眼密接，雌复眼远离；侧颜几乎无毛；两触角基部间有一极不发达的颜脊，触角芒长羽状，芒毛达于芒端。胸部后中鬃 4 个鬃位，但通常仅有后方的 1–3 个发达；后背中鬃也是 4 个鬃位，翅内鬃 1+3，肩后鬃 4，下前侧片鬃 1+1；腋瓣上肋后瓣旁簇缺如，下侧背片具直立纤毛。翅 r 脉裸，下腋瓣上面裸。成虫活动于海拔 300–1500 m 的丛林中。

分布：东洋区、澳洲区。中国记录 3 种，浙江分布 1 种。

（131）越北绛蝇 *Caiusa coomani* Séguy, 1948（图 2-7）

Caiusa coomani Séguy, 1948: 146.

特征：体长 6.0–8.5 mm。雄性眼裸，前上方小眼面较大，两眼相接；间额消失段约等于单眼三角的长度；额宽不及前单眼横径之半；间额棕，侧额黑具银色粉被，新月片、触角均橙色；至多在触角第 1 鞭节端部带灰色，触角第 1 鞭节约为梗节的 2.3 倍长；侧颜与侧额均为触角第 1 鞭节宽的 1/2；髭角棕红色，颊灰具黑毛，颊后头沟后毛亦黑，后头毛黄；眼高约为颊高的 6.6 倍；下颚须橙色，前额长为高的 2.5 倍；侧后头毛淡色。胸部淡黄褐色，沟前正中常有一灰褐色宽纵条，如向后延伸亦不达小盾沟；中鬃（1–2）+（2–3），背中鬃 2+4（越向前越短小）；前胸基腹片、前胸前侧片中央凹陷具黄色纤毛；背侧片有小毛；前气门、后气门黄色，后气门前层大型，下后缘有黑色倒伏毛；下侧背片具淡色直立纤毛，下前侧片鬃 1+1；下后侧片有黄毛。翅淡黄褐色，透明，翅肩鳞、前缘基鳞均黄色；前缘刺短小，腋瓣黄褐色，下腋瓣裸，腋瓣上肋无前、后刚毛簇；平衡棒黄。足黄，前胫前背鬃 3–4，后腹鬃 1；中股前面有一较强的中位鬃，亚基部有一前腹鬃；中胫前腹鬃 1，前背鬃 1，后背鬃 1，后腹鬃 2；后胫前腹鬃 1–2，前背鬃 3，后背鬃 2。腹部前半部黄褐色，第 3 背板沿后缘常有狭的暗色缘带和一正中暗色纵斑；第 4 背板大部及第 5 背板大部或全部呈黑色具青铜色光泽；腹板黄色具黑毛；第 3 腹板大部毛黄有黑毛及 3 对缘鬃、1 对心鬃，第 4、第 5 腹板棕色。雌性额宽为一眼宽的 1/2–3/5，侧额宽为间额宽的 1/4–1/3，间额黄色。

分布：浙江（临安）、湖南、福建、海南、广西、四川、云南；日本，越南。

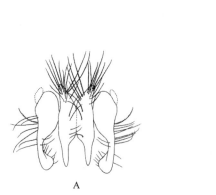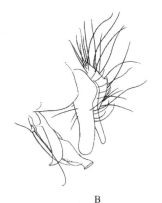

图 2-7　越北绛蝇 *Caiusa coomani* Séguy, 1948（仿范滋德等，1997）

A. ♂尾叶后面观；B. ♂尾器侧面观

46. 丽蝇属 *Calliphora* Robineau-Desvoidy, 1830

Calliphora Robineau-Desvoidy, 1830: 433. Type species: *Musca vomitoria* Linnaeus, 1758.

Oceanocalliphora Kurahashi, 1972: 435. Type species: *Calliphora bryani* Kurahashi, 1972.

主要特征：体一般大型。眼裸；中颜脊不发达；触角芒长羽状。胸部黑色，腹部青蓝色，少数体带紫棕色，略具粉被，毛黑色；前胸前侧片中央凹陷及前胸基腹片具毛。中鬃 2+3，背中鬃 3+3，肩后鬃 3，翅内鬃 1+（2–3），下前侧片鬃 2+1；一般上肋前瓣旁簇存在，后瓣旁簇缺如；翅 M 脉端段呈角形，R_{4+5} 脉基部结节有小鬃，下腋瓣上面具长而直立的纤毛。足棕色至黑色，粗壮。腹部短卵形，通常仅第 4 背板缘鬃和第 5 背板上的鬃较强大；雄肛尾叶与侧尾叶都很发达，几平等长；侧阳体骨化强，端部细长。成虫多室外性，幼虫尸食性，亦孳生在人粪中。

分布：世界广布。中国记录 12 种，浙江分布 1 种。

（132）反吐丽蝇 *Calliphora vomitoria* (Linnaeus, 1758)（图 2-8）

Musca vomitoria Linnaeus, 1758: 595.

Calliphora vomitoria: Verves, 2005: 243.

主要特征：体长 9.0–13.0 mm。雄性复眼裸；侧额极狭，约为额宽的 1/2；间额在最狭处仅留一缝；触角第 1 鞭节为梗节的 3.6–4.0 倍长；触角芒的裸端约占芒长的 2/7；颊深灰黑色，有粉被，生黑色毛，未见有生棕色毛的。胸部底色黑，具粉被，前盾片有暗纵条，中央两条较宽；小盾片后端有时微带棕色；中胸气门灰棕色或黄褐色，不呈橙色；中鬃 2+3，少数 3+3 或其他，背中鬃 3+3，翅内鬃 1+2；下前侧片鬃 2+1。翅基和翅前缘有很淡的暗色。足黑。腹部呈绿青、深青或深蓝等色，稍微倾向于青蓝色，具有很淡的白色腹部；第 5 腹节背板无缝合痕，第 3、第 4 两腹板的基本轮廓是圆形的；第 9 背板侧面观时前腹角略向下方突出，第 9 腹板后缘互相背离；侧尾叶细长，末端向前钩曲；肛尾叶细长而末端尖直，端部 1/2 相互分离；强阳基侧突在侧面观时前缘中部凹入部较浅而平，一般生 5 个刚毛。雌性第 5 腹板卵形；第 6 背板阔，后侧角 140°左右；第 7 背板正中后方骨化部相连；第 7 腹板末端稍平，受精囊具偏位的乳头状顶端；第 3、第 4 两腹板呈略带长方形的长圆形。

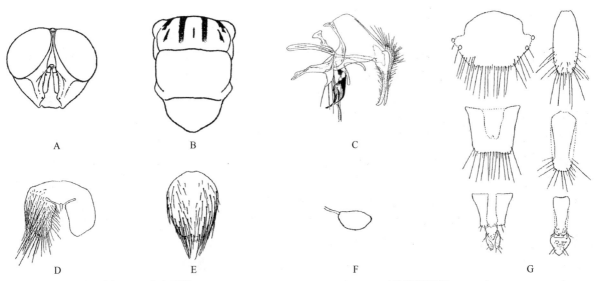

图 2-8 反吐丽蝇 *Calliphora vomitoria* (Linnaeus, 1758)（仿范滋德等，1997）

A. ♂头部；B. ♂胸部；C. ♂尾器侧面观；D. ♂第 5 腹板腹面观；E. ♀第 5 腹板；F. ♀受精囊；G. ♀产卵器

分布：浙江（德清、临安、定海）、黑龙江、吉林、辽宁、内蒙古、北京、天津、河北、山西、山东、河南、陕西、宁夏、甘肃、青海、江苏、上海、安徽、湖北、江西、湖南、福建、台湾、广东、四川、贵州、云南、西藏；俄罗斯，蒙古国，朝鲜，日本，阿富汗，印度，尼泊尔，菲律宾，欧洲，北美洲。

47. 金蝇属 *Chrysomya* Robineau-Desvoidy, 1830

Chrysomya Robineau-Desvoidy, 1830: 444. Type species: *Chrysomya regalis* Robineau-Desvoidy, 1830.

Ceylonomyia Fan, 1965: 196. Type species: *Chrysomya nigripes* Aubertin, 1932.

主要特征：中到大型，体粗短肥大，常呈绿、蓝、紫等金属色；头部比胸部宽，雄复眼合生以至离生，额大多很狭；有时复眼上半部的小眼面显然增大；雄外顶鬃缺如；中颜板狭长，中等陷入；口上片稍突出，触角芒长羽状；前胸基腹片、前胸前侧片中央凹陷、下侧背片和翅后坡均具毛；小盾片侧缘下面具毛，中鬃 0+（1–2），后背中鬃大多仅后方的几个发达，下前侧片鬃 1+1。翅下大结节具毛，下腋瓣上面具毛。各背板常具明显的暗后缘带；有些种类雄阳体特别长大；雌受精囊梨形或茄形，无皱襞。幼虫体表无肉质突，虽大多具尸食性，但常因种类而异。成虫多系室外性种类，偶尔入室，嗜动物腐质和鲜人粪。

分布：世界广布。中国记录 6 种，浙江分布 4 种。

分种检索表

1. 侧颜毛及颜堤毛黑色，第 5 背板腹面毛黑色 ·· 2
- 侧颜毛及颜堤毛大部分以及颊毛的绝大部分黄色，第 5 背板腹面毛至少大部分为黄色 ············· 3
2. 腋瓣白或污白 ··· 广额金蝇 *C. phaonis*
- 腋瓣暗棕色 ·· 肥躯金蝇 *C. pinguis*
3. 侧颜与颊发红，触角褐色 ·· 绯颜金蝇 *C. rufifacies*
- 侧颜与颊杏黄以至橙色，触角橘黄色 ··· 大头金蝇 *C. megacephala*

（133）大头金蝇 *Chrysomya megacephala* (Fabricius, 1794)（图 2-9）

Musca megacephala Fabricius, 1794: 317.

Chrysomya megacephala: Verves, 2005: 258.

主要特征：体长 9.0–10.0 mm。雄性两复眼密接，复眼上半 2/3 有大型的小眼面；侧额底色暗，上覆有金黄色粉被及黄毛；触角橘黄，第 1 鞭节长超过梗节长的 3 倍；芒毛黑，长羽状毛达于末端；颜、侧颜及颊杏黄色以至橙色，均生黄毛，下后头毛亦黄；口上片稍突出，下颚须橘黄，喙红棕色至黑色。胸部呈金属绿色有铜色反光及蓝色光泽，前盾片覆有薄而明显的灰白色粉被；中鬃 0+1，其后中鬃旁常具 1 赘鬃，背中鬃 2+5，后 2 个稍长大些；各侧片毛绝大多数呈黑色，下前侧片鬃 1+1，前气门、后气门大型，呈暗棕色。翅透明，长毛棕色，翅肩鳞及前缘基鳞黑，腋瓣带棕色，具暗棕色至棕黑色缘；缘缨除上腋瓣、下腋瓣交接处呈白色外，大部呈灰色至黑色；平衡棒暗棕色或棕色。足棕色或棕黑色，前胫有不明显的 3–4 个前背鬃，1 个后腹鬃；中胫前背鬃、后背鬃、腹鬃及后鬃各 1；后胫具短小的前背鬃 3，前腹鬃 2，后背鬃 1。腹部蓝绿色，铜色光泽明显，除第 5 背板外各背板后缘具紫黑色后缘带；第 1 腹板上大都具黄毛，其余腹板及背板侧缘黄黑毛混杂，但第 2 腹板上小毛多呈黑色，露尾节不明显；肛尾叶与侧尾叶均宽短；阳体细长，下阳体呈半球形。雌性在额部的眼前缘稍微向内凹入，在额中段的间额宽常为一侧额的 2 倍或超过 2 倍；下前侧片及第 2 腹板上以单色毛占多数；上眶鬃 3。受精囊略呈球形，尖端有一小乳头状突起。

分布： 浙江（临安）、黑龙江、吉林、辽宁、内蒙古、北京、天津、河北、山西、山东、河南、陕西、宁夏、甘肃、青海、江苏、上海、安徽、湖北、江西、湖南、福建、台湾、广东、海南、广西、四川、贵州、云南、西藏；韩国，日本，孟加拉国，越南，泰国，菲律宾，马来西亚，印度尼西亚，欧洲，澳大利亚，非洲，南美洲。

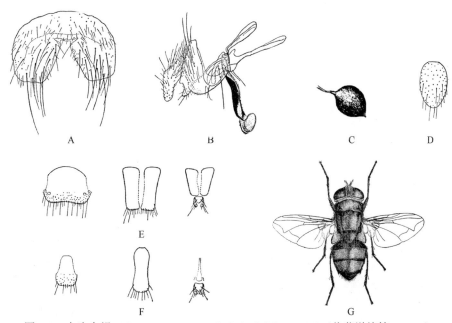

图 2-9 大头金蝇 *Chrysomya megacephala* (Fabricius, 1794)（仿范滋德等，1997）
A. ♂第 5 腹板腹面观；B. ♂尾器侧面观；C. ♀受精囊；D. ♀第 5 腹板；E. ♀产卵器背面观；F. ♀产卵器腹面观；G. ♀全形图

（134）广额金蝇 *Chrysomya phaonis* (Séguy, 1928)（图 2-10）

Chrysomyia phaonis Séguy, 1928: 154.
Chrysomya phaonis: Verves, 2005: 258.

主要特征： 体长约 10.0 mm。雄性额很宽，为一复眼宽的 2/3–4/5，无外上眶鬃，下眶鬃 12–14 对，间额红棕色，侧额色暗，具银黄色粉被，侧颜、下侧颜、颜及口上片黄棕或棕黄，侧颜上部及侧额具许多黑毛，颜堤毛黑，侧颜下部裸，前面观颊宽，几乎接近触角第 1 鞭节宽的 2 倍，颊前部毛黑，颊后部及下后头毛黄，触角棕黄，梗节及第 1 鞭节基部黄棕，第 1 鞭节端部及背面色暗，第 1 鞭节近梗节长的 3.5 倍，芒棕色，长羽状毛达于末端，下颚须黄，喙棕短粗；胸部金属绿色，盾片上有薄灰色粉被，中鬃 0+2，背中鬃 2+5，后背中鬃仅后方 3 对长大，翅内鬃 0+2，小盾基鬃、端鬃和心鬃各 1 对，侧鬃 3 对，前胸基腹片、前胸侧板中央凹陷具黄毛，各侧片毛大部呈黑色，腹侧片鬃 1+1，后气门前肋具黄毛，前气门、后气门大，前气门暗带黄色，后气门棕色；翅透明，脉棕色，翅肩鳞及前缘基鳞黑色，腋瓣白色，上腋瓣上面有褐毛，平衡棒黄棕；足黑，胫节棕黑，前足胫节有 5 个短小的前背鬃，1 个后背鬃，中足胫节具 2 个前背鬃，1 个后背鬃，2 个后鬃，1 个腹鬃，后足胫节有 2–3 个前背鬃，1 个后背鬃及 2 个前腹鬃；腹部呈金属绿色带铜色光泽，背板上后缘带缺如，缘鬃发达，第 1 腹板毛黄，其余腹板具黑毛，肛尾叶长大。雌性额宽约为头宽的 1/3，间额棕黑，其宽度为一侧额宽的 2 倍，前倾上眶鬃 1，颊有薄的灰色粉被，受精囊长茄子形。其余如雄性。

分布： 浙江（安吉、临安）、辽宁、内蒙古、北京、天津、河北、山西、河南、陕西、宁夏、甘肃、青海、江苏、湖北、江西、四川、贵州、云南、西藏；阿富汗，印度。

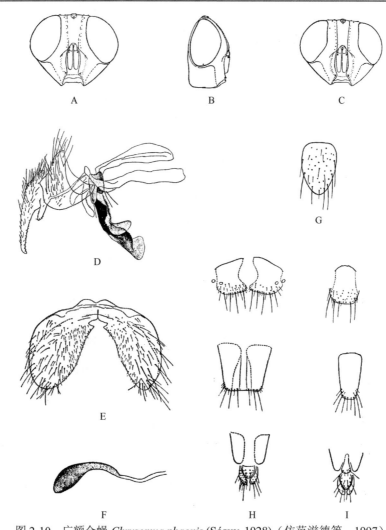

图 2-10 广额金蝇 *Chrysomya phaonis* (Séguy, 1928)（仿范滋德等，1997）

A. ♂头部正面观；B. ♂头部侧面观；C. ♀头部正面观；D. ♂尾器侧面观；E. ♂第 5 腹板；F. ♀受精囊；G. ♀第 5 腹板；H. ♀产卵器背面观；
I. ♀产卵器腹面观

（135）肥躯金蝇 *Chrysomya pinguis* (Walker, 1858)（图 2-11）

Lucilia pinguis Walker, 1858: 213.

Chrysomya pinguis: Verves, 2005: 259.

主要特征：体长 8.0 mm。雄性额狭，前单眼旁的侧额宽度显然狭于前单眼的横径；复眼上半小眼面不显然地大型，两复眼几乎相接，侧颜及颊的大部黑，仅触角、口上片、下侧颜及颊前少部分到口上片呈棕黄色或红棕色；侧颜毛及颜堤毛黑色，颊毛至少前半是黑色的；侧颜宽略窄于触角第 1 鞭节宽，触角第 1 鞭节端部及背方偏暗，其长为梗节长的 4 倍以上；颊高超过眼高的 1/2，颊后部及下后头毛黄，下颚须棕黄，喙短黑。胸部金属绿色有蓝色光泽，上覆有灰色粉被；中鬃 0+2，背中鬃 2+（4-5），且后方 3 个发达些，翅内鬃 0+2；下前侧片鬃 1+1，前气门、后气门暗棕色。翅透明，脉棕色，翅肩鳞及前缘基鳞黑；上腋瓣、下腋瓣暗棕色，当翅收合时上腋瓣外方褐色稍淡，上面有褐色至黑色纤毛，平衡棒棕色至棕黄色。足黑，胫节红棕色，前胫有 3-4 个小的前背鬃，后腹鬃 1；中胫前背鬃、后背鬃各 1，前腹鬃 2。腹部呈短卵形，各背板具暗紫黑色缘带，第 5 背板腹面毛黑。雌性体长 9.0 mm。额宽略小于头宽的 1/3，间额黑，具众多黑毛，其宽为一侧额宽的 2 倍，侧额、侧颜上部具黑色纤毛；外倾上眶鬃 2，下眶鬃 9-10 对。

分布：浙江（安吉、临安）、辽宁、内蒙古、北京、山西、山东、河南、陕西、宁夏、甘肃、江苏、上海、安徽、湖北、江西、湖南、福建、台湾、广东、海南、广西、四川、贵州、云南、西藏；韩国，日本，印度，孟加拉国，越南，泰国，斯里兰卡，菲律宾，马来西亚，印度尼西亚。

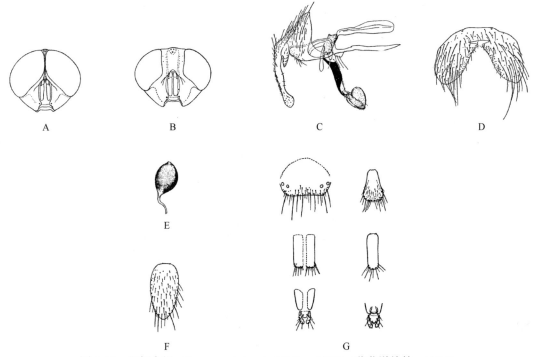

图 2-11　肥躯金蝇　*Chrysomya pinguis* (Walker, 1858)（仿范滋德等，1997）
A. ♂头部；B. ♀头部；C. ♂尾器侧面观；D. ♂第 5 腹板；E. ♀受精囊；F. ♀第 5 腹板；G. ♀产卵器

（136）绯颜金蝇 *Chrysomya rufifacies* (Macquart, 1843)（图 2-12）

Lucilia rufifacies Macquart, 1843: 303.

Chrysomya rufifacies: Verves, 2005: 259.

主要特征：体长 8.0–10.0 mm。雄性额狭，小眼面均一；侧额下部的内方与外方一样具灰色粉被；侧颜与颊发红，具灰色粉被，侧颜几乎全长都具淡色毛；颜面凹入较深；触角褐色，下颚须橙色。胸部呈绿色有金黄色及紫色反光，前盾片略狭，具灰色粉被；中鬃 0+1；中胸气门鬃 1，前侧片鬃 3；在上后侧片前半部上具淡色细长纤毛；中胸气门黄白色或白色，不带灰色或褐色；后胸侧板下方有淡色毛。翅透明，上腋瓣、下腋瓣黄白色。足黑，不特别粗壮，各足的第 2–4 各分跗节的长度大于横径。腹板呈绿色，各背板具宽而明显的暗色缘带；第 5 腹板后缘呈弧形弯曲，无缺口；肛尾叶细长，其端部变细小；侧尾叶细长。雌性额宽大于头宽的 1/4；间额宽为额宽的 1/3，呈深褐色，有粉被。第 5 背板正中缝短，不及节长的 1/2。

分布：浙江（临安）、山东、河南、江苏、上海、安徽、江西、福建、台湾、广东、海南、广西、四川、贵州、云南；日本，巴基斯坦，印度，越南，印度尼西亚，北美洲，澳大利亚，南美洲。

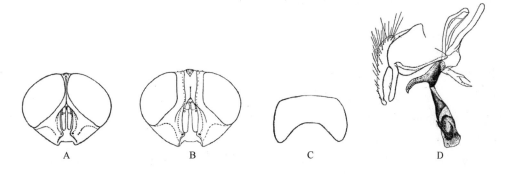

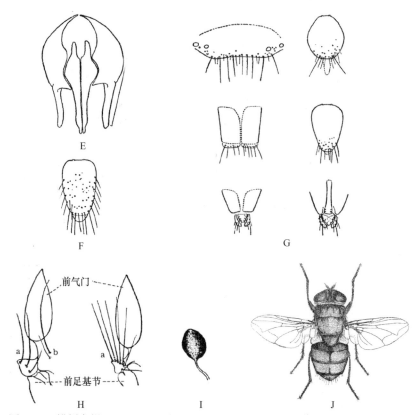

图 2-12　绯颜金蝇 *Chrysomya rufifacies* (Macquart, 1843)（仿 Holdaway，1933）

A. ♂头部；B. ♀头部；C. ♂第 5 腹板；D. ♂尾器侧面观；E. ♂尾器后面观；F. ♀第 5 腹板；G. ♀产卵器；H. 前侧片鬃 a、中胸气门鬃 b 并与右侧白头裸金蝇比较；I. ♀受精囊；J. ♀全形图

48. 瘦粉蝇属 *Dexopollenia* Townsend, 1917

Dexopollenia Townsend, 1917: 201. Type species: *Dexopollenia testacea* Townsend, 1917.

Lispoparea Aldrich, 1930: 4. Type species: *Lispoparea flava* Aldrich, 1930.

主要特征：中型种。雄复眼合生，雌复眼远离；侧颜裸，两触角间具颜脊或颜脊不显；触角芒羽状。胸部棕色至黑色；盾片、小盾片和侧板覆有金黄色绵毛或小毛；中鬃 1+（1–2），背中鬃 2+3，翅内鬃（0–1）+（1–2），下前侧片鬃 1+1；前胸基腹片及前胸前侧片中央凹陷均裸；翅后坡具毛。翅亚前缘骨片无小刚毛，R_1 脉和 R_{4+5} 脉均裸，M 脉端段呈弧形或钝角形弯曲，下腋瓣上面具毛或裸。足及腹部黄色至棕色。成虫常见于高海拔地区的花丛中。

分布：古北区和东洋区。中国记录 9 种，浙江分布 1 种。

（137）天目山瘦粉蝇 *Dexopollenia tianmushanensis* Fan, 1997（图 2-13）

Dexopollenia tianmushanensis Fan, 1997: 430.

主要特征：体长 7.0–7.5 mm。雄性眼有极疏短微毛；额宽为头宽的 0.44 倍；间额橙色，两侧缘几乎平行，宽为一侧额的 2.8 倍；上眶鬃后倾、前倾各 1，下眶鬃 6–8；侧颜宽为触角第 3 节宽的 1.6 倍；颊高为眼高的 0.68 倍；颊包括后下角全被黑毛，后头及下后头最正中才有黄毛；前倾口缘鬃 4；触角橙色，第 1 鞭节端部大半略暗，长为宽的 2.7 倍；芒长羽状，最长芒毛约为第 1 鞭节宽的 1.7 倍；下颚须黄，稍弯而端部稍宽扁；中喙黄色瘦长，长为触角梗节、第 1 鞭节合长的 1.2 倍，前颏长为高的 4.6 倍。胸除前胸前侧片及附近和侧板后部外，几乎全暗；胸背除前盾前缘、肩胛前方及肩后区底毛黑和上后侧片有 2–3 个小毛黑色外，其余仅为黄毛或黄绵毛；中鬃 1+2，背中鬃 2+3，翅内鬃 0+2，翅前鬃为前背侧片鬃的 1.4 倍；下前侧片鬃 1+1；中胸、后胸气门均淡黄；翅淡黄灰透明，翅基浓黄，翅前缘黄，前缘基鳞黄；亚前缘骨片黄，无小刚毛；径脉结节上面、下面各有 1 小刚毛，M 脉末端近于钝角弯曲而非弧形；m-m 横脉倾斜并呈 "S" 形弯曲；腋瓣及平衡棒黄。足全黄，前胫前背鬃 2，后腹鬃 1；中胫仅基半有后腹鬃列；中胫前腹鬃 1，前背鬃 1，后背鬃 2；后股前腹鬃列完整，后腹面基半有疏鬃列；后胫前腹鬃 2，前背鬃 2，后背鬃 2。腹卵形，黄棕色，第 3–5 各背板有不整齐的暗色正中斑，第 4 背板后缘及第 5 背板有黄色薄粉被；第 1+2 合背板侧腹缘全为黑毛，第 1 腹板毛黄，第 2 腹板前半毛黄；肛上板短卵形，肛下板略呈三角形。雌性不详。

分布：浙江（临安）。

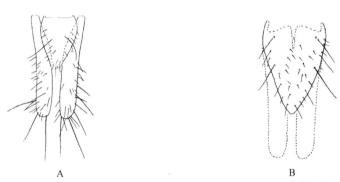

图 2-13　天目山瘦粉蝇 Dexopollenia tianmushanensis Fan, 1997（仿范滋德等，1997）
A. ♀产卵器末端背面观；B. ♀产卵器末端腹面观

49. 带绿蝇属 Hemipyrellia Townsend, 1918

Hemipyrellia Townsend, 1918: 154. Type species: Hemipyrellia curriei Townsend, 1918.

主要特征：中型种。体呈金属绿色或紫铜色，外形极似绿蝇属。雄复眼密接或分开；间额红棕色至黑色；侧额、侧颜、颜、颊和后眶部均覆银色或金色粉被，雌头顶发亮。胸部下侧背片具黑色纤毛；中鬃 2+2，背中鬃 2+3；腋瓣上肋前后瓣旁簇均存在，腋瓣白色；小盾片和胸部同色。腹部第 3、第 4 背板具暗色缘带；雄尾节外露显著，第 9 背板腹叶发达，极长大。幼虫尸食性兼杂食性。成蝇为室外型，常在腐动物质、人畜粪便及垃圾堆等处活动。

分布：东洋区、新热带区、澳洲区。中国记录 2 种，浙江分布 1 种。

（138）瘦叶带绿蝇 Hemipyrellia ligurriens (Wiedemann, 1830)（图 2-14）

Musca ligurriens Wiedemann, 1830: 406.

Hemipyrellia ligurriens: Thomas, 1951: 179.

特征：体长 5.0–8.0 mm。雄性额略宽于触角第 1 鞭节宽；间额暗棕色，侧额及侧颜上部黑色有银色粉被，具有银色粉被；侧额与侧颜之比为 1 : 2；颜面黄棕色有粉被，口上片亦黄棕色，颊及下后头黑绿色具银色粉被，并有黑毛，但下后头后方毛黄；颊高为眼高的 1/4；触角梗节暗棕色，端部发红，第 1 鞭节灰棕色，基部橙色，为梗节的 4.0–4.5 倍长；触角芒棕色，羽状；下颚须黄。胸呈金属绿色或铜色，具灰白色粉被；有 4 暗纵条，翅内鬃 1+2，下前侧片鬃 2+1，前胸基腹片及前胸前侧片中央凹陷具毛；中胸气门黑，后气门暗棕。翅透明，基部及沿翅前沿稍暗；R_{4+5} 脉背腹两面具小刚毛；翅肩鳞及前缘基鳞均黑，亚前缘骨片黄并具毛，上腋瓣、下腋瓣污白色，平衡棒棕。足黑，前股具长的后背、后腹鬃列；前胫有 1 列短的前背鬃，后鬃 1；中股前侧面具 1 个鬃，前腹及后腹两面的基半部具稀疏的长鬃；中胫仅有一前背鬃，后背及腹鬃亦各 1，后鬃 2；后股前背、前腹鬃列长而完整，后腹基半部有长毛，后背端部有 2 个鬃；后胫后背面具 2 个短鬃，前背则有 1 列短鬃，前腹短鬃 2。腹部呈金属绿色或铜色，有薄粉被，第 1、第 2 合背板暗色，第 3、第 4 两背板具暗色缘带；露尾节绿色，外露；肛尾叶和侧尾叶都直，并渐向末端尖削；第 9 背板的腹叶黄褐色，差不多和尾叶等长；前阳基侧突无鬃。雌性体长约 9.0 mm，侧额与侧颜之比为 1∶1。腋瓣白色，中胫仅具 1 前背鬃。

分布：浙江（临安）、河南、陕西、江苏、上海、湖北、江西、湖南、福建、台湾、广东、海南、广西、四川、贵州、云南、西藏；韩国，日本，印度，孟加拉国，泰国，斯里兰卡，菲律宾，马来西亚，新加坡，印度尼西亚，欧洲，澳大利亚，新西兰。

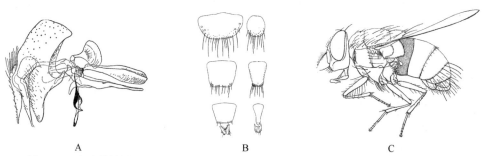

图 2-14　瘦叶带绿蝇 *Hemipyrellia ligurriens* (Wiedemann, 1830)（仿范滋德等，1997）
A. ♂尾器侧面观；B. ♀产卵器；C. ♂全形图

50. 绿蝇属 *Lucilia* Robineau-Desvoidy, 1830

Lucilia Robineau-Desvoidy, 1830: 452. Type species: *Musca caesar* Linnaeus, 1758.
Sinolucilia Fan, 1965: 173. Type species: *Lucilia appendicifera* Fan, 1965.

主要特征：体一般中型；多呈带青、铜、紫、黄等的金属绿色。复眼无毛；侧额和侧颜覆有银白色或淡金黄色粉被；触角芒长羽状；颊高约为眼高的 1/3。中鬃（2–3）+（2–3），背中鬃 3+3，翅内鬃 1+（2–3），肩鬃 3–4，肩后鬃 2–3，翅上鬃 3–4；翅多为透明。足棕色至黑色；中胫前背鬃 1–2。成虫极喜动物尸体等食物，在垃圾、粪便上也常见。丝光绿蝇等常飞入人家或食物店中。雌蝇一般产卵在较新鲜的动物尸体或肉类上，少数种类可孳生在腌腊肉上。某些种类与脊髓灰质炎病毒和沙门氏菌类等病原体的传播有关。

分布：世界广布。中国记录 21 种，浙江分布 8 种。

分种检索表

1. 前缘基鳞黑色，亚前缘骨片具黑色刚毛，后中鬃通常为 1–2 ·· 2
- 前缘基鳞黄色，亚前缘骨片仅具绒毛，后中鬃 3 ··· 7
2. 后中鬃 1 或 2，前腹部第 3 至 5 背板各有一略宽的紫黑色正中条，前胸基腹片中部的宽度小于长度的 1/2 ·················
　　··· 瓣腹绿蝇 *L. appendicifera*
- 后中鬃 2 或 3，前腹部背板无明显暗色正中条，前胸基腹片中部的宽度大于长度的 1/2 ····················· 3
3. 如在第二对后背中鬃之间引一横线，那么前方的 1 对后中鬃的着生位置常位于这一横线上或位于这条横线的后方；前腹部各背板有明显的暗色后缘带；前胸前侧片中央凹陷具极细微的纤毛 ··· 4
- 如在第二对后背中鬃之间引一横线，那么前方的 1 对后中鬃的着生位置常位于这一横线的前方；前腹部各背板通常无明显的暗色后缘带，若有，则仅在两侧的沿后缘稍暗 ··· 6
4. 腋瓣棕色，上腋瓣边缘全褐色，或略呈淡色 ··· 中华绿蝇 *L. sinensis*
- 腋瓣白色或稍带棕色 ·· 5
5. 触角长，第 1 鞭节为梗节长的 4 倍以上 ··· 南岭绿蝇 *L. bazini*

- 触角短，其第 1 鞭节约为梗节的 2.5 倍 ·· **巴浦绿蝇 *L. papuensis***
6. 触角暗棕色，梗节端部色发红，第 1 鞭节基半发红，芒暗棕长羽状；翅内鬃 1+2；翅肩鳞及前缘基鳞暗棕色，亚前缘骨片棕黄色；侧尾叶前后缘几乎平行，末端宽而圆钝 ················· **紫绿蝇 *L. porphyrina***
- 触角黑色，芒红棕色长羽状；翅内鬃通常 0+2，有时 1+3；翅肩鳞及前缘基鳞黑，亚前缘骨片红棕；侧尾叶末端细，向前方弯曲不分叉 ·· **亮绿蝇 *L. illustris***
7. 肩甲上肩鬃后区小毛在 6 个以上；第 5 腹板基部的长度大于侧叶长的 1/2 ·············· **丝光绿蝇 *L. sericata***
- 后胸腹板无纤毛；肩甲上肩鬃后区小毛在 4 个以下 ································· **铜绿蝇 *L. cuprina***

（139）瓣腹绿蝇 *Lucilia appendicifera* Fan, 1965（图 2-15）

Lucilia appendicifera Fan, 1965: 174.

　　主要特征：体长 7.0–12.0 mm。雄性额宽为头宽的 0.2 倍弱，间额黑，前端带黑褐，宽为一侧额的 1.2–1.7 倍，仅内顶鬃发达，侧后顶鬃 1，下眶鬃 8–10，鬃均发达，最高有时可达前单眼处，侧颜宽与触角第 1 鞭节等宽或稍宽，颊高约为眼高的 0.25 倍，颊毛黑，口前缘稍前于额前缘；髭微高于口前缘，触角暗色，第 3 节长为宽的 2.25 倍左右，下颚须黄，中喙亮黑，前颏长为高的 3 倍强，唇瓣大；胸金属绿色，中鬃 2+（1–2），前中鬃列间有 3–4 行小毛，背中鬃 3+3，翅内鬃 1+2，肩鬃 4，肩后鬃 2+1，翅前鬃稍短于后背侧片鬃，小盾基鬃、端鬃、前基鬃、心鬃各 1，腹侧片鬃 2+1，前气门黑，后气门黑带褐色，前侧片鬃周围毛常呈较强大的鬃状，前胸基腹片长梯形，前胸侧板中央凹陷的纤毛较本属其他种发达；翅淡棕，翅基棕色，前缘基鳞黑，亚前缘脉骨片有 4–6 个黑小刚毛，R_{4+5} 脉基段上面大部有小刚毛，上腋瓣、下腋瓣及缘缨均白色，平衡棒头部棕色，干褐色；足黑，前胫前背鬃 4，亚中位后腹鬃 1，中股中位前腹鬃 3，中胫前背鬃 2，基半前背毛列有 12 个毛，后背鬃 1，后鬃 2。后股除基部外有几乎完整的前腹鬃列，基部 3/5 有后腹鬃

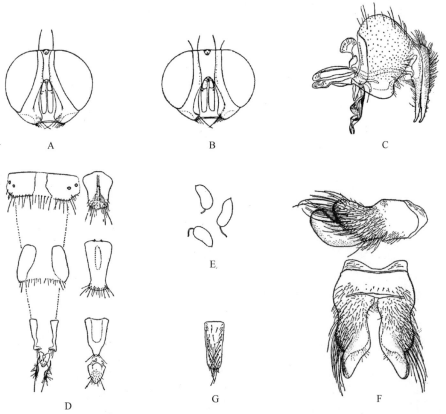

图 2-15　瓣腹绿蝇 *Lucilia appendicifera* Fan, 1965（仿范滋德等，1965）

A. ♂头部正面观；B. ♀头部正面观；C. ♂尾器侧面观；D. ♀产卵器；E. ♀受精囊；F. ♂第 5 腹板；G. ♀第 5 腹板

列，后胫各鬃为 2、3、2、0。各足爪及爪垫长大，后者褐色；腹长卵形，后部较厚，亮绿色，第 1+2 合背板全呈紫黑，第 3–5 背板各有一略宽的紫黑色后缘带及正中条。尾节带暗棕色，外露，第 2 腹板方形，第 5 腹板巨大。

分布：浙江（安吉、临安）、辽宁、山西、山东、江苏、上海、湖南、福建、贵州。

（140）巴浦绿蝇 *Lucilia papuensis* Macquart, 1842（图 2-16）

Lucilia papuensis Macquart, 1842: 141.

Musca tifata Walker, 1849: 871.

主要特征：体长 6.0–8.0 mm。雄性额宽略与触角第 3 节等宽，或稍窄于单眼三角后缘宽，间额暗棕，侧额及侧颜上部底色棕，覆有银灰色粉被，侧颜下部裸，具银灰粉被，口上片棕色，颊黑覆灰粉被，颊高约为一眼高的 1/3，触角黑，第 1 鞭节棕灰色，其长约为梗节的 2.5 倍。胸部金属绿色带蓝色或紫色，有铜色反光，前盾片灰色粉被略明显，中鬃 2+2，背中鬃 3+3，翅内鬃 1+（2–3），肩鬃 3，肩后鬃 3，小盾端鬃及心鬃各 1 对，侧鬃 3 对，腹侧片鬃 2+1，前胸侧板中央凹陷几乎裸，很少具几个细纤毛，前胸基腹片具毛，翅后坡有少数短毛，前气门、后气门棕黑色；翅透明，翅肩鳞及前缘基鳞黑，亚前缘骨片具毛，上腋瓣棕带黄，外侧缨毛稍带灰色或带棕色，下腋瓣棕色，缨毛亦呈棕色，平衡棒棕黄至红棕，端部色较淡；足黑，前足胫节具 1 列很短小的前背鬃，后腹鬃 1；中足胫节前背鬃、腹鬃及后背鬃各后鬃 2；后足胫节具 1 列短小前背鬃，前腹鬃 2–3，后背鬃 2；腹部颜色如胸部，第 3、第 4 两背板后缘带明显，第 3 背板中缘鬃缺如，其余缘鬃弱。雌性额宽为一复眼宽的 2/3，前倾上眶鬃 2，第 6 背板宽大。余见雄性。

分布：浙江（安吉、临安、定海）、河北、河南、陕西、宁夏、甘肃、江苏、上海、安徽、湖北、江西、福建、台湾、广东、广西、四川、贵州、云南、西藏；朝鲜，韩国，日本，印度，尼泊尔，老挝，泰国，斯里兰卡，菲律宾，马来西亚，印度尼西亚，欧洲，澳大利亚。

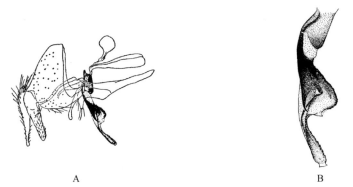

A　　　　　　　　　　　　　　　　　　　B

图 2-16　巴浦绿蝇 *Lucilia papuensis* Macquart, 1842（仿范滋德等，1965）

A. ♂尾器侧面观；B. ♂阳茎侧面观

（141）南岭绿蝇 *Lucilia bazini* Séguy, 1934（图 2-17）

Lucilia bazini Séguy, 1934: 15.

主要特征：体长 8.0–10.0 mm。雄性额宽等于或略狭于触角第 3 节宽；间额消失段约为额全长的 1/4，间额暗棕色，前方呈三角形；侧额及侧颜上部暗棕色，上覆有薄的银黄色粉被，侧颜下部红棕亦具粉被且裸；颜暗色有灰粉被；口上片棕黄；颊黑带金属光泽，其高约为眼高的 1/4；触角棕色，第 1 鞭节基部发红，第 1 鞭节为梗节长的 4 倍以上；芒红棕色，长羽状，下颚须橘色。胸部呈金属绿色带蓝色并有铜色反光，前盾片稍覆有灰色粉被；中鬃 2+2，背中鬃 3+3；翅内鬃 1+2；下前侧片鬃 2+1；前胸基腹片及前胸前侧片中央凹陷具纤毛；前气门、后气门棕黑色。翅透明，翅肩鳞及前缘基鳞黑；至少上腋瓣是白色的，其边缘亦呈淡色，至多在上腋瓣外侧部分毛呈灰色，下腋瓣淡棕色；平衡棒棕色，端部色淡。足黑，前胫有 1 列短的前背鬃，后鬃 1；中胫前背鬃、腹鬃及后背鬃各一，后鬃 2；后胫有 1 列短小的前背鬃，前腹鬃 2，后背鬃 2。腹部色同胸部，前腹部各背板有明显的暗色后缘带，第 3 背板无中缘鬃，第 4、第 5 两背板缘鬃发达；腹板黑，毛亦黑；侧阳体端突长，明显地向前方弯曲，但端突不超过下阳体的前缘。雌性体长 8.0–11.0 mm。额宽为一复眼宽的 2/3，间额暗棕，两侧略平行；前倾上眶鬃 3。腹部第 3、第 4 两背板后缘带宽。

分布：浙江（德清、临安、定海）、河南、陕西、甘肃、江苏、上海、湖北、江西、湖南、福建、台湾、广东、四川、贵州、云南；朝鲜，日本。

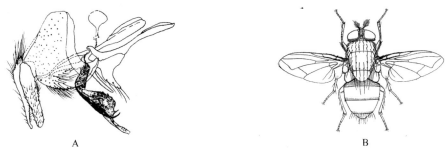

图 2-17　南岭绿蝇 *Lucilia bazini* Séguy, 1934（仿范滋德等，1965）

A. ♂尾器侧面观；B. ♀全形图

（142）铜绿蝇 *Lucilia cuprina* (Wiedemann, 1830)（图 2-18）

Musca cuprina Wiedemann, 1830: 654.

Lucilia leucodes: Frauenfeld, 1867: 453.

主要特征：体长 5.0–8.0 mm。雄性额宽仅为一复眼宽的 3/7，间额红棕色至暗棕色，侧额约和间额等宽，间额略平行，侧额、侧颜暗棕色覆有银黄色粉被，口上片淡棕色，颊较狭，头高亦较短，触角带棕灰色，其第 1 鞭节约为梗节的 2.5 倍，下颚须黄。胸部呈金属绿色并带有蓝或铜等色，盾片上有灰粉被，胸部小毛较粗而疏，中鬃 2+3，背中鬃 3+3，翅内鬃 1+3，肩鬃 3–4，肩后鬃 3，肩胛上肩鬃后区小毛在 4 个以下，翅上鬃 3，小盾端鬃及心鬃各 1 对，侧鬃 3 对，腹侧片鬃 2+1，前胸基腹片和前胸侧板中央凹陷具毛，后腹基腹片无纤毛，前气门、后气门暗棕色。翅透明，翅肩鳞黑，前缘基鳞黄，亚前缘骨片黄，亦仅具绒毛，径脉结节上面、下面均具毛，但上面扩展，上腋瓣污白，下腋瓣黄，平衡棒黄。足黑色或暗棕色，前足股节带绿色，其各具 1 列后背及后腹鬃，前足胫节有 1 列短的前背鬃，后鬃 1；中足股节前腹、后腹两面的基半部具一些鬃，其两面的端半部为短鬃。中足胫节前背鬃、后背鬃及腹鬃各 1；后足股节前背鬃列长。后腹鬃仅分布于基半部，后足胫节前背鬃列短，后背鬃 2。腹部呈钝橄榄青铜色，第 3、第 4 两背板有蓝色后缘带，第 3 背板无中缘鬃，第 3–4 各腹板上毛的长度超过后足股节和胫节上毛的长度，腹部下方后部多密而长的毛但不特别密长，第 5 腹板基部的长度小于其侧叶长的 1/2。雌性体长 5.0–9.0 mm。额宽于一眼宽，间额黑，侧额宽约为间额宽的 2/3，其上部细毛多，侧额鬃 3，体钝橄榄青铜色，粉被比雄性多。

分布：浙江（安吉、临安）、辽宁、内蒙古、山西、山东、河南、宁夏、甘肃、江苏、上海、安徽、湖北、江西、湖南、福建、台湾、广东、海南、广西、四川、贵州、云南、西藏；韩国，日本，巴基斯坦，印度，越南，老挝，泰国，菲律宾，马来西亚，新加坡，印度尼西亚，西亚地区，北美洲，澳大利亚，非洲，南美洲。

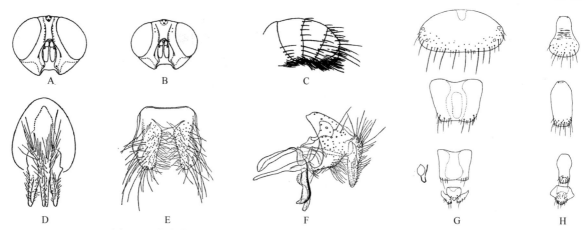

图 2-18　铜绿蝇 *Lucilia cuprina* (Wiedemann, 1830)（仿范滋德等，1965）

A.♂头部正面观；B.♀头部正面观；C.♂腹部侧面观；D.♂尾器后面观；E.♂第 5 腹板腹面观；F.♂尾器侧面观；G.♀产卵器背面观；H.♀产卵器腹面观

（143）亮绿蝇 *Lucilia illustris* (Meigen, 1826)（图 2-19）

Musca illustris Meigen, 1826: 54.

Lucilia illustris: Verves, 2005: 251.

　　主要特征：体长 5.0–10.0 mm。雄性额宽约与两后单眼外缘间距等宽；间额暗红棕色，最窄处不宽于前单眼横径；侧额及侧颜上部暗，具银色粉被，侧颜下部底色红棕，上覆粉被银灰色；颜有薄灰粉被，口上片黄，颊底色暗，均具黑毛；颊高为眼高的 1/3；触角黑色，第 1 鞭节具灰粉被，稍长于梗节的 3 倍；芒红棕色，长羽状，下颚须黄棕色。胸部呈金属绿色带蓝色有铜色光泽，盾片上灰色粉被略明显；中鬃 2+2，背中鬃 3+3；翅内鬃通常 0+2，有时 1+3；下前侧片鬃 2+1；前胸基腹片及前胸前侧片中央凹陷具毛；腋瓣上肋具刚毛簇；前气门、后气门暗棕色；翅透明，翅肩鳞及前缘基鳞黑，亚前缘骨片红棕，有短小毛；上腋瓣黄白色，下腋瓣淡棕色但缘缨毛黄，平衡棒大部红棕色。足黑，前胫仅一后腹鬃明显；中胫前背、后背及腹鬃各一，后鬃 2；后胫有 1 列短小前背鬃列，前腹鬃 2，后背鬃 3。腹颜色如同胸，第 3 背板无强大的中缘鬃，第 4、第 5 背板缘鬃发达，第 5 背板上鬃明显较多；各腹板毛均黑，第 9 背板较小，呈黑色，侧尾叶末端细，向前方弯曲不分叉。雌性额宽稍宽于一复眼宽度，间额黑，两侧略平行；侧颜比侧额宽。下腋瓣黄白。第 6 背板不隆起，整个后缘都有缘鬃；第 8 腹板与第 8 背板几乎等长。

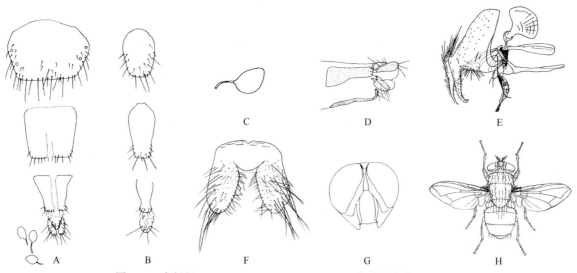

图 2-19　亮绿蝇 *Lucilia illustris* (Meigen, 1826)（仿范滋德等，1965）

A.♀产卵器背面观；B.♀产卵器腹面观；C.♀受精囊；D.♀产卵器侧面观；E.♂尾器侧面观；F.♂第 5 腹板腹面观；G.♂头部；H.♀全形图

分布：浙江（海宁、临安、定海）、黑龙江、吉林、辽宁、内蒙古、北京、天津、河北、山西、山东、河南、陕西、宁夏、甘肃、青海、新疆、江苏、上海、湖北、江西、湖南、四川、贵州；俄罗斯，蒙古国，朝鲜，韩国，日本，印度，缅甸，欧洲，北美洲。

（144）紫绿蝇 *Lucilia (Caesariceps) porphyrina* (Walker, 1856)（图 2-20）

Musca porphyrina Walker, 1856: 24.

Lucilia abdominalis: Séguy, 1934: 14.

　　主要特征：体长 5.0–10.0 mm。雄性额狭，约与前单眼等宽；间额下方暗棕色形成三角形；侧额及侧颜上部色暗，有薄的银色粉被；颊黑覆有银黄色粉被及黑毛，下后头毛黄；触角暗棕色，梗节端部色发红，第 1 鞭节基半发红具灰粉被；第 1 鞭节长约为梗节的 4 倍；芒暗棕长羽状，下颚须瘦长呈黄色。胸部呈金属绿色或带蓝、紫等色，前盾片灰粉被明显；中鬃 2+（2–3），背中鬃 3+3；前胸前侧片中央凹陷具淡色纤毛；前胸基腹片具毛；前气门、后气门暗棕色。翅透明，脉棕色，沿前缘及基部色深；亚前缘骨片棕黄色，翅肩鳞及前缘基鳞暗棕；腋瓣淡棕色以至棕色，至少上腋瓣外缘呈淡棕色；平衡棒棕至红棕，端部色淡。足黑，胫节暗棕，前股稍微带绿色，前胫有 1 列短的前背鬃，后鬃 1；中胫前背鬃、腹鬃及后背鬃各一，后鬃 2；后胫有 1 列短前背鬃，前腹鬃 2，后背鬃 2。腹部呈金属绿色，带蓝色、紫色，第 3–5 背板缘鬃发达，第 2–5 腹板毛黑；侧尾叶前后缘几乎平行，末端宽而圆钝，具长柔毛；阳体侧面观下阳体腹突狭，约与端阳体等宽并具尖的端部。雌性体长 5.0–11.0 mm。额宽稍狭于一复眼宽，间额暗棕往前去发红，上眶鬃 3。

　　分布：浙江（临安）、山西、山东、河南、陕西、宁夏、甘肃、江苏、上海、湖北、江西、湖南、福建、台湾、广东、广西、四川、贵州、云南、西藏；朝鲜，日本，印度，泰国，斯里兰卡，菲律宾，马来西亚，印度尼西亚，欧洲，澳大利亚。

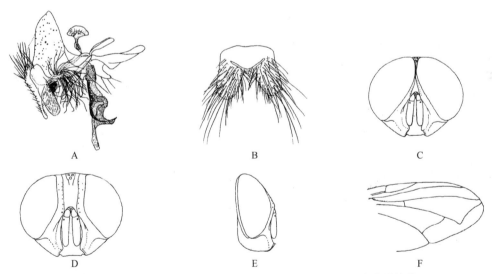

图 2-20　紫绿蝇 *Lucilia (Caesariceps) porphyrina* (Walker, 1856)（仿范滋德等，1965）
A. ♂尾器侧面观；B. ♂第 5 腹板腹面观；C. ♂头部前面观；D. ♀头部前面观；E. ♂头部侧面观；F. 翅

（145）丝光绿蝇 *Lucilia sericata* (Meigen, 1826)（图 2-21）

Musca sericata Meigen, 1826: 53.

Lucilia latifrons: Schiner, 1862: 590.

主要特征：体长 5.0–10.0 mm。雄性额较宽，侧颜略具银色粉被，侧额具细毛，侧颜裸，颜面暗棕色，略覆粉被，口上片黄，颊黑，被有银色粉被，上具黑毛，颊高为一眼高的 1/3，下后头后方有淡色毛，触角带黑色，第 1 鞭节为梗节长的 3 倍，喙黑。胸部呈金属绿色或蓝色带有彩虹色，前盾片灰色粉被明显，中鬃 2+3，背中鬃 3+3，翅内鬃 1+3，沟前鬃 1，肩鬃 3–4，肩后鬃 3，肩胛上肩鬃后区小毛在 6 个以上；从后背面看，第二个前中鬃的长度达到第一个后中鬃处；翅上鬃 3，小盾端鬃和心鬃各 1 对，侧鬃为 3 对，腹侧片鬃 2+1，前气门、后气门暗棕色。翅透明，翅肩鳞黑色，前缘基鳞黄色，亚前缘骨片仅具绒毛，径脉结节上、下面均具毛并向 r-m 横脉处扩展，上腋瓣、下腋瓣白黄色，平衡棒黄。足黑，有时前足股节有绿色，其后背、后腹面具长鬃列，前足胫节有列短的前背鬃，后鬃 1；中足股节前腹及后腹面的基半部有疏而长的鬃列，而两者的端半部具短鬃，中足胫节有 1 个前背鬃，腹鬃 2，后背鬃 2，腹面及后背面亦各具一鬃，后鬃 2，后足胫节有 1 列短的前背鬃，前合背板偏暗，第 3 背板有正中纵条。腹部颜色同胸部，第 1+2 合背板及第 3 背板缘鬃弱，第 3 背板无中缘鬃，侧面观腹部不拱起，第 2–4 各腹板上毛的长度与后足股节和胫节上的毛的长度相等；各腹板均呈暗绿色并具黑色鬃毛，第 5 腹板基部的长度大于侧叶长的 1/2。雌性额宽于一眼宽，侧额宽约为间额宽的 1/2，侧后顶鬃一般有 2 对以上，上眶鬃 3，余似雄性。

分布：浙江（安吉）、中国各地；世界各地。

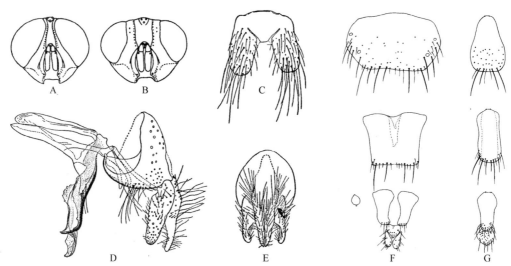

图 2-21　丝光绿蝇 *Lucilia sericata* (Meigen, 1826)（仿范滋德等，1965）

A. ♂头部正面观；B. ♀头部正面观；C. ♂第 5 腹板腹面观；D. ♂尾器侧面观；E. ♂尾器后面观；F. ♀产卵器背面观；G. ♀产卵器腹面观

（146）中华绿蝇 *Lucilia sinensis* Aubertin, 1933（图 2-22）

Lucilia sinensis Aubertin, 1933: 407.

主要特征：雄性眼在最狭段接合，额仅如一线；间额黑，消失段约占额全长的 2/3；头前面粉被银色，下侧颜带橙色；颊高约为头高的 0.22 倍；触角暗色，第 1 鞭节基部稍带红色，长约为梗节长的 3 倍；芒长羽状。胸亮金属深绿色带青色或紫色光泽；后中鬃 2，后背中鬃 3；2 个后中鬃和后方的 2 个后背中鬃的位置都显然偏在后盾片后方 2/5 范围内，而后背中鬃的第 2 个鬃至第 1 个鬃之间的距离约为第 2 个鬃至第 3 个鬃之间距离的 2 倍；翅内鬃 1+2，下前侧片鬃 2+1；后基节片在呈曲尺形排列的鬃列的前下方还有密的黑色细长毛群；前胸前侧片中央凹陷纤毛较明显。翅透明，翅基稍暗；前缘基鳞黑，亚前缘骨片黄，有黑色小刚毛；下腋瓣棕色，上腋瓣边缘全褐，或略呈淡色；平衡棒黄。足黑，中胫前背鬃 1，后胫后背鬃 1（或 0）。腹色似胸部，第 1+2 合背板较暗，以后各背板有明显的暗色后缘带；侧面观侧尾叶前后缘几乎平行；后面观肛尾叶分离段长约占愈合段长的 2/3；侧阳体向前弯曲段很长，约占侧阳体垂直段长的 2/3；下阳体侧面观宽阔，中条上端向前极弯曲，腹突长，其上缘外翻部分宽而明显。雌性额宽约占头宽的 1/5；第 6 背板长约为宽的 1/2，后侧角约为 130°；第 7 背板正中后方骨化，第 8 背板正中全不骨化，分为 1 对倒梯形的狭长骨片；受精囊莲苞形。

分布：浙江（临安）、陕西、甘肃、湖北、江西、台湾、四川、贵州、云南；泰国，马来西亚，巴布亚新几内亚。

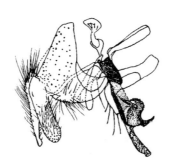

图 2-22　中华绿蝇 *Lucilia sinensis* Aubertin, 1933（仿范滋德等，1965）
♂尾器侧面观

51. 粉蝇属 *Pollenia* Robineau-Desvoidy, 1830

Pollenia Robineau-Desvoidy, 1830: 412. Type species: *Musca rudis* Fabricius, 1794.

主要特征：雄复眼相接或略接近，前内侧小眼面略大；触角短，芒长羽状，但下侧的纤毛较短；头侧面观额长约等于颜高；颜略陷入，颜脊狭而锐；口上片长而狭，与体轴纵垂直；侧颜宽而具毛。胸部具易脱落的绵毛被，前胸基腹片和前胸前侧片中央凹陷裸；中鬃 2+3，后背中鬃 3，下前侧片鬃 1+1。亚前缘骨片常具小刚毛，M 脉端段呈角形弯曲，下腋瓣上面裸。足黑。腹部卵形；雄第 5 腹板侧叶长而大，侧阳体的端突细长，末端一般尖；端阳体末端钝平而略扩大。卵生。幼虫寄生于蚯蚓，也有自鳞翅目蛹内育出的。

分布：古北区、新北区。中国记录 8 种，浙江分布 1 种。

（147）黄山粉蝇 *Pollenia huangshanensis* Fan *et* Chen, 1997（图 2-23）

Pollenia huangshanensis Fan *et* Chen, 1997: 415.

主要特征：体长 9.0–14.0 mm。雄性眼裸，额与前单眼等宽或稍狭；间额棕至黑，最狭处如线至微宽于一侧额；无上眶鬃，下眶鬃 11–12；侧额、侧颜及颊覆有金色粉被；侧颜宽为触角第 1 鞭节宽的 1.3–1.5 倍；下侧颜底色棕，后者及颊前部有黑毛，颊后部及后头大部均有黄毛；颊高约为眼高的 0.41 倍；前倾口缘鬃 7–8；触角基节、梗节棕色，后者末端和第 1 鞭节基部 1/3 橙色，端部 2/3 灰褐色，长为宽的 2.2–2.4 倍；芒基半黄棕色，芒基约 1/3 增粗，长羽状，最长芒毛约为第 1 鞭节宽的 1.7 倍；下颚须黑，端部增宽，末端黄；中喙亮褐色，前额长约为高的 3 倍强。胸黑，粉被褐，在不同光向又可变为淡黄色，前盾前沿带灰白色，可见暗色亚中条和肩后斑，后盾有正中纵斑，呈黑色；胸背除有黑色纤细底毛外，遍布金色绵毛；中鬃 2+3；背中鬃（2–3）+3，翅前鬃等于或长于前背侧片鬃；小盾下面有一狭黑正中条，仅有黄色长柔毛，无毛区等于或宽于端鬃间距；下前侧片鬃 1+1；上后侧片大部为黄毛，尚有极少数黑毛；中胸、后胸气门均大，橙色。翅淡黄棕色透明，翅基橙色；前缘基鳞棕色；前缘脉下面仅第一、第二段有小刚毛，亚前缘骨片橙色，有黄色小刚毛，亚前缘肩横脉结节有时有 1–2 个黄色小刚毛；径脉结节及 R_{4+5} 脉基段上面暗色小刚毛可略超过基半，r_{4+5} 室开口于翅前缘，M 脉末端心角微大于直角，角后段呈弧形向基方凹入；腋瓣黄色具黄色缘缨，少数呈白色，平衡棒黄。足黑，膝最末端黄；前胫前背鬃 6–7，后腹鬃 1（少数则一侧为 2）；中股仅后腹面基半有鬃列；中胫前腹鬃 1，前背鬃 1–2，后背鬃 1–3，后腹鬃 1–2；后股前腹鬃列完整，后腹面仅基半有鬃列；后胫前腹鬃 2，前背鬃 5，后背鬃 3；各足股节基半有黄毛。腹底色黑，第 1+2 合背板黑，以后各背板有可变色金色粉被斑，缘鬃不发达；第 1 腹板毛黄，第 2 腹板前部有黄毛，各背板侧腹缘亦有黄毛，但越向后去黄毛越少；第 6 背板有缘鬃，肛尾叶两侧缘几乎平行，在端部开始向末端收尖；侧尾叶宽，末端圆钝。雌性额中央宽为头宽的 0.39 倍；间额红棕色或棕色，宽为一侧额的 3.6 倍；侧额、侧颜和颊底色均黑，头前面粉被带金色，下侧颜底色橙至棕；上眶鬃后倾 1、前倾 2，下眶鬃 8–9；侧颜宽为触角第 3 节宽的 2.3 倍；颊高为眼高的 0.39 倍，前倾口缘鬃约 12 根，口前缘稍后于额前缘；触角第 3 节长为第 2 节的 2.2 倍；前额长约为高的 3.7 倍；下颚须端部宽扁并呈黄色，其余大部呈暗色。前缘基鳞褐至黑褐。中胫前腹鬃 1，前背鬃 2，后背鬃 1，后腹鬃 2 根；后胫前腹鬃 2，前背鬃 2，后背鬃 1。

　　分布：浙江（德清、临安）、北京、陕西、安徽、福建。

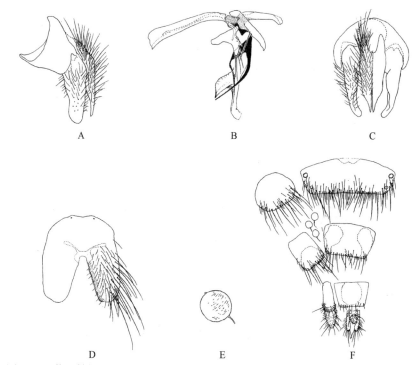

图 2-23　黄山粉蝇　*Pollenia huangshanensis* Fan et Chen, 1997（仿范滋德等，1997）

A. ♂尾器侧面观；B. ♂外生殖器侧面观；C. ♂尾器后面观；D. ♂第 5 腹板腹面观；E. ♀受精囊；F. ♀产卵器

52. 拟粉蝇属 *Polleniopsis* Townsend, 1917

Polleniopsis Townsend, 1917: 201. Type species: *Polleniopsis pilosa* Townsend, 1917.

Mongoliopsis Lehrer, 1970: 15. Type species: *Polleniopsis mongolica* Séguy, 1928.

　　主要特征：体底色黑，有时呈暗青、绿、橄榄等金属色，有时则带些黄色；雄复眼合生或亚合生，眼裸或具疏微毛；大多数种的中颜脊发达或略发达。前中鬃 0–1，前背中鬃 2；前翅内鬃通常缺如，后翅内鬃 2，外方肩后鬃缺如；下腋瓣上面生毛。雄后腹部中等发达，第 5 腹板及尾叶都较单纯，仅侧尾叶亚基部有一细缢，中段稍膨大，末端圆钝，很少是尖削的；侧阳体基段在后面愈合（个别分离），端突通常退化而瘦直；下阳体在中部向两侧扩展成侧翼，端阳体不十分细长；雌产卵器属蚓蝇型，子宫腔道直，有 1 对孵育囊。雌蝇营胎生，具适于胎生的内、外生殖器。成蝇亦有趋人粪或趋光的记录。常见于山间野花及树叶上。

分布：古北区、东洋区和澳洲区。中国记录 19 种，浙江分布 2 种。

（148）福建拟粉蝇 *Polleniopsis fukiensis* Kurahashi, 1972（图 2-24）

Polleniopsis fukiensis Kurahashi, 1972: 722.

特征：体长约 7.0 mm。雄复眼很接近；触角第 3 节稍短于第 2 节长的 2 倍，第 3 节向端部去变瘦；侧颜显然不及眼长之半；中颜脊明显比触角第 3 节狭，但发达，上部锐，下部较圆而相当高。中鬃 1+2，背中鬃 2+3，翅内鬃 0+1，肩后鬃 1+0，下前侧片鬃 2+1。足大部黑而膝及胫节带棕色。体色铅灰色；肛尾叶后面观分离段长稍短于愈合段，末端尖，基部较宽，一过中腰即急激变狭；阳体侧面观自下阳体基部至端阳体末端的长度为基阳体长的 2.7 倍。雌性不详。

分布：浙江（临安、庆元）、上海、福建。

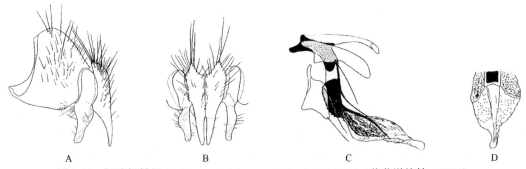

图 2-24　福建拟粉蝇 *Polleniopsis fukienensis* Kurahashi, 1972（仿范滋德等，1997）
A.♂尾器侧面观；B.♂尾叶后面观；C.♂外生殖器侧面观；D.♂阳体

（149）越南拟粉蝇 *Polleniopsis dalatensis* Kurahashi, 1972（图 2-25）

Polleniopsis dalatensis Kurahashi, 1972: 720.

特征：体长 5.5–7.0 mm。额宽在最狭点稍大于前单眼，间额暗红，在额最狭点亦不消失，头前面粉被银灰，部分地微带黄色，侧额及侧颜有疏的黑小刚毛，颜底色黑，粉被银灰，中颜脊不很发达，颜堤暗红，下部 1/3 有黑毛，髭很发达，下侧颜暗红而宽，颊和后颊均黑，粉被银灰，颊被黑毛，后头及下后头下方正中被黄毛，触角带红色，第 1 鞭节背面色暗，长约为梗节长的 2.5 倍，芒棕色，长羽状，下颚须棕。胸铅灰色，翅后胛部分略带红色，小盾与盾片同色，前胸基腹片和前胸侧板中央凹陷均有暗色毛，胸部侧板其他部分也有带黑色的毛，下侧背片具绒毛，上侧背片具黑毛，腋瓣上肋前簇毛和听膜簇毛均存在，毛色均黑，中胸、后胸气门暗棕，中鬃 1+2，背中鬃 2+3，翅内鬃 0+2，肩鬃 2，肩后鬃 1+0，沟前鬃 1，翅上鬃 3，翅后鬃 2，背侧片鬃 2，小盾鬃 3+1，腹侧片鬃 2+1，前侧片鬃和前气门鬃都很发达。翅透明，翅基微棕，翅肩鳞暗棕而前缘基鳞淡棕，脉棕，亚前缘骨片淡棕，M 脉呈直角形向前弯曲，腋瓣淡灰棕色，半透明，下腋瓣上面基半有一小片黑毛，平衡棒橙色。足大部黑，胫节及膝棕色，毛黑色；前胫前背鬃短、前腹鬃列不完整，后鬃 1；中胫各鬃为 1、1、1、2–3；后胫各鬃为 1、2、2、0。腹全呈铅灰色，密覆银灰粉被；暗色正中条不明显，腹毛均黑，第 4、第 5 两背板有典型的后缘鬃列。雌性头顶处眼间距约为头宽的 1/3，间额宽，两侧缘平行，暗红色，在前单眼鬃前方的间额宽为一侧额宽的 3.5 倍，侧额上小刚毛带黑色，上眶鬃后倾 1、前倾 2，下眶鬃约 5 对，单眼鬃及内顶鬃、外顶鬃均发达，单眼后鬃背离，后头毛 1 对。

分布：浙江（定海）、海南；越南。

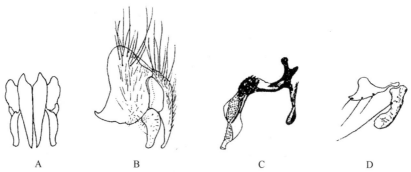

图 2-25　越南拟粉蝇 *Polleniopsis dalatensis* Kurahashi, 1972（仿范滋德等，1997）

A.♂尾叶后面观；B.♂尾器侧面观；C.♂外生殖器侧面观；D.♂阳基侧突

53. 粉腹丽蝇属 *Pollenomyia* Séguy, 1935

Pollenomyia Séguy, 1935: 149. Type species: *Pollenomyia sinensis* Séguy, 1935.

主要特征：中型种，体暗黑；雄复眼合生或亚合生，裸；颜堤仅在下部有毛；触角暗，芒长羽状。前胸基腹片、前胸前侧片中央凹陷及翅后坡均具纤毛；前中鬃 2，后面 1 对远离盾沟；后中鬃 3，背中鬃（2–3）+3，肩后鬃 3，后翅内鬃 2，翅前鬃长，下前侧片鬃 2（下一根弱）+1。下腋瓣上面裸，腋瓣上肋前瓣旁簇存在，后瓣旁簇缺如；翅 R_{4+5} 脉仅在肩胛处具毛。腹长卵形，腹部有棋盘状斑。已知本属的种类有自陆生蜗牛体内育出的记录。成蝇常活动于路旁的丛林和山间阳光下阴湿灌木或乔木林中，喜食野花花蜜。

分布：古北区和东洋区。中国记录 3 种，浙江分布 1 种。

（150）中华粉腹丽蝇 *Pollenomyia sinensis* Séguy, 1935（图 2-26）

Pollenomyia sinensis Séguy, 1935: 149.

Melinda itoi Kano, 1962: 1.

特征：体长 5.0–9.0 mm。雄性眼裸，间额棕色，最狭处消失；额宽约为前单眼横径的 1.5 倍；侧额与侧颜具银白色粉被；下眶鬃 7–8；髭角、下侧颜部分橙色，触角第 1 鞭节红棕色，约为触角梗节的 2.5 倍长，且与侧颜等宽；触角芒棕色，长羽状；颊黑灰具黑毛，颊高约为眼高的 1/4；下颚须橙色，前颊长约为高的 3 倍。胸黑灰，在正中暗条与背中暗条之间、肩胛、背侧片均具淡色粉被；中鬃 2+3，背中鬃 2+3，翅内鬃 1+2；前胸基腹片及前胸前侧片中央凹陷具纤毛；中胸气门淡棕色，下前侧片鬃 2+1。翅基黄，前缘基鳞、翅脉黄色；前缘脉腹面具小毛几达 R_{4+5} 脉终止处，M 脉末端呈 135° 弯角后很直地终末于翅前缘；腋

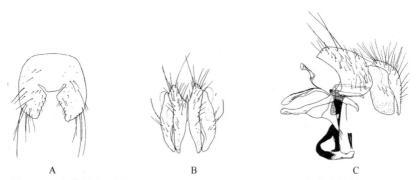

图 2-26　中华粉腹丽蝇 *Pollenomyia sinensis* Séguy, 1935（仿范滋德等，1997）

A.♂第 5 腹板腹面观；B.♂尾叶后面观；C.♂尾器侧面观

瓣黄，下腋瓣裸，腋瓣上肋具前刚毛簇，后刚毛簇缺如。足基节、股节黑，转节、胫节棕色至红棕色；前胫前背鬃8，后腹鬃1；中胫前背鬃2，后背鬃1，后腹鬃2；后胫前腹鬃2，前背鬃4，后背鬃2；腹部具银灰粉被，正中有一细的黑色纵条。雌性额宽约等于一眼宽，间额棕色，约为一侧额的4倍宽，侧颜上部有一可变色暗斑，侧颜比侧额略宽且与触角第3节等宽。产卵器长，第8背板"Y"形。

分布：浙江（临安）、黑龙江、辽宁、北京、陕西、甘肃、青海、云南；俄罗斯，日本。

54. 原丽蝇属 *Protocalliphora* Hough, 1899

Protocalliphora Hough, 1899: 66. Type species: *Musca azurea* Fallén, 1817.

Orneocalliphora Peus, 1960: 198. Type species: *Musca chrysorrhoea* Meigen, 1826.

主要特征：头不向前方延长，侧面观髭角水平的长度不超过额角水平的头的长度，颊高约小于一眼宽，相对地说雄侧额略宽，雌则中等宽，通常约为间额宽的 1/3 倍，颜狭，而略凹陷，侧面观时，其长度常只及额长的 1/2 左右，侧颜宽，在上部多纤毛并常有不同程度的横的皱襞，下侧颜则常无毛。口上片狭，宽度约为颜宽的 1/2，髭一般位于口上片之上，触角短，第 1 鞭节的长常仅为梗节的 1–2 倍，触角芒略短，基部一半粗壮，羽状毛达于端部，芒上侧、下侧均具长纤毛，中喙长略等于口盘的长，前颏长约为其本身高的 2 倍。下颚须略短，末端略变粗。前气门暗色，中胸盾片沟后部分扁平，至多稍稍凸起，在盾片的后方与小盾片之间，形成一边缘界限明显的陷入，后小盾片中央扁平，中鬃为发达的两行，后背中鬃 3，前翅内鬃存在，腹侧片鬃 2+1。翅后坡具少数短纤毛或者无毛，腋瓣上肋前、后刚毛簇均缺如。翅下大结节无毛，在翅收合时，上腋瓣上面无纤毛。下腋瓣上面通常裸，前缘基鳞暗色。露尾节稍小，肛尾叶游离的端部向末端尖削，后表面上的小毛一般在端部略缺。下阳体腹突骨化。本属幼虫为巢栖鸟类的吸血性寄生者，寄主多为燕、雀类雏鸟。成虫在林间和沼泽地活动，有时也进入人家。

分布：古北区。中国记录4种，浙江分布1种。

（151）青原丽蝇 *Protocalliphora azurea* (Fallén, 1817)（图 2-27）

Musca azurea Fallén, 1817: 245.

Phormia caerulea: Robineau-Desvoidy, 1830: 466.

特征：体长 9.0–12.0 mm。雄性额宽约等于或大于单眼三角，侧额不及前单眼宽，间额暗棕色，侧额具银白色粉被，下眶鬃14，在其外方具小毛，侧颜具 3–4 行黑色小毛，触角暗，仅第 1 鞭节基部红色，芒长羽状，触角第 1 鞭节约为梗节长的 1.5 倍，侧颜宽约为触角第 1 鞭节宽的 2 倍，下侧颜带棕红色，颊亮黑，眼高约为颊高的 4 倍，下颚须黄，前颏长约为高的 3 倍；胸背具 3 条较宽的黑色纵条，胸底色金属青色

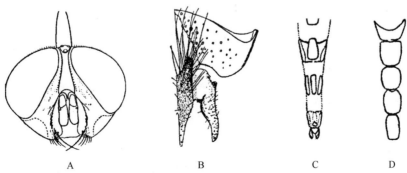

图 2-27　青原丽蝇 *Protocalliphora azurea* (Fallén, 1817)（仿范滋德等，1997）

A.♂头部正面观；B.♂尾器侧面观；C.♀产卵器；D.♀第 1–5 腹板

具淡色粉被，中鬃 3+4，背中鬃 2+3，翅内鬃 1+3，肩后鬃 4，腹侧片鬃 2+1，前气门暗棕色；翅肩鳞黑，前缘基鳞棕黄，干径脉后方具一排毛，下腋瓣裸，不具小叶，呈污白色；足：前胫各鬃为 0、1、0、1；中胫前背鬃 3，后背鬃 2，后鬃 3，腹鬃 1，后胫各鬃为 3、8、4、0；腹部绿带金属光泽，第 3、第 4 背板正中有一暗色细的纵条。雌性间额约为一侧额宽的 3 倍，额宽占头宽的 1/3，侧颜约为触角第 3 节的 2 倍宽。

分布：浙江（安吉、临安）、黑龙江、吉林、辽宁、内蒙古、北京、河北、山西、山东、河南、陕西、宁夏、甘肃、青海、新疆、江苏、安徽、四川、贵州、云南；俄罗斯，蒙古国，韩国，日本，欧洲，非洲。

55. 叉丽蝇属 *Triceratopyga* Rohdendorf, 1931

Triceratopyga Rohdendorf, 1931: 175. Type species: *Triceratopyga calliphoroides* Rohdendorf, 1931.

主要特征：中型种。体呈藏青色至蓝绿色；雄额略宽；触角芒长羽状，端部 2/5 裸，触角第 1 鞭节长为梗节的 5–6 倍。中鬃 2+3，背中鬃 3+3，翅内鬃 0+2，下前侧片鬃 2+1，小盾片与胸部同色。下腋瓣上面有黑色长纤毛；M 脉端段呈角形弯曲。腹部短卵形；第 7+8 合腹节正中有一叉形突起，第 9 背板小；肛尾叶比侧尾叶短小，第 5 腹板基部极短；雌性腹部第 5、第 6 背板各有 1 纵缝痕。成虫有喜室外性，性耐寒，常在阳光下的路旁草丛和灌木丛中活动。幼虫为尸食性兼粪食性。

分布：古北区和东洋区。中国记录 1 种，浙江分布 1 种。

（152）叉丽蝇 *Triceratopyga calliphoroides* Rohdendorf, 1931（图 2-28）

Triceratopyga calliphoroides Rohdendorf, 1931: 175.

Calliphora axata Séguy, 1946: 81.

特征：体长 6.0–9.5 mm。雄性眼裸；间额一半黑色，侧额、侧颜均呈浅黄灰色，下侧颜和髭角部略带棕色，具绒状粉被；颊灰黑色，有黑色纤毛；颜灰色，颜堤和口上片土棕色，后头有短淡黄色毛；触角第 1 鞭节为梗节的 5.5 倍，触角芒裸端占全长的 2/5–3/7；下颚须橙色。盾沟前暗纵条明显，但中央 1 条细弱，外方的 1 对虽长，但亦细窄；中鬃 2+3（有时 3+3 或 2+4），背中鬃 3+3；下前侧片鬃 2+1，中胸气门土黄色以至土棕色。翅透明，但较暗；下腋瓣白色，边亦白色，上面疏生黑色长而直立的纤毛，上腋瓣暗白色具褐色缨毛。足黑。腹部背板底色呈绿青色，具金属光泽，除第 1+2 合背板外均具薄的白色粉被；各背板的后缘和正中纵条无粉被；尾部在第 7、第 8 合腹节后方有叉形突起和毛笔状突起；第 5 腹板基部短，侧面观时末端呈切截状，后面观时末端尖，它的前方有数个短刺；肛尾叶短小，呈板状而端尖，紧贴在侧尾叶的内上方，基部有一着生长刚毛的小型毛垫，系杆之间的膜骨化，与系杆形成向内方弯入的梯形骨化；第 9 腹板长而直，并有一背翼，后臂左右相愈合；阳基内骨较短，阳基后突稍大；前阳基侧突小，有 2 鬃，其 1 着生在尖端上，后阳基侧突略较长，无鬃；侧阳体末端尖，略弯曲；下阳体末端圆钝。射精囊小骨小。雌性体长 7.0–11.5 mm。胸部背板较雄性更倾向于绿色。第 5 腹板形状多样，但一般后端较平直，不向后渐尖；第 6 背板正中常有一缝或痕，后侧角约为 120°，第 6 节的气门周围通常不骨化，第 7 背板正中的后部骨化，第 8 背板正中不骨化，第 6 腹板骨化部分斧形。受精囊较小，端部有一钝尖头。

分布：浙江（临安）、黑龙江、吉林、辽宁、内蒙古、北京、天津、河北、山西、山东、河南、陕西、宁夏、甘肃、青海、江苏、上海、安徽、湖北、江西、湖南、福建、四川、贵州、云南；俄罗斯，蒙古国，朝鲜，韩国，日本。

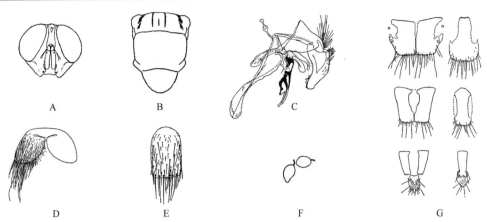

图 2-28　叉丽蝇 *Triceratopyga calliphoroides* Rohdendorf, 1931（仿范滋德等，1997）
A. ♂头部；B. 胸部；C. ♂尾器侧面观；D. ♂第 5 腹板；E. ♀第 5 腹板；F. ♀受精囊；G. ♀产卵器

五、鼻蝇科 Rhiniidae

主要特征：后眶无纤毛列，后头上半有半圆形裸露区，无毛亦无粉被；无后气门前裂。雄性侧阳体端部愈合成一盾形骨片，雌性第 6 背板正中分开。

分布：本科全世界已知 190 种。中国记录 71 种，浙江分布 6 属 14 种。

分属检索表

56. 阿里彩蝇属 *Alikangiella* Villeneuve, 1927

Alikangiella Villeneuve, 1927: 389. Type species: *Alikangiella flava* Villeneuve, 1927.

主要特征：两性间额均宽于单眼三角，侧颜、侧额不及触角第 3 节宽；口上片不突出，下颚须窄。前中鬃及前背中鬃均缺如，肩后鬃仅有最前方的 1 个。雄端阳体从下阳体处伸出，阳基后突不发达，肛尾叶分离；雌第 6、第 7 背腹板均呈完整型，第 8 背板骨化弱，腹板分离呈片状。

分布：东洋区。中国记录 2 种，浙江分布 1 种。

（153）三条阿里彩蝇 *Alikangiella vittata* (Peris, 1952)（图 2-29）

Sumatria vittata Peris, 1952: 227.

Alikangiella vittata:Verves, 2005: 265.

特征：体长约 6.0 mm。雄性额为 1/4 头宽，两侧略平行；侧额为间额宽的 1/6，间额呈棕黄色，侧额黑色，侧颜、颜黄褐色；侧颜窄，上部有一白色粉斑；新月片黄褐色且裸，颊前半部黄褐色、无粉被、具黑毛，后半部具黄白色粉被，毛细长呈黄色；触角黄褐色，第 1 鞭节棕色，为梗节长的 2.5 倍；触角芒羽状，基部 1/2 黄，端部 1/2 棕色；下颚须黄褐色，与触角第 1 鞭节等宽，端部稍暗；喙黑。胸黄褐色，胸背稍显红黄色，有 3 条明显的暗纵条，后方较前方更明显；前胸前侧片中央凹陷裸；背侧片具黑毛；上前侧片前上角亦具黑毛，其余各侧片具淡色毛；后中侧片鬃 4 个，翅后坡裸，小盾缘鬃 3 对，心鬃 2 对，不发达；前气门、后气门黄白色。翅透明，黄棕色前缘近端段处稍带暗晕，M 脉缓弧形弯曲，r_{4+5} 室开放，翅肩鳞及前缘基鳞均黄，上腋瓣、下腋瓣黄色，平衡棒亦黄。足股节黄，胫节黄褐，跗节棕色；前胫前背鬃及后背鬃各 2，无腹鬃；中胫具前背鬃、后背鬃各 1，亦无腹鬃。腹部仅第 1+2 合背板呈黄褐色，其余几节至少在背板上呈棕色，第 2 腹板有 1 对发达的端鬃。雌性不详。

分布：浙江（临安）、福建、广西、云南、西藏；缅甸。

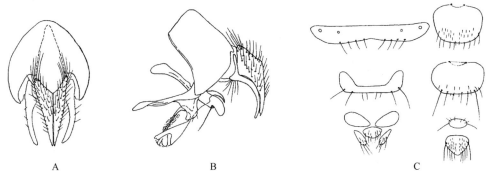

图 2-29 三条阿里彩蝇 *Alikangiella vittata* (Peris, 1952)（仿范滋德等，1997）

A.♂尾器后面观；B.♂尾器侧曲观；C.♀产卵器

57. 依蝇属 *Idiella* Brauer *et* Bergenstamm, 1889

Idiella Brauer *et* Bergenstamm, 1889: 154. Type species: *Idia mandarina* Wiedemann, 1830.

Bharatomyia Lehrer, 2009: 13. Type species: *Idiella bilukoppana* Lehrer, 2008.

主要特征：中大型种。体稍狭长，两侧略平行；头宽略大于头高；雌具 3 个前倾的侧额鬃；触角间具颜脊，触角芒长栉状；颜面中等陷入，口上片呈半圆筒形向上突起。胸部青铜绿色，侧板、肩胛及前胸基腹片均具黄毛；前胸前侧片中央凹陷裸，后背中鬃 2，后中侧片鬃 2，下前侧片鬃 1+1。翅 M 脉呈"V"形裂缝，侧叶除后端外方有突出的部分外，内方尚有突出部分。后足胫节具 2 根前背鬃，雄阳体大，结构略复杂。某些种类的幼虫为血食性，嗜吸猪血。成虫喜食花蜜，阳光充足时常在树荫下群飞。

分布：东洋区、澳洲区和新热带区。中国记录 4 种，浙江分布 2 种。

（154）拟黑边依蝇 *Idiella euidielloides* Senior-White, 1922（图 2-30）

Idiella euidielloides Senior-White, 1922: 166.

Idiella pleurofoveolata Villeneuve, 1927: 395.

特征：体长 5–7 mm。额宽近前单眼的 2 倍，下眶鬃 8–9。后足胫节上段体毛均一，中段无长毛；后胫的前背、后背鬃各 2。侧尾叶中段宽约为黑边依蝇的 1/2，亦至多为其肛尾叶宽的 2 倍。雌性额宽约为头宽的 1/5，侧额银灰色且在基部有明显黑斑；颜及口上片光滑呈暗棕色；触角黑，第 3 节具灰色粉被；下后头黑，颊具有黄色粉被，其上着生长而软的黄毛；颊的基部有一些生毛点；喙及下颚须均黑。背板呈

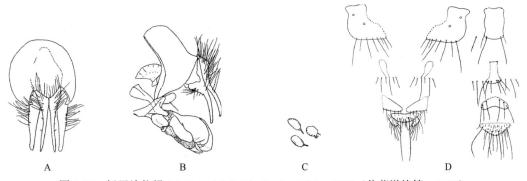

图 2-30 拟黑边依蝇 *Idiella euidielloides* Senior-White, 1922（仿范滋德等，1997）

A.♂尾器后面观；B.♂尾器侧面观；C.♀受精囊；D.♀产卵器

暗金属绿色，上覆有灰色粉被，且密集生毛点，中胸背板上可见 3 纵带，各侧片上有黄白色粉被且着生同色纤毛；腹侧片鬃 0+1；腋瓣白，下腋瓣边缘有时稍暗；平衡棒橘黄色。各股节黑具暗绿色反光，胫节黄，近端部的暗色区域有时达整个胫节长度的 2/3。腹部暗棕色，基部 3 节的侧缘呈淡棕色，其余第 4、第 5 两背板侧缘则呈金属绿色。

分布： 浙江（安吉）、青海、福建、台湾、云南、西藏。

（155）三色依蝇 *Idiella tripartita* (Bigot, 1874)（图 2-31）

Idia tripartita Bigot, 1874: 236.

Idiella bigotiana: Lehrer, 2009: 20.

特征： 体长 7.0–8.0 mm。雄性额宽约与触角第 3 节等宽或稍宽；间额黑，侧额及侧颜上部底色暗，上具金黄色粉被，侧颜下半部呈红棕色且裸，颊前半部呈黑色带有金属色，其上毛亦黑，颊后半部及下后头具黄色粉被，其上毛密亦黄；颊高约为眼高的 1/2；颜面暗棕色，口上片亦黑；触角黑，具灰色粉被，第 1 鞭节长为梗节的 2.5 倍；触角芒长羽状，下颚须黑，扁而宽。胸部暗绿色带金属光泽，略覆薄的灰色粉被，中鬃 0+1，背中鬃 1+2，翅内鬃 0+（1–2），下前侧片鬃 1+1；后中侧片鬃 2，各侧片均具黄毛，后基节片则仅有黄色粉被；前胸基腹片具黄毛；中胸气门黄白色，后气门暗棕色。翅透明，颜色发暗，翅端部具暗晕，径脉结节背面、腹面具毛；M 脉缓弧形弯曲，r_{4+5} 室开口处窄或闭合，但绝不具柄；翅肩鳞黑色，前缘基鳞黄色，上腋瓣、下腋瓣黄，平衡棒亦黄。前足基节色淡，中足、后足基节暗棕，股节黑稍带绿色反光，胫节黄，跗节除端部外亦黄；前股后背、后腹鬃各具 1 列长鬃；前胫有 2–3 个前背鬃，另在近端部 1/3 有一后腹鬃；中股在前侧面的中段处有一鬃，前腹面有列短鬃，后腹面除具栉状鬃外，基部 2/3 有细而疏的鬃，端段前腹及后腹面的端半段均有稀疏的鬃存在，后背面仅端段 1/6 处有 1 个鬃；后胫前背鬃 3，后背鬃 2–3，前腹鬃 1。腹前半部黄，后半部暗，在第 4 背板的暗色形成一"山"字形斑。雌性体长 8.0–9.0 mm。额宽为一眼宽之半，间额暗棕，侧额具生毛点。

分布： 浙江（安吉、临安）、内蒙古、北京、天津、河北、山西、山东、河南、陕西、宁夏、甘肃、青海、江苏、上海、安徽、湖北、江西、湖南、福建、广东、四川、贵州、云南、西藏；印度，尼泊尔，缅甸，菲律宾。

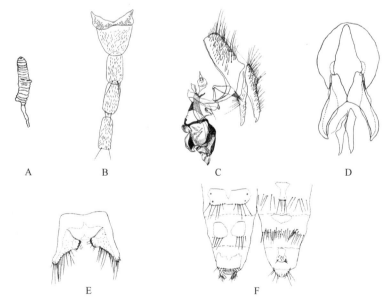

图 2-31　三色依蝇 *Idiella tripartita* (Bigot, 1874)（仿范滋德等，1997）
A. ♀受精囊；B. 前腹部各腹板；C. ♂尾器侧面观；D. ♂尾器后面观；E. ♂第 5 腹板腹面观；F. ♀产卵器

58. 等彩蝇属 *Isomyia* Walker, 1860

Isomyia Walker, 1860: 134. Type species: *Musca* (*Isomyia*) *delectans* Walker, 1859.

Noviculicauda Fan, 1997: 552. Type species: *Isomyia pseudoviridana* Peris, 1952.

主要特征：体小型至大型，呈金属铜、绿、紫等色；雄复眼大都亚合生；触角间楔常存在，触角芒长羽状。前胸基腹片具毛，前胸前侧片中央凹陷裸，腋瓣上肋常裸，翅后坡裸或具毛；中胸背板具少许粉被；中鬃（0–2）+（2–6），背中鬃（2–3）+（2–5），翅内鬃 1+（3–4），下前侧片鬃 1+1；上前侧片上部常具黑刚毛。翅 R_{4+5} 脉上面、下面均具小毛，下腋瓣上面裸。足前胫具 1 列短的前背鬃，至少具 1 个后腹鬃；中胫前背鬃和后背鬃 1，后腹鬃 2；后胫具 1 列前背鬃，1 列后背鬃。雄阳体结构简单，具齿；侧阳体宽且骨化强，下阳体膜质具小齿状突起。室外型蝇类，成虫常活动于真住区与半住区的丛林和花中。

分布：古北区、东洋区、新热带区。中国记录 36 种，浙江分布 6 种。

分种检索表

1. 下腋瓣具小叶且十分发达，腋瓣的长约等于横宽，体形粗壮 ⋯⋯⋯⋯⋯⋯⋯⋯⋯⋯⋯⋯⋯⋯⋯⋯ 2
- 下腋瓣通常不具小叶，如有也绝不达小盾基部，且长总是大于横宽；体较瘦 ⋯⋯⋯⋯⋯⋯⋯⋯⋯ 5
2. 中侧片毛大部黄色，仅前上角处或上部有黑刚毛 ⋯⋯⋯⋯⋯⋯⋯⋯⋯⋯⋯⋯⋯⋯⋯⋯⋯⋯⋯⋯ 3
- 中侧片毛大部呈黑色 ⋯⋯⋯⋯⋯⋯⋯⋯⋯⋯⋯⋯⋯⋯⋯⋯⋯⋯⋯⋯⋯⋯⋯⋯⋯⋯⋯⋯⋯⋯⋯ 4
3. 下眶鬃 9–10 对，新月片裸，侧颜略与触角第 3 节等宽；中侧片仅上角具黑刚毛，前缘基鳞黑色或棕色⋯⋯⋯⋯⋯⋯⋯⋯⋯⋯⋯⋯⋯⋯⋯⋯⋯⋯⋯⋯⋯⋯⋯⋯⋯⋯⋯⋯⋯ **台湾等彩蝇 *I. electa***
- 下眶鬃 13–14 对，新月片有时有黑色小刚毛，侧颜宽为触角第 3 节宽的 1.5 倍以上；中侧片的黑刚毛占上部 1/2⋯⋯⋯⋯⋯⋯⋯⋯⋯⋯⋯⋯⋯⋯⋯⋯⋯⋯⋯⋯⋯⋯⋯⋯ **杭州等彩蝇 *I. pichoni***
4. 翅后坡前后均密生黑毛，腋瓣棕色 ⋯⋯⋯⋯⋯⋯⋯⋯⋯⋯⋯⋯⋯⋯ **牯岭等彩蝇 *I. oestracea***
- 翅后坡裸，腋瓣灰白色 ⋯⋯⋯⋯⋯⋯⋯⋯⋯⋯⋯⋯⋯⋯⋯⋯⋯ **伪绿等彩蝇 *I. pseudolucilia***
5. 新月片具明显的小黑毛，腋瓣淡棕色 ⋯⋯⋯⋯⋯⋯⋯⋯⋯⋯⋯ **拟黄胫等彩蝇 *I. pseudoviridana***
- 新月片裸，腋瓣黄白色 ⋯⋯⋯⋯⋯⋯⋯⋯⋯⋯⋯⋯⋯⋯⋯⋯⋯⋯⋯ **小叉等彩蝇 *I. furcicula***

（156）台湾等彩蝇 *Isomyia electa* (Villeneuve, 1927)（图 2-32）

Thelychaeta electa Villeneuve, 1927: 217.

Isomyia electa: Peris, 1952: 168.

特征：体长 12.0–14.00 mm。雄性额宽约为前单眼宽的 2 倍，间额如线，下眶鬃 9–10；侧额、侧颜具金黄色粉被，侧颜刚毛黑，2 列；侧颜与触角第 1 鞭节略等宽，新月片裸，呈棕黄色；触角间楔存在，颜色同上；颜面与颊呈橘黄色，颊前半部具黑毛，后半部及下后头具黄毛；颊高约为眼高的 1/3；触角黄，第 1 鞭节具灰色粉被，为梗节长的 2 倍；触角芒长羽状，暗棕色；下颚须黄色且扁宽。胸底色绿色带彩虹色反光，中鬃（2–3）+4，背中鬃（2–3）+4，中侧片除上部具黑毛外，大部具黄毛，其余各侧片均具黄毛；翅后坡上细毛亦黄，中胸气门黄，后气门暗棕。翅基部及前缘烟黄色，翅肩鳞黑色，前缘基鳞棕色，或至少不全部呈黄色；M 脉角形弯曲，r_{4+5} 室开放，上腋瓣、下腋瓣黄色并具小叶。各足股节黑，仅前股带明显的绿色反光，各足均黄褐色，跗节暗棕色；后胫具 1 列前背鬃，后背鬃 2 个较长。腹部呈金属绿色，背板上粉被不十分明显，暗纵条亦不明显，第 1、第 2 腹板均具黄毛，仅后者 1 对鬃黑色；第 5 背板上有 2 列横向排列的鬃，第 5 腹板上鬃长而密。雌性侧额宽约为间额中段宽的 1/2。

分布：浙江（临安、庆元、泰顺、乐清）、湖北、福建、台湾、海南、四川；日本，印度，尼泊尔，缅甸，马来西亚。

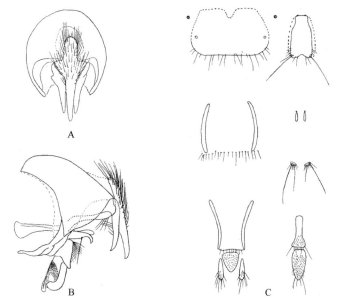

图 2-32　台湾等彩蝇 *Isomyia electa* (Villeneuve, 1927)（仿范滋德等，1997）

A.♂尾器后面观；B.♂尾器侧面观；C.♀产卵器

（157）牯岭等彩蝇 *Isomyia oestracea* (Séguy, 1934)（图 2-33）

Pachycosmina oestracea Séguy, 1934: 18.

Isomyia oestracea: Peris, 1952: 186.

　　特征：体长 11.0–12.0 mm。雄性额宽窄于或等于前单眼宽，复眼上半部的小眼面大于下半部的小眼面；侧额暗灰色，下眶鬃 9；侧颜烟褐色，其上毛黑，2–3 列；新月片裸，颜面棕色；触角间楔存在，口上片红黄色，颊烟褐色具黑毛；触角褐黄色，第 1 鞭节暗黄具棕色粉被，长为梗节长的 2 倍；触角芒长羽状，下颚须红棕色。胸深蓝带绿色，有紫色光泽；粉被不很明显，中鬃 1+3，背中鬃 2+4；前胸基腹片具棕色毛，后中侧片鬃 9；上后侧片鬃成簇，翅后坡前后均密生黑毛，其余各侧片毛黑；前气门、后气门黑色。翅灰棕色透明，前缘基鳞黑，干径脉腹下方裸；径脉结节小毛达 R_{4+5} 脉；M 脉角形弯曲，腋瓣棕色具小叶；平衡棒黄褐色。各足股节黑，有金属色反光，胫节及第 1 分跗节红黄色或红棕色，其余分跗节棕色；中胫前背鬃 1，后背鬃 1，前背鬃 2；后胫各有 3 个较长的前背鬃及后背鬃。腹部呈蓝绿色，斑纹不很明显；第 2 腹板均具黑毛，第 5 背板有 1 列不规则的中心鬃；第 5 腹板常形。雌性额宽小于头宽的 1/3。体呈绿色或深蓝色具紫色光泽，体形较粗壮。

　　分布：浙江（德清、临安、庆元、泰顺）、安徽、江西、福建、云南、西藏；印度，孟加拉国，老挝，马来西亚，印度尼西亚。

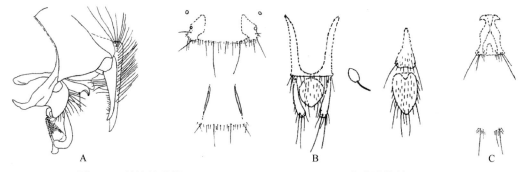

图 2-33　牯岭等彩蝇 *Isomyia oestracea* (Séguy, 1934)（仿范滋德等，1997）

A.♂尾器侧面观；B.♀产卵器背面观；C.♀产卵器腹面观

（158）伪绿等彩蝇 *Isomyia pseudolucilia* (Malloch, 1928)（图 2-34）

Strongyloneura pseudolucilia Malloch, 1928: 483.

Isomyia pseudolucilia: Verves, 2005: 271.

特征：雄性体长约 9.0 mm。额宽约为触角第 3 节宽的 2 倍，间额棕褐色，侧额宽，具灰黄色粉被，下眶鬃 10–11 个，侧额另具 2 列黑刚毛，近下眶鬃处的 1 列较发达；新月片棕黄并裸，具薄的灰黄色粉被；中颜板黄褐色，口上片黄；侧颜具灰黄色粉被，宽为触角第 1 鞭节的 1.5 倍，有 2 列发达的黑毛；颊具灰黄色粉被，颊前半部及眼下缘处具黑毛，其余部分具黄毛，下后头毛亦黄，颊高与触角等长，触角间楔存在但不成颜脊；触角黄，第 1 鞭节端部及外缘暗色，为梗节长的 2 倍；触角芒长羽状，呈烟褐色，基部色淡；下颚须黄且扁宽，稍宽于触角第 1 鞭节。胸亮金属绿色，有微弱的铜色光泽和薄的白色粉被，有时前盾片上有 1 对不明显的亚中纵条，中鬃 2+3，背中鬃（2–3）+4；小盾缘鬃 4 对，基部的 1 对与其他 3 对远离；后中侧片鬃 7，上后侧片鬃 2–3；翅后坡裸，背侧片具细黄毛并杂生黑毛；上前侧片上方 2/3 毛黑，下部毛黄，下前侧片前上角具少数黑毛，其余侧片处毛黄白色；中胸气门暗棕色。翅透明，黄色，径脉结节上小毛延伸至 R_{4+5} 脉上，M 脉呈 120° 弯曲，r_{4+5} 室开放，前缘基鳞黑，腋瓣黄白色，下腋瓣具小叶；平衡棒黄色。各足股节黑，略带蓝绿光泽，胫节及跗节棕黑色，中胫前背鬃 2，后背鬃 2，后腹鬃 3；后胫有 1 列前背鬃（2 个稍长）及 2 个后背鬃。腹部颜色同胸部，背板上具一明显的紫色正中纵条，第 5 背板上有一系列发达的横向排列的鬃毛，有时露尾节明显。雌性体长约 11.0 mm。额宽为头宽的 1/4，间额略平行并呈棕黑色。中胫前腹鬃 1（在雄性中缺如）。

分布：浙江（德清、安吉、临安、庆元、泰顺、乐清）、安徽、湖南、福建、四川、云南；越南，老挝。

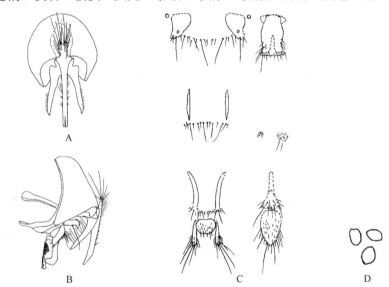

图 2-34 伪绿等彩蝇 *Isomyia pseudolucilia* (Malloch, 1928)（仿范滋德等，1997）
A.♂尾器后面观；B.♂尾器侧面观；C.♀产卵器；D.♀受精囊

（159）拟黄胫等彩蝇 *Isomyia pseudoviridana* (Peris, 1952)（图 2-35）

Thelychaeta pseudoviridana Peris, 1952: 183.

Isomyia pseudoviridana: Verves, 2005: 271.

特征：体长 7.5 mm。雄性额宽为前单眼横径的 2 倍；间额如线，下部棕黄；下眶鬃 9；侧额暗色，稍具暗黄色粉被，侧颜粉被同上，有 2–3 列黑毛；新月片棕色具明显的小黑毛；触角黄褐色，第 1 鞭节除基部外大部呈暗色；颜面暗黄褐色，颊底色黑，有薄灰黄色粉被；颊毛黑，下后头毛黄；下颚须窄呈黄褐色。胸具绿色与铜色光泽，中鬃 2+2（最前方的 1 对前中鬃小如体毛状），背中鬃 2+4；翅后坡裸，背侧片具黑毛；后中侧片鬃 8，其后缘毛黑，其余各侧板弧形弯曲；上腋瓣、下腋瓣淡棕色，后者不具小叶，两者连接处有淡棕色毛；平衡棒黄色。足股节黑，仅前股稍带金属色，胫节、第 1 分跗节红黄褐色，其余分跗节黑。腹部瘦长形，呈绿色有明显铜色光泽，第 5 背板有 1 列中心鬃；第 9 背板发达，第 5 腹板黑且呈长方形；肛尾叶上有粗而直的刚毛，侧尾叶端部钝。雌性体长 8.5–10.0 mm。头被灰黄色粉被，额宽在触角基部水平处为头宽的 1/3；间额棕色，约与侧额等宽，但在触角基部上方窄于一侧额宽；颊前半部毛黑，后半部及下后头毛黄；触角红黄色，第 1 鞭节大部褐色，其长不达梗节长的 2 倍。胸绿色且有蓝色光泽，前盾片有 2 条金色带；中鬃 1+3，各侧片具稀疏的黄毛，仅上前侧片上部有黑刚毛。翅沿前缘和基部黄色，上腋瓣、下腋瓣黄，基部白。足股节绿色并带铜色光泽，胫节、跗节红褐色，末端黑色；中胫前腹鬃 2；后胫前腹鬃 3。腹部颜色如同胸部，背板上有一条不规则的黑纵条。

分布：浙江（临安、庆元、龙泉）、安徽、福建、广东、海南、四川；印度，尼泊尔，缅甸，斯里兰卡。

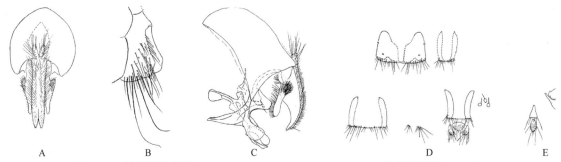

图 2-35　拟黄胫等彩蝇 *Isomyia pseudoviridana* (Peris, 1952)（仿范滋德等，1997）

A.♂尾器后面观；B.♂第 5 腹板侧面观；C.♂尾器侧面观；D.♀产卵器背面观；E.♀产卵器腹面观

（160）小叉等彩蝇 *Isomyia furcicula* Fang *et* Fan, 1985（图 2-36）

Isomyia furcicula Fang *et* Fan, 1985: 299.

特征：体长约 7.0 mm。雄性额宽约与单眼三角等宽，间额暗棕色，两侧略平行，侧额中段与间额等宽，侧额具金黄色粉被，下眶鬃 11–12 个，新月片裸，黄色，无触角间楔，触角黄色，第 1 鞭节外缘稍暗，其长为梗节的 2 倍，芒长羽状，口上片不强烈向前突出，侧颜粉被同侧额，刚毛黑，上部短而下部明显长，颊具黄色粉被，下后头具黄毛和黑色毛，下颚须黄。胸金属绿色有明显的铜色反光，粉被不明显，胸部侧板上稍具粉被，带明显铜色，中鬃 2+4，背中鬃 3+4，翅前鬃 1 发达，翅上鬃 3，肩鬃 2–3，肩后鬃 4，小盾缘鬃 3 对，心鬃 2 对较细，后中侧片鬃 6，翅后坡裸，前气门黄色，后气门棕色，除中侧片前上角具黑刚毛及腹侧片下部具少数黑毛外，其余各侧片均为稀而长的黄白色毛。翅黄色无斑，干径脉腹下方裸，径脉结节上小刚毛达 R$_{4+5}$ 脉上，翅肩鳞、前缘基鳞黑，M 脉弧形弯曲，腋瓣黄白色，下腋瓣不具小叶，平衡棒黄。足股节黑，胫节、第 1 分跗节黄褐色，其余分跗节棕色，后足胫节具 4 个前背鬃，2 个后腹鬃。腹颜色同胸部，但背板明显呈红铜色，背板腹面具灰粉被，其上毛大部呈黄白色，第 5 腹板黑，常形。

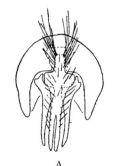

图 2-36　小叉等彩蝇 *Isomyia furcicula* Fang *et* Fan, 1985（仿范滋德等，1997）

A.♂尾器后面观；B.♂尾器侧面观

雌性体长 10.0–11.0 mm。额为头宽的 1/3，新月片处间额窄于侧额，其他如同上述。

分布：浙江（庆元）、江西、福建。

（161）杭州等彩蝇 *Isomyia pichoni* (Séguy, 1934)（图 2-37）

Pachycosmina pichoni Séguy, 1934: 20.

Isomyia pichoni: Verves, 2005: 271.

特征：体长：11.0–12.0 mm。雄性额宽为前单眼的 2 倍，下眶鬃 13–14 个，侧额上刚毛发达，新月片具黄色粉被，有时具小黑毛，侧颜毛黑且数量多，有 3 列以上并细而长，颊毛从眼下缘到颊前部呈黑色，仅颊后下方及下后头具黄毛，侧颜宽为触角第 3 节宽的 1.5 倍以上。胸金属绿色，中鬃 1+4，背中鬃 2+4，小盾心鬃 2 对，翅后坡仅前部有黄毛，中侧片上方的 1/2 具细长黑毛，其余 1/2 部分毛黄，各侧片毛亦黄。翅透明黄色，前缘基鳞大部至全部呈黄色，M 脉则呈弧形弯曲。足各胫节黄色，后足胫节有 1 列前背鬃，1 列均发达的后背鬃及 2 个前腹鬃。腹金属绿色，但无其他反光色，从后面看灰白粉被明显，尤其在第 3、第 4 两背板更明显并具暗色正中条和黑后缘带。雌性前缘基鳞全黄，各侧片及腹部粉被比雄性明显，中足胫节具 1 个前腹鬃，但中侧片黑毛亦仅限于前上角。其余部分同雄性。

分布：浙江（临安、庆元）、福建。

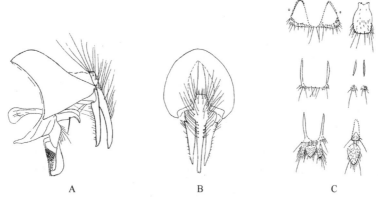

图 2-37　杭州等彩蝇 *Isomyia pichoni* (Séguy, 1934)（仿范滋德等，1997）
A.♂尾器侧面观；B.♂尾器后面观；C.♀产卵器

59. 拟金彩蝇属 *Metalliopsis* Townsend, 1917

Metalliopsis Townsend, 1917: 198. Type species: *Metalliopsis setosa* Townsend, 1917.

Chlorrhynchomyia Townsend, 1932: 440. Type species: *Chlorrhynchomyia clausa* Townsend, 1932.

主要特征：触角芒短羽状，芒毛长一般超过芒基宽；侧颜小毛常为黑色。前胸前侧片中央凹陷具黄色纤毛，雄腹部具正中斑；雄尾节外露不明显，肛尾叶愈合呈针状，侧尾叶较肛尾叶宽，并长于肛尾叶；侧阳体末端膨大，略呈矛状，前阳基侧突外侧有毛列。

分布：东洋区。中国记录 5 种，浙江分布 2 种。

（162）毛眉拟金彩蝇 *Metalliopsis ciliiunula* (Fang *et* Fan, 1984)（图 2-38）

Metallea ciliilunula Fang *et* Fan, 1984: 262.

Metalliopsis ciliilunula: Verves, 2005: 273.

特征：体长 8.5 mm。雄性额宽约为前单眼的 2.2 倍；新月片上具小黑毛，侧颜具小黑刚毛，触角第 1

鞭节灰色粉被厚，芒上最长毛不超过芒基宽的 2 倍；下眶鬃 11–13 个；下颚须黄，末端稍宽。中鬃 2+4，背中鬃 3+4，肩鬃 3，肩后鬃 2–3；后中侧片鬃列间具黑毛。径脉结节具 4–5 个小刚毛且延伸至 R$_{4+5}$ 脉。腹第 3、第 4 两背板上具特别长的刚毛和鬃。雌性体长约 10.0 mm。侧额宽于间额，侧颜侧面观为触角第 1 鞭节宽的 2 倍。后胫有 1–2 个前腹鬃。肛上板无刺状刚毛。

　　分布：浙江（临安）、广东。

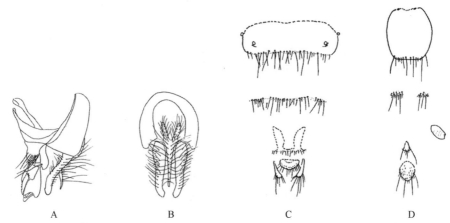

图 2-38　毛眉拟金彩蝇 *Metalliopsis ciliiunula* (Fang *et* Fan, 1984)（仿范滋德等，1997）
A. ♂尾器侧面观；B. ♂尾器后面观；C. ♀产卵器背面观；D. ♀产卵器腹面观

（163）猬叶拟金彩蝇 *Metalliopsis erinacea* (Fang *et* Fan, 1984)（图 2-39）

Metallea erinacea Fang *et* Fan, 1984: 262.

Metalliopsis erinacea: Fang *et* Fan, 1986: 89.

　　特征：体长 8.0 mm。雄性外形与长尾金彩蝇相似，额宽小于或等于前单眼宽，侧颜侧面观宽约为触角第 1 鞭节的 1.2 倍，侧颜下部无黑斑，在与下颜交接处及颊前部几乎无毛，仅侧颜上部可见明显的小黑毛，触角芒上最长毛超过芒基宽的 2.5 倍，下颚须黄、稍扁宽；M 脉弧形弯曲；前足胫节具 3 个前背鬃，后足胫节具 2–3 个前背鬃，中足胫节仅有 1 个前背鬃；腹部第 3、第 4 两腹板具特长刚毛和鬃。侧尾叶后面观宽板形，一向后下方，一向内方，其上具刺形刚毛，端部有二尖突。

　　分布：浙江（庆元）。

图 2-39　猬叶拟金彩蝇 *Metalliopsis erinacea* (Fang *et* Fan, 1984)（仿范滋德等，1997）
A. ♂尾器侧面观；B. ♂尾器后面观

60. 鼻彩蝇属 *Rhyncomya* Robineau-Desvoidy, 1830

Rhyncomya Robineau-Desvoidy, 1830: 424. Type species: *Musca felina* Robineau-Desvoidy, 1830.

Metallea Wulp, 1880: 174. Type species: *Metallea notata* Wulp, 1880.

主要特征：触角芒裸或具毳毛。胸部通常呈亮金属色，稍具粉被；前胸前侧片中央凹陷裸，中胸气门鬃存在；中鬃及背中鬃发达。翅透明，前缘无明显定形斑，r_{4+5} 室通常开放。腹部大部呈黄褐色，具黑色正中斑；尾节外露较明显，阳体结构简单。在非洲，本属某些种的幼虫捕食白蚁，也寄生于蜂类。

分布：古北区、东洋区、新热带区。中国记录 2 种，浙江分布 1 种。

（164）鬃尾鼻彩蝇 *Rhyncomya setipyga* Villeneuve, 1929（图 2-40）

Rhyncomyia setipyga Villeneuve, 1929: 62.

Rhyncomya setipyga: Verves, 2005: 275.

特征：雄性体长 6.0 mm。额宽略小于或略与前单眼等宽，额黑色至棕色；侧额、侧颜具黄色粉被，刚毛稀少；颜黄色，颊前部色稍暗，后半部具黄色粉被及密生细黄毛；触角黄褐色，触角第 1 鞭节暗棕色，略短丁梗节长的 2 倍；芒暗棕色，几乎裸；下颚须黄色。胸部青绿色具稀薄的棕灰色粉被，背侧片具细黄毛，上前侧片前上方及下前侧片前部有一些黑刚毛，其余侧片具细黄毛；中鬃 2+4，背中鬃 2+4；中胸气门白色，后气门棕色。翅透明，沿翅前缘烟褐色；M 脉角形弯曲，r_{4+5} 室开放，径脉结节有小黑毛；翅肩鳞、前缘基鳞棕黄；腋瓣黄，下腋瓣窄如舌状，不具小叶，平衡棒黄。各股节呈金属绿带黑色，中股节、后股节端部色淡；胫节及跗节棕色；前胫有 2–4 个细的前背鬃和 1 个后腹鬃；中胫前背鬃 1，后腹鬃 2，后背鬃 1；后胫前背鬃 2，后背鬃 2，前腹鬃 2。腹部黄褐色，第 1–5 背板上有一暗中纵条，第 4 背板后缘具宽的暗带，第 5 背板黑，覆密厚的黄灰色粉被；第 4、第 5 两背板后缘鬃发达，露尾节十分明显，有暗金属绿色且带有铜色光泽；各腹板除第 5 腹板暗色外呈黄褐色，黑毛较长；第 5 腹板侧叶沿内缘着生密集的刺形鬃簇。雌性体长 6.0–8.0 mm。额宽为一复眼宽的 2/3，下眶鬃 6–7 对，侧额宽稍大于间额，额两侧略平行，在新月片上方略变宽，红棕色；侧颜裸，颊暗棕色。后气门棕色，上腋瓣、下腋瓣白。股节黄褐色，前胫后腹鬃 1，前背鬃 2–3，中胫前背、前腹和后背鬃各一，后腹鬃 2。腹部黄褐色，覆灰黄色粉被；第 3 背板具一纵黑斑，第 4、第 5 两背板黑或具不规则斑。

分布：浙江（安吉、临安、龙泉、乐清）、福建、台湾、广东；日本，尼泊尔，菲律宾。

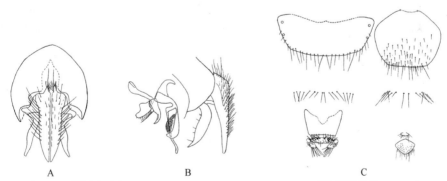

图 2-40　鬃尾鼻彩蝇 *Rhyncomya setipyga* Villeneuve, 1929（仿范滋德等，1997）

A. ♂尾器后面观；B. ♂尾器侧面观；C. ♀产卵器

61. 口鼻蝇属 *Stomorhina* Rondani, 1861

Stomorhina Rondani, 1861: 9. Type species: *Musca lunata* Fabricius, 1805.

Thairhina Lehrer, 2007: 14. Type species: *Thairhina theodorinella* Lehrer, 2007.

主要特征：中型种。体较粗胖，常呈青绿色。眼裸；侧颜具毛，触角芒栉状，触角间楔较发达，口上片突出，颊前部光滑无粉被。胸部暗青灰色或青黑色，具生毛点；中胸气门鬃缺如；后中侧片鬃 2–5，侧片部分或全部具粉被，具生毛点或缺如。翅 r_{4+5} 室开放或闭合或具柄。足后胫有 1 行约等长的前背鬃。腹部有黄色斑，并具生毛点或全部呈黄色或绝大部分呈黄色。雄第 5 腹板侧叶端部无小齿，肛尾叶不愈合，也不呈钳状，阳体球形。本属代表种 *Stomorhina lunata* 的幼虫寄生于蝗科的卵块中。在非洲，曾在粪堆下土中的白蚁穴中，发现幼虫与死白蚁和菌圃在一起；也有的寄生于蜂类。成虫出现于夏、秋两季，常活动于山区丛林中。

分布：世界广布。中国记录 5 种，浙江分布 2 种。

（165）异色口鼻蝇 *Stomorhina discolor* (Fabricius, 1794)（图 2-41）

Musca discolor Fabricius, 1794: 320.

Stomorhina discolor: Verves, 2005: 277.

特征：体长 6.5 mm。雄性眼合生，头黑；下眶鬃 7 对并伴生不规则的刚毛列；新月片及触角黄棕色，触角芒长栉状，基部 1/3 黄色，端部 2/3 黑色；下颚须棕黑色，短且端部稍膨大；中喙光滑且长，棕黑色稍带金属光泽。胸黑，有蓝绿金属光泽及薄的灰色粉被，有小的生毛点；中胸背板可见三暗纵条；中鬃 0+1，背中鬃 0+1；后中侧片鬃列不完整，具 2–4 个鬃；侧板的粉被较薄，有明显的生毛点及黄毛，但在上前侧片前下部与下前侧片前部光滑且为黑色；前胸基腹片具黄毛，前胸前侧片中央凹陷裸。翅基部稍带烟黄色，端部有暗晕，翅脉黄色，翅肩鳞棕，前缘基鳞棕黄，上腋瓣、下腋瓣及平衡棒黄色或黄白色。前足基节棕黄而其余基节及各转节棕色，股节光滑棕黑稍带金属反光，后股基部有黄色环，胫节黄，端部暗，跗节同上；前股具后背、后腹鬃列；前胫有 1 列前背鬃及后腹鬃 1；中股有 1 列后腹鬃且向端部去变短粗，中胫前背、后背、后腹鬃均 1；后股有 3–4 个长的后腹鬃和少数前腹毛，前背鬃列存在，后胫有 1 列短而密集的前背鬃及 3 个前腹鬃。腹部无粉被及生毛点，第 1+2 合背板仅具狭的褐色后缘带且正中条缺如，第 3 背板具很狭的褐色正中条和狭的褐色前、后缘带；第 4 背板除前侧角具黄斑外，其余为棕黑色；第 5 背板棕黑色且带有青黑色金属光泽。雌性体长 7.0 mm。眼离生，侧额具生毛点，侧额及侧颜交界处具银灰色粉被斑；下眶鬃 8 对。中股无明显鬃列，中胫前腹鬃 1，后股仅有 1–2 个短的后腹鬃，后胫前腹鬃 2。腹部有上具生毛点的白色粉被侧斑，但第 2 腹板无黑鬃。

分布：浙江（临安、泰顺）、江西、福建、台湾、广东、海南、广西、云南、西藏；巴基斯坦，印度，孟加拉国，越南，泰国，斯里兰卡，菲律宾，马来西亚，印度尼西亚，巴布亚新几内亚，澳大利亚。

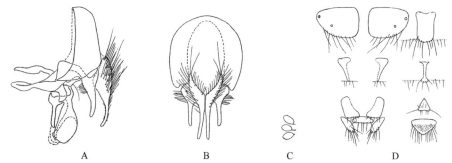

图 2-41　异色口鼻蝇 *Stomorhina discolor* (Fabricius, 1794)（仿范滋德等，1991）
A. ♂尾器侧面观；B. ♂尾器后面观；C. ♀受精囊；D. ♀产卵器

（166）不显口鼻蝇 *Stomorhina obsoleta* (Wiedemann, 1830)（图 2-42）

Idia obsoleta: Wiedemann, 1830: 355.

Stomorhina obsoleta: Verves, 2005: 278.

特征：体长 5.0–7.0 mm。雄性额宽明显狭于前单眼宽，下眶鬃 6–8；侧额、侧颜上部黑，有金黄色粉被，侧颜下部、颊及颜面黑，颊后半部及下后头覆有黄色粉被，上具细长黄毛；颊高为眼高的 1/4；触角第 1 鞭节长约为梗节长的 2 倍，两者均黑，前者有灰色粉被，触角芒栉状；下颚须扁宽，呈黑色。胸暗绿色，除有金黄色粉被外，有生毛点；前盾片有灰色粉被，前胸基腹片具黄毛；前胸前侧片中央凹陷裸，上前侧片、下前侧片及上后侧片具黄毛；上前侧片前部有光滑斑，后基节片无黄毛；中鬃 0+1，背中鬃 0+1，翅内鬃 0+1；下前侧片鬃 1+1，中胸气门鬃缺如，后中侧片鬃 2–3；中胸气门黄白色，后气门暗棕色。翅透明，沿前缘和基部稍暗，翅端具晕；径脉结节仅背面具小毛；M 脉弓把形弯曲；前缘基鳞及翅肩鳞均暗，亚前缘骨片棕色且裸；上腋瓣、下腋瓣及平衡棒黄。前足基节黄，其余基节黑，股节黑，基节及跗节均全黑；前股后面暗绿色明显，各具 1 列后背鬃及后腹鬃；前胫有 1 列短的前背鬃，后腹鬃 1；中胫前背鬃、后背鬃及后腹鬃各 1；后股具 1 列前背鬃，端部 1/5 处有一前腹鬃，前腹及后腹基半部具有稀疏的长毛；后胫有 1 列短的前背鬃，2 个短的前腹鬃及 2–3 个后背鬃。腹部黑色具黄斑，第 1+2 合背板有 1 对黄斑且延伸到侧腹面；第 3 背板黄，具正中暗条及后缘带，第 4 背板同上，两者侧缘均具生毛点；第 5 背板全黑，腹板前方黄，后方暗；第 1 腹板及第 2 腹板前半部具黄毛，第 2 腹板后半部至第 5 腹板毛黑。雌性体长 5.0–7.0 mm。额宽稍窄于一眼宽，间额黑，约与一侧额等宽，后者及侧颜具生毛点。

分布：浙江（安吉、临安）、黑龙江、吉林、辽宁、内蒙古、北京、天津、河北、山西、山东、河南、陕西、宁夏、甘肃、江苏、上海、安徽、湖北、江西、湖南、福建、台湾、广东、广西、四川、贵州、云南、西藏；俄罗斯，朝鲜，日本。

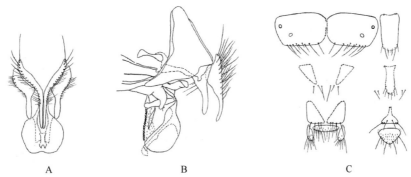

图 2-42 不显口鼻蝇 *Stomorhina obsoleta* (Wiedemann, 1830)（仿范滋德等，1997）

A. ♂尾器后面观；B. ♂尾器侧面观；C. ♀产卵器

六、麻蝇科 Sarcophagidae

主要特征：多为中小型灰色蝇类；复眼裸；触角芒基半部羽状，如裸或具毳毛则后小盾片不突出，雄额宽狭于雌额宽。后基节片鬃列发达，上后侧片具毳毛；胸部侧面观其外方的肩后鬃的位置比沟前鬃高，至少在同一水平上；下腋瓣宽，具小叶；在体后面后气门附近有大的陷腔。M 脉在末端常呈角形向前弯曲，有时具赘脉，r$_{4+5}$室开放，少数具柄。腹部常具银色或带金色的粉被条斑；各腹板侧缘被背板遮盖；雄性尾器复杂而多样，雌性尾器有时特化，多数卵胎生。麻蝇科分类系统暂按 Pape（1996）的分类原则记载。

分布：世界广布，本科全世界已知 2515 种。中国记录 331 种，浙江分布 17 属 47 种。

分属检索表

- 第 3 背板无中缘鬃 ·· 细麻蝇属 *Pierretia*
16. 雄性侧阳体端部无中央突，侧突发达，骨化强 ·································· 叉麻蝇属 *Robineauella*
- 雄性侧阳体端部有中央突或中央突不发达，侧突不发达或正常 ·········· 亚麻蝇属 *Parasarcophaga*

62. 粪麻蝇属 *Bercaea* Robineau-Desvoidy, 1863

Bercaea Robineau-Desvoidy, 1863: 549. Type species: *Sarcophaga cruentata* Meigen, 1826.

Coprosarcophaga Rohdendorf, 1937: 57. Type species: *Musca haemorrhoidalis* Fallén, 1817.

主要特征：雄性额宽等于一复眼宽的 2/5–3/5，侧颜在触角梗节水平上约为复眼长的 1/2，触角中等长，芒长羽状，颊高约为复眼高的 1/2；前胸侧板中央凹陷裸；中鬃缺如，后背中鬃 5；基阳体很短，几呈方形，仅为阳茎长的 1/7–1/5，侧插器有内、外两枝，第 5 腹板侧叶短，后内方有 1 对密生鬃状长毛的突出部，侧阳体很大而宽，端部很短，具细小的突起，膜状突大多为 1 对很长大的前伸突出物。

分布：古北区、东洋区、新热带区。中国记录 1 种，浙江分布 1 种。

（167）非洲粪麻蝇 *Bercaea africa* (Wiedemann, 1824)

Musca africa Wiedemann, 1824: 49.

Bercaea cruentata: Meigen, 1826: 28.

特征：体长 7.0–14.0 mm。雄性眼后鬃 2 行，颊前方 1/2 长度内毛黑色，后方其余部分毛淡色，间额和侧颜都约为一侧额的 2 倍宽，颊高约为眼高的 1/2；肛尾叶从后面观分枝部长而左右远离，跨度很大，第 7、第 8 合腹节缘鬃发达，尾长度等于第 9 背板，后者亮红色，背面正中有一微凹。雌性中股器直达尾节基部；腹末端红色；第 6 背板背面观呈分离的两个对角，第 8 背板为 1 对远离的近似圆形的棕色骨片。

分布：浙江（临安）、吉林、辽宁、内蒙古、北京、河北、山西、山东、河南、陕西、宁夏、甘肃、青海、新疆、上海、湖南、广东、重庆、四川、云南、西藏；俄罗斯，朝鲜，韩国，日本，中亚地区，印度，尼泊尔，西亚地区，欧洲，北美洲，澳大利亚。

63. 别麻蝇属 *Boettcherisca* Rohdendorf, 1937

Boettcherisca Rohdendorf, 1937: 270. Type species: *Myophora peregrina* Robineau-Desvoidy, 1830.

Athyrsiola Baranov, 1938: 174. Type-species: *Athyrsia atypica* Baranov, 1934.

主要特征：额很狭，为头宽的 0.16–0.18 倍。触角细，第 1 鞭节约为梗节的 2.5 倍。侧颜狭，侧面观为眼长的 1/3，向下去稍稍收缩；口前缘显然突出。触角芒上下侧具细长纤毛。喙适当地短，前颏长为其本身高的 8 倍。前胸侧板中央凹陷具不特别密的黑色纤毛；后背中 5 个鬃位，前方 3 个短，后方 2 个长大；中鬃仅小盾前的 1 对。翅 R_1 脉裸。股节栉很发达。第 7、第 8 合腹节短，长比本身高为短，后缘无鬃或有毛。肛尾叶后面观开裂约占本身长的 2/5，分枝部几乎平行；侧尾叶呈钝圆三角形；基阳体短于阳茎，但较粗；侧阳体基部腹突通常呈弯叶状，末端有两个很细的尖端；侧阳体端部特殊，侧突细枝状或叶状；膜状突 1 对，很宽但不很长，覆有多数小棘，基方有或大或小的无棘区；前阳基侧突末端形态及后缘因种而异，后阳基侧突前缘近端部有一两个小刚毛。第 5 腹板具很发达的刺。第 9 背板黑褐色以至红黄色。

分布：世界广布。中国记录 3 种。浙江分布 2 种。

（168）台湾别麻蝇 *Boettcherisca formosensis* Kirner *et* Lopes, 1961（图 2-43）

Boettcherisca formosensis Kirner *et* Lopes, 1961: 65.

Boettcherisca chianshanensis Ma, 1954: 64.

　　特征：体长 11–14 mm。雄性触角细，第 1 鞭节约为梗节的 2.5 倍。侧颜狭，侧面观为眼长的 1/3，触角芒纤毛状，颊部全为黑毛，或紧靠后头沟处有很少几根白毛；前胸侧板中央凹陷具黑色纤毛；R_1 脉裸，后股腹面无缨毛；前阳基侧突、后阳基侧突几乎等长；前阳基侧突在近端部前缘波曲；膜状突无棘部分明显前突；侧阳体端部大于侧阳体基部腹突，侧阳体端部侧突前缘凹入形成 2 个尖端，第 6 背板分离型。雌性不详。

　　分布：浙江（临安、景宁）、辽宁、台湾、广东、四川。

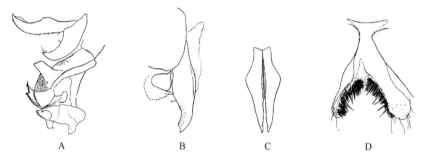

　　图 2-43　台湾别麻蝇 *Boettcherisca formosensis* Kirner *et* Lopes, 1961（仿范滋德等，1992）
A.♂阳体；B.♂尾器侧面观；C.♂肛尾叶后面观；D.♂第 5 腹板腹面观

（169）棕尾别麻蝇 *Boettcherisca peregrina* (Robineau-Desvoidy, 1830)（图 2-44）

Myophora peregrina Robineau-Desvoidy, 1830: 356.

Boettcherisca peregrina: Verves, 1986: 161.

　　特征：体长 6.0–9.0 mm。雄性颊部后方 1/3–1/2 具白毛；后股腹面具蜷曲的柔毛，毛长略超过节粗的 1/2。前阳基侧突显然长于后阳基侧突；肛尾叶端部外翻，具不很密的短刺，末端爪短小；前阳基侧突瘦长，末端扁薄；膜状突前缘圆弧形，侧阳体基部腹突略呈半月形，末端有两尖端指向上前方；侧阳体端部侧突叶状，末端有一缺刻。雌性中股器存在于节中段，长约为节长的 1/4；第 6 背板完整，正中缺缘鬃，第 7 背板为一前缘略卷边的铲形骨片，第 7 腹板后缘呈"V"形凹入。

　　分布：浙江（安吉、临安）、黑龙江、吉林、辽宁、内蒙古、河北、山西、山东、河南、陕西、宁夏、甘肃、江苏、上海、安徽、湖北、江西、湖南、福建、广东、海南、广西、四川、贵州、云南、西藏；朝鲜，日本，印度，尼泊尔，泰国，斯里兰卡，菲律宾，马来西亚，印度尼西亚，欧洲，北美洲，澳大利亚。

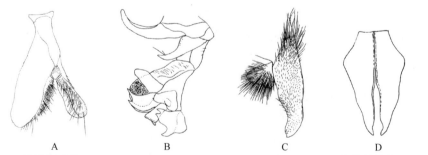

　　图 2-44　棕尾别麻蝇 *Boettcherisca peregrina* (Robineau-Desvoidy, 1830)（仿范滋德等，1992）
A.♂第 5 腹板腹面观；B.♂阳体；C.♂尾器侧面观；D.♂肛尾叶后面观

64. 亮麻蝇属 *Lioproctia* Enderlein, 1928

Lioproctia Enderlein, 1928. 26. Type species: *Lioproctia aurifrons* sensu Enderlein, 1928.

Burmanomyia Fan, 1964. 305. Type species: *Sarcophaga beesoni* Senior-White, 1924.

主要特征：触角长，有时第 1 鞭节超过梗节的 3 倍长。眼后 3 行，颊毛部分白色。前胸侧板中央凹陷新毛具有或缺如，前中鬃发达，后背中鬃 4。第 5 腹板常形。尾器：前阳基侧突外侧面有小突起，阳茎特别巨大；膜状突成对或不成对，具骨化强的多尖突；侧阳体基部腹突骨质，呈片状而小；侧插器 2 对，内侧插器端部扩大而多毛，紧贴着外侧插器甚至将后者的末端包围着。中插器 1 对，强大而急剧下屈，出自共同的基部。侧阳体端部侧突片状，不很长，中央部大，表面被有细毛并具 1 对叶状的侧枝。

分布：东洋区。中国记录 2 种，浙江分布 1 种。

（170）比森亮麻蝇 *Lioproctia beesoni* (Senior-White, 1924)（图 2-45）

Sarcophaga beesoni Senior-White, 1924: 242.

Lioproctia beesoni: Verves, 1989: 542.

特征：体长 7.5–13.0 mm。雄性触角长，触角第 1 鞭节为梗节的 2.8 倍长，颊毛大部黑，后方 1/4 有淡色毛。前胸前侧片中央凹陷无毛。阳茎膜状突 1 对，分叉，侧阳体端部侧突片状，基部腹突骨质，呈片状而小，前阳基侧突外侧面有小突起，阳茎极壮；内侧插器呈刷状，外侧插器呈弯曲的杆状，且腹面生逆刺。♀：中股器在中股中部；第 6 背板略红，中部无粉被，有正中褶，缘鬃密。

分布：浙江（临安）、河南、江苏、上海、安徽、湖北、江西、湖南、福建、台湾、广东、广西、四川；日本，缅甸，泰国。

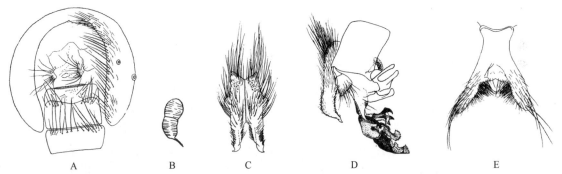

图 2-45　比森亮麻蝇 *Lioproctia beesoni* (Senior-White, 1924)（仿范滋德等，1992）

A.♀产卵器；B.♀受精囊；C.♂肛尾叶后面观；D.♂尾器侧面观；E.♂第 5 腹板腹面观

65. 须麻蝇属 *Dinemomyia* Chen, 1975

Dinemomyia Chen, 1975: 114. Type species: *Dinemomyia nigribasicosta* Chen, 1975.

主要特征：雄性触角短，第 1 鞭节长约为梗节长的 1.5 倍，颊高约为眼高的 1/4。前胸侧板中央凹陷无毛，前中鬃缺如，后中鬃 1 对细弱；后背中鬃 3，前缘基鳞黑。第 4 腹板后端具密集小毛，但不形成明确的毛斑，第 5 腹板大，侧叶长而端部宽阔。尾器：基阳体瘦长；膜状突 1 对，呈细小的扁须状，侧阳体基部腹突特别发达，侧阳体端部小，具侧突，中插器大形，侧插器 1 对相当短小。

分布：东洋区。中国记录 1 种，浙江分布 1 种。

（171）黑鳞须麻蝇 *Dinemomyia nigribasicosta* Chen, 1975（图 2-46）

Dinemomyia nigribasicosta Chen, 1975: 114.

主要特征：体长 8.0–10.0 mm。雄性外顶鬃明显，额约为一眼宽的 1/2；间额黑，约为一侧额的 3 倍宽；头前面覆有银白色粉被；侧缘鬃 1–2 行，下方 5–6 个较长，长约等于侧颜宽；颊毛全黑，在颊后头沟紧后方尚有少数黑毛；R_1 脉裸，r-m 横脉处带暗晕；腋瓣白，上腋瓣、下腋瓣交接处部分毛淡灰黄色。中股腹面有长密缨毛，中胫后腹面有不很长的毛；后胫腹面缨毛特长，最长毛等于节粗之半。腹部黑色，银白粉被变色斑明显；第 1–4 各腹板具长毛，第 4 腹板除侧缘有疏长毛外，向后方去有很密集的小毛；第 5 腹板内缘鬃不太粗；第 7、第 8 合腹节无缘鬃，第 9 背板亮黑。

分布：浙江（临安）、台湾、广东、海南。

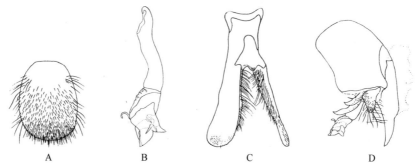

图 2-46　黑鳞须麻蝇 *Dinemomyia nigribasicosta* Chen, 1975（仿范滋德等，1992）
A.♂第 4 腹板；B.♂阳体；C.♂第 5 腹板腹侧面观；D.♂尾器侧面观

66. 沼野蝇属 *Goniophyto* Townsend, 1927

Goniophyto Townsend, 1927: 281. Type species: *Goniophyto formosensis* Townsend, 1927.

主要特征：触角相对地细长，侧面观其基部着生点明显高于眼中央一线，触角第 1 鞭节为梗节的 2.5–3 倍长，芒几乎裸，第 2 小节长。雄性额近于头宽的 0.3 倍，雌性为 0.4 倍，在雄性中有若干对不特别长的上眶鬃，在雌性中有 2 对长大的上眶鬃；雄性颜狭，雌性同额一样颜面很宽，明显比狭的侧颜宽，后者裸。髭极长大，位于口前缘一线。颊狭，大体与侧颜等宽，又为眼高的 1/10–1/4。中喙细长，下颚须长。中鬃全缺，背中鬃（2–4）+3；肩鬃 2，翅内鬃（0–1）+2，翅前鬃 1，翅上鬃 2，背侧片鬃 2，腹侧片鬃 1+1，前胸侧板中央凹陷和前胸基腹片裸。小盾仅有 2 对鬃。翅狭长，M 脉钝角形弯曲，m-m 横脉几乎直；M 脉第二段为第三段的 2 倍；R_{4+5} 脉第一段上面具小毛列，前缘刺很发达；r_{4+5} 室开放。足长，雄性鬃和爪均长，并在股节和胫节常有淡色毛，后足基节后表面裸腹第 3–5 各背板有大型的中缘鬃。性尾器中等大，肛尾叶开裂深，几乎为缝合段的 2 倍长；侧尾叶较肛尾叶为大，末端向内方弯曲。阳体构造简单，有薄三角形的下阳体，着生在侧阳体上，后者与基阳体间无关节。雌性第 6 背板狭，无背方凹陷。

分布：古北区和东洋区。中国记录 2 种，浙江分布 1 种。

（172）本州沼野蝇 *Goniophyto honshuensis* Rohdendorf, 1962（图 2-47）

Goniophyto honshuensis Rohdendorf, 1962: 936.

主要特征：体长 7.0 mm。雄性侧额前部有短毛，额近于头宽的 0.3 倍，触角细长，触角第 1 鞭节为梗节的 2.5–3.0 倍长，颊狭，髭极长大，位于口前缘一线，中喙细长，下颚须长，下颚须淡棕色；中鬃全缺，背中鬃（2–4）+3；肩鬃 2，翅内鬃（0–1）+2，小盾仅有 2 对鬃；横脉几乎直，M 脉钝角形弯曲，M 脉第二段为第三段的 2 倍；R_{4+5} 脉第一段上面具小毛列，前缘刺很发达，r_{4+5} 室开放。足长，足暗棕色至黑色；第 2 背板无中缘鬃。

　　分布：浙江（临安、磐安）、辽宁、上海、福建、台湾；俄罗斯，日本。

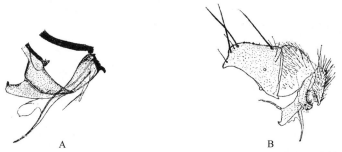

图 2-47　本州沼野蝇 *Goniophyto honshuensis* Rohdendorf, 1962（仿范滋德等，1992）

A.♂外生殖器侧面观；B.♂尾器侧面观

67. 黑麻蝇属 *Helicophagella* Enderlein, 1928

Helicophagella Enderlein, 1928: 38. Type species: *Sarcophaga noverca* Rondani, 1860.

　　主要特征：额宽为眼宽的 2/5–4/5，额宽，将近为头宽的 1/3。眼内缘很明显地向两侧方背离。侧颜相当宽，在触角基部水平为眼长的 1/4–2/3；侧颜向下去稍微收缩。颊高等于眼高的 2/5–1/2。口前缘明显地向前突出，头下缘直，很弱地凸出，常是回形的。触角中等长，第 1 鞭节为梗节长的 1.5–2.0 倍。头长大；头后表面很强地凸出。中鬃通常仅有小盾前的 1 对；较少有很发达的前中鬃。后背中鬃 3，等距排列。R_1 脉几乎总是裸的，r_{4+5} 室很宽地开放。足股节近端部栉常不显而细，常呈鬃状。肛尾叶边缘总是平的、直而均匀地延长并向末端变尖，其端部不很向两侧方背离。第 7、第 8 合腹节总是很大形，比第 9 背板长 1.2–2.0 倍；第 9 背板总是长的，很少略呈方形。第 6 背板很深地裂为两片边缘弧形的骨板。基阳体比阳茎略短，侧阳体通常长，基部很厚实，侧插器短，不弯曲；通常耳状突很发达。所有的种类体色都略相似。腹部黑色，覆有黄色的或白色的粉被，形成典型的棋盘状斑，很少有略明确的斑；第 7、第 8 合腹节黑色、发亮。足、下颚须和触角黑色。翅透明。

　　分布：世界广布。中国记录 3 种，浙江分布 1 种。

（173）黑尾黑麻蝇 *Helicophagella melanura* (Meigen, 1826)（图 2-48）

Sarcophaga melanura Meigen, 1826: 23.

Helicophagella melanura: Verves, 1986: 138.

　　特征：体长 6.0–12.0 mm。雄性侧颜宽约为眼长的 1/3；第二对前中鬃的长度不达盾沟。腹部背面具一般的黑白相间的可变状斑。雄性第 7、第 8 合腹节具缘鬃，第 5 腹板侧叶基部内缘腹面上的刺斑较大，近似椭圆形；前阳基侧突瘦长，略较后阳基侧突短；膜状突前缘波曲明显，末端形成一小爪尖。雌性第 6 背板两侧骨片的上半缘鬃疏，缘鬃长度较第 5 背板的正中缘鬃短。

　　分布：浙江（临安）、黑龙江、吉林、辽宁、内蒙古、北京、天津、河北、山西、山东、河南、陕西、宁夏、甘肃、青海、新疆、江苏、上海、安徽、湖北、江西、湖南、福建、台湾、广东、海南、广西、重庆、四川、贵州、云南、西藏；俄罗斯，蒙古国，朝鲜，日本，中亚地区，巴基斯坦，欧洲，北美洲。

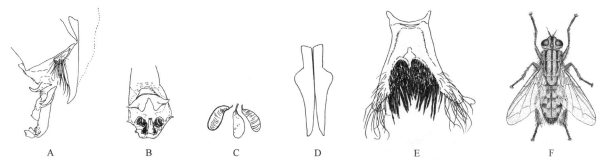

图 2-48　黑尾黑麻蝇 *Helicophagella melanura* (Meigen, 1826)（仿范滋德，1992）
A.♂尾器侧面观；B.♂阳体；C.♀受精囊；D.♂肛尾叶后面观；E.♂第 5 腹板腹面观；F.♂整体背面观

68. 堀麻蝇属 *Horiisca* Rohdendorf, 1965

Horiisca Rohdendorf, 1965: 691. Type species: *Sarcophaga hozawai* Hori, 1954.

主要特征：触角第 1 鞭节为梗节的 3 倍长。前胸侧板中央凹陷裸；前中鬃 2 行近盾沟的 1 对最长，后中鬃 1；后背中鬃 4；R_1 脉裸；腹第 3 背板无中缘鬃。第 4 腹板后缘毛倒伏细长；第 5 腹板内缘中段膨隆，上面着生短鬃。尾器：肛尾叶端段强烈向前弯曲，末端尖，后面观开裂段之间距大于肛尾叶端部宽；前阳基侧突两分叉，前支宽而长，后支退居其后；侧阳体端部不比基部短，侧阳体超过基阳体长，后者较粗壮，侧阳体端部完整无细长侧突，亦无小棘，末端正中有一小裂缝，膜状突为单纯的 1 对。

分布：古北区和东洋区。中国记录 1 种，浙江分布 1 种。

（174）鹿角堀麻蝇 *Horiisca hozawai* (Hori, 1954)（图 2-49）

Sarcophaga hozawai Hori, 1954: 46.

Horiisca hozawai: Rohdendorf, 1965: 694.

特征：体长 9.0–13.0 mm。雄性额约为一眼宽之半，间额黑，下眶鬃 9–13，头前面具金黄色粉被，侧额鬃细；颊后头沟前有少数白毛；颊高为眼高的 1/3；下颚须黑，前额长约为高的 2.5 倍；眼后鬃 3 行，第2、第 3 行不整齐。翅透明，无前缘刺，前缘脉第三段长为第五段的 1.5 倍；腋瓣白，缘缨亦白。中股后腹面和后胫腹面具缨毛。腹具相当宽的 3 条黑纵条和暗色缘带；第 7、第 8 合腹板无缘鬃，有粉被，第 9 背板亮黑；肛尾叶端段向前呈 95°角弯曲，尖端偏在外缘；前阳基侧突前支长而末端宽阔多齿，宛如鹿角。雌性不详。

分布：浙江（临安）、云南；朝鲜，日本。

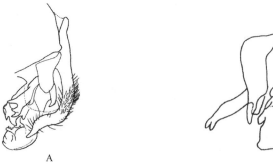

图 2-49　鹿角堀麻蝇 *Horiisca hozawai* (Hori, 1954)（仿范滋德，1992）
A.♂尾器侧面观；B.♂阳体

69. 突额蜂麻蝇属 *Metopia* Meigen, 1803

Metopia Meigen, 1803: 280. Type species: *Musca leucocephala* Rossi, 1790.

Nepalometopia Rohdendorf, 1966: 462. Type species: *Nepalometopia brunneipennis* Rohdendorf, 1966.

主要特征：为体躯中等大小的暗色蝇类。额呈角锥状向前突出在头顶部约等于一眼宽；眼内缘向下方逐渐背离或平行，或颜面在触角基部的水平也明显比额狭；间额向前端变窄，有时几乎完全消失；额鬃很大，在中部较弱，有时呈纤毛状或完全缺如；侧额鬃大，2–4 对，有时 2 行并部分向后弯曲；新月片常有 1 对小毛；颜等于头宽的 2/5–1/2；触角很长，第 3 节长为第 2 节的 4–7 倍；触角芒长而细，其第 2 小节短，第 3 小节在基部一半或稍膨大，无毛；颊高等于高的 1/12–1/6；喙短而细，前颜长为高的 3–4 倍，下颚须中等长。胸部鬃很发达，背中鬃 2+3，长大；中鬃较柔弱而短，沟前、沟后各 1–3 对；背侧片鬃 2，背侧片上还有 2–4 根短毛；前胸前侧片中央凹陷裸，上前侧片上方有密而粗的鬃，下前侧片鬃 1+1。翅无斑纹，无色；R_1 脉裸，M 脉末端钝角形弯曲；翅的后半无脉，宽阔，约等于 r_{4+5} 室的最大宽度；M 脉的前屈部分斜位，m-m 横脉有时几乎与之并行；前缘刺不明显。足爪短，前跗具长大刚毛或纤毛，或具短的分跗节。腹部长卵形或在端部明显呈锥形；第 2、第 3 背板在后缘中央有鬃，第 4 背板后缘具完整的或在两侧中断的长大鬃列，第 5 背板具完整的鬃列；雄性尾节不大。

分布：古北区和新北区。中国记录 10 种，浙江分布 4 种。

分种检索表

1. R_{4+5} 脉上的鬃列达 r-m 脉且明显超过 ·· 2
- R_{4+5} 脉上的鬃列不达 r-m 脉 ··· 3
2. 前缘基鳞黑色；雄性前足跗节具长毛 ······························· **裸基突额蜂麻蝇 *M. nudibasis***
- 前缘基鳞黄色；雄性前足跗节无长毛 ······························· **杭州突额蜂麻蝇 *M. sinensis***
3. 中胫具一根强壮的前腹鬃 ··· **平原突额蜂麻蝇 *M. campestris***
- 中胫无前腹鬃 ··· **白头突额蜂麻蝇 *M. argyrocephala***

（175）白头突额蜂麻蝇 *Metopia argyrocephala* (Meigen, 1824)（图 2-50）

Tachina argyrocephala Meigen, 1824: 372.

Metopia argyrocephala: Rohdendorf, 1955: 366.

特征：体长 4.0–7.0 mm。雄性侧额前半部闪烁发亮的银白色部分和后半部暗色不发亮的部分之间有明晰的分界；雌、雄下颚须全黑。M 脉末端的角前段显著小于由心角至翅后缘之间的距离；前缘基鳞淡黄色，R_{4+5} 脉基段背面的小鬃不超过 r-m 横脉。雄性前足跗节全黑，第 1–4 分跗节无长缨毛，第 1 分跗节的

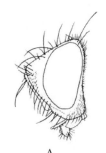
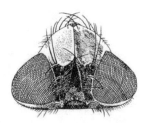

图 2-50　白头突额蜂麻蝇 *Metopia argyrocephala* (Meigen, 1824)（仿 Rohdendorf, 1965）

A. ♂头部侧面观；B. ♂头部背面观

长度不超过其余各分跗节长度之和。中足胫节无前腹鬃，腹部第 4 背板后缘不具完整的 1 行缘鬃，仅具 1 对中缘鬃和数根侧缘鬃，中缘鬃和侧缘鬃之间不连续。

分布：浙江（临安、定海）、黑龙江、内蒙古、河北、河南、青海、新疆、江苏、福建、台湾、四川、云南、西藏；俄罗斯，朝鲜，日本，西亚地区，欧洲，北美洲。

（176）平原突额蜂麻蝇 *Metopia campestris* (Fallén, 1820)（图 2-51）

Tachina campestris Fallén, 1820: 266.

Metopia campestris: Rohdendorf, 1955: 364.

特征：体长 5.0–7.0 mm。雄性间额线黑色，无粉被，仅单眼三角区具褐色粉被，间额前端的宽度大于触角第 1 鞭节的宽度，中部约为侧额宽的 2 倍。M 脉末端的角前段显著小于由心角至翅后缘之间的距离，前缘基鳞淡黄色，R_{4+5} 脉基段背面的小鬃不越过 r-m 横脉，前足跗节全黑，第 1 分跗节的长度不超过其余各分跗节长度之和。下颚须全黑，中足胫节中部具 1 根强壮的前腹鬃，前足第 1–4 分跗节外侧各具 1–2 根长缨毛，腹部第 4 背板具完整的 1 行缘鬃，腹部粉被较稀薄，第 3 和第 4 背板具"山"字形黑斑，第 5 背板后方 2/5 亮黑色，肛尾叶较细长。

分布：浙江（临安）、黑龙江、内蒙古、河北、青海、新疆、江苏、福建、台湾、海南、四川、云南、西藏；俄罗斯，蒙古国，朝鲜，韩国，日本，中亚地区，印度，欧洲，北美洲。

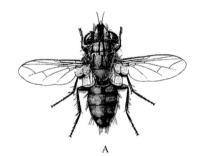 

A   B

图 2-51　平原突额蜂麻蝇 *Metopia campestris* (Fallén, 1820)（仿 Rohdendorf，1965）

A. ♂整体背面观；B. ♂前足

（177）裸基突额蜂麻蝇 *Metopia nudibasis* (Malloch, 1930)（图 2-52）

Opsidiopsis nudibasis Malloch, 1930: 439.

Metopia nudibasis: Verves, 1979: 890.

特征：体长 6.0 mm。雄性胸和腹稍发亮，单眼鬃长大，上眶鬃和顶鬃均长，下眶鬃在边缘有 8 对，仅上部向上弯曲，其余向下弯曲，新月片毛明显，颜在下侧不宽，巅角接近于口上片；背中鬃 3 对较强大，

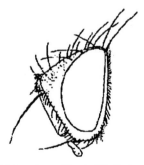

图 2-52　裸基突额蜂麻蝇 *Metopia nudibasis* (Malloch, 1930)（仿范滋德，1992）

♂头部侧面观

背侧片裸，小盾端鬃短于 2 对侧鬃且弯，腹侧片鬃 1 对强大；腹部向端部去为锥形，第 3 背板具 1 对较强的心鬃，第 5 背板具 1 个鬃；前足跗节细长，具长毛，前足胫节有 1 个亚中位后鬃和 1 列前背鬃，中足胫节有 1 个前背鬃，中足股节具 4 个短的后鬃且无后腹鬃，后足胫节有 4 个前腹鬃，后背鬃和前背鬃各 2 根，其中前背鬃一根较其他强大。

分布：浙江（临安）、广东、香港；日本，印度，越南，老挝，斯里兰卡，菲律宾，马来西亚，澳大利亚，非洲。

（178）杭州突额蜂麻蝇 *Metopia sinensis* Pape, 1986（图 2-53）

Metopia sinensis Pape, 1986: 5.

特征：雄性复眼裸，眼向两侧扩大，几乎占据整个头，额宽为头宽的 0.34 倍，间额在前单眼水平上，为侧额宽的 0.3 倍，在新月片水平上，为侧额宽的 0.4 倍；有两个外侧额鬃、两个内侧额鬃；外顶鬃和内顶鬃均发达；单眼鬃均弱，比下面的侧额鬃弱；侧颜在内缘有 1 对鬃；髭发达，有 2–3 个缘鬃；新月片具 1 对不对称的鬃；触角第 3 节约为第 2 节的 3.5 倍，芒长于触角第 3 节。中鬃 0+1；背中鬃 2+3；背侧片裸。雌性不详。

分布：浙江（临安）。

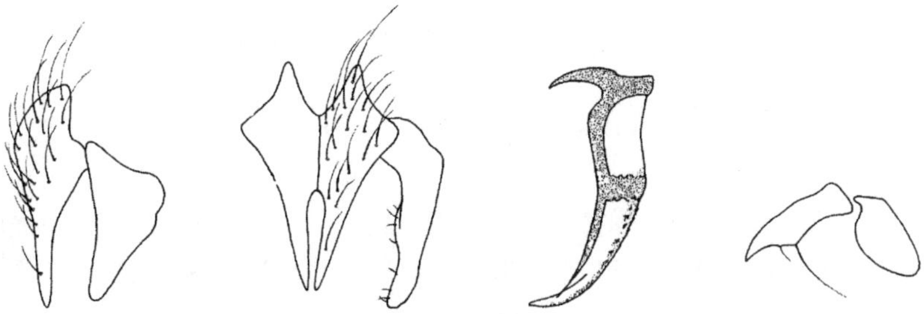

图 2-53 杭州突额蜂麻蝇 *Metopia sinensis* Pape, 1986（仿 Pape，1986）
A. ♂肛尾叶和侧尾叶侧面观；B. ♂肛尾叶和侧尾叶后面观；C. ♂阳茎；D. ♂阳基侧突和生殖肢

70. 蜂麻蝇属 *Miltogramma* Meigen, 1803

Miltogramma Meigen, 1803: 280. Type species: *Miltogramma punctatum* Meigen, 1824.
Stephanodactylum Rohdendorf, 1930: Type species: *Miltogramma punctata* Meigen, 1824.

主要特征：体大型或中型，腹部卵圆形或长卵形，体灰色。额长较眼宽，侧面观角形；前倾上眶鬃 1–2 个，较少为 4 个，侧颜裸，口下缘长。r_{4+5} 室很宽地开放，有时闭合。雄前足跗节常有长刚毛。阳基后突长，钩状。成蝇有喜砂型，分布于各种不同气候带，但多数种在荒漠区。幼虫常栖生于孤栖性蜂巢内，较少也在泥蜂总科及蜾蠃总科等的巢内。

分布：古北区。中国记录 9 种，浙江分布 1 种。

（179）西班牙长鞘蜂麻蝇 *Miltogramma ibericum* Villeneuve, 1912（图 2-54）

Miltogramma ibericum Villeneuve, 1912: 508.

特征：体长 5.0–11.0 mm。雄性体大型，触角第 1 鞭节除端半部黑色外，其余部分红黄色。前缘基鳞黑褐色或褐色，有时为红褐色，下腋瓣至少在边缘附近覆稀薄的黄褐色粉被。M 脉心角至 m-m 横脉的距离大于或至少等于由心角至翅后缘之间的距离。雄性侧尾叶后臂较宽大，后阳基侧突细长略弯曲；基阳体很长而细，无阳基后突，筒形，外生殖器大而宽。

　　分布：浙江（临安）、吉林、辽宁、河北、山东、河南、陕西、江苏、福建、广东、海南、广西、四川、云南、西藏；俄罗斯，韩国，日本，印度，越南，马来西亚，西亚地区，欧洲。

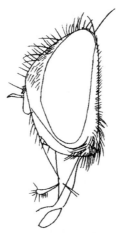

图 2-54　西班牙长鞘蜂麻蝇 *Miltogramma ibericum* Villeneuve, 1912（仿范滋德，1992）
♂头部侧面观

71. 亚麻蝇属 *Parasarcophaga* Johnston *et* Tiegs, 1921

Parasarcophaga Johnston *et* Tiegs, 1921: 86. Type species: *Parasarcophaga omega* Johnston *et* Tiegs, 1921

　　主要特征：雄性额中等宽，很少是狭的，为一眼宽的 2/5–3/4，侧颜狭，在触角梗节的水平上为眼长的 1/3–1/4，较少是宽的，达于眼长的 2/5，侧颜鬃一般为 1 行，较少具有 2–3 行垂直列，最长的侧颜鬃显然比侧颜宽为短，较少是与之相等的，颊高为眼高的 1/3–1/2 倍，触角中等长，较少稍长的，第 1 鞭节长为梗节长的 1.75–3.0 倍，口前缘适当地向前突出，髭正好位于口前缘或比后者稍高，喙中等长，前颏长一般为其本身高的 4 倍，较少是短的，为其高的 2.5–3.0 倍，也有长的，可达其高的 6–7 倍；中鬃 0+1，很少在沟前有不明显的鬃，后背中鬃 5–6 个鬃位；R_1 脉裸；r_{4+5} 室宽阔地开放；腹部第 3 背板无中缘鬃，极少有成对的大型的斑，第 4 腹板无稠密的刚毛，第 5 腹板长，具中嵴，基部前半一般狭长而前缘稍扩展，侧叶长，向两侧背离，其后端圆，内侧多刺，基部一般发达。第 7、第 8 合腹节侧面观方形，后缘一般无鬃，较少有略大形的刺或鬃列，肛尾叶在其端部 1/3 或一半裂开，其分支部不显著地背离，侧尾叶为呈三角形的骨板，其端部的角稍圆而不很突出。侧阳体端部有中央突或中央突不发达，侧突不发达或正常。本属习性复杂，幼虫食粪、尸食、腐食和多食性的都有。

　　分布：世界广布。中国记录 40 种，浙江分布 19 种。

分种检索表

1. 侧阳体端部中央突具倒刺 ··· 立亚麻蝇 *P. hervebazini*
- 侧阳体端部中央突无倒刺 ··· 2
2. 眼后鬃 1 行，且颊部毛全白或前方的黑色毛部分不及颊长的 1/3 ··· 2
- 眼后鬃 2 行或以上 ··· 5
3. 雄性第 7、第 8 合腹节有发达的缘鬃列 ·· 肥须亚麻蝇 *P. crassipalpis*
- 雄性第 7、第 8 合腹节无缘鬃 ·· 3
4. 触角第 3 节为第 2 节的 2 倍或不到 2 倍，下颚须黑 ··· 酱亚麻蝇 *P. dux*
- 触角第 3 节超过第 2 节的 2 倍长，下颚须黄色 ·· 4
5. 雄性后足胫节仅在后腹面有长缨毛，第 5 腹板侧叶间距宽，其内缘毛很短小 ··············· 黄须亚麻蝇 *P. misera*
- 雄性后足胫节前腹面和后腹面有长缨毛，第 5 腹板侧叶较接近，其内缘鬃毛较长 ·········· 带小亚麻蝇 *P. taenionota*

6. 颊部有一部分具白毛，虽有时仅在颊后头沟处有极少数白毛 ·· 7
- 颊毛全黑 ·· 9
7. 眼后鬃 3 行以上 ··· 巨耳亚麻蝇 *P. macroauriculata*
- 眼后鬃 2 行 ·· 8
8. 雄性中足股节后腹面的缨毛长度显然超过这一股节的最大横径，颊部白色毛约占后方的 2/3，前阳基侧突长而末端圆钝
·· 白头亚麻蝇 *P. albiceps*
- 雄性中足股节后腹面的缨毛长度略等于这一股节的最大横径，颊部白色毛的部分一般不超过颊表面后方 1/2，阳基侧突短
·· 短角亚麻蝇 *P. kohla*
9. 雄性后足胫节无长缨毛 ··· 10
- 雄性后足胫节有长缨毛 ··· 13
10. 颊后头沟的后方有少数黑毛，触角第 1 鞭节约为梗节的 2 倍长；雄性后足转节腹面一般无长端鬃，第 5 腹板窗明显，一般无腹鬃 ·· 秉氏亚麻蝇 *P. pingi*
- 颊后头沟的后方全为白毛，触角第 1 鞭节超过梗节的 2.5 倍；雄性后足转节腹面有一长的端鬃 ················ 11
11. 雄性第 5 腹板窗狭小，几乎全为侧缘延伸过来的鬃毛所占据 ··························· 兴隆亚麻蝇 *P. hinglungensis*
- 雄性第 5 腹板窗较大 ··· 12
12. 雄性第 5 腹板窗仅在前方有短小的鬃，有时鬃数很少，侧阳体基部几乎为基阳体的 2 倍长 ········ 义乌亚麻蝇 *P. iwuensis*
- 雄性第 5 腹板窗密生鬃毛，几乎布满窗的全部，侧阳体基部与基阳体略等长 ········· 叉形亚麻蝇 *P. scopariiformis*
13. 雄性第 5 腹板基部呈弯弓状隆起，窗面与体纵轴垂直 ·································· 巨板突亚麻蝇 *P. gigas*
- 雄性第 5 腹板基部不呈弯弓状，而呈屋脊状，窗面与体纵轴平行或略倾斜 ································ 14
14. 前缘脉第三段与第五段等长 ··· 18
- 前缘脉显然比第五段为长 ··· 15
15. 雄性侧阳体端部侧突分叉 ··· 16
- 雄性侧阳体端部侧突不分叉 ··· 野畔亚麻蝇 *P. similis*
16. 雄性肛尾叶端部波曲而渐收细，到末端渐形成一长爪，阳茎膜状突上下缘几乎平行 ············· 结节亚麻蝇 *P. tuberosa*
- 雄性肛尾叶侧面观端部不波曲，阳茎膜状突上下缘总是不平行，且相当窄，端部常变尖 ················ 17
17. 雄性前阳基侧突前缘平滑，不反曲 ·· 巧亚麻蝇 *P. idmais*
- 雄性前阳基侧中段反曲，末端很强地急剧钩曲，侧阳体 ································ 急钩亚麻蝇 *P. portschinskyi*
18. 雄性腹部第 3–5 背板的近中部前缘的暗色斑和同一节两侧的后缘暗色斑不相连通 ············· 多突亚麻蝇 *P. polystylata*
- 雄性腹部第 3–5 背板的近中部前缘的暗色斑和同一节两侧的后缘暗色斑相连通 ············· 拟对岛亚麻蝇 *P. kanoi*

（180）白头亚麻蝇 *Parasarcophaga albiceps* (Meigen, 1826)（图 2-55）

Sarcophaga albiceps Meigen, 1826: 22.

Parasarcophaga albiceps: Rohdendorf, 1964: 81.

　　特征：体长 7.0–16.0 mm。雄性颊部白色毛约占后方的 2/3；眼后鬃常有完整的或不完整的第三行。中足股节后腹面的缨毛长度显然超过这一股节的最大横径。肛尾叶侧面观后缘呈钝角形，形成斜截状的端部；前阳基侧突长而末端圆钝；花朵状的阳基膜状突大形，上枝、下枝都很发达；侧阳体端部分枝长，向前超过侧阳体基部腹突。雌性第 2 腹板有 2 对鬃；第 6 背板骨化部很宽地中断，背方正中无缘鬃，干标本常呈褶襞状；第 8 背板呈狭长的带形，不中断，它与肛尾叶之间无 1 对鬃；第 6、第 7 两腹板各有 6 个缘鬃；第 8 腹板在中部有稍骨化的边缘，子宫骨片分为左右两部；中股器位于端部的一半，达到股节中部。

　　分布：浙江（临安、景宁）、黑龙江、吉林、辽宁、内蒙古、北京、河北、山西、山东、河南、陕西、宁夏、甘肃、江苏、上海、湖北、江西、福建、台湾、广东、海南、广西、重庆、四川、云南、西藏；俄罗斯，韩国，日本，巴基斯坦，印度，不丹，尼泊尔，缅甸，越南，斯里兰卡，菲律宾，马来西亚，新加坡，印度尼西亚，西亚地区，欧洲，北美洲，澳大利亚。

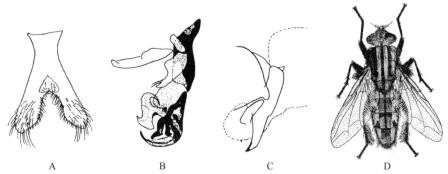

图 2-55　白头亚麻蝇 *Parasarcophaga albiceps* Meigen, 1826（仿范滋德，1992）
A.♂第 5 腹板腹面观；B.♂外生殖器侧面观；C.♂尾器侧面观；D.♂全形图

（181）肥须亚麻蝇 *Parasarcophaga crassipalpis* (Macquart, 1839)（图 2-56）

Sarcophaga crassipalpis Macquart, 1839: 112.

Parasarcophaga crassipalpis: Rohdendorf *et* Verves, 1978: 256.

　　主要特征：体长 10.0–17.0 mm。雄性眼后鬃 1 行，颊部除接近眼下缘处有少数黑毛外，几乎全被白色毛，触角为暗褐色，下颚须灰黑色；第 6 背板完整，但在正中具一褶痕，有不很强大的缘鬃列和密而细的复行的缘毛，第 7 腹板有 1 对长大的鬃，第 8 腹板中间膜质，两侧为 1 对相当大的骨片，第 7、第 8 合腹节有发达的缘鬃列，第 7、第 8 合腹节及第 9 背板红色，第 9 腹板亦局部骨化；子宫骨片呈矮的凳形，尾器红色，肛尾叶宽，后缘端部呈斜截状，末端尖爪略向前曲，阳茎膜状突为 1 对不大的半球状突起，侧阳体端部无中央突，侧突表面稍呈 "S" 形弯曲，末端略呈匙形扩大。雌性下颚须黑色或灰黑色，在雌性中特别粗壮，末端肥大如短棒状；中股器达于股节基部。

　　分布：浙江（临安）、黑龙江、吉林、辽宁、内蒙古、天津、河北、山西、山东、河南、陕西、宁夏、甘肃、青海、新疆、江苏、上海、湖北、广东、重庆、四川、西藏；俄罗斯，朝鲜，韩国，日本，中亚地区，西亚地区，欧洲，北美洲，澳大利亚。

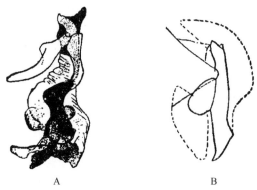

图 2-56　肥须亚麻蝇 *Parasarcophaga crassipalpis* (Macquart, 1839)（仿范滋德，1992）
A.♂外生殖器侧面观；B.♂尾器侧面观

（182）酱亚麻蝇 *Parasarcophaga dux* (Thomson, 1869)（图 2-57）

Sarcophaga dux Thomson, 1868: 534.

Parasarcophaga dux: Verves, 1986: 166.

　　主要特征：体长 7.0–14.0 mm。雄性触角暗褐色至黑色，触角第 1 鞭节为梗节的 2 倍或不到 2 倍，眼后鬃 1 行，颊部毛全白，下颚须黑色；后背中鬃 5–6 根，鬃越往前越小，鬃间距也越短，仅最后 2 根发达；

中足胫节无长毛。第 9 背板黑色、棕色或仅少数呈红色，第 7、第 8 合腹节无缘鬃，肛尾叶除近端部的前缘稍微波曲外，渐向端部尖削，同时微向前弯，末端尖；前阳基侧突宽短，略直，末端爪尖；阳基膜状突端部断截状，骨化而边缘不整齐；侧阳体基部腹突略呈长方形，前腹方有一小角；侧阳体端部中央突短小，侧突分叉。雌性中股器不达于股节基部，第 6 背板中断，两片骨片在背方相隔一缝，第 8 背板存在；第 7 腹板后缘凹入，两后角具小毛群。中股器占股节端部 2/3 的长度。

分布：浙江（临安）、黑龙江、吉林、辽宁、内蒙古、北京、河北、山西、山东、河南、陕西、宁夏、甘肃、新疆、江苏、上海、安徽、湖北、江西、湖南、福建、台湾、广东、海南、广西、重庆、四川、贵州、云南、西藏；韩国，日本，中亚地区，巴基斯坦，印度，不丹，尼泊尔，孟加拉国，泰国，斯里兰卡，菲律宾，马来西亚，新加坡，印度尼西亚，西亚地区，欧洲。

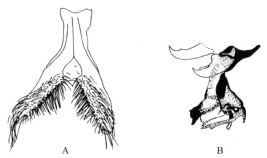

图 2-57　酱亚麻蝇 *Parasarcophaga dux* (Thomson, 1869)（仿范滋德等，1992）
A.♂第 5 腹板腹面观；B.♂外生殖器侧面观

（183）巨板突亚麻蝇 *Parasarcophaga gigas* Thomas, 1949（图 2-58）

Sarcophaga gigas Thomas, 1949: 166.

Parasarcophaga gigas: Fan, 1992: 714.

特征：体长 13.0–15.0 mm。雄性第 5 腹板基部呈弯弓状隆起，窗面与体纵轴平行或略倾斜。肛尾叶端部 1/3 斜向前屈，末端尖；阳茎膜状突 2 对，基部 1 对骨化坚实长大，叉形，端部 1 对亦骨化，较前者略短，末端也呈叉形；侧阳体基部腹突小；侧阳体端部为一宽大的片，向前方作球面弯曲，两侧各有一缺口，末端正中有一凹入。雌性第 6 背板中断，左右两骨片在背方互相接近；第 7 背板为一小的半月形片，第 8 背板骨化部分呈“小”字形；第 6、第 7 腹板各有 6 个缘鬃，缘鬃列中断，第 8 腹板不骨化，子宫骨片骨化弱。

分布：浙江（临安）、辽宁、河南、江苏、湖北、四川；朝鲜。

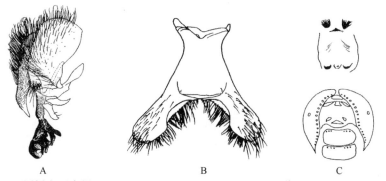

图 2-58　巨板突亚麻蝇 *Parasarcophaga gigas* Thomas, 1949（仿 Thomas et al.，1949）
A.♂尾器侧面观；B.♂第 5 腹板腹面观；C.♀产卵器

（184）立亚麻蝇 *Parasarcophaga hervebazini* (Séguy, 1934)（图 2-59）

Sarcophaga hervebazini Séguy, 1934: 26, 52.

Parasarcophaga hervebazini: Verves *et* Khrokalo, 2006: 170.

特征：体长 6.5–8.5 mm。雄性颊高约为触角第 1 鞭节宽的 2 倍，又约为眼高的 1/3；肛尾叶前缘到末端急激折曲成一尖爪，侧面观爪位于中央偏后，阳体膜状突骨化弱；侧阳体基部腹突侧面观宽而末端两分叉，侧阳体端部发达，较宽，末端不细，侧突略呈匙形。雌性第 6 背板中断，中股无中股器。

分布：浙江（临安）、辽宁、河南、甘肃、江苏、上海、湖北、江西、四川、贵州、云南；俄罗斯，朝鲜，日本。

图 2-59　立亚麻蝇 *Parasarcophaga hervebazini* (Séguy, 1934)（仿范滋德，1992）
♂尾器侧面观

（185）兴隆亚麻蝇 Parasarcophaga hinglungensis Fan, 1964（图 2-60）

Parasarcophaga (*Curranea*) *hinglungensis* Fan, 1964: 307.

特征：体长 8.0–12.0 mm。雄性颊毛全黑，颊后头沟的后方全为白色毛，触角第 3 节的宽度大于第 2 节的 2.5 倍；后背中鬃 5–6 根，鬃越往前越小，鬃间距也越短，仅最后 2 根发达；该种多数沿翅脉微带淡棕色晕；后足胫节无长缨毛，后足转节腹面有一长的端鬃；第 5 腹板窗狭小，肛尾叶缓缓地向前弯曲，同时均匀地向端部变狭，末端尖；阳基膜状突 1 对，大部膜质，略宽，膜缘上下褶曲，末端宽，腹侧有一齿状突；侧阳体基部腹突简单，侧插器比它长；侧阳体端部主体部短，侧枝向下弯曲，它的长度约为主体的 2.5 倍长，并有一芽状小分枝。雌性不详。

分布：浙江（临安）、湖北、广东、海南。

图 2-60　兴隆亚麻蝇 *Parasarcophaga hinglungensis* Fan, 1964（仿范滋德等，1992）
♂尾器侧面观

（186）巧亚麻蝇 *Parasarcophaga idmais* Séguy, 1934（图 2-61）

Sarcophaga idmais Séguy, 1934: 24.

Parasarcophaga idmais: Fan, 1992: 715.

特征：体长 8.0–12.0 mm。雄性颊毛全黑，后背中鬃 5–6 根，鬃越往前越小，鬃间距也越短，仅最后 2 根发达；前缘脉第三段显然比第五段长，后足胫节有长缨毛，第 5 腹板基部不呈圆弓形，呈屋脊状，窗面与体纵轴平行或略倾斜，侧插器短于侧阳体基部腹突的长度；侧阳体端部分叉，中央突长约为侧突长的 1/3，侧突呈 "S" 形弯曲，上小分枝指向前上方；阳茎膜状突上方膜片部分的前缘具一向内方蜷曲的带状突，下方骨化部分相当宽，端部内卷，末端钝平如切截状；后阳基侧突端部内侧有一明显的齿状突，前阳基侧突前缘平滑。雌性不详。

分布：浙江（临安）、天津、山西、河南、宁夏、江苏、上海、江西、湖南、台湾、广东、广西、四川、西藏；巴基斯坦，尼泊尔，泰国。

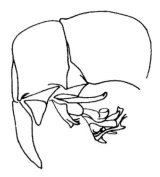

图 2-61　巧亚麻蝇 *Parasarcophaga idmais* (Séguy, 1934)（仿 Séguy 等，1934）

♂尾器侧面观

（187）义乌亚麻蝇 *Parasarcophaga iwuensis* Ho, 1934（图 2-62）

Sarcophaga iwuensis Ho, 1934: 34.

Parasarcophaga iwuensis: Verves, 1986: 169.

特征：体长 7.5–12.5 mm。雄性后背中鬃 5–6 根，鬃越往前越小，鬃间距也越短，仅最后 2 根发达，具中鬃，至少小盾前 1 对存在，颊毛全黑，后足胫节无长缨毛，颊后头沟的后方全为白色毛，触角第 1 鞭节长度超过梗节的 2.5 倍，后足转节腹面有一长的端鬃，第 5 腹板窗较大，仅在前方有短小的鬃，有时鬃数很少；肛尾叶稍微向前弯曲，同时向端部匀称地变狭，末端尖；阳茎膜状突 1 对，大部为膜质，直指前方，末端圆，在膜侧有一爪状突；侧阳体基部几乎为基阳体的 2 倍长；腹突叶状，侧插器与它长度相仿；侧阳体端部主体长而宽，侧枝单纯，只及主体的 3/5 长。雌性不详。

分布：浙江（临安、义乌）、江苏、湖南、福建、台湾、广东、海南、广西、四川、贵州、云南；巴基斯坦，不丹，尼泊尔，泰国。

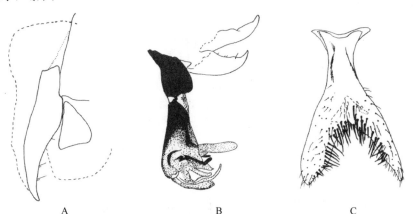

A　　　　　　　　　B　　　　　　　　　C

图 2-62　义乌亚麻蝇 *Parasarcophaga iwuensis* Ho, 1934（仿范滋德等，1992）

A. ♂尾器侧面观；B. ♂外生殖器侧面观；C. ♂第 5 腹板腹面观

（188）拟对岛亚麻蝇 *Parasarcophaga kanoi* (Park, 1962)（图 2-63）

Sarcophaga kanoi Park, 1962: 6.

Parasarcophaga kanoi: Rohdendorf, 1965: 693.

特征：体长 7.5–13.0 mm。雄性后背中鬃 5–6 根，鬃越往前越小，鬃间距也越短，仅最后 2 根发达，具中鬃，至少小盾前 1 对存在，颊毛全黑，前缘脉第三段与第五段等长；后足胫节有长缨毛，腹部第 3–5 各背板近中部前缘的暗色斑和同一节两侧的后缘暗色斑相通连，第 5 腹板基部不呈圆拱形，而呈屋脊状，窗面与体纵轴平行或略倾斜，肛尾叶略直，仅末端稍向前弯；阳茎膜状突 2 对，外侧 1 对膜质，内方 1 对略骨化，侧阳体基部腹突短小，侧阳体端部骨化不很强，长度几乎和侧阳体基部相等；中央突板状，末端较平，它正中有一小尖突，侧突长而下屈，基部向外侧扩展呈板状。雌性尾器第 6 背板中断，左右两骨片在背方正中以狭缝相接；第 7 背板为一骨化片和一狭骨化带；第 8 背板为一狭长的带；第 9 背板为一大型的底宽的三角形骨片；第 7 腹板长而后缘凹入很浅。

分布：浙江（临安）、黑龙江、吉林、辽宁、内蒙古、河北、山西、山东、河南、宁夏、甘肃、江苏、上海、湖北、湖南、重庆、四川、贵州；俄罗斯，韩国，日本。

图 2-63　拟对岛亚麻蝇 *Parasarcophaga kanoi* (Park, 1962)（仿范滋德等，1992）
♂尾器侧面观

（189）短角亚麻蝇 *Parasarcophaga kohla* Johnson *et* Hardy, 1923（图 2-64）

Sarcophaga kohla Johnson *et* Hardy, 1923: 113.

Parasarcophaga kohla: Verves, 1986: 166.

主要特征：体长 8.0–12.5 mm。雄性颊有一部分具白毛，具白毛部分一般不超过颊表面后方的 1/2，眼后鬃 2 行；后背中鬃 5–6 根，鬃越往前越小，鬃间距也越短，仅最后 2 根发达；中足胫节无长毛；中足股节后腹面的缨毛长度略等于这一股节的最大横径；第 9 背板黑色，尾器肛尾叶到端部急激变狭而形成一爪，前阳基侧突短，阳茎膜状突短，膜质，中有一狭的骨化带延伸到前下方的尖齿状突，侧阳体基部腹突透明，侧阳体端部中央突不发达，侧突短而略宽，分枝很短，第 7 背板为骨化不很强的半圆形骨片，其后缘有一骨化较强的狭带；第 7 腹板后缘中央凹入，子宫骨片完整，骨化强，呈瓶形，后缘略呈弧形弯曲，有时外观即能看到。雌性尾器第 6 背板完整，但背方正中有一缝，整个后缘有缘鬃和毛。

分布：浙江（临安）、辽宁、北京、河北、山东、河南、甘肃、江苏、上海、湖北、福建、台湾、广东、海南、广西、重庆、四川、贵州、云南；俄罗斯，韩国，日本，巴基斯坦，印度，尼泊尔，缅甸，泰国，菲律宾，马来西亚，新加坡，印度尼西亚。

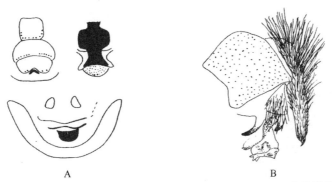

图 2-64　短角亚麻蝇 *Parasarcophaga kohla* Johnson *et* Hardy, 1923（仿范滋德等，1992）
A. ♀产卵器；B. ♂尾器侧面观

（190）巨耳亚麻蝇 Parasarcophaga macroauriculata (Ho, 1932)（图 2-65）

Sarcophaga macroauriculata Ho, 1932: 347

Parasarcophaga macroauriculata:Verves, 1986: 170.

主要特征：体长 8.5–14.0 mm。雄性眼后鬃 3 行以上，颊高略等于或大于眼高的 1/2；颊部白色毛的部分占颊表面长的 1/2–2/3。后足转节腹面粉被弱，而在中部具相当密的长毛与相当密的长毛被，毛被约占这一节长的 3/5，多数毛的长度几与这一节的横径等长。肛尾叶前缘（侧尾叶的下方）有一具短刺的巨大的突出部分；前阳基侧突不比后阳基侧突长；花朵状的阳茎膜状突不大；侧阳体基部后侧有 1 对明显的耳状突，侧阳体端部分枝的长度超过了侧阳体基部腹突。雌性第 6 背板暗黑色、中断型，两骨片分离略远，中断部骨化程度弱，后缘鬃只分布于两侧，每侧在 10 根以上；第 8 背板宽而短，为一完整的骨片；第 7 腹板后缘中部稍凹陷，它的鬃后方有一长条状小骨板；第 8 腹板膜质，后缘中央有小毛区；子宫骨片基部骨化部分近似三角形，完整不分为两片。

分布：浙江（临安）、黑龙江、吉林、辽宁、北京、河北、河南、陕西、宁夏、甘肃、江西、福建、四川、贵州、云南、西藏；俄罗斯，朝鲜。

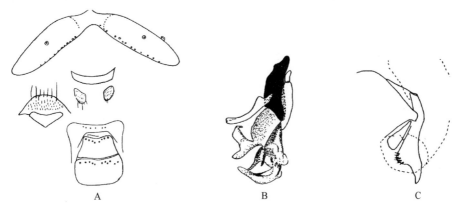

图 2-65　巨耳亚麻蝇 *Parasarcophaga macroauriculata* (Ho, 1932)（仿范滋德，1992）
A. ♀产卵器；B. ♂外生殖器侧面观；C. ♂尾器侧面观

（191）黄须亚麻蝇 Parasarcophaga misera Walker, 1849（图 2-66）

Sarcophaga misera Walker, 1849: 829.

Parasarcophaga misera: Verves, 1986: 170.

特征：体长 8.5–13.0 mm。雄性触角第 1 鞭节超过梗节的 2 倍长，颊毛几乎全白，下颚须大部黄色，或端部呈很明显的黄色；后足胫节仅在后腹面有长缨毛；第9背板黑色，第5腹板侧叶间距宽，其内缘毛很短小，第7+8合腹节无缘鬃，肛尾叶侧面观后缘有一钝角形的向后突起，花朵状的膜状突上部长大，侧阳体端部分枝短，向前不超过基部腹突。雌性第6背板中断；第8背板和肛尾叶之间有1对大型的鬃；第7腹板常有6个鬃，第8腹板中部骨化；中股器占端部1/2的长度。

分布：浙江（临安）、吉林、辽宁、河北、山东、河南、陕西、甘肃、江苏、安徽、湖北、江西、福建、台湾、广东、广西、四川、云南；朝鲜，日本，印度，缅甸，斯里兰卡，菲律宾，澳大利亚。

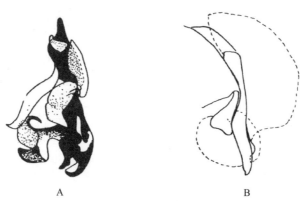

图 2-66　黄须亚麻蝇 *Parasarcophaga misera* Walker, 1849
A.♂外生殖器侧面观；B.♂尾器侧面观

（192）秉氏亚麻蝇 *Parasarcophaga pingi* (Ho, 1934)（图 2-67）

Sarcophaga pingi Ho, 1934: 19.

Parasarcophaga pingi: Rohdendorf, 1937: 196, 241.

特征：体长 5.5–8.0 mm。雄性颊毛全黑，颊后头沟的后方有少数黑毛，触角第1鞭节约为梗节的2倍长；后背鬃5–6根，越往前越小，鬃间距也越短，仅最后两根发达；后足胫节有长缨毛，后足转节腹面无长端鬃；第5腹板窗明显，前方无鬃，前阳基侧突后缘骨质强，前部为一宽的薄片，宛如一单面剃刀片；阳茎膜状突2对，末端都尖；侧阳体端部侧突曲而细，中央突稍长。雌性尾器：第6背板分离为两骨片，并互相远离，左右两骨片间距约等于第7背板的长度；第7腹板后缘长仅及前缘长的1/2，而且正中有一浅凹入。

分布：浙江（临安）、吉林、辽宁、北京、河北、河南、陕西、宁夏、甘肃、江苏、上海、安徽、湖北、福建、广西、四川；俄罗斯，朝鲜。

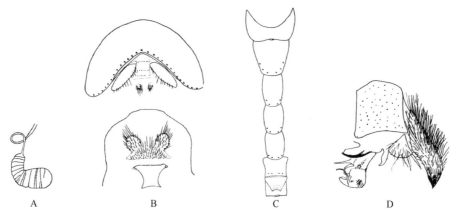

图 2-67　秉氏亚麻蝇 *Parasarcophaga pingi* (Ho, 1934)（仿何琦，1934）
A.♀受精囊；B.♀产卵器；C.♀腹板；D.♂尾器侧面观

（193）多突亚麻蝇 *Parasarcophaga polystylata* (Ho, 1934)（图 2-68）

Sarcophaga polystylata Ho, 1934: 21.

Parasarcophaga polystylata: Rohdendorf, 1937: 196.

特征：体长 7.0–12.5 mm。雄性间额为一侧额的 2 倍宽。后足转节近基部超过 1/2 的长度具鬃斑，紧接着向端部去靠前方为细长刚毛，靠后方则裸，近基部后腹面有一簇细长毛。第 3–5 背板的近中部前缘的暗色斑和同一节两侧的后缘暗色斑不相连通，阳茎膜状突基部宽度小于前阳基侧突中段的宽度，它分枝的末端特别纤细，一分枝短，出自中部外侧，另一较长的位于端部，末端向上弯曲，此外在正中尚有一不成对的小的刺状突；侧阳体端部侧突明显比中央突长，且越向端部去越尖细；中央突除有尖而狭长的正中小突外，还有三角形的侧小突；侧插器亦细长而略尖。雌性尾器第 6 背板完整型；第 7 腹板后缘凹入很深。

分布：浙江（临安）、黑龙江、吉林、辽宁、北京、河北、山东、河南、陕西、江苏、广西、四川；俄罗斯，朝鲜，日本。

图 2-68　多突亚麻蝇 *Parasarcophaga polystylata* (Ho, 1934)（仿何琦，1934）

♂尾器侧面观

（194）急钩亚麻蝇 *Parasarcophaga portschinskyi* Rohdendorf, 1937（图 2-69）

Parasarcophaga (*Liosarcophaga*) *portschinskyi* Rohdendorf, 1937: 195.

特征：体长 8.0–15.0 mm。雄性颊毛全黑；后背中鬃 5–6 根，鬃越往前越小，鬃间距也越短，仅最后 2 根发达；后足胫节具长缨毛，前阳基侧突中段反曲，末端很强地急剧钩曲。尾叶端部渐变狭，但末端爪稍细，阳茎膜状突上方的膜片宽且短，前缘有细突，但常向侧方平展，因此不很明显，下方骨化部分狭长而末端尖，侧阳体端部侧突呈很轻微的"S"形弯曲，下方小分枝约为上方小分枝的 1/3 长，中央突很短，

A B

图 2-69　急钩亚麻蝇 *Parasarcophaga portschinskyi* Rohdendorf, 1937（仿 Rohdendorf，1937）

A.♂外生殖器侧面观；B.♂尾器侧面观

不及侧突长的 1/3，基部腹突长，显然超过端部侧突的长度，第 9 背板通常呈红色以至黑褐色，第 5 腹板侧叶端部仅有一般的不长的细毛。雌性第 6 背板后缘呈红褐色，中断型，骨片发达，左右两片骨片间仅留一窄缝，第 7、第 8 背板甚发达。

分布：浙江（临安）、黑龙江、吉林、辽宁、内蒙古、北京、河北、山西、山东、河南、陕西、宁夏、甘肃、青海、新疆、江苏、上海、湖北、台湾、广西、四川、贵州；俄罗斯，蒙古国。

（195）带小亚麻蝇 *Parasarcophaga taenionota* Wiedemann, 1819（图 2-70）

Musca taenionota Wiedemann, 1819: 22.

Parasarcophaga taenionota: Verves, 1986: 171.

主要特征：体长 8.0–13.0 mm。雄性触角第 1 鞭节超过梗节的 2 倍长，颊毛几乎全白，下颚须近端部黄色或者仅在端部有黄色粉被。后胫前腹面和后腹面都有长缨毛。第 5 腹板侧叶较接近，其内缘鬃毛较长，第 9 背板黑色，第 7、第 8 合腹节无缘鬃，肛尾叶后缘波曲，但无钝角形突起，花朵状的膜状突的上部短，侧阳体端部分枝长，向前超过基部腹突。雌性第 2 腹板通常有 1 对强大的缘鬃，其余的较短小；第 6 背板中断，第 8 背板和肛尾叶之间无鬃；第 7 腹板有 2–4 个鬃；第 8 腹板全部膜质，中股器占端部 1/2 的长度。

分布：浙江（临安）、吉林、辽宁、内蒙古、河北、山东、河南、陕西、甘肃、江苏、湖北、江西、福建、台湾、广东、广西、四川、云南；俄罗斯，朝鲜，印度，缅甸，斯里兰卡，菲律宾，马来西亚，印度尼西亚，西亚地区，澳大利亚。

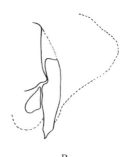

图 2-70　带小亚麻蝇 *Parasarcophaga taenionota* Wiedemann, 1819（仿范滋德，1992）
A. ♂外生殖器侧面观；B. ♂尾器侧面观

（196）结节亚麻蝇 *Parasarcophaga tuberosa* (Pandellé, 1896)（图 2-71）

Sarcophaga tuberosa Pandellé, 1896: 192.

Parasarcophaga tuberosa: Rohdendorf, 1937: 195, 223.

特征：体长 10.0–13.5 mm。雄性颊毛全黑；后背鬃 5–6 根，越往前越小，鬃间距也越短，仅最后两根发达；前缘脉第三段明显比第五段长；后足胫节有长缨毛；第 5 腹板基部不呈圆穹状，而呈屋脊状，窗面与体纵轴平行或略倾斜，肛尾叶不特别长，后面不下凹为槽状，后转角处没有孤立的纤毛，侧阳体端部侧突的下方小分枝明显比上方小分枝为短，有的呈小棘状，侧阳体端部中央突也不呈板状，肛尾叶端部波曲而渐收细，到末端渐形成一长爪，阳茎膜状突上下缘几乎平行，侧阳体基部腹突显然比膜状突为短，前者的长约为宽的 1.5 倍，前缘与下缘相交的角近乎直角，侧阳体端部中央突约为侧突的 1/2，侧突下方小分枝仅略短于上方小分枝。雌性第 6 背板完整，但背方有一褶缝，除完整缘鬃列之外尚有复行小毛，第 7–9 各背板几乎等宽，且都宽阔，都不中断，第 9 背板长纺锤形，第 7 腹板宽而后缘正中稍回，在这凹缘的前方有一圆形的结节状突，后侧角圆，有后缘鬃着生，中股器达到基部 1/4 处。

分布：浙江（临安）、黑龙江、吉林、辽宁、河北、山西、山东、河南、宁夏、新疆、江苏、上海、湖北、台湾、广西、贵州；俄罗斯，蒙古国，日本，中亚地区，巴基斯坦，西亚地区，欧洲，澳大利亚。

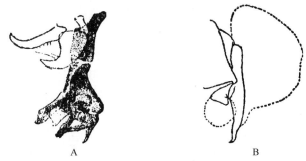

图 2-71　结节亚麻蝇 *Parasarcophaga tuberosa* (Pandellé, 1896)（仿 Rohdendorf，1938）

A.♂外生殖器侧面观；B.♂尾器侧面观

（197）叉形亚麻蝇 *Parasarcophaga scopariiformis* Senior-White, 1927（图 2-72）

Sarcophaga dux var. *scopariiformis* Senior-White, 1927: 82.

Parasarcophaga scopariiformis: Verves, 1986: 131.

特征：体长 8.0–10.5 mm。雄性第 5 腹板窗密生鬃毛，几乎布满窗的全部；肛尾叶末端尖，但在亚端部弯曲略急；阳茎膜状突长而末端尖；侧阳体基部与基阳体略等长，腹突叶状，侧插器短；侧阳体端部主体极短，无中央突，在侧枝的内方有 1 对小型的齿状突；侧枝长而呈"乙"字形弯曲，其中段上方有长的与末端平行的小分枝。雌性第 6 背板分离型，后缘鬃细而密，每侧在 20 个以上，第 7 背板痕迹状；第 8 背板梯形，后缘比前缘稍宽；第 6 腹板近似长方形，前缘两侧角圆弧形，后缘平直，中央微凸出，后缘鬃 12 个；第 7 腹板长度和宽度稍窄于第 6 腹板，后缘明显凹入，两侧各有 6 个小毛，子宫骨片骨化范围广，边缘清楚而骨化程度弱。

分布：浙江（临安）、河北、福建、广东、广西；越南，老挝，泰国，斯里兰卡。

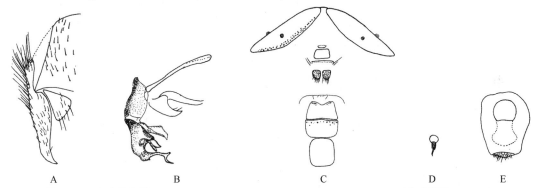

图 2-72　叉形亚麻蝇 *Parasarcophaga scopariiformis* Senior-White, 1927（仿范滋德，1992）

A.♂尾器侧面观；B.♂外生殖器侧面观；C.♀产卵器；D.♀受精囊；E.♀子宫骨片

（198）野畔亚麻蝇 *Parasarcophaga similis* (Meade, 1876)（图 2-73）

Sarcophaga similis Meade, 1876: 268.

Parasarcophaga similis: Rohdendorf, 1937: 196, 239.

特征：体长 9.0–13.0 mm。雄性后足转节整个腹面被有中等长度的鬃（鬃的长度为这一转节横径的 1/3 以上）和刚毛，其中在近端部的较长，后腹面基部一半有长刚毛群。肛尾叶端部略向前弯曲，同时均匀地变细，形成一尖的末端，前阳基侧突缓缓地弯曲，末端不呈钩状；阳茎膜状突 2 对，都狭，尖而单纯；侧阳体端部侧突很细而末端下屈不分叉，粗细均匀。雌性第 6 背板分离，两骨片间距约为第 7 背板长的 2 倍，第 8 背板后缘波曲；第 6 腹板有 4 个缘鬃，第 7 腹板后缘的宽约为前缘宽的 2/3，后缘正中凹入很深；第 8

腹板中部有一纵的果核状突。

分布：浙江（临安）、黑龙江、吉林、辽宁、内蒙古、北京、河北、山西、山东、河南、陕西、宁夏、甘肃、江苏、上海、湖北、江西、福建、广东、广西、贵州；亚洲，欧洲。

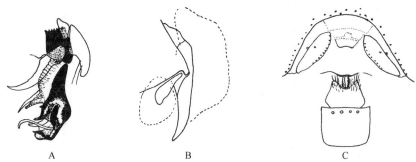

图 2-73　野畔亚麻蝇 *Parasarcophaga similis* (Meade, 1876)（仿 Rohdendorf，1938）

A.♂外生殖器侧面观；B.♂尾器侧面观；C.♀产卵器

72. 球麻蝇属 *Phallosphaera* Rohdendorf, 1938

Phallosphaera Rohdendorf, 1938: 107. Type species: *Phallosphaera konakovi* Rohdendorf, 1938.

Yunnanomyia Fan, 1964: 305, 316. Type species: *Sarcophaga gravelyi* Senior-White, 1924.

主要特征：头宽，其高度略小于其宽度。触角长，其末端达于眼下缘的水平以下，第 1 鞭节长为梗节长的 3–4 倍，甚至 5 倍，芒具长纤毛。额狭，约为一眼宽的 1/2，侧颜在触角基部水平上的宽等于后梗节宽的 1/2，向下去几乎不收缩，具多数短纤毛。颊高约为眼高的 1/3。口前缘适当地凸出。前长为其本身高的 3–4 倍。下颚须略细长。前胸侧板中央凹陷的中部及部分地在上部被有为数不多的纤毛，或裸，前中鬃常存在，后中鬃常为小盾前的 1 对，后背中鬃 4。腹侧片鬃 3，但前方的两个靠近。翅：r4+5 室宽阔地开放。股节具带，但不典型，由颇细的鬃组成。第 5 腹板在后方正中有一突立的突起。肛尾叶颇短，端部外侧具棘，在近端部的后缘常有一簇毛，末端具爪。侧尾叶通常长形。

分布：古北区和东洋区。中国记录 3 种，浙江分布 1 种。

（199）华南球麻蝇 *Phallosphaera gravelyi* (Senior-White, 1924)（图 2-74）

Sarcophaga gravelyi Senior-White, 1924: 222.

Phallosphaera yelangiops: Lehrer *et* Wei, 2011: 6.

特征：体长 10.0–15.0 mm。雄性触角长约为颜高的 5/6，第 1 鞭节约为梗节的 4 倍长；芒具长纤毛，颊高

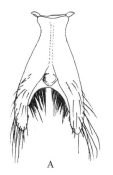

图 2-74　华南球麻蝇 *Phallosphaera gravelyi* (Senior-White, 1924)（仿范滋德，1992）

A.♂第 5 腹板腹面观；B.♂尾器侧面观

约为眼高的 1/3；后背中鬃 4，腹侧片鬃 3；翅微暗；前胸侧板中央凹陷裸；第 3 背板无中缘鬃，第 5 腹板后缘腹面中央的正中突呈乳头状，腹面观末端圆，侧面观肛尾叶后缘毛与近端部后侧直立鬃状毛簇之间不相连，前缘外侧仅端部有棘，端部前缘直或微曲，通常爪偏前缘；前阳基侧突末端有短小分叉，侧阳体端部中央突呈舌状突出，后阳基侧突末端不分叉。雌性不详。

分布：浙江（临安）、辽宁、湖北、福建、台湾、四川；朝鲜，日本，印度，尼泊尔，泰国。

73. 细麻蝇属 *Pierretia* Robineau-Desvoidy, 1863

Pierretia Robineau-Desvoidy, 1863. Type species: *Pierretia praecox* Robineau-Desvoidy, 1863.

Phallantha Rohdendorf, 1938: 101. Type species: *Phallantha sichotealini* Rohdendorf, 1938.

主要特征：雄性触角短，第 1 鞭节长为梗节长的 1.5–2.0 倍，少数种可达 3 倍左右，触角芒有时呈稍短的羽状，雄性宽为一眼宽的 2/5–1/2，较少是狭的，仅及一眼宽的 1/3；颊狭，较少是中等宽的，为眼高的 1/5–1/3。后背中鬃常一侧为 3，一侧为 4。前中鬃常有若干对，后中鬃仅少具有。有些种类的第 3、第 4 两腹板具密而长的毛以至缨毛，少数种类的第 3、第 4 腹板上仅有一般的小毛被。第 5 腹板基部常较侧叶为短。第 7、第 8 合腹节中等大小，有时稍长，通常无缘鬃，极少具细的缘鬃。尾器肛尾叶末端一般总是具爪的，个别种末端尖细；侧阳体端部与基部之间的界限不清晰。阳茎各部分的附属器官较全。大多数种侧阳体端部不分化出明显的侧突。细麻蝇属的体色如一般的本亚科代表者那样，腹部斑纹常呈明显的棋盘状，雄性露尾节黑色，少数个体则带棕色。本属体型较小，而斑多倾向于亮黑。

分布：东洋区、澳洲区。中国记录 30 种，浙江分布 7 种。

分种检索表

1. R₁ 脉上有毛 ·· 翼阳细麻蝇 P. pterygota
- R₁ 脉裸 ··· 2
2. 雄性第 3、第 4 腹板具较长的毛或缨毛 ··· 3
- 雄性第 3、第 4 腹板上的毛短 ·· 4
3. 雄性第 3、4 腹板具较长的毛，侧阳体端部表面有小棘 ············· 台南细麻蝇 P. josephi
- 雄性第 3、4 腹板无较长的毛，侧阳体端部表面无小棘 ············· 宝兴细麻蝇 P. baoxingensis
4. 雄性后胫具缨毛，前缘刺不发达 ··· 5
- 雄性后胫不具缨毛，前缘刺发达 ··· 6
5. 雄性第 5 腹板两侧叶基部远离，肛尾叶很宽，前缘内陷，后缘较直 ····· 膝叶细麻蝇 P. genuforceps
- 雄性第 5 腹板常形，肛尾叶瘦长而渐向末端变尖，并向前方缓缓弯曲，末端无爪 ·· 瘦叶细麻蝇 P. graciliforceps
6. 雄性肛尾叶基部宽，端部瘦直，末端具爪，侧尾叶似叶状，游离的端部下垂，可达肛尾叶近端处 ··· 鸡尾细麻蝇 P. caudagalli
- 雄性肛尾叶端部不瘦，前缘、后缘大体平行，侧尾叶近似三角形，端部游离缘达肛尾叶亚中位水平 ···· 小灰细麻蝇 P. crinitula

（200）宝兴细麻蝇 *Pierretia baoxingensis* Feng *et* Ye, 1987（图 2-75）

Pierretia baoxingensis Feng *et* Ye, 1987: 189.

特征：体长 10.0–12.0 mm。额宽为一眼宽的 1/2 弱，间额宽为一侧额的 3 倍，额鬃 9–12 对，但两侧常不对称，最长鬃比侧颜宽略短，触角梗节黑，第 1 鞭节棕黑，第 1 鞭节长为宽的 3 倍，为梗节的 2.5 倍，颊毛全黑，颊后头沟后方毛全白，眼后鬃 3 行，颊高为眼高的 1/3，下颚须黑色，端部不变大；前胸侧板中央凹陷裸，前胸基腹片长形，边缘具纤毛，中鬃 0+1，背中鬃 4+3，翅内鬃 1+3，翅前鬃 1，翅上鬃 2，前缘脉基鳞黄白色，前缘刺不发达，前缘脉第三段略长于第五段，R₁ 脉裸，R₄₊₅ 脉第一段基 1/2 有一行小鬃列，平衡棒黄色至黄褐色；前足股节基段具少数缨毛，前胫除具一亚中位后鬃外，其余裸；中足股节基段后腹面亦具一些约与该股横径相等的缨毛，中胫无缨毛，多后股前后腹面均具等于该股节横径长的缨毛，后胫端 2/3 前后腹面均具长而密的缨毛；第 3 背板无中缘鬃，第 3、第 4 背板正中具倒"丁"字形暗斑，第 5 背板具细的正中纵条，第 1–4 腹板常形，第 5 腹板近似亚麻蝇型；第 7、第 8 合腹节棕黑，无缘鬃，第 7、第 8 合膜节长为第 9 腹节的 1.5 倍，第 9 腹节长为高的 0.7 倍。

　　分布：浙江（临安）、河南、四川、云南。

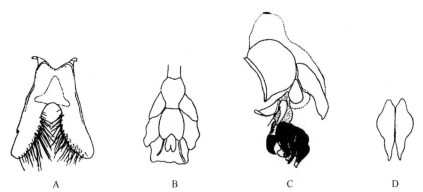

图 2-75　宝兴细麻蝇 *Pierretia baoxingensis* Feng *et* Ye, 1987（仿范滋德，1992）
A.♂第 5 腹板腹面观；B.♂阳体腹面观；C.♂尾器侧面观；D.♂肛尾叶后面观

（201）鸡尾细麻蝇 *Pierretia caudagalli* (Böttcher, 1912)（图 2-76）

Sarcophaga caudagalli Böttcher, 1912: 167.

Pierretia autochtona: Wei *et* Yang, 2007: 529.

　　特征：体长 4.8–8.0 mm。雄性颊毛全黑，后背中鬃 3，R_1 脉裸，前缘刺发达，后胫不具缨毛；腹部第 3 背板中缘鬃或不发达，第 3、第 4 腹板上的毛短，第 5 腹板窗的前方有横的隆起，具密的短小刚毛，肛尾叶基部宽，端部瘦直，末端具爪；侧尾叶似叶形，游离的端部下垂，可达肛尾叶近端处；膜状突 1 对，侧阳体基部腹突几乎和膜状突平行而伸向前方，侧阳体端部中央突瘦长地弯向前上方，侧插器细长。雌性不详。

　　分布：浙江（临安）、辽宁、河南、江苏、湖北、福建、台湾、广东、海南、四川、贵州、云南。

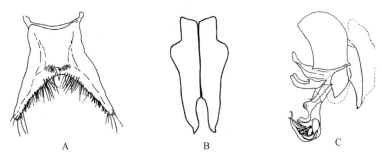

图 2-76　鸡尾细麻蝇 *Pierretia caudagalli* (Böttcher, 1912)（仿范滋德，1992）
A.♂第 5 腹板腹面观；B.♂肛尾叶后面观；C.♂尾器侧面观

（202）小灰细麻蝇 *Pierretia crinitula* (Quo, 1952)（图 2-77）

Sarcophaga crinitula Quo, 1952: 72.

Pierretia crinitula: Fan, 1992: 686.

　　特征：体长 6.0–8.0 mm。雄性颊毛全黑，后背中鬃 3；R_1 脉裸，前缘刺发达，后胫不具缨毛；腹部第

3 背板中缘鬃或不发达，第 3、第 4 腹板上的毛短，第 5 腹板窗的前方有横的隆起，具密的短小刚毛；肛尾叶端部较宽，前缘、后缘大体平行，侧尾叶近似三角形，端部游离缘达肛尾叶的亚中位水平，膜状突 1 对、短小，约与侧阳体基部腹突等长，两者相互背离。

分布：浙江（安吉、临安）、江苏、上海、重庆；韩国，日本。

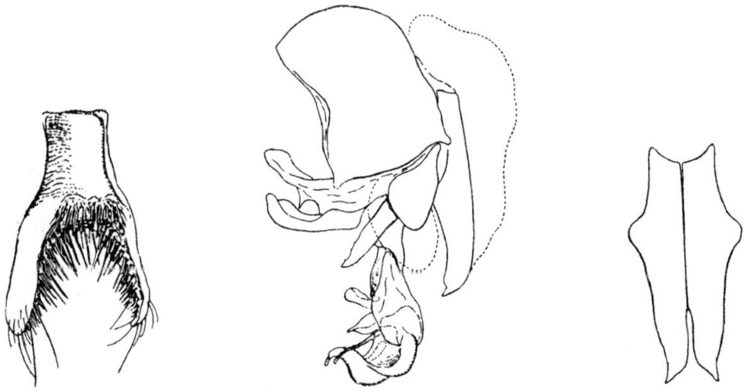

图 2-77　小灰细麻蝇 *Pierretia crinitula* (Quo, 1952)（仿郭郛，1952）

A. ♂第 5 腹板腹面观；B. ♂尾器侧面观；C. ♂肛尾叶后面观

（203）膝叶细麻蝇 *Pierretia genuforceps* Thomas, 1949（图 2-78）

Sarcophaga genuforceps Thomas, 1949: 172.

Pierretia genuforceps: Fan, 1965: 239.

特征：体长 8.0–14.0 mm。雄性侧颜宽至少等于触角第 3 节，前缘刺不发达；R_1 脉裸，后胫具缨毛，爪小；腹部第 3 背板中缘鬃缺如或不发达，第 3、第 4 腹板上毛短，第 5 腹板两侧叶基部远离，窗横阔，呈矮的等腰三角形。肛尾叶很宽，前缘内陷，后缘较直，末端斜切，前阳基侧突宽短，后缘骨化强，前部为一薄片，膜状突较骨化，在其两侧各有一叶角突，侧阳体端部近似舌形；侧插器特粗壮，具缘齿，近端部为膜被所包裹。雌性不详。

分布：浙江（临安）、河南、广东、重庆、四川、贵州、云南。

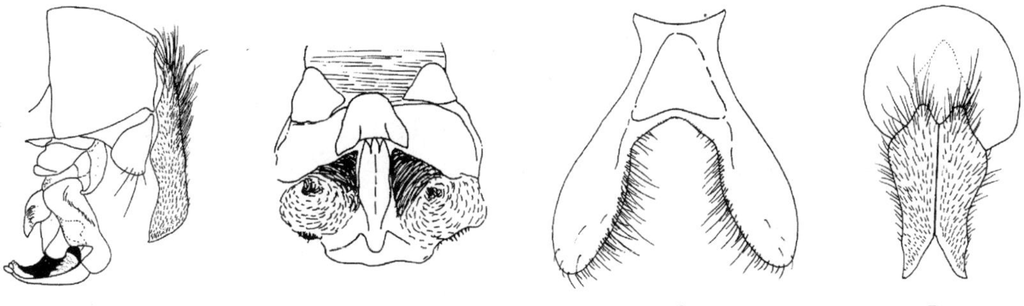

图 2-78　膝叶细麻蝇 *Pierretia genuforceps* Thomas, 1949（仿 Thomas，1949）

A. ♂尾器侧面观；B. ♂阳体后面观；C. ♂第 5 腹板腹面观；D. ♂肛尾叶后面观

（204）瘦叶细麻蝇 *Pierretia graciliforceps* (Thomas, 1949)（图 2-79）

Sarcophaga graciliforceps Thomas, 1949: 163.

Pierretia graciliforceps: Fan, 1965: 239.

特征：体长 9.0–10.0 mm。雄性侧颜宽至少等于触角第 3 节宽，R_1 脉裸，前缘刺不发达，后胫具缨毛，后足股节腹面仅具短毛，第 3 背板中缘鬃缺如或不发达，第 3、第 4 腹板上毛短，第 5 腹板常形，肛尾叶瘦长而渐向末端变尖，并向前方缓缓弯曲，末端无爪；侧尾叶小；前阳基侧突特别短；膜状突小而骨化强，侧插器直，隐于呈球体而不太骨化的侧阳体端部。雌性不详。

　　分布：浙江（临安）、北京、河南、江苏、湖北、湖南、四川、贵州。

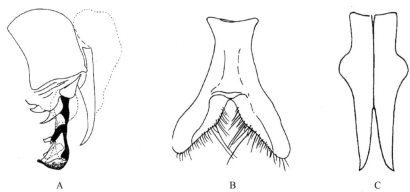

图 2-79　瘦叶细麻蝇 *Pierretia graciliforceps* (Thomas, 1949)（仿 Thomas，1949）

A.♂尾器侧面观；B.♂第 5 腹板腹面观；C.♂肛尾叶后面观

（205）台南细麻蝇 *Pierretia josephi* (Böttcher, 1912)（图 2-80）

Sarcophaga josephi Böttcher, 1912: 168.

Pierretia josephi: Fan, 1965: 239.

　　特征：体长 7.0–9.5 mm。雄性间额约为一侧额宽的 2.5 倍，侧颜鬃 1 行；R_1 脉裸，前缘刺不发达；第 3 背板中缘鬃缺如或不发达，第 3、第 4 腹板具较长的毛，肛尾叶后缘弯曲而前缘几乎直，末端具爪，膜状突相当长，伸向前方又下屈，前缘有一骨质小齿；侧阳体端部主要为 1 对表面被有小棘的前屈的瓣片，在基部有 1 对指向前方的不很大的钝突。雌性不详。

　　分布：浙江（临安）、吉林、辽宁、北京、河北、河南、江苏、上海、湖南、福建、台湾、广东、海南、重庆、四川、贵州、云南；俄罗斯，朝鲜，韩国，日本。

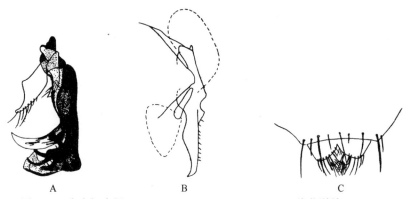

图 2-80　台南细麻蝇 *Pierretia josephi* (Böttcher, 1912)（仿范滋德，1992）

A.♂外生殖器侧面观；B.♂尾器侧面观；C.♂端腹部

（206）翼阳细麻蝇 *Pierretia pterygota* (Thomas, 1949)（图 2-81）

Sarcophaga pterygota Thomas, 1949: 165.

Pierretia subulata pterygota: Fan, 1965: 232.

　　特征：体长 7.5–10.5 mm。雄性眼后鬃 3 行，外顶鬃不发达；前胸侧板中央凹陷裸；R_1 脉上有毛；

后胫具缨毛；后足股节整个腹面具密缨毛；第 3 背板中缘鬃缺如或不发达，第 5 腹板两侧叶内缘缓缓向两侧背离，侧叶明显比基部长，上面的鬃较细长；肛尾叶后缘平滑地缓缓弯曲，末端尖，微向前指，膜状突很强地向下方弯曲，端部大部膜质扩展，前缘中部有微毛列，骨质齿状突在近端部 1/8 处。雌性不详。

分布：浙江（临安）、北京、江苏、上海、广西、重庆、四川、贵州；俄罗斯，日本。

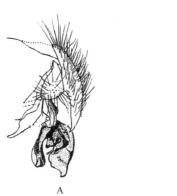

图 2-81　翼阳细麻蝇 *Pierretia pterygota* (Thomas, 1949)（仿 Thomas，1949）
A. ♂尾器侧面观；B. ♂第 5 腹板腹面观

74. 拉麻蝇属 *Ravinia* Robineau-Desvoidy, 1863

Ravinia Robineau-Desvoidy, 1863: 434. Type species: *Sarcophaga haematodes* Meigen, 1826.

主要特征：下眶鬃列在中部稍微向外倾，而在雄性中则差不多是完全直的，不向外；前中鬃 2–0，小盾端鬃退化。肛尾叶构造正常，后面观端部仅稍微相互分开，基阳体与阳茎几乎愈合，侧阳体端部突尖细而单纯，基部发达，转位至侧阳体基部腹突的端侧；外观不见插器；第 5 腹板后方正中陷入深，无窗，侧叶的长度常超过该腹板基部的长度，沿侧叶内缘有短的呈刷状排列的毛，在侧叶内缘的后端常向后或略向内方突出。第 6 背板完整，第 8 背板发达。

分布：新热带区、古北区和新北区。中国记录 1 种，浙江分布 1 种。

（207）股拉麻蝇 *Ravinia pernix* (Harris, 1780)（图 2-82）

Musca pernix Harris, 1780: 84.
Ravinia pernix: Verves, 1990: 583.

特征：体长 6.0–9.0 mm。额鬃列并行，其前段在雄性中只稍向外，而在雌性中则差不多完全不向外；雄性小盾端鬃退化；中足胫节无腹鬃。体粉被黄灰色，腹部具棋盘状斑；肛尾叶直，向末端去渐尖，前阳基侧突缓缓地弯曲，后阳基侧突略直而末端具急剧弯曲的钩，前缘近端部略呈锯齿状；阳体粗壮，基阳体大，后上端突出，侧阳体基部无明确界限。雌性尾器：第 6 背板完整，缘鬃列疏而强大；第 7 背板略骨化，第 8 背板发达，为 1 对大叶片状亮红骨片；第 9 背板有 2 对内倾的鬃，肛尾叶多毛，第 2-5 各腹板一般都有 1 对长大的缘鬃，第 6、第 7 两腹板缘鬃常在 2 对以上，第 7 腹板很长，中央部内陷，第 9 背板横阔，子宫骨片略呈三角形。

分布：浙江（临安）、黑龙江、吉林、辽宁、内蒙古、北京、天津、河北、山西、山东、河南、陕西、宁夏、甘肃、青海、江苏、湖北、湖南、四川、贵州、云南、西藏；俄罗斯，蒙古国，朝鲜，日本，巴基斯坦，印度，尼泊尔，西亚地区，欧洲，非洲。

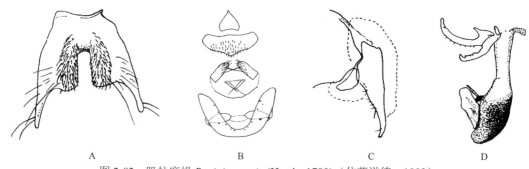

图 2-82　股拉麻蝇 *Ravinia pernix* (Harris, 1780)（仿范滋德，1992）

A.♂第 5 腹板腹面观；B.♀产卵器；C.♂尾器侧面观；D.♂外生殖器侧面观

75. 叉麻蝇属 *Robineauella* Enderlein, 1928

Robineauella Enderlein, 1928: 23. Type species: *Sarcophaga scoparia* Pandellé, 1896.

主要特征：体长 15.0–19.0 mm。一般特征为黑灰色、大型蝇种，在麻蝇亚科中，本属体型最大，雄性额宽为 1 复眼宽的 1/3–2/5，侧颜宽为 1 复眼宽的 3/5–4/5，颊宽，为眼高的 1/3–1/2，触角第 3 节长度为第 2 节的 2–3 倍，触角芒长，沿基部的 3/5 段长羽状。前胸腹板有少量的毛，前胸侧板凹陷处裸，偶尔有个别种的个别个体有几根黑色纤毛。中鬃 0+1；背中鬃（5–6）+（5–6），仅最后 2–8 根粗壮。翅 R_1 脉裸；后足股节和胫节的腹面均有长缨毛。腹部第 3 背板无中缘鬃；第 5 腹板"V"形或"U"形，有些种在侧叶基部内侧鬃毛的里面有 1 对小的指状突；第 7、第 8 合腹节无后缘鬃或仅有弱的后缘鬃；第 9 腹节和肛尾叶黑色，侧阳体端部侧突发达骨化强，一般呈叉形，无中央突。膜状突 1–2 对，腹突发达。已知雌性的腹部第 6 背板均为分离型，两片骨片呈略带三角形的半圆形，它与第 6、第 7 腹板构成圆锥状，几乎完全凸出在腹部末端。多为山区、林区种类，寄生性或粪生性，有些种的雄雌两性成蝇均可为新鲜人粪或动物尸体所吸引。

分布：古北区、东洋区、新北区。中国记录 7 种，浙江分布 4 种。

（208）锚形叉麻蝇 *Robineauella anchoriformis* (Fan, 1964)（图 2-83）

Parasarcophaga anchoriformis Fan, 1964: 309.

Robineauella anchoriformis: Fan, 1992: 695.

特征：体长 15.0–16.5 mm。雄性间额为一侧额的 2 倍或不到 2 倍。腋瓣缘缨黄棕色，多数个体的上腋瓣后缘内方的纤毛棕色，上腋瓣、下腋瓣交接处缘缨棕色乃至黑色。肛尾叶前缘呈弧形，后缘呈钝角形折曲，折角处有一撮短纤毛，这撮毛与后缘的毛群相连；侧阳体基部约为基阳体的 1.5 倍长；阳茎膜状突除须状的 1 对外，另 1 对骨化强，呈羊角状，末端指向前方；侧阳体端部侧突渐向端部去变细，末端两小分

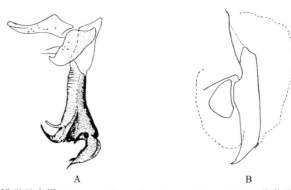

图 2-83　锚形叉麻蝇 *Robineauella anchoriformis* (Fan, 1964)（仿范滋德，1964）

A.♂外生殖器侧面观；B.♂尾器侧面观

枝的头部都是尖的。雌性不详。

　　分布：浙江（临安）、辽宁、北京、新疆、安徽。

（209）黄山叉麻蝇 *Robineauella huangshanensis* (Fan, 1964)（图 2-84）

Parasarcophaga huangshanensis Fan, 1964: 312.

Robineauella huangshanensis: Verves, 1986: 175.

　　特征：体长 12.0–13.0 mm。雄性触角较长，第 1 鞭节为梗节的 2.5 倍或更长；第 5 腹板基部特别宽，两侧叶的基部远离，呈“U”形，窗呈半圆形，侧面观肛尾叶长为亚端部宽的 10 倍左右，后缘微曲，侧尾叶端部有稍明显的纤毛群，肛尾叶端半部宽度仅略狭于基半部，末端弯曲明显，后阳基侧突长为宽（中段）的 2 倍，侧阳体端部侧突亚基部外侧有 1 骨化刺，下缘有时有数目不等的棘状小突起，阳茎膜状突 1 对，但无须状突。雌性不详。

　　分布：浙江（临安）、陕西、安徽、四川。

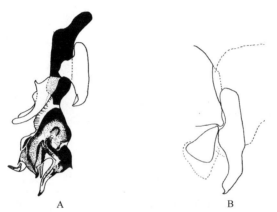

A　　　　　　　　　　B

图 2-84　黄山叉麻蝇 Robineauella huangshanensis (Fan, 1964)（仿范滋德，1964）
A. ♂外生殖器侧面观；B. ♂尾器侧面观

76. 鬃麻蝇属 *Sarcorohdendorfia* Baranov, 1938

Sarcorohdendorfia Baranov, 1938: 173. Type species: *Sarcorohdendorfia adiscalis* Baranov, 1938.

Hamimembrana Chen, 1975: 115. Type species: *Sarcophaga flavinervis* Senior-White, 1924.

　　主要特征：体躯一般大型。雄性触角第 1 鞭节为梗节的 3–4 倍长。额狭，近于头宽的 1/5；眼内缘匀称地向两侧背离，髭正好位于口前缘，侧颜狭，在触角基部水平为眼长的 1/3，侧颜有一行垂直的很细的短鬃，其中最长的显然短于侧颜宽，颊颜高，几乎为眼高的 2/5，向后很强地扩展，口前缘适当突出，触角芒呈长羽状，裸端较短，喙相当短，前额长约为其本身高的 3 倍；前胸侧板中央凹陷密具黑色纤毛，前中鬃存在，其中 1 对略大型，后中鬃常为小盾前的 1 对，后背中鬃 4，排列规则；R₁ 脉裸，R_{4+5} 脉基段小刚毛列达于中央；r_{4+5} 室相当开放；股节栉颇发达，组成的鬃颇细；第 5 腹板无刺，密生刚毛，第 9 背板大多种类具黑毛，第 7、第 8 合腹节长略大于高，后缘无鬃，第 4 腹板在后缘中央有由短密黑刚毛形成的大型黑色刚毛斑，肛尾叶后面观开裂段几达于中部，其端部呈膝状弯曲，外侧常具鬃状短毛，侧尾叶狭长。

　　分布：古北区、东洋区和澳洲区。中国记录 5 种，浙江分布 2 种。

（210）羚足鬃麻蝇 *Sarcorohdendorfia antilope* (Böttcher, 1913)（图 2-85）

Sarcophaga antilope Böttcher, 1913: 380.

Sarcorohdendorfia antilope: Verves, 1986: 176.

特征：体长 10.0–14.5 mm。雄性触角第 1 鞭节为梗节的 3.5 倍长，髭正好位于口前缘，侧颜狭；R_1 脉裸，R_{4+5} 脉基段小刚毛列达到中央，r_{4+5} 室开放；第 5 腹板无刺，密生刚毛，第 9 背板大多种类具黑毛；阳茎膜状突不呈叶状，前缘平直，后缘向端部去略扩展，不呈斧形，基部无向下伸的骨化钩，肛尾叶端部向基部去收缩，末端具爪，侧阳体端部末端两侧的小叶很小；前阳基侧突分叉浅，前枝长约等于粗，末端不翘起。雌性第 6 背板暗棕色，中断型；第 5 腹板近似圆形。

分布：浙江（临安）、黑龙江、辽宁、河南、湖北、台湾、海南、云南；俄罗斯，朝鲜，日本。

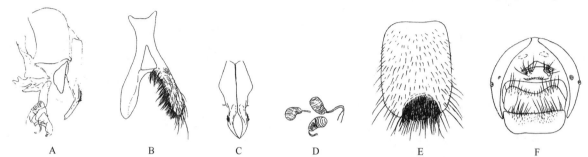

图 2-85　羚足鬃麻蝇 *Sarcorohdendorfia antilope* (Böttcher, 1913)（仿范滋德，1992）

A.♂尾器侧面观；B.♂第 5 腹板腹面观；C.♂肛尾叶后面观；D.♀受精囊；E.♂第 4 腹板；F.♀产卵器

（211）瘦钩鬃麻蝇 *Sarcorohdendorfia gracilior* (Chen, 1975)（图 2-86）

Tricholioproctia gracilior Chen, 1975: 115.

Sarcorohdendorfia gracilior: Pape, 1996: 401.

特征：体长 17.0 mm。雄性触角芒呈长羽状，裸端较短，喙相当短，前额长约为其本身高的 3 倍；前胸侧板中央凹陷密具黑色纤毛，翅几乎透明，不带黄色，脉棕黑，腋瓣白，R_1 脉裸；第 3 腹板上密具直立长缨毛，第 4 腹板在后缘中央有由短密黑刚毛形成的大型黑色刚毛斑；侧尾叶长约为宽的 2 倍，略呈三角形；膜状突呈叶状，基部有 1 对向下伸的骨化钩且瘦长，膜状突的下缘向上卷，无前伸的骨化刺，肛尾叶向基部去不收缩，末端虽尖但无明显的爪。雌性不详。

分布：浙江（临安）、台湾；尼泊尔。

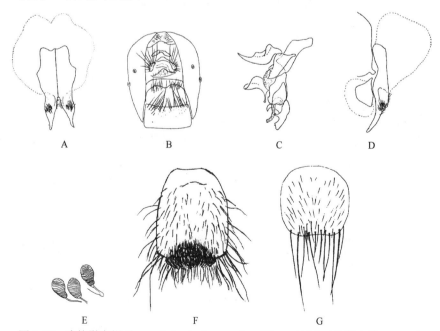

图 2-86　瘦钩鬃麻蝇 *Sarcorohdendorfia gracilior* (Chen, 1975)（仿陈之梓，1975）

A.♂肛尾叶后面观；B.♀产卵器；C.♂外生殖器侧面观；D.♂尾器侧面观；E.♀受精囊；F.♂第 4 腹板；G.♀第 5 腹板

77. 辛麻蝇属 *Seniorwhitea* Rohdendorf, 1937

Seniorwhitea Rohdendorf, 1937: 297. Type species: *Sarcophaga orientaloides* Senior-White, 1924.

主要特征： 触角长，第 1 鞭节长为梗节的 2.5–8.0 倍。不特别宽，等于一眼宽的 2/5–3/5。髭正好位于口前缘。侧狭，在触角第 2 节水平上约为眼长的 1/3，有一行很柔弱的、细而短的黑鬃，明显较侧颜宽为短。颊高为眼高的 1/5–1/4。侧面观口前缘显然向前呈角形突出。触角芒在近心的半段上具细长毛。喙短，前颏长仅为其本身高的 3–4 倍。前胸侧板中央凹陷裸。中鬃 0+1；后背中鬃 5 个鬃位，其中仅后方的几对长大，前方的几对虽亦大，但比后方的要短一半；前背中鬃 3 对，短而颇细。R_1 脉裸；r_{4+5} 室宽阔地开放。股节栉很发达。第 4 腹板有致密的刚毛簇，第 5 腹板侧叶内后缘有一密生短刺的部分，肛尾叶后侧近端部有孤立的毛簇或突立的长毛。基阳体中等长，粗细颇匀称，略细，长约为其中段横径的 4 倍。阳茎巨大，将近为基阳体的 2 倍长，结构特殊：膜状突小，具成对的骨化刺状突，侧阳体无骨化很强的支架骨片，略透明，其基部与端部界限不清，基部腹突呈片状，边缘常具突起，上方的 1 对常呈钩状，有时内方尚有 1 对须状突起。雌性第 6 背板骨化完整。

分布： 古北区和东洋区。中国记录 2 种，浙江分布 1 种。

（212）拟东方辛麻蝇 *Seniorwhitea princeps* (Wiedemann, 1830)（图 2-87）

Sarcophaga princeps Wiedemann, 1830: 359.

Seniorwhitea fuhsia: Lehrer, 2008: 29.

特征： 体长 6.5–16.5 mm。雄性颊部毛大部分黑色，但沿颊后头沟的前方有少数白毛。肛尾叶后面观尖细，末端缓缓地向前弯曲，在弯曲处的后方有 1 簇突立的刚毛；阳茎不对称，侧阳体基部腹突为宽大的轮廓不对称的瓣片，在后者基部有一钩状突，内壁有一细长的须状突；膜状突骨化，上方有 2 对短突，下方有 1 对较细长的突起，隐于侧阳体基部腹突之间；侧阳体端部肥大，主体为一柔软的囊状体，上多皱襞，其侧突发达，具不规则的鹿角状的多分叉，骨化强；侧插器很像 1 对尖头的手锯条，几乎整个长度上都有逆齿。雌性第 6 背板完整，缘鬃列完整；中股器占端部的 2/3 长。

分布： 浙江（临安）、山东、河南、陕西、江苏、上海、湖北、福建、台湾、广东、四川、云南；印度，尼泊尔，缅甸，泰国，斯里兰卡，马来西亚，新加坡。

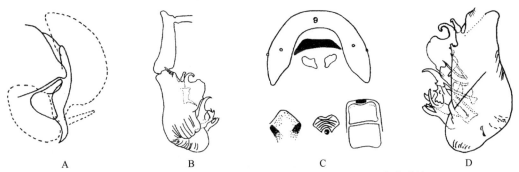

图 2-87　拟东方辛麻蝇 *Seniorwhitea princeps* (Wiedemann, 1830)（仿范滋德，1992）

A. ♂尾器侧面观；B. ♂阳体侧面观；C. ♀产卵器；D. ♂阳体

78. 合眶蜂麻蝇属 *Synorbitomyia* Townsend, 1932

Synorbitomyia Townsend, 1932: 442. Type species: *Hoplacephala linearis* Villeneuve, 1929.

　　主要特征：两性髭均发达，体躯粗壮；侧颜内缘有 1 行黑色鬃，雄性额呈宽角形向前突出，上眶鬃 2 个前倾，1 个后倾，内顶鬃、外顶鬃均发达，颜堤裸或几乎裸；腹侧片鬃 2+1+1。触角第 3 节最多为第 2 节的 2 倍，触角芒不呈叶状。

　　分布：古北区和东洋区。中国记录 1 种，浙江分布 1 种。

（213）台湾合眶蜂麻蝇 *Synorbitomyia linearis* (Villeneuve, 1929)（图 2-88）

Hoplacephala linearis Villeneuve, 1929: 61.

Synorbitomyia linearis: Kurahashi, 1973: 17.

　　特征：体长 7.5–9.0 mm。雄性眼具极短纤毛，额宽为头宽的 0.28–0.30 倍，稍向头顶变狭；间额如线，棕色至黑色；前倾上眶鬃 2，后倾上眶鬃 1；下眶鬃红，纤细，鬃向前去渐增长；颜黄灰；触角黑，第 1 鞭节长为宽的 1.5 倍；芒裸，基部 1/3 增粗；颊前半具白毛。腹侧片鬃 2+1+1。

　　分布：浙江（临安）、江苏、台湾；日本，老挝。

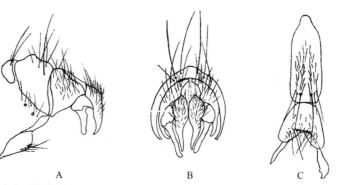

　　图 2-88　台湾合眶蜂麻蝇 *Synorbitomyia linearis* (Villeneuve, 1929)（仿 Kurahashi，1972）

A.♂尾器侧面观；B.♂尾器后面观；C.♂第 5 腹板腹面观

七、寄蝇科 Tachinidae

主要特征：寄蝇科隶属于昆虫纲、双翅目，是本目中多样性最丰富、生态上最重要的类群之一。成虫体长 2.0–20.0 mm，头大，具额囊缝，触角 3 节，第 2 触角节背内侧具缝，第 3 触角节具分成 3 节的触角芒，髭通常强大；体多鬃毛，体型、颜色和鬃序差异变化大，下侧片具 1 列直立的鬃，后小盾片发达（胸部背板后部下方的圆形突起），侧面观明显突出；中脉 M 与前缘脉 C 在翅端前愈合，A_1 脉退化缩短，后翅特化为平衡棒，下腋瓣发达；腹部侧背板鬃毛状变短，雄性第 5 腹板具 2 内向的后方突起（侧突），雄性第 6 腹板退化，侧尾叶和肛尾叶紧密连接，雄性第 9 腹板特化的下生殖板桥退化缺失，端阳体具齿状突起；雄性留下的第 6、第 7 气门被前生殖骨片包围；雌性第 6、第 7 腹节特化为产卵器，雌性第 9 腹板特化的下生殖板具舌；卵无背面的孵化缝，幼虫通过腹面柔软的卵壳脱离孵出，1 龄幼虫侧板退化或辨别不出，端部无钩，具长的钩状或斧形中喙齿，特别发达，与口咽骨其他部分广泛愈合，用于穿透宿主皮层，1 龄幼虫内寄生于其他节肢动物（主要是昆虫）体内；仅在 2 龄、3 龄幼虫期口钩发达，侧板成对，区别于双翅目中其他昆虫，这些共同衍生特征使得寄蝇科成为一单系类群（Herting，1984；Tschorsnig，1985；Wood，1987，Pape，1992）。Cerretti 等（2014）使用 180 属 492 种寄蝇的 135 个形态特征数据（卵、1 龄幼虫和雌雄成虫）系统发育分析推断：麦寄蝇族 Myiophasiini+须寄蝇族 Palpostomatini 支系是寄蝇科其余类群的姐妹群；（长足寄蝇亚科 Dexiinae+突颜寄蝇亚科 Phasiinae）与（多数寄蝇亚科 Tachininae+追寄蝇亚科 Exoristinae）是姐妹群，在一定条件下 Exoristinae 和 Phasiinae 是单系，Dexiinae 是 Phasiinae 的并系，Tachininae 是 Exoristinae 的并系。Stireman 等（2019）用 4 个 7800 bp 核基因片段研究了世界范围包含寄蝇科 4 个亚科绝大多数族 500 多个分类阶元的分子数据，重建了寄蝇科的系统发育关系，强烈支持幼虫寄生环节动物蚯蚓的丽蝇科粉蝇亚科 Polleniinae 是寄蝇科的姐妹群，叶甲寄蝇族 Macquartiini 和麦寄蝇族 Myiophasiini 形成的谱系是其他寄蝇类群的姐妹群，并且须寄蝇族 Palpostomatini 是（长足寄蝇亚科+突颜寄蝇亚科）的姐妹群。

生物学：成虫除主要舐吸植物的花蜜外，蚜虫、介壳虫或植物茎、叶所分泌的含糖物质都是它们喜好的食物。寄蝇科雌性像其他狂蝇总科类群一样基本是卵生的，大多数雌体将卵保存在膨大的产卵管或产卵囊中，然后在体外产下完全孵化的卵，少数种类在寄主体内产下没有孵化的卵。寄蝇幼虫专门寄生在昆虫纲或其他节肢动物幼虫体内，少数寄生在成虫体内，以鳞翅目、鞘翅目和直翅目昆虫为主，少数寄生于蜘蛛。由于幼虫羽化时总是杀死寄主的衍生适应现象，所以寄蝇又是农业、林业重要害虫的天敌，是陆地自然和人工生态群落结构组成和植食性种群的重要调节者。

分类：全世界已知寄蝇种类约 8547 种（O'Hara *et al.*，2019），中国目前记录 1259 种。本科由于成虫外形特征存在平行进化现象，所以易混淆，分类较难；分类主要依据成虫形态和毛序。本志报告浙江寄蝇科昆虫 4 亚科 19 族 81 属 207 种。

分布：寄蝇科世界性分布，包括几乎所有的陆地生态环境，如沙漠、森林、草原、山地和冻原，尤其热带和亚热带地区更具多样性。

分亚科检索表

1. 前胸腹板具毛或鬃，头具向后弯曲的内侧额鬃，后足胫节末端无后腹鬃 ·· 2
- 前胸腹板裸，头无向后弯曲的内侧额鬃，一般仅具 1 根向外侧弯曲的前顶鬃，后足胫节末端具 1 根发育程度不等的后腹鬃 ·· 4
2. 体具绿色或蓝绿色金属光泽 ··················· **寄蝇亚科 Tachininae（埃内寄蝇族 Ernestiini）**
- 体不具金属光泽 ·· 3
3. 端横脉异常倾斜，赘脉特长，R_{4+5} 脉大部分具小鬃，雌雄性额均很宽并具 1 行粗大的前倾外侧额鬃，小盾片背面具 1 对或更多直立的鬃，翅侧片鬃细小或缺失 ··················· **长足寄蝇亚科 Dexiinae（蜗寄蝇族 Voriini）**

- 翅脉不如前述，雄性额总是窄于雌性，仅雌性额具外侧额鬃，小盾片背面中部无直立的鬃，翅侧片鬃粗大 ……………… ……………………………………………………………………………………………………… 追寄蝇亚科 Exoristinae

4. 复眼被毛 ………………………………………………………………………………………… 寄蝇亚科 Tachininae
- 复眼裸或近于裸，若有毛，则毛很稀疏且短小 …………………………………………………………………… 5

5. 沟前鬃和全部翅内鬃同时缺失，腹部背面无鬃，仅具短小的毛 ………… 突颜寄蝇亚科 Phasiinae（突颜寄蝇族 Phasiini）
- 沟前鬃存在，至少有 1 根翅内鬃，腹部具明显的鬃 ……………………………………………………………… 6

6. 同时具备以下特征：头为离眼型，侧颜裸，复眼的小眼面小而一致，触角长，与颊等高或略长于后者，触角芒裸，翅上鬃 1，翅内鬃 1，翅侧片鬃缺失或很小，小盾片具 2 对缘鬃 ………………………………………… 突颜寄蝇亚科 Phasiinae
- 不同时具备上述特征 ……………………………………………………………………………………………… 7

7. 同时具备以下特征：颊高大于或等于后梗节或整个触角长度，触角基部位于或低于复眼中部水平，额纵列下降侧颜仅达新月片水平，侧颜裸，触角芒羽状，翅侧片鬃存在，小盾片具 3 对缘鬃，下腋瓣宽，具突出的内侧后角，紧贴小盾片，前足基节前内侧面裸，腹部第 2 背板基部中央凹陷达后缘，其他背板无心鬃 …… 长足寄蝇亚科 Dexiinae（长足寄蝇族 Dexiini）
- 不同时具备上述特征 ……………………………………………………………………………………………… 8

8. 同时具备以下特征：侧颜裸，无外侧额鬃，一般具向外弯曲的前顶鬃，触角芒裸，沟前翅内鬃缺失，沟后翅内鬃 1 或 2，翅侧片鬃细小或缺失，前足胫节无前背鬃列，前足基节内侧前表面裸，雄性前足跗节不加宽，腹部第 2 背板中央凹陷达后缘，各背板无心鬃，雌性后腹部具向后弯曲的端钩，有时具平的尾叶 ………………………………… 突颜寄蝇亚科 Phasiinae
- 不同时具备上述特征 …………………………………………………………………………… 寄蝇亚科 Tachininae

（一）长足寄蝇亚科 Dexiinae

分族分属检索表

1. 中胸两个后足基节间的膜质部分完全骨化，翅后胛具 2 根前鬃，小盾片具 2 对缘鬃，腋瓣上肋和翅后坡裸；腹部细长，通常圆筒形，第 1+2 合背板中央凹陷达后缘，其长近似与中间背板等长；头侧面观近似三角形，颜脊不发达 …… ……………………………………………………………………………… 3（多利寄蝇族 Doleschallini）
- 中胸两后足基节之间和腹部基节部分或者完全膜质化，小盾片通常具 3 对或者更多对缘鬃；第 1+2 合背板长度明显比中间背板短；头侧面观不近似三角形 ………………………………………………………………………… 2

2. 触角明显长于颊高，雄性有时具前倾的眶鬃，侧颜具毛或鬃 …………………………………… 4（蜗寄蝇族 Voriini）
- 触角短于或至多等于颊高，雄性无前倾的眶鬃，侧颜多为裸 …………………………………… 8（长足寄蝇族 Dexiini）

3. 触角芒短毛状或羽状 ……………………………………………………………………………………………… 4
- 触角芒裸或基裸 …………………………………………………………………………………………………… 7

4. 复眼被密毛 ……………………………………………………………………………………… 邻寄蝇属 Dexiomimops
- 复眼裸 …… 5

5. 前足基节前内表面裸；中胸两后足基节间完全骨化；R_1 脉和 R_{4+5} 脉背面均裸 …………………… 瘦寄蝇属 Leptothelaira
- 前足基节前内表面具密而倒伏的鬃毛；中胸两后足基节间膜质化 ………………………………………………… 6

6. 小盾片具 2 对强大缘鬃，无交叉小盾端鬃，R_1 脉裸；M 脉弯曲处具一延长的赘脉，约与 r-m 横脉等长；中足胫节具 1 根前背鬃 …………………………………………………………………………………………… 刺须寄蝇属 Torocca
- 小盾片具 3 对缘鬃，小盾端鬃交叉，R_1 脉和 R_{4+5} 脉背面具小鬃毛；M 脉弯曲处无赘脉；中足胫节具 2 根或多根前背鬃 …… ……………………………………………………………………………………………………… 柔寄蝇属 Thelaira

7. 头非半圆形，后头略凹陷，复眼被毛；侧颜裸，雄性至少具 2 前倾的额鬃；dm-cu 横脉很斜；第 1+2 合背板中央凹陷达后缘 ……………………………………………………………………………………………… 海寄蝇属 Hyleorus
- 头半圆形，后头扁平，复眼裸；雌、雄均具 1 列前倾的额鬃延伸达侧颜；dm-cu 横脉较直；第 1+2 合背板中央凹陷不达后缘 ……………………………………………………………………………………………… 筒寄蝇属 Halydaia

8. 颜脊高且窄；前胸前侧片通常裸，少数有毛；肩胛具 2 或 3 根肩鬃，翅前缘脉第 2 节腹面具小毛；腹部第 1+2 合背板中央
凹陷达后缘，各背板具 1–2 对中心鬃 ·· 长足寄蝇属 *Dexia*

- 翅前缘脉第 2 节腹面裸；颜脊高且宽或低而平；前胸前侧片具毛；腹部第 1+2 合背板中央凹陷达或不达后缘，各背板无或
有中心鬃 ·· 迪内寄蝇属 *Dinera*

长足寄蝇族 Dexiini

　　特征：头通常具突出的中颜脊，颊宽一般大于触角长度，触角芒通常羽状，少数短毛状或裸，触角基部位于复眼中部或以下；前胸基腹片裸；足通常长。

　　分布：世界性分布。中国记录 8 属 56 种，浙江分布 3 属 8 种。

79. 蓖寄蝇属 *Billaea* Robineau-Desvoidy, 1830

Billaea Robineau-Desvoidy, 1830: 328. Type species: *Billaea grisea* Robineau-Desvoidy, 1830.

Gymnodexia Brauer *et* Bergenstamm, 1891: 60. Type species: *Dexia triangulifera* Zetterstedt, 1844.

　　主要特征：雄性头顶额宽是头宽的 0.14–0.25 倍，通常是头宽的 1/5，侧额通常具密的黑毛，颊高是眼高的 0.3–0.7 倍，颜脊经常低且不发达；后头通常具 1–3 行黑毛且在上半部具淡色毛。触角端部到颜的下缘的距离是触角长的 0.3–1.0 倍，后梗节通常是梗节的 1.5 倍。后气门的前后厣大小不相等，后气门近似圆形。前胸前侧片具毛，肩胛具 3–5 根鬃；盾沟前通常具强壮的中鬃，背中鬃 3+4，腹侧片鬃 2 根或者 3 根。前缘脉第 2 脉段腹面裸，r_{4+5} 室通常开放。足中长度，前足跗节通常等于头高；前足胫节具 1–2 根后鬃，前足爪和爪垫短于或者略长于第 5 分跗节；后足通常具梳状前背鬃，有时鬃也不规则，下方前背鬃强壮，端部具 2 根背鬃。腹部第 1+2 合背板通常达后缘，两性都无中缘鬃；第 3、第 4 背板无中心鬃。雄性侧尾叶通常长，端部圆锐，或者窄尖，前阳基侧突后面观长弯曲，后阳基侧突短于基阳体或者近似相等，端阳体长，腹面具小刺。

　　生物学：寄生于金龟子科、天牛科、花金龟科幼虫体内。少数寄生于象鼻虫科、吉丁甲科幼虫体内。

　　分布：除澳大利亚界外，世界广布。中国记录 13 种，浙江分布 1 种。

（214）壮蓖寄蝇 *Billaea fortis* (Rondani, 1862)（图 2-89）

Omalostoma fortis Rondani, 1862: 59.

Billaea fortis: Herting, 1969: 194.

　　特征：头具灰白色粉被，新月片红棕色，后梗节和梗节深棕色，下颚须红黄色。头顶是头宽的 0.19–2.0 倍，间额大约与侧额等宽，后方具密的黑毛；侧颜近乎裸，大约是后梗节宽的 3 倍，颜的下缘向前突出，颜脊高、宽、扁平；颊高大于眼高的 1/2，长于额鬃，外顶鬃毛状，9–10 内倾额鬃，与单眼鬃等长；髭位于颜下缘的上方；后头上部在眼鬃下方具 2 行黑毛。触角短，触角基部到颜下缘的距离是后梗节长的 1.0–1.5 倍，是梗节长的 1.5–2.8 倍；触角芒具短毛状，两侧芒毛与芒基的总宽小于后梗节的宽度；下颚须与前额等长，大约是眼高的 1/2。胸部背板和小盾片黑色，具灰白色粉被，具 5 根黑色纵条，盾沟前的内侧纵条是外侧或者中间纵条的 1/2；前气门红黄色；后气门深棕色，近似圆形。胸部具细而密的黑毛；前胸腹板裸，长大约是宽的 2 倍；前胸侧板毛状，肩鬃 4–5，3 根基鬃排列成三角形；中鬃（2–3)+(2–3)，背中鬃（3–4)+4，翅内鬃 0+2，翅上鬃 3–6；背侧片具密的黑毛；腹侧片鬃 3；腹侧片具毛。小盾片具 3 对缘鬃和 2–6 根短的心鬃。翅半透明，微棕色，翅肩鳞黑色，前缘基鳞棕色；前缘刺缺如；中脉心角具 1

根短的赘脉，R_{4+5} 脉末端开放。平衡棒红黄色。腋瓣黄白色，下腋瓣外缘具短毛。足黑色，具灰色粉被，爪垫微黄色；爪和爪垫长于第 5 分跗节；前足胫节基部 4/5 具 1 行短的前背鬃和 2 根后鬃；中足胫节具 1–2 根前背鬃和 1–2 根后背鬃，无腹鬃；后足胫节具 1–2 根前腹鬃、2–3 根后背鬃和 1 行排列密的前背鬃，端半部 1 根前背鬃、1 根背鬃和 1 根前腹鬃。腹部长卵形，亮黑色，灰色粉被，中间具 1 狭窄的黑色纵条，各背板无中心鬃；具密而短倒伏的黑毛，第 1+2 合背板具 1 根侧缘鬃，无中缘鬃；第 3 背板具 2 根细的中缘鬃和 0–2 根侧缘鬃；第 4、第 5 背板各具 1 行缘鬃；第 1 腹板毛状。

生物学：寄生于鞘翅目金龟子科。

分布：浙江（临安）、黑龙江、辽宁、山西、云南、西藏；俄罗斯，日本，哈萨克斯坦，欧洲。

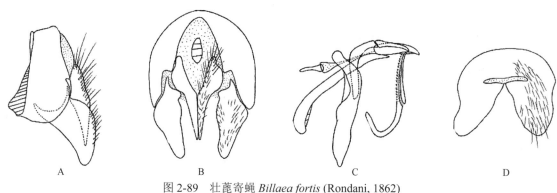

图 2-89　壮蓖寄蝇 *Billaea fortis* (Rondani, 1862)
A. ♂第 9 背板、肛尾叶、侧尾叶侧视；B. A 后视；C. 阳体侧视；D. ♂第 5 腹板腹视

80. 长足寄蝇属 *Dexia* Meigen, 1826

Dexia Meigen, 1826: 33. Type species: *Musca rustica* Fabricius, 1775.

Dexillina Kolomiets, 1970: 57. Type species: *Musca vacua* Fallén, 1817.

主要特征：头淡黄色，颜脊明显高而窄，侧颜裸；触角芒羽状；沟后背中鬃 3；前缘脉第 2 脉段腹面具毛；腹部第 2 背板中央凹陷达后缘，雄性腹部第 3–5 背板几乎总是具中心鬃；雄性外生殖器前阳基侧突短而后弯，端阳体长，骨化的基部长于膜质的端部。本属的种主要寄生在生活于土壤中的鞘翅目金龟子科幼虫体内。

分布：古北区、新北区、东洋区和非洲热带区。中国记录 17 种，浙江分布 5 种。

分种检索表

1. 股节暗棕色至黑色，下腋瓣通常边缘毛短，背部具 4 个黑色长纵条 ················ **广长足寄蝇 *D. fulvifera***
- 股节黄色至红棕色，如果变暗则下腋瓣具长边缘 ·· 2
2. 下腋瓣外缘毛短，腹侧片鬃通常 3 根 ·· 3
- 下腋瓣外缘毛长，腹侧片鬃通常 2 根 ·· 4
3. 沟前背中鬃 2，腹部第 1+2 合背板无中缘鬃 ··································· **淡色长足寄蝇 *D. flavida***
- 沟前背中鬃 3，腹部第 1+2 合背板或有或无 2 根中缘鬃 ······················· **弯叶长足寄蝇 *D. tenuiforceps***
4. 腹部至少第 3 背板前 1/4、第 4 背板前 1/2 被浓厚的黄色粉被，红棕色至暗棕色，有时暗 ········· **腹长足寄蝇 *D. ventralis***
- 腹部仅第 3、第 4 背板前缘被稀薄的窄的黄色粉被，翅肩鳞端半部红黄色或淡棕色，基半部黑色···· **多形长足寄蝇 *D. divergens***

（215）多形长足寄蝇 *Dexia divergens* Walker, 1856（图 2-90）

Dexia divergens Walker, 1856: 21.

特征：体长 7.5–14.3 mm。侧额和侧颜淡黄色，触角和下颚须黄色。额宽是头宽的 0.15–0.18 倍，间额较侧额略窄，与侧颜近平行，侧颜宽是触角基节宽的 2.0–2.5 倍，中颜板凹陷，颊宽是眼高的 0.4 倍，下方具一些细长毛。内顶鬃长是眼高的 0.35–0.38 倍，是外顶鬃长的 2 倍，单眼鬃略长于单眼后鬃，与额鬃同等强壮，内侧额鬃 8–9 根，最下方一根近触角芒基部水平，髭位于颜下方水平，侧额具一排细长的毛，触角第 1 鞭节是梗节的 3.0 倍，宽是触角芒宽的 2.5–3.0 倍。胸部黑色，肩胛红色，覆灰白色粉被，盾片覆淡黄色粉被，具 4 个黑色纵条，不达小盾片，两内条之间距离是内外条间距的 1/4–1/2，中鬃 1+2，背中鬃 3+3，翅内鬃 2，翅上鬃 2，腹侧片鬃 2。翅淡棕色、半透明，翅肩鳞端半部红黄色或淡棕色，基半部黑色，前缘基鳞棕色至黑色，平衡棒黄色，下腋瓣淡棕色。前缘刺长是 r-m 脉的 1.0–1.5 倍，M 脉至 dm-cu 脉之间的距离是中脉心角至翅后缘距离的 3–4 倍。足红黄色，跗节棕黑色，后足最长，后足股节较其他股节长，后足胫节基部 1/3 弯曲，中足胫节具 2–6 根后背鬃，后足胫节具 2–4 根前背鬃、2 根后背鬃和 1–3 根腹鬃。腹部长卵圆形，腹部各背板中部具黑色纵条，仅第 3、第 4 背板前缘被稀薄的窄的黄色粉被，第 1+2 合背板具 1 根侧缘鬃，第 3 背板具 1–2 根中鬃、1 对中缘鬃和 1–2 根侧缘鬃，第 4 背板具 1–2 对中心鬃、1 列缘鬃、1 对侧心鬃，第 5 背板具一些心鬃和 1 列缘鬃。

分布：浙江（临安）、陕西、江西、福建、台湾、广东、海南、广西、云南、西藏；印度，泰国，马来西亚，印度尼西亚。

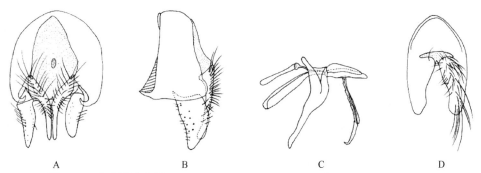

图 2-90　多形长足寄蝇 *Dexia divergens* Walker, 1856（仿 Zhang *et al.*，2010）
A. ♂肛尾叶、侧尾叶和第 9 背板后视；B. A 侧视；C. 阳体侧视；D. ♂第 5 腹板腹视

（216）淡色长足寄蝇 *Dexia flavida* (Townsend, 1925)（图 2-91）

Phasiodexia flavida Townsend, 1925: 251.

Dexia flavida: Crosskey, 1976: 179.

Phasiodexia formosana Townsend, 1927: 284.

特征：体长 7.0–12.2 mm。雄性额宽为头宽的 0.11–0.15 倍，侧颜宽度约为触角第 1 鞭节宽度的 2.0 倍，颊高为眼高的 0.3–0.4 倍，口缘不突出，触角红黄色，触角第 1 鞭节长为第 2 节长的 3.0–4.5 倍，触角芒宽约为触角第 1 鞭节宽的 4 倍，前额长为宽的 5.0 倍，下颚须红黄色；胸部背板具 2 对黑色长纵条，小盾片基部黑色，端部 2/3 黄色，前胸侧板裸，背中鬃 2+3，翅上鬃 2–3，如为 3 则最前方 1 根短小，腹侧片鬃常 3，少数 2，翅肩鳞棕黑色，前缘基鳞棕色至暗棕色，下腋瓣棕黄色，前缘刺长度短于 r-m 横脉的 1/2，中脉心角至 dm-cu 脉的距离近似是至翅缘距离的 4 倍，下腋瓣外缘具短毛；足黄色，跗节黑色，中足胫节具 2 根后背鬃，后足胫节前背鬃 2，后背鬃 2，腹鬃 2；腹部长卵形，红黄色，背板几乎无粉被，第 1+2 合背板具 1 对侧缘鬃，无中缘鬃，第 3 背板无心鬃，具 1 行 6–8 根缘鬃，第 4 背板具 0–1 对心鬃及 1 行缘鬃，第 5 背板具 1–2 对心鬃和 1 行缘鬃。

分布：浙江（临安）、陕西、福建、台湾、海南、四川、贵州、云南；缅甸，马来西亚，印度尼西亚。

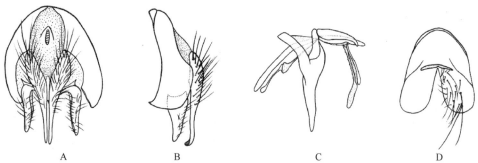

图 2-91　淡色长足寄蝇 *Dexia flavida* (Townsend, 1925)（仿 Zhang *et al.*，2010）
A. ♂肛尾叶、侧尾叶和第 9 背板后视；B. A 侧视；C. 阳体侧视；D. ♂第 5 腹板腹视

（217）广长足寄蝇 *Dexia fulvifera* von Röder, 1893（图 2-92）

Dexia fulvifera von Röder, 1893: 235.

Calotheresia formosensis Townsend, 1927: 284.

　　特征：体长 12.0–15.0 mm。雄性额宽是头宽的 0.13–0.17 倍，颊宽是眼高的 0.38–0.39 倍，内顶鬃长为眼高的 0.29–0.33 倍，较单眼鬃短，触角第 1 鞭节是梗节长的 3.0–4.0 倍，触角芒宽是触角第 1 鞭节的 3.0–4.0倍，前额长是宽的 3.0–4.0 倍，下颚须是眼高的 3/8。胸部被灰黄色粉被，具 4 个黑色长纵条，小盾片除基部外被淡黄色粉被，背中鬃 2+3，腹侧片鬃 2；前胸侧板裸。翅透明，基部黄色，端部和中部棕色，翅肩鳞和前缘基鳞棕黑色，前缘刺略长于 r-m 脉，M 脉至 dm-cu 脉之间的距离是心角至翅后缘距离的 2.2–4.0 倍。下腋瓣通常边缘毛短；足棕黑色，股节暗棕色至黑色，中足胫节具 2 根后背鬃，腹部红黄色，各背板中央具黑纵条，第 3、第 4 背板端部 1/5–1/2 覆淡黄色粉被，第 5 背板大部分覆灰色粉被，第 1+2 合背板具中缘鬃 1 对，侧缘鬃 1 对，第 3 背板具 2 对中心鬃、1 对中缘鬃、1 对侧缘鬃；第 4 背板具 2 对中心鬃和 1 列缘鬃；第 5 背板具 1 列中缘鬃。雌性额宽是头宽的 0.31–0.34 倍，颊宽是眼高的 0.5–0.54 倍，内侧额鬃长是眼高的 0.6 倍，是外侧额鬃长的 2 倍，具前倾额鬃 6–8 根，下颚须与触角第 1 鞭节等长，第 1+2 合背板不具中缘鬃，第 3–5 背板不具心鬃。

　　分布：浙江（临安）、辽宁、山西、陕西、甘肃、安徽、福建、台湾、广东、海南、广西、四川、云南、西藏；俄罗斯，日本，巴基斯坦，印度，尼泊尔，缅甸，老挝，斯里兰卡，菲律宾，马来西亚，印度尼西亚。

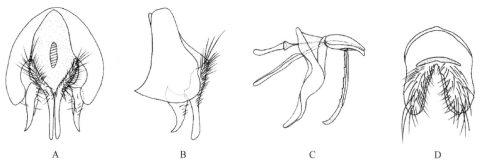

图 2-92　广长足寄蝇 *Dexia fulvifera* von Röder, 1893（仿 Zhang *et al.*，2010）
A. ♂肛尾叶、侧尾叶和第 9 背板后视；B. A 侧视；C. 阳体侧视；D. ♂第 5 腹板腹视

（218）弯叶长足寄蝇 *Dexia tenuiforceps* Zhang et Shima, 2010（图 2-93）

Dexia tenuiforceps Zhang et Shima, 2010: 66.

　　特征：体长 10.0–15.0 mm。雄性新月片棕色，触角芒和下颚须红黄色；额宽是头宽的 1/7–1/6，侧额宽于或等于间额宽，侧颜宽是触角第 1 鞭节宽的 2.5–3.0 倍，颜堤发达，颊宽是眼高的 3/7，单眼鬃和上方额鬃同等强大，额鬃 12–13 根，触角芒宽是触角第 1 鞭节的 4 倍，前额长是宽的 5.0–6.0 倍，下颚须比触角略长。胸部黑色，覆灰黄色粉被，前胸背板具 4 个长黑纵条，中胸背板具 5 个纵条，前胸腹板裸，长是宽的 2 倍；前胸侧板裸，中鬃 2+2，背中鬃 3+3，翅内鬃 2，翅上鬃 3，腹侧片鬃 3。翅棕色透明，前缘基鳞黑色，翅肩鳞除基部红棕色外为黑色，下腋瓣黄色，前缘刺直，与 r-m 脉等长，M 脉至 dm-cu 脉的距离是心角至翅后缘距离的 2.5–3.3 倍。足除跗节深棕色股节腹面棕色外红黄色，中足胫节具 2 根后背鬃，后足胫节具 1–3 根前背鬃、2–3 根后背鬃、2 根腹鬃。腹部长卵形，黄色，第 4、第 5 背板中央具黑色纵条，第 1+2 合背板具 2 根中缘鬃和 1 根侧缘鬃，第 3 背板具 1–2 对中心鬃、1 对中缘鬃和 1 对侧缘鬃，第 4 背板具 1–2 对心鬃和 1 列缘鬃，第 5 背板具 1 列心鬃和 1 列缘鬃。雌性额宽是头宽的 0.28–0.33 倍，触角第 1 鞭节长是第 2 节的 5 倍，翅肩鳞和前缘基鳞棕色至暗棕色，足全黑色，前足爪和爪垫短，腹部红黄色，第 4 背板和第 5 背板前半部具灰色粉被，第 1+2 合背板或有或无 2 根中缘鬃，第 3 和第 4 背板无心鬃。

分布：浙江（临安）、福建、台湾、四川、云南；尼泊尔。

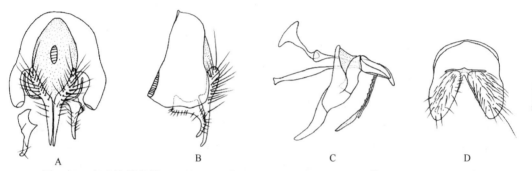

图 2-93　弯叶长足寄蝇 *Dexia tenuiforceps* Zhang et Shima, 2010（仿 Zhang *et al.*，2010）
A. ♂肛尾叶、侧尾叶和第 9 背板后视；B. A 侧视；C. 阳体侧视；D. ♂第 5 腹板腹视

（219）腹长足寄蝇 *Dexia ventralis* Aldrich, 1925（图 2-94）

Dexia ventralis Aldrich, 1925: 33.

特征：体长 8.8–10.0 mm。雄性额宽是头宽的 0.13–0.18 倍，侧颜宽是触角第 1 鞭节宽的 2.5–3.0 倍，颊宽是眼高的 0.42–0.55 倍，触角第 1 鞭节长是梗节长的 3.0–4.0 倍，前额长是宽的 2.5–3.0 倍。胸部黑色，覆黄色或棕色粉被，背板具 4 个黑色纵条，小盾片基半部黑色，端半部红黄色，被白色粉被，前胸侧片裸，2–3 根肩鬃，中鬃（1–2）+（1–3），背中鬃 3+3，翅内鬃 2，翅上鬃 2–3 根，腹侧片鬃 2。翅透明，翅肩鳞红棕色至暗棕色，有时暗，前缘基鳞深棕色，前缘刺和 r-m 脉等长，M 脉至 dm-cu 脉的距离是心角至翅后缘距离的 2.0–3.0 倍。足红黄色，中足胫节具 2 细的后背鬃，后足胫节具 2–3 根前背鬃、2–3 根后背鬃和 2 根腹鬃，腹部第 2–4 背板黄色，第 5 背板红棕色，至少第 3 背板前 1/4、第 4 背板前 1/2 被浓厚的黄色粉被，第 1+2 合背板具一些细小的侧心鬃和 1–2 根侧缘鬃，不具中缘鬃，第 3 背板具 2–3 根中心鬃、0–1 根侧心鬃、2 根中缘鬃和 2 根侧缘鬃；第 4 背板具 1–2 对中心鬃、0–2 对侧心鬃和 1 列缘鬃；第 5 背板心鬃和缘鬃各 1 列。雌性额宽是头宽的 5/12，侧额比间额宽，侧颜宽是触角第 1 鞭节的 3.0 倍，颊宽是眼高的 0.5 倍，额鬃 5 根，后倾内侧额鬃 2 根，1 根向下弯曲的前顶鬃，腹部红黄色，第 1+2 合背板深棕色，第 3 和第 4 背板各具 1 对心鬃。

生物学：美国从东亚引入本种，在新泽西建立种群，控制土壤中的日本金龟子幼虫。

分布：浙江（临安）、吉林、辽宁、内蒙古、河北、山西、陕西、宁夏、甘肃、青海、福建、广东、四川、贵州；俄罗斯，蒙古国，韩国，美国。

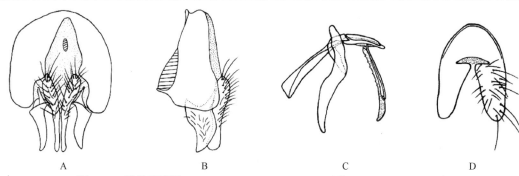

图 2-94　腹长足寄蝇 *Dexia ventralis* Aldrich, 1925（仿 Zhang *et al.*，2010）

A.♂肛尾叶、侧尾叶和第 9 背板后视；B.A 侧视；C. 阳体侧视；D.♂第 5 腹板腹视

81. 迪内寄蝇属 *Dinera* Robineau-Desvoidy, 1830

Dinera Robineau-Desvoidy, 1830: 307. Type species: *Dinera grisea* Robineau-Desvoidy, 1830.

特征：复眼裸；雄性额窄，至多是头宽的 1/7，雌性相对较宽，侧额几乎裸，侧颜宽超过触角第 1 鞭节宽度的 2 倍，颜脊通常发达，颜的下缘突出，超过髭角，颊宽，至少是眼高的 1/4；单眼鬃强壮，大约与内顶鬃等长，雌性通常具前顶鬃，最下方的额鬃排列在触角基部的上方，髭位于颜下缘的上方，后头具 2–3 行或者更多行细的黑鬃；触角芒羽状；前胸腹板裸，前胸侧板具毛；前缘脉第 2 段下方裸，r_{4+5} 室通常开放，至多在翅缘关闭；足长，前足跗节明显长于头高，后足胫节具一些不规则前背鬃；腹部长卵形，至多雄性第 5 背板具心鬃，雌性常缺失。本属种类主要寄生在金龟子科 Scarabaeidae、天牛科 Cetambycidae、步甲科 Carabidae、拟步甲科 Tenebrionidae、锹甲科 Lucanidae、吉丁甲科 Buprestidae 和鳞翅目科 Lepidoptera 毒蛾、黏虫等幼虫或成虫体内。

分布：古北区、新北区、东洋区和非洲热带区。中国记录 15 种，浙江分布 2 种。

（220）短须迪内寄蝇 *Dinera brevipalpis* Zhang *et* Shima, 2006（图 2-95）

Dinera brevipalpis Zhang *et* Shima, 2006: 16.

特征：体长 13.3–17.2 mm。雄性头顶宽约小于头宽的 1/7，额宽约是侧额宽的 2 倍，侧颜约是触角第 1 鞭节宽的 3 倍；颊约是眼高的 2/5；侧额具一些或一行细而短的毛，内顶鬃大约是眼高的 1/2；外顶鬃细毛状，单眼鬃略短于内顶鬃；11–12 对内倾的额鬃；侧颜裸；髭位于颜下缘的上方；触角第 1 鞭节相当窄，长是宽的 4 倍，是第 2 节的 4 倍；梗节具 2–3 行长且强的鬃；触角芒近似与触角等长，是触角第 1 鞭节宽的 2 倍；下颚须短，略短于梗节。胸部黑色，具密的灰白色粉被；盾沟前具 5 个狭窄的暗棕色长纵条，小盾片深棕色，后缘灰白色；中鬃 3+3，背中鬃（3–4）+3，翅内鬃 0+3，翅上鬃 4，肩鬃 5–6 根；翅淡色透明，翅肩鳞和前缘基鳞黑色，下腋瓣黄棕色，前缘刺缺失；M 脉从 dm-cu 脉到中脉心角的距离近似是中脉心角至翅后缘距离的 2.5 倍。足黑色，转节微棕色，前足胫节具 2 根腹鬃；中足胫节具 1 根前背鬃、2 根后背鬃和 1 根腹鬃；后足胫节具一行稀疏短的前背鬃、2–3 根后背鬃和 1–3 根腹鬃，端部无后腹鬃。腹部长卵形，第 1+2 合背板中央凹陷达后缘；无中缘鬃，具 1–2 侧缘鬃，无心鬃；第 4 背板具 1 行缘鬃；第 5 背板具 1 行不规则心鬃和 1 行强壮的缘鬃。肛尾叶细长，侧尾叶钝圆。

分布：浙江（临安）、广东；越南，泰国，马来西亚。

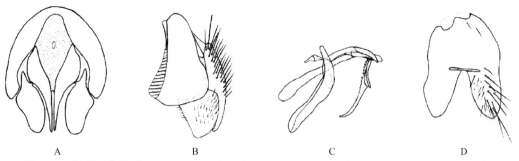

图 2-95　短须迪内寄蝇 *Dinera brevipalpis* Zhang *et* Shima, 2006（仿 Zhang and Shima，2006）

A. ♂肛尾叶、侧尾叶和第 9 背板后视；B. A 侧视；C. 阳体侧视；D. ♂第 5 腹板腹视

（221）暗迪内寄蝇 *Dinera fuscata* Zhang *et* Shima, 2006（图 2-96）

Dinera fuscata Zhang *et* Shima, 2006: 25.

主要特征：体长 5.5–9.5mm。额宽是头宽的 1/11–1/9，内顶鬃细且短，大约是眼高的 2/5，外顶鬃不清楚，侧颜裸，触角黑色，触角第 1 鞭节具 1 根长鬃，该长鬃略短于梗节；胸部底色黑，具变色粉被，背部具有 3 个黑色纵条，小盾片具灰白色粉被，背中鬃 3+3，翅内鬃 0+2，翅上鬃 3 根；翅肩鳞黑色，前缘基鳞红黄色，前缘刺缺失，中脉心角至 dm-cu 脉的距离近似是至翅缘距离的 2.5 倍；爪垫黄色，前足胫节具 2 根后背鬃，中足胫节具 1–2 根前背鬃（通常 1 根）、3–4 根后背鬃和 1 根腹鬃，后足胫节具 4–8 根不规则的前背鬃、2–3 根后背鬃和 2 根腹鬃；腹部第 1+2 合背板中央凹陷仅达到基部的 1/2 处，具 2 根强壮直立的中缘鬃和 1 根长且强壮的侧缘鬃，第 3、第 4 背板的侧缘部分具毛。

分布：浙江（临安）、吉林、辽宁、河北、山西、陕西、宁夏、四川；日本。

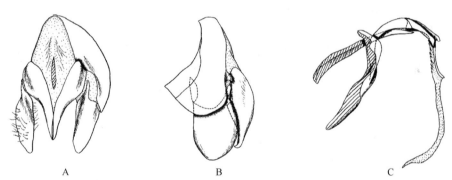

图 2-96　暗迪内寄蝇 *Dinera fuscata* Zhang *et* Shima, 2006（仿 Zhang and Shima，2006）

A. ♂肛尾叶、侧尾叶和第 9 背板后视；B. A 侧视；C. 阳体侧视

多利寄蝇族 Doleschallini

特征：体和足细长，触角着生于复眼中部水平以下，触角芒羽毛状，额鬃下降至侧颜上部，仅达新月片水平，后头部分或全部被淡黄色毛。沟前翅内鬃缺失，翅内鬃 0+2，翅侧片鬃存在，或强或弱，小盾亚端鬃显著大于小盾端鬃，中胸部分的 2 个后足基节前方闭合并骨化，翅后胛具 2 根强鬃，小盾片具 2 对缘鬃，腋瓣上肋和翅后坡裸；腹部细长，通常圆筒形，第 1+2 合背板中央凹陷细长、达该背板后缘，背板常近似与中间背板等长，第 2 背板基部凹陷达后缘，腹部腹板被遮盖，第 5 背板具发达的心鬃和缘鬃。

分布：中国记录 1 属 1 种，浙江分布 1 属 1 种。

82. 刺须寄蝇属 *Torocca* Walker, 1859

Torocca Walker, 1859: 131. Type species: *Torocca abdominalis* Walker, 1859.

特征：头侧面观半圆形，侧颜裸，髭位于颜的下缘处，颊高至多为眼高的 1/8；触角芒短毛状；小盾片具强的 2 对缘鬃，无交叉的端鬃；后足基节后内区骨化，M 脉在弯曲处具赘脉，其长约等于 r-m 横脉长，下腋瓣侧缘具长的白毛；前足基节前内表面具密倒伏的鬃毛；前足胫节近端前背鬃明显短于近端背鬃，中足胫节具 1 短的前背鬃；腹部第 1+2 合背板中央凹陷不达后缘，具 2 中缘鬃，第 3 和第 4 背板各具成对中心鬃。

分布：古北区、东洋区、澳洲区。中国记录 1 种，浙江分布 1 种。

（222）亮胸刺须寄蝇 *Torocca munda* (Walker, 1856)（图 2-97）

Dexia munda Walker, 1856: 126.

Torocca munda: Crosskey, 1976: 192.

特征：体长 11.0 mm。体底色黑，头覆浓厚的金黄色粉被，腹部覆浓厚的红黄色粉被，间额、翅肩鳞、前缘基鳞、足黑色，下颚须、翅基部、腋瓣、平衡棒黄色，翅黄色透明。额宽为复眼宽的 1/3，间额前宽后窄，最窄处与侧额等宽（雄性），侧额、侧颜覆浓厚的金黄色粉被，侧额内缘被黑毛，侧颜裸，其宽度为触角第 1 鞭节宽的 2/5，第 1 鞭节为梗节长的 2 倍，触角芒被短毛，下颚须具黑刺。胸部覆稀薄的黄白色粉被，中胸背板具狭窄的 4 个黑纵条，在盾沟前中间两条消失；翅中脉心角具赘脉，小盾片端鬃缺失，具发达的小盾侧鬃 1 根，两亚端鬃之间的距离为其至同侧基鬃间距离的 1/2。腹部细长，被刺状黑毛，具黑色背中带，第 1+2 合背板至第 4 背板红黄色，仅第 3、第 4 背板后端 1/4–1/3 黑色，第 5 背板黑色，末端红黄色，第 1+2 合背板基部中央凹陷不达后缘，具中心鬃、中缘鬃各 1 对，第 3 和第 4 背板各具 2 对中心鬃、1 列缘鬃，第 5 背板具 2–3 列心鬃和 1 列缘鬃。

生物学：寄生于扶桑四点野螟、*Lygropia obrinusalis*。

分布：浙江（临安）、陕西、湖南、福建、云南；日本，印度，越南，泰国，马来西亚，印度尼西亚。

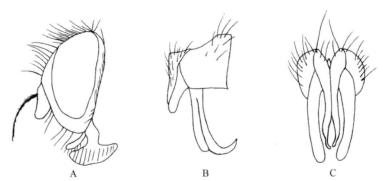

图 2-97　亮胸刺须寄蝇 *Torocca munda* (Walker, 1856)（仿赵建铭等，1992）

A.♂头侧视；B.♂肛尾叶、侧尾叶、第 9 背板和阳体侧视；C. 前者后视

蜗寄蝇族 Voriini

特征：本族属和种类均多，外形特征变化大。一般地雄额窄，或与复眼等宽，雌雄两性均具外侧额鬃 2–4 根，最前方的一根下降至侧颜达 1/2 水平，外顶鬃粗大，单眼鬃向外侧方或后方伸展，后头覆淡白色粉

被，中部被淡白色毛，下颚须发达，端部膨大；肩鬃 4 根，后方 3 根基鬃排列呈一直线，腹侧片鬃 2–3 根，小盾侧鬃缺失；R_{4+5} 脉基部至径中横脉的脉段上被小鬃，dm-cu 脉非常倾斜，位于肘脉基部 1/3 或 1/2 的部位，中脉心角处具一长赘脉；翅肩鳞黑色，前缘基鳞黑色或红黄色；前足胫节被 2 行鬃状黑毛，前足胫节具 1 行前背鬃，后鬃 2 根，中足胫节具前背鬃 1 行、后鬃 2 根、腹鬃 1 根，后足胫节具排列不整齐的前背鬃 1 行，其中有 2–3 根粗长黑鬃，后鬃 2–3 根，腹鬃 2–5 根，具 1 根短小的后腹端刺；腹部圆筒形，雄性尾器，阳茎呈特长的带形。蜗寄蝇族昆虫区别于其他族的主要特征表现在后腹部的结构上，第 5 腹板通常结构很均匀，前部直或拱起；后部具深的"U"形或"V"形凹陷。第 9 背板前突通常小，或多消失；第 9 背板侧叶一般很发达；肛尾叶之间具连接缝，端部 1/3–2/3 分开（通常为紧密连接），很少愈合到端部，侧面观一般地肛尾叶或多或少向前弯；侧尾叶宽，阳基内骨通常棒状或愈合（喙寄蝇属 *Stomina*）；前阳基侧突板状，后阳基侧突很窄，前部凸起；射精小骨通常是第 9 腹板宽的 0.2–0.4 倍，基阳体长（很少短），阳基后突延伸使得整个结构似乎是一个整体，端阳体从腹面分离；由于基阳体和阳基后突长度的变化，端阳体附着位置变化很大，在基阳体和端阳体的连接部膜质，灵活可动（Verbeke，1962）。

　　分布：该族世界广布。中国记录 24 属 73 种，浙江分布 5 属 7 种。

83. 邻寄蝇属 *Dexiomimops* Townsend, 1926

Dexiomimops Townsend, 1926: 21. Type species: *Dexiomimops longipes* Townsend, 1926.

　　主要特征：复眼具密毛；雄性额宽至多为头宽的 1/10，雄无额鬃，雌具 2 前倾额鬃，单眼鬃毛状或缺，头后腹半部的毛多白色；触角芒羽状，下颚须至少端部黄色，中喙长至少为其直径的 5 倍；胸部前胸背板具 4 条或 5 条窄的暗色纵条，前胸基腹片裸，肩鬃 4–5 根，如 3 根则排成三角形，1–2 盾后翅内鬃，小盾端鬃缺或毛状，腹侧片鬃 3；翅肩鳞黑色，前缘基鳞黄色，M 脉在弯曲处无赘脉；足黄色，前足基节前内侧多裸或完全裸，雄性后足股节具 3 或 4 长的后背鬃；腹部大部分红黄色，第 1+2 合背板中央凹陷伸达后缘，无中缘鬃，第 3、第 4 背板各具成对中心鬃。

　　分布：古北区和东洋区。中国记录 6 种，浙江分布 1 种。

（223）残邻寄蝇 *Dexiomimops curtipes* Shima, 1987（图 2-98）

Dexiomimops curtipes Shima, 1987: 94.

　　特征：复眼具密长毛；额宽约为头宽的 1/20（雄性）、1/5（雌性）；侧颜裸；触角第 1 鞭节黑色，梗节和下颚须红黄色；触角第 1 鞭节长是宽的 3.0–3.2 倍，为梗节的 2.0–2.2 倍；梗节具鬃，其中 1 根较强；触角芒短羽状，长度为触角第 1 鞭节的 1.4–1.5 倍，基部 2/7 加粗；前颊长为宽的 8.0–9.0 倍；胸部肩鬃 4 根，后方 3 根呈直线排列，背侧片鬃 2，中鬃 2+3，背中鬃 3+3，翅内鬃 0+3，翅上鬃 3；小盾片基半部黑色，端半部红黄色，具淡白色粉被，具明显的端位和近端位鬃；小盾端鬃 1 对交叉；后气门前肋被毛；翅肩鳞黑色，前缘基鳞黄色；R_{4+5} 脉基部背面、腹面有时均具 2–3 根小鬃；肘脉下支具 1 根鬃；下腋瓣发达，黄色；平衡棒黄色，端部小于后胸气门；足短，足除基节和跗节外均红黄色；足垫棕色，前足爪长于第 5 分跗节；前足胫节短于复眼高，端位前背鬃短于端位背鬃；后足胫节前背鬃 5 根，后背鬃 4 根，腹鬃 2 根，端位前腹鬃长于端位后腹鬃。腹部大部分红黄色，雄性的第 3 背板具 2–3 对中心鬃，第 4 背板具 2–3 对中心鬃，雌性的第 3 和第 4 背板各具 2 对中心鬃。

　　分布：浙江（临安）、福建；泰国。

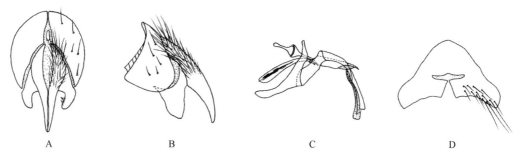

图 2-98　残邻寄蝇 *Dexiomimops curtipes* Shima, 1987

A. ♂肛尾叶、侧尾叶和第 9 背板后视；B. A 侧视；C. 阳体侧视；D. ♂第 5 腹板腹视

84. 筒寄蝇属 *Halydaia* Egger, 1856

Halydaia Egger, 1856: 383. Type species: *Halydaia aurea* Egger, 1856.

　　主要特征：复眼裸；头侧面观半圆形，后头扁平；间额窄，两侧缘平行，侧颜宽为触角第 1 鞭节宽的 1/2，单眼鬃毛状或缺失，额鬃仅至新月片水平，具 1 列前倾的外侧额鬃，内侧额鬃缺失；新月片半圆形，黄色；触角短，黄色，第 1 鞭节卵圆形，长为宽的 2 倍，触角芒裸，第 2 节短于其横径；前颊黄色。肩鬃呈直线排列，前胸基腹片裸，腹侧片几乎全部被毛，翅内鬃 0+2（3），腹侧片鬃 2，小盾侧鬃缺失，基鬃强壮；前缘脉第 2 段被毛，R$_1$ 脉全部被小鬃，翅肩鳞黑色，前缘基鳞和足黄色；中足胫节仅具 1 根前背鬃；腹部圆筒形。

　　分布：古北区、东洋区和澳洲区。中国记录 2 种，浙江分布 1 种。

（224）银颜筒寄蝇 *Halydaia luteicornis* (Walker, 1861)（图 2-99）

Gymnostylia luteicornis Walker, 1861: 10.

Halydaia luteicornis: Crosskey, 1976:191.

　　特征：体长 7.0 mm。雄性复眼裸；侧额黑色，覆银灰色粉被；侧颜黑色，覆银白色粉被；颊几乎不可见；触角红黄色；复眼几乎占据了全部的头高；后头扁平略凹陷；外侧额鬃 1 行；内侧额鬃缺失；侧额内侧缘被 1 行规则排列的短毛，分布不及最下方的额鬃水平；侧颜裸；触角第 1 鞭节长是宽的 2.0–2.2 倍，为梗节长的 1.2–1.5 倍；触角芒裸，基部 1/3 加粗。肩鬃 3 根，呈直线排列，背侧片鬃 2，中鬃 3+1，背中鬃 3+3，翅内鬃 0+2（3）；小盾侧鬃缺失；前胸基腹片、前胸前侧片、后气门前肋裸；腹侧片鬃 2；翅侧片鬃缺失；翅肩鳞黑色，缘基鳞淡黄色；前缘刺不发达；R$_1$ 脉全脉具小鬃，R$_{4+5}$ 脉背面小鬃分布远远超过径中横脉，腹面具 3–4 根小鬃，r$_{4+5}$ 室开放；前足爪短于第 5 分跗节；前足胫节端位前背鬃短于端位背鬃；中足胫节前背鬃 1；后足胫节端位前腹鬃长于端位后腹鬃。腹部圆筒形，红黄色，仅第 3 至第 5 背板前缘

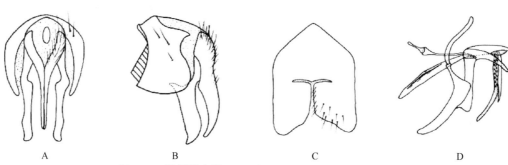

图 2-99　银颜筒寄蝇 *Halydaia luteicornis* (Walker, 1861)

A. ♂肛尾叶、侧尾叶和第 9 背板后视；B. A 侧视；C. ♂第 5 腹板腹视；D. 阳体侧视

和侧缘覆银白色粉被；第 1+2 合背板中央凹陷不达后缘、凹陷处具暗斑，第 4 背板后半部褐色，第 5 背板暗褐色或黑色；第 1+2 合背板中央凹陷不达后缘。

生物学：寄生于黏虫、稻苞虫、稻纵卷叶螟。

分布：浙江（临安）、安徽、湖北、江西、福建、广东、广西、四川、贵州；日本，印度，尼泊尔，老挝，泰国，斯里兰卡，马来西亚，印度尼西亚。

85. 海寄蝇属 *Hyleorus* Aldrich, 1926

Hyleorus Aldrich, 1926: 16. Type species: *Hyleorus furcatus* Aldrich, 1926.

Steiniomyia Townsend, 1932: 54. Type species: *Plagia elata* Meigen, 1838.

主要特征：复眼被密的淡色毛，额鬃全部向后方伸展，外侧额鬃 3 根，侧颜在最下方 1 根额鬃之下裸，颜堤下半部具颜堤鬃，颊高至多为复眼高的 1/6，后头扁平略凹陷；触角梗节红黄色，其余为黑色，触角芒裸，基部 4/5 加粗，第 2 节长为自身横径的 3 倍，后头延伸部具 2–3 根粗鬃，下颚须红黄色，棒状；前胸基腹片被毛，盾后背中鬃 4 根，盾后翅内鬃 3，腹侧片鬃 3，翅侧片鬃弱小或毛状；翅肩鳞和前缘基鳞均黑色，前缘刺发达，长于 r-m 横脉，dm-cu 脉十分倾斜，R_1 脉基半部具小鬃，R_{4+5} 脉小鬃分布超过 r-m 横脉，中脉心角具一长的赘脉，几乎伸达翅缘；前足胫节端位前背鬃至少与端位背鬃等长；腹部被粉被，腹部第 1+2 合背板中央凹陷达后缘，无中缘鬃，第 3 和第 4 背板各具 2 对中心鬃。

分布：世界广布。中国记录 2 种，浙江分布 1 种。

（225）矮海寄蝇 *Hyleorus elatus* (Meigen, 1838)（图 2-100）

Plagia elata Meigen, 1838: 201.

Hyleorus elata: Crosskey, 1976: 188.

特征：额宽约为头宽的 2/5，间额在最窄处约为额宽的 1/5；侧颜窄于触角第 1 鞭节，颊高为复眼高的 1/9；外侧额鬃 3 对，与额鬃相当；内侧额鬃 1 对，两单眼鬃之间的距离几乎等于两后单眼之间的距离，侧额具较密的毛，伴随额鬃下降至梗节中部水平；侧颜裸；触角第 1 鞭节长是宽的 2.6 倍，为梗节的 2.4–2.5 倍；梗节具小鬃；触角芒裸，基部 4/5–5/6 加粗；第 2 节长为自身横径的 3.0–4.0 倍。中胸盾片具 4 条窄的暗带，内条宽度约为内外条间距的 1/3；肩鬃 4 根，后方 3 根呈直线排列，背侧片鬃 2，中鬃 3+3，背中鬃 3+4，翅内鬃 1+3，前胸基腹片被毛；前胸前侧片裸；后气门前肋几乎裸；R_{4+5} 脉背面小鬃分布超过径中横脉，几乎为全脉段的 2/3；中脉心角大于直角，具一长赘脉；前足爪长于第 5 分跗节。腹部仅 3–5 背板的前半部覆银白色粉被；第 1+2 合背板中央凹陷达后缘；具侧缘鬃 1 对；第 3 至第 5 背板各具中心鬃 2 对。

生物学：寄生于黄毒蛾、盗毒蛾、枣金毛虫。

分布：浙江（临安）、黑龙江、辽宁、北京、河北、山西、江苏、上海、广东、广西、四川；俄罗斯，日本，欧洲。

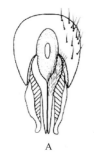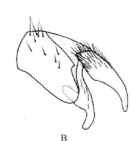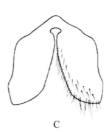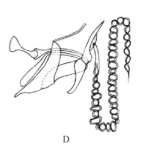

图 2-100　矮海寄蝇 *Hyleorus elatus* (Meigen, 1838)

A. ♂肛尾叶、侧尾叶和第 9 背板后视；B. A 侧视；C. ♂第 5 腹板腹视；D. 阳体侧视

86. 瘦寄蝇属 *Leptothelaira* Mesnil *et* Shima, 1979

Leptothelaira Mesnil *et* Shima, 1979: 477. Type species: *Leptothelaira longicaudata* Mesnil *et* Shima, 1979.

主要特征：复眼裸，头顶额宽为头宽的 1/4–1/7，侧颜裸，或至多仅上半部被毛，内顶鬃强壮，交叉或聚合，外顶鬃缺失，额至多具 3 对前倾额鬃；触角通常大于颊高，其第 1 鞭节长为梗节的 3–4 倍，触角芒羽状。胸部背板具 3–5 条暗色条带，肩鬃不呈三角形排列，中鬃 1+0，背中鬃 2+3，仅具 1 根盾后翅内鬃，前胸基腹片特别宽，裸，后气门前肋裸，小盾片具 2 对缘鬃；r_{4+5} 室开放；足和腹部大部分黄色，前足基节内前面裸或几乎裸，后足基节间后区骨化；腹部第 1+2 合背板中央凹陷不达后缘，各背板无成对的暗斑，第 3 和第 4 背板各具 1 对中心鬃。

分布：古北区和东洋区。中国记录 3 种，浙江分布 1 种。

（226）南方瘦寄蝇 *Leptothelaira meridionalis* Mesnil *et* Shima, 1979（图 2-101）

Leptothelaira meridionalis Mesnil *et* Shima, 1979: 480.
Thelaira macropus: Crosskey, 1966: 663.

特征：体长 6.5–13.0 mm。颊红棕色，覆银白色粉被；触角基节和梗节红黄色，第 1 鞭节黄色；前额和唇瓣黄色。雄性的额宽为头宽的 1/7–1/6；侧颜宽于触角第 1 鞭节；颊高为复眼高的 2/7–1/3；单眼鬃长度约等于内顶鬃；外顶鬃毛状，强于眼后鬃；后头略拱起，在上半部被小黑鬃，其余被淡色毛，上后头无小黑鬃；触角第 1 鞭节长是宽的 2.5–2.6 倍，为梗节的 2.0–2.1 倍；触角芒长羽状，长度为触角第 1 鞭节的 1.6–1.7 倍，基部 1/5 加粗。中胸背板具 4 条窄的暗色条带，内条宽度窄于外条，并窄于内外条之间的间距；前胸基腹片特别宽；前胸前侧片裸；后气门前肋裸；翅肩鳞暗棕色或黑色，前缘基鳞红棕色至棕色；前缘刺不发达；足除跗节和胫节端部暗棕色或黑色外其余为黄色；前足胫节端位前背鬃长于端位背鬃；后足胫节端位前腹鬃长于端位后腹鬃。腹部长圆柱形，红黄色；第 1+2 合背板中央凹陷及前缘具一窄的暗斑；第 3 背板在中央具一长而窄的三角形暗斑，后缘两侧各具 1 个暗斑；第 4 背板在中央和后 1/3 处具一大的暗斑，第 5 背板暗棕色或黑色；第 3 和第 4 背板前缘和第 5 背板大部覆稀薄的银白色粉被。

分布：浙江（临安）、宁夏、台湾；日本。

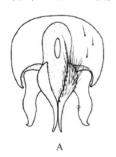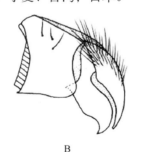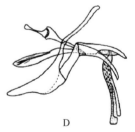

图 2-101　南方瘦寄蝇 *Leptothelaira meridionalis* Mesnil *et* Shima, 1979
A. ♂肛尾叶、侧尾叶和第 9 背板后视；B. A 侧视；C. ♂第 5 腹板腹视；D. 阳体侧视

87. 柔寄蝇属 *Thelaira* Robineau-Desvoidy, 1830

Thelaira Robineau-Desvoidy, 1830: 214. Type species: *Thelaira abdominalis* Robineau-Desvoidy, 1830.

主要特征：头侧面观半圆形，复眼裸；间额前宽后窄，侧颜裸，颊高为眼高的 1/8 左右，后头延伸部不发达；触角梗节具 1 根长鬃，触角芒毛羽状；前额粗短，不长于触角第 1 鞭节，下颚须棒状。前胸基腹片、前胸侧板裸，后气门前肋被毛，肩后鬃 2，翅侧片鬃缺如，翅内鬃 0+3，小盾缘鬃 3 对，端鬃交叉，小盾侧鬃缺如；下腋瓣裸，侧缘无长毛；翅肩鳞和前缘基鳞黑色，无前缘刺，R_1 脉和 R_{4+5} 脉具小鬃，M 脉无赘脉，至多 r_{4+5} 室不开放；前足基节前内表面具密而倒伏的鬃毛，前足胫节近端前背鬃明显长于近端背鬃，中足胫节具 2 至多个前背鬃，后足基节间后区膜质。腹部第 1+2 合背板中央凹陷达或不达后缘，具 2 根中缘鬃；第 3 和第 4 背板分别各具成对中心鬃。国外记载寄生于鳞翅目多种蛾类。

分布：世界广布。中国记录 9 种，浙江分布 3 种。

分种检索表

1. 小盾片黄色至多基部黑色，侧额内侧 3/5 被密毛（约 4 行），侧颜及侧额沿复眼边缘覆浓密的古铜色粉被，具金属光泽，下腋瓣覆浓厚的黄褐色粉被 ·································· **金粉柔寄蝇 *T. chrysopruinosa***
   小盾片黑色，最多端部略带暗黄色；侧额内侧 1/3–2/5 被稀毛（2–3 行），侧颜银灰色，下腋瓣覆稀薄灰白色粉被 ······· 2
2. 肩鬃 4 根，腹部背板黑色中纵条宽于第三背板宽 1/3，R_{4+5} 脉腹面具小鬃 ························ **暗黑柔寄蝇 *T. nigripes***
 - 肩鬃 5 根，腹部背板黑色纵条明显窄于第三背板宽 1/3，R_{4+5} 脉腹面无小鬃 ················· **巨形柔寄蝇 *T. macropus***

（227）金粉柔寄蝇 *Thelaira chrysopruinosa* Chao *et* Shi, 1985（图 2-102）

Thelaira chrysopruinosa Chao *et* Shi, 1985a: 170.

特征：体长 11.0–12.0 mm。雄性头覆浓厚金黄色粉被，侧颜黑色有金属光泽，覆浓厚古铜色粉被，中颜板扁阔，覆浓厚银白色粉被；触角黑色，下颚须黄色，后头黑色，覆灰白色粉被。额宽为复眼宽度的 1/3，间额前宽后窄，在单眼三角前其宽度为侧颜宽度的 2 倍，侧颜中部略窄于触角第 1 鞭节，颊窄，口缘不向前突出，髭上方仅具颜堤鬃 2 根，后头延伸区不发达，被小黑毛；额鬃 12 对，有 3 根下降至侧颜，最前方的一根不及梗节末端的水平，侧额被密毛（4–5 行），内侧额鬃 1 根，外侧额鬃缺如，内顶鬃细长，与额鬃同等大小，外顶鬃毛状，后顶鬃每侧各 1 根，单眼鬃细长，向前方伸展，后头扁平，全部被淡白色毛；触角第 1 鞭节为梗节长度的 2.5 倍，梗节背面具 1 根粗大长鬃，触角芒基部 1/4 加粗，前颏粗短，其长为宽的 1.5 倍。胸部黑色，覆银白色粉被，背面具 4 个黑纵条，中鬃 3+3，背中鬃 3+3，翅内鬃 0+3，腹侧片鬃 2 根，肩鬃 4 根，后方 3 根基鬃呈三角形排列，肩后鬃 2 根，小盾片黄色，基部黑色，覆银白色粉被，心鬃 1 对。翅淡黄色透明，翅肩鳞和前缘基鳞均黑色，前缘刺不发达，R_1 脉 3/5 被黑毛小鬃，R_{4+5} 基部 1/2 被小鬃，中脉心角大于直角，由中脉心角至 dm-cu 横脉的距离略大于由心角至翅缘的直线距离，中肘横脉几乎直，下腋瓣黄褐色。足腿节红棕色，端部腹面黑色，胫节黄色，两端黑色，跗节黑色，前足爪大于第 5 分跗节的长度，前足胫节具前背鬃 1 行，后鬃 2 根，中足胫节具前背鬃 2 根、后背鬃 2 根、腹鬃 1 根，后足胫节具前背鬃 4 根、后背鬃 2 根、腹鬃 2 根。腹部细长黄色，中央具黑色纵条，其宽度为各背板宽度的 1/5，第 1+2 合背板基部凹陷达于后缘，第 3 和第 4 背板基部 1/6 覆灰白色粉带，各具 1 对中心鬃，第 5 背板黑色，基部两侧具红黄色花斑，基部 1/2 覆灰白色粉被，具心鬃和缘鬃各 1 行。

 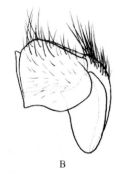 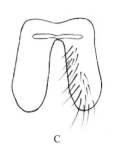 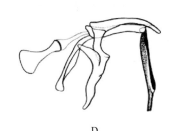

A　　　　　　　　B　　　　　　　　C　　　　　　　　D

图 2-102　金粉柔寄蝇 *Thelaira chrysopruinosa* Chao *et* Shi, 1985
A. ♂肛尾叶、侧尾叶和第 9 背板后视；B. A 侧视；C. ♂第 5 腹板腹视；D. 阳体侧视

分布：浙江（临安）、山东、甘肃、江苏、上海、安徽、江西、台湾、广东、海南、广西、四川、云南、西藏。

（228）巨形柔寄蝇 *Thelaira macropus* (Wiedemann, 1830)（图 2-103）

Dexia macropus Wiedemann, 1830: 375.

Thelaira macropus: Crosskey, 1966: 663.

特征：体长 8.0–15.0 mm。雄性头扁圆形，覆银白色粉被，间额红褐色，侧颜具丝光银白色粉被，颊银白色较窄，新月片黑褐色，后头覆灰白色粉被；触角黑色，触角第 1 鞭节内缘具黄色粉被，触角芒黑色，下颚须黄色，唇瓣黄色。额宽为复眼宽的 3/5，间额单眼三角前宽度为侧额宽的 2 倍，侧颜裸，中部宽度略大于或等于触角第 1 鞭节；额鬃每侧 7–9 根，有 2 根下降至侧颜梗节基部，侧额具稀毛，内侧额鬃 2 根，外侧额鬃缺如，单眼鬃位于单眼后两侧，两单眼鬃间距离小于两后单眼间距离，单眼后鬃缺如，眼后鬃一排，后头毛淡灰白色，髭上有些许小毛，颜堤鬃 1 根，后头延伸部不发达；触角第 1 鞭节长为宽的 3 倍，为梗节的 2 倍，梗节具 2 根长鬃，触角芒羽状，基部 1/2 加粗，颊粗短，唇瓣肥大。胸部黑色具浓厚银白色粉被，小盾片黑色覆灰白色粉被，肩胛黑色覆浓厚银白色粉被，沟前 4 个窄黑纵条，沟后 3 个宽黑纵条，肩鬃 5 根，后三根呈三角形，中鬃 3+3，背中鬃 3+3，翅内鬃 0+3，翅上鬃 3，腹侧片鬃 2；小盾心鬃 1 对；前胸基腹片裸；翅黄色透明，翅肩鳞和前缘基鳞均黑色，下腋瓣灰白色，边缘黄色，前缘刺不发达，R_1 脉全部被黑色小鬃，R_{4+5} 基部脉段 3/5 被小鬃，中脉心角大于直角，中脉心角至 dm-cu 脉距离大于至翅缘距离，dm-cu 急剧弯曲，端 r_5 室不闭合；足黑色，腹面微红色，爪大于第 5 分跗节长，前足胫节具前背鬃 1 行，后腹鬃 2 根，中足胫节前背鬃 2 根、后背鬃 2 根、腹鬃 1 根，后足胫节前背鬃 1 行、后背鬃 2 根、腹鬃 2 根。腹部黄色细长，沿中央黑纵条宽占各背板的 1/4，第 3 和第 4 背板基部 1/4 具银白色粉带，第 4 背板端部 2/5 和第 5 背板黑色，第 1+2 合背板中央凹陷伸达后缘，第 3 和第 4 背板各具心鬃 1 对，第 5 背板具心鬃 1 对，缘鬃 1 行。

分布：浙江（德清、临安）、黑龙江、吉林、辽宁、内蒙古、北京、天津、河北、山西、山东、陕西、宁夏、江苏、上海、安徽、湖北、江西、湖南、福建、台湾、广东、海南、香港、广西、重庆、四川、贵州、云南、西藏；印度，缅甸，泰国，斯里兰卡，马来西亚，印度尼西亚。

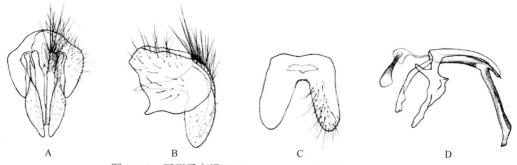

图 2-103　巨形柔寄蝇 *Thelaira macropus* (Wiedemann, 1830)

A. ♂肛尾叶、侧尾叶和第 9 背板后视；B. A 侧视；C. ♂第 5 腹板腹视；D. 阳体侧视

（229）暗黑柔寄蝇 *Thelaira nigripes* (Fabricius, 1794)（图 2-104）

Musca nigripes Fabricius, 1794: 319.

Thelaira nigripes: Crosskey, 1976: 192.

特征：体长 8.0–12.0 mm。雄性头黑色覆银白色粉被，间额黑色，侧额覆银白色粉被，侧颜裸覆银色粉被，颊褐色，新月片黑色，触角黑色，下颚须黄色，颊亮黑色，后头覆白色粉被。额宽为头宽的 1/6–1/5，侧颜最窄处约等于触角第 1 鞭节宽，颊高为眼高的 1/8；额鬃每侧 1 行 9 根，多内倾交叉，有 2 根下降至梗节中部，内侧额鬃 1–2 根，外侧额鬃缺失，内顶鬃后倾，为眼高的 2/5–1/2，外顶鬃毛状，后顶鬃细长，单眼鬃强壮，前倾，单眼后鬃毛状，眼后鬃 1 列，后头扁平，后头毛黄白色，髭平直交叉，髭上方至梗节下方具小毛，颜堤鬃 1–2 根，口缘鬃 4–6 根，其中 4 根较强，后头延伸部不发达，具小黑鬃；触角第 1 鞭节长为宽的 3 倍，为梗节长的 1.8–2.5 倍，第 2 节具小鬃，其中 1 根较长，触角芒芒毛宽于触角芒第 2 节，前额粗短，口盘肥大。胸部黑色，覆银白色粉被，小盾片暗黑色，盾沟前 4 窄黑纵条，沟后 3 黑纵条，肩鬃 4 根，后 3 根呈三角形，肩后鬃 2 根，腹侧片鬃 2 根，沟前鬃 1 根，中鬃 3+3，背中鬃 3+3，翅内鬃 0+3，翅上鬃 3，中间 1 根强大，小盾心鬃 1 对，小盾端鬃长度为亚端鬃的 0.8 倍。翅半透明，基部黄色，平衡棒褐色，上下腋瓣均黄白色，覆白色粉被，上下腋瓣连接处具黄白色柔毛，翅肩鳞和前缘基鳞黑色，R_1 脉基部 2/3 具小鬃，R_{4+5} 脉基部脉段 1/2 具小鬃，且腹面具小鬃，r_{4+5} 室开放，中脉心角大于直角，心角至翅缘的距离约等于至 dm-cu 的距离，中肘横脉弯曲；足黑色，胫节红黄色，爪和爪垫黄色，前足爪长于第 5 分跗节，前足胫节具 1 列短小前背鬃、后鬃 2 根，中足胫节前背鬃 2 根，上方 1 根较弱，后背鬃 2 根，腹鬃 1 根，后足胫节前背鬃 1 列，后背鬃 2 根，腹鬃 2 根。腹部不完全黑色，第 1+2 合背板、第 3 背板和第 4 背板基部侧面黄棕色，覆白色粉被，第 3 背板基部 1/4–1/3 具白色粉被，第 4 背板基部 1/3–1/2 具白色粉被，第 5 腹板具白色粉被，第 1+2 合背板中央凹陷达后缘，腹面有时全黑，具中缘鬃 1 对，第 3 背板中心鬃 1 对，中缘鬃 1 对，第 4 背板具中心鬃 1 对、缘鬃 1 列，第 5 背板具心鬃、缘鬃 1 行。雌性下颚须通常褐色，外顶鬃缺失或毛状，腹部亮黑，在第 3 背板基部 1/3，第 4、第 5 背板基部 1/2 具白色粉被。

　　生物学：国外记载寄生于鳞翅目夜蛾、灯蛾、天社娥、枯叶蛾、天蛾等幼虫体内。

　　分布：浙江（临安）、黑龙江、吉林、辽宁、内蒙古、北京、天津、河北、山西、山东、河南、陕西、宁夏、甘肃、青海、江苏、上海、安徽、江西、湖南、福建、台湾、广东、广西、重庆、四川、贵州、云南、西藏；俄罗斯，日本，欧洲。

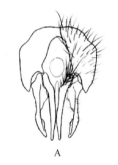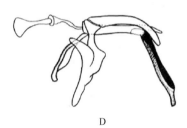

图 2-104　暗黑柔寄蝇 *Thelaira nigripes* (Fabricius, 1794)
A.♂肛尾叶、侧尾叶和第 9 背板后视；B. A 侧视；C.♂第 5 腹板腹视；D. 阳体侧视

（二）追寄蝇亚科 Exoristinae

分族和分属检索表

- 颊高至少与触角第 1 鞭节等宽；中脉心角至 dm-cu 脉的距离不等于心角至翅后缘的距离，盾后翅内鬃 3，若 2，则前一根距盾缝距离大于前后 2 根间距；腹部腹板完全或大部隐藏在各背板腹面端部相汇合处 …… **26（膝芒寄蝇族 Goniini 部分）**

6. 同时具备以下特征：后气门前肋（下后侧片）2/3 或以上被毛；肩鬃 5 根，其中 3 根基鬃排成三角形；复眼被密而长的毛 ……… **37（温寄蝇族 Winthemiini）**

-　后气门前肋裸，有时在前端仅具 1–3 根毛 ……………………………………………………… **39（埃里寄蝇族 Eryciini）**

7. 触角芒筒形，至少基部 2/5 加粗，有时略弯曲，第 2 节略延长；髭位于口缘水平，后头不膨大 …… **裸背寄蝇属 Istocheta**

-　触角芒细长，仅基部 1/5–2/5 呈纺锤状加粗 …………………………………………………………………………… 8

8. 髭位于口缘上方，后头膨大，侧颜被毛 ………………………………………………………………… **突额寄蝇属 Biomeigenia**

-　不同时具备以上特征 …… 9

9. 前胸侧板裸 ……… 10

-　前胸侧板被毛 …… 11

10. 肩鬃 3，排一直线，髭位于口缘上方，后头伸展区发达，触角芒裸 ……………………………………………………… 12

-　肩鬃的中基鬃显著前移，3 根基鬃排成三角形，髭位于口缘同一水平，触角芒基半部被毛，后头伸展部局限于颊的下缘 ……… **纤寄蝇属 Prodegeeria**

11. 单眼鬃发达，颊高至少为复眼高的 1/5；腹侧片鬃 4，少数为 3，R_{4+5} 脉基部具 1–3 根小鬃，中足胫节具前背鬃 1–2，侧颜裸或在额鬃下方被稀疏毛，肘脉末段大于中肘横脉长的 1/2，腹部第 5 背板无短尾 …………… **美根寄蝇属 Meigenia**

-　单眼鬃毛状，颊高小于复眼高的 1/10；腹侧片鬃 2，肘脉末段小于中肘横脉的 1/2，足细长，中足胫节无腹鬃；雄性第 5 背板后方锥形，具短尾 ……………………………………………………………………………… **柄尾寄蝇属 Urodexia**

12. 中足胫节无腹鬃 ……… 13

-　中足胫节具 1 根腹鬃 ……………………………………………………………………………………………………… 14

13. 肩鬃 2，腹部背板无中心鬃 …………………………………………………………………………………… **尾寄蝇属 Uromedina**

-　肩鬃 3，排成三角形，腹部第 3 和第 4 背板具中心鬃；体分为 5 个明显的黑色横带：盾缝后部、小盾片前部或大部、腹部第 1+2 合背板、第 3 和第 4 背板后半部，侧颜腹向强烈变窄 …………………………… **三角寄蝇属 Trigonospila**

14. 肘脉末段长约为中肘横脉长的 1/2，第 3 根翅上鬃细小，略大于翅前鬃，复眼裸，雄性额窄，具外侧额鬃，单眼鬃毛状；小盾端鬃缺，侧鬃 1 对，第 5 腹板通常具 1 对弯曲的鬃簇 …………………………………………… **麦寄蝇属 Medina**

-　肘脉末段大于或略小于中肘横脉，第 3 根翅上鬃较粗大，至少与翅前鬃同等大小 ……………………………………… 15

15. 中足胫节具 1 根前背鬃，腹部第 1+2 合背板中央凹陷不达后缘 ………………………………………………………… 16

-　中足胫节具前背鬃 2–4 根，腹部第 3、第 4 背板具中心鬃 …………………………………………………………… 17

16. 后背中鬃 4，肩鬃 4，复眼被密长毛，单眼鬃缺失或呈毛状，后头伸展部发达，占满整个颊部，第 1+2 合背板中央凹陷达后缘，雌腹部末端和第 7 腹板特化形成钩状产卵器 …………………………………………… **刺腹寄蝇属 Compsilura**

-　后背中鬃 3，肩鬃 3，复眼裸，单眼鬃中等大小，后头伸展部发达，约占颊的 1/3，腹侧片鬃 2，小盾端鬃缺，腹部第 1+2 合背板中央凹陷不达后缘，雌第 3、第 4 背板腹缘通常具小刺 …………………………… **髭寄蝇属 Vibrissina**

17. 肩鬃 4，3 根基鬃排列于一直线上，腹部第 1+2 合背板中央凹陷达后缘，雌第 3、第 4 背板腹缘通常具小刺，第 7 腹板特化形成钩状产卵器；肘脉末段大于中肘横脉；复眼裸 …………………………………………… **卷蛾寄蝇属 Blondelia**

-　肩鬃 3，排成三角形，腹部第 1+2 合背板中央凹陷不达后缘，雌性第 7 腹板不特化形成钩状产卵器 ……………………… …… **奥斯寄蝇属 Oswaldia**

18. 后头上半部在眼后鬃后方无黑毛 ………………………………………………………………………………………… 19

-　后头上半部在眼后鬃后方或多或少具一完整列黑毛 ………………………………………………………………… 23

19. 颜堤鬃上升至多达颜堤高度的 1/2 …………………………………………………………………………………… 20

-　颜堤鬃上升达颜堤上方的 1/3 或更多 ………………………………………………………………………………… 21

20. 单眼鬃发达，头每侧具内侧额鬃 2 根 ……………………………………………………………………… **追寄蝇属 Exorista**

-　单眼鬃细小或缺失，至多为最上方向后方伸展额鬃长的一半，头每侧具内侧额鬃 1 根或 2 根，髭位于口缘上方水平 ……… **新怯寄蝇属 Neophryxe**

21. 后头显著向后拱起，髭位于颜下缘上方水平，复眼被毛，腹部无黑色亮斑，唇瓣肥大，口盘约与中缘等长，下颚须粗大，扁 ·· 奥蚜寄蝇属 *Austrophorocera*
  - 后头平，髭位于颜下缘同一水平 ··· 22
22. 小盾端鬃近直立；触角芒第 2 节延长，长为宽的 2–5 倍；R_{4+5} 脉基部脉段全部被小鬃，腹部第 3、第 4 背板具中心鬃 ··· 蚤寄蝇属 *Phorinia*
  - 小盾端鬃与小盾片近平行；触角芒第 2 节不延长，长至多为宽的 2 倍；R_{4+5} 脉基部脉段仅部分被小鬃，腹部第 3、第 4 背板无心鬃 ·· 栉蚤寄蝇属 *Ctenophorinia*
23. 复眼具很短的毛，近似裸，单眼鬃位于前单眼两侧或前方，中肘横脉位于 r_5 室中部，愈合点与心角和径中横脉的距离大致相等；小盾心鬃细小或缺失；触角芒第 2 节长为其宽的 3–5 倍 ···························· 盆地寄蝇属 *Bessa*
  - 复眼被密的长毛，单眼鬃位于前单眼的后方，中肘横脉靠近中脉心角，触角芒第 2 节长度最多不过其直径的 3 倍 ······ 24
24. 胸部背板后背中鬃 3 对，前足胫节具近端后背鬃，整个腹部覆满粉被，闪现灰白色光斑，沿各背板后缘无黑色横带，第 5 背板后端沿背中线拱起（雌），左右略扁，胸部及腹部的毛细长，鬃粗大，腹部具心鬃，后腹部腹板呈角状 ······ 蚜寄蝇属 *Phorocera*
  - 胸部背板后背中鬃 4 对，前足胫节无近端后背鬃，腹部各背板沿后缘无粉被，各形成 1 条黑色横带，雌性第 5 背板正常；胸部和腹部的毛和鬃均较短粗，腹部第 1+2 合背板、第 3 背板各具 2 根中缘鬃 ············ 刺蛾寄蝇属 *Chaetexorista*
25. 具单眼鬃，中足胫节具 2 根前背鬃；小盾侧鬃与小盾亚端鬃等长 ······················ 裸板寄蝇属 *Phorocerosoma*
  - 无单眼鬃，如有则呈毛状；中足胫节具 1 根前背鬃 ·································· 兼寄蝇属 *Gynandromyia*
26. 单眼鬃向前方伸展或缺失 ··· 27
  - 单眼鬃向后方伸展，额特宽，呈蜡状透明，背片鬃 3，下腋瓣内缘向内凹陷，与小盾片相贴，小盾端鬃缺失，但在小盾片末端背面具翘起的端刺，触角芒呈膝状弯曲，侧颜被毛或鬃 ··· 36
27. 下腋瓣内缘向内凹陷，与小盾片相贴，髭位于口缘水平的上方 ··· 28
  - 下腋瓣内缘不向内凹陷，不与小盾片相贴 ··· 32
28. 内侧额鬃 1 根，后倾 ··· 29
  - 内侧额鬃后倾，2–3 根，前方 1 根较大 ··· 31
29. 颜堤鬃上升达颜堤中部或更高；复眼具密的淡黄长毛，腹部亮黑，具蓝色，如具粉被也很弱 ·············· 栉寄蝇属 *Pales*
  - 颜堤鬃上升不达颜堤的一半；复眼裸，侧颜裸，翅 r_{4+5} 室开放，R 脉具几根小毛，后足胫节具 1 列梳状等长的前背鬃 ····· 30
30. 两小盾亚端鬃之间的距离甚远，为同侧亚端鬃至基鬃之间距离的 1.5–2.0 倍；腹侧片鬃 4，中足胫节具 2–4 根前背鬃 ·· 丛毛寄蝇属 *Sturmia*
  - 两小盾亚端鬃之间的距离较近，等于或小于同侧亚端鬃与基鬃之间的距离，腹侧片鬃 3，少数为 4，中足胫节具 1–2 根前背鬃 ·· 饰腹寄蝇属 *Blepharipa*
31. 复眼具密的长毛或裸，颜堤鬃仅集中于颜堤基部，不及颜堤的一半，颜堤显著向外突出，侧面观弧形，侧颜宽，为触角第 1 鞭节宽的 1.5–3 倍，单眼鬃发达，外顶鬃缺或毛状，口上片不显著向前突出，腹侧片鬃 2–3，中足胫节前背鬃 2 个至多个，腹部第 3、第 4 背板无中心鬃，至多第 4 背板具弱的中心鬃 ·············· 梳寄蝇属 *Pexopsis*
  - 复眼裸，颜堤鬃上升至少达颜堤一半，颊高至少为眼高的 1/6，触角梗节和胫节均黄色，前背中鬃 3，腹侧片鬃 2，中足胫节前背鬃 1，腹部第 3、第 4 背板具中心鬃 ·································· 舟寄蝇属 *Scaphimyia*
32. 中脉心角至 dm-cu 的距离小于心角至翅脉末端的距离；前背中鬃 3；翅侧片鬃显著小于前腹侧板鬃；触角芒第 2 节的长度大于或略小于其宽度 ··· 33
  - 中脉心角至 dm-cu 的距离等于或大于心角至翅脉末端的距离，前背中鬃 2，中足胫节具 1 根前背鬃，后足胫节具 3 根背端鬃 ·· 赤寄蝇属 *Erythrocera*
33. 颜堤鬃占颜堤下方 1/3 部位；M 脉自 r-m 横脉至 dm-cu 的距离明显大于中脉心角至 dm-cu 的距离，足大部分黄色，后足胫节具 2 根端位背鬃 ··· 芙寄蝇属 *Phryno*
  - 颜堤鬃上升超过颜堤的 1/2 ··· 34
34. 腹部具宽而密的粉被带，第 1+2 合背板无中缘鬃；复眼具密的长毛，少数裸；额鬃 2–3 根，后倾，前方 1 根较大，单眼鬃发达，小盾片至少端部红黄色，少数无端鬃；中足胫节具 1 根前背鬃，后足胫节具 2 根端位背鬃 ··· 卷须寄蝇属 *Clemelis*
  - 腹部第 1+2 合背板具中缘鬃，复眼裸 ··· 35

35. 颊、胸部侧板及腹面、腹部腹面基部以及腿节均被白色或黄色毛；额宽为复眼宽的 1.4–2.5 倍，如为 1.2 倍，则腹部具心鬃；第 3、第 4 背板各具 2–3 对中心鬃；触角芒长，基半部 1/2–3/4 部加粗 ···················· **宽额寄蝇属 Frontina**

- 全身被黑毛；额宽约为头宽的 1/3，雄具前倾额鬃，单眼鬃毛状或缺；中足胫节具 2 个至多个前背鬃；腹部第 3、第 4 背板无中心鬃，至多第 4 背板具弱的中心鬃；触角芒 1/3–1/2 加粗；触角梗节和小盾片大部红黄色 ······ **柯罗寄蝇属 Crosskeya**

36. R₄₊₅ 脉基部 1/3–1/2 具小鬃，有时小鬃达 r-m 横脉，如仅基部结节上具数根小鬃，则翅肩鳞和前缘基鳞黄色；上后头通常在眼后鬃列下方具黑毛，腹部第 1+2 合背板通常无中缘鬃，第 5 背板仅在后方 1/3–2/5 具 1 行缘鬃。仅有少数几根颜堤鬃集中于髭上方 ··················· **膝芒寄蝇属 Gonia**

- R₄₊₅ 脉仅在基部结节上具数根小鬃，翅肩鳞黑色，上后头在眼后鬃列下方无黑毛；腹部毛倒伏，腹部第 5 背板具排列不规则的中心鬃 ··················· **拟芒寄蝇属 Pseudogonia**

37. 侧颜裸，至多在最下方一根额鬃下具几根毛；腹部第 3、第 4 背板具中心鬃，沿背中央纵条两侧各具一三角形黑斑 ························· **截尾寄蝇属 Nemorilla**

- 侧颜在上半部或全部具毛，腹部第 3、第 4 背板无中心鬃，沿背中线两侧无三角形斑 ·························· 38

38. 中足胫节具 3–5 前背鬃，后足胫节具 1 列梳状前背鬃，中间具一长大鬃，是其他前背鬃长的 2 倍，或者后胫前背鬃列不规则；腹部背板毛直立，第 5 背板黑色，近似锥形，其长度为其最大宽度的 1.5–2.0 倍；腹侧片鬃一般为 3 ········· **锥腹寄蝇属 Smidtia**

- 中足胫节具 1–2 前背鬃，后足胫节具 1 列等长的梳状前背鬃；腹部背板毛通常倒伏状，很少直立，第 5 背板呈梯形，其长度为其宽度的 2.5–3.0 倍；腹侧片鬃一般 2，少数 3 ··················· **温寄蝇属 Winthemia**

39. 同时具备以下特征：复眼具密而长的毛，后头上方在眼后鬃后方无黑毛；内侧额鬃 2–3 根，颊很窄，远远窄于前额，如少数颊与前额等宽，则后足基节后表面具 1–3 根小鬃 ··················· 40

- 不同时具备以上特征，复眼具密而长的毛或裸；颊特别窄，窄于前额 ··················· 45

40. 腹侧片鬃 3 根，单眼鬃发达或弱，位于前单眼后方；下颚须黄色 ··················· 41

- 腹侧片鬃 4 根或 2 根，单眼鬃位于前单眼两侧，颊高小于触角基部水平的侧颜宽 ··················· **鞘寄蝇属 Thecocarcelia**

41. 腹部第 2 背板具 2 根中缘鬃，前内侧额鬃正常大小，位于额的中部，单眼鬃发达 ··················· 42

- 腹部第 2 背板无中缘鬃，前内侧额鬃十分粗大，位于额的中部，单眼鬃细小或缺，间额变化多样，有时消失 ··················· **银寄蝇属 Argyrophyla**

42. 后足基节后面具毛 ··················· 43

- 后足基节后面裸 ··················· 44

43. 中足胫节具 1 腹鬃；肩鬃 3 根，中间 1 根或多或少前移 ··················· **狭颊寄蝇属 Carcelia**

- 中足胫节无腹鬃 ··················· **小寄蝇属 Carceliella**

44. 中足胫节无腹鬃；肩鬃 3–4；3 根基鬃排成直线状 ··················· **裸基寄蝇属 Senometopia**

- 中足胫节无腹鬃 ··················· **类狭颊寄蝇属 Carcelina**

45. R₄₊₅ 脉基部仅具 1 根鬃，为 r-m 横脉长的 1–3 倍；2–4 根后倾额鬃，最上方 1 根明显长于毛状单眼鬃；小盾片大部红黄色，或至少端部红黄色，腹侧片鬃 4；腹部第 3、第 4 背板无中心鬃，至多第 4 背板具弱的中心鬃，雄性腹部第 4、第 5 背板腹面常具倒伏毛组成的毛斑 ··················· **赘寄蝇属 Drino**

- R₄₊₅ 脉基部具 2 根或 2 根以上鬃 ··················· 46

46. 肩鬃 3–5 根，3 根强的基鬃排成三角形，1–2 根弱的内鬃常毛状或缺，小盾侧鬃长近似于亚端鬃长；复眼被毛，雄额宽小于复眼宽 ··················· **菲寄蝇属 Phebellia**

- 肩鬃 3 根或多或少排成直线 ··················· 47

47. 翅前鬃大于第 3 根翅上鬃；小盾片黑色，端鬃翘起或退化；复眼被毛，两后单眼间距为额宽的 0.14–0.22 倍；下颚须黄色；触角第 1 鞭节长为梗节的 3–5 倍 ··················· **赛寄蝇属 Pseudoperichaeta**

- 翅前鬃小于第 3 根翅上鬃 ··················· 48

48. 内侧额鬃 1 根，有时在其前面出现 1 根细小的向后弯曲的额鬃；复眼被毛 ··················· 49

- 内侧额鬃 2–3 根，第 1 根较大；复眼裸 ··················· 50

49. 颜堤通常下方 1/2–2/3 具鬃；触角第 1 鞭节长为第 2 节的 3–5 倍，触角芒基半部以上变粗；中足胫节具 2 根至多根前背鬃；后头上方在眼后鬃后方具 1 行黑毛 ··················· **尼里寄蝇属 Nilea**

- 颜堤至多下方 1/3 具鬃；触角第 1 鞭节长为第 2 节的 2–3 倍，触角芒至多基部 2/5 变粗；后头上方在眼后鬃后方无黑毛；中足胫节具 2 根前背鬃 ·· **皮寄蝇属 Sisyropa**

50. 下腋瓣内缘向内凹陷，腹侧片鬃 4，单眼鬃细小毛状或缺失；颊高为复眼高的 1/10–1/8；小盾片至少端部红黄色，端鬃通常直立；雄腹部第 4 背板腹面或侧面具 1 对倒伏密毛斑 ······················· **异丛寄蝇属 Isosturmia**

- 下腋瓣内缘向外突出，不与小盾片镶贴，小盾端鬃平行排列，不直立；复眼裸，侧颜裸 ·······················51

51. M 脉自 dm-cu 横脉至中脉心角弯曲处的距离短于中脉心角至 M 脉端部的距离，前缘脉第 2 脉段腹面裸；端小盾鬃长于小盾亚端鬃的一半；中足胫节具 1 根前背鬃，很少 2 根，后足胫节具 1 列均匀等长梳状前背鬃，中间 1 根长大；颜堤至多在下半部具鬃；胸部背板后背中鬃 4 对；腹部第 3、第 4 背板具中心鬃 ·························· **蠹蛾寄蝇属 Xylotachina**

- M 脉自 dm-cu 横脉至中脉心角弯曲处的距离等于或长于中脉心角至 M 脉端部的距离，前缘脉第 2 脉段腹面通常具毛；小盾片或多或少红黄色，具 1 对小盾侧鬃，端小盾鬃短于小盾亚端鬃的一半；中足胫节具 3 根至多根前背鬃，后足胫节具不规则排列的前背鬃；侧颜窄于触角基节宽，颊高至少为触角基部水平的侧颜宽；触角第 1 鞭节长至多为梗节的 3 倍，单眼鬃发达，后头拱起，其下腹半部具完全或大多数具白毛，腹部第 1+2 合背板具 2 根中缘鬃 ········ **埃里寄蝇属 Erycia**

卷蛾寄蝇族 Blondeliini

主要特征：本族包括的类群复杂多样，是多源属的异质集合体，生物学和形态学的特征是多样的，有的为大卵生型寄蝇，有的为卵蛆型寄蝇，也有的为蛆型寄蝇。它们的寄主也比较复杂，有鳞翅目和膜翅目叶蜂幼虫、鞘翅目成虫。该族翅前鬃很小，有时缺失或呈毛状，小盾片的亚端鬃分叉排列，小盾端鬃细小或缺失，中脉心角为弧角或钝角，无赘脉或褶痕，下腋瓣外缘不向下弯曲。

分布：本族除新西兰外，世界广布。中国记录 27 属 95 种，浙江分布 12 属 17 种。

88. 突额寄蝇属 *Biomeigenia* Mesnil, 1961

Biomeigenia Mesnil, 1961: 697. Type species: *Biomeigenia magna* Mesnil, 1961.

主要特征：雌、雄两性额均较窄，均无外侧额鬃；侧颜被毛，髭显著位于口缘上方，颜堤鬃列上升达颜堤上方 1/4 的部位；后头膨大；触角芒细长，仅基部 1/5–2/5 呈纺锤状加粗；前胸腹板被毛；腹部第 1+2 合背板基部中央凹陷不达后缘。

分布：古北区和东洋区。中国记录 3 种，浙江分布 1 种。

（230）黄足突额寄蝇 *Biomeigenia flava* Chao, 1964（图 2-105）

Biomeigenia flava Chao, 1964b: 298.

特征：雌性体中型，头黑色，覆白色粉被，复眼被淡黄色毛，额宽为复眼宽的 3/8，间额前端略宽于后端，在单眼三角前为侧额宽的 1.6 倍，侧颜在最窄处为触角第 1 鞭节宽度的 1.5 倍，口孔的长度为颜高的 3/7，颜堤鬃粗大，鬃列上升达颜堤上方 1/4 部位，触角基部 2 节红黄色，第 3 节黑色，其长度为第 2 节的 4 倍；触角芒黑褐色，基部 1/4 加粗，额鬃 4–5 根下降至侧颜，最前方 1 根达梗节末端水平；单眼鬃中等大小，外顶鬃和外侧额鬃缺失；后头上方在眼后鬃后方被 2 行黑毛，其余部分被淡黄色毛，颊被黑毛，下颚须黄色；颏粗短，长为其直径的 2 倍。胸部黑色，覆灰白色粉被，背面具 5 个黑纵条，中间 1 个较模糊，前胸腹板两侧被毛，背中鬃 3+3，翅内鬃 1+3，腹侧片鬃 3；小盾片全部黑色，覆灰白色粉被，具心鬃 1 对，小盾端鬃毛状。翅淡灰色透明，基部红黄色，翅肩鳞黑色，前缘基鳞红黄色，R_{4+5} 脉基部具 2 根小鬃，前缘脉第 2 段与第 4 段等长，r_5 室在翅缘闭合，下腋瓣黄白色。足全部红黄色，前足胫节后鬃 2 根，跗节不加宽；中足胫节前背鬃 1 根；后足胫节具 1 行长短不整齐的前背鬃。腹部黑色，覆浓厚的灰色粉被，沿背中线具 1 黑色纵条，第 3、第 4 背板各具中心鬃 2 对，第 5 背板具 2 行心鬃、1 行缘鬃。

　　分布：浙江（临安）、辽宁、山西、宁夏、云南。

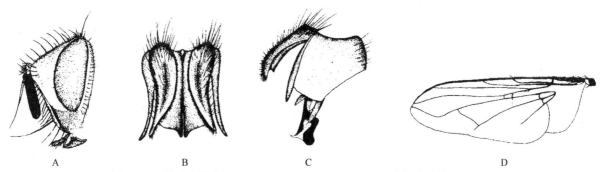

图 2-105　黄足突额寄蝇 *Biomeigenia flava* Chao, 1964（仿赵建铭等，2001）
A.♂头侧视；B.♂肛尾叶、侧尾叶、第 9 背板后视；C.♂外生殖器侧视；D. 翅侧视

89. 卷蛾寄蝇属 *Blondelia* Robineau-Desvoidy, 1830

Blondelia Robineau-Desvoidy, 1830: 122. Type species: *Blondelia nitida* Robineau-Desvoidy, 1830.

Spinolia Robineau-Desvoidy, 1863: 41. Type species: *Tachina inclusa* Hartig, 1838.

　　主要特征： 本属与刺腹寄蝇属和髭寄蝇属很相似，如雌性腹部第 3、第 4 背板侧缘在腹面呈龙骨状突起，沿腹中线两侧具刺，腹部末端第 7 腹板特化形成钩状产卵管；但具有下列特征与刺腹寄蝇属和髭寄蝇属相区别：复眼裸，颜堤鬃分布仅占颜堤基部的 1/3–1/2；肩鬃 4 根，3 根基鬃排列于一直线上，中鬃 3+3，背中鬃 3+3，腹侧片鬃 3，腹侧片在中足基部前方有 1 行细毛，有时整个腹侧片被细毛，翅内鬃 1+3；肘脉末段的长度大于或等于中肘横脉，中足胫节具前背鬃 2–4 根，腹部第 1+2 合背板基部凹陷达后缘，第 3–5 背板具中心鬃。

　　分布：除澳大利亚外，世界广布。中国记录 4 种，浙江分布 1 种。

（231）黑须卷蛾寄蝇 *Blondelia nigripes* (Fallén, 1810)（图 2-106）

Tachina nigripes Fallén, 1810: 270.

Blondelia nigripes: Duponchel, 1842: 609 (see Evenhuis and Thompson 1990: 233.)

　　特征： 体长 6.0–10.0 mm。雄性体黑色，覆灰白色粉被；额宽为复眼宽的 1/2，间额前宽后窄，较侧额略窄；侧额被黑毛，和额鬃一起下降至侧颜；侧颜裸，其宽度与触角 3 节等宽，颜堤鬃的分布仅占颜堤基部的 1/3；触角黑色，第 1 鞭节基部红色，其长度为梗节的 2 倍；触角芒黑色，基部 1/3 加粗，额鬃 3–4 根下降至侧颜，最前 1 根超过梗节末端水平；单眼鬃发达，向前方伸展；外侧额鬃缺失，外顶鬃毛状，与眼后鬃无区别；颊被黑毛，触角第 1 鞭节末端至口缘的距离大于梗节的长度；后头上方在眼后鬃后方具 1 行黑毛，其余部分被淡黄色毛；下颚须黑色，前额长为直径的 1.6 倍。胸部黑色，覆灰白色粉被，前盾片具 4 个黑纵条，中间 2 个在盾沟后方愈合，腹侧片在中足基节前方具 1 行细毛。小盾片全黑色，具 1 对心鬃、4 对缘鬃，小盾端鬃细小、毛状；翅淡黄褐色、半透明，翅肩鳞、前缘基鳞黑色，前缘刺明显，R$_{4+5}$ 脉基部具 3–4 根小鬃，占据基部脉段的 1/5，前缘脉第 2 段腹面裸，小于第 4 段；r$_5$ 室闭合或微开放；下腋瓣白色，具淡黄色边缘；足全黑色，前足胫节具后鬃 2 根，爪与第 5 分跗节等长，中足胫节具 2–3 根前背鬃，后足胫节具 1 行长短不一的前背鬃，腹部黑色，腹面基部被黑毛，背面具 1 个黑纵条，第 3–5 背板基半部覆闪变性灰白色粉被，端半部黑色，两侧具不明显的红黄色斑，第 5 背板具 2 行心鬃。雌性额宽为复眼宽的 2/3，具外侧额鬃 2 根；触角第 1 鞭节长为梗节的 1.6 倍；前足跗节不加宽。

分布：浙江（临安、舟山）、黑龙江、吉林、辽宁、内蒙古、北京、河北、山西、陕西、宁夏、甘肃、青海、新疆、四川、云南、西藏；俄罗斯，蒙古国，朝鲜，韩国，日本，中亚地区，西亚地区，欧洲。

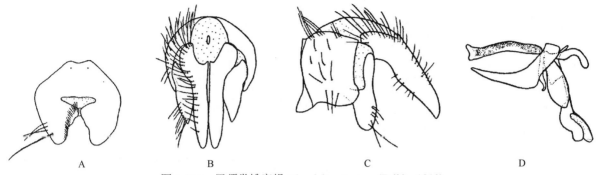

图 2-106　黑须卷蛾寄蝇 *Blondelia nigripes* (Fallén, 1810)

A. ♂第 5 腹板腹视；B. ♂肛尾叶、侧尾叶和第 9 背板后视；C. B 侧视；D. 阳体侧视

90. 刺腹寄蝇属 *Compsilura* Bouché, 1834

Compsilura Bouché, 1834: 58. Type species: *Tachina concinnata* Meigen, 1824.

Doria Meigen, 1838: 263. Type species: *Tachina concinnata* Meigen, 1824.

主要特征：复眼被淡黄色密长毛，颜堤鬃粗大，上升达颜堤上方 1/3 或 1/4 的部位，单眼鬃退化或呈毛状，后头伸展部发达，占满整个颊部，后头上方在眼后鬃后方有 1 行黑毛。肩鬃 4 根，其中 3 根基鬃排成一直线；第 3 根翅上鬃较粗大，至少与翅前鬃同等大小，背鬃 3+3；背中鬃 3+4，腹侧片鬃 3；翅前缘刺不明显，前缘脉第 2 段腹面裸；肘脉末段大于或略小于中肘横脉；中足胫节具背鬃 1 根。腹部腹面基部被黄毛，第 1+2 合背板中央凹陷不达后缘，第 3–5 背板具中心鬃。雌性第 3 和第 4 背板两侧缘在腹面形成龙骨状突起，在突起上各具成行粗刺，中腹部末端突起和第 7 腹板特化形成钩状产卵管。

分布：除中南美洲外，世界广布。中国记录 1 种，浙江分布 1 种。

（232）康刺腹寄蝇 *Compsilura concinnata* (Meigen, 1824)（图 2-107）

Tachina concinnata Meigen, 1824: 412.

Compsilura concinnata: Mik, 1894: 52-53.

特征：体中型，黑色，覆灰白色粉被，雄性额宽为复眼宽的 5/7，间额前端略宽于后端，与侧额等宽；侧额被黑毛，伴随额鬃下降达侧颜；侧颜宽度和触角第 1 鞭节宽相等；触角全部黑色，第 1 鞭节基部红棕色，其长度为梗节的 4 倍；触角芒黑色，基部 1/3 加粗，额鬃 3–4 根下降至侧颜，最下方的一根超过梗节末端水平，无外侧额鬃，外顶鬃毛状，与眼后鬃无区别；颊被黑毛，触角第 1 鞭节末端至口缘的距离小于梗节的长度，后头上方在眼后鬃后方大部分被淡黄色毛；下颚须淡黄色，前颏长为直径的 2 倍。胸部黑色。覆灰白色粉被，背面具 4 个黑色纵条，中间 2 个在盾沟后方愈合；翅内鬃 1+3；小盾片全黑色，具 1 对心鬃、4 对缘鬃，小盾端鬃向后上方交叉伸展。翅淡黄褐色透明，翅肩和前缘基鳞黑色，前缘刺不明显，R_{4+5} 脉基部具 3–4 根小鬃，占基部脉段长度的 1/5；前缘脉第 2 段与第 4 段等长，r_5 室开放，下腋瓣白色，具淡黄色边缘。足除跗节黑色外其余各部棕褐色；前足胫节后鬃 2，爪与第 5 分跗节等长；中足胫节前背鬃 1；后足胫节具 1 行长短不整齐的前背鬃。腹部腹面基部被黄毛，背面具 1 个黑纵条。

生物学：寄生于柳叶蜂、棕尾毒蛾、苹毒蛾、落叶松毛虫、竹小斑蛾。

分布：浙江（临安、定海、磐安）、黑龙江、吉林、辽宁、内蒙古、北京、天津、河北、山西、山东、江苏、上海、安徽、江西、湖南、福建、台湾、广东、海南、广西、重庆、四川、贵州、云南、西藏；俄罗斯，日本，中亚地区，印度，尼泊尔，泰国，菲律宾，马来西亚，印度尼西亚，西亚地区，欧洲，澳大利亚，非洲。

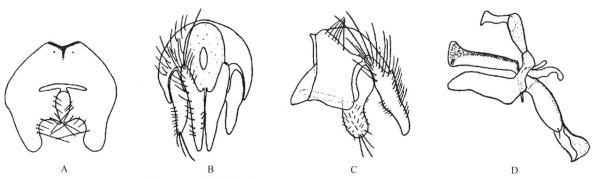

图 2-107　康刺腹寄蝇 *Compsilura concinnata* (Meigen, 1824)

A. ♂第 5 腹板腹视；B. ♂肛尾叶、侧尾叶和第 9 背板后视；C. B 侧视；D. 阳体侧视

91. 裸背寄蝇属 *Istocheta* Rondani, 1859

Istocheta Rondani, 1859: 157, 171. (*Istochaeta*, *Histochaeta* 不正确).Type species: *Istocheta frontosa* Rondani, 1859 (= *Phorocera cinerea* Macquart, 1850; *frontosa* cited as *frontalis* by Rondani, 1859: 157, in error), by original designation.

主要特征：触角芒筒形，至少基部 1/5–1/2 加粗，无外侧额鬃，侧颜被细毛，髭位于口缘水平，后头不膨大；中鬃在盾沟前有 1 对，如 2 对则前方 1 对短小或呈毛状，第 3 根翅上鬃不发达，大小与第 1 根翅上鬃相似；肘脉末段的长度约为中肘横脉的一半；腹部第 1+2 合背板基部中央凹陷不达后缘。

分布：除中南美洲和澳大利亚外，世界广布。中国记录 20 种，浙江分布 2 种。

（233）巨裸背寄蝇 *Istocheta grossa* (Chao, 1982)（图 2-108）

Urophyllina grossa Chao, 1982: 262.

Istocheta grossa: O'Hara, Shima *et* Zhang, 2009: 49.

特征：雄性头覆浓厚的灰白色粉被，复眼被密毛，侧颜裸，侧额被稀疏的黑色小毛，体黑色，覆浓厚的灰色（侧面）和灰黄色（背面）粉被；触角、足、间额、翅肩鳞、前缘基鳞黑色；下颚须、平衡棒黄色；腋瓣灰褐色。间额前宽后窄，最窄处为侧额宽的 2.5 倍，额宽为复眼宽的 1/2，颜高大于额长，额鬃细，每侧 11 根，前方有 4 根下降至侧颜，前方 1 根达梗节末端水平，后方有 3 根向后方弯曲；单眼鬃 1 对，与额鬃同等大小，颜堤鬃上升达颜堤上方的 1/3；触角第 1 鞭节的长度为梗节长的 3 倍，触角芒基部 1/4–1/3 变粗，下颚须筒形。中胸背板在盾沟前具 5 个黑纵条，在盾沟后中间的 3 条愈合成 1 黑斑；中鬃 1+2，背中鬃 2+3，翅内鬃 0+3；小盾片黑色，基部 1/3 无粉被，端部 2/3 覆黄褐色粉被，两亚端鬃之间的距离为亚端鬃至同侧基鬃距离的 1/2；肘脉末段的长度为中肘横脉长的 1/3，中脉心角至中肘横脉的距离为至翅后缘距离的 3 倍；前足爪与第 5 分跗节等长，前足胫节具后鬃 2，中足胫节具前背鬃 1、后背鬃 2、腹鬃 1。腹部黑色，第 3–5 背板覆黄褐色粉被，第 4 背板具中心鬃 1 对；第 9 背板、肛尾叶和侧尾叶黑褐色，两侧突窄刀形，端部略向前方弯曲，末端圆。

分布：浙江（临安）、内蒙古、山西、新疆、云南、西藏。

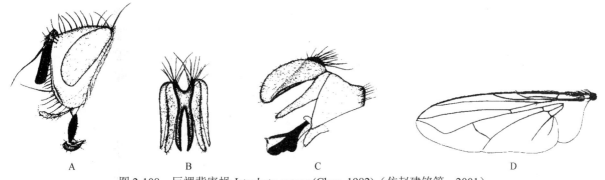

图 2-108　巨裸背寄蝇 *Istocheta grossa* (Chao, 1982)（仿赵建铭等，2001）

A. ♂头侧视；B. ♂肛尾叶、侧尾叶后视；C. ♂外生殖器侧视；D. 翅

（234）济民裸背寄蝇 *Istocheta zimini* Borisova-Zinovjeva, 1964（图 2-109）

Isochaeta zimini Borisova-Zinovjeva, 1964: 777.

Istocheta zimini: O'Hara, Shima *et* Zhang, 2009: 49.

特征：雄性体黑色。覆灰白色粉被，间额、触角、翅肩鳞、前缘基鳞、足均为黑色，下颚须、足基节黄色。复眼裸，额宽为复眼宽的 1/2，间额前宽后窄，最窄处为侧额宽的 2.5 倍，额长为颜高的 4/5，颊高为眼高的 3/10，侧额被小毛，额鬃有 3~4 根下降侧颜达触角芒基部水平，颜堤鬃上升达颜上方的 1/4；触角第 1 鞭节为第 2 节长的 5 倍，其宽度与侧颜中部等宽。胸部中胸盾片具 4 个清晰的黑纵条，在沟后中间 2 条愈合形成长方形黑斑；中鬃 1+2，背中鬃 2+3，翅内鬃 0+3；小盾片覆浓厚的灰色粉被，基缘黑色，小盾端鬃缺失，两亚端鬃之间的距离为距内侧基鬃距离的 2/5，侧鬃每侧 1 根，靠近亚端鬃，小盾心鬃 1 对，细小；翅中脉心角至翅后缘的距离为至中肘横脉距离的 1/4，肘脉末段的长度为中肘横脉长的 2/5，R_{4+5} 脉基部具 2 根小鬃；前足爪和爪垫的长度大于等于第 5 分跗节，中足胫节具前背鬃 1、后背鬃 2、腹鬃 1。腹部黑色，第 1+2 合背板侧缘具黄斑，第 3~5 背板基部及侧缘覆灰白色粉被，占背板基部的 1/3~3/5，中央具黑纵条，第 5 背板纵条较宽。第 3~5 背板各具中心鬃 1 对；肛尾叶与其侧突愈合在一起，中间有一深沟，末端 2/5 分裂，侧尾叶细长，端部尖，长于肛尾叶。

分布：浙江（临安）、四川、西藏；俄罗斯。

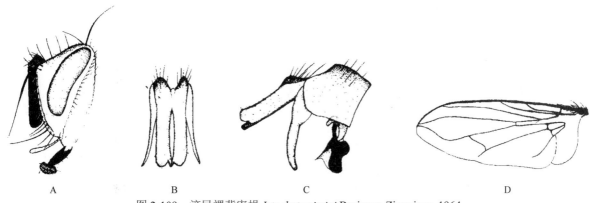

图 2-109　济民裸背寄蝇 *Istocheta zimini* Borisova-Zinovjeva, 1964

A. ♂头侧视；B. ♂肛尾叶、侧尾叶后视；C. ♂外生殖器侧视；D. 翅

92. 麦寄蝇属 *Medina* Robineau-Desvoidy, 1830

Medina Robineau-Desvoidy, 1830: 138. Type species: *Medina cylindrica* Robineau-Desvoidy, 1830.

Molliopsis Townsend, 1933: 470. Type species: *Mollia malayana* Townsend, 1926.

　　主要特征：体较细长，复眼裸，具长足，额窄；雌雄两性均具外侧额鬃；单眼鬃细小，毛状；间额宽于侧额；前胸侧片裸，中胸 4–5 个黑纵条愈合，仅在沟前呈 4–5 个齿斑，小盾侧鬃 1 对，无小盾端鬃；肘脉末段长约为中肘横脉长的 1/2；足长。腹部第 1+2 合背板基部中央凹陷达后缘，第 3–5 背板具中心鬃；第 5 腹板通常具 1 对弯曲的鬃簇。

　　分布：除澳大利亚外，世界广布。中国记录 7 种，浙江分布 1 种。

（235）白瓣麦寄蝇 *Medina collaris* (Fallén, 1820)（图 2-110）

Tachina collaris Fallén, 1820: 15.

Medina collaris: Coquillett, 1910: 565.

　　特征：雄性头黑色，覆灰白色粉被，额宽为复眼宽的 1/3；间额前宽后窄，在单眼三角前为侧额宽的 1.5 倍，侧额和侧颜裸；侧颜的宽度在最窄处略大于下颚须基部的宽度，颜堤鬃的分布超过颜堤的 1/2；触角全部黑色，第 1 鞭节的长度为梗节的 4 倍；触角芒黑色，基部 1/4 加粗；额鬃下降至侧颜不及梗节末端的水平；单眼鬃毛状，向前方伸展；外侧额鬃 2 根，外顶鬃毛状，稍可与眼后鬃相区别；颊被黑毛，后头上方在眼后鬃后方被 1 行黑毛，其余部分为淡黄色毛；口缘长显著大于宽，下颚须黑色；前颊长为其直径的 2 倍。胸部黑色，沿盾沟前缘及胸部两侧覆灰白色粉被，背面具 5 个黑纵条，全部愈合，仅在盾沟前残留 5 个齿状斑；前胸腹板两侧被毛；中鬃 2+3，背中鬃 2+3，翅内鬃 1+3，腹侧片鬃 2；小盾片黑色，具心鬃 1 对、缘鬃 3 对。翅淡灰褐色、透明，翅肩鳞和前缘基鳞黑色，r₅ 室开放，下腋瓣淡黄色。足细长，黑色，前足胫节后鬃 2 根，爪与第 4 分跗节等长；中足胫节具前背鬃 1 根；后足胫节具 5–6 根长短不整齐的前背鬃。腹部长圆筒形、黑色，两侧具淡黄色斑，背面具 1 个黑色纵条，第 3–5 背板基半部两侧覆灰白色粉被，端半部黑色，第 3 和第 4 背板各具 2 对中心鬃，第 5 背板具 2 行心鬃。雌性额宽为复眼宽的 1/2，外侧额鬃 2 根，下颚须棕褐色；足棕褐色，前足跗节不加宽，爪长约为第 5 分跗节的 1/2；腹部椭圆形，第 3、第 4 背板各具 1 中心鬃。

　　生物学：寄生于榆黄萤叶甲、石南萤叶甲、委陵跳甲。

　　分布：浙江（临安、定海）、辽宁、北京、河北、山西、陕西、宁夏、江苏、湖南、广东、海南、香港、广西、重庆、四川、贵州、云南、西藏；俄罗斯，蒙古国，日本，欧洲。

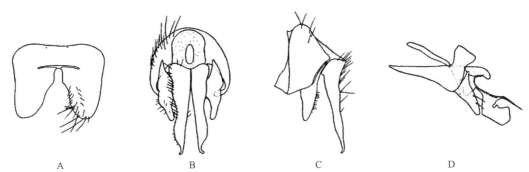

图 2-110　白瓣麦寄蝇 *Medina collaris* (Fallén, 1820)
A. ♂第 5 腹板腹视；B. ♂肛尾叶、侧尾叶和第 9 背板后视；C. B 侧视；D. 阳体侧视

93. 美根寄蝇属 *Meigenia* Robineau-Desvoidy, 1830

Meigenia Robineau-Desvoidy, 1830: 198. Type species: *Meigenia cylindrica* Robineau-Desvoidy, 1830.

　　主要特征：侧颜裸或在额鬃下方被稀疏毛，单眼鬃发达，颊高至少为复眼高的 1/5，髭位于口缘上方，后头在眼后鬃后方被黑毛，触角芒基部 1/4–1/3 加粗；前胸侧板被毛，肩胛 3 根基鬃排列成一条直线，腹侧片鬃 4，少数为 3，小盾端鬃向后方伸展；R$_{4+5}$ 脉基部具 1–3 根小鬃，肘脉末段大于中肘横脉长的 1/2；中足胫节具前背鬃 1–2；腹部第 1+2 合背板基部中央凹陷伸达后缘，第 3–5 背板具中心鬃，第 5 背板正常，无短尾。

　　分布： 除中南美洲和澳大利亚外，世界广布。中国记录 9 种，浙江分布 4 种。

分种检索表

1. 复眼裸，如被稀疏的毛，则长度不超过单眼直径 ···························· **杂色美根寄蝇 M. dorsalis**
 - 复眼被浓密长毛，其长度约为单眼直径的 2 倍 ·· 2
2. 侧颜显著宽于触角第 1 鞭节，中足胫节具前背鬃 2 ···················· **大型美根寄蝇 M. majuscula**
 - 侧颜约与触角第 1 鞭节等宽，中足胫节具前背鬃 1 ··· 3
3. 雄性第 5 背板腹面两侧无密毛斑，第 3 和第 4 背板中部后方具明显的齿形粉斑；肛尾叶呈弓形弯曲，侧尾叶毛密长，呈缨状
 ··· **三齿美根寄蝇 M. tridentata**
 - 雄性第 5 背板腹面两侧各具 1 密毛斑，第 3 和第 4 背板中部后方无明显的齿形粉斑，第 4 背板倒山形粉被具 "M" 形黑斑；肛尾叶较直，侧尾叶毛正常 ·· **丝绒美根寄蝇 M. velutina**

（236）杂色美根寄蝇 *Meigenia dorsalis* (Meigen, 1824)（图 2-111）

Tachina dorsalis Meigen, 1824: 325.

Meigenia discolor: Herting,1972: 5;1982: 4.

　　特征： 雄性头黑色，覆灰白色粉被；复眼裸，如被稀毛，则毛的长度不超过单眼直径。额宽为复眼宽的 9/14，间额前端显著宽于后端，大致与侧额等宽；侧额被黑毛，侧颜裸，宽于触角第 1 鞭节；由触角第 1 鞭节末端至口缘的距离超过梗节的长度，颜堤鬃 3–4 根，紧位于髭的上方；额鬃有 4–5 根下降至侧颜，最前方 1 根达触角芒着生处下方水平，单眼鬃中等大小，向前方伸展，外顶鬃毛状，与眼后鬃无明显区别，单眼后鬃大小与外顶鬃等长；触角全黑色，第 1 鞭节为梗节长的 2.7 倍，触角芒黑色，基部 1/4 加粗；前颊长为直径的 2 倍。胸部黑色，覆灰白色粉被，背面具 3 个宽阔的黑纵条，中鬃 3+3，背中鬃 2+3，翅内鬃 1+3，腹侧片鬃 4；小盾片全黑色，覆灰白色粉被，具心鬃 1 对、缘鬃 4 对，其中小盾端鬃向上方伸展。翅灰褐色、透明，翅肩鳞和前缘基鳞黑色，R$_{4+5}$ 脉基部具 3–5 根小鬃，前缘脉第 2 段与第 4 段等长，r$_5$ 室开放。下腋瓣白色，具淡黄色边缘。足黑色，前足胫节后鬃 2，前足爪长于第 5 分跗节；中足胫节具前背鬃 2；后足胫节具 1 排长短不一的前背鬃。腹部黑色，覆浓厚灰白色粉被，腹部背面具 1 黑纵条，第 3、第 4 背板各具 2 个不规则形黑斑，两黑斑距离较大，内侧互相愈合，1 对心鬃，2–4 根侧心鬃，第 5 背板具心鬃 2 行、缘鬃 1 行。肛尾叶和侧尾叶直，被浓密的黑长毛。雌性额与复眼等宽，头具外侧额鬃 1 对，下颚须黄色，腹部背面具 4 个狭窄的黑纵条，前足跗节不加宽。

　　生物学： 寄生于东方油菜叶甲、柳叶甲。

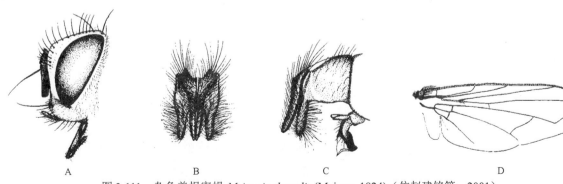

　　　　A　　　　　　　　B　　　　　　　　　C　　　　　　　　　D

图 2-111　杂色美根寄蝇 *Meigenia dorsalis* (Meigen, 1824)（仿赵建铭等，2001）
A.♂头侧视；B.♂肛尾叶、侧尾叶后视；C.♂外生殖器侧视；D. 翅

分布：浙江（临安）、黑龙江、吉林、辽宁、内蒙古、北京、天津、河北、山西、陕西、宁夏、青海、新疆、福建、广西、四川、贵州、云南、西藏；俄罗斯，日本，中亚地区，西亚地区，欧洲。

（237）大型美根寄蝇 *Meigenia majuscula* (Rondani, 1859)（图2-112）

Spylosia majuscula Rondani, 1859: 112.

Meigenia majuscule: Herting, 1975: 10.

特征：雄性头黑色，覆灰白色粉被，复眼被浓密长毛；额宽为复眼宽的3/5，间额前端显著宽于后端，大致与侧额等宽，侧额被黑毛，下降侧颜达额鬃下方，侧颜显著宽于触角第1鞭节，由第1鞭节末端至口缘的距离至少与梗节等长，颜堤鬃3–4根，紧位于髭的上方；额鬃3–4根下降至上侧颜，最前方1根达触角芒着生处水平，单眼鬃中等大小，向前方伸展，外顶鬃毛状，与眼后鬃无区别，颊被黑毛，后头上方被2行黑毛，其余部分被淡黄色毛；触角全部黑色，第1鞭节长为梗节的2–3倍，触角芒黑色，基部1/4加粗；下颚须黑色，前颏长为其直径的2倍。胸部黑色，覆灰白色粉被，被黑毛，背面具5个黑纵条，中间3个愈合，末端三角形，前胸腹板两侧被毛，中鬃3+3，翅内鬃1+3，腹侧片鬃4，小盾片全部黑色，覆灰白色粉被，具1对心鬃、4对缘鬃，其中小盾端鬃向后上方伸展。翅淡黄褐色、透明，翅肩鳞和前缘基鳞黑色，R_{4+5}脉基部具4–5根小鬃，前缘脉第2段与第4段等长，r_5室开放，下腋瓣白色，具淡黄褐色边缘。足全黑色，前足胫节具2根后鬃，爪略长于第5分跗节；中足胫节具2根前背鬃；后足胫节具1行长短不一的前背鬃。腹部黑色，覆浓厚而均匀的灰白色粉被，背面具1黑色纵条，第1+2合背板至第4背板两侧具不明显的红黄色斑；第3和第4背板各具2个近于椭圆形的黑斑，两黑斑距离较大，各具1–2对中心鬃；第5背板具1行心鬃；肛尾叶黑色，背基部有1特别隆起的脊，中部分为2叶或者叉状，被浓密的棕黄色长毛，侧尾叶平直，被褐色长毛。

生物学：寄生于舞毒蛾幼虫。

分布：浙江（临安）、黑龙江、吉林、辽宁、内蒙古、北京、天津、河北、山西、山东、河南、宁夏、青海、新疆、湖北、湖南、福建、台湾、广西、四川、贵州、云南；俄罗斯，蒙古国，越南，欧洲，非洲。

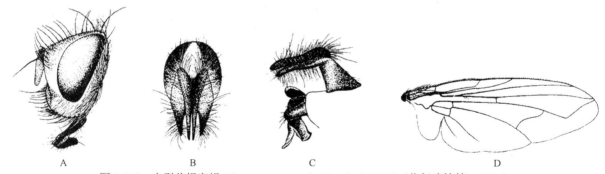

A　　　　　　　B　　　　　　　C　　　　　　　　　D

图2-112　大型美根寄蝇 *Meigenia majuscule* (Rondani, 1859)（仿赵建铭等，2001）

A.♂头侧视；B.♂肛尾叶、侧尾叶、第9背板后视；C.♂外生殖器侧视；D. 翅

（238）三齿美根寄蝇 *Meigenia tridentata* Mesnil, 1961（图2-113）

Meigenia tridentata Mesnil, 1961: 703.

特征：雄性头黑色，覆灰白色粉被，复眼被浓密长毛，额宽为复眼宽的3/7；间额前端显著宽于后端；在单眼三角前方与侧额等宽，侧额被黑毛，下降侧颜超过第1根额鬃，侧颜与触角第1鞭节等宽，颜堤鬃3–4根，紧位于髭的上方，额鬃下降侧颜达触角芒着生处水平，单眼鬃中等发达，向前方伸展，外顶鬃毛状，与眼后鬃无区别，外侧额鬃缺失；颊被竖立黑毛，触角全黑色，第3节长为第2节长的2倍；触角芒裸、黑色，基部1/3加粗；前颏长为其直径的2.5倍。胸部黑色，覆灰白色粉被，背面具5

个黑色纵条，中间 3 个在盾沟后方愈合，中鬃 3+3，背中鬃 2+3，翅内鬃 1+3，腹侧片鬃 4，小盾片全部黑色，被竖立的黑毛，具 1 对心鬃、4 对缘鬃，其中小盾端鬃向上方伸展。翅淡褐色透明，翅肩鳞和前缘基鳞黑色，R_{4+5} 脉基部具 3–5 根小鬃，前缘脉第 2 段大于第 4 段；r_5 室开放；下腋瓣黄褐色，具淡黄色边缘。足黑色，前足胫节具前背鬃 1，后足胫节具 1 行长短不一的前背鬃。腹部黑色，两侧具不明显的红黄色斑，各背板仅基半部覆浓厚的灰白色粉被，端半部黑色，沿背中线具 1 个黑纵条，第 3 和第 4 背板沿背中线两侧的黑斑较大，三角形，内侧互相愈合，各具 2 对中心鬃，第 5 背板具心鬃和缘鬃各 1 行；肛尾叶黑色，纵裂分为 2 叶，端部瘦小，侧尾叶平直，被浓密的黑色长毛。雌性额宽为复眼宽的 7/8，具外侧额鬃 2 根。

分布：浙江（临安）、黑龙江、吉林、辽宁、北京、山西、陕西、宁夏、湖北、湖南、广西、四川、贵州、云南、西藏；俄罗斯。

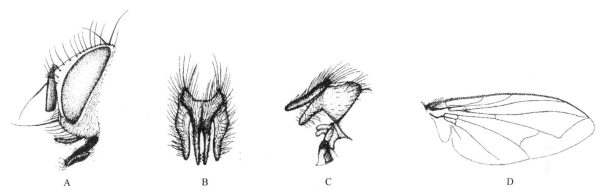

图 2-113　三齿美根寄蝇 *Meigenia tridentata* Mesnil, 1961（仿赵建铭等，2001）
A. ♂头侧视；B. ♂肛尾叶、侧尾叶后视；C. ♂外生殖器侧视；D. 翅

（239）丝绒美根寄蝇 *Meigenia velutina* Mesnil, 1952（图 2-114）

Meigenia velutina Mesnil, 1952: 156.

特征：雄性头部黑色，覆暗灰色粉被，复眼被浓密长毛；额宽为复眼宽的 3/10；间额前宽后窄，在单眼三角前方略宽于侧额，侧额被黑毛，下降侧颜达额鬃下方；侧颜与触角第 1 鞭节等宽，颜堤鬃 5–7 根，紧位于髭的上方；额鬃 4–5 根下降侧颜，最前方 1 根达触角芒着生部位水平；外侧额鬃缺失，外顶鬃毛状，与眼后鬃无区别；颊被黑毛，后头上方在眼后鬃后方被 2 行黑毛，其余为淡黄色毛；触角黑色，第 3 节长为第 2 节的 2.7 倍；触角芒黑色，基部 1/3 加粗，下颚须黑色，前颏长为直径的 2 倍。胸部黑色，覆褐色粉被，背面具 3 个宽阔的黑纵条，肩鬃 3 根，排成一直线；中鬃 3+3，背中鬃 3+3（4），翅内鬃 1+3，腹侧片鬃 4；小盾片黑色，覆褐色粉被，仅末端在小盾亚端鬃之间灰白色，具心鬃 1 对、缘鬃 4 对，其中小盾端鬃向后上方伸展。翅淡褐色、透明，翅肩鳞和前缘基鳞黑色，R_{4+5} 脉基部具 4–5 根小鬃，前缘脉第 2 段与第 4 段等长，r_5 室开放。下腋瓣暗褐色，具淡黄色边缘。足黑色，前足胫节后鬃 2，爪与第 5 分跗节等长；中足胫节前背鬃 1；后足胫节具 1 行长短不一的前背鬃。腹部黑色，背面具 1 黑纵条，第 3–5 背板两侧具不明显的红黄色花斑，各背板基部 1/2 覆较浓厚的黄灰色粉被，端半部黑色，第 3 和第 4 背板沿中线两侧的黑斑较大，三角形，内侧互相愈合，各具 1 对中心鬃，第 5 背板具 1 行心鬃，腹面两侧各具 1 圆形密毛区。雌性额宽为复眼宽的 5/7，具 2 根外侧额鬃，下颚须端半部加粗，黄色；基半部黑；前足跗节不加宽，爪小；腹部两侧无红黄色斑。

分布：浙江（临安）、黑龙江、吉林、辽宁、北京、山西、山东、江苏、上海、安徽、江西、湖南、福建、台湾、广东、海南、广西、重庆、四川、贵州、云南、西藏；俄罗斯，日本，尼泊尔，缅甸。

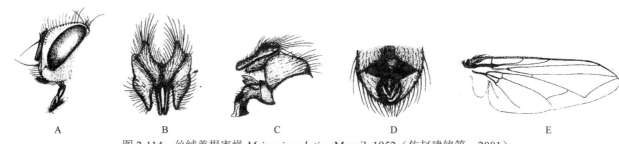

图 2-114 丝绒美根寄蝇 *Meigenia velutina* Mesnil, 1952（仿赵建铭等，2001）

A. ♂头侧视；B. ♂肛尾叶、侧尾叶后视；C. ♂外生殖器侧视；D. ♀外生殖器腹视；E. 翅

94. 奥斯寄蝇属 *Oswaldia* Robineau-Desvoidy, 1863

Oswaldia Robineau-Desvoidy, 1863: 840. Type species: *Oswaldia muscaria* Robineau-Desvoidy, 1863.

Eudexodes Townsend, 1908: 103. Type species: *Dexodes eggeri* Brauer *et* Bergenstamm, 1889.

主要特征：体中型，细长、筒形，复眼裸，侧颜裸，单眼鬃发达，具 2 根内侧额鬃和 2 根外侧额鬃，后头向后方拱起，眼后鬃下方具 1–3 行黑毛；肩鬃 3 根排成三角形，肩后鬃 1 根，有时在肩后鬃前后有 1 根小鬃，小盾端鬃无或毛状；翅肩鳞和前缘基鳞黑色，前缘刺短，前缘脉第 2 段腹面裸；前足胫节具 2 根后鬃，中足胫节具 2–4 根前背鬃、1 根腹鬃；腹部第 1+2 合背板基部中央凹陷不达后缘，第 3 和第 4 背板各具 1–2 对中心鬃。

分布：除非洲和澳大利亚外，世界广布。中国记录 7 种，浙江分布 2 种。

（240）筒腹奥斯寄蝇 *Oswaldia eggeri* (Brauer *et* Bergenstamm, 1889)（图 2-115）

Dexodes eggeri Brauer *et* Bergenstamm, 1889: 128.

Oswaldia eggeri: Herting, 1974: 137.

特征：雄性额宽为复眼宽的 1/2，间额棕黑色，前宽后窄，明显宽于侧额；侧额、侧颜、颊覆浓厚灰白色粉被，下侧颜发达，红棕色，颊黑色，被黑色小毛，两髭间的口缘侧面观不突出；额鬃 1 行，4–5 根下降侧颜，最前方 1 根达颜上部 1/3 部位，侧额毛黑色，随额鬃下降至侧颜超过最前 1 根额鬃，单眼鬃发达，与内侧额鬃同样大小，着生于前后单眼之间；后头黑色，向后方略拱起，在眼后鬃后方 2–3 行黑色小鬃，外顶鬃中等大小，与眼后鬃尚可区别；颜堤鬃发达，竖立，分布不及颜堤长度的 1/2；触角黑色，第 1 鞭节为梗节长的 4.5–5.0 倍，等于或略宽于侧颜；触角芒棕褐色，基部 1/4 的长度加粗；下颚须棍棒状，端部加粗，淡黄色；喙短粗，前颏长为其直径的 1.5 倍。胸部黑色，覆灰白色粉被，背面具 5 个黑纵条，中间一条仅在盾沟前的 1/2 清晰，肩后鬃 3 根，中鬃 3+3，背中鬃 3+3，翅内鬃 1+3，翅上鬃 3 根，第 3 根翅上鬃大于翅前鬃，腹侧片鬃 3；小盾片全黑色，小盾端鬃毛状，平行伸展，侧鬃每侧 1 根，小盾亚端鬃至同侧基鬃的距离为两亚端鬃距离的 2 倍，小盾心鬃 1 对；翅淡色、透明，前缘脉第 2 段为第 3 段长的 1/3，r_5 室远离翅顶开放，R_{4+5} 脉基部具 3–4 根小鬃，肘脉末段的长度远远超过中肘横脉长的 1/2；足全黑色，前足爪及爪垫长于其第 5 分跗节；中足胫节前背鬃 2 根，后背鬃 2 根，腹鬃 1 根；后足胫节具长短不齐的 1 行前背鬃（其中 2 根粗大）、后背鬃 2、腹鬃 3。腹部长圆筒形、黑色，覆浓厚银白色粉被，背面有 1 黑纵条，第 1+2 合背板具中缘鬃 1 对；第 3 背板具中缘鬃 4 根、中心鬃 2 对；第 4 背板具中心鬃 2 对；第 5 背板具心鬃 2 行。第 5 腹板两侧片内缘端部向下的突起较发达；肛尾叶侧面观略向背面弯曲，背面观端部 3/8 分裂，裂口较宽，侧尾叶侧面观细长，略向腹面弯曲。

分布：浙江（临安、磐安）、黑龙江、辽宁、山西、河南、宁夏、新疆、四川、云南、西藏；俄罗斯、日本，欧洲。

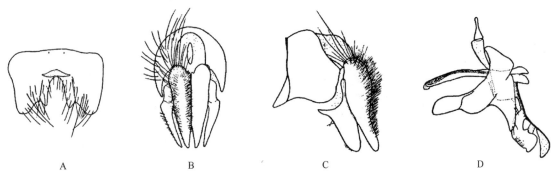

图 2-115　筒腹奥斯寄蝇 *Oswaldia eggeri* (Brauer *et* Bergenstamm, 1889)

A. ♂第 5 腹板腹视；B. ♂肛尾叶、侧尾叶和第 9 背板后视；C. B 侧视；D. 阳体侧视

（241）振翅奥斯寄蝇 *Oswaldia muscaria* (Fallén, 1810)

Tachina muscaria Fallén, 1810: 272.

Oswaldia muscaria: Herting, 1984: 28.

特征：雄性体黑色，覆灰白色粉被，间额、触角、下颚须、足黑色。间额两侧缘平行，其宽为侧额宽的 2 倍；内侧额鬃 2 根，前方 1 根位于侧额后方 1/3 的部位，额鬃每侧 7 根，有 3 根下降侧颜达触角芒着生处的水平；外顶鬃发达，与眼后鬃明显区别，后头拱起，在眼后鬃下方具 1 排黑色小毛；颜堤鬃上升达颜堤基部 2/5 的部位，髭位于口缘上方，与口上片的后缘处于同一水平，口上片淡黄色；触角第 1 鞭节长为梗节的 2.5 倍，其宽度为侧颜中部宽度的 1.3 倍。胸部覆浓厚的灰白色兼灰黄色粉被，背面具 5 个黑纵条，在盾沟前中间 3 条的间距为其自身宽度的 1/2，盾沟后中间 3 条愈合，模糊不清；中鬃 2+3，背中鬃 2+3，翅内鬃 1+3，腹侧片鬃 3，小盾片基缘黑色，其余部分暗灰白色，小盾端鬃缺失，两小盾亚端鬃之间的距离略小于亚端鬃至基鬃的距离，侧鬃每侧 1 根，翅前缘脉第 3 段为第 2 段长的 2.5 倍；R_{4+5} 脉基部具 2–4 根小鬃；中脉心角至翅后缘的距离为心角至 dm-cu 脉距离的 2/5，肘脉末段的长度为 dm-cu 长的 1.3 倍；前足爪及爪垫与第 5 分跗节约等长；中足胫节前背鬃 1、后背鬃 2、腹鬃 1 根。腹部第 1+2、第 3 背板各具中缘鬃 1 对，第 3 和第 4 背板各具中心鬃 1 对，第 3 背板基部 1/3–2/3 覆浓厚的灰白色粉被，由中央向两侧加宽，第 5 背板具心鬃和缘鬃 2–3 行；第 5 腹板两侧叶内缘后端各具 1 个向下的突起，肛尾叶背面观较窄，端部 2/5 分裂，裂缝较窄，侧面观端部 2/5 变窄，侧尾叶侧面观细长，末端钝圆，前阳基侧突短，后缘末端具数根毛，纵脊较发达。

分布：浙江（临安、庆元）、黑龙江、辽宁、宁夏、台湾、云南；俄罗斯，日本，欧洲。

95. 纤寄蝇属 *Prodegeeria* Brauer *et* Bergenstamm, 1895

Prodegeeria Brauer *et* Bergenstamm, 1895: 81. Type species: *Prodegeeria javana* Brauer *et* Bergenstamm, 1895.

Promedina Mesnil, 1957: 26. Type species: *Promedina japonica* Mesnil, 1957.

主要特征：体形细长，触角芒基半部被毛，基部 1/5 略加粗，下颚须黄色，颊大部为下侧颜所占据，髭位于口缘同一水平，后头伸展部局限于颊的下缘；触角芒基半部被毛；前胸侧板被毛，肩鬃的中基鬃显著前移，3 根基鬃排成三角形；小盾片下方大部被毛；肘脉末段显著短于中肘横脉；足细长；腹部第 3–5 背板具中心鬃，雄性第 5 背板两侧腹面被倒伏密毛，呈刷状。

分布：除中南美洲外，世界广布。中国记录 4 种，浙江分布 1 种。

（242）日本纤寄蝇 *Prodegeeria japonica* (Mesnil, 1957)（图 2-116）

Promedina japonica Mesnil, 1957: 26.

Prodegeeria japonica: Herting, 1984: 22.

　　特征：体中型，黑色，覆灰白色粉被。触角、小盾片、翅肩鳞、足黑色；前缘基鳞棕黑色；下颚须、口上片黄色。中胸盾片具 4 个黑纵条，腹部背面具黑纵线，第 3、第 4 背板后缘具黑色横带，下腋瓣白色，腹部两侧无黄色斑。头复眼裸，单眼鬃发达，着生于前后单眼之间，向前方伸展，外侧额鬃缺失，内侧额鬃每侧 2 根，外顶鬃退化，与眼后鬃无明显区别，前顶鬃缺失，后顶鬃每侧 1 根，在眼后鬃后方具黑色小鬃；额覆灰白色粉被，间额前宽后窄，中部宽于侧额；额宽为复眼宽的 0.7 倍，额鬃 3–4 根下降侧颜达触角芒着生处水平；侧额毛少而小，下降侧颜不达第 1 根额鬃水平；侧颜裸，覆灰白色粉被，中部宽于触角第 1 鞭节，下侧颜三角区发达，髭明显着生于口缘上方；颜堤鬃数根，分布于髭附近；口缘及中颜板平，后头凹入，被淡黄色毛；后者长为梗节的 2.8 倍；下颚须棒状，口盘发达，前颏短，胸部背中鬃 3+3，翅内鬃 1+3，腹侧片鬃 3，翅侧片鬃 1 根；肩胛 3 根基鬃排成弧形，肩后鬃 2 根；前胸腹板被毛，后气门前肋被毛；小盾片半圆形，具竖直的毛，有 3 对缘鬃、1 对心鬃，小盾端鬃缺失；翅 R$_{4+5}$ 脉具 5 根小鬃，前缘脉第 2 段腹面裸，第 2 段长于第 4 段；前缘刺不明显，中脉心角为钝角，心角在翅缘开放，心角至翅后缘的距离明显小于心角至中肘横脉的距离，端横脉几乎直，R$_1$ 脉裸，下腋瓣正常；前足爪发达，长于其第 5 分跗节，胫节具 2 根后鬃；中足胫节具前背鬃 1 根，后足基节后方裸。腹部被毛，呈倒伏状排列，第 1+2 合背板凹陷不达后缘，具中缘鬃 1 对、侧缘鬃 1 根；第 3 背板具中心鬃 1 对、中缘鬃 2 根、侧缘鬃 1 根，无心鬃；第 4 背板具中心鬃 1 对、缘鬃 1 排，无侧心鬃，腹面两侧无密毛斑；第 5 背板具缘鬃 1 排及不规则的中心鬃，腹面两侧具长而密的密毛斑。肛尾叶钳铗状，端部纵裂超过肛尾叶长度 1/2；侧尾叶细长，侧面具毛，稍短于肛尾叶；前阳基侧突多毛，后阳基侧突端部圆。

　　分布：浙江（临安）、吉林、辽宁、北京、陕西、湖南、广东、四川、云南；俄罗斯，韩国，日本。

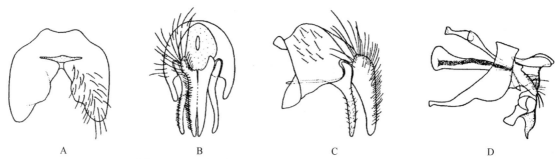

图 2-116　日本纤寄蝇 *Prodegeeria japonica* (Mesnil, 1957)

A. ♂第 5 腹板腹视；B. ♂肛尾叶、侧尾叶和第 9 背板后视；C. B 侧视；D. 阳体侧视

96. 三角寄蝇属 *Trigonospila* Pokorny, 1886

Trigonospila Pokorny, 1886: 191. Type species: *Trigonospila picta* Pokorny, 1886.

Gymnamedoria Townsend, 1927: 283. Type species: *Gymnamedoria medinoides* Townsend, 1927.

　　主要特征：体分为 5 个明显的黑色横带：盾缝后部、小盾片前部或大部、腹部第 1+2 合背板、第 3 背板、第 4 背板后半部；复眼和颜堤裸，在髭的上方仅具 2–3 根小鬃，侧颜裸，腹向强烈变窄，颊较窄，由复眼下缘至口缘之间的距离显著小于眼高的 1/2；雄性内顶鬃近于平行排列；触角芒羽状，加粗部分小于基部的 1/2。中胸背板和腹部均具明显的黑色和黄色斑，肩鬃 3，排成三角形，前胸侧板和腹板均裸，背中鬃 2+3，小盾侧鬃或有或无；r$_5$ 室开放；前足跗节不加宽，如加宽则侧扁，前足胫节具 1 根后鬃；中足胫节无腹鬃，具前背鬃。腹部第 1+2 合背板中央凹陷不达后缘，达于中缘鬃基部，第 3 和第 4 背板具中心鬃。

　　分布：世界各地。中国记录 2 种，浙江分布 1 种。

（243）芦地三角寄蝇 *Trigonospila ludio* (Zetterstedt, 1849)（图 2-117）

Tachina ludio Zetterstedt, 1849: 3233.

Trigonospila ludio: Herting, 1984: 21.

　　主要特征： 体中小型、瘦长，黑色，覆浓厚的黄白色粉被，间额、触角、翅肩鳞、前缘基鳞黑色，有的个体触角黄褐色，足黄褐色；平衡棒、腋瓣黄色。侧额、侧颜、中颜板、颊、下侧颜、眼后眶覆黄白色丝状粉被。额宽为复眼宽的 1/4，间额前宽后窄，在单眼三角前其宽度略大于侧额，头鬃细弱，单眼鬃较额鬃细，其长度相似，额鬃向后方伸展，每侧 11–13 根，最前方 1 根达梗节末端水平，触角第 1 鞭节为梗节长的 2.0–2.5 倍，侧面观其宽度为侧颜中部宽度的 1.3 倍，侧颜上宽下窄，呈长锐角形，髭位于口缘水平，颜堤鬃稀弱，仅分布于颜堤基部 4 5 根。后头平，在眼后鬃后方具黑毛。胸部覆浓厚的黄色粉被，中胸盾片具 4 个宽阔的黑纵条，有的个体在盾沟前中间两纵条愈合为长方形黑斑，在盾沟后的前缘 2/3 黑纵条愈合，其后缘 1/3 黄白色，小盾片黑色，端部黄白色，中鬃 3+3，背中鬃 2（3）+3，翅内鬃 1（0）+3，小盾端鬃缺失，小盾侧鬃每侧 1 根，小盾两亚端鬃之间的距离为亚端鬃至同侧基鬃距离的 1/2–2/3，心鬃排列不规则，2–6 根。翅 R_{4+5} 脉基部具 2 根小鬃，中脉心角至翅后缘的距离为心角至中肘横脉距离的 1/2，肘脉末段的长度为中肘横脉长的 1/2–2/3。前足爪长等于或略长于第 5 分跗节，中足胫节具 1 根前背鬃、2 根后背鬃，后足胫节具 3 根背端鬃。腹部黑色，第 1+2 合背板具中缘鬃 1 对，第 3–5 背板基部 1/2–3/4 淡黄色，由背中央向两侧延伸加宽，第 3 背板具中缘鬃 1 对，第 3 和第 4 背板各具中心鬃 1 对。

　　分布： 浙江（临安）、辽宁、山西、陕西、湖南、广西、四川、贵州、云南、西藏；俄罗斯，日本，印度，缅甸，欧洲。

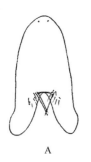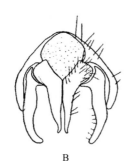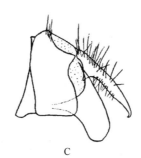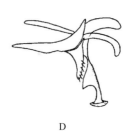

图 2-117　芦地三角寄蝇 *Trigonospila ludio* (Zetterstedt, 1849)

A. ♂第 5 腹板腹视；B. ♂肛尾叶、侧尾叶和第 9 背板后视；C. B 侧视；D. 阳体侧视

97. 柄尾寄蝇属 *Urodexia* Osten-Sacken, 1882

Urodexia Osten Sacken, 1882: 11. Type species: *Urodexia penicillum* Osten Sacken, 1882.

Oxydexiops Townsend, 1927: 289. Type species: *Oxydexiops uramyoides* Townsend, 1927.

　　主要特征： 额较窄，均具 2 对外侧额鬃，复眼、颜堤裸，单眼鬃毛状，颊高小于复眼高的 1/10；肩胛的 3 根基鬃排列成一直线，前胸侧板被毛，背中鬃 3+3，腹侧片鬃 2；r_5 室开放，肘脉末段小于中肘横脉的 1/2；足细长，前足胫节具 1 根后鬃，中足胫节无腹鬃；雄性腹部第 5 背板后方突出呈锥形或长尾、柄状。

　　分布： 古北区和东洋区。中国记录 2 种，浙江分布 1 种。

（244）簇毛柄尾寄蝇 *Urodexia penicillum* Osten Sacken, 1882（图 2-118）

Urodexia penicillum Osten Sacken, 1882: 14.

特征：雄性侧额、侧颜、中颜板和后头覆银白色粉被，间额黑色；额宽为复眼宽的 1/4；触角灰黄色至黑色，第 1 鞭节为梗节长的 3 倍，触角芒基部 1/5 加粗，下颚须黄色。胸部黑色，背面粉被灰黄色，侧面粉被银白色，沟前盾片具 4 个黑纵条，两侧的较短，形成黑斑，沟后盾片基部大部分和小盾片黑色；中鬃 3+3，翅内鬃 1+3，小盾缘鬃 3 对；翅淡黄色、透明，中脉心角至翅后缘的距离显著小于心角至中肘横脉的距离。足细长，黑色；前足胫节后鬃 1；中足胫节后背鬃 2，腹鬃 1，前背鬃 1。腹部第 1+2 合背板、第 3 背板大部分红黄色，仅在基部（有时也包括中央）有黑斑，第 3、第 4 背板基部 3/5，第 5 背板基部 1/2 覆银白色粉被，第 4 和第 5 背板端部具黑色横带，第 1+2 合背板至第 4 背板各具 1 对中缘鬃，第 3、第 4 背板各具 1 对中缘鬃。雄性足明显长于雌性，且第 5 背板背面向后延伸呈尾状，延伸部被多数鬃毛。

分布：浙江（德清、临安）、湖南、福建、台湾、广东、广西、四川、贵州、云南；日本，印度，泰国，斯里兰卡，马来西亚，印度尼西亚。

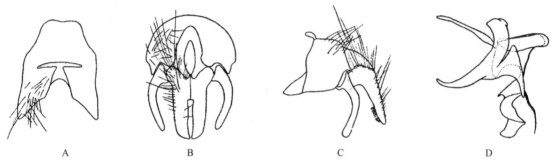

图 2-118 簇毛柄尾寄蝇 *Urodexia penicillum* Osten Sacken, 1882
A. ♂第 5 腹板腹视；B. 肛尾叶、侧尾叶和第 9 背板后视；C. B 侧视；D. 阳体侧视

98. 尾寄蝇属 *Uromedina* Townsend, 1926

Uromedina Townsend, 1926: 18. Type species: *Uromedina caudata* Townsend, 1926.

Arrhinodexia Townsend, 1927: 282. Type species: *Arrhinodexia atrata* Townsend, 1927.

主要特征：体细长，黑色或红黄色；复眼裸或被毛，触角基部通常达眼高中部水平，单眼鬃细小，毛状；前胸基腹片裸，肩鬃 2，背中鬃 2+3，腹侧片鬃 3；一些种足长，前足胫节具 1 根后鬃，中足胫节具 0–1 前背鬃，如腹鬃缺，则前胸侧板被毛，腹部背板无中心鬃。

分布：东洋区。中国记录 2 种，浙江分布 1 种。

（245）后尾寄蝇 *Uromedina caudata* Townsend, 1926（图 2-119）

Uromedina caudata Townsend, 1926: 19.

特征：体长 4.9–6.9 mm。雄性上方额区 1/5 黑色，雌性不明显黑色，雌前方前倾额鬃侧面观近侧额中部水平；雄性额宽为头宽的 0.1–0.12 倍，雌性额宽为头宽的 0.22 倍；颊高约为眼高的 0.1 倍；触角第 1 鞭节长约为其宽的 3.5 倍（雄）、2.5 倍（雌），约为梗节的 4 倍（雄）、3.5 倍（雌）；前胸背板具 4 宽的黑色纵条，不达盾片横缝，内条、外条在前 1/2–2/3 混合，后胸背板具 3 宽的黑色纵条，中条尤其宽大；小盾片无粉被；翅从前缘脉基部到前缘缺刻间的前面具 1 列长毛；前足胫节具 1–2 细而短的后背鬃，中足胫节具 0–1 前背鬃、

4–6 后背鬃，无腹鬃，具 2–3 前背鬃、2 后背鬃、2 腹鬃；腹部黑色或暗棕色，至多第 1+2 合背板、第 3 背板腹面淡棕色；第 1+2 合背板具 2 中缘鬃和 1 侧缘鬃，雄第 5 背板后延为一长尾，沿尾腹面具一些强鬃。

分布： 浙江（临安）、广东、四川、云南；泰国，印度尼西亚，巴布亚新几内亚。

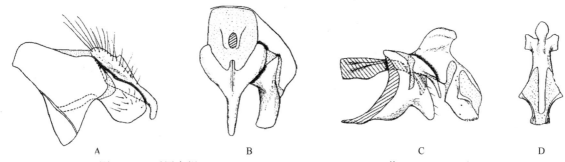

图 2-119　后尾寄蝇 *Uromedina caudata* Townsend, 1926（仿 Shima，1985）

A. ♂肛尾叶、侧尾叶和第 9 背板侧视；B. A 后视；C. 阳体侧视；D. 前阳体腹视

99. 髭寄蝇属 *Vibrissina* Rondani, 1861

Vibrissina Rondani, 1861: 35. Type species: *Tachina turrita* Meigen, 1824.

Microvibrissina Villeneuve, 1911: 82. Type species: *Latreillia debilitata* Pandellé, 1896.

主要特征： 复眼裸，颜堤鬃上升达颜堤上方 1/3 部位，单眼鬃发达，后头伸展部中等大小，约占颊的 1/3；肩鬃 3 根，中鬃 3+3，背中鬃 3+3，小盾端鬃缺，腹侧片鬃 2；前缘刺明显，前缘脉第 2 段腹面被毛；中足胫节具 1 根前背鬃；腹部第 1+2 合背板中央凹陷不达后缘，第 3 和第 4 背板各具 1 对中心鬃。雌性腹部第 3 和第 4 背板侧缘在腹面形成龙骨突，沿腹中线具 2 行长刺，腹部末端具钩状产卵管。

分布： 除非洲和澳大利亚外，世界广布。中国记录 2 种，浙江分布 1 种。

（246）长角髭寄蝇 *Vibrissina turrita* (Meigen, 1824)（图 2-120）

Tachina turrita Meigen, 1824: 401.

Vibrissina turrita: Herting, 1972:13.

特征： 雄性头黑色，覆银白色粉被；额宽为复眼宽的 5/9，间额前端略宽于后端，间额和侧额等宽；侧额被黑毛，伴随额鬃一起下降至侧颜达梗节末端水平，侧颜裸，其宽度窄于触角第 1 鞭节的宽度；外侧额鬃缺失，外顶鬃毛状，勉强可和眼后鬃相区别；颊被黑毛，后头上方在眼后鬃后方有 1 行黑毛，其余部分被淡黄色毛；触角第 1 鞭节末端至口缘的距离等于梗节的长度；触角基部基节和梗节灰褐色，第 1 鞭节黑色，基部红褐色，其长度为梗节的 6.5 倍；触角芒黑色，基部 1/3 加粗，下颚须黄色，前颊长为其直径的 1.5 倍。胸部黑色，覆灰白色粉被，背面具 4 个黑纵条，中间 2 个在盾沟后方愈合；前胸腹板两侧被毛，翅内鬃 1+3。小盾片全黑色，具 1 对心鬃、4 对缘鬃，其中小盾端鬃向后上方交叉伸展。翅淡黄褐色、半透明，翅肩鳞和前缘基鳞黑色，前缘刺明显，R_{4+5} 脉基部具 2–3 根小鬃，其长度占基部脉段长的 1/7；前缘脉第 2 段小于第 4 脉段的长度，r_5 室开放；下腋瓣白色，具淡黄色边缘。足除跗节黑色外，其余为棕褐色，前足胫节后鬃 2，爪与第 5 分跗节等长；后足胫节具 1 行长短不整齐的前背鬃。腹部黑色，腹面基部被黄毛；背面具 1 个黑纵条，第 3–5 背板基半部两侧覆浓厚的银白色粉被，后半部亮黑色，第 5 背板具 2 行心鬃。

生物学： 寄生于玫瑰叶蜂。

分布： 浙江（临安、定海、庆元）、黑龙江、吉林、辽宁、内蒙古、北京、天津、河北、山西、山东、河南、陕西、江苏、上海、安徽、江西、湖南、福建、台湾、广西、重庆、四川、贵州、云南、西藏；俄罗斯，朝鲜，韩国，日本，欧洲。

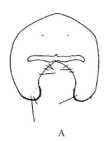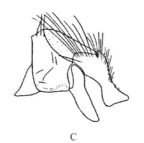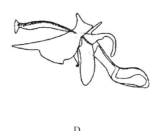

图 2-120　长角髭寄蝇 *Vibrissina turrita* (Meigen, 1824)

A. ♂第 5 腹板腹视；B. ♂肛尾叶、侧尾叶和第 9 背板后视；C. B 侧视；D. 阳体侧视

埃里寄蝇族 Eryciini

主要特征：颊在复眼下方退化或仅一狭带，颊高不超过触角第 1 鞭节的宽度或其前额的宽度，如颊较宽，则口缘呈鼻状向前突出，髭与口缘处于同一水平，单眼鬃向前伸展或缺失；肩鬃 5 根，其中 3 根基鬃排成三角形，后气门前肋有时裸，有时在前端具 1–3 根毛，或被毛，下腋瓣内缘向外凸出，不与小盾片镶贴；雄性后足胫节无排列密而整齐的梳状前背鬃；腹部第 4 背板腹面两侧无密毛斑。

分布：世界广布。中国记录 37 属 225 种，浙江分布 12 属 56 种。

100. 奥索寄蝇属 *Alsomyia* Brauer *et* Bergenstamm, 1891

Alsomyia Brauer *et* Bergenstamm, 1891: 24. Type species: *Alsomyia gymnodiscus* Brauer *et* Bergenstamm, 1891.

主要特征：前缘脉第 4 段显著大于第 6 段，绝大部分裸，仅基部具数根缘鬃；中胸前盾片具 4 个黑纵条，小盾心鬃正常；后足胫节前背鬃长短不整；雄性腹部第 3、第 4 背板仅具 1 对中心鬃，上述背板腹面具密毛斑。

分布：古北区。中国记录 1 种，浙江分布 1 种。

（247）嗅奥索寄蝇 *Alsomyia olfaciens* (Pandellé, 1896)（图 2-121）

Exorista olfaciens Pandellé, 1896: 20.

Alsomyia olfaciens: Herting, 1978: 6.

特征：雄性体中小型，黑色，覆灰白色粉被。触角、翅肩鳞、前缘基鳞、小盾片基部黑色；下颚须、口上片、小盾片端部黄色。胸部背板具 4 个黑纵条，腹部背面具黑纵条，第 3 和第 4 背板后缘具黑色横带，下腋瓣黄白色，腹部两侧无黄色斑。额覆银白色粉被，额宽为复眼宽的 0.7 倍，间额两侧缘大致平行，中部的宽度稍窄于侧额；侧颜裸，覆银白色粉被，上宽下窄，中部的宽度窄于触角第 1 鞭节；颊与着生触角处的侧颜等宽；后头覆白色粉被，被黑白两色毛，后头伸展区退化。头复眼具稀疏的淡色短毛，单眼鬃发达，着生于前单眼稍后方两侧，外侧额鬃 2 根，内侧额鬃 2 根，外顶鬃发达，与眼后鬃明显相区别，前顶鬃缺失，后顶鬃每侧 1 根，在眼后鬃后方具 1 行黑色小鬃，额鬃中有 3 根下降至侧颜，最下方 1 根达触角芒着生部位水平，侧额毛少，下降侧颜不达第 1 根额鬃水平；触角第 1 鞭节长为梗节的 2 倍，后者不延长，第 3 节基部 2/5 加粗；髭着生于口缘上方，颜堤鬃数根，分布于口髭附近，口缘及中颜板平、不突出，下颚须棒状，口盘发达，颊正常。胸部覆黑色毛，肩胛 3 根基鬃排成一直线，肩后鬃 2 根；前胸腹板被毛，前胸侧片凹陷处裸，后气门前肋裸，中鬃 3+3，背中鬃 3+4，翅内鬃 1+3，腹侧片鬃 3，翅侧片鬃发达，小盾片半圆形，具长毛，有 4 对缘鬃，无心鬃，小盾端鬃交叉向后方伸展，两小盾亚端鬃之间的距离等于亚端鬃至同侧基鬃的距离；小盾侧鬃每侧 1 根；翅 R_{4+5} 脉基部具 1–2 根小鬃，前缘脉第 2 段腹面裸，第 2 段短于第 4 段，前缘刺退化；中脉心角为钝角，心角在翅缘微小开放，心角至翅后缘的距离小于心角至中肘横脉的距离，端横脉直，R_1 脉裸，下腋瓣正常；前足爪退化，短于其第 5 分跗节，胫节具 2 根后鬃；中足胫节具 2 根背端鬃及 1 排长短不一的前背鬃，后足基节后方裸；腹部毛倒伏状排列，第 1+2 合背板中央凹陷达后缘，分别具 1 对中缘鬃和侧缘鬃，无侧心鬃；第 3 和第 4 背板无中心鬃，腹面两侧无密毛斑；第 5 背板具不规则的中心鬃，腹面两侧无密毛区。

生物学：在我国已知寄生于栎斜纹夜蛾。

分布：浙江（临安）、山西、宁夏、江苏；欧洲。

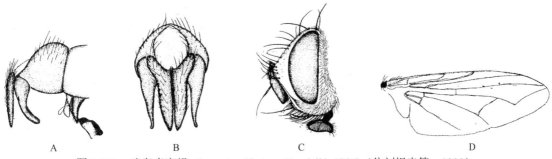

图 2-121　嗅奥索寄蝇 *Alsomyia olfaciens* (Pandellé, 1896)（仿刘银忠等，1998）
A.♂外生殖器侧视；B.♂肛尾叶、侧尾叶、第 9 背板后视；C.♂头侧视；D. 翅

101. 狭颊寄蝇属 *Carcelia* Robineau-Desvoidy, 1830

Calocarcelia Townsend, 1927: 266. Type species: *Calocarcelia fasciata* Townsend, 1927.

Carcelia Robineau-Desvoidy, 1830: 176 (as *Carcellia* in Stackelberg 1943: 163, incorrect subsequent spelling). Type species: *Carcelia bombylans* Robineau-Desvoidy, 1830, by subsequent designation of Robineau-Desvoidy (1863a: 220, 238) (as *gnava* Meigen, with *bombylans* in synonymy).

Chetoliga Rondani, 1856: 66 (*Chetolyga* or *Chaetolyga*, unjustified emendations). Type species: hereby fixed under Article 70.3.2 of ICZN (1999) as *Carcelia bombylans* Robineau-Desvoidy, 1830, misidentified as *Tachina gnava* Meigen, 1824 in the original designation by Rondani (1856).

主要特征：复眼被密而长的毛，侧颜裸，颊高小于触角基部至复眼的距离，通常窄于前额宽，少数种类颊高与前额等宽；内侧额鬃 2–3 根，正常大小，位于额的中部，无前顶鬃，单眼鬃发达，位于前单眼后方；后头上方在眼后鬃后方无黑毛；触角第 1 鞭节长于梗节，触角芒裸，第 2 节不延长，其基部加粗不超过全长的 1/2，下颚须黄色。前胸腹板被毛，翅前鬃大于第 1 根沟后翅内鬃及沟后背中鬃，前胸侧片裸，肩鬃 3–4 根，中间 1 根或多或少前移，腹侧片鬃 2；翅薄、半透明，翅肩鳞黑色，前缘刺退化，前缘脉第 2 脉段腹面裸，长于第 4 脉段，R_{4+5} 脉仅在基部具数根小鬃，中脉心角无赘脉，r_{4+5} 室在翅缘或大或小开放；中足胫节具 1 腹鬃，后足基节后面一般具小鬃或毛，后足胫节具梳状前背鬃列。

分布：世界各地。中国记录 48 种，浙江分布 19 种。

分种检索表

1. 后足基节后面具毛或小鬃，中足胫节具 1 根腹鬃 ·· 2
- 后足基节后面裸，中足胫节有腹鬃 ······················· **永顺狭颊寄蝇 *C. yongshunensis***
2. 前缘基鳞黑色 ··· 3
- 前缘基鳞黄色 ··· 4
3. 单眼鬃缺失 ·· **黑尾狭颊寄蝇 *C. caudata***
- 单眼鬃发达 ·· **多毛狭颊寄蝇 *C. hirsuta***

4. 腹部第3和第4背板具中心鬃或至少具粗大的鬃状毛 ·· 5

- 腹部第3和第4背板无中心鬃或粗大的鬃状毛 ··· 10

5. 中足胫节具2–3根前背鬃；第3–5背板中部的毛粗大如鬃状；第9背板短，肛尾叶短，侧尾叶三角形 ··············
　 ·· 杜比狭颊寄蝇 *C. dubia*

- 中足胫节具1根前背鬃，第3–5背板中部的毛不加粗，后足胫节的前背鬃列仅中部有1根鬃较粗大 ··············· 6

6. 雄性腹部第4、第5背板腹面两侧具浓密的粗毛丛，底部具绒毛区层，第3、第4背板背面的毛细小，具规则的中心鬃，
　 整个第5背板和第4背板端部1/4亮黑色；肛尾叶腹面中部具1个小突起；雌性前足跗节正常，爪及爪垫短，中胸和腹部
　 黑色，覆稀薄灰色粉被，第5背板上的毛只有基部的排成1行，在其他的部位只有零星数根 ····迷狭颊寄蝇 *C. delicatula*

- 雄性腹部第4、第5背板腹面两侧无粗毛丛，第5背板至少基部1/2覆浓厚的灰白色粉被；雌性跗节有变异 ·········· 7

7. 雄性腹部第5背板表面粗糙，具灰褐色绒毛区，沿缘边和背中线具平滑光亮的沟，雌性前足第1–3分跗节加宽，第4、第
　 5分跗节正常且等长；雄性肛尾叶和侧尾叶约等长，肛尾叶端部略向背面翘起，侧尾叶端部略加粗，末端圆钝；侧颜裸，
　 仅被数根细毛 ··· 绒尾狭颊寄蝇 *C. villicauda*

- 雄性腹部第5背板表面平滑或具粉被，无绒毛区；雌性第5分跗节加宽、加长，其他正常 ························ 8

8. 中胸盾片沟前仅具4条黑纵条，如为5个，则正中间1个远远不达盾沟；间额较窄，在单眼三角前其宽度约为侧额的1/2，
　 侧额毛约有4行；雄性肛尾叶细长，侧尾叶宽直；雌性第5分跗节长，至少为第4分跗节长的2倍；触角由基部向端部加宽
　 ··· 棒角狭颊寄蝇 *C. clava*

- 中胸盾片沟前具5个黑纵条；间额较宽，在单眼三角前其宽度几乎与侧额相等，侧额毛最多有3行 ················ 9

9. 侧额覆银灰色粉被，小盾片基部1/2转暗变黑，后足胫节背面末端内侧常具第3根细小的端鬃；雄性肛尾叶端半部膨胀，
　 侧尾叶新月形，向前弯曲 ··· 鬃胫狭颊寄蝇 *C. tibialis*

- 侧额覆金黄色粉被，小盾片黄色，基缘暗黑色，有时扩大至基部1/3黑色，后足胫节无第3根背端鬃；雄性肛尾叶弓形，
　 向腹部弯曲，侧尾叶较宽，镰刀形 ·· 宽叶狭颊寄蝇 *C. latistylata*

10. 中足胫节具2–3根前背鬃 ·· 11

- 中足胫节具1根前背鬃 ·· 13

11. 前缘基鳞黄色 ··· 12

- 前缘基鳞黑色或黑褐色，肛尾叶三角形，侧尾叶长方形，短于肛尾叶 ······················· 格纳狭颊寄蝇 *C. gnava*

12. 两后单眼之间的距离特宽，其间隔显著大于两单眼之间的距离，几乎与前单眼组成等边三角形；髭的上方具2–3行细小
　 的颜堤鬃，占颜堤基部的1/3；额宽为复眼宽的4/5–1倍；肛尾叶背腹扁平，侧尾叶细长 ·······宽额狭颊寄蝇 *C. laxifrons*

- 两后单眼之间的距离正常，颜堤鬃的分布超过颜堤下方的1/4，额较窄；体毛细长；肛尾叶腹面中部具1突起，长于侧尾叶
　 ·· 黄斑狭颊寄蝇 *C. flavimaculata*

13. 前缘基鳞黑色，腹部毛细而密 ··· 拉赛狭颊寄蝇 *C. rasella*

- 前缘基鳞黄色 ··· 14

14. 雄性前足爪及爪垫特短，显著短于第5分跗节；第5背板具绒毛层，被浓密的鬃状毛；额缓慢向前突出，头侧面观半球
　 形；肛尾叶长三角形，侧尾叶狭长 ·· 短爪狭颊寄蝇 *C. sumatrensis*

- 雄性前足爪及爪垫长于第5分跗节 ··· 15

15. 额宽为复眼宽的1/3–1/2（雄）或1/2–3/5（雌） ·· 16

- 额宽为复眼宽的1/5–1/2（雄）或3/5–4/5（雌）；翅前缘基鳞红黄色；中足胫节具1根前背鬃 ···················· 19

16. 足胫节污黄或暗褐色；肩胛黑色 ··· 黑角狭颊寄蝇 *C. nigrantennata*

- 足胫节污黄或暗褐色；肩胛至少部分为黑色 ·· 17

17. 单眼三角狭长，一般长为宽的2.0倍 ··· 灰腹狭颊寄蝇 *C. rasa*

- 单眼三角宽，一般长为宽的1.5倍 ·· 18

18. 腹部毛较稀疏，在第4背板上8–10行；肛尾叶直，侧尾叶短小 ··················· 钩叶狭颊寄蝇 *C. hamata*

- 腹部毛较密，在第4背板上10–12行；侧尾叶较长，略短于肛尾叶 ·················· 苏门狭颊寄蝇 *C. sumatrana*

19. 足黑色，前足爪及爪垫短于第5分跗节；前缘基鳞黄色；肛尾叶三角形，侧尾叶狭长侧扁，向腹面呈弧形弯曲 ··········
　 ·· 永顺狭颊寄蝇 *C. yongshunensis*

\- 足至少胫节中部红黄色，前足胫节具 2 根后鬃 ·· 20

20. 肩胛黑色；胫节黄色，其腹面基部和端部黑色；触角短；雄前足爪及爪垫短于第 5 分跗节；侧尾叶长于肛尾叶··········
·· **松毛虫狭颊寄蝇 *C. matsukarehae***

\- 肩胛黄色，胫节全部黄色；雄前足爪和爪垫长于第 5 分跗节；肛尾叶长三角形，侧尾叶狭长 ···· **尖音狭颊寄蝇 *C. bombylans***

（248）尖音狭颊寄蝇 *Carcelia (s. str.) bombylans* Robineau-Desvoidy, 1830（图 2-122）

Carcelia bombylans Robineau-Desvoidy, 1830: 177.

特征：体中型，黑色，全身覆灰白色粉被，被黑毛，后头被淡黄白色毛；间额、触角、口上片、下颚须黑色。肩胛、翅后胛、小盾片黄色；盾片背面具 5 条黑纵条；翅肩鳞、足腿节及跗节黑色；前缘基鳞、足胫节黄色；下腋瓣白色，腹背中部具明显的黑纵条，沿第 3、第 4 背板后缘具黑横带纹，腹部两侧具暗黄色斑。雄性头外侧额鬃缺失，外顶鬃退化，与眼后鬃无明显区别，前后单眼距离明显大于两后单眼之间的距离，形成 1 个等腰三角形。额的宽度约为其复眼宽的 1/2，间额两侧缘大致平行，其宽度约与侧额等宽，侧颜中部的宽度窄于触角第 1 鞭节；颜堤鬃分布于颜堤基部 1/3 以下，中颜板平，无中颜脊；额鬃 3 根下降侧颜达梗节末端水平；触角第 1 鞭节为其梗节长的 2.5 倍，触角芒基部 1/4 加粗；下颚须棒状。胸部背中鬃 3+3，翅内鬃 1+3，小盾片具 1 对小盾心鬃，两小盾亚端鬃之间的距离约为亚端鬃至同侧基鬃距离的 2 倍，小盾端鬃发达，交叉向后方伸展。翅薄、半透明，R_{4+5} 脉基部脉段具 2–3 根小鬃，中脉心角近于直角，心角至翅后缘的距离略小于心角至中肘横脉在中脉愈合点的距离；下腋瓣中部向上圆形拱起。前足爪发达，长于第 5 分跗节，胫节具 2 根后鬃；中足胫节具腹鬃 1、前背鬃 1、后背鬃 2；后足胫节具前背鬃 1、后背鬃 2、腹鬃 2。后气门前肋被毛。腹部毛短而密，第 3、第 4 背板无中心鬃，第 3 背板具 3 根中缘鬃，第 4 背板具 1 排缘鬃，第 5 背板具不规则的中心鬃。肛尾叶与侧尾叶侧面观细而长。雌性头每侧具 1 对外侧额鬃，外顶鬃发达，与眼后鬃明显区别，前足爪退化，明显短于其第 5 分跗节。

分布：浙江（临安）、黑龙江、吉林、辽宁、内蒙古、北京、山西、山东、河南、江苏、上海、安徽、湖北、江西、湖南、福建、台湾、广东、海南、广西、重庆、四川、贵州、云南、西藏；俄罗斯，日本，欧洲。

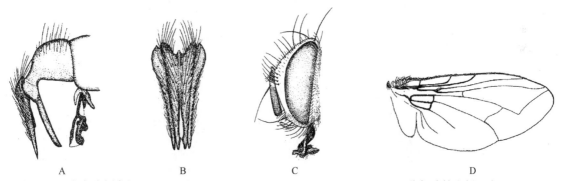

图 2-122　尖音狭颊寄蝇 *Carcelia (s. str.) bombylans* Robineau-Desvoidy, 1830（仿赵建铭和梁恩义，2002）
A.♂外生殖器侧视；B.♂肛尾叶、侧尾叶后视；C.♂头侧视；D. 翅

（249）黑尾狭颊寄蝇 *Carcelia (s. str.) caudata* Baranov, 1931（图 2-123）

Carcelia caudata Baranov, 1931: 41.

Carcelia frontalis Baranov, 1931: 43.

特征：体长 9.0–10.0 mm。黑色，全身覆灰白色粉被，间额两侧缘前宽后窄，中部的宽度窄于侧额；额约等于其复眼宽的 1/2，侧颜中部窄于触角第 1 鞭节宽，颜堤鬃少于颜堤基部 1/3；外顶鬃退化，额鬃 3 根；触角第 1 鞭节为梗节长度的 2.5 倍，下颚须黄色；胸部背中鬃 3+4，翅内鬃 1+3；翅 R_{4+5} 脉基部具 2 根小鬃，中脉心角圆钝，心角至翅后缘的距离小于心角至 dm-cu 脉的距离，下腋瓣向上拱起；前足爪发达，其长度约为其第 4、第 5 分跗节长度之和，前足胫节具 2 根后鬃；第 3 背板具 2–4 根中缘鬃，第 3、第 4 背板无中心鬃，第 5 背板具密集的鬃状毛，形成鬃刷状，覆棕黑色粉被。

　　分布：浙江（临安）、北京、山东、陕西、江苏、上海、安徽、江西、湖南、福建、台湾、广东、海南、广西、贵州、云南；日本，印度，斯里兰卡，马来西亚，印度尼西亚。

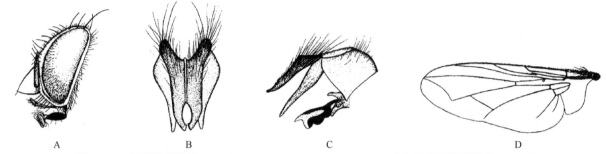

图 2-123　黑尾狭颊寄蝇 *Carcelia* (*s. str.*) *caudata* Baranov, 1931（仿赵建铭和梁恩义，2002）
A.♂头侧视；B.♂肛尾叶、侧尾叶后视；C.♂外生殖器侧视；D. 翅

（250）棒角狭颊寄蝇 *Carcelia* (*Euryclea*) *clava* Chao et Liang, 1986（图 2-124）

Carcelia clava Chao et Liang, 1986: 133.

　　特征：体长 6.0–7.0 mm。黑色，覆灰黄色或金色粉被；间额窄于侧额，额的宽度略大于复眼宽度的 1/2，侧颜宽度显著窄于触角基节的宽度，颜堤鬃分布于颜堤基部 1/3 以内；单眼鬃与内侧额鬃同样大小，外侧额鬃缺失，外顶鬃退化；触角芒基部 1/3 长度加粗，第 1 鞭节长为梗节的 3.0–3.5 倍，卜颚须黄色；胸部背中鬃 3+4，翅内鬃 1+3，小盾端鬃发达，与小盾侧鬃同样大小，中脉心角至翅后缘距离大于或等于心角至 dm-cu 脉的距离；前足爪长于其第 5 分跗节，前足胫节具 2 根后鬃，后足胫节具 1 根发达的前背鬃和 1 根后背鬃，背端鬃 2；腹部第 3、第 4 背板常具不规则的中心鬃，第 3 背板 4 中缘鬃，第 5 背板具不规则的中心鬃。雌性具 2 发达外侧额鬃，外顶鬃发达，与眼后鬃明显区别，前足爪退化，显著短于其第 5 分跗节，第 5 分跗节宽且长于其第 4 分跗节。

　　分布：浙江（临安）、北京、山西、四川。

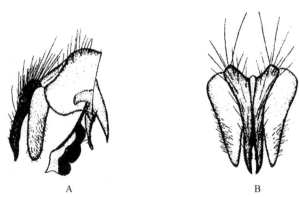

图 2-124　棒角狭颊寄蝇 *Carcelia* (*Euryclea*) *clava* Chao et Liang, 1986（仿赵建铭等，1998）
A.♂外生殖器侧视；B.♂肛尾叶、侧尾叶后视

（251）迷狭颊寄蝇 *Carcelia* (*Euryclea*) *delicatula* Mesnil, 1968（图 2-125）

Carcelia delicatula Mesnil, 1968: 173.
Carcelia hirtspila Chao et Shi, 1982: 266.

　　特征：体中小型，黄黑色，全身覆灰白色粉被，被黑色毛。间额、口上片、中颜板、触角、翅肩鳞、前缘基鳞、足跗节及腿节、肩胛、翅后胛黑色；下颚须黄色；盾片背面具 5 个黑纵条，小盾片大部分黄色，基缘黑色；下腋瓣白色；中足胫节黄，两端腹面黑色；腹背中部具明显的黑纵线，沿第 3、第 4 背板后缘具黑色横带纹。雄性头额的宽度大于复眼宽度的 1/2，间额前宽后窄，中部的宽度窄于侧额，侧颜窄，其中部宽度约为其触角第 1 鞭节宽度的 1/2，颜堤鬃分布于颜堤基部 1/3 以下，中颜板平，无颜脊；额鬃 3–4 根下降侧颜达触角芒着生基部水平，触角芒约基部 1/4 加粗，触角第 1 鞭节为其梗节长的 3.5 倍，下颚须棒状。胸部肩鬃 3 根排成弧形，中鬃 3+3，背中鬃 3+4，翅内鬃 1+3；小盾片具 1 对小盾心鬃，两小盾亚端鬃之间的距离为亚端鬃至小盾基鬃距离的 1.5 倍。翅薄透明，中脉心角圆钝，明显大于直角，心角至翅缘的距离小于心角至中肘横脉在中脉愈合点的距离，前缘脉第 2 脉段长于第 4 段，R_{4+5} 脉基部具 1–2 根小鬃，下腋瓣中部不圆形向上拱起。前足爪约与其第 5 分跗节等长，胫节具 2 根后鬃；中足胫节具 1 根前背鬃、2 根后背鬃和 1 根腹鬃；后足胫节具 1 根前背鬃、1 根后背鬃和 2 根腹鬃。后气门前肋裸，腹部第 3、第 4 背板常具不规则的中心鬃，第 3 背板具 2 根中缘鬃，第 5 背板具不规则的中心鬃，第 4、第 5 背板腹面两侧具明显的密毛区。雌性头每侧具 1 对外侧额鬃，外顶鬃发达，前足退化，明显短于其第 5 分跗节，第 5 分跗节显著加宽，大于第 3、第 4 分跗节。触角第 1 鞭节为其第 2 节长的 2.5–3.0 倍。

分布：浙江（临安）、北京、陕西、湖南、广东、海南、广西、四川、贵州、云南、西藏。

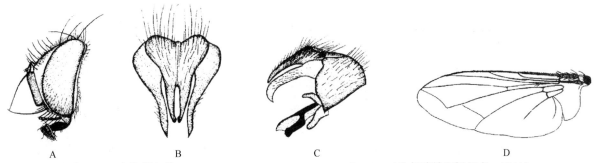

图 2-125　迷狭颊寄蝇 *Carcelia* (*Euryclea*) *delicatula* Mesnil, 1968（仿赵建铭和梁恩义，2002）
A. ♂头侧视；B. ♂肛尾叶、侧尾叶后视；C. ♂外生殖器侧视；D. 翅

（252）杜比狭颊寄蝇 *Carcelia* (*s. str.*) *dubia* (**Brauer** *et* **Bergenstamm, 1891**)（图 2-126）

Parexorista dubia Brauer *et* Bergenstamm, 1891.

Carcelia dubia: Herting, 1974: 137.

特征：体长 9.0–10.0 mm。雄性体中型，黑色，全身覆灰白色粉被，被黑色毛。间额、触角、翅肩鳞、肩胛、侧颜、前缘基鳞、中颜板、足跗节和腿节黑色；下颚须、口上片、翅后胛黄色；足胫节黄，两端腹面黑，小盾片大部分黄色，基缘黑色。盾片背面具 5 个黑纵条，腹背中部具明显的黑纵线，沿第 3、第 4 背板后缘具狭窄的黑横带纹，下腋瓣黄白色，腹部两侧具暗黄色斑。头额的宽度大于其复眼宽的 1/2；间额两侧缘大致平行，中部的宽度约与侧额等宽，侧颜中部的宽度窄于其触角第 1 鞭节，颜堤鬃分布于颜堤基部 1/3 以下；单眼鬃发达，外侧额鬃缺失，外顶鬃退化，与眼后鬃无区别，额鬃 4–5 根，下降侧颜达触角芒基部着生部位水平，触角芒基部 1/3 长度加粗，触角第 1 鞭节为梗节长的 2.5 倍，下颚须略呈棒状。胸部中鬃 3+3，背中鬃 3+4，翅内鬃 1+3，肩鬃 3 根排成弧形；小盾片具 1 对小盾心鬃，两小盾亚端鬃之间的距离显著大于其至同侧基鬃的距离，小盾端鬃发达，与小盾侧鬃大小相似；翅薄、半透明，中脉心角约等于直角，心角至翅后缘的距离显著大于心角至 dm-cu 脉的距离，端横脉明显弯曲，前缘脉第 2 脉段显著长于第 4 脉段，R_{4+5} 脉基部具 2–3 根小鬃，下腋瓣中部不圆形向上拱起；前足爪发达，长于其第 5 分跗节，第 5 分跗节正常不特别加长，胫节具 2 根后鬃；中足胫节具 1 根腹鬃、2 根前背鬃和 2 根后背鬃，腿节中部具数根前鬃；后足胫节具 1 行排列紧密整齐的梳状前背鬃，其中有 1 根略大，具 2 根后背鬃和 2–3 根腹鬃，基节后面被毛，后气门前肋被毛。腹部毛粗，竖立排列，第 3、第 4 背板常具不规则的中心鬃，第 3 背板具 2–4 根中缘鬃，第 4 背板具 1 排缘鬃，第 5 背板具不规则的中心鬃。肛尾叶尖小，略向下弯曲，侧尾叶宽短，略呈三角形。雌性头每侧具 2 根外侧额鬃，外顶鬃发达，与眼后鬃明显相区别，间额约与侧额等宽，额鬃下降侧颜仅达梗节末端水平，前足爪退化，短于其第 5 分跗节。

生物学：寄生于松毛虫。

分布：浙江（临安）、吉林、辽宁、北京、湖北、福建、四川、贵州、云南；俄罗斯，欧洲。

图 2-126　杜比狭颊寄蝇 *Carcelia* (*s. str.*) *dubia* (Brauer *et* Bergenstamm, 1891)（仿赵建铭和梁恩义，2002）
A.♂头侧视；B.♂肛尾叶、侧尾叶后视；C.♂外生殖器侧视；D. 翅

（253）黄斑狭颊寄蝇 *Carcelia* (*s. str.*) *flavimaculata* Sun *et* Chao, 1992（图 2-127）

Carcelia flavimaculata Sun *et* Chao, 1992: 1184.

主要特征：体长 10.0–12.0 mm。雌性头侧额、间额、胸部和腹部覆金黄色粉被；额宽为复眼宽的 2/3；单眼鬃和外顶鬃均较发达；触角黑色，第 1 鞭节长度为梗节的 3 倍，触角芒基部 1/3 加粗，下颚须黄色，端部略膨大。胸部肩胛、小盾片、翅前缘基鳞黄色；中鬃 3+3，背中鬃 3+4，翅内鬃 1+3，肩鬃 3 根排成一弧线形；两小盾亚端鬃之间的距离是小盾亚端鬃与同侧基鬃距离的 1.5 倍，小盾心鬃 1 对，小盾片背面有竖立的黑毛。翅薄、半透明，R_{4+5} 脉基部有 1 个至多个小鬃，中脉心角至径中横脉的距离大于翅后缘的距离。腿节、跗节黑色或红黑色，胫节黑色；前足胫节后鬃 2，中足胫节前背鬃 2、腹鬃 1，并常附有 1–2 根小鬃。腹部具黑色横带，第 1+2 合背板具 1 对中缘鬃，第 3 背板有 1–2 对中缘鬃，第 4 背板有 1 列缘鬃，第 5 背板大部分黑色，具竖立的鬃状毛。

分布：浙江（临安）、陕西、湖北、江西、湖南、福建、台湾、海南、广西、四川、云南、西藏。

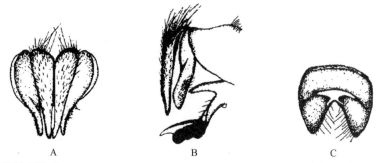

图 2-127　黄斑狭颊寄蝇 *Carcelia* (*s. str.*) *flavimaculata* Sun *et* Chao, 1992（仿赵建铭和梁恩义，2002）
A.♂肛尾叶、侧尾叶后视；B.♂外生殖器侧视；C.♂第 5 腹板腹视

（254）格纳狭颊寄蝇 *Carcelia* (*s. str.*) *gnava* (Meigen, 1824)（图 2-128）

Tachina gnava Meigen, 1824: 330.

Carcelia gnava: Herting, 1975: 4.

特征：体中型，黑色，全身覆灰白色粉被，被黑色毛。间额、侧颜、触角、翅肩鳞、足跗节及腿节黑色；口上片、下颚须、肩胛、小盾片、翅后胛、前缘基鳞黄色。盾片背面具 5 个黑纵条，下腋瓣淡白色，足胫节黄，两端腹面黑色，腹背中部具明显黑纵线，沿第 3、第 4 背板后缘黑色横带纹狭窄，腹部两侧具大黄色斑。雄性头间额两侧缘前宽后窄，中部的宽度窄于侧额，额宽于复眼宽度的 1/2，额鬃 4 根下降侧颜达触角芒着生基部水平，颜堤鬃分布于颜堤基部长度的 1/3 以下，外顶鬃退化，触角芒基部 1/4–1/3 长度加粗，触角第 1 鞭节为其梗节长的 2.5 倍，下颚须棒状，唇瓣发达。胸部中鬃 3+3，背中鬃 3+4，翅内鬃 1+3；小盾片具 1 对小盾心鬃，两小盾亚端鬃约为亚端鬃之间的距离，小盾端鬃发达，约与小盾侧鬃同样大小。翅薄、半透明，前缘脉第 2 脉段略长于第 4 脉段，R_{4+5} 脉基部脉段具 2 根小鬃，中脉心角圆钝，明显大于直角，心角至翅后缘的距离约等于或小于心角至中肘横脉在中脉愈合点的距离，端横脉较直，下腋瓣中部不圆形向上拱起。前足爪发达，其长度约为其第 4、第 5 分跗节长度之和，胫节具 2 根后鬃；中足胫节具 1 根腹鬃、2 根前背鬃和 2 根后背鬃，后足胫节的前背鬃梳稀疏，中间 1 根较大，具 1 根后背鬃，腹鬃 2–3 根。后气门前肋被毛。腹部第 3、第 4 背板无中心鬃，第 3 背板具 4 根中缘鬃，第 5 背板具不规则的中心鬃。肛尾叶长而直，肛尾叶与侧尾叶约等长。雌性头两侧具 1 对发达的外侧额鬃，外顶鬃与眼后鬃明显相区别，前足爪退化，显著短于其第 5 分跗节。

生物学：寄生于柞蚕。

分布：浙江（临安）、黑龙江、吉林、辽宁、北京、河北、山西、河南、湖南、福建、广西、四川、贵州、云南；俄罗斯，日本，欧洲。

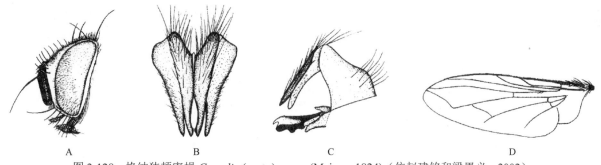

图 2-128　格纳狭颊寄蝇 *Carcelia (s. str.) gnava* (Meigen, 1824)（仿赵建铭和梁恩义，2002）
A. ♂头侧视；B. ♂肛尾叶、侧尾叶后视；C. ♂外生殖器侧视；D. 翅

（255）钩叶狭颊寄蝇 *Carcelia (s. str.) hamata* Chao et Liang, 1986（图 2-129）

Carcelia hamata Chao et Liang, 1986: 142.

特征：体长 11.0 mm。雄性体中型，黑色，覆金黄色粉被，全身被黑色毛。侧额、间额、中颜板、触角、翅肩鳞、足腿节及跗节黑色；口上片、下颚须、肩胛、翅后胛、盾片后缘、小盾片、前缘基鳞、足胫节均黄色；胸部盾片具 5 个黑纵条，腹背中部具明显的黑纵线，沿第 3、第 4 背板后缘的黑色横带纹较窄，腹部两侧具大黄斑。下腋瓣淡黄色。额宽约为复眼宽的 1/2，间额前宽后窄，中部宽约与侧额相等，侧颜中部窄于触角第 1 鞭节的宽度，颜堤鬃分布在颜堤长的 1/3 以下，额鬃 4–5 根下降侧颜约达触角芒着生处水平，触角芒约基部 1/4 长度加粗，触角第 1 鞭节的长为梗节长的 2.5 倍，下颚须棒状。胸部中鬃 3+3，背中鬃 3+4，翅内鬃 1+3，肩鬃 3 根排成弧形，小盾片具 1 对心鬃，小盾端鬃发达，与侧鬃同样大小，两小盾亚端鬃之间的距离显著大于小盾亚端鬃至同侧基鬃的距离。翅薄、半透明，端横脉明显弯曲，R_{4+5} 脉基部脉段具 1 根小鬃，中脉心角圆钝，近于直角，心角至翅后缘的距离明显小于心角至中肘横脉的距离，下腋瓣中部不圆形向上方拱起，后气门前肋被毛。前足发达，其长度约为第 4、第 5 分跗节之和，前足胫节具 2 根后鬃；中足胫节具 1 根腹鬃、1 根前背鬃和 2 根后背鬃；后足胫节前背鬃梳整齐，中间 1 根较发达。腹部毛细密，竖直排列，第 3 背板具 1 对中缘鬃，第 5 背板无中心鬃。肛尾叶直，侧尾叶较短，约为肛尾叶长度的 3/5，端部尖小并向前弯曲。

生物学：寄生于榆毒蛾。

分布：浙江（临安）、湖南、四川、云南。

图 2-129　钩叶狭颊寄蝇 *Carcelia* (*s. str.*) *hamata* Chao *et* Liang, 1986（仿赵建铭和梁恩义，1986）

A. ♂外生殖器侧视；B. ♂肛尾叶、侧尾叶后视

（256）多毛狭颊寄蝇 *Carcelia* (*Calocarcelia*) *hirsuta* Baranov, 1931

Carcelia hirsuta Baranov, 1931: 38.

主要特征：单眼鬃发达，着生于前单眼后方两侧，触角第 1 鞭节至少为梗节长的 4 倍；小盾片黄色；腹部第 3、第 4 背板中央各具数根粗大竖立的鬃状毛；雄性第 4、第 5 背板腹面两侧无密毛斑，肛尾叶和侧尾叶均呈弓状向前弯曲，侧尾叶略长于肛尾叶。

分布：浙江（临安、余姚）、湖南、福建、台湾、广东、海南、广西、四川、贵州、云南。

（257）宽叶狭颊寄蝇 *Carcelia* (*Euryclea*) *latistylata* (Baranov, 1934)

Parexorista latistylata Baranov, 1934: 405.

Carcelia latistylata: Crosskey, 1976: 231.

主要特征：触角第 1 鞭节长于梗节，触角芒第 2 节不延长，其基部加粗不超过全长的 1/2；中鬃 3+3，翅上鬃 3；翅肩鳞黑色，前缘脉第 2 段腹面裸，R_5 室在翅缘开放，心角无赘脉，近似于直角，端横脉基部强烈弯曲，前缘脉第 2 段长于第 4 段；后足胫节具梳状前背鬃；腹部黑色，具灰白色粉被。

分布：浙江（临安）、湖南、台湾、广西、四川、贵州、云南；斯里兰卡，菲律宾。

（258）宽额狭颊寄蝇 *Carcelia* (*s. str.*) *laxifrons* Villeneuve, 1912（图 2-130）

Carcelia laxifrons Villeneuve, 1912: 91.

主要特征：体长 11.0 mm。体覆金黄色或灰黄色粉被。额宽约为复眼宽的 4/5（雄性）或两者相等（雌性），两后单眼之间的距离特宽，其间隔显著大于两单眼鬃之间的距离，几乎与间额的宽度相等；触角黑色，触角芒基部 1/4–1/3 加粗；髭的上方具 2–3 行细小的颜堤鬃，占颜堤基部的 1/3；下颚须正常。肩胛黑色，小盾片端部黄色，两小盾亚端鬃之间的距离显著大于由亚端鬃至基鬃之间的距离；翅前缘基鳞黄色，中脉心角至翅后缘的距离小于至中肘横脉的距离；中足胫节有 2–3 根前背鬃、1 根腹鬃。腹部第 3、第 4 背板无中心鬃。

分布：浙江（临安）、黑龙江、吉林、辽宁、内蒙古、北京、山西、湖北、湖南、四川；俄罗斯，蒙古国，日本，欧洲。

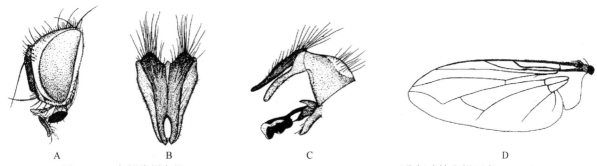

图 2-130　宽额狭颊寄蝇 *Carcelia* (*s. str.*) *laxifrons* Villeneuve, 1912（仿赵建铭和梁恩义，2002）

A. ♂头侧视；B. ♂肛尾叶、侧尾叶后视；C. ♂外生殖器侧视；D. 翅

（259）松毛虫狭颊寄蝇 *Carcelia* (*s. str.*) *matsukarehae* (Shima, 1969)（图 2-131）

Carceliopsis matsukarehae Shima, 1969: 233.

Carcelia matsukarehae: Herting, 1984: 57.

主要特征： 体长 6.5–9 mm。额宽约为复眼宽度的 1/2（雄性）或 2/3（雌性）；颊很窄，其宽度小于触角至复眼的宽度；头背面及整个体表覆灰色粉被。前缘脉基鳞黄色；后足胫节基部和端部黑色；腹部两侧的黄斑不明显，第 1+2 合背板粉被稀薄，黑色，第 3、第 4 背板具很窄的黑色纵条，第 3–5 背板基部 2/3 粉被较浓厚，向后缘逐渐稀薄，呈不清晰的黑色横带。

生物学： 寄生于松毛虫。

分布： 浙江（临安）、黑龙江、吉林、辽宁、北京、河北、山东、河南、陕西、江苏、上海、安徽、湖北、江西、湖南、福建、广东、海南、广西、四川、贵州、云南；俄罗斯，日本。

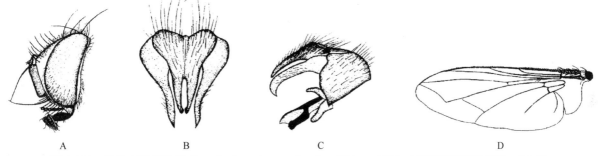

图 2-131　松毛虫狭颊寄蝇 *Carcelia* (*s. str.*) *matsukarehae* (Shima, 1969)（仿赵建铭和梁恩义，2002）

A. ♂头侧视；B. ♂肛尾叶、侧尾叶后视；C. ♂外生殖器侧视；D. 翅

（260）黑角狭颊寄蝇 *Carcelia* (*s. str.*) *nigrantennata* Chao *et* Liang, 1986

Carcelia nigrantennata Chao *et* Liang, 1986: 141.

主要特征： 额较窄，触角全部黑色；前单眼与后单眼之间的距离较小，不超过后单眼之间距离的 1.5 倍；中足胫节仅具 1 根前背鬃，雄肛尾叶明显向腹部弯曲。

分布： 浙江（余姚）、江西、广东、广西、四川、贵州、云南。

（261）灰腹狭颊寄蝇 *Carcelia* (*s. str.*) *rasa* (Macquart, 1849)（图 2-132）

Exorista rasa Macquart, 1849: 368.

Carcelia rasa: Herting, 1984: 57.

特征： 体长 8.0–9.0 mm。体覆灰黄色粉被，柄节和梗节黄色或暗黄色，下颚须黄色；肩胛暗黄色；前缘基鳞黄色；胫节红黄色。额宽为复眼宽的 0.42–0.5 倍（雄）或 0.47–0.58 倍（雌），间额宽窄于侧额，侧颜中部宽约为触角第 1 鞭节宽的 1/2，小于下颚须基部宽度；颜堤鬃分布于基部 1/3 以下；外侧额鬃缺失，外顶鬃退化，额鬃 4 根，单眼鬃存在；触角第 1 鞭节为梗节长的 2 倍；胸部背中鬃 3+4，翅内鬃 1+3，肩鬃 3 根排成弧形；翅半透明，中脉心角钝圆，心角至翅后缘的距离等于心角至 dm-cu 脉的距离；前足爪发达，长于其第 5 分跗节，前足胫节具 2 根前鬃，中足胫节具 1 根前背鬃，雄无腹鬃或雌具 1 根；腹部第 3、第 4 背板无中心鬃或粗大鬃状毛，毛长为该背板长的 2/5–2/3，第 3 背板具 2 短中缘鬃，其长度不及第 4 背板长度的 1/2，第 5 背板具密集粗长的鬃状毛；雄性第 9 背板后面观长大于宽，肛尾叶细长、直。

生物学：寄生于毒蛾科、灯蛾科。

分布：浙江（临安、余姚、庆元）、黑龙江、吉林、辽宁、北京、河北、山西、陕西、江苏、上海、安徽、江西、湖南、福建、广东、海南、广西、四川、贵州、云南；俄罗斯，日本，西亚地区，欧洲。

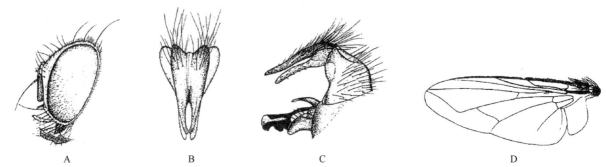

图 2-132　灰腹狭颊寄蝇 *Carcelia* (*s. str.*) *rasa* (Macquart, 1849)（仿赵建铭和梁恩义，2002）

A.♂头侧视；B.♂肛尾叶、侧尾叶后视；C.♂外生殖器侧视；D. 翅

（262）拉赛狭颊寄蝇 *Carcelia* (*s. str.*) *rasella* Baranov, 1931（图 2-133）

Carcelia rasella Baranov, 1931: 44.

特征：体中型，黑色，全身被黑色毛，覆灰白色稀薄粉被。间额、触角、翅肩鳞、前缘基鳞、足腿节和跗节黑色；下颚须、肩胛、小盾片、足胫节、盾片两侧缘黄色。胸部盾片具 5 个黑纵条，腹背中部具明显黑纵线，沿第 3、第 4 背板后缘的黑横带纹狭窄或不明显，下腋瓣白色。雄性额的宽度约为其复眼宽度的 0.8 倍，间额前端略宽，中部的宽度窄于侧额；额鬃 5 根，下降侧颜达梗节末端水平，头外顶鬃退化与眼后鬃无明显区别。触角芒约基部 1/3 长度加粗，触角第 1 鞭节为梗节长的 2.5 倍，其宽度略宽于侧颜，颜堤鬃上升达颜堤长度的 1/3，下颚须棒状。胸部中鬃 3+3，背中鬃 3+4，翅内鬃 1+3；后气门前肋被毛；小盾片具 2 根小盾心鬃，小盾端鬃发达，交叉向后伸展，两小盾亚端鬃之间的距离显著大于亚端鬃至同侧基鬃的距离。翅薄、半透明，R_{4+5} 脉基部具 1–2 根小鬃，端横脉略向内弯曲，中脉心角圆钝，显著大于直角，心角至翅后缘的距离小于心角至中肘横脉在中脉愈合点的距离；下腋瓣中部不向上方圆形拱起。前足爪发达，长于其第 5 分跗节，胫节具 2 根后鬃；后足胫节具 1 根后背鬃。腹部毛细长、密，第 3 背板具 2

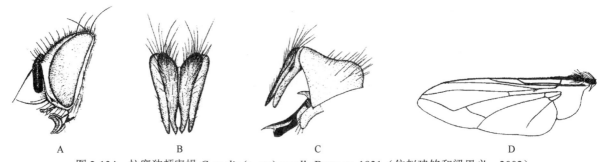

图 2-134　拉赛狭颊寄蝇 *Carcelia* (*s. str.*) *rasella* Baranov, 1931（仿赵建铭和梁恩义，2002）

A.♂头侧视；B.♂肛尾叶、侧尾叶后视；C.♂外生殖器侧视；D. 翅

根中缘鬃，第 4 背板具 1 排缘鬃，第 5 背板具细长的鬃状毛。

分布：浙江（临安）、吉林、辽宁、北京、河北、山西、山东、江苏、上海、安徽、江西、湖南、福建、广东、海南、广西、重庆、四川、云南；日本，欧洲。

（263）苏门狭颊寄蝇 *Carcelia (s. str.) sumatrana* Townsend, 1927（图 2-135）

Carcelia sumatrana Townsend, 1927: 65.

特征：体中型，黄黑色，额及腹部覆灰黄色粉被，被黑毛。间额、触角、足跗节和腿节、翅肩鳞黑色；下颚须、前缘基鳞、口上片、中颜板、侧颜、新月片、小盾片、肩胛、翅后胛、断片侧缘及后缘、足胫节黄色。盾片背面具 5 个黑纵条，腹部中部具明显的黑纵线，沿第 3、第 4 背板后缘具黑色横带纹，腹部两侧具明显的大黄色斑。下腋瓣黄色。后头被淡黄色毛。雄性额的宽度略宽于其复眼宽度的 1/2，间额两侧缘前宽后窄，中部的宽度窄于侧额，侧颜中部的宽度略窄于其触角第 1 鞭节，颜堤鬃分布于颜堤基部的 1/3 以下，中颜板平，无中颜脊，额鬃 4–5 根下降侧颜达触角芒着生基部水平。触角芒 1/3 的长度加粗，触角第 1 鞭节为其梗节的 2.5 倍，下颚须棒状，唇瓣发达。胸部中鬃 3+3，背中鬃 3+4，翅内鬃 1+3，肩鬃 3 根排成弧形；后气门前肋被毛；小盾片具 1 对小盾心鬃，两小盾亚端鬃之间的距离显著宽于亚端鬃至同侧基鬃的距离，小盾端鬃发达。翅薄、半透明，中脉心角圆钝，心角至翅后缘的距离小于心角至中肘横脉在中脉的距离，前缘脉第 2 脉段大于第 4 脉段，R_{4+5} 脉基部脉段具 1–2 根小鬃，下腋瓣中部不圆形拱起。前足爪发达，等于其第 4、第 5 分跗节之和，第 5 分跗节的长度约为其第 3、第 4 分跗节长度之和，胫节具 2 根后鬃；中足胫节具 1 根腹鬃、1 根前背鬃和 2 根后背鬃；后足胫节前背鬃梳密而发达，中间 1 根特别发达，具 1 根后背鬃和 1–2 根腹鬃。腹部毛细长，倒伏状排列，第 3、第 4 背板无中心鬃，第 3 背板具 2–4 根中缘鬃，第 5 背板具 1 排缘鬃和具粗的鬃状毛。肛尾叶与侧叶直，大致等长。各种形态变化较大。雌性头每侧具 2 根外侧额鬃，外顶鬃发达，与眼后鬃明显相区别。前足爪退化，短于其第 5 分跗节。

分布：浙江（临安、磐安）、吉林、辽宁、内蒙古、北京、天津、河北、山西、山东、陕西、甘肃、江苏、上海、安徽、湖北、江西、湖南、福建、台湾、广东、海南、香港、广西、重庆、四川、贵州、云南、西藏；俄罗斯，日本，斯里兰卡，马来西亚，印度尼西亚。

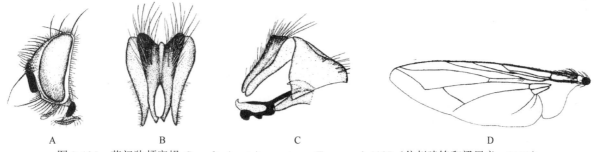

图 2-135　苏门狭颊寄蝇 *Carcelia (s. str.) sumatrana* Townsend, 1927（仿赵建铭和梁恩义，2002）
A.♂头侧视；B.♂肛尾叶、侧尾叶后视；C.♂外生殖器侧视；D. 翅

（264）短爪狭颊寄蝇 *Carcelia (s. str.) sumatrensis* (Townsend, 1927)（图 2-136）

Carceliopsis sumatrensis Townsend, 1927: 66.

Carcelia sumatrensis: Crosskey,1969: 93.

特征：体中型，黑色，全身被黑毛，覆灰白色粉被。间额、触角、翅肩鳞黑色；下颚须、口上片、小盾片、肩胛、盾片后缘及两侧缘、前缘基鳞、下腋瓣均为黄色；足胫节黄色，两端腹面黑色。中胸盾片具 5 个黑纵条，腹背中部具黑纵线，沿第 3 和第 4 背板后缘具狭窄的黑横带纹。沿腹部两侧具暗黄色斑。后头被白色毛。雄性头缓慢向前突出，前方呈圆形，额宽约为复眼宽度的 1/2，间额两侧缘大致平行，中部的宽度窄于侧额，额鬃 2–3 根下降侧颜至梗节末端水平，触角芒约基部 1/3 长度加粗，触角第 1 鞭节为其梗节的 2.0–2.5 倍，其宽度约等于或超过侧颜中部宽度的 2 倍；颜堤鬃数根，分布于口髭附近，下颚须端部显著膨大呈棒状。胸部中鬃 3+3，背中鬃 3+4，翅内鬃 1+3。小盾片具 2 根小盾心鬃，两小盾亚端鬃之间的距离显著大于亚端鬃至同侧基鬃的距离。

　　生物学：寄生于星毛虫。

　　分布：浙江（临安）、吉林、山西、湖北、湖南、福建、广东、海南、广西、四川、云南；马来西亚、印度尼西亚。

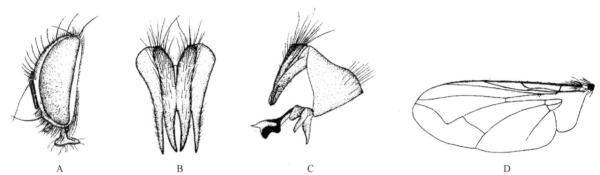

图 2-136　短爪狭颊寄蝇 Carcelia (s. str.) sumatrensis (Townsend, 1927)（仿赵建铭和梁恩义，2002）

A. ♂头侧视；B. ♂肛尾叶、侧尾叶后视；C. ♂外生殖器侧视；D. 翅

（265）鬃胫狭颊寄蝇 *Carcelia (Euryclea) tibialis* (Robineau-Desvoidy, 1863)（图 2-137）

Euryclea tibialis Robineau-Desvoidy, 1863: 291.

Carcelia (Euryclea) tibialis: Herting, 1974a: 9.

　　特征：体长 7.0–8.0 mm。雄额宽为复眼宽的 1/2，间额约与侧额等宽，侧颜中部宽度窄于触角第 1 鞭节，颜堤鬃分布于基部 1/3 以下；额鬃 4 根，触角芒基部 1/5 加粗，触角第 1 鞭节为梗节长的 2.5 倍；胸部背中鬃 3+4，翅内鬃 1+3，肩鬃 3 根排成弧形，小盾片具 1 对小盾心鬃；翅透明，中脉心角钝圆，中脉心角至翅后缘距离约等于或大于心角至 dm-cu 脉的距离；雄性前足爪长于第 5 分跗节，雌性前足爪退化，前足胫节具 2 根后鬃，中足胫节具 1 根前背鬃、2 根后背鬃和 1 根腹鬃，后足胫节具 1 根前背鬃、1 根后背鬃和 2 根腹鬃，胫节端部常具 3 根背端鬃；第 3、第 4 背板具不规则的中心鬃，第 3 背板具 1 对中缘鬃，第 5 背板具不规则的中心鬃。

　　分布：浙江（临安）、吉林、辽宁、北京、山西、山东、宁夏、上海、湖南、福建、广东、广西、四川、贵州、云南；俄罗斯，日本，欧洲。

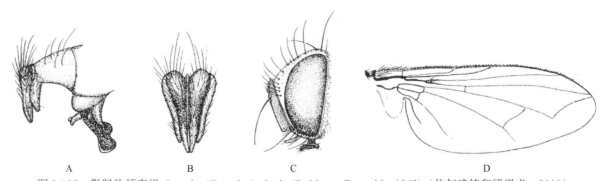

图 2-137　鬃胫狭颊寄蝇 *Carcelia (Euryclea) tibialis* (Robineau-Desvoidy, 1863)（仿赵建铭和梁恩义，2002）

A. ♂外生殖器侧视；B. ♂肛尾叶、侧尾叶后视；C. ♂头侧视；D. 翅

（266）绒尾狭颊寄蝇 *Carcelia* (*Euryclea*) *villicauda* **Chao** *et* **Liang, 1986**（图 2-138）

Carcelia villicauda Chao *et* Liang, 1986: 131.

特征：体长 6.0–7.0 mm。体中小型，黑色，覆灰白色至灰黄色粉被，全身被黑毛。中颜板、间额、侧额、触角、翅肩鳞、足跗节及腿节黑色；下颚须、前缘基鳞黄色，胸部盾片具 5 个黑纵条，小盾片端部黄色，基缘黑色；下腋瓣白色；足胫节棕黑色或黄色，腹面两端黑色，腹中部具明显黑纵线，沿第 3、第 4 背板腹面具黑色横带纹。雄性额宽大于其复眼宽的 1/2，间额两侧缘大致平行，约与侧额等宽或略窄，侧颜中部的宽度窄于触角第 1 鞭节，颜堤鬃分布于颜堤基部 1/3 以下；额鬃 4 根下降侧颜达触角芒着生基部水平，触角芒基部 1/4 长度加粗，触角第 1 鞭节的长度为其梗节长度的 3 倍，下颚须略呈棒状。胸部中鬃 3+3，背中鬃 3+4，翅内鬃 1+3，小盾片具 1 对小盾心鬃，小盾端鬃与小盾侧鬃同等大小，两小盾亚端鬃的距离显著大于小盾侧鬃至同侧基鬃的距离；后气门前肋裸。翅薄、半透明，端横脉明显向内弯曲，R_{4+5} 脉基部脉段具 1 根至数根小鬃，中脉心角圆钝，大于直角，心角至翅后缘的距离略大于心角至中肘横脉的距离，下腋瓣中部不向上拱起。前足爪发达，长于其第 5 分跗节，第 5 分跗节显著长于其第 4 分跗节，胫节具 2 根后鬃；中足胫节具 1 根腹鬃、1–2 根前背鬃和 2 根后背鬃；后足胫节前背鬃梳中间 1 根大。腹部毛倒伏状排列，第 3 背板具 2 根中缘鬃，第 4 背板具 2 根中心鬃，第 5 背板具不规则的中心鬃并覆有黄色的绒毛，但沿后鬃及背中线裸，形成"T"形裸斑。肛尾叶侧面观尖细，侧尾叶端部毛较长。雌性具 2 根外侧额鬃，外顶鬃退化，与眼后鬃无区别，前足跗节加宽，第 5 分跗节与第 4 分跗节等长，但窄于第 4 分跗节，第 6 腹板呈三角形向外突出，触角第 1 鞭节为其第 2 节的 2.5 倍。

分布：浙江（临安）、广东、海南、云南、西藏。

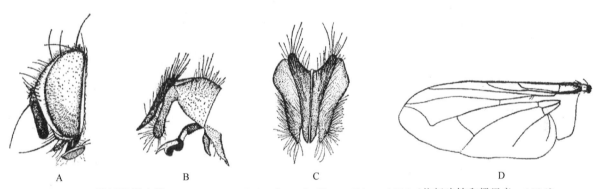

图 2-138　绒尾狭颊寄蝇 *Carcelia* (*Euryclea*) *villicauda* Chao *et* Liang, 1986（仿赵建铭和梁恩义，1986）
A.♂头侧视；B.♂外生殖器侧视；C.♂肛尾叶、侧尾叶后视；D. 翅

（267）永顺狭颊寄蝇 *Carcelia* (*s. str.*) *yongshunensis* **Sun** *et* **Chao, 1992**（图 2-139）

Carcelia yongshunensis Sun *et* Chao, 1992: 1188.

特征：体长 11.0 mm。雄性头侧额、侧颜、中颜板、胸部覆灰白色粉被，腹部背面覆灰黄色粉被。额宽为复眼宽的 1/3；触角黑色，第 3 节长度为第 2 节的 3 倍；中鬃 3+3，背中鬃 3+4，肩鬃 3 根排成弧形；小盾端鬃和侧鬃同等大小，两小盾亚端鬃之间的距离是小盾亚端鬃至同侧基鬃距离的 2 倍；翅薄、半透明，中脉心角至径中横脉之间的距离大于至翅后缘的距离；R_{4+5} 脉基部有 1–2 根小鬃；下腋瓣拱起。腿节和跗节黑色，胫节黄褐色；前足胫节后鬃 2；中足胫节前背鬃 1、后背鬃 2，无端鬃；后足胫节有 1 根后背鬃。腹部第 2–4 背板腹侧面有较大的黄斑，各背板背面端部有较狭窄的黑色横带；第 1+2 合背板、第 3 背板的中缘鬃较弱，第 4 背板有 1 列较长的缘鬃，第 5 背板有较长的鬃状毛。雄性肛尾叶和侧尾叶小，细长，直伸，等长。

分布：浙江（临安）、湖南。

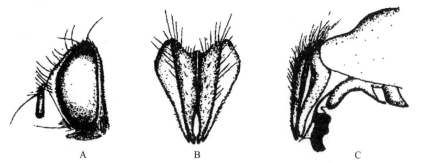

图 2-139　永顺狭颊寄蝇 *Carcelia (s. str.) yongshunensis* Sun *et* Chao, 1992（仿孙雪逵等，1992）

A. ♂头侧视；B. ♂肛尾叶、侧尾叶后视；C. ♂外生殖器侧视

102. 类狭颊寄蝇属 *Carcelina* Mesnil, 1944

Carcelina Mesnil, 1944: 29. Type species: *Carcelia nigrapex* Mesnil, 1944.

主要特征：复眼被密而长的毛，侧颜裸，颊窄于触角基部至复眼的距离，远远窄于前额，少数颊与前额等宽；内侧额鬃 2–3 根，正常大小，位于额的中部，无前顶鬃，单眼鬃发达，位于前单眼后方；后头上方在眼后鬃后方无黑毛；触角第 1 鞭节长于梗节，触角芒裸，第 2 节不延长，其基部加粗不超过全长的 1/2，下颚须黄色。前胸腹板被毛，翅前鬃大于第 1 根沟后翅内鬃及沟后背中鬃，前胸侧片裸，肩鬃 3 根，中间 1 根或多或少前移，腹侧片鬃 2；翅薄、半透明，翅肩鳞黑色，前缘刺退化，前缘脉第 2 脉段腹面裸，长于第 4 脉段，R$_{4+5}$ 脉仅在基部具数根小鬃，中脉心角无赘脉，r$_{4+5}$ 室在翅缘或大或小开放；中足胫节具 1 腹鬃，后足基节后面裸，后足胫节具前背鬃梳。腹部第 1+2 合背板具 2 根中缘鬃。

分布：古北区和东洋区。中国记录 5 种，浙江分布 1 种。

（268）棒须类狭颊寄蝇 *Carcelina clavipalpis* (Chao *et* Liang, 1986)（图 2-140）

Carcelia (Carcelina) clavipalpis Chao *et* Liang, 1986: 127.

Carcelina clavipalpis: Herting, 1984: 58.

特征：体长 9.0–10.0 mm。体中型，黑色，全身覆灰黄色粉被，间额、中颜板、触角、翅肩鳞、足跗节及腿节黑色；下颚须、前缘脉基鳞、口上片、足胫节、肩胛、翅后胛、盾片后缘和侧颜、小盾片黄色；全身被黑色细密的毛；盾片背面具 5 条黑纵条，下腋瓣黄白色，腹背中部具明显的黑纵条，沿第 3、第 4 背片后缘的黑色横带纹狭窄，腹部两侧具暗黄色大斑。雄性间额前宽后窄，中部的宽度略窄于侧额，额的宽度略大于复眼宽的 1/2，侧颜中部的宽度略窄于触角第 1 鞭节，中颜板平，不具中颜脊，颜堤鬃数根，分布于颜堤基部 1/3 以下；额鬃 5 根下降至侧颜达触角芒基部着生部位水平；触角芒约基部 1/4 加粗，下颚须端部特别膨大。胸部中鬃 3+3，背中鬃 3+4，翅内鬃 1+3，小盾端鬃与侧鬃同样大小，两小盾亚端鬃的距离约为亚端鬃至同侧基鬃距离的 1.5 倍。翅薄、半透明，R$_{4+5}$ 脉基部具 1 根小鬃，中脉心角略大于直角，心角至翅后缘的距离约等于心角至中肘横脉的距离，下腋瓣中部不向上圆形拱起；前足爪发达，长于其第 5 分跗节，胫节具 2 根后鬃；中足胫节具 1 腹鬃、1 前背鬃、2 后鬃，腿节中部具 1 前鬃；后足胫节前背鬃梳中间 1 根特别发达，具 1 根后背鬃。后气门前肋被毛。腹部第 3、第 4 背板无中心鬃，第 3 背板具 4 根中缘鬃，中部 2 根距离较宽，约为 2 侧两根距离的 4 倍，第 5 背板无中心鬃，具粗大的鬃状毛。

分布：浙江（临安）、四川、重庆、贵州、云南、西藏。

图 2-140　棒须类狭颊寄蝇 *Carcelina clavipalpis* (Chao *et* Liang, 1986)（仿孙雪迹，1986）

A. ♂肛尾叶、侧尾叶后视；B. ♂外生殖器侧视

103. 赘寄蝇属 *Drino* Robineau-Desvoidy, 1863

Drino Robineau-Desvoidy, 1863: 250. Type species: *Drino volucris* Robineau-Desvoidy, 1863.

Sturmiodoria Townsend, 1928: 391. Type species: *Sturmiodoria facialis* Townsend, 1928.

主要特征：复眼裸或被短毛，颊特别窄，窄于前额；2–4 根后倾额鬃，最上方一根明显长于毛状单眼鬃，颜堤鬃集中分布于颜堤下方，不超过颜堤下方的 2/3。小盾片大部红黄色，或至少端部红黄色，肩胛 3 根基鬃排列成一直线，小盾侧鬃每侧 1–2 根，小盾端鬃交叉平行，腹侧片鬃 4；R_{4+5} 脉基部仅具 1 根鬃，为 r-m 横脉长的 1–3 倍；下腋瓣内缘凹入，与小盾片粘贴；中足胫节具 1 根前背鬃，腹部第 1+2 合背板基部凹陷达后缘，第 3、第 4 背板无中心鬃，至多第 4 背板具弱的中心鬃，雄性腹部第 4、第 5 背板腹面常具倒伏毛组成的毛斑。

生物学：本属寄生方式为大卵型，平赘寄蝇为我国黏虫、松毛虫、茶尺蠖的重要天敌；弯须赘寄蝇为黏虫、银纹夜蛾、甘蔗二点螟的天敌；其他种类多寄生于鳞翅目天蛾科幼虫。

分布：世界各地。中国记录 40 种，浙江分布 9 种。

分种检索表

1. 单眼鬃发达，大小与额鬃相似 ·· 2
- 单眼鬃细小，显著小于额鬃或呈毛状或缺失 ··· 3
2. 中足胫节具 2 根前背鬃，两单眼鬃之间的距离大于两后单眼间的距离 ············· 天蛾赘寄蝇 *D. atropivora*
- 中足胫节具 1 根前背鬃，两单眼鬃之间的距离等于两后单眼间的距离 ··············· 睫毛赘寄蝇 *D. ciliata*
3. 侧颜裸 ·· 4
- 侧颜仅在上半部被毛 ··· 8
4. 腹部第 4 背板腹面具密毛斑 ·· 5
- 腹部第 4 和第 5 背板腹面无密毛斑 ··· 6
5. 腹部第 5 背板腹面具密毛斑；雄额宽约为复眼宽的 0.85 倍，间额约为侧额宽的 1/2；中足胫节具 1 前背鬃 ···
　·· 邻狭颜赘寄蝇 *D. parafacialis*
- 腹部第 5 背板腹面无密毛斑；雄额宽至少为复眼宽的 0.9 倍，间额约与侧额等宽；中足胫节具 2 前背鬃 ···
　··· 毛斑赘寄蝇 *D. hirtmacula*
6. 头、胸、腹背面覆厚的暗金黄色粉被，第 4 背板端部 1/3 和第 5 背板亮黑色；侧颜下部宽度小于第一鞭节宽 ···
　·· 金粉赘寄蝇 *D. auripollinis*
- 头、胸、腹背面具灰白色粉被 ··· 7
7. 雄性额宽小于复眼宽的 1/2；胸翅后胛红黄色 ··· 银颜赘寄蝇 *D. argenticeps*
- 雄性额宽为复眼宽的 0.5–0.6 倍，胸翅后胛黑褐色 ··· 莲花赘寄蝇 *D. lota*
8. 雄性阳茎末端叉形，具发达的膜状后突 ··· 9

- 雄性阳茎末端不分叉，无膜状后突，肛尾叶和侧尾叶等长，末端尖 ·· 弯须赘寄蝇 *D. curvipalpis*
9. 后头上方在眼后鬃下方具 1 行黑毛 ··· 拟庸赘寄蝇 *D. inconspicuoides*
- 后头上方在眼后鬃下方无黑毛列 ·· 平庸赘寄蝇 *D. inconspicua*

（269）银颜赘寄蝇 *Drino* (*s. str.*) *argenticeps* (Macquart, 1851)（图 2-141）

Masicera argenticeps Macquart, 1851: 166.

Sturmia vicinella Baranov, 1932c: 79.

Drino argenticeps: Crosskey, 1971: 273.

　　主要特征：雄性额宽小于复眼宽的 1/2，侧颜裸，其下方宽于触角第 1 鞭节，后头上方、眼后鬃后方无黑毛，单眼鬃细小，显著小于额鬃，下颚须至少端半部黄色；胸部、翅后胛红黄色，两侧向前沿翅上鬃达盾沟，各具 1 红黄色纵条。腹部第 4 背板基部 1/2 覆较浓厚的粉被，端部 1/2 和整个第 5 背板亮黑色，第 4、第 5 背板腹面无密毛斑。

　　分布：浙江（临安）、福建、台湾、广东、海南、四川、贵州、云南；日本，印度，泰国，马来西亚。

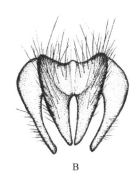

　　A　　　　　　　　　　　　　　　　　　B

图 2-141　银颜赘寄蝇 *Drino* (*s. str.*) *argenticeps* (Macquart, 1851)（仿赵建铭等，1998）

A. ♂外生殖器侧视；B. ♂肛尾叶、侧尾叶后视

（270）天蛾赘寄蝇 *Drino* (*Zygobothria*) *atropivora* (Robineau-Desvoidy, 1830)（图 2-142）

Sturmia atropivora Robineau-Desvoidy, 1830: 171.

Drino (*Zygobothria*) *atropivora*: Herting, 1974: 24.

Drino hersei Liang *et* Chao, 1992: 1178.

　　特征：体中型，黑色，覆灰白色粉被。下颚须、足、翅肩鳞、前缘基鳞、肩胛黑色；小盾片端部、翅后胛、口上片黄色。中胸盾片具 5 个黑纵条，中间 1 条在盾沟前消失，腹部第 3、第 4 背板后缘具黑色横带纹，腹背中央具明显的黑中线。雄性头复眼被毛，单眼鬃发达，着生于前单眼前方两侧，两单眼鬃之间的距离宽于两后单眼之间的距离，外侧额鬃缺失，外顶鬃退化，与眼后鬃无区别，额宽于复眼；间额两侧缘平行，中部的宽度略大于侧额，额鬃 3–4 根下降侧颜达触角芒着生部位水平，触角第 1 鞭节为梗节长的 2.5 倍，其宽度明显窄于侧颜中部，触角芒约 2/3 长度加粗，颜堤鬃仅在髭上方具数根，下颚须筒状。胸部中胸 3+3，背中鬃 3+4，翅内鬃 1+3；小盾片具 1 对心鬃，两小盾亚端鬃之间的距离大于亚端鬃至同侧基鬃之间的距离；翅 R_{4+5} 脉基部具 1 根小鬃，r_5 室在翅缘开放，前缘刺不明显；前足爪发达，长于其第 5 分跗节，胫节具 2 根后鬃；中足胫节具 2 根前背鬃、1 根腹鬃；后足胫节具 1 排整齐的前背鬃梳。腹部毛倒伏状排列，第 3 背板具 1 对短的中缘鬃，其长度不超过背板的 1/2，第 5 背板具不规则的中心鬃，第 4 背板腹面两侧具明显的密毛区。阳基端部膜状的突，在端阳体亚端部翘起。雌性头部具 2 对外侧额鬃，外顶鬃发达，与眼后鬃明显相区别，前足爪短于其第 5 分跗节，腹部第 4 背板腹面无密毛斑。

　　生物学：主要寄生于白薯天蛾、灰天蛾。

分布：浙江（临安、余姚）、辽宁、北京、山西、湖南、广东、海南、广西、四川；俄罗斯，日本，中亚地区，印度，老挝，斯里兰卡，马来西亚，印度尼西亚，欧洲，澳大利亚，非洲。

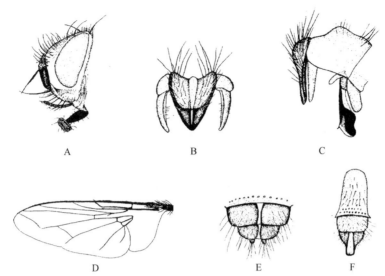

图 2-142　天蛾赘寄蝇 *Drino* (*Zygobothria*) *atropivora* (Robineau-Desvoidy, 1830)（仿梁恩义等，1992）
A. ♂头侧视；B. ♂肛尾叶、侧尾叶后视；C. ♂外生殖器侧视；D. 翅；E. ♀腹端部背板腹视；F. ♀腹端部腹板腹视

（271）金粉赘寄蝇 *Drino* (*s. str.*) *auripollinis* Chao *et* Liang, 1998

Drino auripollinis Chao *et* Liang: 1998.

主要特征：头、胸、腹背面覆厚的暗金黄色粉被；头背面的毛较短而稀，侧额不鼓起，侧颜下方的宽度小于触角第 1 鞭节的宽度，腹部粉被浓厚，占第 3 背板基部的 4/5 和第 4 背板基部的 2/3，第 4 背板端部 1/3 和第 5 背板亮黑色。

分布：浙江（余姚）、山西、甘肃、湖北、湖南、福建、广西、四川、贵州、云南。

（272）睫毛赘寄蝇 *Drino* (*Zygobothria*) *ciliata* (van der Wulp, 1881)

Meigenia ciliata van der Wulp, 1881: 38.

Drino (*Zygobothria*) *ciliata*: Crosskey, 1967b: 104.

主要特征：体长 8.0–9.0 mm。体底色黑，覆灰色和红黄色粉被，间额、触角黑褐色，下颚须、翅肩鳞、前缘基鳞、小盾片基缘、足黑色，平衡棒、上腋瓣、下腋瓣、小盾片端半部红黄色。复眼裸，额与复眼等宽，侧颜中部窄于触角第 1 鞭节的宽度，内侧额鬃 2 根，单眼鬃发达，后头上方在眼后鬃的后方具 2–3 行黑色小鬃；触角第 1 鞭节长为梗节长的 2.3 倍。中胸盾片具 4 个黑纵条；R_{4+5} 脉基部具 1 根小鬃。腹部第 3、第 4 背板侧面具红黄色花斑（雄性），有时仅在第 3 背板侧面具红黄色斑纹（雌性）。

分布：浙江（临安）、江苏、湖南、福建、台湾、广东、海南、广西、云南；印度，斯里兰卡，印度尼西亚，巴布亚新几内亚，澳大利亚，非洲。

（273）弯须赘寄蝇 *Drino* (*Palexorista*) *curvipalpis* (van der Wulp, 1893)（图 2-143）

Crossocosmia curvipalpis van der Wulp, 1893: 162.

Drino (*Palexorista*) *curvipalpis*: Crosskey, 1967a: 68.

特征：体长 4.0 mm。雄性复眼裸，额宽为复眼宽的 3/5–2/3，间额红棕色，两侧缘前宽后窄，间额宽于侧额，侧额黑色，覆灰黄色粉被，侧颜狭窄、裸，明显窄于触角第 1 鞭节的宽度；额鬃 2 行，向头背中线交叉排列，外侧的 1 行额鬃较小，有 3 根额鬃下降至侧颜，最前方 1 根达梗节末端水平，内侧额鬃每侧 2 根，侧颜上半部被毛；外顶鬃毛状，与眼后鬃无明显区别；后头扁平、黑色，覆稀薄的灰白色粉被，后头上方在眼后鬃后方无黑毛；触角黑色，第 1 梗节长为梗节长的 1.5–2.0 倍，触角芒基部 1/2 长度加粗，颜堤鬃 2–3 根，集中分布于颜堤下方，颊黑色，覆灰白色粉被，被稀疏黑毛，下颚须淡黄色，唇瓣肥大。胸部黑色，覆灰白色粉被，背面具 5 个黑色纵条，中间的 1 条在盾沟前不清晰，中鬃 3+3，背中鬃 3+4，翅内鬃 1+3，小盾片基部黑色，端半部红黄色，小盾端鬃毛状，向上方伸展，小盾侧鬃每侧 1 根、粗大，两小盾亚端鬃之间的距离略大于亚端鬃至同侧基鬃的距离，小盾心鬃 1 对；翅淡色透明，翅肩鳞和前缘基鳞均黑色，前缘刺不发达，r_5 室在翅缘开放，R_{4+5} 脉基部具 1 根小鬃，中脉心角弧形；足黑色，前足爪至少与第 5 分跗节等长，中足胫节具后背鬃 2 根、腹鬃 1 根；后足胫节背端鬃 2，具 1 行排列紧密整齐的梳状前背鬃，后背鬃 3，腹鬃 2。腹部黑色，背面具黑色窄纵条，第 3–5 背板基部 1/2 覆灰白色粉带，第 3 背板具 1 对中缘鬃，第 4 背板腹面两侧具密毛斑，第 5 背板具缘鬃和心鬃各 1 行。肛尾叶和侧尾叶大致等长，末端尖。

生物学：寄生于黏虫、银纹夜蛾、甘蔗二点螟。

分布：浙江（临安）、黑龙江、北京、河南、福建、台湾、广东、海南、广西、四川、云南；尼泊尔，泰国，斯里兰卡，马来西亚，印度尼西亚，北美洲，澳大利亚。

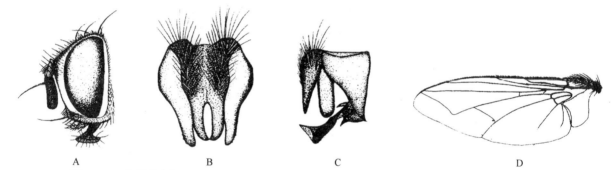

图 2-143　弯须赘寄蝇 *Drino (Palexorista) curvipalpis* (van der Wulp, 1893)（仿刘银忠等，1998）

A.♂头侧视；B.♂肛尾叶、侧尾叶后视；C.♂外生殖器侧视；D. 翅

（274）毛斑赘寄蝇 *Drino (Zygobothria) hirtmacula* (Liang *et* Chao, 1990)（图 2-144）

Thecocarcelia hirtmacula Liang *et* Chao, 1990: 363.

Drino (Zygobothria) hirtmacula: O'Hara, Shima *et* Zhang, 2009: 69.

主要特征：间额在单眼三角前的宽度约为侧额宽的 1.5 倍，内侧额鬃 3，R_{4+5} 脉基部具 1 根小鬃，腹侧片鬃 4，雄性腹部第 4 背板腹面具密毛斑，肛尾叶和侧尾叶几乎等长。雌性前足第 5 分跗节正常。

分布：浙江（临安）、北京、海南。

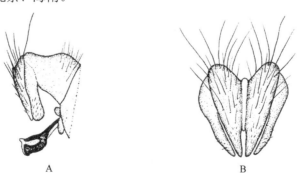

图 2-144　毛斑赘寄蝇 *Drino (Zygobothria) hirtmacula* (Liang *et* Chao, 1990)（仿赵建铭等，1998）

A.♂外生殖器侧视；B.♂肛尾叶、侧尾叶后视

（275）平庸赘寄蝇 *Drino* (*Palexorista*) *inconspicua* (Meigen, 1830)（图 2-145）

Tachina inconspicua Meigen, 1830: 369.

Drino (*Palexorista*) *inconspicua*: Herting, 1972: 9.

主要特征：体长 7.0–9.0 mm。体色黑，覆灰黄色粉被，复眼裸，额宽为复眼宽的 2/3（雄性）或等宽（雌性），侧额下方 2/3 裸，宽于触角第 1 鞭节，内侧额鬃 2，额鬃 2 行，靠近额鬃的 1 行发达，有 3–4 根下降至侧颜达梗节末端水平，侧额被毛，随额鬃下降至侧颜达同一水平，间额黑色，单眼鬃毛状；触角第 1 鞭节的长度为第 2 节长的 2 倍。中胸盾片具 5 个黑纵条；中足胫节前背鬃 1。腹部第 3–5 背板基半部覆灰黄色粉被，端半部亮黑色，雄性第 4 背板两侧腹面各具 1 圆形密毛区。

生物学：寄生于落叶松毛虫、赤松毛虫、马尾松毛虫、黏虫、茶尺蠖、柞蚕、茶黑毒蛾、玉米螟。

分布：浙江（德清、临安、磐安、庆元）、黑龙江、吉林、辽宁、内蒙古、北京、天津、河北、山西、山东、河南、江苏、上海、安徽、湖北、江西、湖南、福建、台湾、广东、海南、广西、重庆、四川、贵州、云南、西藏；俄罗斯，中亚地区，欧洲。

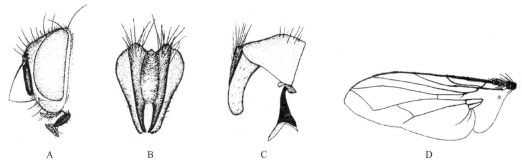

图 2-145　平庸赘寄蝇 *Drino* (*Palexorista*) *inconspicua* (Meigen, 1830)（仿赵建铭等，1998）

A.♂头侧视；B.♂肛尾叶、侧尾叶后视；C.♂外生殖器侧视；D. 翅

（276）拟庸赘寄蝇 *Drino* (*Palexorista*) *inconspicuoides* (Baranov, 1932)（图 2-146）

Sturmia inconspicuoides Baranov, 1932c: 80.

Drino (*Palexorista*) *inconspicuoides*: Crosskey, 1967a: 50.

主要特征：复眼裸，雄性额宽为复眼宽的 0.7 倍，头粉被由灰色至黄色，但至少中颜为灰色，侧颜上半部具毛；单眼鬃毛状，后头上方在眼后鬃后方具 1 列黑毛；触角全部黑色，第 1 鞭节为梗节长的 2.5–3 倍；下颚须至少基半部暗褐色；胫节黑色或红黑色，中足胫节前背鬃 1；雄腹部第 4 背板腹面的密毛斑中型至小型，占每侧的 1/3–2/5；侧尾叶较短粗。

分布：浙江（临安、余姚）、黑龙江、辽宁、湖南、台湾、广东、海南、云南；日本。

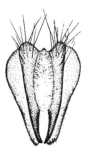

图 2-146　拟庸赘寄蝇 *Drino* (*Palexorista*) *inconspicuoides* (Baranov, 1932)（仿赵建铭等，1998）

A.♂外生殖器侧视；B.♂肛尾叶、侧尾叶后视

（277）莲花赘寄蝇 *Drino (s. str.) lota* (Meigen, 1824)（图 2-147）

Tachina lota Meigen, 1824: 326.

Drino (s. str.) lota: Herting, 1972: 9.

　　主要特征：头、胸、腹被灰白色粉被，下颚须至少基半部黄色，雄额为复眼宽的 0.5–0.6 倍，间额与侧额等宽，侧颜裸，后弯的内侧额鬃 2–4 根，单眼鬃毛状，后头上方在眼后鬃后方无黑毛；小盾侧鬃 2 根；中足胫节 3 前背鬃；雄腹板第 4、第 5 背板腹面无密毛斑。

　　分布：浙江（临安、余姚）、上海、云南；俄罗斯，日本，欧洲，坦桑尼亚。

 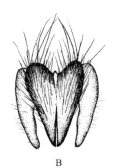

A　　　　　　　　　　　　　　　　B

图 2-147　莲花赘寄蝇 *Drino (s. str.) lota* (Meigen, 1824)（仿赵建铭等，1998）

A. ♂外生殖器侧视；B. ♂肛尾叶、侧尾叶后视

（278）邻狭颜赘寄蝇 *Drino (s. str.) parafacialis* **Chao et Liang, 1998**（图 2-148）

Drino parafacialis Chao et Liang, 1998: 1852.

　　特征：体长 7.5–12.0 mm。体黑色，被黑色毛，覆灰黄色至灰白色粉被。触角、足、翅前缘基鳞、肩胛及小盾片大部黑色；下颚须、口上片黄色。胸部盾片具 5 条黑纵条，中间 1 条在盾沟前消失，腹部背面具明显的黑纵线，第 3、第 4 背板后缘具狭窄的黑色横带纹，下腋瓣白色。腹部两侧具黄色斑。雄性复眼裸，间额两侧缘大致平行，中部的宽度约为侧额宽的 1/2；额宽为复眼宽的 0.85 倍，侧颜下方最窄处的宽度宽于触角第 1 鞭节，颊高约为复眼纵轴长的 1/6；额覆灰白色粉被，额鬃 2 行，有 3–4 根下降侧颜接近梗节末端水平，侧额毛下降侧颜略超过最前 1 根额鬃水平，具 3 根发达的内侧额鬃，外顶鬃细小，几乎与眼后鬃无区别，后顶鬃 1–2 根，在眼后鬃后方具黑色小鬃；颜堤鬃仅数根，分布于紧上方，中颜板平，后头平，覆白色毛，被银白色粉被。触角第 1 鞭节为梗节长的 2.5 倍，触角芒第 2 节不延长，第 3 节基部 2/5 部位加粗。胸部中鬃 3+3，背中鬃 3+4，翅内鬃 1+3，具翅侧片鬃，肩后鬃 2。前胸腹板被毛，后气门前肋端部被毛。小盾片半圆形，具心鬃 1 对、缘鬃 4–5 对、小盾侧鬃 1–2 根，两亚端鬃的距离大于亚端鬃至同侧基鬃的距离，小盾端鬃交叉向后方伸展。翅 R$_{4+5}$ 脉基部仅具 1 根小鬃，前缘脉第 2 脉段长于第 4 脉段，前缘刺不明显；中脉心角圆钝，在翅缘开放，心角至翅后缘的距离明显小于心角至中肘横脉的距离；端横脉向内凹陷。前足胫节具后鬃 2；中足胫节具后背鬃 2、腹鬃 1；后足胫节具整齐的前背鬃梳，背端鬃 2，后足基节后面裸。腹部毛密，倒伏状排列，第 1+2 合背板具细小的中缘鬃 1 对，第 3 背板具中缘鬃 1 对，第 4 背板腹面具密毛斑，毛斑毛细而稠密；第 5 背板基部覆黄色粉被，具不规则的中心鬃，腹面具小的密毛斑。侧尾叶直，柱状，末端圆，基部 2/3 具长毛。雌性头具 2 根发达的外侧额鬃，外顶鬃发达，与眼后鬃明显有区别，额与复眼等宽，腹部第 4、第 5 背板腹面无密毛区。

　　分布：浙江（临安）、辽宁、四川。

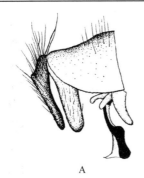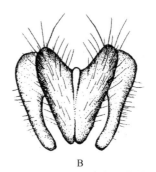

图 2-148 邻狭颜螯寄蝇 *Drino (s. str.) parafacialis* Chao *et* Liang, 1998（仿赵建铭等，1998）
A. ♂外生殖器侧视；B. ♂肛尾叶、侧尾叶后视

104. 异丛寄蝇属 *Isosturmia* Townsend, 1927

Isosturmia Townsend, 1927: 67. Type species: *Isosturmia inversa* Townsend, 1927.

Zygocarcelia Townsend, 1927: 64. Type species: *Zygocarcelia cruciata* Townsend, 1927.

主要特征：复眼大，裸或具短毛，颊高为复眼高的 1/10–1/8，侧颜和颜堤裸，后头平，单眼鬃细小毛状或缺失，雄性内侧额鬃 2–3 根，第 1 根较大，无外侧额鬃，雌性具 2 根外侧额鬃，髭位于口上至前缘水平，触角芒裸。前胸腹板较小，中鬃 3+3，背中鬃 3+4，翅内鬃 1+3，小盾侧鬃每侧 2 根，小盾端鬃交叉向后平伸，腹侧片鬃 4，有时 1+1 或 3+3；翅肩鳞、前缘基鳞黑色，前缘脉第 2 段腹面裸，R₄₊₅脉基部具 2–5 根小鬃，下腋瓣大，内缘向内凹陷，紧贴小盾片，外缘向下弯曲；小盾片至少端部红黄色，端鬃通常直立；前足胫节具 2 根后鬃；中足胫节具 1–2 根前背鬃、2 根后背鬃、1 根腹鬃。腹部无中心鬃；雄性第 4 背板（有时包括第 5 背板）腹面或侧面具 1 对倒伏密毛斑。肛尾叶端部分裂，侧尾叶端部有时具密毛。

分布：古北区、东洋区和澳洲区。中国记录 11 种，浙江分布 6 种。

分种检索表

1. 体大型，覆浓厚的金黄色粉被；单眼鬃毛状；腹部第 4 背板无中缘鬃 ···················· 巨形异丛寄蝇 *I. grandis*
- 体中型，后头上方在眼后鬃后方无黑毛，单眼三角长大于宽 ·· 2
2. 内顶鬃向后方平行排列，腹侧片鬃 4 ·· 3
- 内顶鬃交叉排列；腹侧片鬃 2–3，偶有 4 ·· 4
3. 中足胫节具前背鬃 2，第 4 背板腹面的密毛斑延伸至背板侧面；单眼鬃雄性细小，雌性粗大，头背面覆金黄色粉被 ·······
   ··· 黄粉异丛寄蝇 *I. pruinosa*
- 中足胫节具前背鬃 1，第 4 背板腹面密毛斑不延伸至背板侧面；单眼鬃缺失，头背面覆暗灰色粉被，复眼裸 ·············
   ··· 多毛异丛寄蝇 *I. picta*
4. 头、胸、腹部背面覆浓厚的黄色粉被，雄性侧尾叶较长 ··· 叉异丛寄蝇 *I. cruciata*
- 头、胸、腹部背面覆灰色粉被，有时头、胸部背面或仅头覆灰色粉被 ··· 5
5. 侧额毛较稀疏，腹部第 3 背板具 4–6 根中缘鬃，其长度几乎与第 4 背板相等，中足胫节前背鬃 3，雄性后足胫节在整齐的梳状前背鬃近中部具 1 根粗大的长鬃 ··· 日本异丛寄蝇 *I. japonica*
- 侧额毛较密，腹部第 3 背板具 2 根中缘鬃，显著短于第 4 背板，中足胫节仅具 1 根前背鬃，雄性后足胫节的梳状鬃整齐一致，中部无特别粗大的鬃 ·· 中介异丛寄蝇 *I. intermedia*

（279）叉异丛寄蝇 *Isosturmia cruciate* (Townsend, 1927)（图 2-149）

Zygocarcelia cruciata Townsend, 1927: 64.

Isosturmia cruciate: Crosskey, 1976: 237.

主要特征：体长 8.0–9.0 mm。复眼裸，内顶鬃相互交叉，髭位于口缘的略上方（雄性）或在同一水平上（雌性），小盾端鬃后端翘起，腹侧片鬃一般 2 或 1+2（雄性）或 4（雌性），小盾侧鬃 2，两亚端鬃之间的距离小于亚端鬃至基鬃之间的距离；雌性前足跗节不显著加宽，第 5 分跗节长于第 4 分跗节，腹部覆黄白色粉被，两侧具宽大的红褐色斑，雄性第 4 背板腹面密毛斑近似于长方形。

分布：浙江（临安）、湖南；马来西亚，印度尼西亚。

 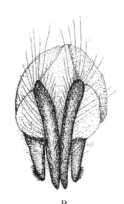

图 2-149　叉异丛寄蝇 *Isosturmia cruciate* (Townsend, 1927)（仿赵建铭等，1998）

A. ♂外生殖器侧视；B. ♂肛尾叶、侧尾叶后视

（280）巨形异丛寄蝇 *Isosturmia grandis* Chao *et* Sun, 1993（图 2-150）

Isosturmia grandis Chao *et* Sun, 1993: 627.

特征：体长 16.5 mm。雄性头侧额、单眼三角、下颚须覆浓厚的金黄色粉被，侧颜、中颜板和颊覆灰白色粉被；额宽为复眼宽的 4/5，间额黑色，自前向后渐渐变窄；在头顶处侧额宽为间额宽的 2 倍；额鬃 10 余根，自前向后逐渐变细，呈毛状，内侧额鬃 2 根，较粗短；侧额区被数列毛，由里向外渐渐变细；内顶鬃发达，单眼鬃细小呈毛状；复眼裸，触角黑色，第 1 鞭节长度为梗节的 2.2 倍；触角芒基部 2/5 加粗；侧颜宽度明显大于触角第 1 鞭节的宽度，下侧颜发达。后头在眼后鬃后方有 1 列黑色小鬃；下颚须黑色，端部红褐色，略膨大。胸部黑色，覆浓厚的金黄色粉被，中鬃 3（4）+3，背中鬃 3+4，肩鬃 4–5 根，腹侧片鬃 4 或 5；小盾心鬃 1 对，小盾端鬃为小盾缘鬃中最细的 1 对，呈交叉排列，小盾侧鬃 2 对，两小盾亚端鬃之间的距离与小盾亚鬃至同侧基鬃的距离相等。翅淡黄色、透明，翅前缘基鳞和翅肩鳞黑色，R_{4+5} 脉基部有数根黑色小鬃；中脉心角至翅后缘的距离小于至中肘横脉的距离。足黑色，前足胫节后鬃 1 根；中足胫节具前背鬃 2、后鬃 2、腹鬃 1；后足胫节有 1 列排列成梳状的前背鬃列。腹部覆金黄色粉被，两侧有较大的黄色花斑；第 3 背板端部 1/4、第 4 背板端部 1/3 和第 5 背板均为黑色，中央有 1 黑纵条；第 3、第 4 背板缘鬃不发达。

分布：浙江（临安）、贵州。

 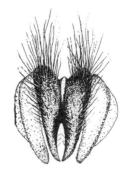

图 2-150　巨形异丛寄蝇 *Isosturmia grandis* Chao *et* Sun, 1993（仿赵建铭等，1998）

A. ♂外生殖器侧视；B. ♂肛尾叶、侧尾叶后视

（281）中介异丛寄蝇 *Isosturmia intermedia* Townsend, 1927（图 2-151）

Isosturmia intermedia Townsend, 1927: 68.

Sturmia trisetosa Baranov, 1932c: 78.

　　主要特征：体长 7.0–9.0 mm。复眼裸，或具稀疏的短毛，内顶鬃互相交叉，侧颜毛稠密；触角较长，第 1 鞭节为梗节长的 3 倍。胸部背面具闪变性粉被，具 4 个黑色纵条，腹侧片鬃 2（雄性）或 4（雌性），后足胫节前背鬃稠密，长短一致。腹部的毛短而密，半竖立，粉被红黄色，在背面伴杂黄白色，第 1+2 合背板端部两侧具红黄色斑，第 3、第 4 背板的粉被占 3/4–4/5，后缘具黑色横带，第 5 背板粉被占 1/2，端半部黑色，第 3 背板具 2 根中缘鬃，第 4 背板两侧的毛直立，腹面具密毛斑；雄性肛尾叶片状，末端圆钝。

　　分布：浙江（临安）、上海、湖南、海南、台湾；日本，泰国，斯里兰卡，印度尼西亚。

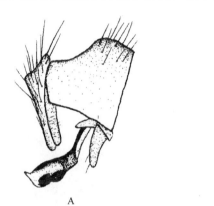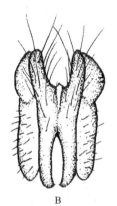

图 2-151　中介异丛寄蝇 *Isosturmia intermedia* Townsend, 1927（仿赵建铭等，1998）

A. ♂外生殖器侧视；B. ♂肛尾叶、侧尾叶后视

（282）日本异丛寄蝇 *Isosturmia japonica* Mesnil, 1957（图 2-152）

Drino (Isosturmia) chatterjeeana japonica Mesnil, 1957: 13.

Thecocarcelia tianpingensis Sun et Chao, 1992: 1190.

　　主要特征：体长 6.0–9.0 mm。内顶鬃互相交叉，侧颜毛较稀疏；前足胫节在粗大的前背鬃上方和下方各具 1 根鬃状毛。腹部覆灰白色粉被，第 2–4 背板两侧红黄色，腹部的毛长而竖立，第 3 背板具 4–6 根发达的中缘鬃，第 4 背板两侧具数根鬃状毛。

　　分布：浙江（临安）、湖南、广东；日本。

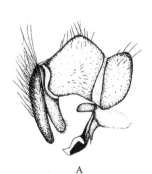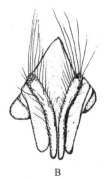

图 2-152　日本异丛寄蝇 *Isosturmia japonica* Mesnil, 1957（仿赵建铭等，1998）

A. ♂外生殖器侧视；B. ♂肛尾叶、侧尾叶后视

（283）多毛异丛寄蝇 *Isosturmia picta* (Baranov, 1932)（图 2-153）

Sturmia picta Baranov, 1932: 77.

Isosturmia picta: Crosskey, 1976: 238.

特征：体长 8.0–10.0 mm。体中型，黑色，覆灰白色粉被。足、间额、前缘基鳞、翅肩鳞黑色；下颚须、平衡棒黄色。雄性额宽为复眼宽的 7/9，雌性额宽与复眼等宽，间额两侧缘平行，其宽度与侧额等宽，内顶鬃平行向后伸展，侧颜裸，窄于触角第 1 鞭节；触角第 1 鞭节为梗节长的 2.0–2.5 倍。胸部背面具 5 个狭窄的黑纵条，其宽度为其间距的 1/2，中间 1 条在盾沟前消失；中鬃 3+3，背中鬃 3+4，腹侧片鬃 4，小盾片暗黄色，基缘黑色，中间具 1 黑纵条，两小盾亚端鬃之间的距离显著小于亚端鬃至同侧基鬃的距离；翅 R_{4+5} 脉基部具 2 根小鬃，中脉心角至翅后缘的直线距离为心角至中肘横脉距离的 2/5；前足爪发达，长于其第 5 分跗节，中足胫节具 1 根前背鬃。腹部黑色，覆灰白色粉被，第 3–5 背板后缘具黑色横带纹。

生物学：寄生于盗毒蛾、黄毒蛾、稻黑眼蝶、黄腹白毒蛾、袋蛾。

分布：浙江（临安、磐安）、北京、山西、江苏、上海、安徽、湖北、江西、湖南、福建、台湾、广东、海南、香港、广西、四川、贵州，云南；日本，印度，尼泊尔，越南，泰国，斯里兰卡，菲律宾，马来西亚，印度尼西亚。

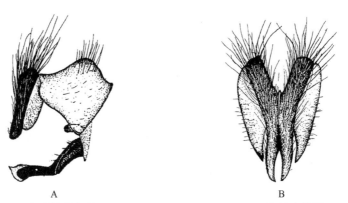

图 2-153　多毛异丛寄蝇 *Isosturmia picta* (Baranov, 1932)（仿赵建铭等，1998）

A. ♂外生殖器侧视；B. ♂肛尾叶、侧尾叶后视

（284）黄粉异丛寄蝇 *Isosturmia pruinosa* Chao et Sun, 1992（图 2-154）

Isosturmia pruinosa Chao et Sun, 1992: 1182.

特征：体长 8.0–11.0 mm。雄性头侧额、侧颜、中颜覆金黄色粉被；复眼裸，额宽为复眼宽的 5/6，间额黑色，最窄处的宽度为侧额宽的 3/5；颊高为复眼高度的 0.35 倍，后头扁平，被多数黄白色毛；额鬃 8–9 根，前方 3 根额鬃下降到侧颜达触角芒着生处水平，内侧后倾额鬃 2–3，侧额被稀疏小黑毛；单眼鬃细小，内顶鬃发达，呈平行排列，外顶鬃退化；触角除梗节、第 1 鞭节连接处为红褐色以外，大部分黑色，第 1 鞭节长度为梗节长度的 2.5 倍，触角芒基部 2/5 加粗，下颚须基部黑色，端部黄褐色。胸部除翅后胛和小盾片端部为黄褐色外，其余全为黑色，覆浓厚的棕黄色粉被，中胸背板具 4 个黑纵条，中鬃 3+3，背中鬃 3+4，翅内鬃 1+3，腹侧片鬃 4，小盾片多数竖立的黑毛，小盾心鬃 1 对，小盾端鬃较细，交叉排列；小盾侧鬃 2 对，其中靠近基部的 1 对侧鬃较细，两小盾亚端鬃的距离是小盾亚端鬃至同侧基鬃距离的 0.7 倍；翅薄、半透明，前缘基鳞黑色，中脉心角至翅后缘的距离是中脉心角至中肘横脉距离的 1/2；足黑色，中足胫节具前背鬃 2、后鬃 2，腹鬃 1；后足胫节具 1 梳状排列的前背鬃列。腹部第 3 背板腹侧面和第 4 背板腹侧面前端 1/2 连成一较大的黄斑，背面中央具 1 黑色纵条；第 3、第 4 背板基部 2/3–3/5 和第 5 背板背面覆金黄色粉被；第 1+2 合背板或有或无中缘鬃，第 3 背板具 1 对中缘鬃，第 5 背板有多数缘鬃和心鬃；第 4 背板腹面有明显的密毛斑。雌性额与复眼近等高；外侧额鬃 2 对，外顶鬃较发达；颊高为复眼高的 0.2 倍；前足跗节不明显加宽，第 5 分跗节长于第 4 分跗节。

　　分布：浙江（临安）、湖南、广东、贵州。

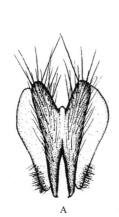
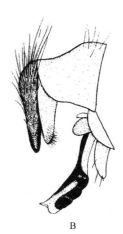

图 2-154　黄粉异丛寄蝇 *Isosturmia pruinosa* Chao *et* Sun, 1992（仿赵建铭等，1998）

A. ♂肛尾叶、侧尾叶后视；B. ♂外生殖器侧视

105. 尼里寄蝇属 *Nilea* Robineau-Desvoidy, 1863

Nilea Robineau-Desvoidy, 1863: 275. Type species: *Nilea innoxia* Robineau-Desvoidy, 1863.

　　主要特征：复眼被毛，头每侧仅具 1 根后倾内侧额鬃，有时在其前面出现 1 根细小的向后弯曲的额鬃；颜堤通常 1/2–2/3 具鬃，后头上方在眼后鬃后方具 1 行黑毛；触角第 1 鞭节长为梗节的 3.0–5.0 倍，触角芒裸，基半部以上变粗；中肘横脉与肘室在端部 1/4 处愈合，前缘刺不明显；肩胛的 3 根基鬃排成 1 条直线，小盾端鬃发达，交叉平伸；中足胫节具 2 根至多根前背鬃，后足胫节具 2 根背端鬃，腹部第 1+2 合背板基部中央凹陷达后缘。

　　分布：世界各地。中国记录 4 种，浙江分布 1 种。

（285）园尼里寄蝇 *Nilea hortulana* (Meigen, 1824)

Tachina hortulana Meigen, 1824: 330.

Nilea hortulana: Herting, 1984: 43.

　　主要特征：颜堤鬃仅达颜堤基部的 1/5–2/5，下颚须黄色；小盾仅端部红黄色，腹侧片鬃 3；腹部第 4、第 5 背板腹面完全黑色。

　　分布：浙江（临安、余姚）、辽宁、内蒙古、北京、山西、陕西、宁夏、海南；俄罗斯，日本，欧洲。

106. 菲寄蝇属 *Phebellia* Robineau-Desvoidy, 1846

Phebellia Robineau-Desvoidy, 1846: 37. Type species: *Phebellia aestivalis* Robineau-Desvoidy, 1846.

　　主要特征：体中型至大型，复眼具淡色密长毛，雄额宽小于复眼宽，颊高约为触角基部着生处侧颜的宽或更宽，颜堤鬃占颜堤 1/4–1/3 长度，内侧额鬃每侧 2 根，额鬃向头背中线交叉排列，后头拱起，在眼后鬃后方一般具 1 行黑色小鬃，触角芒在基部 1/2 以下变粗，下颚须较长，长于触角第 1 鞭节，口上片不明显突出，额短于复眼纵轴长的 1/2；第 1 根翅上鬃长于被侧片鬃和盾后第 1 根翅内鬃，肩鬃 3–5 根，3 根强的基鬃排成三角形，1–2 根弱的内鬃常毛状或缺，小盾侧鬃长近似于亚端鬃长；腹侧片鬃 3–4 根，下后侧片至多在前半部具 3–4 根小毛，小盾侧鬃长为亚端鬃长的 0.9–1.1 倍；前缘脉第 2 段腹面下方裸，R_{4+5} 脉基部具 2 根或 2 根以上鬃；中肘横脉位于 r_5 室端部 1/4–1/3 部位；中足胫节前背鬃 2–3 根，后足胫节背端鬃 2 根。

分布： 古北区、东洋区、新北区。中国记录 9 种，浙江分布 2 种。

（286）艾格菲寄蝇 *Phebellia agnatella* Mesnil, 1955（图 2-155）

Phebellia agnatella Mesnil, 1955: 458.

特征： 体长 8.0–10.0 mm。雄性复眼被淡黄色密毛，额宽为复眼宽的 1/2，间额棕黑色，两侧缘略向前方加宽，与侧额等宽，侧颜裸，窄于触角第 1 鞭节的宽度；额鬃向头背中线交叉排列，4–5 根下降侧颜，前方 1 根达触角芒着生处的下方，内侧额鬃每侧 2 根，前方的较小，单眼鬃粗长，向前方弯曲，外顶鬃毛状，后头扁平，无黑色小鬃；触角全黑色，第 1 鞭节为梗节长的 3 倍，触角芒 1/2 长度加粗，口上片不突出，颜堤鬃分布于颜堤下方的 1/4，下颚须黑色，前颏长为其直径的 2.5 倍。胸部黑色，覆灰白色粉被，背面具 5 个黑纵条，肩鬃 3 根，排列呈三角形，中鬃 3+3，背中鬃 3+4，翅内鬃 1+3，翅侧片鬃 3，小盾片黑色，端部略红黄色，小盾端鬃交叉向后方伸展，小盾侧鬃每侧 1 根，小盾心鬃 1 对，两小盾亚端鬃的距离等于亚端鬃至同侧基鬃的距离；翅淡色、半透明，翅肩鳞和前缘基鳞黑色，前缘脉第 2 段腹面裸，r_5 室远离翅顶开放，R_{4+5} 脉基部具 3 根小鬃，中脉心角至翅缘的距离等于心角至中肘横脉的距离，中脉心角钝圆，后缘具短赘脉；足全黑色，前足胫节具 2 根后鬃，中足胫节具 3 根前背鬃。腹部黑色，覆灰白色粉被，背面具中央黑纵条，第 1+2 合背板中央凹陷伸达后缘，具中缘鬃 4 根，第 3、第 4 背板具缘鬃 1 行、中心鬃 1 对，第 3–5 背板端部具窄黑横带，第 5 背板具缘鬃 1 行、心鬃 2 行。

分布： 浙江（临安）、辽宁、河北、山西、江苏、上海、云南；日本。

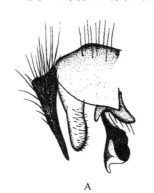

A　　　　　　　　　　　B

图 2-155　艾格菲寄蝇 Phebellia agnatella Mesnil, 1955（仿赵建铭等，1998）

A. ♂外生殖器侧视；B. ♂肛尾叶、侧尾叶后视

（287）拟银菲寄蝇 *Phebellia glaucoides* Herting, 1961

Phebellia glaucoides Herting, 1961: 1.

主要特征： 体灰黑色，头覆灰白色粉被，触角第 1 鞭节为梗节长的 1.5–2.0 倍，后头在眼后鬃后方具 1 行黑色小鬃，下颚须黄色，肩鬃 3 根，中足胫节前背鬃 2–3 根，腹部第 5 背板具心鬃。

分布： 浙江（临安）、内蒙古、云南；俄罗斯，日本，欧洲。

107. 赛寄蝇属 *Pseudoperichaeta* Brauer *et* Bergenstamm, 1889

Pseudoperichaeta Brauer *et* Bergenstamm, 1889: 92. Type species: *Pseudoperichaeta major* Brauer *et* Bergenstamm, 1889.

主要特征：复眼被毛，两后单眼间距为额宽的 0.14–0.22 倍；后头略凹陷，眼后鬃后方具 2 行黑毛；触角第 1 鞭节长为梗节的 3.0–5.0 倍；下颚须黄色；翅前鬃大于沟后第 1 根背中鬃和第 3 根翅上鬃；肩鬃 3 根或多或少排成直线，小盾片黑色，端鬃翘起或退化；中足胫节具 1 根前背鬃，腹侧片鬃 4，腹部第 3、第 4 背板具中心鬃各 1 对，体黑色，小型种类。

分布：世界广布。中国记录 3 种，浙江分布 1 种。

（288）稻苞虫赛寄蝇 *Pseudoperichaeta nigrolineata* (Walker, 1853)（图 2-156）

Tachina nigrolineata Walker, 1853: 85.

Pseudoperichaeta nigrolineata: Crosskey,1974: 288.

特征：体长 6.0 mm。雌性额与复眼大致等宽，侧额黑色，覆灰白色粉被，间额棕黑色，两侧缘几乎平行，窄于侧额，侧颜裸，黑色覆灰白色粉被，窄于触角第 1 鞭节，下侧颜红棕色，颊黑色，被黑毛；额鬃向内方交叉排列，但上方 2 对向后方弯曲，最前方的一根下降侧颜达着生触角处下方水平，内侧额鬃与外侧额鬃每侧各 1 根，外顶鬃粗大，与眼后鬃明显相区别；颜堤鬃上升达颜堤的中部。触角黑色，第 1 鞭节为梗节长的 4 倍；触角芒基部 1/2 加粗，下颚须黑色。胸部黑色，覆灰白色粉被，背面具 5–6 个黑纵条；肩鬃 3 根，中鬃 3+3，背中鬃 3+4，翅内鬃 1+3，第 3 翅上鬃较翅前鬃短小；小盾片黑色，小盾端鬃竖立交叉排列，小盾侧鬃每侧 1 根，小盾心鬃 1 对；翅肩鳞和前缘基鳞黑色；翅玻璃状透明，r_5 室于翅顶上方开放，R_{4+5} 脉基部具 1–2 根小鬃，中脉心角弧形；足黑色，中足胫节具前背鬃 1 根、后背鬃 2 根，腹鬃 1 根较粗大，后背鬃 1 根。腹部卵圆形，被倒伏状黑毛，背中央具黑纵线，第 1+2 合背板具中缘鬃 1 对，第 3、第 4 背板各具中心鬃 1 对，第 5 背板具缘鬃和心鬃各 1 行。

生物学：寄生于稻苞虫（一字纹弄蝶）、稻纵卷叶螟、稻螟蛉（双带夜蛾）、大螟、梨大食心虫（梨云翅斑螟）、大豆卷叶螟（豇豆蛀螟）、松线小卷叶蛾。此种寄蝇为多化性，在北方每年 2–3 代，在湖南每年发生 5 代，以幼虫在寄主体内越冬，蚴生型，雌蝇直接产蛆，蛆细长，活泼，和麻蝇的幼蛆相似，雌蝇沿着寄生粪便的气味找到寄主所处的大致部位后，将幼蛆产下，幼蛆则搜索到寄主，钻入其体腔。

分布：浙江（德清、临安）、辽宁、北京、河北、山西、山东、河南、陕西、新疆、江苏、上海、安徽、湖北、江西、湖南、福建、广东、广西、重庆、四川；俄罗斯，朝鲜，韩国，日本，欧洲。

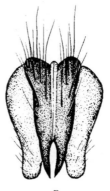

A　　　　　　　　　　B

图 2-156　稻苞虫赛寄蝇 *Pseudoperichaeta nigrolineata* (Walker, 1853)（仿赵建铭等，1998）

A. ♂外生殖器侧视；B. ♂肛尾叶、侧尾叶后视

108. 裸基寄蝇属 *Senometopia* Macquart, 1834

Senometopia Macquart, 1834: 296. Type species: *Carcelia aurifrons* Robineau-Desvoidy, 1830.

Eucarcelia Baranov, 1934: 393. Type species: *Tachina excisa* Fallén, 1820.

主要特征： 近似狭颊寄蝇属 *Carcelia*，复眼被毛，侧颜裸，颊高侧面观窄于侧颜在触角着生部的宽度，上后头在眼后鬃列下方无黑毛；单眼鬃发达，触角第 1 鞭节长于梗节，触角芒裸，梗节不延长，其基部加粗不超过全长的 1/2；前胸腹板被毛，肩鬃 3~4 根，3 根基鬃或多或少呈直线排列，翅前鬃大于第 1 根沟后翅内鬃及沟后背中鬃，前胸侧板裸，下后侧片至多前半部具 3~4 根小毛，腹侧片鬃 2；翅前缘刺退化，前缘脉第 2 段腹面裸，r$_{4+5}$ 室在翅缘开放，心角无赘脉，前缘脉第 2 段长于第 4 段，无前顶鬃；中足胫节具 1 腹鬃或无，后足基节后面裸。

分布： 古北区、东洋区、非洲热带区、澳洲区。中国记录 31 种，浙江分布 11 种。

分种检索表

1. 胸部盾片后背中鬃 3；单眼鬃较发达；足暗棕色，腹部第 4、第 5 背板腹面无密毛斑 ············ **苏苏裸基寄蝇 *S. susurrans***
- 胸部盾片后背中鬃 4；单眼鬃缺或毛状或发达 ··· 2
2. 足除跗节外全部黄色，梗节和前缘基鳞均黄色；雄性额宽略大于复眼宽的 1/2 ············ **东方裸基寄蝇 *S. orientalis***
- 足黑色，梗节黑色或褐色，前缘基鳞黑色 ·· 3
3. 单眼鬃缺失；胫节红褐色，前足胫节具 1 根后鬃，肛尾叶三角形，向腹面弯曲，侧尾叶较宽，略向腹面弯曲
  ·· **福建裸基寄蝇 *S. fujianensis***
- 单眼鬃存在 ··· 4
4. 胫节黄色，前后两端或仅基部腹面 1/3 有黑斑，小盾片黄色，具黑色基缘；腹部粉被金黄色或灰黄色；肛尾叶基部 2/3 腹面具棱，棱的末端刺状突起，端部 1/3 腹面斜切状 ····················· **齿肛裸基寄蝇 *S. dentata***
- 胫节全部红黑色或暗褐色；小盾片端半部黄色，基半部暗黄色或暗黑色 ·· 5
5. 腹部背面粉被较稀薄而不均匀，第 3~5 背板具宽阔的亮黑色后缘横带并具中央黑纵条，后缘横带的宽度在两侧占相应背板长的 1/4~1/3，额宽为复眼宽的 1/2 ·· 6
- 整个腹部背面的粉被浓厚而均匀，灰色、黄灰色或金黄色，腹部第 3~5 背板无亮黑色后缘，仅第 3 背板具中央黑纵条或闪变性黑斑；胫节黄色或红黄色，前后端或仅在基部腹面具黑斑。小盾片全部黄色 ········· 8
6. 腹部毛较稀疏、粗壮，在第 4 背板上有 5~7 行；肛尾叶狭长，侧尾叶宽而直 ··········· **岛洪裸基寄蝇 *S. shimai***
- 腹部毛较稠密而细，在第 4 背板上有 8~10 行，粉被黄灰色或金黄色 ·· 7
7. 头覆金黄色粉被，前足胫节具 2 根后鬃 ·· **角野螟裸基寄蝇 *S. prima***
- 头覆灰黄色粉被，前足胫节具 1 根后鬃 ·· **四斑裸基寄蝇 *S. quarta***
8. 腹部毛较细而密，柔软，在第 4 背板上有 8~10 行，背板中央无粗大的鬃状毛或不规则的中心鬃；肛尾叶粗而长，末端钝，略向腹面弯曲，侧尾叶近长方形，末端圆钝，具浓密长毛。雄性下颚须端半部膨大 ········· **毛叶裸基寄蝇 *S. pilosa***
- 腹部毛稀而粗壮，在第 4 背板上有 6~7 行；肛尾叶直 ·· 9
9. 雄性第 9 背板至少长宽相等；肛尾叶端半部和侧尾叶狭长 ·· **拟隔离裸基寄蝇 *S. mimoexcisa***
- 雄性第 9 背板宽大于长；肛尾叶端部底面斜平，长于侧尾叶 ·· **隔离裸基寄蝇 *S. excisa***

（289）齿肛裸基寄蝇 *Senometopia dentata* (Chao *et* Liang, 2002)（图 2-157）

Carcelia (*Senometopia*) *dentata* Chao *et* Liang, 2002: 827.

Senometopia dentata: O'Hara, Shima *et* Zhang, 2009: 78.

特征：体长 10.0 mm。体中型，黑色，覆黄色至金黄色粉被。间额、翅肩鳞、触角、新月片黑色；下颚须、前缘基鳞、小盾片端部 4/5、口上片、侧颜黄色；胫节黄色，腹面两端具黑斑。中胸盾片具 5 个黑纵条，腹部背面中央具黑纵条；腹部被粉被，第 3、第 4 背板后缘或有或无亮黑色横带；下腋瓣白色，平衡棒黄褐色，腹部两侧无黄斑。雄性复眼被密毛，单眼鬃发达，着生于前后单眼之间，外侧额鬃缺失，内侧额鬃 2，外顶鬃退化，与后鬃无明显区别，前顶鬃缺失，后顶鬃 1 根，后头上方在眼后鬃后方无黑毛；间额前宽后窄，中部的宽度窄于侧额；侧额覆金黄色粉被，额宽为复眼宽的 0.5 倍；额鬃有 4 根下降至侧颜达触角芒着生部位的水平，侧额毛下降至侧颜不超过第 1 根额鬃水平；侧颜裸，覆稀薄灰黄色粉被，中部的宽度窄于触角第 1 鞭节，触角第 1 鞭节为梗节长的 2.5 倍，触角芒第 2 节不延长，第 3 节基部 1/3 加粗；髭着生于口缘上方，颜堤鬃分布于颜堤基部 1/4 高度；口缘不突出，颜平，下颚须棒状，口盘发达，额正常，后头平，被白毛，后头伸展区退化。胸部具竖立的黑毛，中鬃 3+3，背中鬃 3+4，翅内鬃 1+3，腹侧片鬃 2 根，翅侧片鬃 1 根，发达，肩鬃 3，排成一直线，肩后鬃 2 根；前胸腹板被毛，前胸侧板中央凹陷裸，后气门前肋被毛；小盾片半圆形。具竖立的黑毛，有 4 对缘鬃、1 对心鬃，小盾端鬃交叉向后方伸展，两亚端鬃之间的距离大于其至同侧基鬃的距离，小盾侧鬃每侧 1 根。R_{4+5} 脉基部具 3–4 根小鬃，前缘脉第 2 脉段腹面裸，第 2 段长于第 4 段，前缘刺不明显；中脉心角为钝角，r_5 室在翅缘开放，中脉心角至翅后缘距离小于心角至 dm-cu 脉距离；前足爪发达，长于第 5 分跗节，前足胫节具后鬃 1，中足胫节具前背鬃 1，无腹鬃，后背鬃 2，后足胫节具背端鬃 2，前背鬃 1 列，后足基节后方裸。腹部毛竖立排列，第 1+2 合背板基部中央凹陷达后缘，具 1 对中缘鬃，第 3 背板具 1 对中缘鬃，无中心鬃和侧缘鬃，第 4 背板具缘鬃 1 排，无中心鬃和侧心鬃，第 5 背板具缘鬃 1 排及排列不规则的中心鬃。肛尾叶基部 2/3 腹面具棱，棱的末端有 1 微刺，端部 1/3 腹面斜切状。

分布：浙江（临安）、辽宁、北京、宁夏、甘肃、湖南、广东、海南、四川。

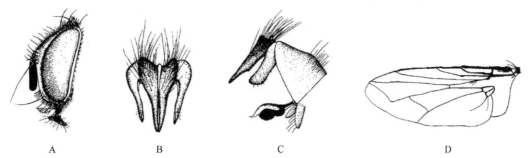

图 2-157　齿肛裸基寄蝇 *Senometopia dentate* (Chao *et* Liang, 2002)（仿赵建铭和梁恩义，2002）
A. ♂头侧视；B. ♂肛尾叶、侧尾叶后视；C. ♂外生殖器侧视；D. 翅

（290）隔离裸基寄蝇 *Senometopia excisa* (Fallén, 1820)（图 2-158）

Tachina excisa Fallén, 1820: 32.

Senometopia excisa: Mesnil, 1963: 4.

特征：体中型，黑色，全身覆浓厚的金黄色粉被，被黑色毛。间额、触角、中颜板、翅肩鳞、前缘基鳞、足跗节及腿节黑色；侧颜、口上片、下颚须、小盾片黄色；下腋瓣淡黄色，足胫节黄，两端腹面暗黑色。盾片背面具 5 个黑纵条，腹背中部具黑纵线，沿第 3、第 4 背板后缘黑横带纹不明显。雄性额宽略大于复眼宽度的 1/2，间额两侧缘前宽后窄，中部的宽度窄于侧额宽的 1/2，侧颜中部的宽度比触角第 1 鞭节稍窄，颜堤鬃分布于颜堤下方 1/3 以下，中颜板平，不具颜脊；外侧额鬃缺失，外顶鬃退化，额鬃 3 根下降侧颜达梗节末端之水平，触角第 1 鞭节为梗节长的 2.5–3.0 倍，触角芒细长，向基部逐渐加粗，下颚须棒状，唇瓣发达。胸部中鬃 3+3，背中鬃 3+4，翅内鬃 1+3，肩鬃 4 根。小盾片具 1 对心鬃，两小盾亚端鬃之间的距离显著大于亚端鬃至同侧基鬃的距离，小盾端鬃交叉向后方水平伸展。翅薄、半透明，R_{4+5} 脉基部具 2–3 根小鬃，中脉心角圆钝，心角至翅后缘的距离小于心角至中肘横脉在中脉愈合点的距离，下腋瓣中部正常，不向上圆形拱起。前足爪发达，长于其第 5 分跗节，胫节具 1 根后鬃；中足具 1 根前背鬃和 2 根后背鬃，腿节中部具前鬃；后足胫节前背鬃梳中有 1 根特别发达，具 1 根后背鬃和 1 根发达的腹鬃。后气门前肋被毛。腹部第 3、第 4 背板无中心鬃，第 3 背板具 2 根中缘鬃，第 5 背板具不规则的中心鬃。肛尾叶端部底面斜平，长于侧尾叶。雌性头每侧具 1 对发达的外侧额鬃，外顶鬃退化，与眼后鬃无区别，前足爪退化，短于其第 5 分跗节。

生物学：寄生于柳毒蛾、棉铃虫。

分布：浙江（临安）、黑龙江、吉林、辽宁、内蒙古、北京、山西、江苏、湖南、福建、广东、四川、云南、西藏；日本，印度，泰国，斯里兰卡，印度尼西亚，欧洲。

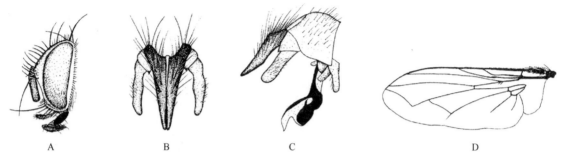

図 2-158　隔离裸基寄蝇 *Senometopia excisa* (Fallén, 1820)（仿赵建铭和梁恩义，2002）
A. ♂头侧视；B. ♂肛尾叶、侧尾叶后视；C. ♂外生殖器侧视；D. 翅

（291）福建裸基寄蝇 *Senometopia fujianensis* Chao *et* Liang, 2002（图 2-159）

Carcelia (*Senometopia*) *fujianensis* Chao *et* Liang, 2002: 825.

Senometopia fujianensis: O'Hara, Shima *et* Zhang, 2009: 79.

特征：体中型，黑色，覆灰黄色粉被。触角、翅肩鳞、足、小盾片基部黑色；下颚须、小盾片端半部、口上片黄色；中胸盾片具 5 个黑纵条，腹部背面无明显黑纵条，第 3、第 4 背板后缘具黑色横带，下腋瓣白色，腹部两侧具黄斑。雄性额覆灰黄色至金黄色粉被，额宽为复眼宽的 0.8 倍，间额两侧缘大致平行，中部与侧额等宽，侧颜裸，覆灰黄色粉被，中部的宽度等于触角第 1 鞭节的宽度；后头略凹陷，被白毛，后头伸展区小；侧额鬃每侧 2 根，外顶鬃退化，前顶鬃缺失，后顶鬃每侧 1 根，额鬃有 3 根下降至侧颜达梗节末端水平，侧额毛下降至侧颜不超过第 1 根额鬃水平；髭着生于口缘紧上方，颜堤鬃仅数根，分布于髭角；口缘不突出，下颚须棒状，口盘发达；触角第 1 鞭节为梗节长的 2.5 倍，触角芒第 2 节不延长，第 3 节基部 1/3 加粗。胸部被黑色细毛，中胸 3+3，背中鬃 3+4，翅内鬃 1+3，翅侧片鬃 1，肩鬃 4，肩后鬃 2 根；后气门前肋裸或仅具 1-2 根毛；小盾片半圆形，被竖立的毛，具 4 对缘鬃、1 对心鬃，小盾端鬃交叉向后方伸展，两小盾亚端鬃之间的距离大于亚端鬃至基鬃的距离，小盾侧鬃每侧 1 根；翅 R_{4+5} 脉基部具数根小鬃，前缘脉第 2 脉段腹面裸，第 2 脉段大于第 4 脉段，前缘刺退化，中脉心角钝圆，r_5 室开放，心角至翅后缘的距离小于心角至中肘横脉的距离，端横脉向内凹入，下腋瓣正常；前足爪发达，长于或等于第 5 分跗节，前足胫节具 1 根后鬃；中足胫节具 1 根前背鬃，腹鬃缺失，后背鬃 2 根；后足胫节 1 排梳状前背鬃和 2 根背端鬃。腹部毛倒伏状排列，第 1+2 合背板具 1 对中缘鬃；第 3 背板具中缘鬃 1 对，中心鬃缺失，侧鬃 1 根，无侧心鬃；第 4 背板无中心鬃及侧心鬃；第 5 背板具不规则的心鬃及缘鬃各 1 排。肛尾叶三角形，向腹面略弯曲，其腹面仅基半部略拱起，拱起部的末端具 1 小突起，肛尾叶端半部细，末端尖，不呈三角锥形，侧尾叶较宽，略向腹面弯曲。雌性头两侧各具 2 根外侧额鬃，外顶鬃发达，与眼后鬃明显区别；前足爪及爪垫短，短于其第 5 分跗节。

分布：浙江（临安）、福建。

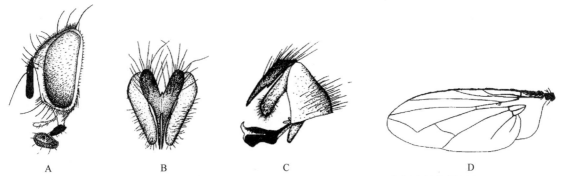

图 2-159　福建裸基寄蝇 *Senometopia fujianensis* Chao *et* Liang, 2002（仿赵建铭和梁恩义，2002）

A.♂头侧视；B.♂肛尾叶、侧尾叶后视；C.♂外生殖器侧视；D. 翅

（292）拟隔离裸基寄蝇 *Senometopia mimoexcisa* (Chao *et* Liang, 2002)（图 2-160）

Carcelia (Senometopia) mimoexcisa Chao *et* Liang, 2002: 832.

Senometopia mimoexcisa: O'Hara, Shima *et* Zhang, 2009: 79.

特征：体长 11.0–12.0 mm。体中型，黑色，覆浓厚的金黄色粉被。触角、翅肩鳞、肩胛、间额黑色；前缘基鳞、足棕黑色；下颚须、小盾片黄色，中胸盾片具 5 个黑纵条；腹部背中央具黑纵条，第 3、第 4 背板后缘无黑色横带，下腋瓣淡黄色。雄性额宽为复眼宽的 0.5 倍，间额前宽后窄，中部的宽度窄于侧额，侧颜裸，覆金黄色粉被，其中部的宽度窄于触角第 1 鞭节；内侧额鬃每侧 2 根，外顶鬃退化，前顶鬃缺失，后顶鬃每侧 1 根；侧额覆金黄色粉被，额鬃有 3 根下降至侧颜达梗节末端水平，额毛下降至侧颜不超过第 1 根额鬃的水平；鬃着生于口缘上方，颜堤鬃局限于颜堤基部；口缘平，下颚须棒状，口盘发达；后头平，被白毛；触角第 1 鞭节为梗节长的 3 倍，触角芒基部 1/3 加粗。胸部全部被黑毛，中鬃 3+3，背中鬃 3+4，翅内鬃 1+3，翅侧片鬃大小与前腹侧片鬃相似，肩后鬃 2 根；前胸腹板被毛，后气门前肋被毛；小盾片具竖立的毛，具 4 对缘鬃、1 对心鬃，小盾端鬃交叉向后方伸展，两小盾亚端鬃之间的距离大于亚端鬃至同侧基鬃之间的距离，小盾侧鬃每侧 1 根；翅 R_{4+5} 脉基部具 2–3 根小鬃，前缘脉第 2 脉段腹面裸，第 2 脉段长于第 4 脉段，前缘刺退化；中脉心角近于直角，心角至翅后缘的距离小于心角至中肘横脉的距离，端横脉向内凹入，下腋瓣正常，平衡棒褐色；前足爪与第 5 分跗节约等长，前足胫节具 1 根后鬃；中足胫节具 1 根前背鬃、2 根后背鬃，腹鬃缺失；后足胫节具背端鬃 2 根、前背鬃 1 根。腹部毛倒伏状排列，第 1+2 合背板具 1 对中缘鬃，每侧各 1 根，两侧具较长的黑毛；第 3 背板具中缘鬃 1 对，中心鬃缺失，侧缘鬃 1 根，无侧心鬃，第 4 背板中心鬃缺失，无侧心鬃；第 5 背板具缘鬃 1 排及不规则的中心鬃。第 9 背板的长度略大于宽或至少长宽相等；肛尾叶端半部细长，端部腹面 2/5 形成一斜面，侧尾叶也较狭长，但明显短于肛尾叶，中部较细，后下角突出呈钝角，前下角为弧角。

分布：浙江（临安）、吉林、北京。

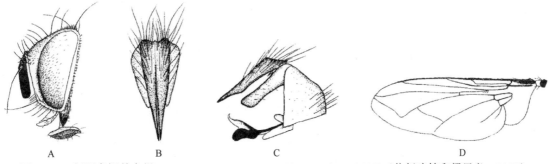

图 2-160　拟隔离裸基寄蝇 *Senometopia mimoexcisa* (Chao *et* Liang, 2002)（仿赵建铭和梁恩义，2002）

A.♂头侧视；B.♂肛尾叶、侧尾叶后视；C.♂外生殖器侧视；D. 翅

（293）东方裸基寄蝇 *Senometopia orientalis* (Shima, 1968)（图 2-161）

Eucarcelia orientalis Shima, 1968: 521.

Senometopia orientalis: Herting, 1984: 59.

特征：体中型，黑色，全身覆灰白色粉被，被黑色毛。间额、触角第 1 鞭节、翅肩鳞黑色；口上片、中颜板、下颚须、梗节、前缘基鳞、足黄色；小盾片端部黄色，基部黑色，下腋瓣白色。盾片背面具 5 个黑纵条，腹背中部具明显的黑纵线，沿第 3、第 4 背板后缘具黑色横带纹。雄性额宽大于复眼宽度的 1/2，间额两侧缘平行，窄于侧额，侧颜中部的宽度窄于其触角第 1 鞭节的宽度，颜堤鬃分布于颜堤基部 1/3 以下，中颜板中部具小脊。额鬃 3 根下降侧颜达梗节末端之水平，触角第 1 鞭节为其梗节长度的 2.5–3.0 倍，触角芒细长，基部 1/5–1/4 加粗，下颚须棒状。胸部中鬃 3+3，背中鬃 3+4，翅内鬃 1+3；小盾片具 1 对心鬃，两小盾亚端鬃之间的距离大于亚端鬃至同侧基鬃的距离，小盾端鬃与侧鬃同样大小，交叉向后方伸展。翅薄、半透明，R_{4+5} 脉基部具数根小鬃，中脉心角圆钝，心角至翅后缘的距离小于心角至中肘横脉在中脉愈合点的距离，下腋瓣中部不圆形向上拱起。前足爪发达，长于其第 5 分跗节，胫节具 2 根后鬃；中足胫节无腹鬃，具 1 根前背鬃、2 根后鬃，腿节中部具数根前鬃；后气门前肋被毛。腹部第 3、第 4 背板无中心鬃，第 3 背板具 1 对中缘鬃，第 5 背板具不规则的中心鬃。肛尾叶端部稍大，亚端部在背面凹陷，侧尾叶宽，短于肛尾叶。雌性头具 1 对外侧额鬃，外顶鬃发达，与眼后鬃明显相区别，前足爪退化，短于其第 5 分跗节。

分布：浙江（临安）、北京、江苏、江西、福建、广西、四川、贵州、云南；日本。

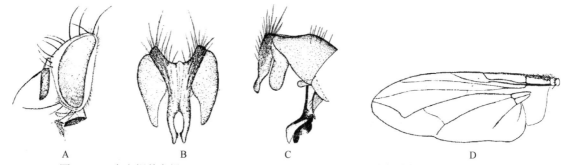

图 2-161　东方裸基寄蝇 *Senometopia orientalis* (Shima, 1968)（仿赵建铭和梁恩义，2002）
A. ♂头侧视；B. ♂肛尾叶、侧尾叶后视；C. ♂外生殖器侧视；D. 翅

（294）毛叶裸基寄蝇 *Senometopia pilosa* (Baranov, 1931)

Carcelia pilosa Baranov, 1931: 29.

Senometopia pilosa: Sabrosky *et* Crosskey, 1969: 37.

主要特征：体中型，单眼鬃存在，触角较短，梗节黑色，第 1 鞭节末端远不及口上片前缘水平；后背中鬃 4 根，小盾片黄色；前缘基鳞黑色，胫节黄色，仅端部或腹面基部暗色，前足胫节后鬃 1，中足胫节无腹鬃；腹部背板具浓厚而均匀的灰黄色粉被，第 3–5 背板无黑色后缘，第 4 背板具 8–10 行较细而密的小毛。

分布：浙江（临安）、吉林、福建、四川；波斯尼亚和黑塞哥维那。

（295）角野螟裸基寄蝇 *Senometopia prima* (Baranov, 1931)（图 2-162）

Carcelia prima Baranov, 1931: 31.

Senometopia prima: Sabrosky *et* Crosskey 1969: 37.

特征：体中型，黑色，覆金黄色粉被。触角、足、翅肩鳞、间额黑色；前缘基鳞、下颚须、小盾片半部、口上片黄色；中胸盾板具 4 个黑纵条，腹部背面具黑纵线，第 3、第 4 背板后缘具黑色横带，下腋瓣为白色，腹部两侧具不明显的暗黄色斑。雄性头额覆灰白色粉被，额宽为复眼宽的 0.6 倍，间额中部狭窄，中部的宽度小于侧额；侧颜裸，覆灰白色粉被，中部的宽度窄于触角第 1 鞭节；前单眼至后单眼的距离大于两后单眼之间的距离，髭着生于口缘紧上方，颜堤鬃分布于颜堤基部；口缘平；中颜板具小颜脊；后头稍凹陷，被淡黄色毛，后头伸展区小。内侧额鬃每侧 2 根，外顶鬃与眼后鬃仅略可区别，前顶鬃缺失，后顶鬃每侧 1 根；额鬃 3 根下降侧颜达梗节末端水平，侧额毛伴随下降侧颜不超过第 1 根额鬃水平；触角第 1 鞭节为梗节长的 3 倍，触角芒细长，第 2 节不延长，第 3 节基部 1/3 加粗；下颚须棒状，端部膨大具细毛，口盘发达，颏正常。胸部覆白色毛，中鬃 3+3，背中鬃 3+4，翅内鬃 1+3，翅侧片鬃 1 根，肩鬃 4 根，肩后鬃 2 根；后气门前肋裸；小盾片半圆形，具斜生的毛，有 4 对缘鬃，心鬃 1 对，小盾端鬃与侧鬃同样大小，交叉向后方伸展，两亚端鬃之间的距离大于亚端鬃至同侧基鬃间距离的 2 倍；小盾侧鬃每侧 1 根；翅 R_{4+5} 脉具小鬃，前缘脉第 2 段腹面裸，第 2 段大于第 4 段，前缘刺退化，中脉心角为直角，心角在翅缘宽阔、开放，心角至翅后缘的距离小于心角至中肘横脉的距离，端横脉向内凹入，R_1 脉裸，下腋瓣不圆形向上拱起，前足爪发达，长于其第 5 分跗节，胫节具后鬃 2；中足胫节具前背鬃 1、后背鬃 2；后足胫节背端鬃 2，具 1 行前背鬃。腹部毛倒伏状排列，第 1+2 合背板 1 对中缘鬃，侧缘鬃 1 根，第 3 背板无中心鬃，具中缘鬃 1 对，侧缘鬃 1，侧心鬃缺失，第 4 背板无中心鬃和侧心鬃，腹面两侧无密毛区；第 5 背板具缘鬃 1 排及不规则的中心鬃，腹面两侧无密毛区。第 5 腹板后缘凹陷分为 2 个小叶。

生物学：寄生于短梳角野螟。

分布：浙江（临安、庆元）、黑龙江、北京、山西、山东、江苏、上海、湖南、福建、广东、海南、广西、四川；印度，印度尼西亚。

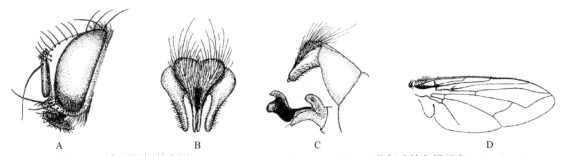

图 2-162　角野螟裸基寄蝇 *Senometopia prima* (Baranov, 1931)（仿赵建铭和梁恩义，2002）
A. ♂头侧视；B. ♂肛尾叶、侧尾叶后视；C. ♂外生殖器侧视；D. 翅

（296）四斑裸基寄蝇 *Senometopia quarta* (Baranov, 1931)

Carcelia quarta Baranov, 1931: 33.

Senometopia quarta: Crosskey, 1976: 232.

Carcelia dominantalis Chao *et* Liang, 2002: 830.

主要特征：头具灰黄色粉被，雄额宽为复眼宽的 1/2，侧颜窄于触角第 1 鞭节；触角基部 2 节、前缘基鳞黑色；单眼鬃存在，后背中鬃 4 根，小盾片基 1/3 黑色，端 2/3 红黄色；后气门前肋具密毛；足黑色，前足爪长于第 5 分跗节，前足胫节具后鬃 1，中足胫节无腹鬃；腹部黑色，具不均匀稀薄灰黄色粉被，具较密而细的毛，第 4 背板背面有 8-10 行毛，腹面两侧无密毛斑。

分布：浙江（临安）、北京、江苏、上海、湖南、四川、贵州、云南。

（297）岛洪裸基寄蝇 *Senometopia shimai* (Chao *et* Liang, 2002)（图 2-163）

Carcelia shimai Chao *et* Liang, 2002: 822.

Senometopia shimai: O'Hara, Shima *et* Zhang, 2009: 81.

特征：体长 8.0–10.0 mm。体中型，覆浓厚的灰黄色或金黄色粉被，胸部背面具 4 个黑纵条；腹部第 3、第 4 背板后缘各具 1 亮黑色横带；中颜和胸部侧面覆灰色或灰白色粉被，侧颜、口上片肉黄色，下颚须红黄色；间额、触角、翅肩鳞、前缘基鳞黑色；腿节、跗节棕黑色，胫节黄色；小盾片淡黄色，基部较暗。雄性额宽为复眼宽的 0.68 倍，每侧各具 2 根内侧额鬃，单眼鬃小于内侧额鬃而长于额鬃，外顶鬃退化，与眼后鬃无区别；间额由前向后缓缓变窄，其中部的宽度约为侧额宽度的 1/2；额鬃有 3 根下降至侧颜，最前方 1 根达梗节末端水平；侧颜裸，上宽下窄，中部约与触角第 1 鞭节等宽，颜堤鬃占颜堤基部的 1/5；触角第 1 鞭节约为梗节长的 3.8 倍，触角芒细长，基部 1/3 略加粗；下颚须棒状，端半部被密毛，而背面的毛直达基部。胸部中鬃 3+3，背中鬃 2+3，翅内鬃 1+3，肩胛 3 根基鬃排成一直线，肩后鬃 1，沟前鬃 1，腹侧片鬃 2；小盾片具 4 对缘鬃、1 对心鬃，端鬃交叉排列，大小与基鬃相似而大于侧鬃，两亚端鬃之间的距离约为其至同侧基鬃之间距离的 1.6 倍；后气门前肋前端具 1–3 根毛；翅灰色透明，翅脉黄褐色或褐色，前缘刺不发达，R_{4+5} 脉基部具 2 根小鬃，中脉心角至翅后缘的距离略小于心角至 dm-cu 脉的距离，翅基部淡黄色；前足爪及爪垫显著长于第 5 分跗节，前足胫节具 1 根后鬃；中足胫节具 1 根前背鬃、2 根后背鬃，无腹鬃；后足胫节具 1 行梳状的前背鬃，中部有 1 根粗大，具 1 根后背鬃，后足基节背面裸。腹部卵圆形，较宽，毛较粗短，第 1+2 合背板、第 3 背板具中缘鬃，第 4 背板具 1 行缘鬃，第 5 背板后方 2/3 具 3–4 行中心鬃。肛尾叶窄而薄，直，侧尾叶宽，近于长方形，末端外侧具浓密的刺。雌性头两侧具外侧额鬃和外顶鬃；爪及爪垫短于第 5 分跗节。

分布：浙江（临安）、北京、福建、海南、广西、云南。

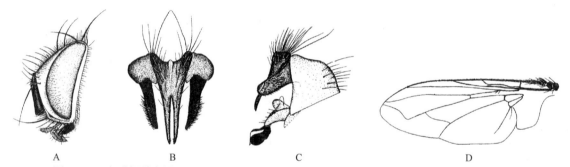

图 2-163　岛洪裸基寄蝇 Senometopia shimai Chao et Liang, 2002（仿赵建铭和梁恩义，1998）
A.♂头侧视；B.♂肛尾叶、侧尾叶后视；C.♂外生殖器侧视；D. 翅

（298）苏苏裸基寄蝇 Senometopia susurrans (Rondani, 1859)

Exorista susurrans Rondani, 1859: 129.

Senometopia susurrans: Herting, 1984: 60.

主要特征：额鬃下降至侧颜达梗节末端水平；侧颜较宽，最窄处约为下颚须基部宽度的 2 倍；触角较短，第 1 鞭节末端与口缘之间的距离几乎与梗节的长度相等；中足胫节无腹鬃；肩胛的 3 根基鬃排列于一直线上，腹部背板无中心鬃；腹部两侧具黄斑，小盾片黄色，基部转暗；肛尾叶腹面端部粗而厚，钝圆，向北面略翘起，侧尾叶端部粗，呈头状。

分布：浙江（临安）、辽宁；欧洲。

109. 皮寄蝇属 *Sisyropa* Brauer *et* Bergenstamm, 1889

Sisyropa Brauer *et* Bergenstamm, 1889: 163. Type species: *Tachina thermophile* Wiedemann, 1830.

Stylurodoria Townsend, 1933: 476. Type species: *Stylurodoria stylata* Townsend, 1933.

主要特征：复眼被毛，侧颜宽是触角第 1 鞭节的 1/3–1/2，具 1 向下弯曲的上眶鬃，内侧额鬃每侧 1 根，颜堤鬃仅分布于颜堤下方 1/3，后头上方在眼后鬃后方无黑毛；触角第 1 鞭节长为梗节的 2.0–3.0 倍，触角芒基部至多 2/5 加粗，下颚须黄色；小盾端鬃交叉向上方伸展，小盾侧鬃每侧 2 根，前缘脉第 2 脉段常具前倾的短毛；中足胫节具 2 根前背鬃；腹部第 1+2 合背板基部凹陷达后缘，第 3 和第 4 背板无中心鬃，至多第 4 背板具弱的中心鬃。

分布：世界广布。中国记录 5 种，浙江分布 1 种。

（299）突飞皮寄蝇 *Sisyropa prominens* (Walker, 1859)（图 2-164）

Eurygaster prominens Walker, 1859: 127.

Sisyropa prominens: Crosskey, 1976: 241.

主要特征：额宽约为复眼宽的 1/2，间额显著窄于侧额，侧颜中部显著窄于触角第 1 鞭节，单眼鬃缺失，具 1 向下弯曲的上眼眶鬃；有 3 根额鬃下降至侧颜，第 1 根达触角芒基部水平，侧额毛下降至侧颜远远不及第 1 根额鬃所达到的水平；触角第 1 鞭节为梗节长的 3.5–4.0 倍，下颚须黄色；前缘脉第 2 脉段常具前倾的短毛；腹部毛半翘起。

生物学：寄生于苎麻夜蛾。

分布：浙江（临安、庆元）、河南、湖南、福建、台湾、广东、海南、广西、云南；印度，菲律宾，马来西亚，印度尼西亚，巴布亚新几内亚。

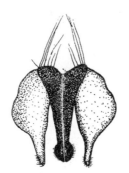

图 2-164　突飞皮寄蝇 *Sisyropa prominens* (Walker, 1859)（仿赵建铭等，1998）

♂肛尾叶、侧尾叶后视

110. 鞘寄蝇属 *Thecocarcelia* Townsend, 1933

Thecocarcelia Townsend, 1933: 471. Type species: *Argyrophylax pelmatoprocta* Brauer *et* Bergenstamm, 1891.

Thelycarcelia Townsend, 1933: 475. Type species: *Thelycarcelia thrix* Townsend, 1933.

主要特征：复眼裸，非常大，几乎占据整个头两侧，颊退化成 1 狭带，其高度小于触角第 1 鞭节宽度或触角基部水平的侧颜宽；额鬃向间额弯曲，前内侧额鬃正常大小，位于额的中部，单眼鬃向前伸展或缺失；触角长，几乎达口上片；翅前鬃较强大，其大小超过第 1 根后翅内鬃，一般也超过第 1 根后背中鬃；腋瓣前肋裸或仅在前端具毛，发育良好的肩鬃不超过 4 根，3 根基鬃排成一直线；后背鬃 4 根，腹侧片鬃 4 根或 2 根；腹部第 1+2 合背板具 2 根中缘鬃或无，雌性具明显的拉杆式鞘状长产卵器。

分布：古北区、东洋区、澳洲区、非洲热带区。中国记录 7 种，浙江分布 2 种。

（300）稻苞虫鞘寄蝇 *Thecocarcelia parnarae* Chao, 1976（图 2-165）

Thecocarcelia parnarae Chao, 1976: 335.

特征：体长 7.0–8.0 mm。雄性体黑色，覆灰白色粉被。额宽略大于复眼宽，间额黑褐色，两侧缘平行，后端略宽，中部宽度为侧额宽的 0.66 倍，中颜板的长度略大于额的长度，两后单眼之间的距离为两内顶鬃之间距离的 1/4，单眼鬃发达，大小与中部的额鬃相似，与前单眼排列为一直线，外顶鬃略小于单眼鬃，额鬃 5 根，其中有 2 根下降至侧颜，最前方 1 根达梗节末端的水平，内侧额鬃 2，外侧额鬃 1；侧颜裸，上宽下窄，在触角基部的宽度为复眼横轴的 0.4 倍，其下方的宽度约为触角第 1 鞭节宽度的 1/3；在髭的上方仅具 4–5 根小鬃；触角全黑色，长，末端达于口缘，第 1 鞭节的长度为其宽度的 3.3 倍，为梗节长度的 4.5 倍；触角芒长于触角，裸，基部 2/5 加粗，第 1 节短，第 2 节的长度为其宽度的 1.5 倍；下颚须黑色，其长度为触角第 1 鞭节长度的 0.6 倍，新月形，前颏与下颚须等长，具中等大小的唇瓣。胸部黑色，覆灰白色粉被，具 5 个黑纵条，中间 1 条在盾缝前消失；毛与鬃黑色；中鬃 3+3，背中鬃 3+4，翅内鬃 1+3；小盾片黑色，具 5 对缘鬃和 1 对心鬃，两小盾亚端鬃之间的距离小于至同侧基鬃的距离，小盾端鬃交叉排列，向后平伸。翅较短而宽，半透明，略带淡褐色，具黄褐色翅脉，R_{4+5} 脉基部具 2 根小鬃，前缘脉第 3 脉段略大于第 4 段，为第 2 脉段的 1.7 倍，前缘基鳞黑色。足黑色，前足爪及爪垫短于第 5 分跗节，前足胫节具 2 根后鬃，中足胫节具 2 根前背鬃、2 根后鬃、1 根腹鬃，后足胫节具 1 行前背鬃（其中 1 根较粗大）、1 根后背鬃、1 根腹鬃。腹部黑色，覆灰白色粉被，基部浓厚，端部稀薄，第 3 背板具 1 黑纵条，第 1+2 合背板、第 3 背板各具 1 对中缘鬃，第 4 背板具 1 行缘鬃，第 5 背板具 1 行缘鬃和数行排列不规则的心鬃。雌性头两侧各具 2 根外侧额鬃，触角第 1 鞭节长为宽的 3.5 倍，为第 2 节长的 3.8 倍。

生物学：寄生于稻苞虫。

分布：浙江（临安）、山东、陕西、江苏、上海、安徽、湖北、江西、湖南、福建、台湾、广东、海南、香港、广西、重庆、四川、云南；印度，尼泊尔，越南，泰国，印度尼西亚。

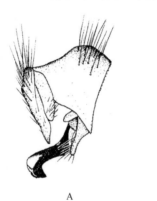

图 2-165　稻苞虫鞘寄蝇 *Thecocarcelia parnarae* Chao, 1976（仿赵建铭等，1998）

A.♂外生殖器侧视；B.♂肛尾叶、侧尾叶后视

（301）黄角鞘寄蝇 *Thecocarcelia sumatrana* (Baranov, 1932)（图 2-166）

Sturmia sumatrana Baranov, 1932a: 1.

Thecocarcelia laticornis Chao, 1976: 337.

Thecocarcelia sumatrana: Crosskey, 1976: 233.

主要特征：体长 8.0 mm。体色黑，覆灰黄色粉被，间额、触角、翅肩鳞、前缘基鳞、足黑色；下颚须黄色；额与复眼等宽，复眼裸，间额中部缢缩，其宽度约为侧额宽的 1/2，侧颜裸，其宽为触角第 1 鞭节宽的 1/2，内侧额鬃 2 对，外侧额鬃 2 对，单眼鬃发达，位于前后单眼之间，略小于外侧额鬃；触角第 1 鞭节长为梗节长的 4 倍，触角芒基部 1/2 加粗。中胸盾片具 4 个黑纵条，肩胛 3 根基鬃排列成一直线，腹侧片鬃 4，小盾片侧鬃 2。腹部第 1+2 合背板、第 3 背板各具中缘鬃 1 对，第 5 背板具心鬃和缘鬃 2–3 行。

生物学：寄生于稻苞虫。

分布：浙江（临安）、湖南、福建、台湾、广西、云南；朝鲜，日本。

A　　　　　　　　　B

图 2-166　黄角鞘寄蝇 *Thecocarcelia sumatrana* (Baranov, 1932)（仿赵建铭等，1998）
A.♂外生殖器侧视；B.♂肛尾叶、侧尾叶后视

111. 蠹蛾寄蝇属 *Xylotachina* Brauer *et* Bergenstamm, 1891

Xylotachina Brauer *et* Bergenstamm, 1891: 38. Type species: *Xylotachina ligniperdae* Brauer *et* Bergenstamm, 1891.

主要特征：复眼裸，侧颜裸，颜堤至多在下半部具鬃；触角芒裸；翅前鬃长于或等于盾后第一根翅内鬃和被侧片鬃，胸部背板后背中鬃 4 对；两小盾亚端鬃之间的距离大于亚端鬃至同侧基鬃的距离，小盾端鬃平行排列，不直立；前缘基鳞黄色，前缘脉第 4 段裸，M 脉自 dm-cu 横脉至中脉心角弯曲处的距离短于中脉心角至 M 脉端部的距离，前缘脉第 2 脉段腹面裸；端小盾鬃长于小盾亚端鬃的一半；胫节黑色，中足胫节前背鬃 1 根，很少 2 根，后足胫节具 1 列均匀等长梳状前背鬃，中间 1 根长大；下腋瓣内缘向外突出，不与小盾片镶贴；腹部第 1+2 合背板中央凹陷达后缘，第 3 和第 4 背板均具中心鬃，雄性第 5 腹板锥形，末端具细长刺状产卵管。

分布：古北区和东洋区。中国记录 3 种，浙江分布 1 种。

（302）带柳蠹蛾寄蝇 *Xylotachina diluta* (Meigen, 1824)

Tachina diluta Meigen, 1824: 387.
Xylotachina diluta: Herting, 1972: 5.

主要特征：额宽为复眼宽的 3/5（雄）或 2/3（雌）；M 脉自 dm-cu 横脉至中脉心角弯曲处的距离 1.5 倍于中脉心角至翅后缘的距离。

生物学：寄生于柳木蠹蛾。

分布：浙江（临安）、辽宁、内蒙古、宁夏；俄罗斯，外高加索地区，欧洲。

拱瓣寄蝇族 Ethillini

主要特征：这是个较小的族，复眼被长而密的毛，肩鬃 4 根，排列为外侧 3 根，内侧 1 根，后背鬃 4 根，翅前鬃小于第 1 根沟后翅内鬃，显著小于第 1 根沟后背中鬃，小盾亚端鬃平行排列或略作分开排列；前胸腹板被毛，前胸侧板凹陷处裸，后气门前肋被毛；下腋瓣外侧显著向前背面拱起；后气门前肋被毛；中脉心角不具赘脉或褶痕，如偶有心角圆滑，则下腋瓣外侧弯向下方。

分布：主要分布在除美洲大陆外的东半球。中国记录 7 属 18 种，浙江分布 2 属 4 种。

112. 兼寄蝇属 *Gynandromyia* Bezzi, 1923

Gynandromyia Bezzi, 1923: 97. Type species: *Gynandromyia seychellensis* Bezzi, 1923.

主要特征：本属为小属，外部特征与裸板寄蝇属 *Phorocerosoma* 相似，主要区别在于雌性产卵管为一尖刀形，呈 180°弯曲，藏于腹内，单眼鬃毛状或缺失，中足胫节具 1 根前背鬃。

分布：非洲区和东洋区。中国记录 1 种，浙江分布 1 种。

（303）长角兼寄蝇 *Gynandromyia longicornis* (Sun *et* Chao, 1992)（图 2-167）

Zenilliana longicornis Sun *et* Chao, 1992: 331.

Gynandromyia longicornis: O'Hara, Shima *et* Zhang, 2009: 86.

特征：体长 9.0 mm。雌性体中型，头侧额、侧颜、中颜板、胸部和腹部大部分覆灰白色粉被；触角、肩胛、小盾片、翅肩鳞和前缘基鳞、腿节、胫节黑色；爪垫黑褐色，下颚须基部黑色，端部黄色。额为复眼宽的 3/4，间额略宽于侧额，上方额鬃细小毛状，单眼鬃细小，外顶鬃退化，有 1 对较发达的外侧额鬃；侧颜与触角第 1 鞭节近等宽，触角第 1 鞭节长为梗节的 4.5 倍，触角芒基部 1/4 加粗；髭中等大小，颜堤鬃细小，仅达颜堤下方 1/3。胸部中鬃 3+3，背中鬃 3+4，翅内鬃 1+3，腹侧片鬃 2；小盾心鬃 1 对，小盾侧鬃小，两小盾亚端鬃间距为小盾亚端鬃至同侧基鬃距离的 2 倍。翅薄、半透明，R_{4+5} 脉基部具 1–2 根小鬃，中脉心角至翅后缘的距离与心角至中肘横脉的距离相等；中足胫节具前背鬃 1、腹鬃 1，后足胫节具不规则的前背鬃列。腹部中央具 1 黑纵条，第 3、第 4 背板端部 1/3 有黑色横带，第 1+2 合背板和第 5 背板背面暗黑色，第 1+2 合背板和第 3 背板各有 1 对中缘鬃，第 4、第 5 背板各有 1 列缘鬃；第 5 背板后缘切截状。外生殖器骨化，第 6+7 合背板后缘有毛列；第 7+8 合腹板接近愈合且向下呈刀形弯曲，端部呈一锐角形。

分布：浙江（临安）。

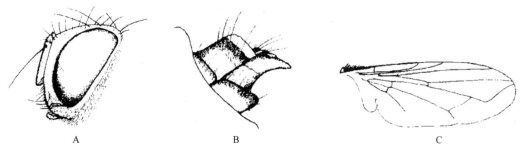

图 2-167　长角兼寄蝇 *Gynandromyia longicornis* (Sun *et* Chao, 1992)（仿孙雪逵等，1992）
A. ♀头侧视；B. ♂腹端部侧视；C. 翅

113. 裸板寄蝇属 *Phorocerosoma* Townsend, 1927

Phorocerosoma Townsend, 1927: 61. Type species: *Phorocerosoma forte* Townsend, 1927.

主要特征：复眼被密毛，额鬃排列较紧密，前方仅有 2 根下降至侧颜不及梗节末端之水平，后方有 4–5 根向后方弯曲，与内侧额鬃混为一体；单眼鬃明显，与内侧额鬃大小相似；触角较长，第 1 鞭节为梗节长的 2.0–3.0 倍；髭位于口缘水平，颜堤鬃分布不超过颜堤下方的 1/3，后头在眼后鬃后方无黑毛，颊大部分为下侧颜所占据，后头伸展部很小；喙粗短，唇瓣很大，下颚须黑色。小盾片有心鬃，下腋瓣外侧显著拱起；中足胫节前背鬃 2 根，后足胫节具 1 行长短不整齐的前背鬃。腹部第 1+2 合背板和第 3 背板具中缘鬃，第 5 背板梯形，后缘切截状；雌性腹部腹面末端开口很大，第 6、第 7 腹板特宽，第 6 腹板呈短梯形，第 7 腹板后缘中部凹陷，呈元宝形。卵呈椭圆球形，腹面平。

分布：古北区、东洋区、澳洲区、非洲热带区。中国记录 4 种，浙江分布 3 种。

分种检索表

1. 额鬃和单眼鬃细小，不及触角第 1 鞭节长度的 2/3，腹侧片鬃 2，腹部第 1+2 合背板、第 3 背板各具 1 对中缘鬃 …………
…… 簇缨裸板寄蝇 *P. vicarium*

（304）毛裸板寄蝇 *Phorocerosoma pilipes* (Villeneuve, 1916)（图 2-168）

Exorista pilipes Villeneuve, 1916: 483.

Phorocerosoma pilipes: Verbeke, 1962: 21; O'Hara *et al.* 2019: 283.

特征：体长 9.0 mm。体中型，黑色，覆灰白色粉被。下颚须、翅肩鳞、前缘基鳞、足、肩胛黑色；口上片、中颜板黄色。中胸盾片具 4 个黑纵条，腹部背面具黑纵条，第 3、第 4 背板后缘具窄的黑色横带，下腋瓣白色，腹部两侧无黄色斑。雌性头额覆银白色粉被，额宽为复眼宽的 0.8 倍，间额两侧缘平行，中部的宽度稍宽于侧额，侧颜裸，覆银白色粉被，中部的宽度窄于触角第 1 鞭节；后头平，被白色毛，颊大部分为下侧颜所占据；上部额鬃和单眼鬃约与触角第 1 鞭节等长，外侧额鬃 2 根，外顶鬃发达，与眼后鬃明显相区别，后顶鬃每侧 1 根；额鬃 2 根下降侧颜不达梗节末端水平，后方额鬃有 4–5 根向后方弯曲，与内侧额鬃混为一体，侧额毛稀少，下降侧颜不超过第 1 根额鬃水平；触角第 1 鞭节长为梗节长的 2.5 倍，触角芒第 2 节不延长，第 3 节 1/3 长度加粗；髭着生于口缘同一水平，颜堤鬃分布于口髭附近；口缘平，中颜板具小颜脊；下颚须棒状，口盘发达，前颏正常。胸部覆黑色毛，中鬃 3+3，背中鬃 3+4，翅内鬃 1+3，腹侧片鬃 2，翅侧片鬃发达，肩鬃 3 根，3 根基鬃排成三角形，肩后鬃 1 根；小盾片半圆形，具竖立的毛，有 4 对缘鬃、1 对心鬃，小盾端鬃交叉向后方伸展，两小盾亚端鬃之间的距离明显大于亚端鬃至同侧基鬃的距离，约为其 2 倍，小盾侧鬃每侧 1 根；翅 R_{4+5} 脉基部具 2 根小鬃，前缘脉第 2 段腹面裸，第 2 段长等于第 4 段或稍短，前缘刺不明显；中脉心角为钝角，心角在翅缘开放，心角至翅后缘的距离大于心角至中肘横脉的距离，端横脉向内凹入，R_1 脉裸；前足爪略短于其第 5 分跗节，胫节具 2 根后鬃；中足胫节具前背鬃 2 根、后背鬃 2 根、腹鬃 1 根；后足胫节具几根不整齐的前背鬃和背端鬃 2 根。腹部毛倒伏状排列，第 1+2 合背板具 1 对中缘鬃，第 3 背板无中心鬃，具中缘鬃 1 对，无侧心鬃，具侧缘鬃；第 4 背板无中心鬃及侧心鬃，腹面两侧无密毛斑；第 5 背板梯形，末端切截状，具 1 排缘鬃，腹面两侧无密斑，腹部末端开口大，第 6、第 7 腹板宽。

分布：浙江（临安）、安徽、福建、台湾、贵州；非洲。

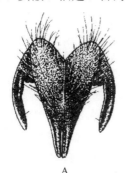

图 2-168　毛裸板寄蝇 *Phorocerosoma pilipes* (Villeneuve, 1916)（仿赵建铭等，1998）

A.♂肛尾叶、侧尾叶后视；B.♂外生殖器侧视

（305）毛斑裸板寄蝇 *Phorocerosoma postulans* (Walker, 1861)（图 2-169）

Nemoraea postulans Walker, 1861: 240.

Phorocerosoma anomala Baranov, 1936: 99.

Phorocerosoma postulans: Crosskey, 1976: 225.

特征：体长 8.0–12.0 mm。体中型，雄性额为复眼宽的 1/2–2/3，间额黑色，两侧缘平行，与侧额等宽，侧额及颊黑色，颜及侧颜黄白色，下侧颜红黄色，整个头覆灰白色粉被，仅在侧额后方和单眼三角前方粉被略带黄色，侧额前方被稀毛，内侧额鬃每侧 3–4 根，粗大，其长度超过梗节，额鬃有 1–2 根下降至侧颜，最前面 1 根达梗节中部或末端前方的水平，侧颜裸，与触角第 1 鞭节等宽，裸；触角全黑色，第 1 鞭节约为梗节长的 3 倍，触角芒细长，基部 1/4–1/3 略加粗，下颚须黑色，具肥大的唇瓣。胸部黑色，覆灰白色粉被，背面具 5 个清晰的黑纵条，中间 1 条在盾沟前消失；中鬃 3+3，背中鬃 3+4，翅内鬃 1+3，腹侧片鬃 3；小盾片基半部黑，端半部暗黄，小盾侧鬃发达，大小与端鬃相仿，小盾端鬃交叉排列、平伸。翅狭长，前缘脉第 3 段略大于第 2 段的 2 倍，R$_{4+5}$ 脉基部具 3–5 根小鬃；足全黑色，前足爪的长度为其第 4、第 5 分跗节之和，中足胫节具 2 根前背鬃，后足胫节具 1 行疏松的前背鬃，长短极不整齐。腹部第 1+2 合背板和第 5 背板黑色，无粉被，第 3、第 4 背板红黄色，覆灰白色粉被，背面中部后缘黑色，有 1 个黑纵条，第 1+2 合背板、第 3 背板各具 4 根中缘鬃，第 4、第 5 背板各具 1 行缘鬃，后两背板腹面两侧各具 1 绒毛区，区内被浓密的长毛。雌性额宽为复眼宽的 4/7–4/5，每侧各具 2 外侧额鬃，前足爪及爪垫较短，腹部第 5 背板具排列不规则的心鬃，腹面末端具宽阔的三角形开口，有 3 个腹板裸露。

分布： 浙江（德清、临安）、山东、江苏、上海、安徽、湖北、江西、湖南、福建、台湾、广东、海南、香港、广西、四川、贵州、云南；尼泊尔，马来西亚，印度尼西亚，澳大利亚。

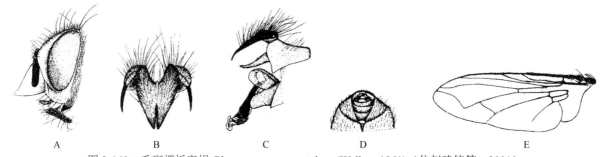

图 2-169　毛斑裸板寄蝇 Phorocerosoma postulans (Walker, 1861)（仿赵建铭等，2001）
A. ♂头侧视；B. ♂肛尾叶、侧尾叶后视；C. ♂外生殖器侧视；D. ♀腹端部腹视；E. 翅

（306）簇缨裸板寄蝇 Phorocerosoma vicarium (Walker, 1856)（图 2-170）

Masicera vicaria Walker, 1856: 20.

Phorocerosoma vicarium: Crosskey, 1976: 225.

特征： 体长 8.0–11.0 mm。体中型，雄性颜与额等长，额宽约为复眼宽的 1/2，间额棕黑色，略窄于额，颜及颊覆银白色或银灰色粉被，侧额及侧颜覆金黄色粉被，侧额前方 1/3 裸；侧颜裸，略窄于触角第 1 鞭节，额鬃 1–2 根下降至侧颜，最前面 1 根达梗节中部水平，后方的额鬃与单眼鬃大小相似，其长度约为触角第 1 鞭节的 2/3；触角黑色，第 1 鞭节为梗节长的 3 倍，触角芒长，基部 1/3 加粗，下颚须黑色，端部被密毛，颏较少，具肥大唇瓣。胸部黑色，覆灰色粉被，背面具 5 个狭窄的黑纵条；中鬃 3+3，背中鬃 3+4，翅内鬃 1+3，腹侧片鬃 2；小盾片基本黑色，有时端半部黄色，具 1–2 对心鬃，侧鬃与基鬃大小相似，小盾端鬃发达，略小于侧鬃，向后平伸交叉排列；翅狭长，R$_{4+5}$ 脉基部具 3–4 根小鬃，r$_5$ 室开放；足全黑色，爪及爪垫延长，中足胫节具 2 根前背鬃，后足胫节的 1 行前背鬃长短较整齐。腹部第 1+2 合背板、第 3 背板各具 2 根中缘鬃，第 5 背板两侧下方各具一簇缨毛。雌性额宽约为复眼宽的 3/5，每侧各具 2 根外侧额鬃，前足爪及爪垫略短；腹部第 5 背板基半部与第 3 背板、第 4 背板同样覆灰色粉被；腹部腹面末端具 1 长三角形开口，因而第 5–7 腹板外露。

生物学： 寄生于斑角蔗蝗。

分布： 浙江（德清、临安）、黑龙江、辽宁、山东、江苏、上海、安徽、湖北、江西、湖南、福建、台湾、海南、广西、四川、贵州、云南；俄罗斯，日本，泰国，马来西亚，新加坡，印度尼西亚。

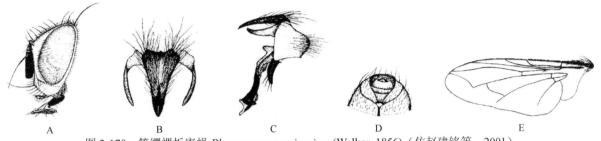

图 2-170　簇缨裸板寄蝇 *Phorocerosoma vicarium* (Walker, 1856)（仿赵建铭等，2001）
A. ♂头侧视；B. ♂肛尾叶、侧尾叶后视；C. ♂外生殖器侧视；D. ♀腹端部腹视；E. 翅

追寄蝇族 Exoristini

主要特征：该族侧颜裸或最多在额鬃下方具 1–2 根毛，雄性无外侧额鬃。前胸腹板具毛或鬃，翅前鬃小于第 1 根沟后翅内鬃，显著小于第 1 根沟后背中鬃，后背鬃 3 或 4，翅内鬃 1+3，小盾片具端鬃和侧鬃，小盾亚端鬃平行排列；下腋瓣正常，外侧不向下方弯曲，前缘脉第 2 段腹面裸，中脉心角为夹角，后方具赘脉或褶痕，痕迹向翅后缘延伸；中足胫节具腹鬃 1，至少具 2 根前背鬃，端部无后腹鬃；腹部第 1+2 合背板中央凹陷达后缘。本族为大卵型寄蝇，卵白色，腹面平，黏附于寄主体表，卵产出时，胚胎尚未发育，孵化期随气温高低而长短不等，幼虫孵化后直接钻入寄主体腔，尾部固着于伤口处。

分布：除南美洲外，世界大多数地区均有。该族中国有 13 属 85 种，浙江分布 8 属 25 种。

114. 奥蜉寄蝇属 *Austrophorocera* Townsend, 1916

Austrophorocera Townsend, 1916: 157. Type species: *Phorocera biserialis* Macquart, 1847.

Glossosalia Mesnil, 1960: 606. Type species: *Phorocera grandis* Macquart, 1851.

主要特征：复眼被毛，颜堤鬃粗大，上升达颜堤上方的 1/3 或更多；髭位于颜下缘上方水平，口上片显著向前突出，唇瓣肥大，与前额等长，下颚须扁，末端粗大，棒状；后头显著向后拱起，上方在眼后鬃后方无黑鬃毛；后背中鬃 4，肘脉末段等于或短于中肘横脉；腹部无黑色亮斑。

分布：除非洲热带界外，世界广布。中国记录 2 种，浙江分布 2 种。

（307）大形奥蜉寄蝇 *Austrophorocera grandis* (Macquart, 1851)（图 2-171）

Phorocera grandis Macquart, 1851: 171.

Phorocera magna maxima: Baranov, 1936: 105.

特征：体长 11.0–16.0 mm。雄性额宽为复眼宽的 3/4，间额黑褐色，前宽后窄，在单眼三角前略窄于侧额或与后者等宽，侧颜裸，上宽下窄，最窄处略宽于触角第 1 鞭节；触角黑色，第 1 鞭节为梗节长的 4 倍，下颚须黄色，基部 1/3 黑褐色，筒形，吻短粗，颏长为直径的 2 倍，唇瓣的长度较颏长 1/5，全部额鬃向后方弯曲，最前面 1 根下降至侧颜上方 1/3 部位，达触角芒着生处水平，单眼鬃细小、毛状，有时缺失；侧额及侧颜上方 1/3 覆黄色粉被，颜，侧颜中部、下部及颊覆灰色粉被，颊被细小黑毛。胸部黑色，背面覆浓厚的黄褐色粉被，具 5 个黑纵条，中间 1 条很窄，仅在盾沟后方可察觉，中鬃 3+3，翅内鬃 1+3，腹侧片鬃 3，小盾片暗黄色，覆浓厚的黄褐色粉被，小盾端鬃交叉排列，向后方伸展；翅暗灰色、透明，翅肩鳞和前缘基鳞黑色，中脉心角与中肘横脉之间的距离小于由心角至翅后缘之间的距离，R_{4+5} 脉基部具 2–3 根小鬃，前缘刺不发达；足黑色，前足爪及爪垫长于第 4、第 5 分跗节之和；中足胫节具 3 根前背鬃；后足胫节具长短不一的前背鬃。腹部黑褐色，第 3–5 背板基部 1/2–3/5 覆浓厚的黄褐色粉被，沿背中线具 1 条黑纵条，第 2、第 3 背板各具 1 对中缘鬃，第 4 背板具 1 行缘鬃，第 5 背板具 2 行心鬃和 1 行缘鬃；肛尾叶为 1 长三角形薄片，向腹面弯曲。雌性头两侧各具

2 根外侧额鬃，下颚须末端 1/3 加粗，大部分裸，爪及爪垫短，头和腹粉被灰色。

分布：浙江（临安）、山西、山东、湖南、福建、台湾、广东、海南、广西、四川、云南；印度，越南，老挝，斯里兰卡，菲律宾，马来西亚，印度尼西亚，澳大利亚。

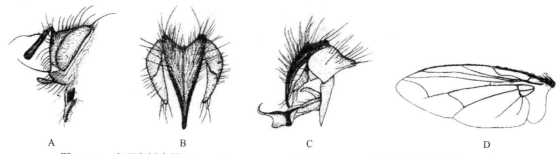

图 2-171　大形奥蚜寄蝇 *Austrophorocera grandis* (Macquart, 1851)（仿赵建铭等，2001）

A. ♂头侧视；B. ♂肛尾叶、侧尾叶后视；C. ♂外生殖器侧视；D. 翅

（308）毛瓣奥蚜寄蝇 *Austrophorocera hirsuta* (Mesnil, 1946)（图 2-172）

Spoggosia hirsuta Mesnil, 1946: 65.

Austrophorocera hirsuta: Crosskey, 1976: 276.

特征：体长 10.0–12.0 mm。雄性头黑褐色，覆稀薄的灰白色粉被，仅下侧颜及其周围附近暗红色；额宽为复眼宽的 3/4，间额红褐色，前端略宽于后端，在单眼三角前较侧额宽 1/7，侧颜裸，略宽于触角第 1 鞭节，头背面的额鬃向间额交叉排列，前方的额鬃下降至侧颜上方 2/3 的部位，远远低于触角芒着生处水平，单眼鬃发达，大小与额鬃相似，外顶鬃不发达，口缘不向前方突出，颊被浓密的细长黑毛；触角黑色，第 1 鞭节长为梗节长的 5 倍，下颚须暗黄，筒形，向背面略弯曲，吻短粗，颏长为直径的 2.5 倍，与唇瓣的长度大致相等。胸部黑色，覆稀薄的灰色粉被，背面具 5 个黑纵条，中间 1 条在盾沟前消失，中鬃 3+3，翅内鬃 0+3，腹侧片鬃 3，小盾片暗黄色，覆稀薄灰色粉被，小盾端鬃交叉排列，向后方伸展，翅暗灰色透明，中脉心角与中肘横脉之间的距离小于心角至翅后缘之间的距离。R_{4+5} 脉基部具 4–5 根小鬃，前缘刺不发达，下腋瓣白色，有少数个体在下腋瓣背中央具细长白毛，足黑色，足胫节暗红色。腹部黑色，第 1+2 合背板至第 4 背板两侧具红黄色斑，第 3–5 背板基部 1/5–1/2 覆稀薄的灰色粉被，沿背中线具 1 黑纵条，第 2 背板具 1 对中缘鬃；第 3 背板具 1 对中缘鬃、2–3 根中心鬃；第 4 背板具 1 行缘鬃、2–3 对中心鬃；第 5 背板具 2 行心鬃和 1 行缘鬃；肛尾叶细长。雌性额较复眼略窄，间额两侧缘大致平行，头两侧各具 2 根外侧额鬃，外顶鬃明显，触角第 1 鞭节长为梗节的 4 倍，爪及爪垫短。

生物学：寄生于杨枯叶蛾、黄褐天幕毛虫。

分布：浙江（德清、临安、庆元）、黑龙江、吉林、辽宁、内蒙古、北京、天津、河北、山西、山东、宁夏、江苏、上海、安徽、江西、湖南、福建、台湾、广东、海南、香港、广西、重庆、四川、贵州、云南、西藏；越南，马来西亚。

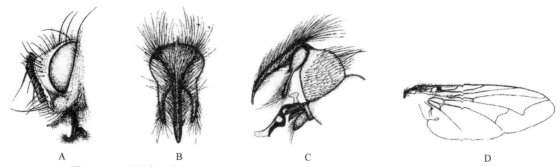

图 2-172　毛瓣奥蚜寄蝇 *Austrophorocera hirsuta* (Mesnil, 1946)（仿赵建铭等，2001）

A. ♂头侧视；B. ♂肛尾叶、侧尾叶后视；C. ♂外生殖器侧视；D. 翅

115. 盆地寄蝇属 *Bessa* Robineau-Desvoidy, 1863

Bessa Robineau-Desvoidy, 1863: 164. Type species: *Bessa secutrix* Robineau-Desvoidy, 1863.

主要特征：体中小型，复眼具很短的毛，近似裸，后头平，在眼后鬃后方具 1 完整列黑毛，单眼鬃略弯曲，着生于前单眼两侧或前方；触角芒延长，第 2 节长度为其直径的 3.0–5.0 倍；第 1 根翅上鬃短于背侧片鬃或盾后第 1 根翅内鬃，小盾端鬃缺，小盾心鬃细小或缺失；M 脉在弯曲处具一小的赘脉或折痕，中肘横脉与径中横脉和中脉心角的距离相等；前足胫节具 1 根后鬃，中足胫节具 2 根前背鬃；腹部第 1+2 合背板中央凹陷伸达后缘。

分布：除中南美洲外，世界广布。中国记录 2 种，浙江分布 2 种。

（309）平行盆地寄蝇 *Bessa parallela* (Meigen, 1824)（图 2-173）

Tachina parallela Meigen, 1824: 377.

Bessa parallela: Herting 1972: 11.

Atylomyia chinensis Zhang *et* Ge, 2007: 587.

特征：体长 5.0–6.0 mm。头顶及侧额覆灰黄色粉被，颜、侧额及颊覆灰白色粉被，侧颜为触角第 1 鞭节宽的 1/2，颜高为额长的 1.2 倍；头两侧各具 1 对外侧额鬃，外顶鬃明显；触角黑色，触角第 1 鞭节长为梗节的 5 倍，下颚须黑色，前颏短粗，具肥大唇瓣。胸部黑色，背面覆灰黄色粉被，具 5 个黑纵条，侧面覆灰白色粉被，中鬃 3+3，背中鬃 3+4，翅内鬃 1+3，腹侧片鬃 3，小盾片全部黑色，覆灰黄色粉被；翅灰色透明，翅肩鳞和前缘基鳞黑色，R_{4+5} 脉基部具 6–8 根小鬃，占基部脉段 3/5 以上，中脉心角直角或钝角，心角至 dm-cu 脉的距离为心角至翅后缘距离的 1.3–1.5 倍；足黑色，前足爪及爪垫短，约与其第 5 分跗节等长，前足胫节具 1 根后鬃，中足胫节具 2 根前背鬃，后足胫节的前背鬃长短不整齐；腹部黑色，沿背中线具 1 黑纵条，第 3、第 4 背板基部 1/3–1/2 覆黄灰色粉被且无中心鬃。

生物学：寄生于黏虫、丁香尺蠖、落叶松叶蜂、杨黑点叶蜂、松线小卷蛾、侧柏毒蛾幼虫。

分布：浙江（临安）、黑龙江、吉林、辽宁、内蒙古、北京、河北、山西、陕西、宁夏、湖北、湖南、福建、广西、四川、云南、西藏；俄罗斯，蒙古国，日本，欧洲。

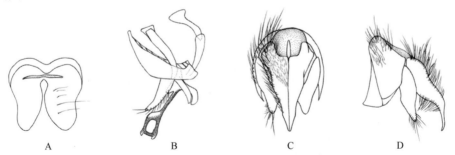

图 2-173　平行盆地寄蝇 *Bessa parallela* (Meigen, 1824)
A. ♂第 5 腹板腹视；B. 阳体侧视；C. ♂肛尾叶、侧尾叶和第 9 背板后视；D. C 侧视

（310）黄须盆地寄蝇 *Bessa remota* (Aldrich, 1925)（图 2-174）

Ptychomyia remota Aldrich, 1925: 13.

Bessa remota: Crosskey, 1976: 220.

Atylomyia minutiungula Zhang *et* Wang, 2007: 585.

特征：体长 5.0–6.0 mm。头顶及侧额覆灰黄色粉被，颜、侧额及颊覆灰白色粉被，侧颜为触角第 1 鞭节宽的 1/2，颜高为额长的 1.2 倍；头两侧各具 1 对外侧额鬃，外顶鬃明显；触角黑色，触角第 1 鞭节长为梗节的 5 倍，下颚须黄色，前颏短粗，具肥大唇瓣；胸部黑色，背面覆灰黄色粉被，具 5 个黑纵条，侧面覆灰白色粉被，中鬃 3+3，背中鬃 3+4，翅内鬃 1+3，腹侧片鬃 3，小盾端鬃交叉排列，向后方伸展，小盾片背中央的毛倒伏状排列；翅灰色透明，翅肩鳞和前缘基鳞黑色，R_{4+5} 脉基部具 6–8 根小鬃，占基部脉段的 3/5 以上，中脉心角直角或钝角，心角至 dm-cu 脉的距离为心角至翅后缘距离的 1.3–1.5 倍；足黑色，前足爪及爪垫短，约与其第 5 分跗节等长，前足胫节具 1 根后鬃，中足胫节具 2 根前背鬃，后足胫节的前背鬃长短不整齐；腹部黑色，沿背中线具 1 黑纵条，第 3、第 4 背板基部 1/3–1/2 覆黄灰色粉被且无中心鬃。

分布：浙江（临安）、福建、台湾、广东；印度，缅甸，斯里兰卡，马来西亚，印度尼西亚。

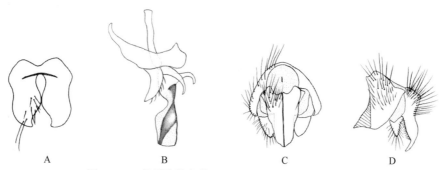

图 2-174　黄须盆地寄蝇 *Bessa remota* (Aldrich, 1925)

A. ♂第 5 腹板腹视；B. 阳体侧视；C. ♂肛尾叶、侧尾叶和第 9 背板后视；D. C 侧视

116. 刺蛾寄蝇属 *Chaetexorista* Brauer *et* Bergenstamm, 1895

Chaetexorista Brauer *et* Bergenstamm, 1895: 80. Type species: *Chaetexorista javana* Brauer *et* Bergenstamm, 1895.

Hygia Mesnil, 1952: 222. Type species: *Blepharipoda eutachinoides* Baranov, 1932.

主要特征：复眼被密毛，单眼鬃位于前单眼的后方，眼后鬃后方有 1 行黑色的毛，头较短而宽，颜堤鬃上升不超过颜堤高度的 1/2，具 2 根向后弯曲的内侧额鬃，颊被黑色密毛；雄性外顶鬃不发达，与眼后鬃无明显区别；触角芒第 2 节长度至多为其直径的 3 倍。前胸腹板两侧被毛，中鬃 3+3，背中鬃通常 3+4（=后背中鬃 4 对），翅内鬃 1+3，中脉心角大致为直角，心角后方有一短小褶痕，中肘横脉靠近中脉心角；前足胫节无近端后背鬃，雄性后足胫节具 1 行整齐的前背鬃梳；腹部卵形，第 1+2 合背板基部中央凹陷伸达后缘，各背板沿后缘无粉被，各形成 1 条黑色横带；第 1+2 合背板、第 3 背板各具 2 根中缘鬃；肛尾叶仅基半部愈合。雌性胸部和腹部的毛和鬃均较短粗，第 5 背板正常。

分布：除中南美洲外，世界广布。中国记录 8 种，浙江分布 5 种。

分种检索表

1. 侧颜中部的宽度显著窄于触角第 1 鞭节 ··· 2
- 侧颜中部的宽度显著宽于或等于触角第 1 鞭节 ·· 3
2. 下颚须棒状，端半部显著膨大；雄性腹部第 4 腹板后缘略向后突出呈弧形，仅被黑毛；雌性中脉心角至翅后缘距离大于心角至 dm-cu 脉的距离 ···················· **棒须刺蛾寄蝇 *C. palpis***
- 下颚须筒形，黄色，端半部略加粗；雄性腹部第 4 腹板显著向后突出，呈齿形，每侧各具 1–2 根细鬃，肛尾叶向背面拱起呈脊；雌性中脉心角至翅后缘距离小于心角至 dm-cu 脉的距离 ·········· **苹绿刺蛾寄蝇 *C. klapperichi***
3. 雄性肛尾叶基半部的宽度大于整个肛尾叶长度的 1/2；中脉心角略大于直角 ············ **爪哇刺蛾寄蝇 *C. javana***
- 雄性肛尾叶基半部的宽度小于整个肛尾叶长度的 1/2 ··· 4
4. 肛尾叶向腹面弯曲程度较大，侧尾叶宽大，第 5 腹板每侧各具 1 排长鬃 ··············· **长鬃刺蛾寄蝇 *C. setosa***
- 肛尾叶向腹面弯曲程度较小，侧尾叶较窄，第 5 腹板每侧无长鬃 ·················· **健壮刺蛾寄蝇 *C. eutachinoides***

（311）健壮刺蛾寄蝇 *Chaetexorista eutachinoides* (Baranov, 1932)（图 2-175）

Blepharipoda eutachinoides Baranov, 1932b: 92.

Chaetexorista eutachinoides: Sabrosky *et* Crosskey, 1969: 36.

　　特征：体长 13.0–15.0 mm。雄性额为复眼宽的 3/5，棕黑色，额鬃下降至侧颜，达触角芒着生处水平，颜堤鬃仅分布于颜堤下方 1/3，颊被黑毛，触角黑色，第 1 鞭节为梗节长的 2.5–3.0 倍，触角芒细长，基部 2/5 略加粗。胸部黑色，覆灰黄色粉被，背面具 5 个黑纵条，中间 1 条在盾沟前消失，腹侧片鬃 3，小盾片全部黄色，有时基部呈棕黑色，小盾端鬃交叉排列，向后方平伸，两小盾亚端鬃之间的距离为小盾亚端鬃与基鬃之间距离的 1.2 倍，1 对小盾心鬃，翅灰色透明，沿翅脉两侧及翅前缘黄褐色，翅肩鳞与前缘基鳞黑色，R_{4+5} 脉基部脉段 2/5–1/2 被小鬃，中脉心角一般略大于直角，圆滑，由心角至翅后缘的距离为心角至中肘横脉距离的 3/4；足黑色，爪长，前足胫节具 2 根后鬃，中足胫节具 2–3 根前背鬃；腹部黑色，第 1+2 合背板至第 4 背板两侧具明显的红黄色斑，第 3–5 背板基部 1/2–3/5 覆灰色粉被，沿背中线有 1 条黑纵条，第 1+2 合背板、第 3 背板各具 1 对中缘鬃，第 5 背板具 1 行心鬃和 1 行缘鬃，肛尾叶宽三角形，略向腹面弯曲，基半部近于圆形，沿背中线具龙骨状突起，两侧凹陷，被红黄色或棕黄色毛。雌性额与复眼大致等宽，每侧各具 2 根外侧额鬃，下颚须端部略加粗；中足胫节常具 3 根前背鬃，后足胫节的前背鬃长短不齐。

　　生物学：寄生于黄刺蛾。

　　分布：浙江（临安）、黑龙江、吉林、辽宁、内蒙古、北京、天津、河北、山西、山东、江苏、上海、安徽、湖北、江西、湖南、福建、台湾、云南、西藏；尼泊尔。

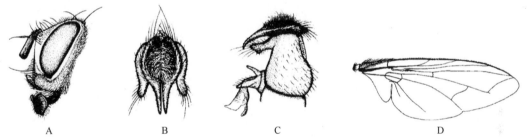

图 2-175　健壮刺蛾寄蝇 *Chaetexorista eutachinoides* (Baranov, 1932)（仿赵建铭等，2001）
A. ♂头侧视；B. ♂肛尾叶、侧尾叶后视；C. ♂外生殖器侧视；D. 翅

（312）爪哇刺蛾寄蝇 *Chaetexorista javana* Brauer *et* Bergenstamm, 1895（图 2-176）

Chaetexorista javana Brauer *et* Bergenstamm, 1895: 80.

　　特征：体长 11.0–12.5 mm。雄性头覆灰白色粉被，侧颜宽于触角第 1 鞭节，额鬃下降至侧颜，达触角芒着生处水平，侧额被黑毛，伴随额鬃下降至侧颜。触角黑色，第 1 鞭节为梗节长的 3.0 倍左右，触角芒细长，基部 1/3 处略加粗，单眼鬃着生于前单眼的两侧。下颚须端半部红黄色，基半部棕黑色；颜堤鬃上升不超过颜堤长一半。胸部黑色，覆灰白色粉被，背面具 5 个狭窄的黑纵条，中间的 1 条在盾沟前消失，背中鬃 3+3，小盾片大部红黄色，基缘棕黑色，小盾端鬃交叉排列，两亚端鬃的距离等于由亚端鬃至基鬃间的距离，有 1 对小盾心鬃。翅灰色透明，翅肩鳞和前缘基鳞黑色，R_{4+5} 脉基部脉段 1/2 被小鬃，中脉心角略大于直角。足黑色，爪长，前足胫节具 2 根后鬃，后足胫节前背鬃长短不整齐。腹部棕黑色，两侧及腹面棕黄色，第 3–5 背板基部 3/5 覆浓厚的灰色粉被，沿背中线具黑纵条，第 1+2 合背板、第 3 背板各具 1 对中缘鬃，第 5 背板具 2 行心鬃、1 行缘鬃，第 4 背板两侧后半部被浓密的鬃状毛，雄性肛尾叶宽三角形，基半部的宽度大于整个肛尾叶长度的 1/2，基半部沿背中线龙骨突起两侧凹陷，被棕黄色毛。

　　生物学：寄生于黄刺蛾、中国绿刺蛾、褐边绿刺蛾。

分布： 浙江（德清、临安）、黑龙江、吉林、辽宁、北京、河北、山东、江苏、上海、安徽、江西、湖南、福建、台湾、广东、海南、香港、广西、四川、贵州、云南；印度，尼泊尔，菲律宾，马来西亚，印度尼西亚，美国。

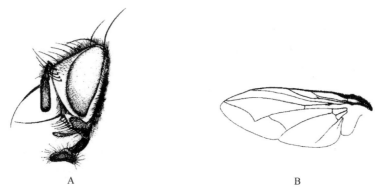

图 2-176　爪哇刺蛾寄蝇 *Chaetexorista javana* Brauer *et* Bergenstamm, 1895（仿赵建铭等，2001）

A. ♂头侧视；B. 翅

（313）苹绿刺蛾寄蝇 *Chaetexorista klapperichi* Mesnil, 1960（图 2-177）

Chaetexorista klapperichi Mesnil, 1960: 645.

特征： 体长 8.0–10.0 mm。雄性额宽为复眼宽的 4/5–9/10，间额与侧额大致等宽，侧颜中部略窄于触角第 1 鞭节；侧额覆黄灰色粉被，颜、侧颜及颊覆灰色粉被，下颚须黄色，筒形；额鬃下降至侧颜达触角芒基部水平，颜堤鬃上升至颜堤中部，单眼鬃位于前单眼的略后方，颊被黑毛，触角第 1 鞭节为梗节长的 3.5–4.0 倍，触角芒基部 1/3 加粗。胸部黑色，覆灰色或黄灰色粉被，背面具 5 个黑纵条，中间 1 条在盾沟前消失；腹侧片鬃 3 或 2，小盾片红黄色，基缘棕黑色，小盾端鬃交叉排列，向后方不伸展，两小盾亚端鬃之间的距离为亚端鬃至同侧基鬃的 1.5 倍；翅灰色透明，翅肩鳞和前缘基鳞黑色，R_{4+5} 脉基部脉段 1/2 被小鬃，由中脉心角至翅后缘的距离略小于心角至中肘横脉的距离；足黑色，爪细长，前足胫节具 2 根后鬃；中足胫节具 3 根（有时 2 根）前背鬃；后足胫节具 1 行梳状前背鬃，其中有 1 根较粗大的鬃。腹部黑色，第 1+2 合背板、第 3 背板具 1 对中缘鬃，少数个体第 3、第 4 背板具 1 对短小的中心鬃，第 5 背板具 1 行心鬃和 1 行缘鬃，第 5 腹板后缘中央显著向后突出呈尖齿形。肛尾叶三角形，沿背中线呈屋脊形拱起，在背中线两侧无凹陷，被暗黄色毛，末端向腹面弯曲呈钩状。雌性头两侧各具 2 根外侧额鬃，每侧各具 3 根内侧额鬃（少数个体具 2 根），中间 1 根向后方伸展，爪短。

生物学： 寄生于中国绿刺蛾、梨大食心虫、褐边绿刺蛾、大袋蛾。

分布： 浙江（临安）、黑龙江、吉林、辽宁、北京、河北、山西、山东、甘肃、新疆、江苏、上海、安徽、江西、湖南、福建、台湾、海南、广西、四川。

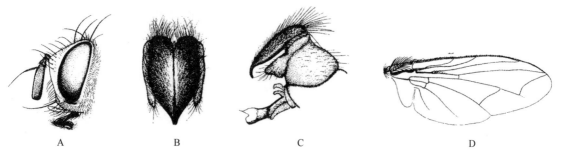

图 2-177　苹绿刺蛾寄蝇 *Chaetexorista klapperichi* Mesnil, 1960（仿刘银忠和赵建铭，1998）

A.♂头侧视；B.♂肛尾叶、侧尾叶后视；C.♂外生殖器侧视；D. 翅

（314）棒须刺蛾寄蝇 *Chaetexorista palpis* **Chao, 1965（图 2-178）**

Chaetexorista palpis Chao, 1965: 102.

特征：体长 11.0–13.0 mm。雄性额宽为复眼宽的 6/7，间额略宽于侧额，侧颜中部宽度小于触角第 1 鞭节，侧额覆黄色粉被，颜、侧颜及颊覆灰色粉被，下颚须较短，黄色，其长度为触角第 1 鞭节的 5/6，端半部膨胀，呈棍棒形，额鬃下降至侧颜达触角芒着生处水平，颜堤鬃上升达颜堤的一半，颊被黑毛，触角黑色，第 1 鞭节为梗节长的 4.0 倍，触角芒细长，基部 1/3 略加粗，吻短粗，具肥大唇瓣。胸部黑色，背面覆灰白色粉被，具 5 个狭窄的黑纵条，中间 1 条在盾沟前消失，腹侧片鬃 3，小盾端鬃交叉排列，两亚端鬃之间的距离为亚端鬃至同侧基鬃距离的 1.25 倍；足黑色，爪细长，前足胫节具 3 根后鬃；中足胫节具 2 根前背鬃，后足胫节具 1 行整齐的前背鬃梳，有时中部有 1 根较粗大；翅灰色、透明，前缘刺不发达，R_{4+5} 脉基部脉段 1/2 被小鬃，中脉心角为直角，心角至翅后缘的距离略小于心角至中肘横脉的距离，翅肩鳞和前缘基鳞黑色，前缘脉第 4 段后方 4/5 裸。腹部黑色，第 1+2 合背板至第 4 背板两侧略呈红黄色，背板基部 1/2 具排列不规则的刺状鬃。肛尾叶长三角形，直，末端略向腹面弯曲，沿背中线的龙骨突起两侧向内凹陷，被黑毛。雌性头两侧各具 2 根外侧额鬃，触角第 1 鞭节宽为侧颜宽的 2 倍，中脉心角至翅后缘的距离大于心角至中肘横脉的距离；腹部第 3、第 4 背板各具 1–2 对中心鬃，第 5 背板背面全部具不规则的刺状鬃；爪短。

生物学：寄生于黄刺蛾。

分布：浙江（临安）、北京、河北、山东、江西、湖南、四川。

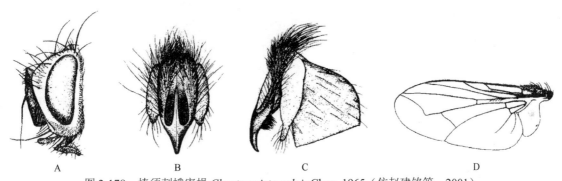

图 2-178　棒须刺蛾寄蝇 *Chaetexorista palpis* Chao, 1965（仿赵建铭等，2001）
A. ♂头侧视；B. ♂肛尾叶、侧尾叶后视；C. ♂外生殖器侧视；D. 翅

（315）长鬃刺蛾寄蝇 *Chaetexorista setosa* **Chao, 1965（图 2-179）**

Chaetexorista setosa Chao, 1965: 103.

特征：体长 11.5–15.0 mm。雄性额宽为复眼的 6/7，侧颜中部为触角第 1 鞭节宽的 1.4 倍，间额为侧额宽的 1.2 倍，侧额及下侧颜覆黄灰色粉被，颜、侧颜及颊覆灰色粉被，下颚须筒形，端部 1/3 红黄色，基部 2/3 棕黑色，触角黑色，梗节 2、第 1 鞭节交界处红黄色，第 1 鞭节为梗节长的 2.8 倍，触角芒细长，基部 1/3 略加粗，额鬃下降至侧颜，达触角芒基部水平，颜堤鬃上升达颜堤基部 3/7 的部位，颊被黑毛。胸部黑，覆黄灰色粉被，背面具 5 个黑纵条，中间 1 条在盾沟前消失，腹侧片鬃 3，小盾片端半部红黄，基半部棕黑，或全部红黄，小盾端鬃交叉排列，向后方平伸，两小盾亚端鬃的距离为亚端鬃与基鬃之间距离的 1.1–1.3 倍，有 1 对小盾心鬃，翅灰色、透明，翅基和翅前缘略呈黄褐色，翅肩鳞和前缘基鳞黑色，R_{4+5} 脉基部脉段的一半被小鬃，中脉心角略大于直角，圆滑，由中脉心角至翅后缘的距离为心角至中肘横脉之间距离的 3/5–7/8；足黑色，爪长，前足胫节具 1 行排列紧密、长短一致的前背鬃。腹部黑色，第 2–4 背板两侧具红黄色斑，第 3–5 背板基部 2/5–3/5 覆灰色粉被，沿背中线有 1 条黑纵条，第 1+2 合背板、第 3 背板具 1 对中缘鬃，第 4 背板具 1 行缘鬃，第 5 背板具 1 行心鬃和 1 行缘鬃，沿第 5 腹板具 1 行长鬃；肛尾叶较窄而长，显著向腹面弯曲，基部沿中央龙骨突起，两侧向内凹陷，被淡黄色或棕黄色毛，侧尾叶较长而宽。雌性额较复眼略宽，颜堤鬃仅占颜堤基部的 1/4，腹部第 5 背板略长于第 4 背板。

　　　分布：浙江（临安）、山东、新疆、江苏、湖南、广西、四川、云南。

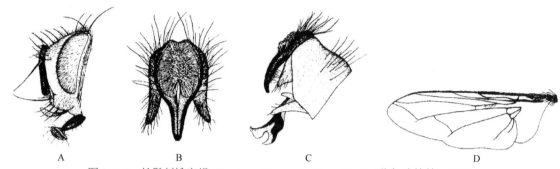

图 2-179　长鬃刺蛾寄蝇 *Chaetexorista setosa* Chao, 1965（仿赵建铭等，2001）
A. ♂头侧视；B. ♂肛尾叶、侧尾叶后视；C. ♂外生殖器侧视；D. 翅

117. 栉蚤寄蝇属 *Ctenophorinia* Mesnil, 1963

Ctenophorinia Mesnil, 1963: 24. Type species: *Ctenophorinia adiscalis* Mesnil, 1963

　　　主要特征：复眼具密的长毛，后头平，上半部在眼后鬃后方无黑毛；颜堤鬃上升达颜堤上方的 1/3；触角芒裸，第 2 节不延长，至多长为其宽度的 2 倍；下颚须黄色，髭位于口缘同一水平；小盾端鬃近水平排列；前缘脉第 4 段长于第 6 段，r_{4+5} 室开放，中肘横脉与 r_{4+5} 室交接处略靠近心角，R_{4+5} 脉基部脉段仅部分被小鬃，M 脉弯曲处有赘脉；腹部第 1+2 合背板中央凹陷伸达后缘，第 3、第 4 背板均无心鬃。

　　　分布：古北区、东洋区。我国记录 2 种，浙江分布 1 种。

（316）黄额栉蚤寄蝇 *Ctenophorinia frontalis* Ziegler *et* Shima, 1996

Ctenophorinia frontalis Ziegler *et* Shima, 1996: 448.

　　　主要特征：雌中足基节具 1 列 6–7 根短且发达的钝刺，最大的刺至多是中足转节长的 1/2。
　　　分布：浙江（临安）、辽宁、北京；俄罗斯，日本。

118. 追寄蝇属 *Exorista* Meigen, 1803

Exorista Meigen, 1803: 280. Type species: *Musca larvarum* Linnaeus, 1758 (monotypy).
Chaetotachina Brauer *et* Bergenstamm, 1889: 98. Type species: *Tachina rustica* Fallén, 1810.

　　　主要特征：复眼裸，额宽为复眼宽的 1/2–3/4，侧颜裸，不窄于触角基节的宽度，颊宽为复眼纵轴的 1/6–1/3，几乎全部为后头伸展区占据，被黑毛或白毛；额鬃下降至侧颜水平，每侧具 2 根向后方弯曲的内侧额鬃，单眼鬃发达，向前方伸展，外顶鬃缺失或不发达，具 2 根单眼后鬃，每侧各具 1 根后顶鬃，后头上方在眼后鬃后方无黑毛，仅有少数种类某些个体有时出现 1–2 根不规则黑毛，髭位于口缘上方水平，颜堤鬃的分布不超过基部的 1/2；触角第 1 鞭节长为梗节长的 1–4 倍，触角芒至多在基部 3/5 变粗；第 1 根翅上鬃短于背侧片鬃和盾后第 1 根翅内鬃，前胸腹板两侧被毛，下后侧片裸，中鬃 3+3，背中鬃 3+3（4），翅内鬃 1+3，翅上鬃 3 根，翅大致呈长三角形，r_{4+5} 室开放，中脉心角为直角或钝角，后方具 1 暗色的裙痕，翅肩鳞和前缘基鳞黑色；足发达，雄性前爪及爪垫延长；腹部第 1+2 合背板中央凹陷达后缘。

　　分布：除中南美洲外，世界广布。中国记录 39 种，浙江分布 13 种。

分种检索表

1. 背中鬃 3+3，额鬃下降至侧颜中部以下，触角第 1 鞭节的长度为梗节长的 1.2–2.0 倍；小盾片一般为黑色；中足胫节具 3 根前背鬃。腹部沿背中线具 1 黑色纵条。雄性肛尾叶背面向内凹陷，呈椭圆形，槽内被黄毛，阳茎呈带状，向后伸展 ……… **乡间追寄蝇 *E. rustica***
- 背中鬃 3+4 …… 2

2. 口缘与中颜板大致处于同一平面，不显著向前突出或略向前倾斜。额鬃下降至侧颜不及中部水平，唇瓣较大，侧颜宽于触角第 1 鞭节 …………………………………………………………………………………………………… 3
- 口缘显著向前突出 ……………………………………………………………………………………………………… 7

3. 复眼被密毛；前缘基鳞暗黄色 ……………………………………………………………………… **强壮追寄蝇 *E. fortis***
- 复眼裸 …… 4

4. 腹部第 3 背板具 4 根中缘鬃；雄性肛尾叶长圆锥形，向腹面略弯曲，端部 3/5 背面被黄毛，呈刷状 …… **四鬃追寄蝇 *E. quadriseta***
- 腹部第 3 背板具 2 根中缘鬃；雄性肛尾叶呈三角形或圆形 …………………………………………………………… 5

5. 中足胫节具 2 根前背鬃；侧额毛稀疏；中脉心角至翅后缘的距离约等于其至 dm-cu 脉的距离；雄性肛尾叶末端平齐，背面被竖立而浓密的黄色长毛，呈刷状 …………………………………………… **刷肛追寄蝇 *E. penicilla***
- 中足胫节具 3 根前背鬃 ………………………………………………………………………………………………… 6

6. 雄性、雌性腹部第 3、第 4 背板均无中心鬃，侧颜宽度为触角第 1 鞭节宽度的 2–2.5 倍。肛尾叶较宽，呈桃形，背面被黄毛 ……………………………………………………………………………………………… **金额追寄蝇 *E. aureifrons***
- 雌性腹部第 3、第 4 背板均具粗大的中心鬃，雄性或有或无，有时仅第 4 背板具 1 对中心鬃，侧颜宽为触角第 1 鞭节的 2 倍，肛尾叶长三角形，背面毛较短 ……………………………………………………………… **透翅追寄蝇 *E. hyalipennis***

7. 肛尾叶背面被黄毛 ……………………………………………………………………………………………………… 8
- 肛尾叶背面被黑毛 ……………………………………………………………………………………………………… 9

8. 体大型，单眼鬃位于前后单眼之间，中胸背板在盾沟前和盾沟后均有 5 个黑纵条，前缘刺不发达，前缘基鳞黄褐色，后头被金黄色毛 ………………………………………………………………………………… **拉氏追寄蝇 *E. ladelli***
- 体中型，单眼鬃位于前单眼两侧，中胸背板在盾沟前有 4 个，盾沟后有 5 个黑纵条，前缘刺发达，前缘基鳞黑色，后头被灰色毛，肛尾叶末端较宽大 ……………………………………………………… **家蚕追寄蝇 *E. sorbillans***

9. 腹部各背板基部的粉被沿背中线向后方呈齿形突出，形成 1 道白色粉条 ……………………………………………… 10
- 腹部各背板上的粉被沿背中线中断，形成 1 道重纵条 ………………………………………………………………… 11

10. 腹部粉被较稀薄，第 3 背板后端的黑斑约占背板长的 1/2；中胸侧板常被黑毛；中脉心角至翅后缘的距离为其至 dm-cu 脉距离的 1.3–1.5 倍；中足胫节一般具 3 根前背鬃，少数为 2 根；腹部末端常为红色，偶有黑色；肛尾叶在中部向端部急剧变窄，阳茎在基阳体与侧阳体交界处的腹面具 1 突起 …………………………… **红尾追寄蝇 *E. xanthaspis***
- 腹部粉被较浓厚，第 3 背板后端的黑斑显著小于该背板长度的 1/2；中胸侧板被白毛；中脉心角至翅后缘的距离是其至 dm-cu 脉距离的 2 倍；中足胫节一般具 2 根前背鬃，少数为 3 根；腹部末端总是黑色；肛尾叶由基部向端部逐渐变窄，阳茎在基阳体与侧阳体交界处无突起 …………………………………………… **裙伞追寄蝇 *E. civilis***

11. 复眼被毛；下颚须黑色；中脉心角至翅后缘的距离远小于或等于心角至 dm-cu 脉的距离；肛尾叶背腹扁平，呈片状 ……………………………………………………………………………………………………… **突额追寄蝇 *E. frons***
- 复眼裸，中脉心角至翅后缘的距离显著长于心角至 dm-cu 脉的距离；肛尾叶近长方形 ………………………… 12

12. 触角第 1 鞭节为梗节长的 2.5–3.0 倍；肛尾叶侧扁，窄而长，端部扩大呈梭镖状 ………………… **日本追寄蝇 *E. japonica***
- 触角第 1 鞭节为梗节长的 2.0 倍以下；肛尾叶宽大，背腹扁平，呈长方形片状 ………………… **古毒蛾追寄蝇 *E. larvarum***

（317）金额追寄蝇 *Exorista (Spixomyia) aureifrons* (Baranov, 1936)（图 2-180）

Eutachina aureifrons Baranov, 1936: 107.

Exorista (Spixomyia) aureifrons: Sabrosky *et* Crosskey, 1969: 42.

　　主要特征：侧额具金黄色粉被，毛稀疏，为触角宽的 2.5 倍，外顶鬃缺失或不发达，2 单眼后鬃，每侧各具 1 根后顶鬃，口缘不显著向前突出或略向前倾斜，额鬃下降至侧颜不及中部水平；触角第 1 鞭节约为梗节长度的 3 倍，其前缘不向前突出；背中鬃 3+4，前缘刺不发达，中脉心角至翅后缘的距离小于心角至 dm-cu 脉的距离，翅肩鳞和前缘基鳞黑色；中足胫节具 3 根前背鬃；腹部第 3、第 4 背板均无中心鬃，腹面沿中线被浓密的鬃状毛。

　　分布：浙江（德清、临安）、辽宁、山西、山东、江苏、上海、安徽、湖北、江西、福建、台湾、海南、重庆、四川、贵州、云南、西藏；俄罗斯，日本，越南，菲律宾，马来西亚，印度尼西亚。

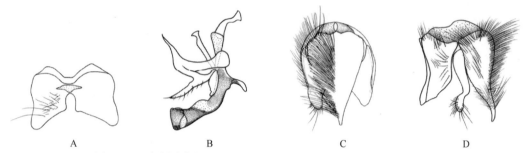

图 2-180　金额追寄蝇 *Exorista (Spixomyia) aureifrons* (Baranov, 1936)
A. ♂第 5 腹板腹视；B. ♂阳体侧视；C. ♂肛尾叶、侧尾叶和第 9 背板后视；D. C 侧视

（318）裙伞追寄蝇 *Exorista (Ptilotachina) civilis* (Rondani, 1859)（图 2-181）

Tachina civilis Rondani, 1859: 199.

Exorista (Ptilotachina) civilis: Herting, 1975: 7.

　　特征：体长 7.0-11.0 mm。雄性复眼裸，额宽为复眼宽的 5/6，间额与侧额大致等宽，向后方逐渐缢缩，头粉被大部灰白色，有时在侧额为黄灰色，颊及额前方被白毛，有时为黄褐色或黄褐与黑毛相混杂，额鬃下降至侧颜中部略上方，单眼鬃位于前单眼两侧或在前单眼的略后方；触角黑色，第 1 鞭节内侧基部橙黄，其长度为梗节的 2.0–2.5 倍，其宽度较侧颜小 1/4–1/2；口缘向前突出，下颚须黄色，末端略加粗。胸部黑色，覆黄灰色粉被，背面具 5 个较宽的黑纵条，中间 1 个在盾沟前不明显，胸部体毛颜色在雌雄个体之间有差异，一般雄性整个胸部被黑毛，而雌性胸侧片被黄白色毛，背中鬃 3+4，腹侧片鬃 3，小盾片暗黄，基缘黑褐，小盾端鬃交叉排列，向后上方伸展；足黑色，中足胫节具 2 根前背鬃，后足胫节上的前背鬃排列较紧密，长短大致相似，仅中部有 1–2 根较粗大。腹部黑色，第 3 背板两侧具 1 不明显的黄褐斑，第 3–5 背板基部 1/2–3/5 的部位覆黄灰色粉被，沿背中线向后呈齿形突出，第 1+2 合背板、第 3 背板各具 1 对中缘鬃，第 5 背板具缘鬃和短小的心鬃各 1 行，心鬃排列不规则，腹部末端黑色。肛尾叶由基部向端部逐渐变窄，阳茎在基阳体与侧阳体交界处无突起。雌性额宽为复眼宽的 1.3 倍，每侧各具 2 根外侧额鬃，间额窄于侧额，前足爪及爪垫短，腹部整个第 5 背板背面被短鬃。

　　生物学：寄生于小地老虎、落叶松毛虫、马尾松毛虫、棉铃虫、大蓑蛾、甜菜网野螟、松茸毒蛾。

　　分布：浙江（临安）、吉林、内蒙古、北京、河北、山西、山东、河南、新疆、江苏、安徽、湖北、江西、湖南、广东、广西、四川；俄罗斯，蒙古国，中亚地区，欧洲。

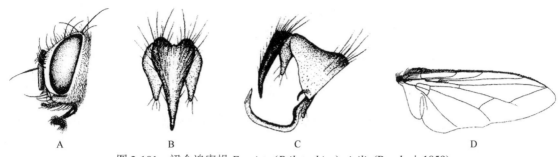

图 2-181　裙伞追寄蝇 *Exorista* (*Ptilotachina*) *civilis* (Rondani, 1859)
A.♂头侧视；B.♂肛尾叶、侧尾叶后视；C.♂外生殖器侧视；D. 翅

（319）强壮追寄蝇 *Exorista* (*Spixomyia*) *fortis* Chao, 1964（图 2-182）

Exorista fortis Chao, 1964a: 364.

特征：体长 13.0 mm。雌性复眼被密毛；头粉被除头顶及侧额部分略带黄灰色外，其余部分全部为灰白色；额宽为复眼宽的 4/5，口缘平，不向前突出，侧颜下方较上方略窄，最窄处略大于触角的宽度，间额黑褐色，两侧缘平行，与侧额等宽，额鬃仅有 1–2 根下降至侧颜达上方 1/5–1/4 的水平，单眼鬃发达，着生于前后单眼之间；触角黑色，梗节与第 1 鞭节交界处略呈红黄色，第 1 鞭节为梗节长度的 3 倍，触角芒基部 1/3 加粗，第 2 节的长度为其直径的 2 倍，前颏长为其直径的 2.7 倍，唇瓣长略大于前颏长；颜堤鬃短小，成 2–3 行排列于颜堤下方 1/4–1/3 的部分。胸部背面覆黄灰色粉被，具 5 个黑纵条，中间 1 条有时在盾缝前不明显；背中鬃 3+4，腹侧片鬃 3；小盾板红黄色，仅基缘略呈黑褐色，小盾端鬃交叉排列，向后伸展，两小盾亚端鬃之间的距离略大于每侧亚端鬃至基鬃之间的距离；翅暗灰色、半透明，前缘基鳞暗黄色，前缘脉刺不发达，R$_{4+5}$ 脉基部具 3–4 根小鬃，占基部脉段长度的 1/4，中脉心角至翅后缘的距离略大于至中肘横脉的距离。腹部黑色，第 3 背板两侧具红黄色斑，第 3–5 背板背面基部 1/2 覆灰色粉被，粉被向背板两侧逐渐加宽，占各背板长度的 3/4，沿腹部背中线有 1 条黑纵条，第 1+2 合背板具 2 根中缘鬃，第 3 背板具 3 根中缘鬃，第 4 背板具 1 行缘鬃，第 5 背板具 1 对中心鬃、1 行心鬃和 1 行短小的缘鬃，第 6+7 合背板中线两侧及后缘被数行鬃状毛。

分布：浙江（临安）、广东。

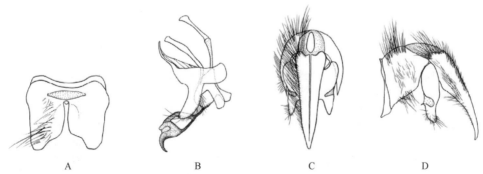

图 2-182　强壮追寄蝇 *Exorista* (*Spixomyia*) *fortis* Chao, 1964
A.♂第 5 腹板腹视；B. 阳体侧视；C.♂肛尾叶、侧尾叶和第 9 背板后视；D.C 侧视

（320）突额追寄蝇 *Exorista* (*s. str.*) *frons* Chao, 1964（图 2-183）

Exorista frons Chao, 1964a: 370.

特征：体长 12.0–14.0 mm。雄性复眼被密黄毛；整个头覆灰色粉被；额宽为复眼宽的 4/5，间额黑褐色，后端略窄，中部约为侧额宽的 1.5 倍，侧颜上宽下窄，中部宽度为触角宽的 1.3–1.4 倍，口缘显著向前突出；额鬃下降至侧颜上方 1/3 的水平，低于触角芒着生处水平，侧额及颊被细长黑毛，侧额毛下降至侧颜达第 1 根额鬃处水平，颜堤鬃排成 2 行，不超过颜堤高度的一半，单眼鬃发达，长于内侧额鬃，但较细，位于前后单眼之间；触角长，为颜高的 6/7，黑色，基节和梗节末端呈暗黄色，第 1 鞭节长约为梗节的 3.6 倍，下颚须全部红黄色，筒形，末端不加粗，吻短粗，唇瓣肥大。胸部黑色，覆灰色或灰褐色粉被，背面具 5 个黑纵条，中间 1 条在盾缝前消失；背中鬃 3+4，腹侧片鬃 3，小盾片全部黑色，有时两侧缘略呈暗黄色，小盾端鬃交叉排列，向后方伸展。翅灰色透明，前缘刺不发达，前缘脉第 2 段约为第 3 段的 2/3，而略长于第 4 段，第 4 段全长大部裸，仅前端有 2–3 对小刺，R_{4+5} 脉基部具 3–5 根小鬃，不超过基部脉的 1/5，由中脉心角至翅后缘的距离略小于至中肘横脉之间的距离。足黑色，前足爪及爪垫略长于第 4、第 5 分跗节的总和，中足胫节具 3 根前背鬃，后足胫节的前背鬃长短不一。腹部黑色，第 1+2 合背板至第 4 背板两侧具红黄色花斑，第 3–5 背板覆灰色粉被，粉被在各背板基部浓厚，端部 2/5 稀薄，形成不甚明显的黑色横带，沿腹部背中线粉被中断，形成 1 条黑色纵带；第 1+2 合背板具 1 对中缘鬃，第 3 背板具 1–2 对中缘鬃，第 5 背板具 1 行心鬃和 1 行缘鬃；腹部被细长黑毛，半竖立排列。肛尾叶狭长。雌性额宽约为复眼宽的 1.2 倍，每侧各具 2 根外侧额鬃，后内侧额鬃短小，向外后方伸展，外顶鬃发达；前足爪及爪垫略短于第 5 分跗节。

分布：浙江（临安）、辽宁、北京。

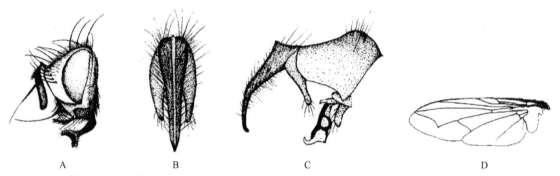

图 2-183　突额追寄蝇 Exorista (s. str.) frons Chao, 1964（仿刘银忠和赵建铭，1998）
A. ♂头侧视；B. ♂肛尾叶、侧尾叶后视；C. ♂外生殖器侧视；D. 翅

（321）透翅追寄蝇 *Exorista (Spixomyia) hyalipennis* (Baranov, 1932)（图 2-184）

Eutachina hyalipennis Baranov, 1932b: 88.

Exorista (Spixomyia) hyalipennis: Sabrosky *et* Crosskey, 1969: 42.

特征：体长 7.0–14.0 mm。雄性额宽为复眼宽的 5/6，颜略短于额，额较侧额略宽，侧颜约为触角第 1 鞭节宽的 2 倍，口缘不向前突出；头两侧各具 2 根外侧额鬃，侧额及侧颜覆黄灰色粉被，颜及颊覆灰白色粉被；触角黑色，触角第 1 鞭节长为梗节长的 3.0–3.5 倍，触角芒基部 2/3 加粗，第 2 节长约为其直径的 1.5 倍，下颚须端半部略加粗，被浓毛，暗黄色，基部黑褐色，颏短粗；胸部黑色，覆灰黄色粉被，背面具 5 个狭窄黑纵条，中间 1 条在盾沟前消失，背中鬃 3+4，腹侧片鬃 3，小盾片黑色，两侧缘略黄，小盾端鬃交叉排列，向后上方伸展，翅中脉心角为直角，圆滑，与翅后缘距离略大于肘脉末段的长度；足黑色，前足爪及爪垫长度等于第 4 和第 5 分跗节长度总和，中足胫节具 3 前背鬃；腹部黑色，覆灰白色粉被，第 1+2 合背板、第 3 背板两侧具暗黄色斑，各具 2 根中缘鬃，第 5 背板各具 1 行心鬃和缘鬃。

分布：浙江（德清、临安）、黑龙江、吉林、辽宁、内蒙古、北京、天津、河北、山西、山东、陕西、江苏、上海、安徽、湖北、江西、湖南、福建、台湾、广东、海南、广西、重庆、四川、贵州、云南、西藏；俄罗斯，日本，越南，泰国。

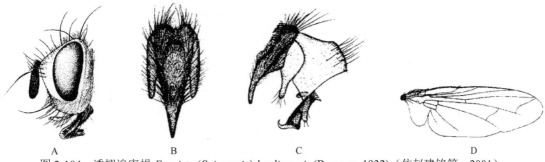

图 2-184　透翅追寄蝇 Exorista (Spixomyia) hyalipennis (Baranov, 1932)（仿赵建铭等，2001）

A. ♂头侧视；B. ♂肛尾叶、侧尾叶后视；C. ♂外生殖器侧视；D. 翅

（322）日本追寄蝇 Exorista (s. str.) japonica (Townsend, 1909)（图 2-185）

Nemosturmia japonica Mesnil, 1957: 9.

Exorista (s. str.) japonica: Herting, 1984: 5.

特征：体长 6.0–13.0 mm。雄性复眼裸，额宽为复眼宽的 2/3，间额两侧缘平行，较侧额略窄，侧颜为触角第 1 鞭节宽的 1.5–2.0 倍；触角黑色，长约为颜高的 4/5，第 1 鞭节为梗节长的 2.5–3.0 倍，侧额及侧颜覆浓厚的金黄色粉被，侧额被稀疏黑短毛，颊被细长黑毛，单眼鬃排列于前后单眼之间，大小与额鬃相似，额鬃下降至侧颜中部的略上方，下颚须黄色，与触角第 1 鞭节大致等长，向背面弯曲，端部不加粗，被较密的黑毛。胸部黑色，覆灰黄色粉被，背面具 5 个黑纵条，中间 1 条细，在盾沟前不明显；背中鬃 3+4，腹侧片鬃 3，小盾片基半部黑褐色，端半部暗黄色，小盾端鬃交叉排列，向后上方伸展；翅灰色透明，前缘刺发达，其长度与径中横脉的长度相等，前缘脉第 4 段基部 4/5 被小刺；足黑色，前足爪及爪垫与第 4 和第 5 分跗节长度的总和相等，中足胫节具 3 根前背鬃；腹部全黑色，覆灰白色粉被；第 1+2 合背板、第 3 背板各具 1 对中缘鬃，第 5 背板后方 2/3 具多数排列不规则的心鬃和 1 行缘鬃。雌性额与复眼等宽，侧额覆灰黄色粉被，侧颜覆灰色粉被，头每侧各具 2 根外侧额鬃，触角第 1 鞭节约为梗节长的 2 倍，前足爪及爪垫短。

生物学：寄生于黏虫、劳氏黏虫、马尾松毛虫、油松毛虫、棉铃虫、直纹稻苞虫、重阳木斑蛾、亚洲玉米螟、杨毒蛾、榆毒蛾、杨舟蛾、菜粉蝶、舞毒蛾、茶黄毒蛾、折带黄毒蛾、稻毛虫、条毒蛾、竹织叶野螟、美国白蛾、刚竹毒蛾、大造桥虫。

分布：浙江（德清、临安）、黑龙江、吉林、辽宁、内蒙古、北京、天津、河北、山西、山东、河南、宁夏、甘肃、新疆、江苏、上海、安徽、湖北、江西、湖南、福建、台湾、广东、海南、香港、广西、重庆、四川、贵州、云南、西藏；日本，印度，尼泊尔，越南，泰国，菲律宾，马来西亚，印度尼西亚。

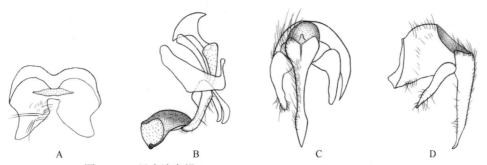

图 2-185　日本追寄蝇 Exorista (s. str.) japonica (Townsend, 1909)

A. ♂第 5 腹板腹视；B. 阳体侧视；C. ♂肛尾叶、侧尾叶和第 9 背板后视；D. C 侧视

（323）拉氏追寄蝇 Exorista (Podotachina) ladelli (Baranov, 1936)（图 2-186）

Eutachina ladelli Baranov, 1936: 108.

Exorista ladelli: Crosskey, 1976: 223.

特征：体大型。复眼裸，额宽为复眼宽的 1/2–3/4，侧颜裸，不窄于触角基节的宽度，颊宽为复眼纵轴的 1/6–1/3，几乎全部为后头伸展区占据，被黑毛或白毛；额鬃下降至侧颜水平，具 2 根向后方弯曲的内侧额鬃，单眼鬃发达，位于前单眼、后单眼之间，外顶鬃缺失或不发达，具 2 根单眼后鬃，每侧各具 1 根后顶鬃，髭位于口缘上方水平，颜堤鬃的分布不超过基部的 1/2；触角第 1 鞭节长为梗节的 1.0–4.0 倍，触角芒至多在基部 3/5 变粗；中胸背板在盾沟前、后均具 5 个黑纵条，后头被金黄色毛；下后侧片裸，翅上鬃 3 根，翅大致呈长三角形，r_{4+5} 室开放，中脉心角为直角或钝角，后方具 1 暗色的裙痕，前缘刺不发达，前缘基鳞黄褐色，翅肩鳞黑色；足发达，雄性前爪及爪垫延长。雄性肛尾叶被黄色毛。

分布：浙江（临安）、福建、海南、广西、四川；泰国。

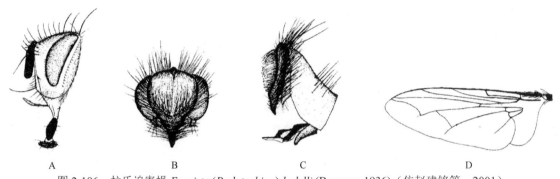

图 2-186　拉氏追寄蝇 *Exorista* (*Podotachina*) *ladelli* (Baranov, 1936)（仿赵建铭等，2001）
A.♂头侧视；B.♂肛尾叶、侧尾叶后视；C.♂外生殖器侧视；D. 翅

（324）古毒蛾追寄蝇 *Exorista* (*s. str.*) *larvarum* (Linnaeus, 1758)（图 2-187）

Musca larvarum Linnaeus, 1758: 596.

Exorista (*s. str.*) *larvarum*: Herting, 1984: 5.

特征：体长 8.5–15.3 mm。复眼裸，额宽约为头宽的 0.3 倍，间额在复眼中部约为侧额的 0.7 倍，侧颜显著宽于触角第 1 鞭节，侧额鬃 12–13 对，内倾，最上方 2 对后倾，额鬃下降至侧颜达中部水平，侧额具较稀疏的黑毛，单眼鬃位于前单眼略后方，单眼鬃约与最强额鬃等长；单眼后鬃 1 对，为内顶鬃的 0.3–0.5 倍，内顶鬃上倾，长于最强的额鬃，约为复眼高的 0.8 倍，外顶鬃毛状，不明显；触角第 1 鞭节约为梗节长的 2 倍，梗节具多根端鬃，其最长 1 根约与该节等宽，触角芒裸，在基部 1/2 长度加粗，约与触角等长，触角芒第 2 节长为宽的 1.5–2.0 倍，触角芒在基部 1/2 长度加粗；下颚须细长，唇瓣肥大。胸部黑色，具灰色粉被，背中鬃 3+4，翅上鬃 3 根，肩鬃 4 根，最强的 3 根排成弧形；腹侧片鬃 3；后气门前肋裸；翅淡棕色、半透明；翅肩鳞、前缘基鳞黑色；前缘刺发达，几乎与 r-m 脉等长；前缘脉第 2 脉段裸，R_{4+5} 脉基部背腹面具 2–4 根小鬃；中脉心角至翅后缘的距离大于心角至中肘横脉的距离；足黑色，前足爪和爪垫略长于第 5 分跗节，前胫节具后鬃 2 根、端位背鬃 2 根；中足胫节具前背鬃 3 根、后背鬃 1 根、后鬃 2 根；后足胫节具前背鬃 1 列。腹部长圆形，黑色，覆灰色粉被；各背板中央具 1 暗黑色纵条，第 1+2 合背板具中缘鬃 2 根、侧缘鬃 2 根；第 3 背板具中缘鬃 2 对，无中心鬃，侧缘鬃 3 根；第 4 背板无中心鬃；第 5 背板具后缘鬃 1 列及不规则的中心鬃；第 1 腹板具毛，第 4 和第 5 腹板可见。

生物学：寄生于山楂蛱、古毒蛾、马尾松毛虫、泌茸毒蛾、黄斑草毒蛾（草原毛虫）。

分布：浙江（临安、磐安、庆元）、黑龙江、吉林、辽宁、内蒙古、北京、天津、河北、山西、山东、河南、陕西、宁夏、甘肃、青海、新疆、江苏、上海、安徽、江西、福建、台湾、广东、四川、西藏；俄罗斯，蒙古国，日本，中亚地区，印度，西亚地区，欧洲，美国，非洲。

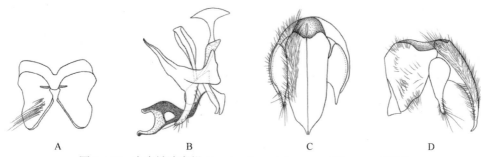

图 2-187　古毒蛾追寄蝇 *Exorista* (*s. str.*) *larvarum* (Linnaeus, 1758)

A. ♂第 5 腹板腹视；B. 阳体侧视；C. ♂肛尾叶、侧尾叶和第 9 背板后视；D. C 侧视

（325）刷肛追寄蝇 *Exorista* (*Spixomyia*) *penicilla* Chao et Liang, 1992（图 2-188）

Exorista penicilla Chao et Liang, 1992: 210.

特征：体长 11.0 mm。体中大型，黑色，被黑毛，覆灰白色粉被。触角、小盾片黑色；前缘基鳞棕黑色；下颚须、口上片黄色。胸部沟前上 4 黑纵条；腹部背面有明显的黑纵条，第 3、第 4 背板后缘具黑横带。雄性复眼裸；额宽为复眼宽的 0.7 倍；间额两侧缘大致平行，中部的宽度与侧额等宽；单眼鬃发达，位于前后单眼之间；外侧额鬃缺失，外顶鬃退化，与眼后鬃无明显区别，额鬃 3 根下降至侧颜至触角芒着生部位水平；触角第 1 鞭节为梗节长的 3.2 倍，宽度显著窄于侧颜；口上片平。颜堤鬃上升不及颜堤 1/3。胸部背中鬃 3+4，腹侧片鬃 3；小盾片具 1–2 对小盾心鬃，两亚端鬃之间的距离大于其至同侧基鬃的距离。翅 R_{4+5} 脉基部具 3 根小鬃，中脉心角至翅后缘的距离约等于其至 dm-cu 脉的距离。前足爪发达，长于其第 5 分跗节；胫节具 2 根后鬃；中胫具 2 根前背鬃；后胫前背鬃参差不齐。腹部毛倒伏状排列，第 3 背板具 1 对缘鬃，第 5 背板具不规则的中心鬃；肛尾叶端部钝，背部黄色毛直伸，呈刷状。

分布：浙江（临安）、湖南、广东、海南、四川。

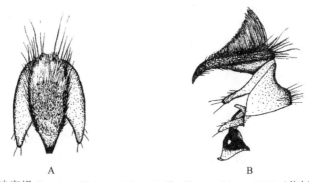

图 2-188　刷肛追寄蝇 *Exorista* (*Spixomyia*) *penicilla* Chao et Liang, 1992（仿赵建铭等，1992）

A. ♂肛尾叶、侧尾叶后视；B. ♂外生殖器侧视

（326）四鬃追寄蝇 *Exorista* (*Spixomyia*) *quadriseta* (Baranov, 1932)（图 2-189）

Eutachina quadriseta Baranov, 1932b: 91.

Exorista quadriseta: Crosskey, 1976: 223.

特征：体长 10.5–14.0 mm。雄性头底色黑，间额黑褐色，侧额覆灰黄色粉被，侧颜和颊具灰白色粉被，后头具灰色粉被，新月片黑色或棕褐色；触角黑褐色，下颚须仅端部黄褐色，其余部分黑色，中喙亮黑色。复眼裸；额宽约为头宽的 0.3 倍，间额在复眼中部约为侧额的 1.4 倍；侧颜侧面显著宽于触角第 1 鞭节；颜下缘不突出于髭角；额鬃 10–11 对，前 8–9 对内倾，最上方 2 对后倾，前 1 根强于后 1 根，额鬃有 4 根下降至侧颜上方 1/3 水平，最下方 1 根额鬃达触角芒着生部位水平，侧额具较密的黑毛，颜堤鬃上升达颜堤基部 1/3 水平；髭位于颜下缘上方；后头大部分具黄白色长毛。触角第 1 鞭节约为梗节长的 2 倍，梗节具多根端鬃；触角芒裸，基部 1/3 加粗，略长于触角，触角芒梗节长为宽的 1.3 倍；下颚须细长，具多根黑鬃毛，约与触角第 1 鞭节等长。胸部黑色，肩鬃 4 根，最强的 3 根排成弧形，背中鬃 3+4，翅上鬃 3，腹侧片鬃 3；翅淡棕色，翅肩鳞黑色，前缘基鳞棕褐色，前缘刺不发达，短于 r-m 长；R_{4+5} 脉基部具 1–3 根小鬃；中脉心角至翅后缘的距离略大于心角至 dm-cu 脉的距离；足黑色，爪垫淡黄色，前足爪和爪垫略长于第 4、第 5 分跗节之和，前足胫节后鬃 2 根，中足胫节前背鬃 1 列，后鬃 2；后足胫节前背鬃 1 列。腹部黑色，长圆形，第 3 背板两侧略呈红黄色，具灰白色粉被；各背板中央具 1 黑色纵条，第 3–5 背板后缘有黑色横带；各背板具较密的直立和倒伏的短毛；第 1+2 合背板具中缘鬃 1 对、侧缘鬃 1 根，第 3 背板具中缘鬃 2 对、侧缘鬃 1 根、中心鬃 1 对，第 4 背板具中心鬃 1 对；第 5 背板具后缘鬃 1 列、心鬃 1 列；第 1 腹板具黑毛，第 4、第 5 腹板可见。

分布：浙江（德清、临安、余姚）、陕西、江苏、湖南、台湾、四川、云南；澳大利亚。

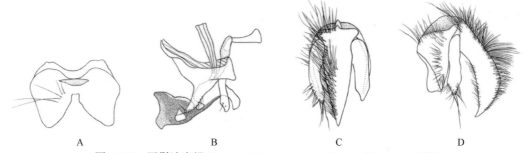

图 2-189　四鬃追寄蝇 *Exorista* (*Spixomyia*) *quadriseta* (Baranov, 1932)
A. ♂第 5 腹板腹视；B. 阳体侧视；C. ♂肛尾叶、侧尾叶和第 9 背板后视；D. C 侧视

（327）乡间追寄蝇 *Exorista* (*Adenia*) *rustica* (Fallén, 1810)（图 2-190）

Tachina rustica Fallén, 1810: 264.

Exorista (*Adenia*) *rustica*: Crosskey, 1974: 303.

特征：体长 7.0 mm。雄性复眼裸，额宽约为复眼宽的一半，颜与额大致等长，间额前端略宽，在中部水平与侧额及侧颜覆黄白色或金黄色粉被，颜及颊覆灰白色粉被；口缘向前突出；触角黑色，第 1 鞭节为梗节长的 1.2–2.0 倍，触角芒基部 2/5 加粗；额鬃下降至侧颜中部以下，下颚须黄色，筒形；颜堤下方 2/5 被细小的颜堤鬃，颊被细长黑毛；胸部黑色，背面覆黄灰色粉被，背中鬃 3+3，翅内鬃 1（0）+3（2），腹侧片鬃 3，小盾端鬃发达，与小盾侧鬃大小相仿，交叉排列，向背面伸展。翅狭小，灰色透明，R_{4+5} 脉基部背面具 3–6 根小鬃，由中脉心角至翅后缘之间的距离约为中脉心角至中肘横脉距离的 1.5–1.8 倍；足黑色，中足胫节具 3 根前背鬃；腹部黑色，第 3–5 背板基部 1/2–3/4 覆灰黄色或灰白色粉被，沿背中线有 1 个黑纵条；第 1+2 合背板具 1 对中缘鬃，第 3 背板具 2 对中缘鬃，有时出现 1 对中心鬃，第 4 背板具 1 对中心鬃，第 5 背板具 1 行心鬃、1 行缘鬃；肛尾叶基部背面向内凹陷，槽内被黄毛，阳茎末端呈短带状。雌性额宽约为复眼宽的 3/4，具 2 根外侧额鬃，间额两侧缘平行，中脉心角至翅后缘之间的距离为心角至中肘横脉之间距离的 2.0–2.5 倍，前足爪及爪垫短。

分布：浙江（临安、庆元）、黑龙江、吉林、辽宁、内蒙古、北京、天津、河北、山西、山东、宁夏、青海、新疆、江苏、上海、安徽、江西、福建、台湾、四川、云南、西藏；俄罗斯，蒙古国，中亚，西亚，欧洲。

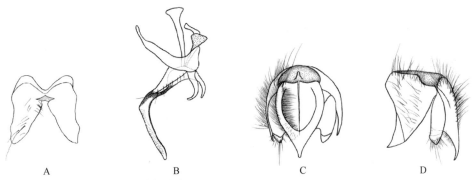

图 2-190　乡间追寄蝇 *Exorista* (*Adenia*) *rustica* (Fallén, 1810)

A.♂第 5 腹板腹视；B. 阳体侧视；C.♂肛尾叶、侧尾叶和第 9 背板后视；D. C 侧视

（328）家蚕追寄蝇 *Exorista* (*Podotachina*) *sorbillans* (Wiedemann, 1830)（图 2-191）

Tachina sorbillans Wiedemann, 1830: 311.

Exorista (*Podotachina*) *sorbillans*: Townsend, 1932: 45.

特征：体长 10.0–13.0 mm。雄性复眼被密毛；侧额及侧颜覆灰黄色或金黄色粉被，颜及颊覆灰白色粉被，颊被黑色短毛，后头被灰白色毛；额宽为复眼宽的 3/5–2/3，间额前端较后端略宽，与侧额大致等宽，侧颜中部宽度为触角第 1 鞭节宽的 1.5 倍，口缘显著向前突出；触角黑色，第 1 鞭节长为梗节的 2.5–3.0 倍，触角芒基部 1/2 加粗，下颚须黄色，筒形，向背面略弯曲；单眼鬃位于前单眼两侧，额鬃下降至侧颜中部或以下。胸部黑色，覆黄灰色粉被，背面具 5 个黑纵条，中间 1 条在盾沟前部明显；背中鬃 3+4，腹侧片鬃 3，小盾端鬃短小，交叉排列，向后方伸展；中足胫节具 2 根前背鬃，后足胫节具 1 行前背鬃，排列紧密，长短大致相同，仅中部有 1 根较粗大，翅灰色透明，R_{4+5} 脉基部脉段 1/2 被小鬃，中脉心角大致位于翅后缘与中肘横脉的正中。腹部第 3–5 背板基部覆浓厚的黄白色粉被，端半部黑色发亮，沿腹部背中线有 1 条黑纵条，第 1+2 合背板、第 3 背板具 1 对中缘鬃，第 5 背板具 1 行心鬃和 1 行缘鬃；肛尾叶三角形，基部 1/3 背面向内深深凹陷如凹槽状，被交叉排列的金黄色密毛。雌性额宽与复眼等宽，每侧各具 2 根外侧额鬃；中脉心角距离翅后缘较远，而距离中肘横脉较近；前足爪及爪垫短。

生物学：寄生于油松毛虫、马尾松毛虫、杨毒蛾、柳梢夜蛾、豆天蛾、家蚕、桑蟥、樟蚕、侧柏毒蛾、苎麻夜蛾、斜纹夜蛾、竹斑蛾、条毒蛾、竹织叶野螟、木毒蛾、油茶枯叶蛾；在我国蚕桑病虫害资料中，有关此种寄蝇的研究已经有很多记载，在河南每年发生 5 代，浙江一带每年发生 6–7 代，广东每年发生 12–14 代，寄生率一般在 20%左右，最高可达 80%以上，对蚕丝生产影响极大。此外，在贵州地区，此种寄蝇也产卵于柞蚕 *Antheraea pernyi* Gier 体壁上，幼虫孵化侵入柞蚕体内后，仅能生活数日，因不能适应而死亡。

分布：浙江（德清、临安）、黑龙江、吉林、辽宁、北京、河北、山西、山东、河南、江苏、上海、安徽、湖北、江西、湖南、福建、台湾、广东、海南、广西、重庆、四川、贵州、云南；蒙古国，日本，中亚地区，印度，尼泊尔，越南，泰国，斯里兰卡，菲律宾，印度尼西亚，欧洲，澳大利亚，非洲。

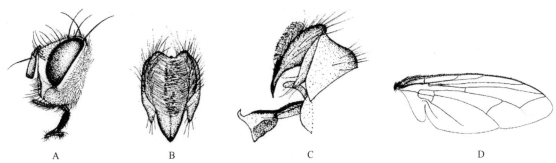

图 2-191　家蚕追寄蝇 *Exorista* (*Podotachina*) *sorbillans* (Wiedemann, 1830)（仿赵建铭等，2001）

A.♂头侧视；B.♂肛尾叶、侧尾叶后视；C.♂外生殖器侧视；D. 翅

（329）红尾追寄蝇 *Exorista (Ptilotachina) xanthaspis* (Wiedemann, 1830)（图 2-192）

Tachina xanthaspis Wiedemann, 1830: 314.

Eutachina civiloides Baranov, 1932b: 84.

Exorista xanthaspis: Crosskey, 1976: 223-224.

特征：体长 9.0–12.0 mm。雄性体黑色，覆黄白色粉被。头复眼裸；侧额、侧颜覆黄褐色粉被，颜及颊覆灰黄色粉被。额宽为复眼宽的 6/7，侧颜中部的宽度为触角第 1 鞭节宽度的 1.4 倍；侧额及颊被稀疏的黑色细毛；额鬃每侧 7 根，有 4 根下降至侧颜中部水平，颜堤鬃 5 根，分布不达颜堤高的 1/3。触角黑色，第 1 鞭节基缘红黄色，为梗节长的 2.5–3.0 倍，触角芒基部 1/2 加粗，下颚须黄色，末端略加粗；胸部黑色，覆灰黄色粉被，背面具 5 个黑纵条，背中鬃 3+4，腹侧片鬃 3；小盾片暗黄色，基缘黑色，两亚端鬃之间的距离为亚端鬃至基鬃距离的 2/3，侧鬃 1 根，靠近亚端鬃为至基鬃距离的 1/3，前缘刺不发达；R_{4+5} 脉基部具 4–5 根小鬃，占基部脉段的 2/5，中脉心角至翅后缘的距离大于至中肘横脉的距离，肘脉末段的长度与中肘横脉大致相等；前足爪与爪垫长度为第 4+5 分跗节的总和；中足胫节具前背鬃 3（2）、后背鬃 2、腹鬃 1。腹部第 3–5 背板基部 1/2–3/5 覆黄白色粉被，第 1+2 合背板和第 3 背板各具 1 对短小的中缘鬃，第 5 背板具心鬃和缘鬃 2–3 行，末端常为红色，但也有为黑色的，肛尾叶三角形，末端向腹面弯曲，在中部向端部急剧变窄，阳茎在基阳体与侧阳体交界处的腹面具 1 突起。

生物学：寄生于马尾松毛虫、黏虫、大袋蛾、小袋蛾、榆凤蝶、松茸毒蛾、茸毒蛾。

分布：浙江（临安、庆元）、黑龙江、吉林、辽宁、内蒙古、北京、河北、山西、山东、河南、陕西、宁夏、新疆、江苏、上海、安徽、湖北、江西、湖南、福建、台湾、广东、海南、香港、广西、四川、云南、西藏；俄罗斯，蒙古国，日本，中亚地区，印度尼西亚，西亚地区，欧洲，非洲。

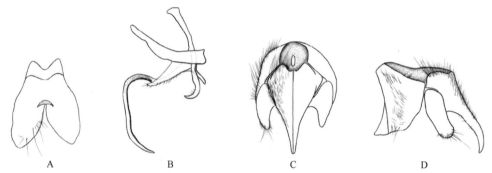

图 2-192　红尾追寄蝇 *Exorista (Ptilotachina) xanthaspis* (Wiedemann, 1830)
A. ♂第 5 腹板腹视；B. 阳体侧视；C.♂肛尾叶、侧尾叶和第 9 背板后视；D. C 侧视

119. 新怯寄蝇属 *Neophryxe* Townsend, 1916

Neophryxe Townsend, 1916: 318. Type species: *Neophryxe psychidis* Townsend, 1916.

Prosalia Herting, 1984: 13. Type species: *Exorista humilis* Mesnil, 1946.

主要特征：复眼被毛或裸，头额鬃全部向后方伸展，每侧具内侧额鬃 1 根或 2 根，单眼鬃细小或缺失，至多为最上方向后方伸展额鬃长的一半，前方额鬃下降侧颜越过侧颜上方 1/3 部位，颜堤鬃上升至多达颜堤高度的 1/2，髭位于口缘上方水平，后头平；触角第 1 鞭节宽于侧颜。

分布：古北区、非洲热带区和东洋区。中国记录 2 种，浙江分布 1 种。

（330）筒须新怯寄蝇 *Neophryxe psychidis* Townsend, 1916（图 2-193）

Neophryxe psychidis Townsend, 1916: 318.

Exorista humilis Mesnil, 1946: 59.

特征：体长 5.0–7.0 mm。雄性复眼裸；额为复眼宽的 1/2，间额黑色，前宽后窄，中部的宽度与侧颜大致相等，侧额黑，覆浓厚闪变灰白粉被，侧颜裸，上宽下窄，明显地窄于触角第 1 鞭节的宽度，口上片淡黄色，明显较颜面突出，颊黑色，被竖立的密毛；额鬃 2 行，外侧的 1 行额鬃较短小，毛状，向后方倾斜排列，4–5 根额鬃下降至侧颜，最前方的 1 根额鬃下降达侧颜上方长度的 1/3 以上，侧颜毛黑色，整齐排列 2 行，伴随额鬃下降至侧颜达同一部位，内侧额鬃 2 根，发达，前方的 1 根较后方的粗大，单眼鬃毛状，但明显，向前方伸展，位于前单眼两侧稍后，单眼三角密被黑色小毛，外顶鬃中等大小，与眼后鬃明显区别，后头扁平，黑，被灰白色粉被；触角全部黑色，占侧颜长度的 5/6，第 1 鞭节为梗节长的 2 倍，触角芒基部的 1/2 加粗，颜堤鬃竖立，占颜堤长度的 1/2，下颚须黑色，筒形，端部不膨大，背腹弯曲，颚长为其直径长度的 2.3 倍，唇瓣肥大。胸部黑色，覆青灰色粉被，背面具 5 个黑色纵条，中间的 3 条窄，在盾沟后方不明显，背中鬃 3+4，腹侧片鬃 3，小盾片全部黑色，小盾端鬃发达，交叉向后方伸展，小盾侧鬃每侧各 1，粗大，两小盾亚端鬃的距离小于亚端鬃至基鬃的距离，翅淡色透明，翅肩鳞和前缘基鳞黑，前缘刺不明显，R$_{4+5}$ 脉基部具小鬃 4–5 根，不越过基部脉段至径中横脉长度的一半；足全黑色，前足爪及爪垫不发达，中足胫节具前鬃 2。腹部黑，长卵圆形，背面具 1 宽黑纵条，覆青灰色粉被，第 3–5 背板端部 1/3 具 1 黑横带，第 3、第 4 背板两侧具 1 红黄斑，第 1+2 合背板、第 3 背板各具中缘鬃 1 对，第 3、第 4 背板均无中心鬃，第 5 背板具缘鬃和心鬃各 1 行。雌性额宽为复眼宽的 2/3，间额窄于侧额，具外侧额鬃 2 根。

生物学：寄生于茶褐蓑蛾、白囊蓑蛾。

分布：浙江（临安）、河北、山东、河南、江苏、上海、江西、湖南、福建、广西、四川、云南；俄罗斯，日本。

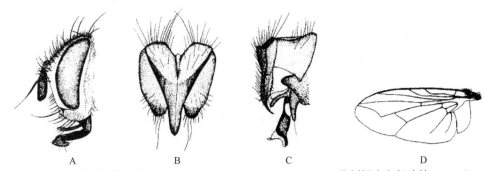

图 2-193 筒须新怯寄蝇 *Neophryxe psychidis* Townsend, 1916（仿刘银忠和赵建铭，1998）

A.♂头侧视；B.♂肛尾叶、侧尾叶、第 9 背板后视；C.♂外生殖器侧视；D. 翅

120. 蚤寄蝇属 *Phorinia* Robineau-Desvoidy, 1830

Phorinia Robineau-Desvoidy, 1830: 118. Type species: *Phorinia aurifrons* Robineau-Desvoidy, 1830.

主要特征：颜堤鬃上升达颜堤上方的 1/3 或更多；后头扁平，髭与口缘处于同一水平，前内侧额鬃异常粗大，着生于额中部水平；触角芒第 2 节延长，长为宽的 2.0–5.0 倍；小盾端鬃近直立；R$_{4+5}$ 脉基部脉段全部被小鬃；腹部第 1+2 合背板中央凹陷达后缘，第 3、第 4 背板均具中心鬃。

分布：东半球广布。中国记录 9 种，浙江分布 1 种。

（331）黄额蚤寄蝇 *Phorinia aurifrons* Robineau-Desvoidy, 1830（图 2-194）

Phorinia aurifrons Robineau-Desvoidy, 1830: 118. (probable misidentifications, Tachi *et* Shima 2006: 260.)

特征：体长 6.0 mm。雄性复眼被密毛；额宽为复眼宽的 2/3，间额黑褐色，两侧缘无粉被，大致平行，为额宽的 1/2，侧颜裸，其宽度为触角宽的 1/2，颜高为额长的 1.3 倍，口孔长为颜高的 1/2；侧额及侧颜上方覆金黄色粉被，侧颜下方、颜及颊覆灰色粉被，颊被黑毛；前后 2 根粗大的内侧额鬃大小相似，单眼鬃发达，位于前后单眼之间，外顶鬃明显，额鬃下降至侧颜达触角芒基部水平，下颚须黑色，髭与口缘处于同一水平，颜堤鬃上升达颜堤上方 1/3 的部分。触角黑色，第 1 鞭节长为梗节的 4.5 倍，触角芒基部 1/3–2/5 加粗，第 2 节延长，其长度为其直径的 4 倍，额短粗，具肥大唇瓣。胸部黑色，背面覆黄色粉被，具 4 个明显的黑纵条，背中鬃 3+4，腹侧片鬃 3，小盾端鬃交叉排列，向背后方伸展；翅灰色透明，前缘刺不发达，R₄₊₅ 脉基部脉段全部被小鬃，中脉心角靠近翅后缘；中足胫节仅具 1 根粗大的前背鬃。腹部黑色，各背板基部覆黄色粉被，粉被在第 3、第 4 背板上占 3/5，在第 5 背板上占 1/3；第 1+2 合背板具 1 对中缘鬃，第 3 背板具中缘鬃和中心鬃各 1 对，第 4 背板具 1 对中心鬃，第 5 背板具心鬃和缘鬃各 1 行。雌性额与复眼等宽，头每侧各具 2 根外侧额鬃；前内侧额鬃异常发达，较后内侧额鬃大 1 倍，后内侧额鬃较细小，略向后方伸展，触角第 1 鞭节为梗节长的 3 倍，下颚须端部 1/3 略加粗，被极短的黑毛，前足爪及爪垫短。

分布：浙江（德清、临安）、黑龙江、吉林、辽宁、河北、山西、宁夏、江西、湖南、福建、广东、广西、四川、云南、西藏；俄罗斯，日本，尼泊尔，越南，欧洲。

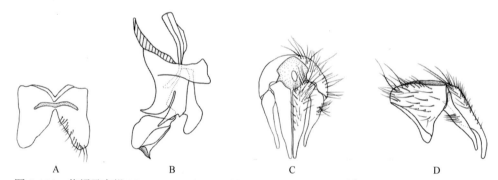

图 2-194　黄额蚤寄蝇 *Phorinia aurifrons* Robineau-Desvoidy, 1830（仿 Tachi and Shima，2006）
A. ♂第 5 腹板腹视；B. 阳体侧视；C. ♂肛尾叶、侧尾叶、第 9 背板后视；D. C 侧视

121. 蜉寄蝇属 *Phorocera* Robineau-Desvoidy, 1830

Phorocera Robineau-Desvoidy, 1830: 131. Type species: *Phorocera agilis* Robineau-Desvoidy, 1830.
Setigena Brauer *et* Bergenstamm, 1889: 94. Type species: *Tachina assimilis* Fallén, 1810.

主要特征：复眼被密的长毛，额显著向前方突出，单眼鬃位于前单眼的后方，在眼后鬃后方具 1 行黑毛，颜堤鬃上升超过颜堤高的 1/2，触角第 1 鞭节长度至少为梗节长的 2 倍，触角芒第 2 节长度最多不过其直径的 3 倍。前胸腹板两侧被毛，胸部背板后背中鬃 3 对，翅内鬃 0+3，胸部和腹部黑色，覆闪变性的灰白色粉被，中肘横脉靠近中脉心角，足黑色，雄性前足爪及爪垫较长，前足胫节具近端后背鬃；整个腹部覆满粉被，闪现灰白色光斑，沿各背板后缘无黑色横带，雌性第 5 背板后端沿背中线拱起，左右略扁，胸部及腹部的毛细长，鬃粗大，腹部具心鬃，后腹部腹板呈角状；腹部第 3、第 4 背板均具中心鬃，雌性后腹部腹面光亮，特化，呈锥形向腹面突出，顶端圆钝，而侧面皱纹状。

分布：古北区、东洋区、新北区。中国记录 5 种，浙江分布 1 种。

（332）锥肛蜉寄蝇 _Phorocera grandis_ (Rondani, 1859)（图 2-195）

Chetogena grandis Rondani, 1859: 178.

Phorocera grandis: Herting, 1969: 195.

特征：体长 10.0–14.0 mm。雄性头覆灰白色粉被，额与复眼大致等宽，间额两侧缘大致平行或向后方略缢缩，在单眼三角前约为侧额宽的 1.5 倍，侧额毛下降至侧颜中部，额鬃下降至侧颜，达触角芒着生处水平，触角第 1 鞭节为梗节长的 3.3 倍。腹部覆灰白色粉被，背面在盾沟前具 4 个黑纵条，黑纵条的宽度大于其间粉条的宽度，背中鬃 3+3，小盾片端部 2/3 红黄色，基部 1/3 黑色，小盾端鬃较细小，有时缺失，具 2–4 根发达的中心鬃；中足胫节具 3 根前背鬃；前缘脉第 4 段全长约 4/5 具缘刺。腹部黑色，覆闪变性的灰白色粉被，第 1+2 合背板和第 3 背板两侧具红黄花斑，第 1+2 合背板具 1 对中缘鬃，第 3 背板具 1 对中心鬃和 1 对缘鬃，第 4 背板具 1 对中心鬃，第 5 背板具 1 行中心鬃和 1 行缘鬃。肛尾叶半圆锥形，末端尖。雌性额宽约为或大于复眼宽，间额后端宽于前端，头每侧各具 2 根外侧额鬃，触角第 1 鞭节的长度为梗节的 3 倍；腹部第 4 背板具 2 对中缘鬃，第 5 背板后端背中线呈龙骨状拱起，第 6 腹板为 1 褶皱的三角锥形骨片；前足爪及爪垫短，前足跗节缩短，为胫长的 2/3，第 1 分跗节背面扁平，长为宽的 2.5–3.0 倍。

分布：浙江（临安）、辽宁、山东、河南、广东、广西、四川、云南；俄罗斯，日本，西亚地区，欧洲。

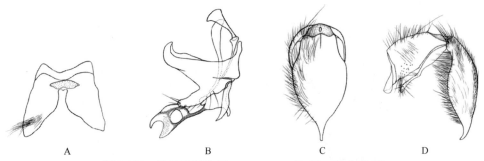

图 2-195　锥肛蜉寄蝇 _Phorocera grandis_ (Rondani, 1859)
A.♂第 5 腹板腹视；B.♂阳体侧视；C.♂肛尾叶、侧尾叶和第 9 背板后视；D. C 侧视

膝芒寄蝇族 Goniini

主要特征：复眼裸，单眼鬃向后方伸展，雌雄性额均宽，颊高至少与触角第 1 鞭节等宽；翅前鬃显著大于第 1 根沟后翅内鬃，长于第 1 根沟后背中鬃；背中鬃 3+4，小盾片端部具 1 对翘起的短刺；中脉心角至 dm-cu 脉的距离不等于心角至翅后缘的距离。膝芒寄蝇族和埃里寄蝇族的区别在于本族的全部种类均为微卵型，卵很小，产出时胚胎已经发育成熟，就等于在卵壳中包藏着 1 个蛆，但蛆不能自动孵化，必须经寄主吞食后，在消化液的作用下方能孵化。

分布：世界分布。中国记录 53 属 149 种，浙江分布 14 属 26 种。

122. 银寄蝇属 _Argyrophylax_ Brauer _et_ Bergenstamm, 1889

Argyrophylax Brauer _et_ Bergenstamm, 1889: 163. Type species: _Tachina albincisa_ Wiedemann, 1830.

Phoriniophylax Townsend, 1927: 62. Type species: _Phoriniophylax phoeda_ Townsend, 1927.

主要特征：复眼裸，非常大，几乎占据整个头两侧，颊退化成 1 狭带，其高度小于触角基部水平的侧颜宽；额鬃向间额弯曲，前内侧额鬃正常大小，位于额的中部，单眼鬃缺失；触角长，几乎达口上片，触角芒裸；翅前鬃较强大，其大小超过第 1 根后翅内鬃；腋瓣前肋裸或仅在前端具毛，肩鬃 3 根排成一直线；

后背鬃 4 根，腹侧片鬃 3 根；腹部第 1+2 合背板中央凹陷伸达后缘。

　　分布：除热带非洲外，世界广布。中国记录 3 种，浙江分布 1 种。

（333）黄胫银寄蝇 *Argyrophylax phoedus* (Townsend, 1927)（图 2-196）

Phoriniophylax phoeda Townsend, 1927: 63.

Argyrophylax phoedus: Crosskey, 1969: 99.

　　特征：体长 7.0 mm。体黑色，覆灰黄色粉被，间额、触角黑色，下颚须黄色，翅肩鳞、前缘基鳞、足、腹部黄褐色。额宽为复眼宽的 0.7–0.8 倍，间额为侧额宽的 1/2，侧额被毛，侧颜裸，其宽度窄于触角第 1 鞭节，内侧额鬃 2 对，雄性无外侧额鬃，单眼鬃退化；触角第 1 鞭节长度为梗节长的 2 倍；中胸盾片具 5 个黑纵条，在盾沟前中间的 1 条消失，肩胛 3 根基鬃排列成 1 条直线，小盾片端部黄色，小盾侧鬃 2 对；腹侧片鬃 3；R_{4+5} 脉基部具 2 根小鬃，中脉心角至翅后缘较近，由心角至翅后缘的距离为至中肘横脉距离的 2/5，肘脉末段的长度为中肘横脉长度的 2/5；中足胫节具 1 根前背鬃，后足胫节具 3 根背端鬃，腹部第 3–5 背板具 1 黑纵条，第 4、第 5 背板腹面两侧各具 1 毛斑。

　　生物学：寄生于稻苞虫。

　　分布：浙江（临安）、湖南、福建；印度，马来西亚，印度尼西亚。

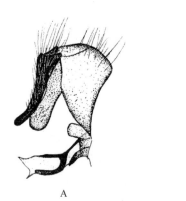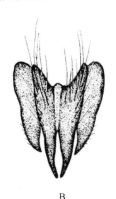

A　　　　　　　　　　　　　　　　　B

图 2-196　黄胫银寄蝇 *Argyrophylax phoedus* (Townsend, 1927)（仿赵建铭，1998）

A. ♂外生殖器侧视；B. ♂肛尾叶、侧尾叶和第 9 背板后视

123. 饰腹寄蝇属 *Blepharipa* Rondani, 1856

Blepharipa Rondani, 1856: 71. Type species: *Erycia ciliata* Macquart, 1834.

Hertingia Mesnil, 1957: 13. Type species: *Blepharipoda schineri* Mesnil, 1939.

　　主要特征：复眼裸；侧颜裸，内侧额鬃每侧 1 根，后倾，颜堤鬃上升不达颜堤的一半，髭远远位于口缘上方，其间距约与梗节的长度相等；下颚须至少端部淡黄色；腹侧片鬃 3，少数为 4，小盾片三角形，两亚端鬃排列距离靠近，小盾侧鬃每侧 1–3 根；两小盾亚端鬃之间的距离较近，等于或小于同侧亚端鬃与基鬃之间的距离；翅 r_{4+5} 室开放，R_{4+5} 脉基部具几根小毛；中足胫节具 1–2 根前背鬃，后足胫节具 1 列梳状等长的前背鬃；腹部第 1+2 合背板中央凹陷达后缘，第 5 背板长为第 4 背板的 1/2–2/3。

　　分布：除热带非洲外，世界广布。中国记录 15 种，浙江分布 4 种。

分种检索表

1. 胸部侧面后气门前肋前半部具密毛，侧颜上方在额鬃下方被毛，头覆浓厚的金黄色粉被，后头被黄毛，翅基部和上下腋瓣黄色，额宽约为复眼宽的 1/2···**毛鬃饰腹寄蝇 *B. chaetoparafacialis***

- 后气门前肋裸或仅在前端具 1–5 根毛，侧颜上方裸，如具毛，则下腋瓣白色 ·························· 2
2. 下颚须和触角全部黑色，翅基及前方 1/2 黑色，雄性肛尾叶短，端部分裂部分占 2/5 ·············· 苏金饰腹寄蝇 *B. sugens*
- 下颚须至少端部黄色或黄褐色，触角基节、梗节黄色或黄褐色 ································· 3
3. 雄额宽约为复眼宽的 1/2，侧颜略宽于触角第 1 鞭节，小盾侧鬃 2，髭的着生部位较高，由其基部至口缘的距离大于梗节的长度，侧额毛较细，无与额鬃平行排列成行的鬃状毛 ······················ 蚕饰腹寄蝇 *B.zebina*
- 雄额宽约为复眼宽的 2/3，侧颜至少为触角第 1 鞭节宽的 1.5 倍，由髭至口缘的距离小于梗节的长度，小盾侧鬃 1 或 2，一般有 1 行粗大的侧颜毛，沿额鬃平行排列，小盾侧鬃 1 ························· 宽颊饰腹寄蝇 *B. latigena*

（334）毛鬃饰腹寄蝇 Blepharipa chaetoparafacialis Chao, 1982 （图 2-197）

Blepharipa chaetoparafacialis Chao, 1982: 270.

特征：体长 20.0 mm。雄性额宽为复眼宽的 4/7，间额黑色，前宽后窄，与侧额等宽，侧颜宽为触角第 1 鞭节宽的 1.5 倍，侧额、侧颜及颊覆浓厚的金黄色粉被，颜覆灰黄色粉被；额鬃排列整齐，下降至侧颜，达梗节末端水平，侧额毛下降至侧颜远远超过侧额鬃，占颜堤上方的 1/3；触角黑色，第 1 鞭节长为梗节长的 2.3 倍，为其自身宽度的 3 倍，下颚须端半部黄白色，基半部黑色。胸部黑色，被浓密短毛，覆稀薄灰色粉被，背面具 5 个狭窄的黑纵条，中胸背板、盾沟后两侧、后缘及翅后胛暗黄色，小盾片黄色，中鬃 3+3，背中鬃 3+4，翅内鬃 1+3，后气门前肋前半部被毛，翅基鳞和前缘基鳞黑色，翅基及前缘黑色，中脉心角圆钝，其夹角为直角，由心角至翅后缘的距离为心角至中肘横脉距离的 3/4，R$_{4+5}$ 脉基部具 4–5 根小鬃；足黑色，胫节暗黄色，前足爪及爪垫特长，为第 4 和第 5 分跗节长度的总和，前足胫节具 1 根后鬃，中足胫节具 2 根前背鬃。腹部暗黑色，第 1+2 合背板至第 4 背板的前半部两侧具红黄色斑，第 3、第 4 背板基部 1/3 覆灰白色粉被，基部粉被浓厚，向后方逐渐稀薄，整个第 5 背板覆灰褐色粉被，基部 2/3 浓厚，端部 1/3 稀薄，第 1+2 合背板和第 3 背板均无中缘鬃，第 5 背板后方 1/4 被密鬃状毛，第 4 背板腹面的密毛斑仅占腹面的 1/3；肛尾叶长三角形，两分支末端内侧各具 2 根小齿，侧尾叶略短于肛尾叶，中部较细，末端加粗。

生物学：寄生于栎掌舟蛾、马尾松毛虫。

分布：浙江（临安）、河北、陕西、甘肃、新疆、湖北、湖南、福建、海南、四川、贵州、云南、西藏。

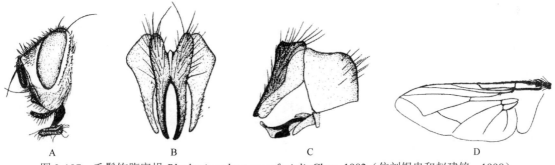

图 2-197　毛鬃饰腹寄蝇 *Blepharipa chaetoparafacialis* Chao, 1982（仿刘银忠和赵建铭，1998）
A.♂头侧视；B.♂肛尾叶、侧尾叶后视；C.♂外生殖器侧视；D. 翅

（335）宽颊饰腹寄蝇 *Blepharipa latigena* (Mesnil, 1970)（图 2-198）

Crossocosmia (*Blepharipa*) *latigena* Mesnil, 1970: 92.

Blepharipa latigena: Herting, 1984: 76.

特征：体长 11.5–16.0 mm。雄性头覆浓厚的金黄色粉被，侧额、颊及颜堤黑色，侧颜及中颜板淡黄色，口缘红黄色，略向前突出。额宽为复眼宽的 1/2，间额黑色，略窄于侧额，侧颜宽不及触角第 1 鞭节的 2 倍；内侧额鬃小于前方的额鬃，单眼鬃细小，额鬃下降至触角芒着生处水平，侧额毛下降至侧颜，有 2–3 根略超过额鬃；触角黑色，梗节黑褐色，第 1 鞭节长为梗节的 2 倍，占颜高的 2/3，触角芒基半部黄褐色，略加粗，端半部黑褐色，下颚须暗黄色，基部黑褐色。胸部黑色，覆稀薄的灰白色粉被，具 5 根狭窄的黑纵条，小盾片黄色，小盾端鬃细小，毛状，侧鬃 2 根，后气门前肋前半部被毛，翅前缘和翅基黑褐色，翅基鳞与前缘基鳞黑色；足黑色，胫节暗黄色，前足胫节具 2 根后鬃，中足胫节具 4 根前背鬃、2 根后鬃，前足爪及爪垫几乎与第 4 和第 5 分跗节等长。腹部黑色，相当光亮，第 3、第 4 背板基部 2/3 和整个第 5 背板覆灰白色粉被，第 1+2 合背板、第 3 背板均无中缘鬃，第 4 背板腹面 1/2 转向背侧。肛尾叶和侧尾叶较宽而短。

分布： 浙江（临安）、吉林、海南、广西、云南、西藏；日本。

图 2-198　宽颊饰腹寄蝇 *Blepharipa latigena* (Mesnil, 1970)（仿赵建铭等，1998）

A. ♂外生殖器侧视；B. ♂肛尾叶、侧尾叶后视

（336）苏金饰腹寄蝇 *Blepharipa sugens* (Wiedemann, 1830)

Tachina sugens Wiedemann, 1830: 306.

Blepharipa sugens: Crosskey, 1966: 679.

主要特征： 下颚须和触角全部黑色，翅基及前方 1/2 黑色，腹部第 5 背板两侧粉被浓厚，中央稀薄，呈现黑斑；雄性尾叶短，肛尾叶端部分裂部分占 2/5。

分布： 浙江（临安）、吉林、海南、广西、云南、西藏；日本。

（337）蚕饰腹寄蝇 *Blepharipa zebina* (Walker, 1849)（图 2-199）

Tachina zebina Walker, 1849: 772.

Blepharipa zebina: Crosskey, 1976: 236.

特征： 体长 10.0–18.0 mm。雄性头覆金黄色粉被，后头被黄色毛，额宽为复眼宽的 1/3–2/5；额鬃较短，下降至侧颜达梗节末端水平；单眼鬃细小，毛状；触角基节、梗节黄色，第 1 鞭节黑色，长为梗节的 2.5 倍；颊密被黑色短毛，下颚须端部 1/3 黄褐色，基部 2/3 黑褐色；喙粗短，具肥大唇瓣。胸部黑色，覆稀薄的灰白色粉被及浓密的细小黑毛，背面具 4 个狭窄的黑纵条，小盾片暗黑色，基部 1/3 黑褐色，小盾侧鬃每侧变化在 2–4 根，下腋瓣杏黄色，内缘凹陷。足黑色，后足胫节的前背鬃长短一致，排列紧密如梳状。腹部两侧及腹面暗黄色，沿背中线及前端、后端黑色，第 1+2 合背板、第 3 背板无中缘鬃，第 4 背板腹面两侧各具密毛小区；腹部粉被灰色，极稀薄，仅沿各背板基缘较明显。雌性额宽约为复眼宽的 3/5；单眼鬃较发达，有时整个腹部暗黑色，仅两侧及腹面具不明显的暗黑色斑；第 4 背板腹面无密毛区；腹部粉被浓厚，占各背板基部的 1/2。

生物学： 寄主为西伯利亚松毛虫、赤松毛虫、马尾松毛虫、思茅松毛虫、家蚕、柞蚕、蝙蝠蛾（榆毒蛾）、松茸毒蛾、板栗天蛾。该蝇的卵小而硬，属微卵型，产卵于松针上，当马尾松毛虫幼虫取食时连卵一起吞下，在胃液作用下孵化出蝇蛆，并在体腔内发育，等松毛虫结茧化蛹后，老熟蝇蛆钻出寄主入土化蛹，一般每个寄主出蝇一头。

分布：浙江（德清、临安、余姚、庆元）、黑龙江、吉林、辽宁、内蒙古、北京、天津、河北、山西、山东、河南、陕西、宁夏、甘肃、江苏、上海、安徽、湖北、江西、湖南、福建、台湾、广东、海南、广西、重庆、四川、贵州、云南、西藏；俄罗斯，印度，尼泊尔，缅甸，泰国，斯里兰卡。

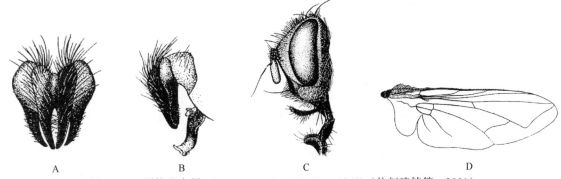

图 2-199　蚕饰腹寄蝇 *Blepharipa zebina* (Walker, 1849)（仿赵建铭等，2001）
A. ♂肛尾叶、侧尾叶后视；B. ♂外生殖器侧视；C. ♂头侧视；D. 翅

124. 小寄蝇属 *Carceliella* Baranov, 1934

Carceliella Baranov, 1934: 398. Type species: *Carcelia octava* Baranov, 1931.

Microcarcelia Baranov, 1934: 400. Type species: *Carcelia septima* Baranov, 1931.

主要特征：复眼裸，雄性额的宽度大于复眼宽的 1/2，侧颜裸，颊窄于触角基部至复眼的距离，远远窄于前额，少数颊与前额等宽；后倾内侧额鬃 2–3 根，正常大小，位于额的中部，无前顶鬃，位于前单眼后方，单眼鬃缺失，后头上方在眼后鬃后方无黑毛；触角第 1 鞭节长于梗节，触角芒裸；肩鬃 4 根，3 根基鬃排列为一直线，腹侧片鬃 2，小盾片黑色；中足胫节无腹鬃，后足基节后面具毛；腹部第 1+2 合背板中央凹陷达后缘，雄性腹部第 4、第 5 背板腹面两侧具宽大的密毛斑。

分布：古北区和东洋区。中国记录 1 种，浙江分布 1 种。

（338）八小寄蝇 *Carceliella octava* (Baranov, 1931)（图 2-200）

Carcelia octava Baranov, 1931: 35.

Carceliella octava: Sabrosky *et* Crosskey, 1969: 37.

Carcelia villimacula Chao *et* Liang, 1998: 1810.

特征：体长 8.0–11.0 mm。体黑色，全身覆金黄色粉被。间额棕红色，触角大部分、前缘脉基鳞、翅肩鳞黑色；下颚须、口上片、中颜板、侧颜黄色；足棕黑色，下腋瓣淡黄色，全身被黑色毛。盾片背面具 5 个黑纵条，腹背中部具明显黑纵线，沿第 3、第 4 背板后缘黑横带纹不明显。雄性额的宽度略大于复眼宽的 1/2，间额中部的宽度约与侧额等宽，两侧缘大致平行；额鬃 3 根下降侧颜至梗节末端水平，颜堤鬃分布于颜堤基部 1/3 以下；触角第 1 鞭节为梗节长的 3 倍，下颚须棒状，唇瓣发达。胸部中鬃 3+3，背中鬃 3+4，翅内鬃 1+3，小盾片具 1 对心鬃，两小盾亚端鬃之间的距离略大于亚端鬃至同侧基鬃的距离，小盾端鬃发达，约与小盾侧鬃同样大小。翅薄透明，前缘脉第 2 脉段约与第 4 脉段等长，中脉心角圆钝，心角至翅后缘的距离显著小于心角至中肘横脉的距离，R_{4+5} 脉基部脉段具 2 根小鬃，下腋瓣不圆形向上拱起。足胫节黑色或黑褐色，前足爪约与其第 5 分跗节等长，胫节具 2 根后鬃；中足胫节具 1 根前背鬃和 2 根后背鬃，无腹鬃；后足胫节具 1 根前背鬃和 2 根后背鬃；后足胫节具 1 根前背鬃、1 根后背鬃和 1–2 根腹鬃，末端具 3 根背端鬃。后气门前肋被毛。腹部第 3、第 4 背板无中心鬃，其后缘黑色横带纹的宽度约为其背板长度的 1/4 以下，第 3 背板具 1 对中缘鬃，第 5 背板具不规则的中心鬃及 1 排缘鬃，雄性腹部第 4、第 5 背板腹面两侧具宽大的密毛斑。肛尾叶直，端部圆钝。

分布：浙江（临安）、吉林、辽宁、北京、河北、安徽、湖南、福建、台湾、广东、海南、四川；日本。

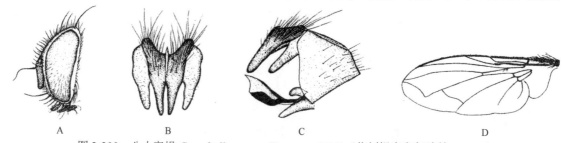

图 2-200　八小寄蝇 *Carceliella octava* (Baranov, 1931)（仿刘银忠和赵建铭，1998）
A.♂头侧视；B.♂肛尾叶、侧尾叶后视；C.♂外生殖器侧视；D. 翅

125. 卷须寄蝇属 *Clemelis* Robineau-Desvoidy, 1863

Clemelis Robineau-Desvoidy, 1863: 481. Type species: *Zenillia ciligera* Robineau-Desvoidy, 1830.

主要特征：体小型，灰黑色。复眼覆密的长毛，少数裸；颜面深陷，触角隐藏于槽内，颜堤窄而显著隆起，侧面观非常突起，颜堤鬃粗大，上升达颜堤上方的 1/3；额鬃 2–3 根，后倾，前方 1 根较大，单眼鬃发达；后头伸展区发达，拱起，在眼后鬃后方具 1 行黑色小鬃；喙短，前颏长为其直径的 1.5 倍；径中横脉直；小盾片至少端部红黄色，少数无端鬃；中足胫节具 1 根前背鬃，后足胫节具 2 根端位背鬃，一般后足转节具 1 根鬃。腹部具宽而密的粉被带，第 1+2 合背板无中缘鬃。

分布：古北区。中国记录 1 种，浙江分布 1 种。

（339）黑袍卷须寄蝇 *Clemelis pullata* (Meigen, 1824)（图 2-201）

Tachina pullata Meigen, 1824: 361.
Clemelis pullata: Herting, 1972: 12.

特征：体长 7.0 mm。雌雄两性额与复眼等宽，间额红棕色，与侧额等宽，侧额黑色，覆灰白色粉被。颜高大于额长，颜堤窄而隆起，侧面观明显地突出，颜堤鬃粗大；单眼鬃粗大，向前方弯曲，外顶鬃退化；触角全黑色，触角第 1 鞭节为梗节长的 5 倍，触角芒基半部加粗，下颚须暗黄色，前颏长为其直径的 1.5 倍；胸部黑色，覆浓厚的黄白色粉被，背面具 4 个黑纵条，背中鬃 3+4，翅内鬃 1+3，第 3 翅上鬃大于翅前鬃，小盾片黑褐色，端鬃发达，侧鬃每侧 1 根，心鬃 1 对；翅透明，翅肩鳞和前缘基鳞黑色，r_{4+5} 室远离翅顶开放，R_{4+5} 脉基部具 2–3 根小鬃，中脉心角至 dm-cu 脉的距离明显大于心角至翅后缘的距离；足黑色，前足爪发达，中足胫节具 1 根背鬃，后足转节背面具 1 根粗大的鬃，后足胫节具 1 行稀疏的梳状前背鬃；腹部黑色，覆浓厚的灰黄色粉被，第 1+2 合背板具中缘鬃 1 对，第 3 背板具中缘鬃和中心鬃各 1 对，第 4 背板具中心鬃 1 对，第 5 背板具缘鬃和心鬃各 1 行。

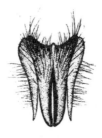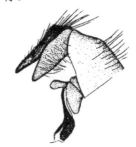

图 2-201　黑袍卷须寄蝇 *Clemelis pullata* (Meigen, 1824)（仿赵建铭等，1998）
A.♂头侧视；B.♂肛尾叶、侧尾叶后视；C.♂外生殖器侧视；D. 翅

分布：浙江（临安）、黑龙江、吉林、辽宁、内蒙古、河北、宁夏、新疆、西藏；俄罗斯，蒙古国，中亚地区，西亚地区，欧洲。

126. 柯罗寄蝇属 *Crosskeya* Shima *et* Chao, 1988

Crosskeya Shima *et* Chao, 1988: 348. Type species: *Crosskeya gigas* Shima *et* Chao, 1988.

主要特征：复眼裸，额宽约为头宽的 1/3，侧颜裸，颜堤突出，基部 3/5–4/5 具向下弯曲的颜堤鬃，雄性具前倾额鬃，单眼鬃毛状或缺；内顶鬃平行排列，外顶鬃发达，单眼鬃细，毛状，内顶鬃 2，髭位于中颜下缘水平，后头上方在眼后鬃后方无黑毛列；触角芒 1/3–1/2 加粗；触角梗节和小盾片大部红黄色。全身被黑毛；前胸侧板裸，前胸腹板被毛，肩鬃 4–5 根，3 根基鬃排成一直线，中鬃 3+3，背中鬃 3+4，翅内鬃 1+3，腹侧片鬃 3，小盾端鬃细，交叉、翘起，小盾侧鬃 1–3 根；前缘脉第 2 段腹面裸，R₄₊₅ 脉基部具 2–3 根小鬃，中脉心角至中肘横脉的距离小于心角至脉端的距离；前足胫节具 2 根后鬃，中足胫节具 2 个至多个前背鬃。腹部第 1+2 合背板具中缘鬃，第 3、第 4 背板无心鬃，至多第 4 背板具弱的中心鬃，但具缘鬃，第 5 背板具心鬃和缘鬃；雄性第 6 背板退化为 2 半圆形小片，第 6 腹板在左侧与第 7+8 合腹板分节，而在右侧则与之相连，第 9 背板前腹部凹陷，肛尾叶端部分裂，第 9 背板的两背臂延长，互相愈合形成管状结构，阳基后突存在。

分布：东洋区和澳洲区。中国记录 3 种，浙江分布 1 种。

（340）巨柯罗寄蝇 *Crosskeya gigas* Shima *et* Chao, 1988（图 2-202）

Crosskeya gigas Shima *et* Chao, 1988: 349.

特征：体长 13.7–15.3 mm。雄性头覆黄色粉被，额内侧棕色，触角基节、梗节红黄色，第 1 鞭节棕黑色，下颚须红黄色。头顶额宽是头宽的 0.31–0.32 倍，间额端部加宽，宽是侧额宽的 1/2，侧额长是侧颜的 4/5，侧颜下方窄，与触角第 1 鞭节等长，颊高是眼高的 0.28–0.30 倍，颜高约是两髭间宽的 1/2。内侧额鬃长是眼高的 4/5，外侧额鬃长是内侧额鬃的 1/2，单眼鬃较眼后鬃短小，前方弯曲的内侧额鬃略长于后方的，额鬃 5–7 根，最下方的鬃下降至触角芒基部水平；触角下降不达颜下缘，距颜下缘的距离约是梗节长的一半，第 1 鞭节长约是宽的 4.5 倍，约是梗节长的 6 倍，触角芒第 2 节短，长宽相等，下颚须长约是触角第 1 鞭节的 2/3。胸部棕黑色，背部具 4 个窄的黑色纵条；翅淡棕色，基部颜色加深，翅肩鳞和前缘基鳞黑色，下液瓣黄棕色；M 脉至 dm-cu 脉的距离是心角至翅后缘距离的 1.2–1.3 倍；足棕黑色，胫节淡棕色，爪垫淡棕黄色，中足胫节具前背鬃 5，最上和最下方短小，爪和爪垫长，其长度等于第 4、第 5 分跗节长之和。腹部黑色，腹面棕色，第 3 背板端部 3/4 和第 4 背板的一半覆黄白色粉被，第 3、第 4 背板具 1 窄的纵条，第 5 背板无粉被，腹面覆完整稀薄的白色粉被，第 1+2 合背板具 2 强壮的中缘鬃和 1 对侧缘鬃，第 3 背板具 2–4 根强壮的中缘鬃和 1 对侧缘鬃，第 4 背板具 1 列强壮的缘鬃，第 5 背板心鬃、缘鬃各 1 列。肛尾叶窄。雌性头顶宽是头宽的 0.33–0.35 倍，侧颜宽是触角第 1 鞭节的 1.5 倍，颊高是眼高的 0.26-0.28 倍，

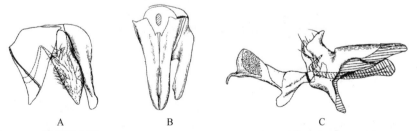

图 2-202　巨柯罗寄蝇 *Crosskeya gigas* Shima *et* Chao, 1988（仿 Shima and Chao，1988）
A. ♂肛尾叶、侧尾叶和第 9 背板侧视；B. A 后视；C. 雄性阳体侧视

触角第 1 鞭节长是梗节的 5 倍，其长是宽的 6 倍，下颚须长是触角第 1 鞭节长的 6/7；爪和爪垫短，前足爪和爪垫长等于第 5 分跗节。

分布：浙江（临安）、福建。

127. 赤寄蝇属 *Erythrocera* Robineau-Desvoidy, 1849

Erythrocera Robineau-Desvoidy, 1849: 436. Type species: *Phryno nigripes* Robineau-Desvoidy, 1830.

主要特征：复眼裸，颜堤向前方加宽，略拱起，侧颜宽于触角第 1 鞭节，颜面深陷，后头在眼后鬃后方具黑色小鬃，前背中鬃 2，腹侧片鬃 3；中脉心角至 dm-cu 脉的距离等于或大于心角至翅脉末端的距离；中足胫节具 1 根前背鬃，后足胫节具 3 根背端鬃；腹部第 4 背板具中心鬃 1 对。

分布：世界广布。中国记录 3 种，浙江分布 1 种。

（341）狭颊赤寄蝇 *Erythrocera genalis* (Aldrich, 1928)（图 2-203）

Pexomyia genalis Aldrich, 1928: 5.

Erythrocera genalis: Herting, 1984: 72.

主要特征：体长 4.0 mm。雄性体底色黑，覆灰色粉被。间额、触角第 1 鞭节、梗节、下颚须、翅肩鳞、前缘基鳞和足基节均为黄色。复眼裸，额宽为复眼宽的 0.65 倍（雄性）或等宽（雌性），额鬃中间缢缩，其宽度在单眼三角前为侧额宽的 2 倍，内侧额鬃 2，雄性无外侧额鬃，侧额被稀疏的小黑毛，侧颜裸，其宽度为触角宽的 0.4 倍，触角第 1 鞭节黑色，有时基部黄色，其长度为梗节长的 4.5 倍，末端接近口上片；后头在眼后鬃后方具 1 行黑色小鬃。中胸盾片具 4 个狭窄的黑纵条，肩胛 3 根基鬃排成三角形，腹侧片鬃 4；R_{4+5} 脉基部背、腹面具 3 根小鬃。腹部第 1+2 合背板中央凹陷不达后缘，第 3–5 背板基半部覆灰色粉被，其余部分黑色，第 5 背板末端红色。

生物学：主要寄生于弧丽金龟的成虫。

分布：浙江（临安）、黑龙江、江西、湖南、福建、广西、四川、云南；俄罗斯，日本。

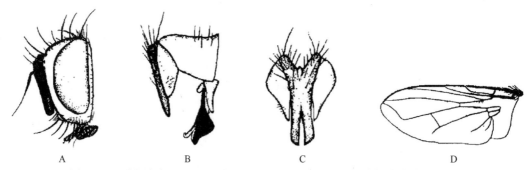

图 2-203　狭颊赤寄蝇 *Erythrocera genalis* (Aldrich, 1928)（仿赵建铭等，1992）
A. ♂头侧视；B. ♂外生殖器侧视；C. ♂肛尾叶、侧尾叶后视；D. 翅

128. 宽额寄蝇属 *Frontina* Meigen, 1838

Frontina Meigen, 1838: 247. Type species: *Tachina laeta* Meigen, 1824.

主要特征：体大型，淡黄色种类。复眼裸；颊、胸部侧板及腹面、腹部腹面基部以及腿节均被白色或黄色毛；雌雄两性额均宽于复眼，额宽为复眼宽的 1.4–2.5 倍，如为 1.2 倍，则腹部具心鬃；后头伸展区发达，颊明显宽于触角着生部位的侧颜宽度，间额两侧缘平行，后头扁平，内侧额鬃每侧 2 根，在眼后鬃后方无黑色小鬃；颜堤鬃粗大，上升达颜堤长度的 1/2 以上，颜高为额长的 1.5 倍；触角特长，第 1 鞭节为梗节长的 10 倍以上，触角芒长，基部 1/2 至全部加粗；肩鬃 4 根，3 根基鬃排成一直线，小盾端鬃毛状；腹部第 1+2 合背板基部凹陷达后缘，具中缘鬃，第 3 和第 4 背板各具 2–3 对中心鬃。

分布：古北区和东洋区。中国记录 4 种，浙江分布 1 种。

（342）彩艳宽额寄蝇 *Frontina laeta* (Meigen, 1824)（图 2-204）

Tachina laeta Meigen, 1824: 381.

Frontina laeta: Herting, 1972: 9.

特征：体长 11.0–12.0 mm。雄性体中型，淡黄色，两性额宽均为复眼宽的 1.5 倍，间额红棕色，两侧缘被淡黄色细长毛，侧额宽于间额，覆浓厚的黄白色粉被，侧颜裸，覆浓厚的黄白色粉被，其宽为触角第 1 鞭节的 1.3 倍，口上片不明显突出，颊黄色，覆金黄色粉被，被淡黄色毛，颊明显宽于着生触角基部的侧额宽度；额鬃向头背中线交叉排列，前方 3 根下降至侧颜，最前 1 根达触角芒着生部位以下水平；侧额被毛，伴随额鬃下降侧颜达同等水平，单眼三角较大，覆浓厚的金黄色粉被，单眼鬃发达，向前方弯曲，外顶鬃发达，明显与眼后鬃相区别，后头扁平，覆灰白色粉被，被淡黄色软毛；触角黑色，基部红黄色，第 1 鞭节为梗节长的 10 倍；触角芒基部 3/4 长度加粗；颜堤宽扁，下颚须橘黄色，前颏长为其直径的 1.7 倍。胸部黑色，覆浓厚的金黄色粉被，被淡黄色细长软毛，背面具 5 个黑纵条，中间一条仅在盾沟后清晰，肩鬃 4 根，3 根基鬃排成一直线，中鬃 3+3，背中鬃 3+4，翅内鬃 1+3，第 3 翅上鬃显著大于翅前鬃，腹侧片鬃 3；小盾片淡黄色，覆金黄色粉被，被半竖立黑毛，小盾端鬃毛状，小盾侧鬃每侧 1 根，两小盾亚端鬃之间的距离为其至同侧基鬃的 1.3 倍；翅色淡，前缘褐色透明，翅肩鳞和前缘基鳞黑色，前缘刺粗短，r₅ 室在翅缘开放，R₄₊₅ 脉基部具 3 根小鬃，中脉心角为直角，由心角至 dm-cu 脉的距离明显大于心角至翅后缘的距离，dm-cu 脉向内凹陷，下腋瓣淡黄色，平衡棒橘黄色；足细长，基节、腿节、转节的腹面被淡黄色毛，中足胫节具前背鬃 2，后足胫节具 1 行排列紧密整齐的梳状前背鬃，其中间有 2 根粗大。腹部长卵形，淡黄色，背面中央具黑纵线，背板两侧腹面无竖立的黑色鬃，第 1+2 合背板具中缘鬃 1 对，第 3 背板具中缘鬃 1 对、中心鬃 3 对，第 4 背板后半部黑色，具中心鬃 3 对，第 5 背板全黑色，具缘鬃 1 行、心鬃 2 行。

生物学：寄生于枣步曲（枣尺蠖）。

分布：浙江（临安）、吉林、内蒙古、山东、河南、江苏；俄罗斯，韩国，日本，哈萨克斯坦，欧洲。

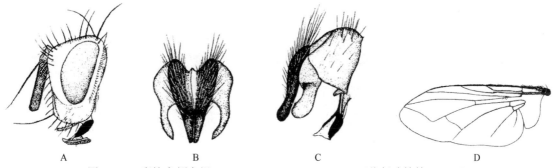

图 2-204　彩艳宽额寄蝇 *Frontina laeta* (Meigen, 1824)（仿赵建铭等，1998）

A. ♂头侧视；B. ♂肛尾叶、侧尾叶后视；C. ♂外生殖器侧视；D. 翅

129. 膝芒寄蝇属 *Gonia* Meigen, 1803

Gonia Meigen, 1803: 280. Type species: *Gonia bimaculata* Wiedemann, 1819, by subsequent designation of Sabrosky *et* Arnaud, 1965: 1075.

主要特征：复眼裸，额特宽，呈蜡状透明，在额鬃列外具 1–2 列后倾或侧倾的鬃，侧颜很宽，大部分具黑色鬃或毛，单眼鬃后倾，仅有少数几根颜堤鬃集中于髭上方，上后头通常在眼后鬃列下方具黑毛；触角芒呈膝状弯曲，从基半部至端部变粗，前颏长为其直径的 3–12 倍。肩鬃 3 根排列成一直线，前胸腹板两侧被毛，第 1 根翅上鬃长于背侧片鬃和盾后第 1 根翅内鬃，背侧片鬃 3，胸部背面被黑色或黄色毛，小盾端鬃缺失，但在小盾片末端背面具翘起的端刺；翅肩鳞和前缘基鳞黄色，翅 r_{4+5} 室远离翅顶开放，R_{4+5} 脉基部 1/3–1/2 具小鬃，有时小鬃达 r-m 横脉，如仅基部结节上具数根小鬃，则翅肩鳞和前缘基鳞黄色；M 脉在 r-m 横脉与 dm-cu 横脉间的长度大于 M 脉在 dm-cu 横脉与中脉心角之间的长度；下腋瓣内缘向内凹陷，与小盾片相贴，足黑色或大部黑色。腹部第 1+2 合背板中央凹陷达后缘，通常无中缘鬃，第 5 背板仅在后方 1/3–2/5 具 1 行缘鬃。

分布：世界各地。中国记录 13 种，浙江分布 2 种。

（343）中华膝芒寄蝇 *Gonia chinensis* Wiedemann, 1824（图 2-205）

Gonia chinensis Wiedemann, 1824: 47.

特征：体长 13.0 mm。雄额为复眼宽的 1.5 倍，间额杏黄色，其宽为侧额的 3/5，额鬃 3 行，侧额覆浓厚的黄白色粉被，侧颜覆浓厚的黄白色粉被，具 4 行黑色小毛，靠近颜堤处具 1 行鬃状毛，单眼鬃发达，向后方弯曲，头两侧具内侧额鬃和外侧额鬃各 2 根，外顶鬃发达，后头略拱起，在眼后鬃后方无黑色小鬃；触角基节、梗节红黄色，第 1 鞭节黑色，长为梗节的 3.5–4.0 倍，触角芒全长加粗，第 2 节延长，颜堤宽而隆起，口上片显著突出，下颚须淡黄色。胸部黑色，覆黄灰色粉被，背面具 5 个窄纵条，肩胛淡黄色，肩鬃 3 根，中鬃 3+3，背中鬃 3+4，翅内鬃 1+3，腹侧片鬃 4，小盾片黄色，小盾侧鬃每侧 1 根；翅肩鳞和前缘基鳞淡黄色，前缘刺不发达，R_{4+5} 脉基部具 4–5 根小鬃；足全部红黄色，前足胫节具 1 行整齐的梳状前背鬃、2 根后鬃，中足胫节具前背鬃 3 根、后鬃 2 根、腹鬃 2 根，后足胫节具 2 根背端鬃、1 行梳状前背鬃、后背鬃 3、前腹鬃 3。腹部红黄色，覆浓厚的黄白色粉被，背面具黑条，第 1+2 合背板中缘鬃缺失，第 3 背板具短小中缘鬃 1 对，第 5 背板具缘鬃、心鬃各 1 行。

生物学：寄生于小地老虎、黏虫。

分布：浙江（临安、庆元）、辽宁、内蒙古、北京、天津、河北、山西、山东、河南、陕西、甘肃、江苏、上海、安徽、湖北、江西、湖南、福建、台湾、广东、海南、香港、广西、重庆、四川、贵州、云南、西藏；韩国，日本，中亚地区，巴基斯坦，印度，尼泊尔，越南，菲律宾，马来西亚。

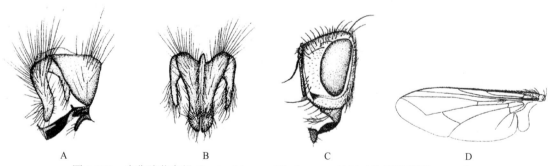

图 2-205　中华膝芒寄蝇 *Gonia chinensis* Wiedemann, 1824（仿赵建铭等，1998）
A. ♂外生殖器侧视；B. ♂肛尾叶、侧尾叶后视；C. ♂头侧视；D. 翅

（344）黄毛膝芒寄蝇 *Gonia klapperichi* (Mesnil, 1956)（图 2-206）

Turanogonia klapperichi Mesnil, 1956: 532.

Gonia klapperichi: Herting, 1984: 80; O'Hara, Shima *et* Zhang, 2009: 109.

主要特征：体长 6.9–8.6 mm。体黄棕色至深棕色，头黄棕色，额和侧颜覆浓厚的金黄色粉被；胸前、后盾片和侧板均具黄毛；翅间鳞和前缘基鳞黄色；足红黄色；腹部仅第 5 背板具心鬃。

分布：浙江（临安）、辽宁、陕西、青海、新疆、福建、广东、广西、四川、贵州、云南；印度，缅甸。

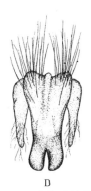

图 2-206 黄毛膝芒寄蝇 *Gonia klapperichi* (Mesnil, 1956)（仿赵建铭等，1998）

A.♂外生殖器侧视；B.♂肛尾叶、侧尾叶后视

130. 栉寄蝇属 *Pales* Robineau-Desvoidy, 1830

Pales Robineau-Desvoidy, 1830: 154. Type species: *Pales florea* Robineau-Desvoidy, 1830.

主要特征：复眼被密的淡黄色长毛，内侧额鬃每侧 1 根，后倾，颜堤鬃上升达颜堤中部或更高；小盾片心鬃 1 对，腹侧片鬃 3；腹部亮黑色，具蓝色，如具粉被也很弱。

分布：东半球广布。中国记录 7 种，浙江分布 4 种。

分种检索表

1. 上下腋瓣的边缘黑色或黑褐色，触角较窄，第 1 鞭节显著窄于侧颜，小盾片黄色，腹部毛短、细而稠密，腹部第 3 背板无中心鬃，第 4 背板腹面形成大密毛斑 ·· 炭黑栉寄蝇 *P. carbonata*
 - 上下腋瓣的边缘至少外缘为白色或黄白色，触角较长而宽，至少宽于侧颜，第 1 鞭节长为梗节长的 4–5 倍；腹部具中心鬃，第 4 背板腹面无密毛斑 ··· 3
2. 腋瓣基部具 1 撮褐色长毛，下腋瓣内缘褐色；触角与侧颜等宽；腹部毛较密 ····················· 长角栉寄蝇 *P. longicornis*
 - 腋瓣基部毛白色；腹部毛较稀疏；触角第 1 鞭节为侧颜宽的 2.0 倍；腹部第 3 背板具中心鬃 ········· 蓝黑栉寄蝇 *P. pavida*
3. 中足胫节具前背鬃 4 根 ··· 长角栉寄蝇 *P. longicornis*
 - 中足胫节具前背鬃 2–3 根，胫节除腹面基半部黑外，均棕黄色；雄额宽为复眼宽的 0.73–0.8 倍；腹部第 3、4 背板无中心鬃 ·· 小栉寄蝇 *P. murina*

（345）炭黑栉寄蝇 *Pales carbonata* Mesnil, 1970（图 2-207）

Pales carbonata Mesnil, 1970: 89.

特征：体长 9.0 mm。体中型，雄性额宽为复眼宽的 0.4–0.6 倍，间额红棕色，向前方加宽，被细黑毛，侧额黑色，覆灰白色粉被，被黑色细毛，与间额大致等宽，侧颜裸，宽为触角第 1 鞭节的 1.5 倍；额鬃向中部交叉排列，下降至侧颜，最下方 1 根达梗节末端水平，侧额毛伴随额鬃下降至侧颜达同一水平；单眼鬃粗大，着生于前后单眼之间，外顶鬃发达，与眼后鬃明显相区别，后头黑色，扁平，覆灰白色粉被，在眼后鬃后方具 1 行黑色小鬃；触角黑色，第 1 鞭节为梗节长的 2.5 倍；触角芒长，基部 2/5 长度加粗，第 2 节长宽几乎相等；颊黑色，具黑色细毛，颜堤鬃上升达颜堤上方的 1/3，下颚须褐色，颏长为其直径的 2 倍。胸部光亮黑色，无粉被，肩鬃 4 根，中鬃 3+4，背中鬃 3+4，翅内鬃 1+3，腹侧片鬃 3；小盾片亮黑色，小盾端鬃交叉排列，小盾侧鬃每侧 1 根，两小盾亚端鬃之间的距离大于其至同侧基鬃的距离，小盾心鬃 1 对；翅淡黄色透明，翅肩鳞和前缘基鳞黑色，前缘刺不发达，R$_{4+5}$ 脉基部具 1 根小鬃，中脉心角为直角，心角至 dm-cu 脉的距离为心角至翅后缘距离的 2 倍，端横脉与 dm-cu 脉平行排列，r$_5$ 室在翅顶前方开放；下腋瓣暗褐色；足深红棕色，中足胫节具 2 根前背鬃，后足胫节具 1 行排列紧密整齐的梳状前背鬃，其中 1 根粗大、黑色。腹部长卵圆形，光亮红棕色，第 1+2 合背板、第 3 背板各具 1 对很短的中缘鬃，第 3 背板无中心鬃，第 5 背板具缘鬃和心鬃各 1 行，第 3、第 4 背板腹面两侧各具一倒伏状的圆形密毛区。

　　生物学：寄生于核桃缀叶丛螟。

　　分布：浙江（临安、余姚）、辽宁、北京、山东、陕西、宁夏、甘肃、青海、新疆、江苏、上海、安徽、江西、福建、台湾、广东、四川、西藏；日本。

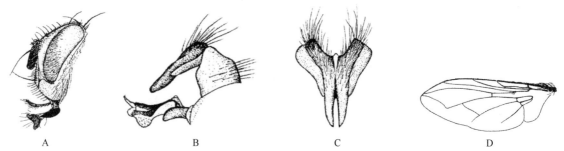

图 2-207　炭黑栉寄蝇 *Pales carbonata* Mesnil, 1970（仿赵建铭等，1998）

A.♂头侧视；B.♂外生殖器侧视；C.♂肛尾叶、侧尾叶后视；D. 翅

（346）长角栉寄蝇 *Pales longicornis* Chao et Shi, 1982（图 2-208）

Pales longicornis Chao et Shi, 1982: 269.

　　特征：体长 12.0 mm。雄性额宽为复眼宽的 1/2，头黑色，覆白色粉被，间额黑色，向前方加宽，为侧额宽度的 1/2，侧颜裸，略宽于触角第 1 鞭节；额鬃下降至侧颜，达触角芒着生处水平，单眼鬃发达，向前方伸展，后头黑色，扁平，上半部有 1 行黑色小毛，触角黑色，第 1 鞭节长为梗节的 4 倍，触角芒裸、黑色，基部 1/2 加粗，颜堤鬃粗长，上升达颜堤上方的 1/3，颊被黑毛，下颚须黑色。胸部深蓝黑色，覆稀薄的灰色粉被，背面具 5 根黑纵条，中间的 1 条在盾沟前方消失，中鬃 3+3，背中鬃 3+4，翅内鬃 1+3，腹侧片鬃 3；小盾片基部 1/3 黑色，端部 2/3 红黄色，被竖立黑毛，心鬃 1 对，缘鬃 4 对；翅肩鳞和前缘基鳞黑色，R$_{4+5}$ 脉基部具 2 根小鬃；足黑色，胫节黄色，前足爪长大于第 4、第 5 分跗节的总和，中足胫节具 4 根前背鬃，腹鬃 1。腹部黑色，覆灰色粉被，第 3、第 4 背板两侧具红黄花斑，中心鬃各 2 对，第 4 背板两侧腹面无密毛区。雌性额与复眼大致等宽，外侧额鬃 2，触角第 1 鞭节长为梗节的 2.5 倍，侧颜宽为触角第 1 鞭节宽的 1.5 倍。

　　分布：浙江（临安）、河北、陕西、福建、广西、四川、云南、西藏。

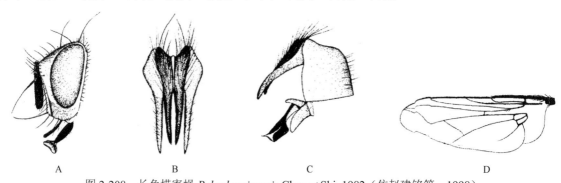

图 2-208　长角栉寄蝇 *Pales longicornis* Chao et Shi, 1982（仿赵建铭等，1998）

A.♂头侧视；B.♂肛尾叶、侧尾叶后视；C.♂外生殖器侧视；D. 翅

（347）小栉寄蝇 *Pales murina* Mesnil, 1970

Pales murina Mesnil, 1970: 90.

　　特征：体长 7.5–8.0 mm。颜长为复眼上方额长的 2/3–3/4，间额约与侧额等宽，侧颜约与 1 鞭节等宽；下颚须和触角黑色，触角第 1 鞭节长为梗节的 4 倍；小盾端半部红黄色，小盾亚端鬃间距是其与小盾基鬃间距离的 1.5 倍；翅肩鳞和前缘基鳞黑色，前缘脉第 2 段长为第 3 段长的 3/4；胫节黑色，中部淡棕色，中足胫节具 2–3 根前背鬃，后足胫节具 1 列细小的前腹鬃，中间 1 根较长；第 1+2 合背板、第 3 背板各具 1 对中缘鬃，第 4 背板具 2 对中心鬃。

　　分布：浙江（临安）、北京、山东、江苏、上海、安徽、江西、福建、台湾、广西、重庆、四川、贵州、云南、西藏；巴基斯坦，印度。

（348）蓝黑栉寄蝇 *Pales pavida* (Meigen, 1824)（图 2-209）

Tachina pavida Meigen, 1824: 398.

Pales pavida: Herting, 1972: 11.

　　特征：体长 9.0 mm。额宽为复眼宽的 2/3，侧额与间额等宽，单眼鬃粗大，向前方弯曲，外顶鬃发达，侧颜红棕色，触角黑色，第 1 鞭节为侧颜的宽度，为梗节长的 4.5 倍，触角芒基部 1/2 长度加粗，口上片明显突出，下颚须黑色，前颏短粗，唇瓣肥大；胸部黑色，背面具 4 个黑窄纵条，中间 2 条较清晰，中鬃 3+4，背中鬃 3+4，翅内鬃 1+3，小盾侧鬃每侧 1 根，小盾心鬃 1 对；翅肩鳞和前缘基鳞黄色，前缘刺短小，R_{4+5} 脉基部具 2 根小鬃，r_{4+5} 室远离翅顶开放，中脉心角为直角，心角至翅后缘的距离小于心角至 dm-cu 横脉的距离；足黑色，胫节黄色，中足胫节具 2 根前背鬃，后足基节后面裸；腹部黑，覆闪变性灰白粉被，第 1+2 合背板、第 3 背板各具中缘鬃 1 对，后者中心鬃 1–2 对，第 4 背板具中心鬃 1–2 对。

　　分布：浙江（临安）、黑龙江、辽宁、北京、河北、山西、河南、陕西、宁夏、甘肃、青海、湖北、湖南、福建、广东、海南、广西、重庆、四川、贵州、云南、西藏；俄罗斯，蒙古国，日本，中亚地区，西亚地区，欧洲。

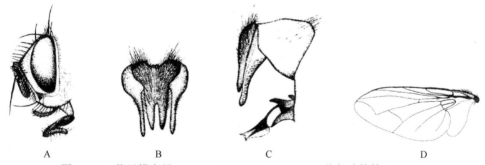

图 2-209　蓝黑栉寄蝇 *Pales pavida* (Meigen, 1824)（仿赵建铭等，1998）
A.♂头侧视；B.♂肛尾叶、侧尾叶后视；C.♂外生殖器侧视；D. 翅

131. 梳寄蝇属 *Pexopsis* Brauer *et* Bergenstamm, 1889

Pexopsis Brauer *et* Bergenstamm, 1889: 88. Type species: *Eurigaster tibialis* Robineau-Desvoidy, 1849.

Trophops Aldrich, 1932: 22. Type species: *Trophops clauseni* Aldrich, 1932.

　　主要特征：复眼具密的长毛或裸，额较宽，颜堤鬃仅集中于颜堤基部，不及颜堤的一半，颜堤显著向外突出，侧面观弧形，侧颜宽，为触角第 1 鞭节宽的 1.5–3.0 倍，单眼鬃发达，外顶鬃缺或毛状，口上片不显著向前突出，颜堤鬃分布上升不超过颜堤高度的 1/2；内侧额鬃 2–3 对，触角着生于复眼中部水平以上，髭位于口上片前缘水平之上；前胸腹板被毛，腹侧片鬃 2–3 根，小盾侧鬃 1–2 对，少数 3 对；中足胫节常有 2 根或 3 根以上的前背鬃；雄性后足胫节有较密而整齐的前背鬃梳；腹部第 3、第 4 背板无中心鬃，至多第 4 背板具弱的中心鬃，第 4 背板腹面无密毛区。

分布：古北区、东洋区和非洲热带区。中国记录 16 种，浙江分布 6 种。

分种检索表

1. 侧颜均匀被毛，复眼被稀疏毛，翅前缘基鳞黑色；触角第 1 鞭节长是梗节的 3.5 倍，腹部第 1+2 合背板、第 3 背板各有 1 对中缘鬃 ·· **毛颜梳寄蝇 P. trichifacialis**
- 侧颜裸 ··· 2
2. 翅前缘基鳞黄色 ·· 3
- 翅前缘基鳞黄褐色至黑色，如为黄色，则侧额外侧具 2 列稀疏的短毛 ····································· 4
3. 腹部第 3、第 4 背板至少有 1 对中心鬃，腹部 3–5 背板粉被浓厚，具粉带 ········ **东方梳寄蝇 P. orientalis**
- 腹部第 3、第 4 背板无中心鬃，腹部第 3、第 4 背板端部 1/3 具黑色横带，触角第 1 鞭节长为梗节长的 4.0–5.0 倍 ··· **凯梳寄蝇 P. capitata**
4. 雄性肛尾叶明显长于侧尾叶，体覆灰白色粉被；口上片宽而平，不向前拱起；腹部第 2 背板无中心鬃，第 3 背板有时有 1 对很细的中缘鬃 ·· **九州梳寄蝇 P. kyushuensis**
- 雄性肛尾叶明显短于侧尾叶 ·· 5
5. 前阳基侧突黑色且背面被小鬃；触角第 1 鞭节长为梗节长的 2.5 倍 ················ **柯劳梳寄蝇 P. clauseni**
- 前阳基侧突黄色，背面无小鬃；触角第 1 鞭节长为梗节长的 4–6 倍 ················· **雷萨梳寄蝇 P. rasa**

（349）凯梳寄蝇 *Pexopsis capitata* Mesnil, 1951（图 2-210）

Pexopsis capitata Mesnil, 1951: 207.

　　特征：体长 10.0 mm。雄性复眼裸，额略宽于复眼，间额棕黑色，向前方加宽，头覆银白色粉被，侧额黑色，中部和间额等宽，侧颜为触角第 1 鞭节的 2 倍；内侧额鬃每侧 2 根，额鬃向头中线交叉排列，前方 3–4 根下降至侧颜，最前 1 根达着生触角芒下方处水平，侧额上的黑毛不下降至侧颜，单眼鬃向前方伸展，外顶鬃短小，与眼后鬃无区别，后头拱起，上半部在眼后鬃后方具 1 行黑色小鬃；触角黑色，第 1 鞭节长为梗节的 4–5 倍，触角芒基部 3/5 的长度加粗，颜堤鬃仅在口髭上方 2–3 根，颊被黑色细毛，下颚须橘黄色，唇瓣肥大，髭发达，长度超过触角长的 1/2。胸部黑色，覆灰白色粉被，背面具 5 个黑色窄纵条，中间 3 条在盾沟后方愈合，中鬃 3+3，背中鬃 3+4，翅内鬃 1+3，腹侧片鬃 3；小盾片黄褐色，小盾端鬃交叉排列，侧鬃每侧 1 根，两亚端鬃之间的距离大于亚端鬃至同侧基鬃的距离；翅淡色透明，翅肩鳞

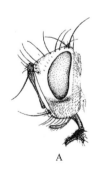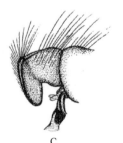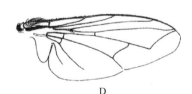

图 210　凯梳寄蝇 *Pexopsis capitata* Mesnil, 1951（仿赵建铭等，1998）
A. ♂头侧视；B. ♂肛尾叶、侧尾叶后视；C. ♂外生殖器侧视；D. 翅

黑色，前缘基鳞黄色。R$_{4+5}$脉基部具 3 根小鬃，r$_5$室在翅顶开放，中脉心角弧圆形，后气门褐色；足胫节黄色，中足胫节具 4 根前背鬃、1 根腹鬃。腹部卵圆形，两侧缘黄色，背面具黑纵条，第 1+2 合背板具中缘鬃 1 对，第 3、第 4 背板端部 1/3 具黑色横带，中缘鬃各具 1 对，无中心鬃，第 5 背板具缘鬃和心鬃各 1 行。

分布：浙江（临安）、吉林、辽宁、北京、山西、宁夏、江苏、上海、湖南、广东、海南、四川、云南；俄罗斯。

（350）柯劳梳寄蝇 *Pexopsis clauseni* (Aldrich, 1932)（图 2-211）

Trophops clauseni Aldrich, 1932: 22.

Pexopsis clauseni: Herting, 1982: 6.

主要特征：触角第 1 鞭节长为梗节长的 2.5 倍，前阳基侧突黑色且背面被小鬃。雄性肛尾叶明显短于侧尾叶。

分布：浙江（临安）、安徽；日本。

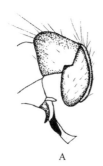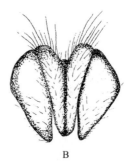

图 2-211　柯劳梳寄蝇 *Pexopsis clauseni* (Aldrich, 1932)（仿赵建铭等，1998）
A. ♂外生殖器侧视；B. ♂肛尾叶、侧尾叶后视

（351）九州梳寄蝇 *Pexopsis kyushuensis* Shima, 1968

Pexopsis kyushuensis Shima, 1968: 12.

主要特征：体覆灰白色粉被；口上片宽而平，不向前拱起；腹部第 1+2 合背板无中缘鬃，第 3 背板有时有 1 对很细的中缘鬃。雄性肛尾叶明显长于侧尾叶。

分布：浙江（临安）、安徽、福建、广东、四川、云南；日本。

（352）东方梳寄蝇 *Pexopsis orientalis* Sun et Chao, 1993（图 2-212）

Pexopsis orientalis Sun et Chao, 1993: 449.

特征：体长 14.0–15.0 mm。雌性复眼被稀毛，侧额、侧颜、中颜板、颊、后头覆灰白色至灰黄色粉被，间额红黑色，两侧缘平行或自后向前渐变窄，其宽度与侧额近等宽，额与复眼近等宽，侧颜裸，其中部宽度为触角第 1 鞭节宽度的 2.0–2.2 倍，颊高为复眼纵轴直径的 1/4–1/3，后头平坦；外侧额鬃 2，内侧额鬃 2，单眼鬃发达，额鬃 6–11 根，其中前方 3–5 根下降至侧颜达触角芒着生处水平；触角基节、梗节红黄色，第 1 鞭节基部或大部分红黄色，其余部分黑色，第 1 鞭节长为梗节的 3 倍，触角芒基部 1/2 加粗；下颚须黄色。胸部背板、肩胛黑色，小盾片黑色或端半部红黄色，覆灰白色至灰黄色粉被，背板中央有 5 个明显的黑纵条，中央黑纵条在盾沟前消失；中鬃 3+4（3），背中鬃 3+4，肩鬃 3，腹侧片鬃 3 或 2，小盾心鬃 1 对，小盾侧鬃 1–2 对，两小盾亚端鬃之间的距离与亚端鬃至同侧基鬃的距离相等。翅淡黄色、半透明，翅前缘基鳞黄褐色；中脉心角至中肘横脉的距离与至翅后缘的距离相等，约为端横脉长度的 1/2；R_{4+5} 脉基部具 1–3 小鬃。足腿节黑色，覆稀薄的灰黄色至灰白色粉被，有 1 明显的黑色纵条，第 3–5 背板基部 1/3–1/2 形成粉带；第 1+2 合背板、第 3 背板各具 1 对中缘鬃，第 4 背板有 1 列缘鬃；第 3、第 4 背板有时只有第 4 背板有 1 对发达的中心鬃（有时各具 2 对中心鬃），第 5 背板具 1 列心鬃。

　　分布： 浙江（临安、定海）、吉林、辽宁、北京、山西、江苏、上海、湖南、福建、广东、海南、四川、云南。

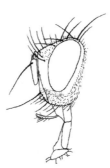

图 2-212　东方梳寄蝇 *Pexopsis orientalis* Sun *et* Chao, 1993（仿孙雪逵等，1993）
♂头侧视

（353）雷萨梳寄蝇 *Pexopsis rasa* Mesnil, 1970（图 2-213）

Pexopsis rasa Mesnil, 1970: 107.

　　主要特征： 雄性复眼裸，后头平坦；额与复眼等宽，间额与侧额近等宽，侧颜裸，其宽度为触角第 1 鞭节宽的 3.2 倍；触角基节、梗节黄色，第 1 鞭节黑色，长为梗节的 4.0–6.0 倍；小盾片黄色，翅前缘基鳞黑色，足全黑色；腹部第 1+2 合背板、第 3 背板无中缘鬃；肛尾叶略短于侧尾叶，前阳基侧突黄色。

　　分布： 浙江（临安）、贵州、云南；菲律宾。

A　　　　　　　　　　　　　　B
图 2-213　雷萨梳寄蝇 *Pexopsis rasa* Mesnil, 1970（仿赵建铭等，1998）
A.♂外生殖器侧视；B.♂肛尾叶、侧尾叶后视

（354）毛颜梳寄蝇 *Pexopsis trichifacialis* Sun *et* Chao, 1993（图 2-214）

Pexopsis trichifacialis Sun *et* Chao, 1993: 452.

　　特征： 体长 12.0 mm。雌性复眼被稀毛；头黑色，侧颜、中颜板、侧额、颊和后头均覆灰白色粉被；间额两侧缘平行，其宽度大于侧额宽，额宽为复眼宽的 1.3 倍，侧颜被均匀黑毛，其宽度为触角第 1 鞭节宽度的 3.2 倍，颊高为复眼纵轴直径的 1/3，后头平坦；内侧额鬃 2，外侧额鬃 2，额鬃 8–9 根，前方 3 根下降至侧颜达触角芒着生处水平，单眼鬃发达；触角基节、梗节黄色，第 1 鞭节黑色，长为梗节长的 3.5 倍，触角芒基部 1/2 加粗；下颚须黄色。胸部肩胛、盾片黑色，覆灰白色粉被，中胸背面有 5 个黑纵条，其中中央的一条在盾沟前消失；中鬃 3+3，背中鬃 3+4，肩鬃 4，腹侧片鬃 3，小盾心鬃 1 对，缘鬃 4 对，两小盾亚端鬃之间的距离是亚端鬃至同侧基鬃距离的 1.2 倍。翅薄、半透明，前缘基鳞黑色，中脉心角至中肘横脉的距离是至翅后缘距离的 1.5 倍，是端横脉长的 0.6 倍，R_{4+5} 脉基部有 2–3 根小鬃；足黑色，前足胫节后鬃 2，中足胫节前背鬃 2–3，腹鬃 1，后足胫节有 1 列梳状的前背鬃，其中亚中位有 1 鬃较大。腹部黑色或红褐色，第 3 背板基部 3/5、第 4 背板基部 1/2 和第 5 背板大部覆灰白色粉被，形成粉带，背板中央有 1 黑纵条；第 1+2 合背板、第 3 背板各有 1 对中缘鬃，第 4 背板具 1 列缘鬃，第 5 背板有 1 列靠后的心鬃。

分布：浙江（德清、临安）。

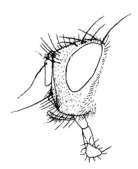

图 2-214　毛颜梳寄蝇 *Pexopsis trichifacialis* Sun *et* Chao, 1993（仿孙雪逵等，1993）
♂头侧视

132. 芙寄蝇属 *Phryno* Robineau-Desvoidy, 1830

Phryno Robineau-Desvoidy, 1830: 143. Type species: *Phryno agilis* Robineau-Desvoidy, 1830.

Paraphryno Townsend, 1933: 469. Type species: *Tachina vetula* Meigen, 1824.

主要特征：复眼被毛；颊宽达复眼高的 1/2；额鬃下降至侧颜，伸达触角芒着生部位水平，内侧额鬃每侧 2 根，颜堤鬃占颜堤下方 1/3 部位，颜堤直，后头略拱起，上半部在眼后鬃后方具黑色小鬃 1 行；触角芒第 2 节的长度约等于其宽度；前背中鬃 3；翅 1 侧片鬃显著小于前腹侧片鬃；小盾片半圆形，小盾端鬃毛状，小盾亚端鬃至同侧基鬃的距离略大于两亚端鬃之间的距离；翅前缘脉第 2 段长于第 3 段的 1/2，中脉心角至 dm-cu 脉的距离小于心角至翅脉末端的距离；M 脉自 r-m 横脉至 dm-cu 脉的距离明显大于中脉心角至 dm-cu 脉的距离，足大部分黄色，后足胫节具 2 根端位背鬃。

分布：古北区和东洋区。中国记录 5 种，浙江分布 1 种。

（355）拱头芙寄蝇 *Phryno vetula* (Meigen, 1824)（图 2-215）

Tachina vetula Meigen, 1824: 399.

Phryno vetula: Herting, 1972: 14.

主要特征：体长 8.0–9.0 mm。雄性额宽是头宽的 0.29–0.32 倍，颊高约是复眼高的 0.3 倍；触角第 1 鞭节较短，大约是梗节长的 5 倍，其长是宽的 3.5–4.0 倍；小盾片和足全部橙色或红黄色，有时基半部深棕色；翅 M 脉至 dm-cu 脉之间的距离是心角至翅后缘距离的 1.1–1.3 倍；腹部背板具浓厚的黄色或灰白色粉被；侧尾叶端部锥形，端部 1/3 略向内弯曲，端半部强烈内弯，基部宽大，肛尾叶端部圆钝，较侧尾叶短。雌性额宽约是头宽的 0.45 倍，触角第 1 鞭节长约是梗节长的 4.5 倍。

分布：浙江（临安）、辽宁、河北、宁夏；俄罗斯，欧洲。

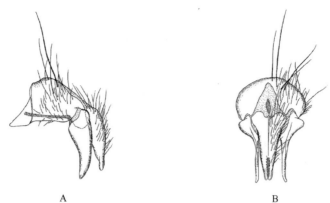

图 2-215　拱头芙寄蝇 *Phryno vetula* (Meigen, 1824)（仿 Tachi，2013）

A. ♂肛尾叶、侧尾叶和第 9 背板侧视；B. A 后视

133. 拟芒寄蝇属 *Pseudogonia* Brauer *et* Bergenstamm, 1889

Pseudogonia Brauer *et* Bergenstamm, 1889: 100. Type species: *Gonia cinerascens* Rondani, 1859.

主要特征：额特宽，呈蜡状透明，侧颜被毛，靠近颜堤外缘被 1 行黑粗鬃，后头略拱起、黑色，单眼鬃向后方伸展，在眼后鬃列下方无黑毛；触角芒呈膝状弯曲；胸部被黑毛，背侧片鬃 3，下腋瓣内缘向内凹陷，与小盾片相贴，小盾端鬃缺失，但在小盾片末端背面具翘起的端鬃，腹侧片鬃 4；翅肩鳞和前缘基鳞均黑色，R_{4+5} 脉仅在基部结节上具数根小鬃，r_5 室远离翅顶开放；腹部毛倒伏，第 1+2 合背板中央凹陷达后缘，具中缘鬃 1 对，第 5 背板具排列不规则的中心鬃。

分布：东半球广布。中国记录 2 种，浙江分布 1 种。

（356）红额拟芒寄蝇 *Pseudogonia rufifrons* (Wiedemann, 1830)（图 2-216）

Tachina rufifrons Wiedemann, 1830: 318.

Pseudogonia rufifrons: Crosskey, 1966: 677.

特征：体长 7.0–13.0 mm。雄性额宽为复眼宽的 1.5–1.8 倍，额蜡黄半透明，复眼裸，间额淡黄色，两侧缘向后方加宽，其中部宽度为侧额的 3/5，额鬃 3 行，4 根下降至侧颜，下方 1 根达触角芒着生处水平，侧额黑色，覆黄灰色粉被，单眼鬃粗大，向后方伸展，位于前单眼两侧，外顶鬃发达，与眼后鬃明显相区别；后头拱起，在眼后鬃后方被黄白色毛，侧颜被毛，覆浓厚的黄白色粉被，靠近颜堤处具 1 行黑色粗鬃，触角基节、梗节红黄色，第 1 鞭节黑色，长为梗节的 4 倍。胸部黑色，覆浓厚的灰白色粉被，背面具 4 个黑纵条，肩鬃 3 根，中鬃 3+3，背中鬃 3+4，翅内鬃 1+3，翅前鬃小于第 3 翅上鬃，腹侧片鬃 4；小盾片淡黄色，基部黑色，小盾端鬃向上方伸展，小盾侧鬃每侧 1 根，小盾亚端鬃至基鬃的距离大于两小盾亚端鬃的距离，小盾心鬃 1 对；翅淡色透明，前缘刺不发达，前缘脉第 2 段长为第 3 节的 2/5，r_5 室远离翅顶开放，R_{4+5} 脉基部具 3–4 根小鬃，中脉心角至中肘横脉的距离等于心角至翅缘的距离；足全黑色，雄性前足爪发达，前足胫节具 1 行前背鬃梳，后鬃 2；中足胫节具 4 根前背鬃、2 根后背鬃、1 根腹鬃；后足胫节具 1 行紧密排列的前背鬃，其中 1 根粗大，后背鬃 2 根，腹鬃 3 根。腹部黑色，覆浓厚的灰白色粉被，第 3 背板具中缘鬃 1 对，第 4、第 5 背板各具缘鬃 1 行。

分布：浙江（临安、定海、磐安）、吉林、辽宁、内蒙古、北京、河北、山西、山东、河南、宁夏、新疆、江苏、上海、安徽、湖北、江西、福建、台湾、广东、海南、香港、广西、四川、云南；俄罗斯，蒙古国，韩国，日本，中亚地区，巴基斯坦，印度，缅甸，泰国，菲律宾，马来西亚，印度尼西亚，西亚地区，欧洲，北美洲，澳大利亚，非洲。

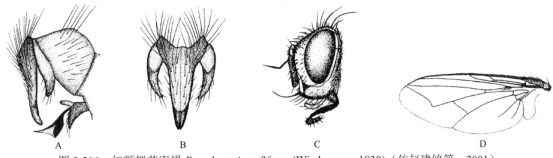

图 2-216　红额拟芒寄蝇 *Pseudogonia rufifrons* (Wiedemann, 1830)（仿赵建铭等，2001）
A. ♂外生殖器侧视；B. ♂肛尾叶、侧尾叶后视；C. ♂头侧视；D. 翅

134. 舟寄蝇属 *Scaphimyia* Mesnil, 1955

Scaphimyia Mesnil, 1955: 422. Type species: *Scaphimyia castanea* Mesnil, 1955.

主要特征：复眼裸，内侧额鬃后倾，2–3 根，前方 1 根较大，颜堤鬃上升至少达颜堤一半，颊高至少为眼高的 1/6，后头略拱起，黑色，覆灰白色粉被，在眼后鬃后方具黑色小鬃；触角梗节、足胫节均黄色；胸部前背中鬃 3，腹侧片鬃 2；中脉心角弧圆形，由心角至中肘横脉的距离为心角至翅缘距离的 2 倍，R_{4+5} 脉基部具 1 根小鬃；足黑色，中足胫节具前背鬃 1 根；腹部长圆筒形，雄性第 4 背板两侧腹面具倒伏状密毛区，第 3、第 4 背板具中心鬃。

分布：古北区和东洋区。中国记录 3 种，浙江分布 1 种。

（357）高野舟寄蝇 *Scaphimyia takanoi* Mesnil, 1967（图 2-217）

Scaphimyia takanoi Mesnil, 1967: 43.

特征：体长 11.0–12.0 mm。体中型，黑色，覆灰白色粉被。下颚须、翅肩鳞、前缘基鳞黑色；口上片、足胫节、小盾片大部分黄色；中胸盾片具 4 个黑纵条，腹部背面具黑纵线，第 3、第 4 背板后缘具窄黑色横带，下腋瓣黄色，腹部两侧无黄色斑。雄性头间额前宽后窄，中部的宽度稍窄于侧额；额覆灰白色粉被，额宽为复眼宽的 0.6 倍，侧颜裸，覆灰白色粉被，中部的宽度明显宽于触角第 1 鞭节，约为其 2 倍；单眼鬃发达，着生于前后单眼之间，外侧额鬃缺失，内侧额鬃每侧 3 根，前顶鬃退化，后顶鬃每侧 1 根，在眼后鬃后方具黑色小鬃；额鬃 3 根下降至侧颜，达梗节末端水平，侧额毛下降侧颜与最前一根额鬃同一水平；髭着生于口缘上方，颜堤鬃分布于颜堤长度的 2/5；后头平，黑色，覆灰白色至灰黄色粉被，后头伸展区发达；触角第 1 鞭节为梗节长的 2.5 倍，触角芒第 2 节不延长，第 3 节基部 1/4 长度加粗；口缘平，中颜板具小颜脊；下颚须棒状，口盘发达，前颏正常。胸部覆黑色毛，中鬃 3+3，背中鬃 3+4，翅内鬃 1+3，腹侧片鬃 2，翅侧片鬃发达，肩鬃 4 根，3 根基鬃排成一直线，肩后鬃 2 根；前胸腹板被毛，前胸侧片凹陷处裸，后气门前肋端部被毛；小盾片半圆形，具竖立的毛，有 4 对缘鬃，1 对心鬃，小盾端鬃交叉向上方伸展，两小盾亚端鬃之间的距离小于亚端鬃至同侧基鬃的距离，小盾侧鬃每侧 1 根；翅 R_{4+5} 脉基部具 1 根小鬃，前缘脉第 2 段腹面裸，第 2 段长于第 4 段，前缘刺不明显，中脉心角钝圆，至翅后缘的距离小于心角至中肘横脉的距离；前足爪发达，长于其第 5 分跗节，胫节具 2 根后鬃；中足胫节具 1 根前背鬃、3 根后背鬃、1 根腹鬃；后足胫节具 2 根背端鬃，无明显的前背鬃梳。腹部长圆筒形，具倒伏毛，腹基部凹陷达后缘，第 1+2 合背板具 1 对中缘鬃，第 3 背板具 2 对中心鬃、1 对中缘鬃，侧缘鬃 2–3 根，无侧心鬃；第 4 背板具 2 对中心鬃及 1 列缘鬃，无侧心鬃；第 5 背板具缘鬃 1 列及不规则的中心鬃；第 3–5 背板腹面两侧均具很细而密的密毛区。肛尾叶端部纵裂、长钳状；侧尾叶宽短、片状，短于肛尾叶。

生物学：寄生于日本蝙蛾。

分布：浙江（临安）、吉林、辽宁、福建、云南；日本。

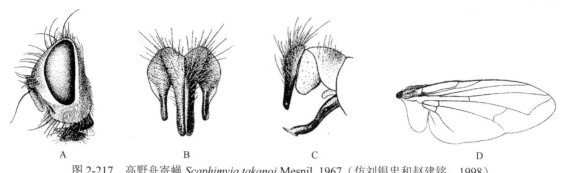

图 2-217　高野舟寄蝇 *Scaphimyia takanoi* Mesnil, 1967（仿刘银忠和赵建铭，1998）
A.♂头侧视；B.♂肛尾叶、侧尾叶后视；C.♂外生殖器侧视；D. 翅

135. 丛毛寄蝇属 *Sturmia* Robineau-Desvoidy, 1830

Sturmia Robineau-Desvoidy, 1830: 171. Type species: *Sturmia vanessae* Robineau-Desvoidy, 1830.

Oodigaster Macquart, 1854: 397. Type species: *Tachina bella* Meigen, 1824.

主要特征：复眼裸，额宽为复眼宽的 3/5（雄性）或 4/5（雌性），侧颜裸，宽于触角第 1 鞭节，颊宽于侧颜着生触角基部水平的宽度，额鬃 2 行，外方的额鬃 2–3 根，毛状，下降至侧颜，最前方 1 根额鬃达触角芒着生处水平，下颚须全部黑色，单眼鬃毛状，明显较内侧额鬃细小，内侧额鬃 1 根，外侧额鬃毛状，与眼后鬃无区别，颜堤鬃上升不达颜堤的一半，口缘与触角第 1 鞭节末端间隔距离不及梗节的长度；腹侧片鬃 4，两小盾亚端鬃之间的距离甚远，为同侧亚端鬃至基鬃之间距离的 1.5–2.0 倍，小盾侧鬃 1 根；翅 r_{4+5} 室开放，R 脉具几根小毛；中足胫节具 2–4 根前背鬃，后足胫节具 1 列梳状等长的前背鬃；第 1+2 合背板基部中央凹陷伸达后缘，雄性第 4 背板腹面两侧具 1 倒伏的密毛区。

分布：古北区和东洋区。中国记录 2 种，浙江分布 1 种。

（358）丽丛毛寄蝇 *Sturmia bella* (Meigen, 1824)（图 2-218）

Tachina bella Meigen, 1824: 317.

Sturmia bella: Herting, 1972: 4.

特征：体长 11.0–12.0 mm。雄性额宽为复眼宽的 3/5，间额棕黑色，两侧缘平行，与侧额等宽，侧额黑色，覆浓厚银白色粉被，侧颜黑色，覆浓厚银白色粉被，裸，宽于触角第 1 鞭节，颜堤扁平，下方宽阔弯曲，颜堤鬃排成 2 行，仅占颜堤下方长度的 1/3，髭位于口缘上方，口缘与触角第 1 鞭节末端间距离不及梗节的长度，颊黑色，覆浓厚银白色粉被，密被黑色小毛，宽于侧颜着生触角基部水平的宽度；额鬃 2 行，外方 1 行毛状，仅 2–3 根较粗大，4–5 根额鬃下降至侧颜，最前方 1 根额鬃达着生触角芒水平处，侧额被黑色小毛，伴随额鬃下降至侧额，达同等水平，内侧额鬃 1 根，发达，后头扁平，黑色，覆稀薄灰白色粉被，在眼后鬃后方无黑色小鬃；触角全部黑色，第 1 鞭节为梗节长的 1.7 倍，触角芒基部 1/2 加粗，基部 2 节短小，下颚须黑色，棒状，背腹向弯曲，前颏短粗，长为其直径的 1.5 倍，唇瓣肥大。胸部黑色，覆青灰色粉被，被倒伏黑色小毛，背面具 5 黑色窄条，中间 1 条在沟前不清晰，肩鬃 4 根，后方 3 根排列成一直线，肩后鬃 3 根，中鬃 3+3，背中鬃 3+4，翅内鬃 1+3，翅上鬃 3 根，第 3 翅上鬃较翅前鬃粗大；小盾片淡黄色，基部黑褐色，小盾端鬃发达，交叉，水平方向伸展，小盾侧鬃每侧 2 根，两小盾亚端鬃间的距离为亚端鬃至基鬃距离的 1.5 倍，小盾心鬃 1 对；翅淡黄透明，翅肩鳞和前缘基鳞黑色，r_5 室远离翅顶，开放，前缘脉第 2 段长为第 3 段的 2/3，第 4 段和第 2 段等长，R_{4+5} 脉具 2–3 根小鬃，端横脉向内方凹陷，中脉心角至中肘横脉的距离为中脉心角至翅缘距离的 2 倍，中肘横脉直，下腋瓣白色，平衡棒淡黄色，顶部色暗；足黑色，前足爪及爪垫加宽，前足胫节具短小鬃梳 1 根、后背鬃 5 根、前腹鬃 4 根。腹部长卵圆形，黑色，第 3–5 背板覆闪变性银白粉被，背面具黑纵条，第 3–4 背板两侧具红黄色花斑，第 1+2 合背板具中缘鬃 1 对，第 4 背板两侧腹面具密集的黑毛区，第 3、第 4 背板中心鬃缺失。雌性额宽为复眼宽的 4/5，头每侧具 2 根粗大的外侧额鬃；腹部第 3、第 4 背板两侧红黄色花斑隐约可见。

分布：浙江（临安）、甘肃、湖南、福建、台湾、广东、海南、广西、四川、云南；俄罗斯，日本，中亚地区，尼泊尔，泰国，西亚地区，欧洲。

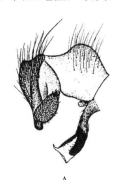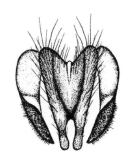

图 2-218　丽丛毛寄蝇 *Sturmia bella* (Meigen, 1824)（仿赵建铭等，1998）
A. ♂外生殖器侧视；B. ♂肛尾叶、侧尾叶后视

温寄蝇族 Winthemiini

主要特征：复眼被密而长的毛，头离眼型，雄性额窄，间额前方加宽，雄性向下弯曲的内侧额鬃缺失或仅具 1 根发达的内侧额鬃，侧颜常被毛，颊较额窄，伸达触角基部水平，颜凹陷，下降不达髭角，后眶拱起；梗节短，触角芒裸，下颚须棒状。肩鬃 5 根，其中 3 根基鬃排成三角形，中鬃 2–3+3，背中鬃 3+3–5，通常为 3+4，翅内鬃（0–1）+（2–3），通常为 1+3，翅上鬃 3，第 1 根翅上鬃（即翅前鬃）显著小于或等于第 1 根沟后翅内鬃；前胸侧板裸，腹侧片鬃 2–3；后气门前肋（下后侧片）2/3 或以上被毛，腋侧片裸，小盾片长，具 1 对心鬃和 4–5 对缘鬃；翅通常透明，至多为细微的均匀的淡黄色，短；下腋瓣较大，内缘达小盾片，外缘常向下弯曲，前缘脉第 2 脉段下方裸，M 脉无赘脉；前足胫节具后鬃 2，后足基节后腹部裸。腹部长卵圆形，第 1+2 合背板中央凹陷达后缘。

分布：世界广布。该族中国有 3 属 39 种，浙江记录 3 属 8 种。

136. 截尾寄蝇属 *Nemorilla* Rondani, 1856

Nemorilla Rondani, 1856: 66. Type species: *Tachina maculosa* Meigen, 1824.

主要特征：复眼被毛，侧颜裸，至多在最下方一根额鬃下具几根毛；额鬃细，后头上方在眼后鬃后面无黑色，胸部腹侧片鬃 2；足细长；腹部毛较粗，倒伏排列，第 3 和第 4 背板具中心鬃，沿背中央纵条两侧各具 1 三角形黑斑，第 5 背板呈梯形，后缘平直，基部宽度为其直径的 2.5 倍。

分布：世界各地。中国记录 2 种，浙江分布 1 种。

（359）双斑截尾寄蝇 *Nemorilla maculosa* (Meigen, 1824)（图 2-219）

Tachina maculosa Meigen, 1824: 265.

Nemorilla maculosa: Herting, 1972: 10.

特征：体长 4.0–9.0 mm。雄性侧额、后头及颊黑，颜及侧颜暗黄，额宽为复眼宽的 3/5–5/7，间额棕黑色，中部的宽度约为侧额宽的 1.7 倍，侧颜略窄于触角第 1 鞭节的宽度；额鬃细，有 3–4 根下降至侧颜，最前方 1 根达梗节末端水平，无内侧额鬃，单眼鬃发达；触角黑色，梗节与第 1 鞭节交接处棕红色，第 1 鞭节略长于梗节，下颚须黑色。胸部黑色，覆灰白色粉被，背面具 3 黑纵条，中间 1 条较宽，中鬃 3+3，背中鬃 3+4，腹侧片鬃 2，小盾片全部黑色，端鬃细而短，交叉排列略向上方翘起，侧鬃发达；翅灰色透明，基部略呈淡褐色，R$_{4+5}$ 脉基部具 1–3 根小鬃，r$_5$ 室开放于翅尖的前方，中脉心角为弧角，翅肩鳞、前缘基鳞、足均黑，前足爪及爪垫的长度大于第 5 分跗节。腹部黑色，覆灰白色粉被，第 3 和第 4 背板两侧具 1 不明显的暗黄色斑，第 3 背板背面具 3 个三角形斑，第 4 和第 5 背板后缘具若干形状不规则的黑斑，毛较粗，第 2 背板具中缘鬃 1 对，第 3 背板具中心鬃和中缘鬃各 1 对，第 4 背板具 1 对或数根排列不规则的中心鬃和 1 行缘鬃，第 5 背板具数根排列不规则的心鬃和 1 行缘鬃。雌性额宽为复眼宽的 3/4–4/5，侧额、头顶及单眼三角覆浓厚的黄色粉被，头两侧各具 1–2 根内侧额鬃和 2 根外侧额鬃，触角一般外侧黑，内侧棕红，有时仅第 2 节末端黑，其余部分全部棕红，下颚须黄色；前足爪及爪垫短。

生物学：寄生于松梢螟、银纹夜蛾、黄绿巢蛾、苹果小卷蛾、桑螟、茉莉螟蛾、稻纵卷叶野螟、柑橘褐黄卷蛾、稻苞虫、梨叶斑蛾、蚕饰腹寄蝇、茶谷蛾。

分布：浙江（临安）、黑龙江、吉林、辽宁、内蒙古、北京、天津、河北、山西、山东、宁夏、新疆、江苏、上海、安徽、湖北、江西、湖南、福建、台湾、广东、海南、香港、广西、四川；俄罗斯，蒙古国，日本，中亚地区，印度，缅甸，西亚地区，欧洲，非洲。

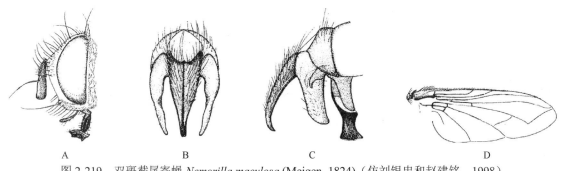

图 2-219　双斑截尾寄蝇 *Nemorilla maculosa* (Meigen, 1824)（仿刘银忠和赵建铭，1998）
A. ♂头侧视；B. ♂肛尾叶、侧尾叶、第 9 背板后视；C. ♂外生殖器侧视；D. 翅

137. 锥腹寄蝇属 *Smidtia* Robineau-Desvoidy, 1830

Smidtia Robineau-Desvoidy, 1830: 183. Type species: *Smidtia vernalis* Robineau-Desvoidy, 1830.

Omotoma Lioy, 1864: 1338. Type species: *Tachina amoena* Meigen, 1824.

主要特征：复眼被密毛，侧颜窄于触角第 1 鞭节，侧颜在上半部或全部具毛，后头向后拱起，上方在眼后鬃后方具 1–2 行黑毛；触角芒细长，基部 2/5–1/2 加粗；腹侧片鬃一般为 3，小盾侧鬃每侧各 1；中足胫节具 3–5 根前背鬃，后足胫节具 1 列梳状前背鬃，中间具一长大鬃，是其他前背鬃长的 2 倍，或者后胫前背鬃列不规则；腹部背板毛直立，第 3 和第 4 背板无中心鬃，沿背中线两侧无三角形斑；第 5 背板黑色，近似锥形，其长度为其最大宽度的 1.5–2.0 倍。

分布：除澳大利亚和中南美洲外，世界广布。中国记录 9 种，浙江分布 1 种。

（360）日本锥腹寄蝇 *Smidtia japonica* (Mesnil, 1957)（图 2-220）

Nemosturmia japonica Mesnil, 1957: 9.

Smidtia japonica: Shima, 1996: 183.

特征：体长 9.0–13.0 mm。体色黑，覆灰白色粉被，侧额覆金黄色粉被，间额黑色，中颜板黑色，口上片黄色；触角基节、梗节黄色，第 1 鞭节黑色，基部内侧黄色，下颚须黄色；胸部具 5 个黑纵条，小盾片端部黄色，基部 1/3 黑色，胸部盾片底色黑，肩胛和翅后胛黑色，下腋瓣白色，翅肩鳞黑色，前缘基鳞红黄色，胫节黄色；腹部背中央具明显的黑纵条，两侧具黄色斑。中颜板黄色。间额前宽后窄，中部宽于侧额，额宽为复眼宽的 1/2，侧颜稍宽于触角第 1 鞭节，后头拱起，被淡色毛，在眼后鬃后方具一排黑色小鬃，单眼鬃发达，着生于前单眼、后单眼之间，单眼后鬃 2 根，内顶鬃发达，交叉排列向后伸展，外顶鬃与眼后鬃无明显区别，后顶鬃 1 根，前顶鬃缺失，内侧额鬃 1 根，额鬃向前方伸展，有 4 根下降至侧颜达梗节末端水平，侧颜被毛，覆稀薄的灰白色粉被，下侧颜发达，颊被黑毛，颜堤鬃仅分布于颜堤基部；触角第 1 鞭节为梗节长的 1.8 倍，触角芒第 2 节不延长，第 3 节基部 1/3 加粗，下颚须棒状。中鬃 3+3，背中鬃 3+4，翅内鬃 1+3，肩胛具 5 根肩鬃，外 2 根内 3 根排列，肩后鬃 2 根，小盾片半圆形，被竖立的毛，具心鬃 1 对，小盾端鬃发达，向后方交叉伸展，小盾缘鬃 4 对，侧鬃单一，两小盾亚端鬃之间的距离大于亚端鬃至同侧基鬃的距离，前胸侧板裸，前胸腹板被毛，腹侧片鬃 2，翅侧片鬃 1 根，发达，后气门前肋被毛，胸部侧面被黑毛；前缘脉第 2 脉段腹面裸，前缘刺不明显，前缘脉第 2 脉段与第 4 脉段等长，中脉心角在翅缘开放，心角至翅后缘的距离小于心角至 dm-cu 脉的距离，心角为钝角，R_{4+5} 脉基部具数根小鬃，端横脉向内凹入；前足爪发达，长于第 5 分跗节，前足胫节具 2 根后鬃，中足胫节具 1 根腹鬃、2 根前背鬃、2 根后鬃，后足胫节具 2 根背端鬃，1 排较稀疏的前背鬃，后足基节后面裸。腹部第 1+2 合背板基部中央凹陷达后缘，具 2 根中缘鬃，第 3 背板具 2 根中缘鬃、1 根侧缘鬃，第 4 背板具 1 排缘鬃，第 5 背板具不规则的中心鬃；肛尾叶近于长方形，侧尾叶三角形。

分布：浙江（临安）、辽宁；俄罗斯，日本。

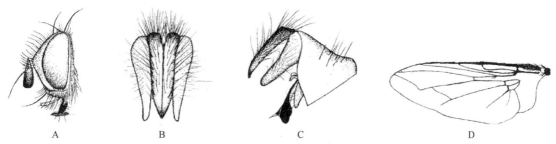

图 2-220　日本锥腹寄蝇 *Smidtia japonica* (Mesnil, 1957)（仿刘银忠和赵建铭，1998）
A.♂头侧视；B.♂肛尾叶、侧尾叶后视；C.♂外生殖器侧视；D. 翅

138. 温寄蝇属 *Winthemia* Robineau-Desvoidy, 1830

Winthemia Robineau-Desvoidy, 1830: 173. Type species: *Musca quadripustulata* Fabricius, 1794.

Pseudokea Townsend, 1928: 393. Type species: *Pseudokea neowinthemioides* Townsend, 1928.

主要特征：复眼被密而长的毛，侧颜被毛，颊高小于触角宽，单眼鬃向前伸展或缺失，后头上方在眼后鬃后方无黑毛；触角芒第 2 节短；肩鬃 5 根，最强的 3 根排列为三角形，第 1 根翅上鬃长于背侧片鬃和盾后第 1 根翅内鬃，前胸腹板两侧被毛，下后侧片大部被毛，胸部和腹部的鬃与毛较粗，后背中鬃 4，腹侧片鬃通常 2，少数 3，后气门前肋（下后侧片）2/3 或以上被毛；中脉心角至 dm-cu 脉的距离等于心角至翅后缘的距离；中足胫节前背鬃 1–2 根，后足胫节具 1 列等长的梳状前背鬃；腹部背板毛通常倒伏状，很少直立，第 3 和第 4 背板无中心鬃，中缘鬃在种类之间或有或无，第 5 背板呈梯形，其长度为其宽度的 2.5–3.0 倍，或多或少后端红色。

分布：世界各地。中国记录 26 种，浙江分布 6 种。

分种检索表

1. 胸部中侧片鬃后方具浓密的淡黄色长缨毛 ·· 2
- 胸部中侧片鬃后方具黑色长缨毛，小盾片端部至少红黄色；中足胫节具 1 前背鬃 ·············· 3

2. 雄腹部第 1+2 合背板、第 3 背板具发达的中缘鬃；颊高为复眼高的 1/6–1/5；雄爪及爪垫均长于第 5 分跗节；腹部腹面两侧均无密毛斑，触角短，触角第 1 鞭节末端至口上片间距离约等于梗节长，第 1 鞭节长为梗节的 2.7–3.0 倍 ⋯⋯⋯⋯ **短角温寄蝇 _W. brevicornis_**

- 雌侧颜毛白色，间额前宽后窄，触角第 1 鞭节宽大于梗节长度；腹部第 5 背板末端红色 ⋯ **苏门答腊温寄蝇 _W. sumatrana_**

3. 腹部至少第 4 背板腹面具密毛斑 ⋯⋯⋯⋯⋯⋯⋯⋯⋯⋯⋯⋯⋯⋯⋯⋯⋯⋯⋯⋯⋯⋯⋯⋯⋯⋯ 4

- 腹部第 4 和第 5 背板腹面无密毛斑 ⋯⋯⋯⋯⋯⋯⋯⋯⋯⋯⋯⋯⋯⋯⋯⋯⋯⋯⋯⋯⋯⋯⋯⋯⋯ 5

4. 雄额窄，为复眼宽的 0.37 倍，或小于头宽的 1/6，侧颜宽为触角第 1 鞭节宽的 1/2，颜毛密；腹部仅第 4 背板具腹面密毛斑，斑小且圆形 ⋯⋯⋯⋯⋯⋯⋯⋯⋯⋯⋯⋯⋯⋯⋯⋯⋯⋯⋯⋯⋯⋯⋯⋯ **苏门答腊温寄蝇 _W. sumatrana_**

- 雄额宽约为复眼宽的 0.65 倍，侧颜宽略大于触角第 3 节宽，腹部第 3、第 4、第 5 背板具粉被分别占该背板前部的 1/2、2/3、3/5，呈闪变的光斑，第 4 背板腹面具大而方形的密毛斑 ⋯⋯⋯⋯⋯⋯⋯⋯⋯⋯ **宽顶温寄蝇 _W. verticillata_**

5. 腹部黑色，各背板粉被呈闪变的光斑，第 1+2 合背板至第 4 背板两侧具暗黄色斑，第 5 背板黑色；雄额宽约为复眼宽的 0.5 倍，中胸背板粉被浓厚 ⋯⋯⋯⋯⋯⋯⋯⋯⋯⋯⋯⋯⋯⋯ **岛洪温寄蝇 _W. shimai_**

- 腹部各背板具均匀而浓厚的黄色或灰白色粉被，无闪变的光斑 ⋯⋯⋯⋯⋯⋯⋯⋯⋯⋯⋯⋯⋯ 6

6. 雄额为头宽的 0.19–0.21 倍，颊窄，为复眼高的 0.13–0.15 倍，胸部背面全黑色，仅沿肩胛至翅后胛具暗金黄色或灰黄色粉条，雄触角第 1 鞭节长为梗节的 2.5 倍 ⋯⋯⋯⋯⋯⋯⋯ **华丽温寄蝇 _W. speciosa_**

- 雄额为头宽的 0.22–0.24 倍，胸部背面具 5 个明显的黑色纵条，雄触角第 1 鞭节长短于或等于梗节的 2.0 倍；腹部第 5 背板粉被占该背板前部的 2/3–3/4 ⋯⋯⋯⋯⋯⋯⋯⋯⋯⋯⋯⋯⋯⋯⋯⋯ **灿烂温寄蝇 _W. venusta_**

（361）短角温寄蝇 _Winthemia brevicornis_ Shima, Chao _et_ Zhang, 1992（图 2-221）

Winthemia brevicornis Shima, Chao _et_ Zhang, 1992: 225.

　　主要特征：体长 11.4–12.3 mm。雄性头覆淡黄白色粉被，侧额覆更多黄色粉被，头顶额宽约是头宽的 0.27 倍，额鬃列外侧没有额外的鬃列，髭达颜下缘水平，约是梗节长的 1/2，触角第 1 鞭节是梗节长的 2.7–3.0 倍，与侧颜等宽，略短于下颚须；胸部背板覆淡黄灰色粉被，具 5 个纵条，中间的纵条非常窄，翅短，约是腹部长的 1.5 倍；腹部红色，第 1+2 合背板端部和中部黑色，第 3 背板中间的纵条、第 4 背板中部和后部 1/3 处、第 5 背板端部 1/2 均黑色；第 3 背板基部 2/3、第 4 背板基部 3/4、第 5 背板基部 1/2 均覆黄灰色粉被；肛尾叶肥大。

　　分布：浙江（临安）、辽宁、宁夏、云南。

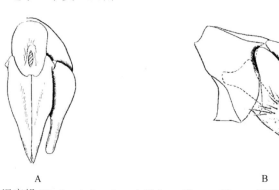

图 2-221　短角温寄蝇 _Winthemia brevicornis_ Shima, Chao _et_ Zhang, 1992（仿 Shima _et al._，1992）
A.♂肛尾叶、侧尾叶和第 9 背板后视；B.A 侧视

（362）岛洪温寄蝇 _Winthemia shimai_ Chao, 1998（图 2-222）

Winthemia shimai Chao, 1998: 1778.

　　特征：体长 9.0 mm。体黄黑色，覆黄灰色粉被。前缘基鳞、翅肩鳞、足、间额、肩胛、整个第 5 背板黑色；小盾片、下颚须、口上片黄色；中胸盾片具 5 个黑纵条，腹部背面具宽的黑纵条，第 3 和第 4 背板后缘具黑色横带，下腋瓣黄白色，腹部两侧具大黄色斑。雄性间额前宽后窄，中部宽度大于侧额；额覆黄灰色粉被，额宽略超过复眼宽的 1/2；侧颜被毛，覆黄色粉被，中部宽度约与触角第 1 鞭节等宽；单眼鬃发达，着生于前后单眼之间，外侧额鬃缺失，外顶鬃发达，与眼后鬃明显区别，前顶鬃缺失；额鬃 3 根下降至侧颜达梗节末端水平；触角第 1 鞭节为梗节长的 2.7 倍；髭着生于口缘上方，颜堤鬃分布于口髭附近；口缘平，中颜板下凹，颜具小颜脊；下颚须棒状，口盘发达，喙短；后头平，被黄色毛，颊小，具后头伸展区。胸部覆细密黑毛，中鬃 3+3，背中鬃 3+4，翅内鬃 1+3，腹侧片鬃 2，翅侧片鬃 1，中侧片鬃后方具黑色长毛；肩鬃 5 根，3 根基鬃排成弧形，肩后鬃 2 根；前胸腹板被毛；小盾片半圆形，具 4 对缘鬃，心鬃 1 对，两小盾亚端鬃之间的距离大于亚端鬃至同侧基鬃的距离，小盾侧鬃每侧 1 根；翅 R_{4+5} 脉基部具 1 根小鬃，前缘脉第 2 段腹面裸，第 2 段明显长于第 4 段，前缘刺不明显；中脉心角直角，心角在翅缘开放，心角至翅后缘的距离等于或略小于心角至中肘横脉的距离，端横脉微向内凹陷，R_1 脉裸，下腋瓣淡黄色。前足爪发达，长于该第 5 分跗节，胫节具 2 后鬃；中足胫节具前背鬃 1、腹鬃 1、后背鬃 2；后足胫节具背端鬃 2，具整齐的前背鬃列。腹部毛长，倒伏状排列，第 3 背板具中缘鬃 1 对；第 4 和第 5 背板分别具缘鬃 1 排，腹面两侧无密毛区；肛尾叶较侧尾叶宽而长。

分布：浙江（临安）。

图 2-222　岛洪温寄蝇 *Winthemia shimai* Chao, 1998（仿赵建铭等，1998）
A. ♂外生殖器侧视；B. ♂肛尾叶、侧尾叶后视

（363）华丽温寄蝇 *Winthemia speciosa* (Egger, 1861)（图 2-223）

Nemorea speciosa Egger, 1861: 209.

Winthemia speciose: Herting, 1984: 39.

特征：雄性侧额覆浓厚的黄色粉被，端部 1/4–1/3 黑色；侧颜、颜和后眶覆白色粉被，颊覆灰色粉被；触角棕黑色，第 3 节基部红色；下颚须黄色。头顶额宽约是头宽的 0.2 倍或复眼宽的 1/2，间额宽是侧额宽的 2 倍，侧颜宽是触角第 1 鞭节宽的 2/3，颊高是眼高的 0.16 倍，外顶鬃长是内顶鬃的 2/3，额鬃 12–13 根，最下方的鬃达梗节水平，侧颜具 2–3 列细短黑毛，髭达颜下缘水平。触角下降不达颜下缘，距颜下缘距离为梗节长的 5/6，触角第 1 鞭节长是梗节长的 2.3–2.5 倍，其长是宽的 3 倍，下颚须棒状，约与触角第 1 鞭节等长。胸部黑色，小盾片红棕色，背板黑色，肩胛覆深棕色粉被；翅透明，端部淡棕色，下液瓣淡棕色，M 脉至 dm-cu 脉的距离短于心角至翅后缘距离的 1.5 倍；足黑色，爪垫淡棕色，中足胫节具前背鬃 1、后背鬃 2，后足胫节具 1 列紧密排列的前背鬃，其中无强壮的亚中鬃，爪和爪垫长。腹部黑色，第 3、第 4 背板边缘红色，背板覆浓厚的白色或淡黄白色粉被，粉被较第 5 背板稀疏，第 4 背板后部窄，第 5 背板后 1/3–1/2 黑色，腹面覆淡灰白色粉被，第 3 和第 4 背板具浓密的细短毛，第 1+2 合背板、第 3 背板均无中缘鬃，腹部无毛簇。肛尾叶宽而圆。雌性头覆浓厚的黄色或金黄色粉被，侧颜下部、颜、颊和后眶淡黄白色，头顶宽是头宽的 0.30–0.32 倍，间额略宽于侧额，内外顶鬃和眼后鬃强壮，额鬃 8–10 根，间额和侧颜被毛，髭近颜下缘水平，侧颜略宽于触角一半；触角第 1 鞭节基部红色，较雄性宽，长是梗节的 3 倍，是其宽的 2.0 倍，下颚须棒状，黄色；胸部背板覆浓厚的黄色粉被，具 4 个窄的黑纵条；后足胫节具 1 列前背鬃；爪和爪垫短；腹部红黄色，各背板具黑色中纵条，覆浓厚的黄色粉被，第 1+2 合背板、第 3 背板各具 2 根强壮的中缘鬃。

分布：浙江（临安）、陕西、四川；俄罗斯，蒙古国，日本，欧洲。

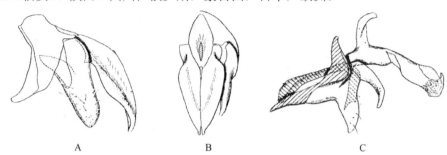

图 2-223 华丽温寄蝇 *Winthemia speciosa* (Egger, 1861)（仿 Shima *et al.*，1992）

A. ♂肛尾叶、侧尾叶和第9背板侧视；B. A 后视；C. 阳体侧视

（364）苏门答腊温寄蝇 *Winthemia sumatrana* (Townsend, 1927)（图 2-224）

Pseudokea sumatrana Townsend, 1927: 69.

Winthemia sumatrana =? *Exorista trichopareia*: Crosskey, 1976: 227.

特征：体长 8.5–10.6 mm。雄性头覆白色粉被，间额黑色，触角、触角芒棕黑色，触角第 1 鞭节基部红黄色，下颚须红黄色，基部颜色加深。雄性头顶额宽是头宽的 0.16–0.19 倍或约为复眼宽的 0.37 倍，间额约是侧额宽的 2.5 倍，侧颜宽约是触角第 1 鞭节的 1/2，颊高为眼高的 1/8，内顶鬃长是眼高的 2/3，外顶鬃不发达，额鬃 12–13 根，最下方的鬃下降至梗节水平，眼后鬃强壮，长约是内顶鬃的 2/3，整个侧颜被浓密的毛，鬃近颜下缘水平，触角第 1 鞭节长是梗节长的 3.0–3.3 倍，略长于下颚须。胸部黑色，小盾片宽阔，端部红棕色，背板覆稀疏的灰色（有时棕色）粉被，前胸背板 4 个纵条，中胸背板 5 个，翅侧片和后气门前肋具棕色毛；翅透明，下腋瓣淡黄白色，M 脉至 dm-cu 脉的距离约是心角至翅后缘距离的 1.5 倍；足黑色，爪垫淡棕色，中足胫节具前背鬃 1，后足胫节具 1 列紧密排列的前背鬃，其中无强壮的亚中鬃，爪和爪垫长。腹部第 1+2 合背板红棕色，第 3 背板边缘、第 4 背板前缘红棕色，第 5 背板端部红色，第 3 背板端部 1/3–2/3 覆淡黄白色粉被，第 4 背板端部 3/5–2/3 处覆浓厚的淡黄色粉被，第 5 背板端部 1/3–1/2 处覆稀疏的粉被，第 3、第 4 背板端部 1/2 腹面覆稀疏的白色粉被；第 1+2 合背板、第 3 背板均无中缘鬃，第 4 背板具 1 列缘鬃，第 5 背板具心鬃、缘鬃各 1 列，心鬃弱于缘鬃，第 4 背板腹面具 1 对小的毛簇，第 5 背板腹面具长而浓密的毛。雌性梗节和第 1 鞭节基部红色，下颚须黄色，头顶额宽是头宽的 0.23–0.24 倍，间额宽是侧额宽的 2 倍，外顶鬃长是内顶鬃长的 1/2，额鬃 6–8 根，侧颜具淡黄白色毛，颊前部具淡黄白色毛；胸部覆浓厚的灰白色粉被，翅侧片具淡黄白色毛；爪和爪垫短；腹部第 1+2 合背板具 2 根短的中缘鬃，第 3 背板具 2 根强壮的中缘鬃，第 4 背板腹面无毛簇，第 5 背板腹面较雄性端部窄。

生物学：寄生于台湾铗蝶。

分布：浙江（临安）、台湾、云南、西藏；日本，泰国，菲律宾，马来西亚，印度尼西亚，澳大利亚。

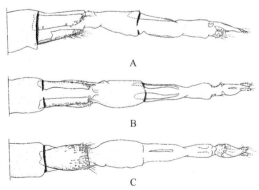

图 2-224 苏门答腊温寄蝇 *Winthemia sumatrana* (Townsend, 1927)（仿 Shima *et al.*，1992）

♀腹端产卵器：A. 侧视；B. 背视；C. 腹视

（365）灿烂温寄蝇 *Winthemia venusta* (Meigen, 1824)（图 2-225）

Tachina venusta Meigen, 1824: 327.

Winthemia venusta: Herting, 1972: 13.

特征：雄侧额和侧颜上部覆浓厚的黄色粉被，侧额有时黑色，侧颜下部和颜覆白色粉被，颊膨大，颊和后眶覆灰色或淡灰黄色粉被，触角棕黑色，触角第 1 鞭节窄，基部红色，下颚须红黄色。头顶额宽是头宽的 0.22–0.24 倍；间额略宽于侧额；侧颜宽与触角第 1 鞭节相等；颊高是眼高的 0.16–0.18 倍。外侧额鬃长约是内侧额鬃的 2/3；额鬃 12–14 根，最下方的额鬃达梗节端部水平；侧颜具 3–4 列细而短的黑毛；髭近颜下缘水平。触角下降不达颜下缘，距颜下缘距离是梗节的 1/2；触角第 1 鞭节长是梗节的 1.8–2.0 倍，约是其宽的 2.5 倍。下颚须细棒状，略长于触角第 1 鞭节。胸部黑色，后小盾片红黄色或淡棕色，背部覆宽阔的黑色或稀薄的深棕色粉被，肩胛和背侧片以及翅内区覆浓厚的灰白色粉被。翅透明，端部淡棕色，下腋瓣淡黄白色，M 脉至 dm-cu 脉的距离略长于心角至翅后缘的距离。足黑色，爪垫淡棕色，爪和爪垫很长，中足胫节具 1 前背鬃、2 后背鬃，后足胫节具 1 列紧密排列的前背鬃，无强壮的亚中鬃。腹部黑色宽阔，第 3 背板通常无缘鬃，腹面无毛簇；肛尾叶肥大。雌性侧额和侧颜上部覆浓厚的淡黄白色粉被，下侧颜、颜、颊和后眶覆白色粉被；头顶额宽是头宽的 0.29–0.32 倍；内外顶鬃和单眼鬃较雄性强壮；8–10 根额鬃；侧额和侧颜具少量毛；侧颜略窄于触角第 1 鞭节，后者长是梗节的 2.0–2.2 倍，长是其宽的 2.3 倍；下颚须棒状，黄色；胸部背板覆浓厚的淡黄白色粉被，具 5 个黑色纵条，中间 1 条有时消失；后足胫节具 1 列前背鬃（较雄性短），具 1 前中鬃；爪和爪垫短；腹部第 1+2 合背板、第 3 背板各具 2 根强壮的中缘鬃，第 5 背板后 1/3 黑色。

生物学：寄生于枯夜蛾、艳夜蛾、落叶松毛虫。据作者 1976 年在北京三堡观察：雌蝇产卵于老熟艳夜蛾 *Maenas salminea* 幼虫，数十个卵粒集中产于胸部，次日艳夜蛾入土结茧，1 周后剖开虫茧，见艳夜蛾幼虫已被寄生。

分布：浙江（临安、磐安）、黑龙江、吉林、辽宁、内蒙古、北京、河北、山西、山东、陕西、甘肃、新疆、江苏、上海、湖南、福建、台湾、海南、四川、贵州、云南、西藏；俄罗斯，日本，欧洲。

A　　　　　　　　　　　　B

图 2-225　灿烂温寄蝇 *Winthemia venusta* (Meigen, 1824)（仿 Shima *et al.*，1992）

A. ♂肛尾叶、侧尾叶和第 9 背板侧视；B. A 后视

（366）宽顶温寄蝇 *Winthemia verticillata* Shima, Chao *et* Zhang, 1992（图 2-226）

Winthemia verticillata Shima, Chao *et* Zhang, 1992: 214.

特征：体长 8.6–8.8 mm。雄性头覆浓厚的白色粉被，侧额上部黑色，触角棕黑色，基部 1/2 红色，头顶宽是头宽的 0.23 倍，是两髭间颜宽度的 1.3 倍；间额约是侧额宽的 1.5 倍；侧颜略窄于触角第 1 鞭节宽，颊是眼高的 0.21 倍；头毛黑色；内顶鬃长是眼高的 1/3；外顶鬃长是内顶鬃的 2/3；额鬃 13–15 根，3–5 根额鬃排成一直线达间额下方水平，最下方的额鬃接近梗节端部水平；侧颜具稀疏的毛，眼后鬃短小，髭接近颜下缘水平。触角下降不达颜下缘，距颜下缘距离是梗节长的 2/5，触角第 1 鞭节长是梗节的 4 倍，是下颚须的 1.3 倍。胸部黑色，小盾片狭窄端部红棕色，覆浓厚的灰白色粉被，背板具 5 个黑纵条，内侧纵条之间的距离是内外纵条间距离的 2 倍；翅透明，端部淡棕色，下腋瓣淡棕色，心角至翅后缘的距离与至 dm-cu 脉的距离相等；足黑色，爪垫黄色，爪和爪垫短，前足爪和爪垫长于其第 5 分跗节，中足胫节具前背鬃 1，后足胫节具 1 列前背鬃。腹部宽，黑色，第 3 背板前 1/2，第 3、第 4 背板前 2/3 覆稀疏的白色粉被；第 1+2 合背板、第 3 背板无中缘鬃，具 1–2 根强壮的侧缘鬃，第 4 背板具 1 列缘鬃，心鬃不清晰，第 5 背板具 1 列缘鬃，第 4 和第 5 背板腹面各具 1 对长的浓密的倾斜的毛簇。肛尾叶宽。雌性侧额覆黄白色粉被，头顶额宽是头宽的 0.31 倍，约是两髭间颜宽度的 1.6 倍；头所有鬃比雄性强壮；1 根向下弯曲和 2 根向前倾斜的单眼鬃明显；额鬃 8–9 根，下颚须棒状；胸腹覆更浓密的黄白色粉被；爪和爪垫短于其第 5 分跗节；腹部在第 3 背板前 2/3、第 4 和第 5 背板前 3/4 覆更浓厚的淡黄白色粉被；第 1+2 合背板、第 3 背板各具强壮的中缘鬃；腹部腹面无毛簇。

分布：浙江（临安）、云南。

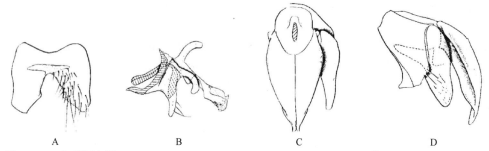

图 2-226 宽顶温寄蝇 *Winthemia verticillata* Shima, Chao *et* Zhang, 1992（仿 Shima *et al.*，1992）
A.♂第 5 腹板腹视；B. 阳体侧视；C.♂肛尾叶、侧尾叶和第 9 背板后视；D.C 侧视

（三）突颜寄蝇亚科 Phasiinae

分族分属检索表

1. 小盾亚端鬃缺失。复眼裸，额窄，无外侧额鬃，后头至少下半部被淡黄色毛；胸部第 3 根翅上鬃缺失，翅内鬃 0 或 1；下腋瓣三角形，内缘与小盾片相接；前胫无前背鬃；腹部腹板外露，第 1+2 合背板中央凹陷不达后缘 ·· **异颜寄蝇属 Ectophasia**（突颜寄蝇族 Phasiini）
- 小盾亚端鬃粗大，显著大于小盾端鬃 ·· 2

2. 胸部后气门黄白色，很大，其宽度至少为平衡棒端部宽的 2 倍；侧颜裸，髭位于向前突出的口缘上方；至少在胸和腹部的腹面被黄白色毛，翅侧片鬃缺或毛状，翅内鬃 0+2，小盾端鬃发达，交叉排列，小盾侧鬃无；后足胫节具 1 根退化的后腹鬃；雄腹部第 6+7 合背板背面观不可见；腹部腹板为背板覆盖 ············ **3**（俏饰寄蝇族 Parerigonini）
- 胸部后气门正常大小 ··· 4

3. 复眼被密的长毛，后头毛或鬃均黄白色或大部分黄白色；肩鬃 3 根或更多，最强的 3 根排成三角形；腹侧片鬃 3 根 ·· **俏饰寄蝇属 Parerigone**
- 复眼裸 ··· **攀寄蝇属 Paropesia**

4. 胸部后足基节间后腹面区闭合，完全骨化；翅半透明，r_{4+5} 室开放或闭合，具一短柄脉，长至多为 M 脉弯曲部长的 1/6；下颚须发达或退化，中喙前颏长为其直径的 2–4 倍；后胫后腹鬃存在；腹部腹板被背板遮盖，隐藏于背板缝之间；第 3、第 4 背板均无心鬃；雌、雄外生殖器侧面观可见 ·············· **5**（筒腹寄蝇族 Cylindromyiini）
- 胸部后足基节间后腹面区不闭合，膜质；翅面程度不同的带有黑色；小盾端鬃发达，交叉排列，腹部腹板一般不被背板遮盖；第 3、第 4 背板均具心鬃；雌、雄外生殖器侧面观一般不可见 ·············· **贺寄蝇属 Hermya**（贺寄蝇族 Hermyini）

5. 下颚须发达，前颏短粗，长约为其横径的 2 倍，第一根沟后翅上鬃长于背侧片鬃，前足胫节端位前背鬃短于端位背鬃或缺失，r_{4+5} 室开放或具柄，长度至多为 M 脉至中脉心角距离的 1/6 ················ **罗佛寄蝇属 Lophosia**
- 下颚须退化或缺失，前颏细长，长至少为其横径的 4 倍，第一根沟后翅上鬃明显短于背侧片鬃或缺失，前足胫节端位前背鬃显著长于端位背鬃，r_{4+5} 室具柄，长度至少为 M 脉至中脉心角距离的 1/6 ················ **筒腹寄蝇属 Cylindromyia**

筒腹寄蝇族 Cylindromyiini

主要特征：颜脊缺失，如中颜板中部略有隆起，也不形成尖棱，雌雄两性额均较宽，均常具外侧额鬃，下颚须存在或缺失；中喙前颏短，长约为其直径的 2 倍；胸部后足基节间后腹面区闭合，完全骨化；沟后翅内鬃 1 根或 2 根，具翅前鬃和 2 根翅上鬃，两者存一或两者均存，少数两者缺失，小盾片具 2–3 对缘鬃；翅半透明，r$_{4+5}$ 室开放或闭合，具一短柄脉，长至多为 M 脉弯曲部长的 1/6；下腋瓣后缘为圆形，一般长大于宽，r$_{4+5}$ 室开放或闭合，具一短柄脉，头长至多为 M 脉弯曲部长的 3/4；后胫后腹鬃存在；第 1+2 合背板中央凹陷不达后缘；第 3、第 4 背板均无心鬃；腹部腹板被背板遮盖，隐藏于背板缝之间；雌、雄外生殖器突出，侧面观可见。

分布：世界各地。本族中国有 5 属 40 种，浙江记录 2 属 9 种。

139. 筒腹寄蝇属 *Cylindromyia* Meigen, 1803

Cylindromyia Meigen, 1803: 279. Type species: *Musca brassicaria* Fabricius, 1775.

Ocyptera Latreille, 1804: 195. Type species: *Musca brassicaria* Fabricius, 1775.

主要特征：触角芒裸，下颚须退化或缺失，前颏细长，至少为其直径的 4 倍，胸部第一根盾后翅上鬃缺或明显短于背侧片鬃或缺失，前足胫节近端背鬃明显短于近端前背鬃，翅 r$_{4+5}$ 室闭合，具一柄脉，其长至少为 M 脉弯曲部分长的 1/6，后足基节后缘和腹部第 1 腹板之间形成的后基节桥骨化，腹部第 1+2 合背板中央凹陷不达后缘。

分布：世界广布。中国记录 15 种，浙江分布 3 种。

分种检索表

1. 后足胫节具 1 根或 2 根中位后腹鬃；r$_{4+5}$ 室柄脉长为 M 脉弯曲部分长的 20%–50%，触角长为颜高的 70%–90%，后翅上鬃缺，小盾片具亚端鬃和端鬃，M 脉弯曲处呈明显角度，具赘脉，腹部第 5 背板多无粉被 ·············· **乡筒腹寄蝇 *C. arator***
- 后足胫节无中位后腹鬃 ··· 2
2. 小盾片无基鬃，仅在前背中鬃列间具 2 列小毛 ····················· **狭翅筒腹寄蝇 *C. angustipennis***
- 小盾片具基鬃，在前背中鬃列间具 4 列或更多列小毛；翅前缘基鳞黑色或棕色，后翅内鬃和外顶鬃均存在 ·················
··· **棕头筒腹寄蝇 *C. brassicaria***

（367）狭翅筒腹寄蝇 *Cylindromyia (s. str.) angustipennis* Herting, 1983（图 2-227）

Cylindromyia angustipennis Herting, 1983: 50.

主要特征：触角芒裸，下颚须强烈退化或缺，前颏长至少为其直径的 4 倍；胸部第一根盾后翅上鬃缺

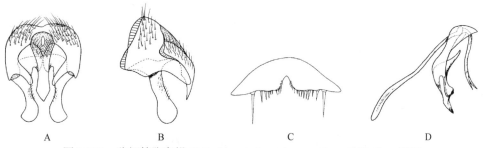

图 2-227　狭翅筒腹寄蝇 *Cylindromyia (s. str.) angustipennis* Herting, 1983
A. ♂肛尾叶、侧尾叶和第 9 背板后视；B. A 侧视；C. ♂第 5 腹板腹视；D. 阳体侧视

或明显短于背侧片鬃，小盾片无基鬃，仅在前背侧片鬃列间具 2 列小毛；翅 r$_{4+5}$ 室闭合具柄脉，其长至少为 M 脉弯曲部分长的 1/6；前足胫节近端背鬃明显短于近端前背鬃，后足基节后缘和腹部第 1 腹板之间形成的后基节桥骨化，后足胫节无中位后腹鬃；腹部第 1+2 合背板中央凹陷不达后缘。

分布：浙江（临安）、吉林、北京、河北、江苏、湖北；俄罗斯。

（368）乡筒腹寄蝇 Cylindromyia (Neocyptera) arator Reinhard, 1956

Cylindromyia arator Reinhard, 1956: 121.

特征：触角长为颜高的 70%-90%，触角芒裸，下颚须强烈退化或缺，前颊长至少为其直径的 4 倍，胸部第一根盾后翅上鬃缺或明显短于背侧片鬃，后翅上鬃缺，小盾片具亚端鬃和端鬃；翅 r$_{4+5}$ 室闭合，具一柄脉，其长至少为 M 脉弯曲部分长的 1/5–1/2，M 脉弯曲处呈明显角度，具赘脉；前足胫节近端背鬃明显短于近端前背鬃，后足胫节具 1 根或 2 根中位后腹鬃，后足基节后缘和腹部第 1 腹板之间形成的后基节桥骨化；腹部第 1+2 合背板中央凹陷不达后缘，腹部第 5 背板多无粉被。

分布：浙江（临安）、黑龙江、内蒙古、江苏、四川；俄罗斯，蒙古国，韩国。

（369）棕头筒腹寄蝇 Cylindromyia (s. str.) brassicaria (Fabricius, 1775)（图 2-228）

Musca brassicaria Fabricius, 1775: 778.

Cylindromyia (s. str.) brassicaria: Herting, 1984: 179.

特征：触角芒裸，下颚须强烈退化或缺，前颊长至少为其直径的 4 倍；胸部第一根盾后翅上鬃缺或明显短于背侧片鬃，其小盾片具基鬃，在前背侧片鬃列间具 4 列或更多列小毛，翅前缘基鳞黑色或棕色，翅 r$_4$ 室闭合，具一柄脉，长至少为 M 脉弯曲部分长的 1/6；前足胫节近端背鬃明显短于近端前背鬃，后足基节后缘和腹部第 1 腹板之间形成的后基节桥骨化，后足胫节无中位后腹鬃；腹部第 1+2 合背板中央凹陷不达后缘，该背板腹面仅具毛。

分布：浙江（临安）、黑龙江、吉林、内蒙古、北京、河北、山西、陕西、甘肃、新疆、江苏、湖北、云南；俄罗斯，蒙古国，日本，中亚地区，西亚地区，欧洲，非洲。

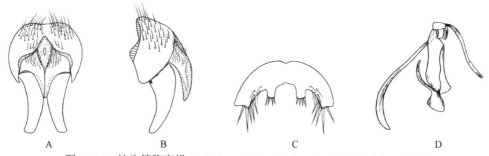

图 2-228　棕头筒腹寄蝇 Cylindromyia (s. str.) brassicaria (Fabricius, 1775)

A. ♂肛尾叶、侧尾叶和第 9 背板后视；B. A 侧视；C. ♂第 5 腹板腹视；D. 阳体侧视

140. 罗佛寄蝇属 Lophosia Meigen, 1824

Lophosia Meigen, 1824: 216. Type species: *Lophosia fasciata* Meigen, 1824.

Lophosiocyptera Townsend, 1927: 59. Type species: *Lophosiocyptera lophosioides* Townsend, 1927.

主要特征：复眼裸，头有或无外侧额鬃，髭位于口缘水平，交叉发达；前顶鬃存在，向外侧或后侧伸展；触角第 1 鞭节膨大，触角芒常基部加粗；下颚须发达。前颊短粗，长约为其横径的 2 倍。前侧片裸，肩鬃 2–3，肩后鬃 1，中鬃多变化，前背中鬃 1–3，后背中鬃 2–4；翅内鬃 1–2，翅上鬃 1–2，第 1 根沟后翅上鬃长于背侧片鬃，腹侧片鬃 2–3，小盾缘鬃 2–3 对（基鬃有时退化或缺失）；前足胫节端位于前背鬃短于端位背鬃或缺失，后足基节后腹面骨化；r_5 室端部开放或闭合，有小柄，长度至多为 M 脉至中脉心角距离的 1/6；中脉心角无赘脉。腹部各背板无中心鬃；雄性第 5 腹板后缘两侧常形成铗，铗常细长向下弯曲，有时直伸或呈叶形；雌性腹部末端常形成钩状弯曲。

生物学：国外记载寄生于麦蝽若虫体内。

分布：古北区和东洋区。中国记录 18 种，浙江分布 6 种。

分种检索表

1. 腹侧片鬃 3 ··· 2
- 腹侧片鬃 2 ·· 狭尾罗佛寄蝇 *L. angusticauda*
2. r_{4+5} 室端部开放 ··· 3
- r_{4+5} 室端部闭合，常具小柄 ·· 4
3. 触角全部黄色，腹部第 1+2 合背板背面有粉被，第 5 腹板铗基部宽，端 3/5 呈狭条状 ········· 黄角罗佛寄蝇 *L. flavicornis*
- 触角第 1 鞭节黄褐色至黑色，腹部第 1+2 合背板背面黑色光亮无粉被，第 5 腹板铗叶形；雌性腹部末端无钩状突起
 ·· 天目山罗佛寄蝇 *L. tianmushanica*
4. 腹部第 3 背板有 1–4 根较明显的侧心鬃，体大型，雌性腹部末端钩内侧有 1 列棘刺并且向上延伸达该背板基部 1/3 处，第 6 腹板后缘有十几根鬃 ··· 丽罗佛寄蝇 *L. pulchra*
- 腹部第 3 背板无明显侧心鬃，体中型；雌性腹部末端钩内侧无棘刺或仅限于端钩本身腹面 ······································· 5
5. 触角芒基部 1/5 加粗，雄性第 6 腹板后缘有三角形黑色片状突起于第 5 腹板铗基部，较为明显；雌性腹部第 6+7 合背板后缘腹面有棘刺 ·· 宽尾罗佛寄蝇 *L. macropyga*
- 触角芒基部至少 1/4 加粗，雄性第 6 腹板和雌性腹部末端无上述结构存在 ······································· 6
6. 雌性第 6+7 合背板长于腹部末节或近等长，且后缘侧腹面和第 6 腹板后缘无粗大鬃 ········· 狭尾罗佛寄蝇 *L. angusticauda*
- 雌性第 6+7 合背板长度短于腹部末节，且后缘侧腹面和第 6 腹板后缘有 10–12 根鬃；雄性第 6 腹板后缘有刺状突起，但不明显 ·· 缓罗佛寄蝇 *L. imbecilla*

（370）狭尾罗佛寄蝇 *Lophosia angusticauda* (Townsend, 1927)（图 2-229）

Eupalpocyptera angusticauda Townsend, 1927: 286.

Lophosia angusticauda: Crosskey, 1976: 172.

主要特征：雄性额宽为复眼宽的 0.6–0.7 倍；触角第 1 鞭节不特别加宽，长为梗节长的 3 倍；r_5 室端部开放；中脉心角无赘脉；腹部第 3 和第 4 背板腹面前缘和侧缘间各有 1 个三角形的裸区，覆灰白色粉被；雄性第 5 腹板后缘有 1 列浓密的毛列，铗叶形，略向下弯曲。

分布：浙江（临安）、江苏、台湾、四川、贵州、云南；泰国。

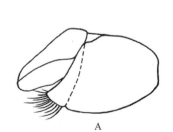

图 2-229　狭尾罗佛寄蝇 *Lophosia angusticauda* (Townsend, 1927)（仿孙雪逵，1996）

A. ♂肛尾叶、侧尾叶和第 9 背板侧视；B. A 后视

（371）黄角罗佛寄蝇 _Lophosia flavicornis_ Sun, 1996（图 2-230）

Lophosia flavicornis Sun, 1996: 98.

特征：体长 12.0 mm。雄性头侧颜、中颜板、颊、间额、侧额前半部、触角全部和下颚须黄色，侧额后半部、后头和触角芒非加粗部分黑色；额宽为复眼宽的 0.7 倍，间额在单眼三角区前宽度为侧额宽的 1.8 倍；额鬃 5，外侧额鬃 2，前顶鬃 1，向侧方伸展，单眼鬃细小，眼后鬃 1 对，后顶鬃 1；触角第 1 鞭节宽扁形，长为梗节的 3 倍，为其宽度的 1.8 倍；触角芒基部 1/3 加粗，第 2 节长为宽的 2 倍；下颚须端部裸，略膨大；眼后鬃在复眼下方 1/3 处中断，仅有少数几根黑鬃，后头上方在眼后鬃之后有裸区，裸区下方有 5–6 根黑色小鬃。胸部侧板黄褐色，背板中央有 4 黑纵条，其中中间 2 条在沟后愈合形成黑斑，背侧片和翅后胛黄色；中鬃 2+3，背中鬃 3+3，肩鬃 3+4，翅内鬃 0+2，腹侧片鬃 3（有时 4），小盾心鬃 1 对较细小，两小盾亚端鬃之间的距离是亚端鬃至同侧基鬃距离的 3 倍。后气门和平衡棒黄色；下腋瓣黄白色，翅淡黄色透明，翅肩鳞黑色，前缘基鳞黄色，r_5 室开放，中脉心角至翅后缘的距离是至中肘横脉距离的 3/4。足爪黑色，爪垫黄褐色，跗节、胫节和腿节黄色；前胫具前背鬃 1、后腹鬃 1；中胫具前背鬃 2、后背鬃 1 且较小、后腹鬃 2、前腹鬃 2；后胫具前背鬃 2、后背鬃 2、后腹鬃 2。腹部黑色，第 1+2 合背板至第 4 背板背面覆灰白色粉被，第 1+2 合背板和第 3 背板各具 1 对中缘鬃和侧缘鬃。

分布：浙江（临安）。

A　　　　　　　　　　　　　　B

图 2-230　黄角罗佛寄蝇 _Lophosia flavicornis_ Sun, 1996（仿孙雪迭，1996）

A. ♂肛尾叶、侧尾叶和第 9 背板侧视；B. A 后视

（372）缓罗佛寄蝇 _Lophosia imbecilla_ Herting, 1983（图 2-231）

Lophosia imbecilla Herting, 1983: 22.

主要特征：雄性额宽为复眼宽的 3/4，触角第 1 鞭节长为其宽的 3.2 倍，为梗节长的 2.6 倍；下颚须端部略膨大；腹部第 5 腹板铗端向下弯曲；雄性第 6 腹板后缘有刺状突起，但不明显，肛尾叶端扁；雌性第 6+7 合背板长度短于腹部末节，且后缘侧腹面和第 6 腹板后缘具 10–12 根鬃。

A　　　　　　　　　　　　　　B

图 2-231　缓罗佛寄蝇 _Lophosia imbecilla_ Herting, 1983（仿孙雪迭，1996）

A. ♂肛尾叶、侧尾叶和第 9 背板侧视；B. A 后视

分布：浙江（临安、定海）、山东、江苏、湖北、江西、台湾、广西、云南。

（373）宽尾罗佛寄蝇 *Lophosia macropyga* Herting, 1983

Lophosia (*Paralophosia*) *macropyga* Herting, 1983: 25.

　　主要特征：体中型，触角芒基部 1/5 加粗；腹部第 3 背板无明显的侧心鬃，雄性第 6 腹板后缘有三角形黑色片状突起于第 5 腹板铗基部，较为明显；雌性腹部第 6+7 合背板后缘腹面有棘，末端钩内侧有棘刺。
　　分布：浙江（临安）、台湾、广西、四川。

（374）丽罗佛寄蝇 *Lophosia pulchra* (Townsend, 1927)

Palpocyptera pulchra Townsend, 1927: 284.
Lophosia pulchra: Crosskey, 1976: 174.

　　主要特征：体大型，腹部第 3 背板有 1–4 根较为明显的侧心鬃，雌性腹部末端钩内侧具 1 列棘刺并且向上延伸达该背板基部 1/3 处，第 6 腹板后缘有十几根鬃。
　　分布：浙江（临安）、江苏、江西、广东、广西、四川、贵州；菲律宾。

（375）天目山罗佛寄蝇 *Lophosia tianmushanica* Sun, 1996（图 2-232）

Lophosia tianmushanica Sun, 1996: 103.

　　特征：雄性头侧颜、中颜板、颊和侧额前端黄色，侧额大部及后头黑色，覆灰白色粉被，触角外侧黑色，第 1 鞭节内侧大部黄色至黄褐色，下颚须端部黄褐色。额宽为复眼宽的 0.88 倍，额鬃 5–6 根，外侧额鬃 1，前顶鬃 1，单眼鬃细小，单眼后鬃 1 对，后顶鬃 1；触角第 1 鞭节长度为梗节的 2 倍，为其宽度的 1.8 倍；触角芒基部 2/5 加粗，第 2 节长为宽的 1.6 倍。后头上方在眼后鬃之后有裸区，裸区下方每侧各有 3–8 根黑鬃。胸部覆灰白色粉被，背板在沟前有 4 个黑纵条，在沟后中央 2 条愈合为一较大的黑斑；后气门黑褐色。中鬃 2+3，背中鬃 3+3，翅内鬃 0+2，肩鬃 4；小盾心鬃 0–1 对，两小盾亚端鬃之间的距离是亚端鬃至同侧基鬃距离的 3 倍。下腋瓣白色，平衡棒黄色；翅半透明，端部色较深，翅肩鳞黑色，前缘基鳞黄色，中脉心角至翅后缘的距离是至中肘横脉距离的 0.86 倍，r_5 室后端开放。足基节、转节和胫节基部 1/3 黄褐色至黑色，跗节、爪黑色，前股节背面常有黑纵条，前胫具前背鬃 1、后腹鬃 1；中胫具前背鬃 2、后背鬃 1、后腹鬃 2、腹鬃 1；后胫具前鬃 2、前腹鬃 2、后背鬃 2。腹部黑色，第 3 背板基部 1/4、第 4 背板基部 1/4–1/3 覆灰白色粉被，第 1 腹板被浅色毛；第 1+2 合背板至第 4 背板各有 1 对中缘鬃和侧缘鬃，第 2 背板有不规则的侧心鬃。第 5 腹板后缘有长鬃毛，铗直伸不弯曲，呈叶状；肛尾叶末端尖。雌性额宽

A　　　　　　　　　　　　B

图 2-232　天目山罗佛寄蝇 *Lophosia tianmushanica* Sun, 1996（仿孙雪逵，1996）
A. ♂肛尾叶、侧尾叶和第 9 背板侧视；B. A 后视

为复眼宽的 0.86 倍，触角狭长，第 1 鞭节长为梗节的 2.6 倍；腹部第 3 背板腹面延长，第 6+7 合背板基部裸，末端节裸，无钩状突起。

分布：浙江（临安）、四川。

贺寄蝇族 Hermyini

主要特征：头的后腹半部毛多为白色；触角第 1 鞭节长，触角芒细长，下颚须存在，髭细小、毛状；前胸侧板裸，前背中鬃 3 对，胸部后足基节间后腹面区不闭合，膜质；小盾端鬃发达，交叉排列，翅或几乎全部暗黑色或前半部黄色至黄褐色，r_5 室闭合具柄或开放；后足胫节具前背鬃 1–2 根、后背鬃 2 根，无后腹鬃，具端位后腹鬃；腹部背板背面观近方形，无延长而下曲的后腹部，第 3 和第 4 背板各具 1 对竖立的中心鬃，第 1+2 合背板至第 4 背板部分外露（雄性）或全部遮盖（雌性），腹部腹板一般不被背板遮盖；雌、雄外生殖器侧面观一般不可见。

分布：古北区、东洋区和非洲热带区。本族中国有 1 属 6 种，浙江分布 1 属 3 种。

141. 贺寄蝇属 *Hermya* Robineau-Desvoidy, 1830

Hermya Robineau-Desvoidy, 1830: 226. Type species: *Hermya afra* Robineau-Desvoidy, 1830.

Orectocera van der Wulp, 1881: 39. Type species: *Tachina beelzebul* Wiedemann, 1830.

主要特征：头长圆形，复眼裸；侧颜与触角约等宽；后头拱起；颜堤下方 1/2–2/3 具毛状鬃；单眼鬃前倾；触角细长，第 1 鞭节长至少为梗节的 6 倍，且常在中位或正中位狭窄，触角芒细长，仅在基部加粗；髭小型或中型，位于口缘水平；下颚须存在。胸部黑色，中胸后足基节后腹面膜质，腹侧片鬃 2–3，小盾端鬃强大，交叉；翅一般呈暗色；下腋瓣发达，其边缘常暗色；足黑色或部分黄色，后足胫节无后腹端鬃。腹部细长筒形，有时在基部有明显“细腰”，第 1+2 合背板无中缘鬃，第 3 和第 4 背板各有 1 对发达的中心鬃。

分布：古北区、东洋区和非洲热带区。中国记录 6 种，浙江分布 3 种。

分种检索表

1. 足股节，至少后足股节局部黄色 ······ 2
- 足黑色或部分黄色 ······ **比贺寄蝇 *H.beelzebul***
2. 翅呈明显的双色，侧颜上方在触角芒着生位置以上有 1 较大的亮黑色斑点 ······ **台湾贺寄蝇 *H. formosana***
- 翅单色或为不明显双色，侧颜上方无上述斑点 ······ **尾贺寄蝇 *H. surstylis***

（376）比贺寄蝇 *Hermya beelzebul* (Wiedemann, 1830)（图 2-233）

Tachina beelzebul Wiedemann, 1830: 301.

Hermya beelzebul: Crosskey, 1966: 668.

主要特征：体长 9.0–18.0 mm。头圆形，侧颜、中颜板及颊覆金黄色（♂）或灰白色（♀）粉被，触角细长，第 1 鞭节长为梗节长的 4.5–7.0 倍，且常在中位或亚中位狭窄，触角芒细长，仅在基部加粗。胸部黑色；翅深色或无色透明，r_5 室开放或闭合；下腋瓣边缘黑色，有时不完整；足黑色或部分黄色，中足胫节有（♂）或无（♀）腹鬃。

生物学：在草丛和菜地中蝽类若虫体内寄生。

分布：浙江（临安、定海）、吉林、辽宁、内蒙古、新疆、山西、山东、陕西、江苏、上海、安徽、湖北、江西、湖南、福建、台湾、广东、海南、香港、广西、四川、贵州、云南；日本，印度，尼泊尔，缅甸，越南，泰国，斯里兰卡，菲律宾，马来西亚，印度尼西亚。

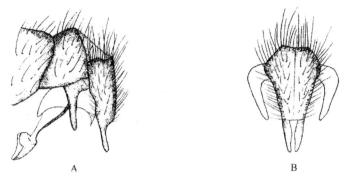

图 2-233　比贺寄蝇 *Hermya beelzebul* (Wiedemann, 1830)（仿赵建铭等，1998）

A.♂外生殖器侧视；B.♂肛尾叶、侧尾叶后视

（377）台湾贺寄蝇 *Hermya formosana* Villeneuve, 1939（图 2-234）

Hermya formosana Villeneuve, 1939: 353.

主要特征：体长 12.0–15.0 mm。头长圆形，雄性侧颜上方在触角芒着生位置以上有 1 较大的亮黑色斑点；胸部黑色；翅呈明显双色，r_5 室端部开放或闭合，下腋瓣发达，其边缘常暗色；足黑色或部分黄色，后足胫节无后腹端鬃；腹部细长筒形。雌性后腹部末端不平。

分布：浙江（德清、临安）、安徽、福建、台湾、广东、四川、贵州、云南。

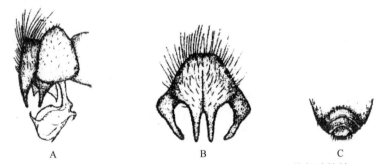

图 2-234　台湾贺寄蝇 *Hermya formosana* Villeneuve, 1939（仿赵建铭等，1998）

A.♂外生殖器侧视；B.♂肛尾叶、侧尾叶后视；C.♀后腹端腹视

（378）尾贺寄蝇 *Hermya surstylis* Sun, 1994（图 2-235）

Hermya surstylis Sun, 1994: 208.

特征：体长 7.0–11.0 mm。雄性额与复眼等宽，间额宽为侧额的 2 倍，且两侧缘平行，单眼鬃发达，额鬃 4–7 根、侧颜、中颜板、颊和侧额前方 2/5 覆灰白色粉被，下侧颜红黄色；触角黑色，触角第 1 鞭节基部黄褐色，端呈斧形，长为梗节的 6 倍；下颚须黄褐色，端裸；后头上方在眼后鬃之后有少数黑毛。胸部黑色，覆灰白色粉被，中鬃 0+1，背中鬃 2（3）+3，腹侧片鬃 2，前气门、后气门黑色；两小盾亚端鬃之间的距离是其至同侧基鬃距离的 2.0–2.5 倍；翅灰褐色，前缘端部颜色较深，r_5 室闭合，中脉心角至翅后缘的距离与至中肘横脉的距离相等；下腋瓣黄白色，有黄褐色的边缘，平衡棒黄褐色。前足黑色，前足胫节后鬃 2；中胫具前背鬃 1、后鬃 2、腹鬃 1；后胫具前背鬃 2、后鬃 2、腹鬃 2。腹部黑色，背板两侧暗红色，第 3 和第 4 背板基部 1/2–3/5 和第 5 背板覆灰白色粉被，第 4 背板基部两侧各有 1 倒三角形黑斑，第 3 背板具 1 对中缘鬃，第 4 和第 5 背板各具 1 列中缘鬃，第 1+2 合背板、第 3 背板均有侧缘鬃，第 3 和第 4 背板各有 1 对前位中心鬃。肛尾叶和侧尾叶较细长，侧尾叶被细毛。雌性外侧额鬃 2，翅下腋瓣透明，黄色边缘有时不明显，爪较短，腹部末端平。

分布：浙江（临安）、广东、广西、云南。

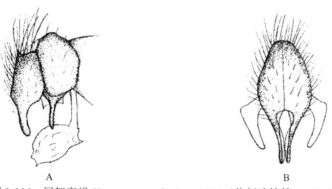

图 2-235　尾贺寄蝇 *Hermya surstylis* Sun, 1994（仿赵建铭等，1998）

A. ♂外生殖器侧视；B. ♂肛尾叶、侧尾叶后视

俏饰寄蝇族 Parerigonini

主要特征：复眼被密毛或裸，侧颜裸；前胸腹板裸；至少在胸和腹部的腹面被黄白色毛，翅侧片鬃退化或缺失，翅上鬃 3 根，沟后翅内鬃 2 根，且互相远离；后气门大，黄白色，其宽度至少为平衡棒端部宽的 2 倍；小盾片具发达的交叉端鬃，小盾侧鬃无；前足基节内侧面裸，后足基节后面裸，后足胫节具 1 根退化的后腹鬃；腹部第 1+2 合背板中央凹陷不达后缘，雄腹部第 6+7 合背板背面观不可见；腹部腹板为背板覆盖。

生物学：寄生于半翅目蟖科昆虫。

分布：古北区和东洋区。本族中国有 3 属 8 种，浙江分布 2 属 3 种。

142. 俏饰寄蝇属 *Parerigone* Brauer, 1898

Parerigone Brauer, 1898: 540. Type species: *Parerigone aurea* Brauer, 1898.

Parerigonesis Chao *et* Sun in Chao, Sun *et* Zhou, 1990: 236. Type species: *Parerigonesis huangshanensis* Chao *et* Sun, 1990.

主要特征：复眼被密的长毛，单眼鬃细小或缺失；颜堤仅下方 1/4 具数根小鬃；髭位于口缘上方，口上片略翘起；后头在眼后鬃后方毛完全或大部淡色，无黑毛，胸部后气门黄白色，很大，其宽度至少为平衡棒端部宽的 2 倍；肩鬃 3 根或多根，最强的 3 根排成三角形，腹侧片鬃 3；后胫近端前腹鬃明显短于近端后腹鬃；腹部正常；阳体呈带状。

分布：古北区和东洋区。中国记录 6 种，浙江分布 2 种。

（379）天目山俏饰寄蝇 *Parerigone tianmushana* Chao *et* Sun, 1990（图 2-236）

Parerigone tianmushana Chao *et* Sun, 1990: 231.

特征：体长 11.0–12.5 mm。雄性额宽为复眼宽的 1/3，间额黑色，间额中部的宽度明显大于侧额的宽度，单眼鬃毛状，单眼三角区内毛全为黑色，额鬃细长而密，间额在靠近内侧 1/2 处被有细小黑毛，内侧额鬃 1 对或缺，内顶鬃发达，不交叉，后顶鬃每侧 1 根，单眼后鬃 1 对；前额明显隆起，侧颜裸，略窄于触角第 1 鞭节的宽度，颜堤鬃上升不达颜堤下方的 1/3，颊发达，高为复眼高的 1/3；触角黑色，远离口缘上方，呈棒状，第 1 鞭节宽扁，长度为宽度的 2 倍，为梗节长的 1.8 倍，触角芒基部 1/3 加粗，被纤毛，第 2 节长为宽的 2 倍。颊发达，高为复眼高的 1/3，下颚须黄色，被黑毛。胸部背板覆浓厚的灰色粉被，具 4 个黑色纵条，翅内鬃 0+2，中鬃 2+3，背中鬃 3+3；肩鬃 5，其中 3 基鬃排成三角形，翅侧片鬃无，腹侧片鬃 3，侧板被黄白色毛，前后气门和平衡棒均为黄白色；小盾片中央有黑宽纵条，心鬃 1 对，侧鬃 1–2 对，两小盾亚端鬃之间的距离是其至同侧基鬃距离的 1.0–1.3 倍；翅半透明，中脉心角至中肘横脉的距离是心角至翅后缘距离的 2.5 倍，R_{4+5} 脉基部具 1 小鬃，前缘脉第 2 脉段腹面裸；前胫具后鬃 2，无腹鬃；中胫具前背鬃 2、后鬃 3、腹鬃 1；后胫具长短不一的 1 列前背鬃、后背鬃 2。腹部黑色，覆浓厚的灰色粉被，第 3–5 背板沿背中线两侧有不规则黑斑，背板背面被黑毛，侧面和腹部腹面被黄白色毛；第 1+2 合背板有 1 对中缘鬃，第 3–5 背板各有 1 列中缘鬃；第 3 和第 4 背板各有 1 对中心鬃，第 5 背板有不规则心鬃；肛尾叶端半部分裂，侧尾叶钩状。雌性具 3 对外侧额鬃，额宽为复眼宽的 2/3，腹部被灰黄色或暗灰色粉被。

分布：浙江（临安）。

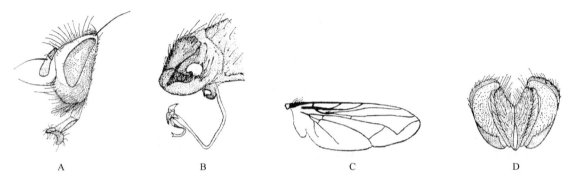

图 2-236　天目山俏饰寄蝇 *Parerigone tianmushana* Chao *et* Sun, 1990（仿赵建铭等，1998）
A. ♂头侧视；B. ♂外生殖器侧视；C. 翅；D. ♂肛尾叶、侧尾叶后视

（380）黑尾俏饰寄蝇 *Parerigone nigrocauda* (Chao *et* Sun, 1990)（图 2-237）

Parerigone nigrocauda Chao *et* Sun, 1990: 239.

特征：体长 9.5 mm。雄头侧额、侧颜、中颜板、后头覆浓厚的灰色粉被；额与复眼等宽；间额黑色，中部与侧额等宽；颊高为复眼高的 2/5，颜堤鬃占据颜堤下方 1/3 高度；后头上方在眼后鬃之后仅具少数黑毛；单眼鬃毛状；外侧额鬃 2 对，内侧额鬃 1 对，向侧面伸展，在后部常附有 1 小鬃，内顶鬃发达，至少与复眼高等长，外顶鬃较弱，约为内顶鬃长的 2/5，后顶鬃存在，单眼后鬃 1 对，相互平行，额鬃 5–6 根，前方数根下降不达梗节末端水平；侧颜裸，与触角第 1 鞭节等宽；触角黑色，第 1 鞭节长度为梗节长度的 2 倍，触角芒被纤毛，基部 1/3 加粗，触角芒第 2 节长大于宽，下颚须基半部黑色，端半部黄褐色。胸部黑色，覆浓厚的灰黄色粉被，中胸背板在盾沟前有 4 黑色纵条，中间 2 条较窄，在沟后愈合为方形黑斑；中鬃 2+2，背中鬃 3+3，肩鬃 4–5，其中 3 根基鬃排成三角形，翅侧片鬃较小，腹侧片鬃 3；前后气门和平衡棒白色；小盾片端部有黑斑，小盾心鬃 1 对，缘鬃 3 对，两小盾亚端鬃之间的距离是其至同侧基鬃距离的 2 倍。翅半透明、黄褐色，前缘基鳞黑色，中脉心角至中肘横脉的距离是其至翅后缘距离的 1.5 倍，R_1 脉端部 1/3 被小鬃，R_{4+5} 脉基部具 2 根小鬃；足黑色，前胫具前背鬃 2；中胫具前背鬃 1、腹鬃 1；后胫具背端鬃 2。腹部全黑色，第 2–4 背板被灰黄色粉被，各背板后缘有狭窄的黑色横带；第 5 背板大部分黑色；第 2、第 3 背板各有 1 对中缘鬃；第 3 和第 4 背板各有 1–2 对中心鬃，第 5 背板具不规则心鬃。

分布：浙江（临安）。

图 2-237　黑尾俏饰寄蝇 *Parerigone nigrocauda* (Chao *et* Sun, 1990)（仿赵建铭等，1998）

A. ♂头侧视；B. 翅

143. 攀寄蝇属 *Paropesia* Mesnil, 1970

Paropesia Mesnil, 1970: 120. Type species: *Paropesia nigra* Mesnil, 1970.

主要特征：复眼裸，外顶鬃很弱；后头在眼后鬃后方有 1 列黑色微毛；侧额毛细而密集，黑色；下颚须黑色；全身体毛为黑色，胸部背中鬃 3+3，中鬃 2+3，腹侧片鬃 3；前缘基鳞黑色，前缘脉所有脉段腹面被毛；中胫前背鬃 1 根。

分布：古北区和东洋区。中国记录 1 种，浙江分布 1 种。

（381）黑攀寄蝇 *Paropesia nigra* Mesnil, 1970（图 2-238）

Paropesia nigra Mesnil, 1970: 121.

特征：体长 8.5 mm。单眼鬃发达，且向前伸展；平衡棒基半部黄褐色，端部黑色；腹部第 3 背板基部 4/5、第 4 背板基部 3/4 覆浓厚的灰色粉被，两者后缘形成黑色横带；第 1+2 合背板具 1 对中缘鬃，第 3 背板具 1 对中缘鬃和 1 对中心鬃，第 4 背板具 1 行缘鬃和 1 对中心鬃；肛尾叶背面被黑毛，侧尾叶腹面被黄褐色浓毛，阳茎端部具三筒形分叉，每分叉末端均有开口。

分布：浙江（临安）、宁夏；缅甸。

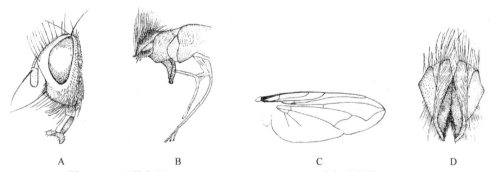

图 2-238　黑攀寄蝇 *Paropesia nigra* Mesnil, 1970（仿赵建铭等，1998）

A. ♂头侧视；B. ♂外生殖器侧视；C. 翅；D. ♂肛尾叶、侧尾叶后视

突颜寄蝇族 Phasiini

主要特征：中颜板无颜脊，头无前倾的外侧额鬃；沟后翅内鬃 1 根或缺失，沟后背中鬃位于背板后半部，1 根或 2 根，在很少情况下其间还有 1–2 根毛状细鬃，翅前鬃缺失（膜腹寄蝇属 *Gymnosoma* 除外），翅上鬃区一般仅存在第 1 根翅上鬃，胸部后腹面中部具宽大的膜，后足基节及腹基分离不明显；中脉心

角多为均匀的圆弧形；下腋瓣宽而直，或后缘略凹陷；有时腿节腹面具成行的梳状粗刺；整个腹部一般背腹扁平或近圆形，腹板全部外露，腹部鬃毛全部或几乎全部呈毛状。

分布：世界各地。本族中国有 7 属 42 种，浙江分布 1 属 1 种。

144. 异颜寄蝇属 *Ectophasia* Townsend, 1912

Ectophasia Townsend, 1912: 46. Type species: *Syrphus crassipennis* Fabricius, 1794.

主要特征：额前宽后窄，背面观呈"八"字形，最窄处其宽度小于触角的长度，侧额在额鬃列外侧具 2 排以上的毛；颊的宽度约与触角第 1 鞭节的长度相等；无外侧额鬃，后头至少下半部被淡黄色毛；中胸背板无黄色横带，背中鬃（1–2）+（2–4），第 3 根翅上鬃缺失，翅内鬃 0 或 1；小盾片仅具端鬃和基鬃；小盾亚端鬃缺失；下腋瓣为三角形，内缘与小盾片相接，翅面有黑褐色暗斑或完全黑色，若翅半透明，则腹部背板无中缘鬃。r_5 室开放，中脉心角为锐角；前胫无前背鬃；腹部短而宽，两侧向外凸出，近圆形，中间背板的宽度远大于其长度的 2.0 倍，有时整个腹部近圆形；第 1+2 合背板中央凹陷不达后缘；腹部腹板外露。

分布：古北区和东洋区。中国记录 5 种，浙江分布 1 种。

（382）圆腹异颜寄蝇 *Ectophasia rotundiventris* (Loew, 1858)（图 2-239）

Phasia rotundiventris Loew, 1858: 109.

Ectophasia rotundiventris: Herting, 1984: 164.

主要特征：额最窄处其宽度小于触角的长度，复眼下缘与口缘处于同一水平或在此水平上方；触角全部黑褐色；中胸背板覆浓厚的黄褐色粉被或具狭窄而模糊的条纹；翅较狭长，其宽略小于长的 1/3；腋瓣黄白色至污黄色；腹部近圆形。

分布：浙江（临安）、黑龙江、吉林、辽宁、内蒙古、河北、北京、山西、河南、陕西、宁夏、安徽、湖北、台湾、四川、云南；俄罗斯，朝鲜，韩国，日本。

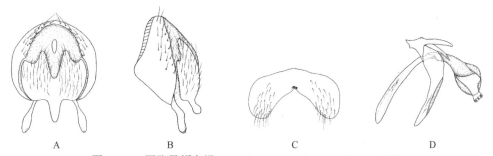

图 2-239　圆腹异颜寄蝇 *Ectophasia rotundiventris* (Loew, 1858)
A. ♂肛尾叶、侧尾叶和第 9 背板后视；B. A 侧视；C. ♂第 5 腹板腹视；D. 阳体侧视

（四）寄蝇亚科 Tachininae

分族分属检索表

1. 后足基节后背面被细毛 ···**6 寄蝇族 Tachinini**
- 后足基节后背面裸 ··2
2. 下腋瓣背面大部或至少在靠近外缘部分具毛 ·············**毛瓣寄蝇族 Nemoraeini 毛瓣寄蝇属 *Nemoraea***
- 下腋瓣背面裸或靠近外缘的背面不具毛 ··3
3. 复眼被密长毛，雄性额至多为 1/4 额宽，无前倾额鬃，单眼鬃发达、前倾，颜下缘不突出，后头被黑毛；翅前缘脉腹面第 2 节具毛；

翅侧片鬃发达，2–3 根肩鬃排成直线，上侧前背片总是具一些微毛或下腋瓣下方具一撮毛，小盾端鬃发达，交叉，小盾侧鬃缺失；小盾、足和腹部均黑色；后胫近端位前腹鬃明显长于近端位后腹鬃；腹部各背板具中心鬃 ⋯⋯⋯⋯⋯ **叶甲寄蝇族 Macquartiini**

- 复眼裸；雄性额多大于 1/4 额宽，不同时具备其他以上特征 ⋯⋯⋯⋯⋯⋯⋯⋯⋯⋯⋯⋯⋯⋯⋯⋯⋯⋯⋯ 4

4. 雌、雄性额均较宽，均具外侧额鬃，侧颜无强鬃，后头大部具白毛；小盾端鬃缺或毛状，前缘脉第二段腹面具毛，R_{4+5} 脉基部的小鬃几乎达 r-m 横脉或更远，翅侧片鬃较小，后足胫节具 3 根背端鬃，腹部第 2 背板中央凹陷不达后缘，体较小，至多 6 mm ⋯⋯⋯⋯⋯⋯⋯⋯⋯⋯⋯⋯⋯⋯⋯⋯⋯⋯⋯⋯⋯⋯⋯⋯⋯⋯⋯⋯⋯ **8 长唇寄蝇族 Siphonini**

- 不同时具备以上特征 ⋯⋯⋯⋯⋯⋯⋯⋯⋯⋯⋯⋯⋯⋯⋯⋯⋯⋯⋯⋯⋯⋯⋯⋯⋯⋯⋯⋯⋯⋯⋯⋯⋯ 5

5. 肩鬃 2 根或 3 根，小盾片具 2 对或 3 对缘鬃，复眼一般裸，有时被毛，沟后背中鬃 3，沟前翅内鬃缺失 ⋯⋯⋯⋯⋯⋯ **莱寄蝇族 Leskiini 阿特寄蝇属 *Atylostoma***

- 肩鬃 4 根或 5 根，小盾片具 4 对以上的缘鬃，复眼被毛，沟后背中鬃 3 根或 4 根 ⋯⋯⋯⋯ **11 埃内寄蝇族 Ernestiini**

6. 侧颜除被毛外，还具 2–4 根粗大的侧颜鬃，单眼鬃缺失，前胸侧板裸，前缘基鳞黄，腹部第 1+2 合背板中央凹陷伸达或几乎达后缘，一般无中心鬃 ⋯⋯⋯⋯⋯⋯⋯⋯⋯⋯⋯⋯⋯⋯⋯⋯⋯⋯ **长须寄蝇属 *Peleteria***

- 侧颜被毛，无侧颜鬃，单眼鬃存在 ⋯⋯⋯⋯⋯⋯⋯⋯⋯⋯⋯⋯⋯⋯⋯⋯⋯⋯⋯⋯⋯⋯⋯⋯⋯⋯ 7

7. 跗节黄色，至少后足跗节局部黄色，下颚须细，筒形；若跗节全部黑色，则腋瓣黑色，小盾片背面具多数排列不规则的鬃，腹部黑色，光亮 ⋯⋯⋯⋯⋯⋯⋯⋯⋯⋯⋯⋯⋯⋯⋯⋯⋯⋯⋯⋯⋯⋯⋯⋯ **寄蝇属 *Tachina***

- 跗节全部黑色，下颚须棒状，r_{4+5} 室开放或闭合于翅缘；腋瓣色淡，小盾片很少具侧鬃 ⋯⋯⋯⋯⋯ **密寄蝇属 *Mikia***

8. 前胸气门亚鬃 2 根，等长，1 根向上，1 根向下伸展，单眼三角不被毛，具 2 对单眼后鬃，有时第 1 对退化，CuA_1 脉直达后缘，R_{4+5} 脉基部小鬃远远超过 r-m 横脉 ⋯⋯⋯⋯⋯⋯⋯⋯⋯⋯ **等鬃寄蝇属 *Peribaea***

- 前胸气门亚鬃 1 根，如有 2 根，则很短小，均向上伸展 ⋯⋯⋯⋯⋯⋯⋯⋯⋯⋯⋯⋯⋯⋯⋯⋯⋯ 9

9. 腹侧片后下缘具 1 排小毛；翅侧片前上方具 2 根鬃；单眼三角被毛，只有 1 对单眼后鬃；足多黑，R_1 脉背面具小鬃；中足胫节在端部 1/3 处具 1 根前背鬃，CuA_1 脉不达后缘 ⋯⋯⋯⋯⋯⋯⋯⋯⋯ **阿寄蝇属 *Actia***

- 腹侧片后下缘裸 ⋯⋯⋯⋯⋯⋯⋯⋯⋯⋯⋯⋯⋯⋯⋯⋯⋯⋯⋯⋯⋯⋯⋯⋯⋯⋯⋯⋯⋯⋯⋯⋯ 10

10. 前下方的 1 根腹侧片鬃短小，显著小于前上方的 1 根，CuA_1 脉不达翅后缘，唇瓣正常 ⋯⋯⋯⋯ **毛脉寄蝇属 *Ceromya***

- 前下方的 1 根腹侧片鬃大于前上方的 1 根，CuA_1 脉直达后缘，唇瓣细长 ⋯⋯⋯⋯⋯⋯ **长唇寄蝇属 *Siphona***

11. 下颚须退化，明显短或缺 ⋯⋯⋯⋯⋯⋯⋯⋯⋯⋯⋯⋯⋯⋯⋯⋯⋯⋯⋯⋯ **短须寄蝇属 *Linnaemya***

- 下颚须正常大小 ⋯⋯⋯⋯⋯⋯⋯⋯⋯⋯⋯⋯⋯⋯⋯⋯⋯⋯⋯⋯⋯⋯⋯⋯⋯⋯⋯⋯⋯⋯⋯⋯ 12

12. 后足胫节近端无后腹鬃或具 1 根退化的后腹鬃，其大小显著小于前腹鬃 ⋯⋯⋯⋯⋯⋯ **亮寄蝇属 *Gymnocheta***

- 后足胫节近端具 1 根发达的后腹鬃，其大小与前腹鬃相似 ⋯⋯⋯⋯⋯⋯⋯⋯⋯⋯⋯⋯⋯⋯⋯ 13

13. 体具金属绿色或紫色，雄性额部具 1 根与外顶鬃同等大小的前顶鬃，雌雄两性均具粗鬃，肩后鬃 1 根 ⋯⋯⋯⋯⋯⋯⋯⋯⋯⋯⋯⋯⋯⋯⋯⋯⋯⋯⋯⋯⋯⋯⋯⋯⋯⋯⋯⋯⋯⋯⋯⋯⋯ **江寄蝇属 *Janthinomyia***

- 体色黑或褐。雄性额部无前顶鬃和外顶鬃，腹部的腹面无粗鬃 ⋯⋯⋯⋯⋯⋯⋯⋯⋯⋯⋯⋯⋯ 14

14. 头黑色，覆浓厚灰白色粉被，触角黑色，后头上半部在眼后鬃后方具 1–3 行黑毛，足黑色，腹部第 1+2 合背板中央凹陷达后缘 ⋯⋯⋯⋯⋯⋯⋯⋯⋯⋯⋯⋯⋯⋯⋯⋯⋯⋯⋯⋯⋯⋯⋯ **阳寄蝇属 *Panzeria***

- 头黄色，覆金黄色粉被，触角基部 1/3 红黄色，后头全部被黄毛，在眼后鬃后方无小黑鬃，足的转节、胫节、跗节黄色，腿节除末端外为黑色，大部或局部被黄毛，其余被黑毛，腹部第 1+2 合背板中央凹陷不达后缘 ⋯⋯⋯⋯ **黄角寄蝇属 *Flavicorniculum***

埃内寄蝇族 Ernestiini

主要特征：下颜缘突出，侧面观可见；复眼被密毛，额部一般具前顶鬃 1–2 根；触角芒裸，第 1 节长至多为其直径的 2 倍，第 2 节至多为其直径宽的 5 倍；沟后背中鬃 3 根或 4 根，肩鬃 4 根或 5 根，3 根基鬃排列成三角形；翅侧片鬃 2–3 根，小盾片具 4 对以上的缘鬃；前缘脉第 2 脉段腹面裸。后足胫节近端前腹鬃和近端后腹鬃几乎等长；腹部第 3 和第 4 背板均具中心鬃。

分布：新北区、古北区和东洋区。中国记录 10 属 106 种，浙江分布 5 属 11 种。

145. 黄角寄蝇属 *Flavicorniculum* Chao *et* Shi, 1981

Flavicorniculum Chao *et* Shi, 1981: 203. Type species: *Flavicorniculum hamiforceps* Chao *et* Shi, 1981.

主要特征：头黄色，覆金黄色粉被；触角基部 1/3 红黄色；间额宽约为侧额宽的 2 倍，侧颜为触角第 1 鞭节宽的 1.0–1.5 倍；颊高为复眼的 1/2–5/8，喙短粗，前额长为其直径的 2.0–2.5 倍；复眼密被黄毛，后头向后方拱起，全部被黄毛，在眼后鬃后方无小黑鬃。雄性额宽为复眼宽的 3/4。胸部各侧板全部或至少局部被黄毛，胸部背面或被黄毛或被黑毛，或被黄黑杂毛，翅基部呈黄褐色，中脉心角至中肘横脉的距离为心角至翅后缘距离的 1.3–1.5 倍，R$_{4+5}$ 脉基部仅具数根集中排列的小鬃。各足转节、胫节、跗节黄色，腿节除末端外为黑色，大部或局部被黄毛，其余被黑毛。腹部亮黑色，被黑毛，腹面基部被黄毛，第 1+2 合背板背面基部凹陷不达后缘，具 2 根中缘鬃、1 根侧缘鬃，第 3 背板具 2 根中缘鬃、2–3 根侧缘鬃，第 4 背板具 1 行缘鬃，第 5 背板具 1 行缘鬃或缘鬃、心鬃各 1 行。第 6 腹板略长于第 5 腹板的 1/2，基半部裸，端半部被细毛，第 7 腹板末端被细毛。

分布：古北区和东洋区。中国记录 4 种，浙江分布 1 种。

（383）鹰钩黄角寄蝇 *Flavicorniculum hamiforceps* Chao *et* Shi, 1981（图 2-240）

Flavicorniculum hamiforceps Chao *et* Shi, 1981: 207.

特征：复眼密被黄毛；间额红棕色或红褐色，两侧缘平行，髭与口缘处于同一水平，口缘微微向前突出或不突出，中颜板深深向内凹陷；内顶鬃粗大，向后方伸展交叉排列，后顶鬃每侧各 1 根。雄性一般无前顶鬃、外顶鬃和外侧额鬃；后头向后方拱起，全部被黄毛，在眼后鬃后方无黑色小鬃，后头伸展区被黄毛；触角第 1 鞭节为梗节长的 4.0 倍，触角芒基部 1/3 加粗，黄色，端部 2/3 黑色；胸部黑色，覆灰色或黄色粉被，各侧板全部或至少局部被黄毛，胸部背面或被黄毛或被黑毛，或被黄黑杂毛，中鬃 2（3）+3，肩后鬃 1–2，背中鬃 3+3，翅内鬃 0+3，腹侧片鬃 3，翅侧片鬃粗大，大于后腹侧片鬃；小盾片具 4 对缘鬃，小盾端鬃平行排列；翅肩鳞暗红色，翅基部呈黄褐色，中脉心角为直角或略小于直角，具短赘脉或无，心角至中肘横脉的距离为心角至翅后缘距离的 1.3–1.5 倍，R$_{4+5}$ 脉基部仅具数根集中排列的小鬃；各足腿节除末端外为黑色，大部或局部被黄毛，其余被黑毛；雄性前足爪及爪垫显著长于第 5 分跗节；雌性前足爪不加宽，第 4 分跗节长大于宽。腹部亮黑色，被黑毛，腹面基部被黄毛，第 3、第 4 背板基部 1/3–2/5 覆稀薄的灰白色粉被。雌性腹部第 6 背板有 1 舌簧状骨片伸向后方，裸，光亮，第 6 腹板至少后端纵裂为二。

分布：浙江（临安）、湖南、福建、四川。

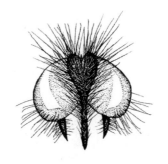

A　　　　　　　　　　B

图 2-240　鹰钩黄角寄蝇 *Flavicorniculum hamiforceps* Chao *et* Shi, 1981（仿赵建铭等，1998）

A. ♂外生殖器侧视；B. ♂肛尾叶、侧尾叶和第 9 背板后视

146. 亮寄蝇属 *Gymnocheta* Robineau-Desvoidy, 1830

Gymnocheta Robineau-Desvoidy, 1830: 371. (*Gymnochaeta*, *Gimnocheta*, unjustified emendations). Type species: *Tachina viridis* Fallén, 1810.

Parachrysoma Becker, 1918: 142 (new name for *Chrysosoma* Macquart, 1834).

特征：体金属绿色。雄性额宽为复眼宽的 1/4–1/2，内顶鬃毛状，侧颜裸，上宽下窄，颊高为复眼高的 1/2，颊的后头伸展部发达，被浓密的长毛，后头拱起，上半部具 2–3 行排列不整齐的小黑鬃，单眼鬃和额鬃中等大小，前方的额鬃达梗节中部水平，髭位于口缘上方；触角黑色，第 1 鞭节长为梗节长的 1.1–1.5 倍，触角芒基部 1/2 加粗，第 2 节长大于宽，前额长至多为其直径宽的 3 倍。前胸基腹片和前胸侧板均裸，后气门前肋被毛，中鬃 3+3，背中鬃 3+4，翅内鬃 0+3，肩后鬃 2 根，翅前鬃发达，腹侧片鬃 3，小盾端鬃缺失或短小不交叉；R₄₊₅ 脉基部具 4–8 根小鬃，M 脉心角呈直角，其赘脉长约与 r-m 横脉等长；足黑色；前足胫节具前背鬃 1 行、后鬃 2 根，中足胫节具前背鬃 4–5 根、后背鬃 2–3 根、腹鬃 1 根，后足胫节具 1 行排列不整齐的前背鬃（其中有 4–5 根长大）、3–4 根后背鬃、3–4 根腹鬃、背端鬃 2 根，端位后腹鬃明显短于端位前腹鬃。腹部卵圆形，第 1+2 合背板无中缘鬃，第 3 和第 4 背板各具 2–4 对中心鬃；腹部腹板外露。雌性额宽为复眼宽的 2/3–3/4，颊高为复眼直径的 3/5，内顶鬃发达，大小为复眼高的 2/3–3/4，外顶鬃为内顶鬃长的 1/2，具前顶鬃 1 根，外侧额鬃 2 根；前足胫节不加宽。

分布：古北区和东洋区、新北区。中国记录 6 种，浙江分布 1 种。

（384）马格亮寄蝇 *Gymnocheta magna* Zimin, 1958（图 2-241）

Gymnochaeta magna Zimin, 1958: 53.

Gymnocheta magna: O'Hara, Shima & Zhang, 2009: 142.

特征：额宽为复眼宽的 1/2，颊高为复眼最大直径的 1/2，颊的后头伸展部发达，被浓密的长毛；内顶鬃毛状，后头拱起，上半部具 2–3 行排列不整齐的小黑鬃，单眼鬃和额鬃中等大小，前方的额鬃达梗节中部水平，第 1 鞭节长为梗节长的 1.5 倍，触角芒基部 3/4 加粗，第 2 节长大于宽。足黑色，前足胫节具前背鬃 1 行、后鬃 2 根，中足胫节具前背鬃 4–5 根、后背鬃 2–3 根、腹鬃 1 根，后足胫节具 1 行排列不整齐的前背鬃（其中有 4–5 根强大）、3–4 根后背鬃、3–4 根腹鬃、背端鬃 2 根。腹部卵圆形，第 1+2 合背板无中缘鬃，第 3 和第 4 背板分别具 3 对中心鬃。雌性额与复眼等宽，颊高为复眼直径的 3/5，内顶鬃发达，长为复眼高的 2/3–3/4，外顶鬃为内顶鬃大小的 1/2，具前顶鬃 1 根，外侧额鬃 2 根；前足胫节不加宽。

分布：浙江（临安）、黑龙江、辽宁、北京；俄罗斯，蒙古国，日本，欧洲。

A　　　　　　　　　　　　　B

图 2-241　马格亮寄蝇 *Gymnocheta magna* Zimin, 1958（仿赵建铭等，1998）

A. ♂外生殖器侧视；B. ♂肛尾叶、侧尾叶和第 9 背板后视

147. 江寄蝇属 *Janthinomyia* Brauer *et* Bergenstamm, 1893

Janthinomyia Brauer *et* Bergenstamm, 1893: 141. Type species: *Janthinomyia felderi* Brauer *et* Bergenstamm, 1893.

Chrysocosmiomima Zimin, 1958: 42. Type species: *Chrysocosmiomima magnifica* Zimin, 1958.

主要特征：体大型，具金属绿色或紫色。头黑色，上方金属绿色，覆浓厚的灰白色粉被，额与复眼等宽，侧颜裸，略宽于触角第 1 鞭节的宽度，雄性额部具 1 根与外顶鬃同等大小的前顶鬃，雌雄两性均具粗鬃，口缘明显突出，髭位于口缘上方，颜堤鬃位于颜堤下方 1/5–1/4 部位，后头金属绿色，拱起，覆浓厚的灰白色粉被，上半部在眼后鬃后方至少具 2 行小黑鬃；触角黑，第 1 鞭节为梗节长的 1.5 倍，触角芒基部 1/2 加粗，下颚须棒状，与额等长；胸部肩鬃 4，基鬃 3 根呈三角形排列，肩后鬃 1 根，腹侧片鬃通常 2 根，前胸腹侧片中央凹陷裸，后气门前肋具 1–2 根毛，小盾端鬃交叉向后伸展，小盾侧鬃 1 根；M 脉无赘脉；足全部黑色；雄性前足爪短于第 4 和第 5 分跗节长总和，前足胫节具后鬃 2，中足胫节具后鬃 1、腹鬃 1，后足胫节具后背鬃 3，端位后腹鬃长等于端位前腹鬃；腹部第 1+2 合背板基部中央凹陷达后缘，无中缘鬃，腹板大部分外露。

分布：古北区和东洋区。中国记录 2 种，浙江分布 2 种。

（385）叉叶江寄蝇 *Janthinomyia elegans* (Matsumura, 1905)（图 2-242）

Gymnochaeta elegans Matsumura, 1905: 112.

Chrysocosmiomima magnifica Zimin, 1958: 43.

Janthinomyia elegans: Herting, 1984: 106.

主要特征：体大型，具金属绿色。头黑色，上方金属绿色，覆浓厚的灰白色粉被，外侧额鬃 1 根，前顶鬃存在，额鬃每侧 9 根，有 3 根下降至侧颜，最前方的 1 根达梗节中部水平，单眼鬃发达，向前方伸展，内侧额鬃缺失，外顶鬃毛状，但可与眼后鬃区别，后头金属绿色；髭位于口缘上方，颜堤鬃位于颜堤下方 1/5–1/4 部位；触角第 1 鞭节为梗节长的 1.5 倍，触角芒基部 1/2 加粗；胸部覆稀薄灰白色粉被，被黑色毛，小盾侧鬃 1 根；中脉心角呈直角；足全部黑色；雄性前足爪短于第 4 和第 5 分跗节长的总和，前足胫节具后鬃 2，中足胫节具后鬃 1、腹鬃 1；腹部第 3 背板具中缘鬃 2、中心鬃 2 对，雄性第 5 腹板两侧叶远离。

分布：浙江（临安）、黑龙江、吉林、辽宁、内蒙古、北京、天津、河北、山西、山东、河南、甘肃、新疆、江苏、上海、安徽、江西、福建、台湾、广东、四川、云南、西藏；俄罗斯，蒙古国，日本。

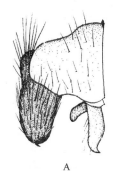 

A　　　　　　　　　　　　　B

图 2-242　叉叶江寄蝇 *Janthinomyia elegans* (Matsumura, 1905)（仿赵建铭等，1998）
A. ♂外生殖器侧视；B. ♂肛尾叶、侧尾叶和第 9 背板后视

（386）拼叶江寄蝇 *Janthinomyia felderi* Brauer *et* Bergenstamm, 1893（图 2-243）

Janthinomyia felderi Brauer *et* Bergenstamm, 1893: 141.

Platychira cyanicolor Villeneuve, 1932: 268.

主要特征：体长 8.0–12.0 mm。体中型至大型，金属绿色；头黑色，上方及后头金属绿色，额鬃每侧 7 根，有 3 根下降至侧颜，伸达梗节中部水平，侧颜略宽于触角第 1 鞭节的宽度；胸部覆稀薄的灰白色粉被，被黑毛，中鬃 2+3，背中鬃 3+4，翅内鬃 0+3，腹侧片鬃 2，少数 3；中脉心角锐角；腹部第 3 背板具完整的缘鬃 1 行，具中心鬃 3 对，雄性第 5 腹板两侧叶靠拢并列。

分布：浙江（临安）、山东、江苏、上海、安徽、江西、湖南、福建、台湾、广西、重庆、四川、贵州、云南、西藏；印度，尼泊尔。

图 2-243　拼叶江寄蝇 *Janthinomyia felderi* Brauer *et* Bergenstamm, 1893（仿赵建铭等，1998）

A.♂外生殖器侧视；B.♂肛尾叶、侧尾叶和第 9 背板后视

148. 短须寄蝇属 *Linnaemya* Robineau-Desvoidy, 1830

Linnaemya Robineau-Desvoidy, 1830: 52. (also subsequently spelled *Linnaemyia*, *Linnemya*, unjustified emendations) Type species:
　　Linnaemya silvestris Robineau-Desvoidy, 1830.

Eurysurstyla Chao *et* Shi, 1980: 264. Type species: *Linnaemya* (*Eurysurstyla*) *linguicerca* Chao *et* Shi, 1980.

主要特征：复眼被淡色密长毛，颜下缘突出可见，颊高明显短于复眼高的 1/2，上后头一般无黑毛，少数具 1 列；下颚须退化，明显短或缺，短于触角第 1 鞭节，后者至少为梗节长的 1.5 倍，触角芒第 1 节至多为其直径宽的 2.0 倍，第 2 节至多为其直径宽的 5.0 倍，中喙（前颏）短；肩鬃的 3 根基鬃呈三角形排列，前胸腹板一般裸，但在个别种类前胸腹板两侧缘被短毛，盾沟前的翅内鬃一般缺失，侧小盾鬃发达，腹侧片鬃常为 3；后气门前后厣不等宽；翅前缘基鳞红黄色，r_5 室在翅缘通常开放，无柄脉，中脉心角具赘脉，其长至少为 r-m 横脉长；后足胫节具端位后腹鬃，其长约等于端位前腹鬃；腹部第 1+2 合背板无中缘鬃，雄性第 6 背板短，其长度小于第 7+8 合背板的 2.0–6.0 倍，第 7+8 合背板具多根长鬃，第 9 背板的后侧突裸、光亮，将侧尾叶基部遮蔽；侧尾叶端部左右扁平，呈三角形，末端具 1–3 个小齿；肛尾叶端部背腹面平，大致呈三角形；雌性第 6、第 7 合背板或沿背中线分裂成左右两半，或呈一完整的带状骨片，有时沿背中线具 1 条纵沟。

分布：世界各地。中国记录 38 种，浙江分布 4 种。

分种检索表

1. 梗节内侧后半部具棱状长形突起 ·· 舞短须寄蝇 *L. vulpina*
- 梗节内侧后半部无棱状长形突起 ·· 2
2. 小盾侧鬃每侧 1 根 ·· 菲短须寄蝇 *L. felis*
- 小盾侧鬃每侧 2 根 ·· 3
3. 腹部第 1 腹板被棕黄色毛，第 3 和第 4 背板均无侧心鬃 ························· 峨嵋短须寄蝇 *L. omega*
- 腹部第 1 腹板被黑毛，第 3 和第 4 背板或仅第 4 背板具侧心鬃 ············· 钩肛短须寄蝇 *L. picta*

（387）菲短须寄蝇 *Linnaemya (s. str.) felis* Mesnil, 1957

Linnaemyia felis Mesnil, 1957: 50.

　　主要特征：下颚须黄色，长宽相等或长略大于宽；前胸腹板裸；R_{4+5} 脉基部的小鬃不达基部脉段的 1/2，中脉心角至中肘横脉的距离较近，为心角至翅后缘距离的 2/5–1/2。腹部雄性第 9 背板的后侧突裸、光亮，将侧尾叶基部遮蔽；侧尾叶端部左右扁平，呈三角形，末端具 1–3 个小齿；肛尾叶端部背腹面平，大致呈三角形；雄性第 6 背板短，其长度小于第 7+8 合背板，第 7+8 合背板具多数长鬃。雌性第 6+7 合背板或沿背中线分裂成左右两半，或呈一完整的带状骨片，有时沿背中线具 1 条纵沟。

　　分布：浙江（临安）、云南；缅甸。

（388）峨嵋短须寄蝇 *Linnaemya (Ophina) omega* Zimin, 1954（图 2-244）

Linnaemyia omega Zimin, 1954: 280.

　　特征：体长 10.0–14.5 mm。雄性头前表面暗黄色，覆灰白色粉被；额宽约为复眼宽度的 4/5；侧颜裸，较触角第 1 鞭节窄 0.4 倍；颊被稀鬃及少量黑毛，眼后鬃细长，略小于外顶鬃，单眼鬃大小与额鬃相似，在眼后鬃后方，复眼上缘附近有 1 簇黑毛；触角黑褐色，第 1 鞭节宽约为其长度的 1/2；前颊长为其直径的 4 倍；下颚须暗褐色，与梗节等长。胸部黑色，被黑毛；沟前翅内鬃缺失，腹侧片鬃 3；小盾片具 10 根缘鬃；翅灰色透明，赘脉较其前面的中脉段长 3–4 倍；R_{4+5} 脉具 6–13 根小鬃，一般为 8 根，小鬃占基部脉段长度的 1/3–1/2；腿节黑色，前足爪较第 5 分跗节略长。腹部黑褐色，第 1+2 合背板至第 4 背板两侧具红黄色花斑，整个腹部被浓厚的闪变性灰白色粉被及倒伏状的黑毛；第 1 腹板（有时包括第 2 腹板）被棕黄色毛。雌性体色较暗，腹部两侧无花斑；前足跗节加宽；第 4 分跗节长宽大致相等，第 6+7 合背板沿背中线纵裂为二。

　　生物学：寄生于杨毒蛾。

　　分布：浙江（临安）、辽宁、山西、陕西、甘肃、新疆、湖北、湖南、福建、台湾、广西、四川、贵州、云南、西藏；俄罗斯，印度，尼泊尔，缅甸，泰国。

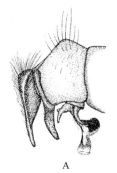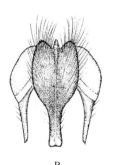

图 2-244　峨嵋短须寄蝇 *Linnaemya (Ophina) omega* Zimin, 1954（仿赵建铭等，1998）
A. ♂外生殖器侧视；B. ♂肛尾叶、侧尾叶和第 9 背板后视

（389）钩肛短须寄蝇 *Linnaemya (Ophina) picta* (Meigen, 1824)（图 2-245）

Tachina picta Meigen, 1824: 261.

Linnaemya (Ophina) picta: Herting 1972: 11.

　　主要特征：雄性外顶鬃不明显，亦无外侧额鬃，后头上方 1/2 在眼后鬃下方无粗壮的黑鬃，有时具细小的毛，间额后端窄于前端或前后等宽，口缘显著向前突出，由髭基至口缘的距离大于上唇基基部的宽度；触角梗节内侧后半部无棱状长形疣状感觉突起，前额长为宽的 4.0–5.0 倍；胸部被黑毛，小盾侧鬃每侧 2 根；径脉主干裸；足黑色，前足爪至少与第 5 分跗节等长；腹部底色黑，被黑毛，第 1 腹板被黑毛，第 3 和第 4 背板或仅第 4 背板具侧心鬃，第 5 背板上无钉状鬃；雄性侧尾叶不覆盖整个肛尾叶后方，第 7+8 合背板的长度大于第 9 背板的长度，被鬃毛。

生物学：寄生于八字地老虎。

分布：浙江（临安）、黑龙江、吉林、辽宁、内蒙古、北京、河北、宁夏、青海、江苏、湖南、福建、台湾、广西、四川、贵州、云南、西藏；俄罗斯，日本，印度，尼泊尔，泰国，欧洲。

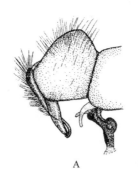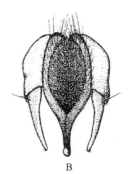

图 2-245　钩肛短须寄蝇 Linnaemya (Ophina) picta (Meigen, 1824)（仿赵建铭等，1998）

A.♂外生殖器侧视；B.♂肛尾叶、侧尾叶、第 9 背板后视

（390）舞短须寄蝇 *Linnaemya (s. str.) vulpina* (Fallén, 1810)（图 2-246）

Tachina vulpina Fallén, 1810: 276.

Linnaemya (s. str.) vulpina: Herting, 1984: 97.

主要特征：雄性额为复眼宽的 0.3–0.4 倍；侧颜裸，为触角第 1 鞭节宽的 0.3 倍；颊被黄白色长毛，无鬃，单眼鬃发达，外侧额鬃缺失；下颚须短，其长度为其直径的 1.0–3.0 倍，黑褐色；胸部暗黑色，被黄白色与黑色杂毛；盾缝前有 1 根翅内鬃；足红黄色，具黑色跗节；足基节、转节和腿节基部的后表面被黄白色长毛；翅 R_{4+5} 脉具 4–6 根小鬃，其分布不超过基部脉段长度的 1/3；腹部棕黄色，具黑色中央纵带；第 1 腹板及与其相毗邻的第 1+2 合背板内缘附近被黄白色毛；第 3 背板具 1 对中心鬃和 1 对中缘鬃，有时中心鬃消失，第 4 背板具 1 行缘鬃和 1 对中心鬃，有时中心鬃缺失；肛尾叶沿背中线两侧呈槽状凹陷，中央无棱。雌性额较复眼窄 0.5 倍，触角第 1 鞭节较窄，与侧颜大致等宽；第 6+7 合背板裸，沿背中线纵裂为二，彼此呈锐角相交。

分布：浙江（临安）、青海、台湾、云南；俄罗斯，中亚地区，西亚地区，欧洲。

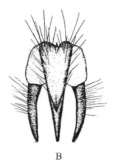

图 2-246　舞短须寄蝇 *Linnaemya (s. str.) vulpina* (Fallén, 1810)（仿赵建铭等，1998）

A.♂外生殖器侧视；B.♂肛尾叶、侧尾叶和第 9 背板后视

149. 阳寄蝇属 *Panzeria* Robineau-Desvoidy, 1830

Panzeria Robineau-Desvoidy, 1830: 68. Type species: *Panzeria lateralis* Robineau-Desvoidy, 1830.

Appendicia Stein, 1924: 54. Type species: *Tachina truncata* Zetterstedt, 1838.

主要特征：中大型种；复眼被密长毛，雄性头黑色，覆浓厚灰白色粉被，一般内顶鬃强大，少数种类毛状两侧无外侧额鬃和前顶鬃，雌性具 1 前顶鬃、2 后倾内侧额鬃，2 后方外侧额鬃前倾；额宽为复眼宽的 0.25–1.25 倍，口上片显著向前方突出；后头上半部在眼后鬃后方具 1–3 行黑毛；触角黑色，触角芒基部 1/2–2/3 加粗；第 2 节长至多为其直径宽的 1.5 倍，内顶鬃向后伸展交叉排列；后头拱起，上方 1–3 行黑毛，唇瓣长为宽的 1.3–2.0 倍；下颚须长。胸部前盾片常具 4 暗色纵条，翅侧片鬃 2，大小与后腹侧片鬃相似；小盾端鬃交叉排列，小盾亚端鬃之间的距离较远；腋瓣下方的下侧背片具 1 撮短毛。翅前缘刺缺或短于 r-m 横脉长，M 脉心角为直角或略呈锐角，赘脉很短或无；足通常黑色；腹部第 1+2 合背板中央凹陷伸达后缘，雄性背板被长毛，雌性背板具粗鬃，腹板外露。

分布：新北界、古北界和东洋界。中国记录 22 种，浙江分布 3 种。

分种检索表

1. 雄性内顶鬃毛状；侧颜全部具淡色毛；小盾端鬃缺；雌性触角梗节红黄色 ······················ **黄毛阳寄蝇 P. flavovillosa**
 - 雄性内顶鬃强大；小盾片具交叉的端鬃；雌性触角梗节暗棕色 ··· 2
2. 后头在眼后鬃下方具 1 列强而短的黑色小鬃；上侧背片裸；雄性额宽约为头宽的 1/5，雌性额宽约为头宽的 2/7；腹部第 5 背板大部分亮黑 ··· **采花阳寄蝇 P. anthophila**
 - 后头在眼后鬃下方具 1–2 列强而短的黑色小鬃；上侧背片有毛；雄性额宽约为头宽的 1/8，雌性额宽约为头宽的 1/4；腹部第 5 背板具薄而明显的灰白色粉被 ······························· **望天阳寄蝇 P. connivens**

（391）采花阳寄蝇 *Panzeria anthophila* (Robineau-Desvoidy, 1830)（图 2-247）

Erigone anthophila Robineau-Desvoidy, 1830: 66.

Panzeria anthophila: O'Hara *et al.*, 2019: 493.

特征：体长 9.0–13.0 mm。雄性头黑色，覆灰黄色粉被；额宽为复眼宽度的 2/3，间额深红色，两侧缘平行，间额宽为侧额宽的 1.5–2.0 倍；额鬃前方 4–5 根下降至侧颜达梗节末端水平，侧额被毛；侧颜裸，其宽度略大于触角第 1 鞭节的宽度；触角黑色，第 1 鞭节长为梗节的 1.5–2.0 倍，第 1 鞭节很宽，宽为长的 1/2；前颏细长，其长为直径的 5.0–6.5 倍；下颚须细长，黑褐色或黄褐色；后头在眼后鬃后方具 1 行粗壮的小黑鬃。胸部黑色，覆稀薄的灰白色粉被；中鬃 2（3）+3，背中鬃 3+3，翅内鬃 0+3，腹侧片鬃 3；翅肩鳞和前缘基鳞黑色；R_{4+5} 脉基部具 4–6 根小鬃；中脉心角至翅缘的直线距离为心角至中肘横脉距离的 1.6–2.0 倍，前缘脉第 4 段略长于第 2 段；前足爪与第 4、第 5 分跗节长度的总和相等；小盾片基部 1/2 黑色，端部 1/2 淡黄色，小盾端鬃细小交叉，向后方伸展。腹部第 4 背板端部 1/2 和第 5 背板全部亮黑色，第 3 和第 4 背板基部 1/2 覆浓厚的灰色粉带；第 3 背板具 2 对中心鬃，第 4 背板具 1 对中心鬃，第 5 背板具心鬃和缘鬃各 1 行；肛尾叶基半部具较低的龙骨突，后阳基侧突似 "T" 形。

生物学：寄生于天社蛾 *Lophopteryx camelina*、夜蛾 *Mamestra persicariae*、*Spilosoma menthastri*、*S. lubricipeda*。

分布：浙江（临安）、黑龙江、吉林、辽宁、内蒙古、北京、天津、河北、山西、陕西、宁夏、新疆、湖北、湖南、重庆、四川、贵州、云南、西藏；俄罗斯，蒙古国，日本，欧洲。

图 2-247　采花阳寄蝇 *Panzeria anthophila* (Robineau-Desvoidy, 1830)（仿赵建铭等，1998）

A.♂外生殖器侧视；B.♂肛尾叶、侧尾叶和第 9 背板后视

（392）望天阳寄蝇 *Panzeria connivens* (Zetterstedt, 1844)（图 2-248）

Tachina connivens Zetterstedt, 1844: 1116.

Panzeria connivens: O'Hara *et al.*, 2019: 494.

　　主要特征：雄性头无前顶鬃；触角第 1 鞭节的宽度略大于侧颜的宽度，触角芒基部 1/2–2/3 加粗；下颚须黑色或棕黑色；胸部黑色，中鬃 2+2（3），翅内鬃 0+3，腹侧片鬃 3，有时 2，肩后鬃 1，翅侧片鬃 2，大小与后腹侧片鬃相似，小盾片两侧各具 1–3 根侧鬃，大小与亚端鬃相似，小盾亚端鬃平伸，交叉排列，有时缺失；前足胫节具 1 行长短不等的前背鬃、2–3 根腹鬃、2 根背端鬃和 1 根后腹端刺。雌性头两侧各具 1 根向外伸展的前顶鬃和 2 根外侧额鬃；腹部第 6 腹板全部被毛，基部 3/5 沿腹中线深深凹陷，第 7 腹板为第 6 腹板长度的 3/7，光亮，后半部沿腹中线纵裂为二，以膜质相连，后缘被毛。

　　分布：浙江（临安）、黑龙江、吉林；俄罗斯，欧洲。

图 2-248　望天阳寄蝇 *Panzeria connivens* (Zetterstedt, 1844)（仿赵建铭等，1998）

A.♂外生殖器侧视；B.♂肛尾叶、侧尾叶和第 9 背板后视

（393）黄毛阳寄蝇 *Panzeria flavovillosa* (Zimin, 1960)

Meriania flavovillosa Zimin, 1960: 734.

Panzeria connivens: O'Hara *et al.*, 2019: 495.

　　主要特征：体表全部被淡黄色毛，外形似食蚜蝇，侧颜全部被淡黄色毛，触角第 1 鞭节略长于梗节；小盾端鬃缺如，腹部黄色，第 3 和第 4 背板基部 1/2 具银白色粉带。

　　分布：浙江（临安）、上海、四川。

莱寄蝇族 Leskiini

　　主要特征：本族寄蝇体较细长，梗节、翅肩鳞、足和腹部通常为黄色；复眼一般裸，有时被毛，颊高短于触角长，颜下缘突出可见，后头大部分具白毛；额鬃下降至侧颜最多达梗节末端水平，内顶鬃发达，向后方伸展，侧额毛稀疏，髭位于口缘水平或在这一水平的略上方，颜堤仅具数根鬃，集中在下方，前颜（中喙）细长，长为宽的 4.0–12.0 倍，唇瓣小；肩鬃 2 根或 3 根，沟后背中鬃 3，沟前翅内鬃缺失，沟后翅内鬃 3，腹侧片鬃 3 或 4，小盾片具 2 对或 3 对缘鬃，小盾基鬃和亚端鬃发达，小盾侧鬃缺失或细小呈毛状；R_1 脉背面裸，中脉心角呈圆弧形，端横脉直，前缘鬃不发达；足具细长的跗节，后足胫节端位后腹鬃明显短于端位前腹鬃；腹部较细长，呈圆筒形，第 1+2 合背板中央凹陷不达后缘。

分布：世界分布。该族中国有 11 属 19 种，浙江分布 1 属 2 种。

150. 阿特寄蝇属 *Atylostoma* Brauer *et* Bergenstamm, 1889

Atylostoma Brauer *et* Bergenstamm, 1889: 138. Type species: *Leskia tricolor* Mik, 1883.

Chaetomyiobia Brauer *et* Bergenstamm, 1895: 81. Type species: *Chaetomyiobia javana* Brauer *et* Bergenstamm, 1895.

主要特征：复眼裸，侧颜裸，颊高为复眼高的 1/10 或更少，颜堤鬃分布于基半部或更少，单眼鬃毛状或缺；触角长于颊高，触角芒至多在基半部变粗，前颜长为其直径的 3.0–12.0 倍；最强大 3 根肩鬃排成三角形，前胸基腹片裸，中鬃 1（2）+1（3），背中鬃 2（3）+3（4），肩后鬃 1 根，有时 2 根，翅前鬃和第 3 根翅上鬃小，翅侧片鬃小，侧小盾鬃缺或短于亚小盾鬃，亚小盾鬃至少后伸达端小盾鬃端部水平；翅前缘脉第 2 节腹面裸，R_{4+5} 脉在至 r-m 横脉脉段上具小鬃毛；前足胫节近端前背鬃明显短于近端背鬃，后足胫节近端后腹鬃明显短于近端前腹鬃；腹部第 1+2 合背板基部中央凹陷不伸达后缘。

分布：古北区和东洋区。中国记录 3 种，浙江分布 2 种。

（394）爪哇阿特寄蝇 *Atylostoma javanum* (Brauer *et* Bergenstamm, 1895)

Chaetomyiobia javana Brauer *et* Bergenstamm, 1895: 81.

Atylostoma javanum: Crosskey, 1976: 199.

主要特征：雄性额宽为复眼宽的 1/2 以下，颜侧面观通常可见；触角芒至多在基半部变粗；腹侧片鬃 3，侧小盾鬃缺或短于亚小盾鬃，亚小盾鬃至少向后伸达小盾端鬃部水平。

分布：浙江（临安）、广东、海南、西藏；印度，缅甸，菲律宾，印度尼西亚。

（395）十和田阿特寄蝇 *Atylostoma towadensis* (Matsumura, 1916)

Anisia towadensis Matsumura, 1916: 398.

Atylostoma towadensis: Herting, 1984: 129.

主要特征：体长 9.0–12.0 mm。雄性额宽为复眼宽的 1/2 以上，颜下缘突出，通常可见，侧颜侧面观为触角第 1 鞭节宽的 1/3–1/2，颊高为复眼高的 1/10；腹侧片鬃 3 或 4，小盾亚端鬃之间的距离约与小盾基鬃与亚端鬃间的距离相等，小盾具 1 短小侧鬃；前足爪长为第 5 分跗节长的 1.5 倍；腹部背板侧面和下部黄色。

分布：浙江（临安）、辽宁、内蒙古、北京、河北、山西、宁夏、福建、云南；俄罗斯，韩国，日本，泰国，印度尼西亚。

叶甲寄蝇族 Macquartiini

特征：体小盾片和腹部均黑色。复眼被密长毛；雄性额宽至多为头宽的 1/4，侧颜很短，扁或略隆起，无前倾额鬃，单眼鬃发达、前倾，内顶鬃和眼后鬃毛状，颜下缘不突出，后头被黑毛；雌性具外侧额鬃 2 根，前顶鬃存在；髭位于口缘上方；颜堤宽阔，髭上方具 1 根颜堤鬃，触角第 1 鞭节为梗节长的 1.1-2.0 倍，触角芒基部 1/6–1/3 加粗，第 2 节长大于宽，前颊短。前胸腹板和前胸侧板裸，背中鬃 2（3）+3（4），翅内鬃 0+2（3），肩胛具 2–3 根基鬃，排成一直线，腹侧片鬃 2–3 根，翅侧片鬃发达，上侧背片总是具一些微毛或下腋瓣下方具一撮毛，小盾片大，两小盾亚端鬃之间的距离为亚端鬃至同侧基鬃距离的 2.0–4.0 倍，小盾端鬃发达，交叉向后方伸展，小盾侧鬃缺失；小盾、足和腹部均黑色；后胫近端位前腹鬃明显长于近端位后腹鬃；腹部各背板具中心鬃。翅前缘脉腹面第 2 节具毛，为第 3 段长的 1/4–1/3，第 6 段短；中脉心角为钝角，较 dm-cu 脉更接近翅缘，肘脉末段的长度为 dm-cu 脉长的 1/2–2/3；前足爪长于爪垫，前足胫节具 1 行完整的前背鬃、后鬃 2，中足胫节具前背鬃 1–3 根、后背鬃 2–4 根、后鬃 2 根、腹鬃 1 根，后足胫节具 2–3 根背端鬃，端位前腹鬃明显长于端位后腹鬃。腹部长卵圆形，第 4 背板常具中心鬃，腹板全部被背板侧缘所覆盖。

　　生物学：本族为卵胎生，寄生于鞘翅目叶甲科 Chrysomelidae 幼虫体内。

　　分布：新北界、古北界、东洋界、非洲热带界。该族中国有 1 属 8 种，浙江发现 1 属 1 种。

151. 叶甲寄蝇属 *Macquartia* Robineau-Desvoidy, 1830

Macquartia Robineau-Desvoidy, 1830: 204. Type species: *Macquartia rubripes* Robineau-Desvoidy, 1830.

Hesionella Mesnil, 1972: 1093. Type species: *Tachina tessellum* Meigen, 1824.

　　主要特征：体一般黑色；复眼被密长毛；额高小于额长，下侧颜不突出；额鬃每侧 1 行，最前方 1 根下降侧颜不及梗节末端水平；触角第 1 鞭节至多为梗节长的 2.0 倍，下颚须黄色或黑色；胸部肩鬃 2–3 根，呈直线排列，中鬃 2（3）+2（3），背中鬃 3+3（4），翅内鬃 0+3，小盾至少具 3 对缘鬃，小盾端鬃交叉排列，短于小盾亚端鬃，前胸基腹片和前胸侧板均裸，腹侧片鬃 2 或 3，翅侧片鬃 1 根、发达，上侧背片总是在下腋瓣下方具些小毛；R$_{4+5}$ 脉基部具 1 根或数根小鬃；足通常黑色，有时黄色，后足胫节端位前腹鬃明显长于端位后腹鬃。腹部第 1+2 合背板中央凹陷位于基半部或伸达后缘，第 4 背板具心鬃；肛尾叶长而尖，侧尾叶短。

　　分布：除中南美洲和澳大利亚外均有分布。中国记录 1 属 8 种，浙江分布 1 种。

（396）威叶甲寄蝇 *Macquartia viridana* Robineau-Desvoidy, 1863

Macquartia viridana Robineau-Desvoidy, 1863: 1104.

　　主要特征：额高小于额长，额鬃每侧 1 行，最前方 1 根下降侧颜不及梗节末端水平，侧颜全部被毛，触角至少梗节和基节黄色，前颊短，下颚须黄色。胸部中鬃 2+2，背中鬃 3+3，翅内鬃 0+3，肩鬃 3，排列呈一直线，小盾端鬃小于小盾亚端鬃，腹侧片鬃 2；翅前缘脉第 2 脉段下方被毛；足除股节背面外全部红黄色，中足胫节具 2–3 根前背鬃；腹部具浅灰色粉被，第 3 背板仅具 2–4 根中缘鬃，第 4 背板具心鬃。

　　分布：浙江（临安）、辽宁、内蒙古；俄罗斯，欧洲。

毛瓣寄蝇族 Nemoraeini

　　主要特征：本族种类雄性额窄，外侧额鬃缺失，下腋瓣背面大部或至少在靠近外缘部分具毛；小盾侧鬃单一，前足胫节背面或多或少具细而稠密的毛。

　　分布：除西半球北美洲、中南美洲外均有分布。该族中国有 2 属 21 种，浙江分布 1 属 3 种。

152. 毛瓣寄蝇属 *Nemoraea* Robineau-Desvoidy, 1830

Nemoraea Robineau-Desvoidy, 1830: 71. Type species: *Nemoraea bombylans* Robineau-Desvoidy, 1830.

Echinemoraea Mesnil, 1971: 987. Type species: *Nemoraea echinata* Mesnil, 1953.

主要特征：复眼被密毛，侧额宽约为复眼宽的 1/2，其中后头伸展区占 2/3，侧颜裸，至多具细毛，颜堤至多在基部 1/2 具鬃；雌性具 2–4 根外侧额鬃、1 根前顶鬃和 1 根外顶鬃；触角芒至多在基部 2/5 变粗，触角芒第 1 和第 2 节长均不及其直径；胸部背板具 4 个黑色纵条，前胸基腹片裸，整个下腋瓣背面或外侧面被长毛；前足基节前内面具密的倒伏鬃毛，后足胫节近端后腹鬃明显短于近端前腹鬃；腹部显著宽于胸部，第 1+2 合背板凹陷达后缘，无中缘鬃，第 5 背板后方 1/3 处具 2 行排列不规则的中心鬃。

分布：新北界、古北界、东洋界、非洲热带界。中国记录 15 种，浙江分布 3 种。

分种检索表

1. 下腋瓣整个背面被毛，背中鬃 3+4，翅内鬃 1+3，后头上方在眼后鬃后方无黑毛，前缘脉第 2 脉段腹面裸 ·················· 萨毛瓣寄蝇 *N. sapporensis*
- 下腋瓣仅在外缘被毛，背中鬃 3+3，翅内鬃 0+3，后头上方在眼后鬃后方具黑毛，前缘脉第 2 脉段腹面被毛 ············· 2
2. 腹部第 3 和第 4 背板无中心鬃 ···················· 爪哇毛瓣寄蝇 *N. javana*
- 腹部第 3 和第 4 背板各具 2 对中心鬃 ···················· 条胸毛瓣寄蝇 *N. fasciata*

（397）条胸毛瓣寄蝇 *Nemoraea fasciata* (Chao *et* Shi, 1985)（图 2-249）

Hypotachina fasciata Chao *et* Shi, 1985b: 165.

Nemoraea fasciata: Chao *et al.*, 1998: 2030.

特征：侧颜宽显著大于触角第 1 鞭节宽，其中后头伸展区占 2/3，后头上方在眼后鬃后方具黑毛；触角至少基部 2 节黄色，触角第 1 鞭节基部 1/3–2/5 红黄色，端部黑褐色，有时整个触角红黄色，下颚须宽，背面被刺状毛；背中鬃 3+3，翅内鬃 0+3，小盾片全部红黄色，小盾侧鬃 2–3 根，两小盾亚端鬃之间的距离小于亚端鬃至基鬃之间的距离；翅基、翅瓣和腋瓣金黄色或灰黄色，下腋瓣仅在外缘被毛，前缘脉第 2 段腹面被毛；腿节黑色，胫节全部红黄色；腹部红黄色，沿背中线具 1 黑纵条，第 3 和第 4 背板各具 2 对中心鬃。

分布：浙江（临安）、江苏、安徽、江西、福建、广东、四川、云南、西藏。

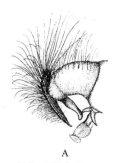 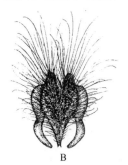

图 2-249　条胸毛瓣寄蝇 *Nemoraea fasciata* (Chao *et* Shi, 1985)（仿赵建铭等，1998）
A. ♂外生殖器侧视；B. ♂肛尾叶、侧尾叶后视

（398）爪哇毛瓣寄蝇 *Nemoraea javana* (Brauer *et* Bergenstamm, 1895)（图 2-250）

Dexiomima javana Brauer *et* Bergenstamm, 1895: 79.

Nemoraea javana: Crosskey, 1967: 97.

主要特征：后头在眼后鬃下方具黑毛；触角全黑色，下颚须端半部黄色，基半部黑褐色，胸部腹侧片、腹部腹面基部被白毛，腹侧片鬃2，小盾端鬃发达，交叉平伸排列，小盾侧鬃1，两小盾亚端鬃之间的距离约为亚端鬃至基鬃之间距离的2倍；翅前缘靠近翅脉的翅面淡黄色，翅肩鳞和前缘基鳞黑色，腿节黑色；腹部第3和第4背板无中心鬃。

分布：浙江（临安）、湖南、四川、贵州；印度尼西亚。

 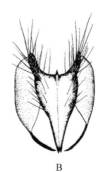

图 2-250 爪哇毛瓣寄蝇 *Nemoraea javana* (Brauer *et* Bergenstamm, 1895)（仿赵建铭等，1998）
A.♂外生殖器侧视；B.♂肛尾叶、侧尾叶后视

（399）萨毛瓣寄蝇 *Nemoraea sapporensis* Kocha, 1969（图 2-251）

Nemoraea sapporensis Kocha, 1969: 352.

主要特征：体长 13.0–19.0 mm。头黑色，覆金黄色粉被；雄额宽约为复眼宽的1/2，间额黑褐色，被黑毛，与侧额等宽，侧颜约为触角第1鞭节宽的1.7倍，颜及口缘黄色，后头上半部毛淡黄色、无黑色；额鬃12–17根，单眼鬃细长，无外顶鬃，触角红黄色，第1鞭节约为梗节长的2.5倍，其端部3/5略带黑色，触角芒基部1/3略加粗，下颚须黄色；胸部黑色，覆灰黄色粉被，小盾片黄色，背中鬃3+4，翅内鬃1+3；翅透明，基部杏黄色，翅脉黄褐色，翅肩鳞黑色，前缘基鳞黄色，R_{4+5}脉基部1/4具5–7根小鬃，下腋瓣背面全部被毛；腹部光亮，各背板基部具稀薄的灰白色粉被，第3背板具2根中缘鬃，第4背板具侧心鬃。

生物学：寄生于苹蚁舟蛾、天蚕蛾。

分布：浙江（临安、庆元）、黑龙江、辽宁、北京、河北、山西、河南、陕西、宁夏、湖北、湖南、福建、广东、四川、云南、西藏；俄罗斯，日本。

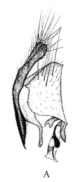 

图 2-251 萨毛瓣寄蝇 *Nemoraea sapporensis* Kocha, 1969（仿赵建铭等，1998）
A.♂外生殖器侧视；B.♂肛尾叶、侧尾叶后视

长唇寄蝇族 Siphonini

主要特征：本族的种类个体较小，至多体长6 mm。雌、雄性额均较宽，均具外侧额鬃，侧颜无强鬃，颊无后头伸展区、裸；后头大部具白毛；触角芒第2节延长；中胸盾沟不明显，被短小而倒伏状排列的刺

状毛，鬃很短，翅侧片鬃较小，小盾端鬃缺或毛状；前缘脉第二段腹面具毛，R_{4+5} 脉基部的小鬃几乎达 r-m 横脉或更远，r_5 室开放于翅尖中央；中脉心角弧形；后足胫节具 3 根近端背鬃；腹部第 1+2 合背板基部凹陷不达后缘。

生物学：本族全部是蚴生型寄蝇，主要寄生于鳞翅目幼虫或双翅目大蚊科 Tipulidae。

分布：世界性分布。该族中国有 5 属 32 种，浙江发现 4 属 6 种。

153. 阿寄蝇属 *Actia* Robineau-Desvoidy, 1830

Actia Robineau-Desvoidy, 1830: 85. Type species: *Roeselia lamia* Meigen, 1838.

Gymnopareia Brauer et Bergenstamm, 1889: 103. Type species: *Tachina crassicornis* Meigen, 1824.

主要特征：额较复眼略宽，侧颜裸，单眼三角被毛，只有 1 对单眼后鬃，雄具 2 前倾的额鬃，外顶鬃存在，后头上方大部分被白毛；下前侧片鬃上倾，盾后翅内鬃 3，中侧片前上部具 2 鬃，腹侧片后下缘在中足基节前方被 1 行细毛，向上延续与腹侧片鬃相接，下腹侧片鬃短于前上方腹侧片鬃，两小盾亚端鬃之间的距离大致与亚端鬃至同侧基鬃之间的距离相等。R_1 脉背面有小鬃，R_{4+5} 脉基部的小鬃几乎达 r-m 横脉，M 脉、CuA_1 脉和 dm-cu 横脉均发达，CuA_1 脉不伸达翅缘；足多黑，前胫近端前背鬃明显短于近端背鬃，中足胫节端部 1/3 处具 1 根前背鬃；腹部各背板具粉被。

分布：世界各地。中国记录 7 种，浙江分布 1 种。

（400）长喙阿寄蝇 *Actia jocularis* Mesnil, 1957（图 2-252）

Actia jocularis Mesnil, 1957: 47.

主要特征：额较复眼略宽，后头上方大部分被黑毛，触角黑褐色，第 1 鞭节长为宽的 2 倍，为梗节长的 3.0–4.0 倍，触角芒黑色，侧颜上宽下窄，中部宽度小于下颚须末端的宽度，喙细长，其长度约与头高相等，唇瓣细；背中鬃 3+3，腹侧片鬃 3，两小盾亚端鬃之间的距离大致与亚端鬃至同侧基鬃之间的距离相等；翅前缘基鳞黑褐色，R_1 脉背面仅基部 1/3 被小鬃，中足胫节端部 1/3 处具 1 根前背鬃。

分布：浙江（临安）、山西、广东；日本。

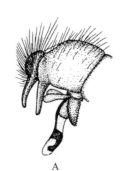
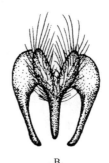

图 2-252　长喙阿寄蝇 *Actia jocularis* Mesnil, 1957（仿赵建铭等，1998）
A. ♂外生殖器侧视；B. ♂肛尾叶、侧尾叶后视

154. 毛脉寄蝇属 *Ceromya* Robineau-Desvoidy, 1830

Ceromya Robineau-Desvoidy, 1830: 86. Type species: *Ceromya testacea* Robineau-Desvoidy, 1830.

主要特征：后头上方大部分被白毛；唇瓣正常；下前侧片鬃上倾，盾后翅内鬃 3，中侧片前上部具 1

鬃，腹侧片后下缘在中足基节前方无 1 列毛，1 根下腹侧片鬃显著小于前上方的 1 根腹侧片鬃，前胸气门前鬃与前胸气门亚鬃大小相似；两小盾亚端鬃之间的距离与每侧亚端鬃和基鬃之间的距离相等。前缘基鳞黄色，R_1 脉及 R_{4+5} 脉全部或部分脉段被毛，CuA_1 脉不伸达翅缘；足多黄色。

分布： 世界各地。中国记录 6 种，浙江分布 1 种。

（401）红毛脉寄蝇 *Ceromya flaviseta* (Villeneuve, 1921)

Actia flaviseta Villeneuve, 1921: 45.

Ceromya flaviseta: Mesnil, 1963: 836; Cooper & O'Hara, 1996: 11-12.

主要特征： 背中鬃 3+4；肘脉裸，前胸气门前鬃与前胸气门亚鬃大小相似，R_1 脉背面末端 1/3 被小鬃，腹面裸，R_{4+5} 脉全部被毛；两小盾亚端鬃之间的距离与每侧亚端鬃和基鬃之间的距离相等。腹部黑褐色，第 1+2 合背板、第 3 背板两侧及各背板后缘暗黄色，整个腹部覆稀薄的白色粉被。

分布： 浙江（临安）、云南；俄罗斯，欧洲。

155. 等鬃寄蝇属 *Peribaea* Robineau-Desvoidy, 1863

Peribaea Robineau-Desvoidy, 1863: 720. Type species: *Peribaea apicalis* Robineau-Desvoidy, 1863 (=*Herbstia tibialis* Robineau-Desvoidy, 1851), by subsequent designation of Coquillett (1910: 587).

主要特征： 复眼裸，单眼三角不被毛，具 2 对单眼后鬃，有时第 1 对退化，后头向内凹入，颊仅包括下侧颜，无后头伸展区；前胸气门亚鬃 2 根，等长，1 根向上方，1 根向下方伸展；背中鬃 3+4，R_1 脉末端 1/3 也常被小鬃，R_{4+5} 脉小鬃的分布远远超过 r-m 脉，CuA_1 脉直达后缘；前足胫节近端前背鬃明显短于近端背鬃，中足胫节具 1 根前背鬃；腹部第 1+2 合背板中央凹陷不达后缘，各背板无中心鬃。

分布： 古北区、东洋区、澳洲区、非洲热带区。中国记录 9 种，浙江分布 2 种。

（402）长芒等鬃寄蝇 *Peribaea fissicornis* (Strobl, 1909)

Tryptocera fissicornis Strobl, 1909: 31.

Peribaea fissicornis: Herting, 1984: 123.

主要特征： 后头在眼后鬃后方有 1 行黑毛，触角芒第 2 节的长度约为第 3 节的一半；背中鬃 3+4，R_1 脉裸。雌性前足第 2 分跗节呈椭圆形加宽，与第 1 分跗节等长。

生物学： 寄生于多种尺蠖害虫。

分布： 浙江（临安）；欧洲。

（403）黄胫等鬃寄蝇 *Peribaea tibialis* (Robineau-Desvoidy, 1851)（图 2-253）

Herbstia tibialis Robineau-Desvoidy, 1851: 185.

Peribaea tibialis: Herting, 1984: 124.

特征： 体长 4.0–5.0 mm。雄性头淡黄色，覆灰白色粉被，间额显著宽于侧额；侧额被黑毛，下降侧颜达触角芒着生处水平；侧颜在中部宽度小于下颚须端部的宽度；颜堤鬃 1–2 根，紧位于髭的上方；触角基部 2 节红黄色，第 1 鞭节黄褐色，其长度为梗节的 3 倍；额鬃有 2 根下降至侧颜，最前方 1 根不及梗节末端水平；单眼鬃粗大，约与触角等长，向前外方伸展；内顶鬃的长度约与复眼纵轴相等，外顶鬃粗大，为眼后鬃的 2.5 倍，下颚须黄色，前颏长为其直径的 2 倍。胸部黑色，覆灰白色粉被，背面具 4 个黑纵条，前胸腹板两侧被毛；背中鬃 3+4，翅内鬃 1+3，腹侧片鬃 3；翅前鬃发达，其长度大于径中横脉的长度；小盾片黑色，两小盾亚端鬃的距离为亚端鬃至同侧基鬃距离的 2 倍；前缘基鳞黄色，翅 R_1 脉背面和腹面仅在端部 1/3 被小鬃，R_{4+5} 脉背面的大部被小鬃，前缘脉第 4 段的长度为第 2 段的 2 倍，r_5 室开放，肘脉末段的长度为中肘横脉长度的 2.5–3.0 倍；下腋瓣白色，具淡黄色边缘；足转节、胫节淡黄色，腿节及跗节棕褐色，前足胫节具 2 根后鬃，爪短；后足胫节具 1 行长短不齐的前背鬃。腹部黑色，覆稀薄的灰白色粉被，粉被在第 3 和第 4 背板基部 2/3 和第 5 背板 1/4 粉被较浓厚，端部黑色；背板沿背中线具 1 棕黑色纵条，各背板的缘鬃与其相应的背板等长。

生物学：寄主为 *Asticta pastinum*、*Anarta myrtilli*、*Prosopolopha jourdanaria*、*Orgyia dubia*、*Lasiocampa grandis*。

分布：浙江（临安、定海）、黑龙江、北京、山西、陕西、湖南、福建、台湾、广东、海南、香港、四川、贵州、云南；俄罗斯，蒙古国，朝鲜，韩国，日本，中亚地区，缅甸，西亚地区，欧洲，非洲。

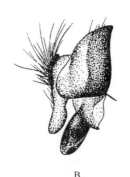

A　　　　　　　　　　　　　　　B

图 2-253　黄胫等鬃寄蝇 *Peribaea tibialis* (Robineau-Desvoidy, 1851)（仿赵建铭等，1998）

A. ♂肛尾叶、侧尾叶和第 9 背板后视；B. A 和阳体侧视

156. 长唇寄蝇属 *Siphona* Meigen, 1803

Siphona Meigen, 1803: 281. Type species: *Musca geniculata* De Geer, 1776, by designation under the Plenary Powers of ICZN (1974: 157).

主要特征：额与复眼大致等宽，雌雄两性头两侧均具 2 根外侧额鬃；口器特化，唇瓣细长，约与前颏等长，细，静止时互相折叠，取食时伸展，伸展时其长度至少为复眼纵轴的 2 倍，前颏长至少为其直径的 8 倍；前侧片鬃不向前腹面弯曲，前下方的 1 根腹侧片鬃大于或等于前上方的 1 根；CuA_1 脉伸达翅缘；前足胫节近端前背鬃明显短于近端背鬃，中足胫节具前背鬃 1；腹部第 1+2 合背板中央凹陷不达后缘，各背板无中心鬃。

分布：世界各地。中国记录 9 种，浙江分布 2 种。

（404）冠毛长唇寄蝇 *Siphona cristata* (Fabricius, 1805)（图 2-254）

Stomoxys cristata Fabricius, 1805: 281.

Siphona cristata: Andersen, 1982: 165.

主要特征：雄性触角第 1 鞭节为梗节长的 3.5 倍，前外侧额鬃与小的额鬃大小相似，前内侧额鬃位于额的中部，显著大于单眼鬃；髭的位置显著高于复眼下缘水平；背中鬃 3+4；中足胫节具前背鬃 1；腹部第 1+2 合背板无中缘鬃。雌性梗节、足、小盾片和腹部黄色。

生物学：寄生于大蚊、黏虫、小麦夜蛾、甘蓝夜蛾、豌豆夜蛾、玛瑙夜蛾、蓝目天蛾、暗点赭夜蛾、

Charaeas graminis、*Mamestra oleracea*、*Polia chi*、*Leucania obsoleta*、*L.littoralis*、*L.lythargyria*、*Caradrina morpheur*、*Collix sparsata*、*Eupithecia succenturiata*、*Tipula irrorata*。

分布：浙江（临安、庆元）、黑龙江、吉林、辽宁、内蒙古、北京、河北、宁夏、甘肃、青海、新疆、福建、台湾、广东、广西、重庆、四川、贵州、云南、西藏；俄罗斯，日本，欧洲。

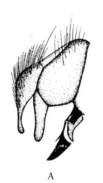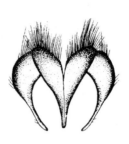

图 2-254　冠毛长唇寄蝇 *Siphona cristata* (Fabricius, 1805)（仿赵建铭等，1998）
A. ♂外生殖器侧视；B. ♂肛尾叶、侧尾叶后视

（405）袍长唇寄蝇 *Siphona pauciseta* Rondani, 1865

Siphona pauciseta Rondani, 1865: 193.

主要特征：体长 3.0–4.0 mm。雄性颜高为额长的 1.3–1.5 倍，雌性为 1.1–1.2 倍；雄触角第 1 鞭节长为梗节的 4 倍，梗节红棕色，雄梗节与触角芒第 2 节等长，雌梗节短些，触角芒仅在 1/5–2/5 变粗；下颚须端部均具小毛；翅肩鳞棕色或红色，前缘基鳞黄色；前胸基腹片具 1 根毛或两侧具小毛，背中鬃 3+4，两小盾亚端鬃之间的距离小于同侧亚端鬃与基鬃之间的距离，翅肩鳞棕色或红色，前缘基鳞黄色，雌虫翅的前缘刺小于 r-m 脉长；腹部第 1+2 合背板无中缘鬃。

分布：浙江（临安）、广东、西藏；俄罗斯，蒙古国，欧洲。

寄蝇族 Tachinini

主要特征：本族体型一般中大型，寄生于鳞翅目昆虫的幼虫，主要特征为复眼裸，侧颜被毛，后头上方无黑毛，后足基节的后背面具细毛，翅后胛上 2 根正常的鬃之间具 1 根较小的附加的鬃。

分布：除非洲热带区和澳洲区外，均有分布。中国记录 6 属 118 种，浙江分布 3 属 15 种。

157. 密寄蝇属 *Mikia* Kowarz, 1885

Mikia Kowarz, 1885: 51. Type species: *Fabricia magnifica* Mik, 1884.

Tamanukia Baranov, 1935: 551. Type species: *Tamanukia japanica* Baranov, 1935.

特征：体大型。复眼裸，头覆金黄色粉被，侧颜被淡黄色毛，其大于触角第 1 鞭节宽；颊和后头被淡黄色毛，后头伸展区特别发达，颊宽大于复眼短轴，颜堤扁宽；触角黄色，第 1 鞭节短于梗节，下颚须粗大，棒状，颜较细，不长于或略长于复眼短轴。翅内鬃 1+2，腹侧片鬃 3，小盾片很少具侧鬃；翅基部 1/3 黄白色，端部 2/3 黑色，常具 1 黑横带，中脉心角具短的赘脉或具赘痕，前缘刺退化，r_5 室开放或闭合于翅缘；腋瓣淡棕色；足趾节全部黑色；腹部第 1+2 合背板中央凹陷达后缘，无中缘鬃，第 3 和第 4 背板无心鬃。

分布：古北区和东洋区。中国记录 6 种，浙江分布 2 种。

（406）毛缘密寄蝇 *Mikia apicalis* (Matsumura, 1916)（图 2-255）

Bombyliomyia apicalis Matsumura, 1916: 389.

Mikia apicalis: Crosskey, 1976: 206.

Mikia nigribasicosta Chao et Zhou, 1998: 1991.

特征：体大型。复眼裸，头覆金黄色粉被，雄具前倾外侧额鬃，侧颜被淡黄色毛，其宽度宽于触角第1鞭节，颊和后头膨大，被淡黄色毛，覆金黄色粉被，髭位于颜下缘之上；触角黄色，第1鞭节短于梗节，触角芒第1节长至多等于其宽；下颚须粗大，棒状，前额较短，长至多为其宽的4.0倍。胸背板中鬃3+3，背中鬃3+3，翅内鬃1+2，腹侧片鬃3，小盾至少具4对缘鬃；翅基部1/3黄白色，端部2/3黑色，常具1黑横带，前缘基鳞黄色；前缘脉第2脉段腹面全部被毛，R_{4+5}脉基部脉段2/5具小鬃，中脉心角具极短的赘脉或具赘痕，前缘刺退化，r_5室开放，足黑色，后足胫节具3根等长的端位背鬃；腹部第1+2合背板中央凹陷达后缘，具1对中缘鬃，第3和第4背板无中心鬃，雄性腹部第4、第5背板腹面被密毛。

分布：浙江（临安）、吉林、陕西、江西、湖南、福建、台湾、海南、广西、四川、贵州、云南；印度，印度尼西亚。

图 2-255　毛缘密克寄蝇 *Mikia apicalis* (Matsumura, 1916)（仿赵建铭等，1998）

A. 翅；B. ♂头侧视

（407）棘须密寄蝇 *Mikia patellipalpis* (Mesnil, 1953)（图 2-256）

Anaeudora patellipalpis Mesnil, 1953: 157.

Mikia patellipalpis: Crosskey, 1976: 206.

主要特征：体大型。头覆金黄色粉被，侧颜宽于触角第1鞭节；触角黄色，后头伸展区特别发达，颊宽大于复眼横轴，下颚须粗大，棒状，前额较细，不长于或略长于复眼短轴；腹侧片鬃2；翅基部1/3黄白色，端部2/3黑色，常具1黑横带，翅面沿前缘由r-m脉至R_{4+5}脉末端黑色，前缘脉第2脉段腹面裸，中脉心角具极短的赘脉或具赘痕，前缘刺退化，r_5室开放；雄性腹部第4、第5背板腹面被密毛。

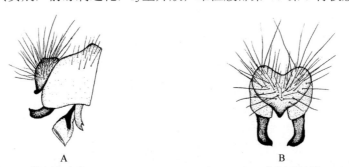

图 2-256　棘须密寄蝇 *Mikia patellipalpis* (Mesnil, 1953)（仿赵建铭等，1998）

A. ♂外生殖器侧视；B. ♂肛尾叶、侧尾叶、第9背板后视

分布：浙江（临安）、陕西、甘肃、安徽、湖南、福建、广西、海南、四川、贵州、云南；俄罗斯，缅甸，泰国，马来西亚。

158. 长须寄蝇属 *Peleteria* Robineau-Desvoidy, 1830

Peleteria Robineau-Desvoidy, 1830: 39. Type species: *Peleteria abdominalis* Robineau-Desvoidy, 1830.

Paracuphocera Zimin, 1935: 607. Type species: *Echinomyia ferina* Zetterstedt, 1844.

主要特征：颊高至少为复眼高的 1/3；侧颜全长被毛，下部 1/3 具 2–4 前倾、粗大的侧颜鬃，雌性、雄性均具外侧额鬃；单眼鬃缺失；喙常细长。前胸侧板和前胸腹板裸，翅前鬃长于背侧片鬃和背中鬃，小盾片具多根钉状心鬃；前缘基鳞黄，前缘刺不发达，R_{4+5} 脉基部具数根小鬃，中脉心角呈直角或小于直角，无赘脉；后足基节间后腹面膜质，后足胫节具 3 根端鬃。腹部第 1+2 合背板中央凹陷伸达或几乎达后缘，一般无中缘鬃；肛尾叶总是很短，侧尾叶端部细长、尖锐、急剧弯曲。

分布：世界各地。中国记录 32 种，浙江分布 1 种。

（408）黏虫长须寄蝇 *Peleteria iavana* (Wiedemann, 1819)（图 2-257）

Musca varia Fabricius, 1794: 327.

Tachina iavana Wiedemann, 1819: 24.

Peleteria iavana: O'Hara, Shima *et* Zhang, 2009: 170.

特征：体长 8.7–12.5 mm。雄性额宽为复眼宽的 1.0–1.1 倍；间额黄色，两侧缘在单眼三角前显著缢缩，此处宽度为侧额宽度的 1/2–4/7，侧额灰黑色或棕黄色，覆浓厚的淡金黄色粉被，间额前部侧缘和侧额前部被黄毛，两者的后部被黑毛，中颜板、侧颜和颊黄白色，侧颜宽为触角第 1 鞭节宽的 0.7–0.9 倍，下侧颜淡黄色，均覆浓厚的白色粉被，侧颜及颊被细长的淡黄色毛，有时有若干粗大的黑毛，侧颜鬃 2（1），额鬃 6–8 根，外侧额鬃 2 根，内侧额鬃 1 根；后头灰黑色，被灰黄色细毛，覆浓厚的灰黄色粉被；触角基部 2 节红黄色，第 1 鞭节黑色，其长为梗节的 0.9–1.1 倍；触角芒黑色，第 1 节略短于第 2 节，两节之和为第 3 节长的 2/5–1/2；中缘细长，前颏的长度为其宽度的 6.0–8.0 倍，下颚须黄色，很小，长度为前颏粗的 1/3–1/2，常常完全退化。胸部黑色，覆浓厚的灰色或黄色粉被，沿翅基上方两侧、翅后胛和小盾片暗黄色，中胸背板被黑毛，具 5 黑纵条（其中间 1 条不明显），中胸侧板被稀疏的黄白色长毛；中鬃 3（2）+3，背中鬃 3（4）+4，翅内鬃 1+3，腹侧片鬃 3；小盾片具缘鬃 4 对，小盾端鬃交叉排列；基前鬃细而短，在后部 1/3 的部位有 1 行心鬃，小盾中部有 1 组竖立的钉状鬃，其中有 1 对较粗大；翅淡棕色，翅肩鳞黑色，前缘基鳞淡黄色；R_{4+5} 脉基部具 3–5 根小鬃；足腿节、跗节黑色，胫节暗黄褐色，前足爪长为其第 5 分跗节长的 1.7 倍。腹部红黄色，被黑毛，覆闪变性灰黄色粉被，沿背中线的黑纵条不达腹部末端，其宽度在第 3 背板上为背板宽度的 1/5，腹部腹面基部（第 1 腹板和第 1+2 合背板腹面）被黄白色毛，沿腹中线也具 1 黑纵条，第 1+2 合背板每侧各具 1 根侧缘鬃，第 3 背板具 1–2 根侧缘鬃和 1 对中缘鬃，第 4 背板具 8–12 根缘鬃，第 5 背板具 1 行缘鬃和 1 行排列不规则的心鬃；第 5 腹板光亮，末端 2/5 纵裂为两个三角形侧叶，侧叶末端为 1 光亮的小三角向背面钩曲，侧叶外缘平；肛尾叶马蹄形，末端中央光亮具 1 三角形缺刻，被交叉排列的细长毛；侧尾叶基部光亮、窄，端部呈钩状弯曲，较宽、末端尖。雌性额宽为复眼宽的 1.2 倍，触角第 1 鞭节长为梗节的 0.8–0.9 倍，为其自身宽度的 1.4–1.6 倍，其宽与侧颜大致相等；腹部第 6+7 合背板为排列于两侧的 2 个长三角形骨片，顶端互相接触，沿后缘被密的细长鬃，第 6 和第 7 腹板为 2 个半环形横骨片，第 7 腹板为第 6 腹板长的 0.7 倍，第 8 背板为 2 个较宽的三角形骨片，内方顶端互相接触，被短毛，前足跗节加宽，第 4 分跗节长宽相等，前足爪与第 5 分跗节等长。

生物学：寄生于黏虫、小地老虎、油松毛虫，该寄蝇在我国从南到北各地的发生数量都很大，是黏虫最主要的天敌之一，成虫产蛆于寄主的取食植物或活动场所，幼蛆被产出后，平伏于植物表面，待寄主经过或有所触动时，立即竖立摆动，一旦触及寄主体表，随即附着于其上，继而很快找到适合的部位钻进寄主体内寄生；在北京 5–6 月，在广东 2–4 月为成虫大量出现时期；在南方成虫喜欢取食荔枝、两面针等植物花蜜以补充营养。

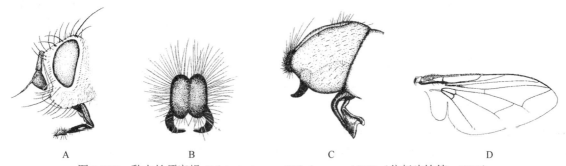

图 2-257 黏虫长须寄蝇 *Peleteria iavana* (Wiedemann, 1819)（仿赵建铭等，1998）

A.♂头侧视；B.♂肛尾叶、侧尾叶后视；C.♂外生殖器侧视；D. 翅

分布：浙江（临安、庆元）、内蒙古、北京、河北、山西、山东、陕西、甘肃、江苏、上海、湖南、福建、广东、海南、广西、四川、云南；俄罗斯，哈萨克斯坦，印度，尼泊尔，泰国，菲律宾，马来西亚，印度尼西亚，欧洲，澳大利亚，非洲。

159. 寄蝇属 *Tachina* Meigen, 1803

Tachina Meigen, 1803: 280. Type species: *Musca grossa* Linnaeus, 1758 (as *grossa* Fabricius), by subsequent designation of Brauer (1893: 489).

Servillia Robineau-Desvoidy, 1830: 49. Type species: *Tachina ursina* Meigen, 1824, by subsequent designation of Robineau-Desvoidy (1863: 644).

特征：本属种类的体色，毛的长短、疏密，腹部第 1+2 合背板中缘鬃的数目变化均很大，但主要特征一致；复眼裸，口缘显著向前突出，侧颜被毛，颊高至少为复眼高的 1/3，单眼鬃发达，髭明显位于颜下缘上方，后头毛或鬃毛为白色、黄色、红色或淡棕色，梗节一般长于触角第 1 鞭节（仅个别种类除外），触角第 1 鞭节宽，呈铲形，触角芒裸，第 1 和第 2 节延长，第 1 节长至多为其直径的 3 倍，侧额与眼后鬃之间具短毛，下颚须细长，呈筒形，前颏多短，长至多为其直径的 4.0–12.0 倍；前胸基腹片裸，最强的 3 根肩鬃呈三角形排列，前胸前侧片具毛，翅内鬃 1+2（3），小盾片背面具多数排列不规则的鬃，小盾端鬃水平；翅端部灰色或暗黑色，基部黄色，前缘基鳞黄色，中脉心角具一褶痕，r_{4+5} 室开放或闭合，但闭合柄脉短；足大部分黄色或黑色，跗节黄色或前足中足附节暗色，但至少后足跗节黄色（寄蝇亚属）；若跗节全部暗棕至黑色，则为诺寄蝇亚属，雌雄两性前足跗节加宽，前足基节前内侧裸，后足基节间后侧区膜质，后足基节后背面具 1 根至多根小鬃毛；腹部第 1+2 合背板中央凹陷达后缘，各背板无中心鬃；肛尾叶为单一的，背腹弯曲的"S"形骨片。

分布：古北区和东洋区。中国记录 65 种，浙江分布 12 种。

分种检索表

1. 足黄色，至少后足跗节黄色，雄性第 5 腹板两侧叶基部具膜质窗 ……………………………………… 2
- 足黑色，雄性第 5 腹板完全骨化 …………………………………………………… **肥须寄蝇 *T. atripalpis***
2. 胸部和腹部被黑色短毛，腹部第 1+2 合背板无或仅具 1 对中缘鬃 ……………………………………… 11
- 胸部和腹部被细长浓密的淡色或黑色毛，或两者相混，腹部第 1+2 合背板具 1 行中缘鬃 ……………… 3
3. 侧颜被黑毛，雄性眼后鬃细，毛状 …………………………………………………… **黄白寄蝇 *T. ursina***

（409）火红寄蝇 *Tachina (s. str.) ardens* (Zimin, 1929)（图 2-258）

Servillia ardens Zimin, 1929: 219.

Tachina (s. str.) ardens: O'Hara, Shima *et* Zhang, 2009: 174.

特征：体长 14.0–20.0 mm。雄性头、腹部覆金黄色粉被；额宽为复眼宽的 2/5–3/5，侧颜被淡黄色或棕黄色毛，为触角第1鞭节宽的 1/3–1/2，或两者大致等宽，单眼鬃短粗，单眼后鬃毛状；整个头覆金黄色粉被，触角基部2节棕黄色，第1鞭节黑色，前下角向前伸展，前额与触角大致等长。胸部暗黑色，在北方的个体覆浓厚的黄褐色粉被和黄毛，背板上的黑色纵条不明显；中鬃 4（3）+3（4），背中鬃 4+4，翅内鬃 1+2，腹侧片鬃 3；小盾片棕黄色，每侧具4根缘鬃；翅灰色透明，R_{4+5}脉基部具 5–8 根小鬃，小鬃分布占基部脉段长度的 1/4；足腿节黑色，腿节端部、胫节及跗节棕黄色，前足爪的长度大于其第4和第5分跗节的总和，腋瓣上肋裸。腹部暗黑色，两侧具棕黄色花斑，第3–5背板基部的粉带灰黄色、中部窄，占背板长度的 1/6–1/4，向两侧逐渐加宽，占各背板长度的 1/2；北方个体第2–3背板及腹面被棕黄色毛，第4背板腹面被红黄色与黑色杂毛，腹部两侧及后端的茸毛棕红色，在南方个体红黄色毛分布于腹部腹面基部，第4背板两侧及整个第5背板、第1+2合背板至第4背板背面及腹面大部被黑毛。雌性在北方和南方个体之间无大差异，与北方的雄性个体相同；前足跗节不加宽；沿第3–5背板前缘具棕红色横带，无花斑。

生物学：寄生于西伯利亚松毛虫。

分布：浙江（临安）、黑龙江、吉林、辽宁、内蒙古、山西、山东、河南、陕西、宁夏、甘肃、青海、新疆、江苏、安徽、湖北、江西、湖南、福建、台湾、广西、重庆、四川、贵州、云南、西藏；俄罗斯，缅甸，西亚地区。

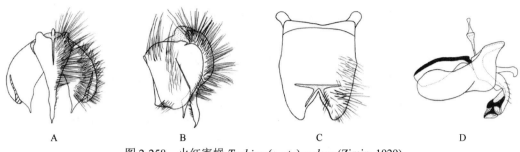

图 2-258　火红寄蝇 *Tachina* (*s. str.*) *ardens* (Zimin, 1929)

A.♂肛尾叶、侧尾叶和第 9 背板后视；B.A 侧视；C.♂第 5 腹板腹视；D. 阳体侧视

（410）肥须寄蝇 *Tachina* (*Nowickia*) *atripalpis* (Robineau-Desvoidy, 1863)（图 2-259）

Fabricia atripalpis Robineau-Desvoidy, 1863: 627.

Tachina (*Nowickia*) *atripalpis*: O'Hara, Shima *et* Zhang, 2009: 173.

　　特征：体长 11.9–14.7 mm。雄性头覆浓厚的银灰色粉被；触角、触角芒和前额黑色，下颚须黑色或褐色；额宽为头宽的 0.27–0.33 倍；侧颜中部等于或略宽于触角第 1 鞭节；颊高为眼高的 0.28–0.32 倍；侧额和侧颜被黑色短毛；额两侧无外侧额鬃；触角第 1 鞭节是梗节长的 0.66–0.84 倍；下颚须粗大。胸部黑色，整个胸部被黑色短毛；中鬃 3+3（2），背中鬃 4+3（4），翅内鬃 1+3，腹侧片鬃 3；小盾片黄褐色，边缘黑色，具 4 对粗大的缘鬃；腋瓣黄白色；翅透明，灰褐色；翅肩鳞和前缘基鳞黑色；肘脉末段的长度与中肘横脉等长；平衡棒褐色；足黑色，前足爪及爪垫长略大于第 4 和第 5 分跗节长度的总和。腹部红黄色，无粉被，具黑色短毛，沿背中线具 1 黑纵条，其在第 4 背板基部缢缩或中断，形成三角斑，在第 5 背板半部又加宽扩大到整个腹面，腹部第 3 和第 4 背板无侧心鬃，第 5 背板腹面两侧被浓密而直立同等长度的鬃状毛，形成鬃刷；第 3 腹板具细长的鬃缨；肛尾叶侧面观近方形，端部三角形，侧尾叶侧扁带状，向中心弯曲，末端具 1 尖齿。雌性额宽为头宽的 0.33–0.35 倍；爪及爪垫长最大限度等于第 5 分跗节的长度；第 5 背板腹面两侧的鬃不形成鬃刷。

　　分布：浙江（临安）、黑龙江、内蒙古、山西、甘肃、青海、新疆、广东、四川、西藏；俄罗斯，蒙古国，中亚地区，欧洲。

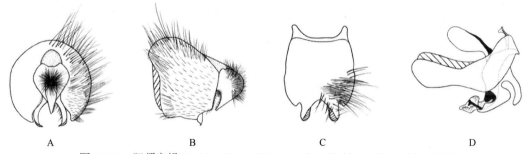

图 2-259　肥须寄蝇 *Tachina* (*Nowickia*) *atripalpis* (Robineau-Desvoidy, 1863)

A.♂肛尾叶、侧尾叶和第 9 背板后视；B.A 侧视；C.♂第 5 腹板腹视；D. 阳体侧视

（411）赵氏寄蝇 *Tachina* (*s. str.*) *chaoi* Mesnil, 1966（图 2-260）

Tachina chaoi Mesnil, 1966: 910.

　　特征：体长 14.0–18.0 mm。雄性额较复眼窄 1/3，侧颜灰色，与触角第 1 鞭节大致等宽，被黄白色毛；头前表面覆黄色粉被，侧额黑褐色，覆金黄色粉被；额鬃下降至侧颜排成 2–3 对，周围并有若干多余的小鬃环绕，形成鬃丛，眼后鬃较短粗，单眼后鬃细长、毛状；触角基部 2 节黄褐色，第 1 鞭节黑褐色，较梗节短 2/5；前额长为其直径的 5 倍。胸部黑褐色，覆黄色粉被和淡黄色茸毛，背板上的黑色纵条不明显；中鬃 3+3，背中鬃 4+4，腹侧片鬃一般为 2，有时 3，极个别情况下为 4；小盾片灰黄色，被淡黄色茸毛，每侧各具 3 根缘鬃；翅灰色透明，翅脉黄褐色，前缘脉第 4 段远远大于第 6 段，R$_{4+5}$ 脉具 5–8 根小鬃，小鬃分布占基部脉段的 1/3；腿节除端部外为黑色，前足爪与第 4、第 5 分跗节之和等长；后足腿节被黑毛。腹部黑色，两侧具不大的黄斑，沿背中线的黑褐色纵条约占第 3 和第 4 背板宽度的 2/5；鲜艳的黄色粉被覆满整个腹部表面，仅在背板基部分布较浓但不形成粉带，除第 1+2 合背板、第 3 背板中部在靠近后缘处有少量黑毛外，整个腹部被黄毛，向腹部末端由浅黄转为棕黄；第 3–4 背板无侧心鬃，第 4 背板腹面具缘鬃。雌性额与复眼大致等宽，前足跗节加宽的程度很小或不加宽。

分布：浙江（临安）、黑龙江、吉林、辽宁、内蒙古、北京、天津、河北、山西、山东、陕西、江苏、上海、安徽、江西、福建、台湾、重庆、四川、贵州、云南、西藏；俄罗斯，蒙古国，日本。

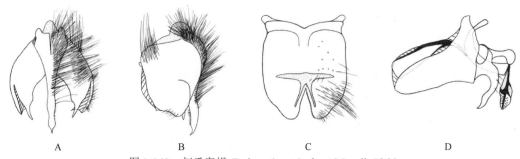

图 2-260 赵氏寄蝇 *Tachina* (*s. str.*) *chaoi* Mesnil, 1966

A. ♂肛尾叶、侧尾叶和第 9 背板后视；B. A 侧视；C. ♂第 5 腹板腹视；D. 阳体侧视

（412）小寄蝇 *Tachina* (*s. str.*) *iota* Chao *et* Arnaud, 1993（图 2-261）

Tachina iota Chao *et* Arnaud, 1993: 48.

特征：雄性额较复眼窄 2/5，侧颜较触角第 1 鞭节窄 4/5，被淡黄色毛；头表面覆黄灰色粉被；触角黑褐色，近于圆形；侧额上的黑毛较稀疏且短，下降至侧颜不超过最前方的 1 根额鬃，侧颜具单一的黄色或黄白色毛，触角黑褐色，近于圆形，雄性触角第 1 鞭节显著宽于侧颜，前额长较其直径的 3.0–4.0 倍。胸部暗黑色，覆灰黄色粉被及淡黄色茸毛，在背板上混有少量黑毛；中鬃 3（2）+2，背中鬃 3+3，腹侧片鬃 2，中侧片前上方无端鬃，小盾片每侧各具 3 根缘鬃；翅灰色透明，R$_{4+5}$ 脉具 4–6 根小鬃，占基部脉段的 1/3，翅前缘脉第 1 脉段腹面具毛，腋瓣和平衡棒均白色或黄色；腿节黑褐色，端部红黄色，胫节及跗节黄白色，前足爪较第 5 分跗节长 2/5，而较第 4 和第 5 两分跗节的总和短 1/3。腹部黑色，两侧无明显花斑，第 2 腹板具 2 根粗大的鬃，第 3–5 背板基部各具清晰的粉被带，第 1+2 合背板至少具 4 根中缘鬃，第 3 和第 4 背板无侧心鬃，第 5 背板具 1 行心鬃。

分布：浙江（临安）、辽宁、内蒙古、北京、河南、宁夏、甘肃、青海、湖北、四川；蒙古国，日本。

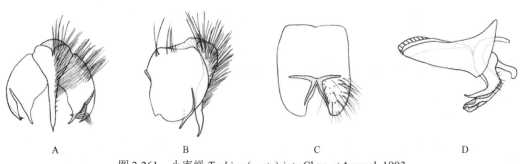

图 2-261 小寄蝇 *Tachina* (*s. str.*) *iota* Chao *et* Arnaud, 1993

A. ♂肛尾叶、侧尾叶和第 9 背板后视；B. A 侧视；C. ♂第 5 腹板腹视；D. 阳体侧视

（413）艳斑寄蝇 *Tachina* (*s. str.*) *lateromaculata* (Chao, 1962)（图 2-262）

Servillia lateromaculata Chao, 1962b: 59.

Tachina (*s. str.*) *lateromaculata*: O'Hara, Shima *et* Zhang, 2009: 177.

特征：体长 14.5–18.0 mm。雄性额约为复眼宽的 3/4，侧颜较触角第 1 鞭节宽 1.6 倍，额鬃下降至侧颜排成 2–3 行，眼后鬃短粗，单眼后鬃长，但不呈毛状，头前表面淡黄色，覆黄色粉被，侧颜被黄白色毛；触角正常、黑褐色，第 1 鞭节前下角显著突出，前上角呈弧形，前额与触角等长。胸部褐色，覆浓厚的黄色粉被和淡黄色茸毛，背板上的黑纵条不明显；中鬃 3（4）+2，背中鬃 3（4）+3，腹侧片鬃 3，少数为 4，更少数为 2；小盾片黄褐色，每侧具 3 根缘鬃；足腿节除端部外为黑色；前足爪约为第 4、第 5 分跗节长度的总和。腹部黑褐色，两侧具明显的黄色花斑，第 3 和第 4 背板尤侧心鬃，粉被集中分布在第 1+2 合背板至第 4 背板两侧，粉被所占的部分被黄白色茸毛，其他部分被黑毛鬃状毛（有时第 4 背板背中央被棕红色毛），整个第 5 背板被棕红色毛。雌性额大致与复眼等宽；前足跗节加宽，第 4 分跗节的宽度较其长度长 1/5。

分布：浙江（临安、庆元）、辽宁、山西、陕西、甘肃、江苏、湖北、江西、湖南、福建、四川、贵州、云南；越南，西亚地区。

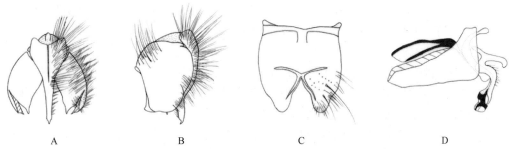

图 2-262　艳斑寄蝇 *Tachina* (*s. str.*) *lateromaculata* (Chao, 1962)
A. ♂肛尾叶、侧尾叶和第 9 背板后视；B. 前者侧视；C. ♂第 5 腹板腹视；D. 阳体侧视

（414）怒寄蝇 *Tachina* (*s. str.*) *nupta* (Rondani, 1859)（图 2-263）

Echinomya nupta Rondani, 1859: 55.

Echinomyia trigonata Villeneuve, 1936: 3.

Tachina (*s. str.*) *nupta*: O'Hara, Shima *et* Zhang, 2009: 178.

特征：体长 9.0–15.0 mm。额与复眼等宽，侧额具 1–2 根外侧额鬃，间额中部与侧额等宽，触角第 1 鞭节长宽大致相等，其长度为梗节长的 4/6–5/6，其宽度为侧颜宽的 1.1–1.6 倍；触角芒裸，基部 5/7 加粗，第 1 节长为宽的 2 倍，第 2 节长为宽的 4 倍，前额明显长于触角；胸部被黑毛，翅内鬃 1+3，腹侧片鬃 3，小盾端鬃交叉排列，下腋瓣白色或黄白色；前足和中足跗节暗褐色，前足爪及爪垫略长于或等于第 5 分跗节长；腹部背面的黑色中央纵条在各背板后端变窄，有时无黑条，各背板基部具粉被，第 1+2 合背板具 2–3 根中缘鬃，第 3 背板具 2–6 根中缘鬃且间距大于该背板长度的 1/3，第 5 背板具不规则的 2–3 行心鬃和 1 行缘鬃。

生物学：寄生于麦穗夜蛾幼虫体内和松毛虫。

分布：浙江（临安）、黑龙江、吉林、辽宁、内蒙古、北京、天津、河北、山西、陕西、宁夏、甘肃、青海、新疆、湖北、广东、广西、四川、云南、西藏；俄罗斯，蒙古国，朝鲜，韩国，日本，欧洲。

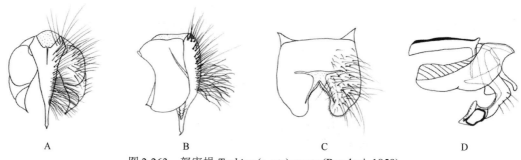

图 2-263　怒寄蝇 *Tachina* (*s. str.*) *nupta* (Rondani, 1859)

A.♂肛尾叶、侧尾叶和第 9 背板后视；B.A 侧视；C.♂第 5 腹板腹视；D. 阳体侧视

（415）栗黑寄蝇 *Tachina* (*s. str.*) *punctocincta* (Villeneuve, 1936)（图 2-264）

Echinomyia punctocincta Villeneuve, 1936: 4.

Servillia nigrocastanea Chao, 1962b: 48.

Tachina (*s. str.*) *punctocincta*: O'Hara, Shima *et* Zhang, 2009: 179.

特征：体长 15.8–18.3 mm。雄性头覆黄白色粉被；触角第 1 鞭节黄褐色，下颚须淡黄色；额宽为头宽的 0.23–0.26 倍；侧颜是第 1 鞭节宽的 1.2–1.3 倍；颊高为复眼高的 0.33–0.40 倍；侧额黑，额无外侧额鬃或具 1 对外侧额鬃；触角第 1 鞭节长是梗节长的 0.75–0.85 倍。胸部黑色，覆灰白色粉被，盾片背面被黑色短毛，两侧被细长的黑色与黄色杂毛；中鬃 3+3（2），背中鬃 4+4，翅内鬃 1+3，腹侧片鬃 3；小盾片黄褐色，基缘中部暗黑色，具 4 对缘鬃。腋瓣黄白色。翅透明，灰褐色，翅肩鳞黑褐色，前缘基鳞黄色；R₄₊₅脉背腹面具 6–12 根小鬃，占基部脉段的 1/3；股节黑色，末端黄色，背面被黑色短毛，腹面和侧面被黄毛；胫节和跗节黄色，被黑色短毛；前足爪及爪垫长于第 4、第 5 分跗节的总和。腹部亮黑色，两侧具不发达的红褐色花斑，第 3–4 背板基缘和第 5 背板两侧缘覆灰白色粉被，整个腹部被黑毛；第 1+2 合背板中缘鬃缺失；第 3 背板具 2–4 根中缘鬃和 1 根侧缘鬃；第 4 背板具 1 行缘鬃；第 3–4 背板无侧心鬃；第 5 背板具 1 行心鬃和 1 行缘鬃。肛尾叶侧面观呈"S"形。

分布：浙江（临安）、辽宁、山东、甘肃、江苏、上海、安徽、湖北、江西、湖南、福建、台湾、广东、海南、香港、广西、四川、西藏。

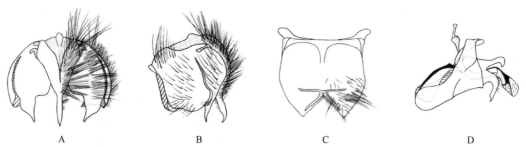

图 2-264　栗黑寄蝇 *Tachina* (*s. str.*) *punctocincta* (Villeneuve, 1936)

A.♂肛尾叶、侧尾叶和第 9 背板后视；B.A 侧视；C.♂第 5 腹板腹视；D. 阳体侧视

（416）什塔寄蝇 *Tachina* (*s. str.*) *stackelbergi* (Zimin, 1929)（图 2-265）

Servillia stackelbergi Zimin, 1929: 216.

Tachina (*s. str.*) *stackelbergi*: O'Hara, Shima *et* Zhang, 2009: 179.

特征：体长 10.0–17.0 mm。雄性额宽略大于复眼宽，每侧各具 2（1）根外侧额鬃，间额中部略窄，其宽度略大于侧额，侧颜被黑毛，前方带黄毛，中颜板、口上片、侧颜淡黄色，覆灰白色或黄色粉被，间额红褐色，侧额黑色，覆稀薄的金黄色粉被，有时侧额粉被消失，呈亮黑色，颊被黑毛，下方带黄毛；触角第 1 鞭节长宽相等，近于圆形，其宽度与侧颜相等或略宽，其长度略小于梗节；触角基部 2 节红黄色，第 1 鞭节黑色，宽于侧额，下颚须淡黄色；胸部黑色，两侧缘和小盾片红黄色，整个胸部覆灰色粉被；中鬃 4（3）+3，背中鬃 4+4，翅内鬃 1+3，腹侧片鬃 3，小盾片具 3 对缘鬃和 3 对心鬃；足基节、转节和腿节黑色，腿节末端及胫节黄色，前足第 1 分跗节，中足第 1、第 2 分跗节和后足第 1–4 分跗节黄色，跗节其余部分黑色，前足爪略长于第 5 分跗节。腹部红黄色，沿背中线具黑纵条，黑纵条变化较大，有些个体黑纵条两侧缘平行，终止于第 5 背板背部 1/3–2/3 的部位，有时黑纵条在第 3–5 背板上表现为 2–3 个三角形黑斑，有时黑纵条完全消失，则整个腹部背面为红黄色；腹部第 1+2 合背板具 2 根中缘鬃，第 3 背板具 2–4 根中缘鬃，第 4 背板具 1 行缘鬃，第 5 背板具 1 行细小缘鬃和 2 行排列不整齐的粗大心鬃；腹板或为黑色或为黄色，与其相毗连的背板内缘具很窄的黑边。

生物学：寄生于西伯利亚松毛虫、赤松毛虫、油松毛虫。

分布：浙江（临安）、黑龙江、吉林、辽宁、内蒙古、北京、河北、山西、陕西、甘肃、青海、新疆、湖北、湖南、福建、广东、广西、四川、贵州、云南、西藏；俄罗斯，日本。

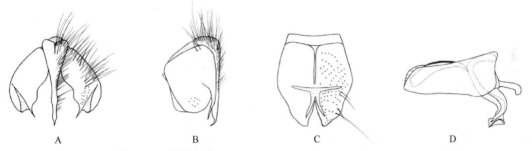

图 2-265　什塔寄蝇 *Tachina* (*s. str.*) *stackelbergi* (Zimin, 1929)

A. ♂肛尾叶、侧尾叶和第 9 背板后视；B. A 侧视；C. ♂第 5 腹板腹视；D. 阳体侧视

（417）天目山寄蝇 *Tachina* (*s. str.*) *tienmushan* Chao et Arnaud, 1993（图 2-266）

Servillia flavipes Chao, 1962a: 52.

Tachina tienmushan Chao et Arnaud, 1993: 50.

Tachina (*s. str.*) *tienmushan*: O'Hara, Shima et Zhang, 2009: 180.

特征：雌性额较复眼宽 1/5，每侧各具 2 外侧额鬃，侧颜被淡黄色毛，颜及侧颜覆丝状灰色粉被；前顶鬃、单眼鬃及额鬃大小相似，外顶鬃较前鬃略大，眼后鬃短而粗，单眼后鬃细长、毛状；第 1 鞭节暗黑色，其长度相当于梗节长的 3/4，梗节黑色、光亮、细长。胸部黑褐色，覆黄色粉被及茸毛，背板上的黑色纵带不明显；中鬃 3（4）+3，背中鬃 3+3，翅内鬃 1+2，腹侧片鬃 2；小盾片黄褐色，被棕黄色毛，每侧各具 3 根缘鬃；翅玻璃状透明，由中脉心角至中肘横脉之间的距离较心角至翅后缘之间的距离短 1 倍，R$_{4+5}$ 脉具 5–6 根小鬃，占基部脉段长的 3/7，翅肩鳞基半部棕黄色，端半部黑褐色；腿节红黄色，前后两端具长三角形阴影状黑斑，胫节及第 1–3 跗节淡黄色。腹部卵圆形，黑色，光亮，背面被黑毛，两侧及腹面被棕黄色毛，第 3–5 背板沿前缘各具 1 宽度均匀的棕黄色横带，约占各背板长度的 3/7，横带上覆浓厚的黄色粉带及棕黄色茸毛，第 1+2 合背板至第 4 背板各具 2–4 根侧心鬃，在腹面无前缘鬃。

分布：浙江（临安）、四川。

图 2-266　天目山寄蝇 *Tachina* (*s. str.*) *tienmushan* Chao *et* Arnaud, 1993（仿赵建铭，1993）
♂尾部腹视

（418）蜂寄蝇 *Tachina* (*s. str.*) *ursinoidea* (Tothill, 1918)（图 2-267）

Servillia ursinoidea Tothill, 1918: 50.

Tachina (*s. str.*) *ursinoidea*: O'Hara, Shima *et* Zhang, 2009: 180.

　　主要特征：体长 9.0–18.0 mm。全身被棕红色至黄色茸毛，侧颜被单一的黄白色毛；雄性触角第 1 鞭节宽于侧颜；胸部后背鬃 3 根，小盾端鬃为小盾缘鬃中最细的 1 对鬃；上腋瓣、下腋瓣和平衡棒均为黄色；腹部长卵圆形，黑色，两侧的黄斑较大，覆浓厚的灰白色粉被，被单一的浅色毛；第 3–5 背板基部形成清晰的粉带，其宽度占背板长度的 1/3–3/5，第 1+2 合背板有发达的中缘鬃，第 3 和第 4 背板无侧心鬃，第 2、第 3 腹板具粗大的缘鬃；雄性肛尾叶侧扁，近圆柱形。

　　分布：浙江（德清、临安）、黑龙江、吉林、辽宁、内蒙古、北京、天津、河北、山西、山东、河南、江苏、上海、安徽、湖北、江西、湖南、福建、台湾，广东、海南、香港、广西、重庆、四川、贵州、云南、西藏；印度，尼泊尔，缅甸，泰国，印度尼西亚。

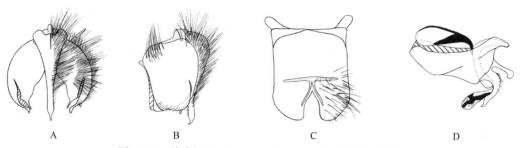

图 2-267　蜂寄蝇 *Tachina* (*s. str.*) *ursinoidea* (Tothill, 1918)
A. ♂肛尾叶、侧尾叶和第 9 背板后视；B. A 侧视；C. ♂第 5 腹板腹视；D. 阳体侧视

（419）黄白寄蝇 *Tachina* (*s. str.*) *ursina* Meigen, 1824

Tachina ursina Meigen, 1824: 245.

　　特征：体长 11.0–14.0 mm。雄性额较窄，约为复眼宽度的 2/5；侧颜较触角第 1 鞭节宽 1/2，具密的长黑毛，颜高小于额长；头鬃细小、毛状；触角短于复眼的横轴，梗节较第 1 鞭节略长或等长，后者椭圆形。胸部黑色，被淡黄色和黑色杂毛，鬃细，腹侧片鬃 2；小盾片黄褐色，每侧各具 4 根缘鬃，小盾端鬃缺失；翅灰色透明，沿径中横脉具黄褐色雾状花斑，肘脉末段显著小于中肘横脉，R_{4+5} 脉具 4–5 根小鬃，小鬃占基部脉段的 1/5；腿节除端部外为黑色，前足爪较第 5 分跗节略长。腹部粉带极窄，有时粉被消失使整个腹部呈亮黑色，两侧具不明显的暗黄色花斑；第 3–5 背板基部具极窄的灰白色粉带，其宽度不超过背板长度的 1/6；腹部大部分被黄白色毛，有时混油黑毛；第 3 和第 4 背板均无侧心鬃；肛尾叶端部直。雌性额与复眼等宽，侧颜被黑色与淡黄色杂毛，前足第 4 分跗节的宽度大于其长度。

　　分布：浙江（临安）、辽宁、北京、山西、甘肃、四川、云南；俄罗斯，朝鲜，韩国，欧洲，澳大利亚。

（420）济氏寄蝇 *Tachina (s. str.) zimini* (Chao, 1962)（图 2-268）

Servillia zimini Chao, 1962a: 55.

Tachina (s. str.) zimini: O'Hara, Shima *et* Zhang, 2009: 180.

　　特征：体长 15.0 mm。雄性额为复眼宽的 1/5–1/3，侧颜较触角第 1 鞭节宽，被淡黄色毛，整个头表面覆黄色粉被，单眼鬃发达或缺失，单眼后鬃细长、毛状；触角正常，前颏与触角等长，下颚须细，淡黄色。胸部黑褐色，覆黄褐色粉被及淡黄色茸毛；中鬃 3+3，背中鬃 3（4）+3，腹侧片鬃 2；小盾片黄褐色，被淡黄色茸毛，每侧各具 3 根缘鬃；翅灰色透明，R_{4+5} 脉具 3–7 根小鬃，占基部脉段的 1/6–1/4；腿节黑色，腿节末端、胫节及跗节淡黄色，前足爪约为第 4 和第 5 分跗节长度的总和。腹部黑褐色，两侧具发达的淡黄色花斑；第 3–5 背板基部的粉带灰白色，第 3 和第 4 背板无侧心鬃；腹部的茸毛在粉带处、第 5 背板背面、腹部两侧及腹面基部为淡黄色，其他部分为黑色，第 5 背板下方具浓密的鬃，形成鬃刷；各腹板狭长，无鬃，仅被稀疏短毛；肛尾叶背腹弯曲程度较弱，基部短，端部狭长。

　　分布：浙江（临安）、辽宁、内蒙古、北京、贵州，云南；俄罗斯，日本。

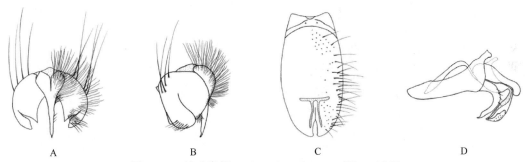

图 2-268　济氏寄蝇 *Tachina (s. str.) zimini* (Chao, 1962)
A. ♂肛尾叶、侧尾叶和第 9 背板后视；B. A 侧视；C. ♂第 5 腹板腹视；D. 阳体侧视

　　致谢：本项调查工作得到浙江省林业局浙江昆虫志项目和国家自然科学基金项目（31750002、31970443）的资助，特此致谢。

主要参考文献

陈之梓. 1975. 中国麻蝇族一新属二新种. 昆虫学报, 18 (1): 114-118.

陈之梓. 1979. 陪丽蝇属五新种 (双翅目: 丽蝇科). 动物分类学报, 4 (4): 385-391.

范滋德. 1964. 华东地区为害竹荀的泉蝇属二新种 (双翅目: 花蝇科). 昆虫学报, 13 (4): 614-616.

范滋德. 1965. 中国常见蝇类检索表. 北京: 科学出版社: 1-330.

范滋德. 1982. 中国泉蝇属新种记述 (双翅目: 花蝇科). 昆虫学研究集刊, 1: 201-206.

范滋德. 1988. 中国经济昆虫志 第三十七册 双翅目: 花蝇科. 北京: 科学出版社: 43-394.

范滋德. 1992. 中国常见蝇类检索表. 第 2 版. 北京: 科学出版社: 1-992.

范滋德. 2008. 中国动物志 第四十九卷 双翅目: 蝇科 (一). 北京: 科学出版社: xvi, 1-1186.

范滋德, 陈之梓. 1984. 中国九点花蝇属二新种 (双翅目: 花蝇科). 动物学研究, 5 (3): 251-254.

范滋德, 等. 1997. 中国动物志 昆虫纲 第六卷 双翅目 丽蝇科. 北京: 科学出版社: xii, 1-707.

范滋德, 刘传禄. 1982. 广东省芒蝇属六新种. 昆虫分类学报, 4 (1-2): 7-13.

方建明, 范滋德. 1986. 拟金彩蝇属小志并记一新种 (双翅目: 丽蝇科: 鼻蝇亚科). 武夷科学, 6: 89-91.

冯炎. 2005. 中国妙蝇五新种 (双翅目: 蝇科). 华东昆虫学报, 14 (3): 197-203.

冯炎, 薛万琦. 1997. 四川西部秽蝇族四新种 (双翅目: 蝇科). 四川动物, 16 (4): 153-157.

冯炎, 薛万琦. 1998. 中国有瓣蝇类三新种 (双翅目: 丽蝇科 蝇总科). 动物学研究, 19 (1): 77-82.

冯炎, 叶宗茂. 1987. 川西地区麻蝇科一新种. 昆虫分类学报, 9 (3): 189-190.

郭郛. 1952. 上海麻蝇小志. 昆虫学报, 2 (1): 60-86.

胡经甫. 1940. 中国昆虫名录 第5卷. 北京: 静生生物调查所: 1-542.

梁恩义, 赵建铭. 1990. 中国鞘寄蝇属研究. 动物分类学报, 15 (3): 362-368.

林家耀, 薛万琦. 1986. 广东省池蝇属一新种 (双翅目: 蝇科). 动物分类学报, 11 (4): 419-421.

马忠余. 1964. 辽宁麻蝇亚科初志. 动物分类学报, 1 (1): 55-64.

马忠余, 冯炎. 1989. 中国棘蝇属二新种 (双翅目: 蝇科). 动物分类学报, 14 (3): 343-346.

马忠余, 薛万琦, 冯炎. 2002. 中国动物志 昆虫纲 第二十六卷 双翅目 蝇科 (二) 棘蝇亚科 (一). 北京: 科学出版社: 1-421.

瞿逢伊. 1956. 海南岛家蝇属 (Genus Musca) 小志. 昆虫学报, 6 (4): 411-432.

孙雪逑. 1994. 中国贺寄蝇属分类研究. 见: 中国科学院动物研究所编辑. 动物学集刊 (11). 北京: 科学出版社: 205-213.

孙雪逑. 1996. 中国罗弗寄蝇属分类研究. 动物分类学报, 21 (1): 95-106.

孙雪逑, 梁恩义, 乔阳, 等. 1992. 双翅目寄蝇科. 见: 湖南省林业厅编. 湖南森林昆虫图鉴. 长沙: 湖南科学技术出版社: 1163-1207.

孙雪逑, 赵建铭. 1993. 中国梳寄蝇属研究. 见: 中国科学院动物研究所编辑. 动物学集刊 (10). 北京: 科学出版社: 445-458.

魏濂艨, 杨茂发, 李子忠. 2007. 457-506. 见: 杨茂发, 金道超. 雷公山景观昆虫. 贵阳: 贵州科技出版社: 1-759.

吴鸿, 薛万琦. 1996. 浙江百山祖秽蝇属 4 新种记述 (双翅目: 蝇科). 浙江林学院学报, 13 (4): 418-426.

谢麟阁. 1958. 厦门丽蝇科麻蝇科及家蝇料记录. 昆虫分类学报, 8 (1): 77-84.

薛万琦. 1998. 浙江溜芒蝇属一新种 (双翅目: 蝇科). 动物分类学报, 23 (1): 88-90.

薛万琦. 1997. 双翅目: 花蝇科 蝇科 丽蝇科. 1491-1518. 见: 杨星科. 长江三峡库区昆虫. 重庆: 重庆科技出版社: 1-1847.

薛万琦, 冯炎, 刘铭泉. 1998. 中国溜芒蝇属三新种 (双翅目: 蝇科). 动物学研究, 19 (1): 71-76.

薛万琦, 杨明. 1998. 双翅目: 粪蝇科 花蝇科 厕蝇科 蝇科 丽蝇科 麻蝇科 寄蝇科. 328-343. 见: 吴鸿. 龙王山昆虫. 北京: 中国林业出版社: 1-404.

薛万琦, 赵宝刚. 1998. 浙江省秽蝇属四新种 (双翅目: 蝇科). 动物分类学报, 23 (3): 319-324.

薛万琦, 赵建铭. 1996. 中国蝇类 (上册). 沈阳: 辽宁科学技术出版社: 1-1365.

薛万琦, 赵建铭. 1998. 中国蝇类 (下册). 沈阳: 辽宁科学技术出版社: 1367-2425.

杨梅新. 1984. 斑蹠黑蝇的一些形态观察. 四川动物, 3 (1): 16-19.

叶宗茂, 倪涛, 范滋德. 1982. 中国重要蝇类的鉴定. 见: 陆宝麟. 中国重要医学动物鉴定手册. 北京: 人民卫生出版社: 343-506.

张春田, 侯鹏, 王强, 等. 2016. 双翅目: 寄蝇科. 见: 杨定, 等. 天目山动物志 (第九卷) 昆虫纲双翅目 (II). 杭州: 浙江大学出版社: 159-324.

赵建铭. 1962a. 中国寄蝇科的记述 I. 短须寄蝇属. 昆虫学报, 11 (1): 83-98.

赵建铭. 1962b. 中国寄蝇科的记述 II. 茸毛寄蝇属. 昆虫学报, 11 (增刊): 45-65.

赵建铭. 1964a. 中国寄蝇科的记述 V. 追寄蝇属. 昆虫学报 13, 362-375.

赵建铭. 1964b. 中国寄蝇科的记述 VII. 突额寄蝇属 Biomeigenia. 动物分类学报, 1 (2): 298-299.

赵建铭. 1965. 中国寄蝇科的记述 VIII. 刺蛾寄蝇属 Chaetexorista. 动物分类学报, 2 (2): 101-105.

赵建铭. 1976. 管狭寄蝇属的新种记述 (双翅目: 寄蝇科). 昆虫学报, 19: 335-338.

赵建铭, 梁恩义. 1986. 中国狭颊寄蝇属研究. 见: 中国科学院动物研究所编辑. 动物学集刊 (4). 北京:科学出版社. 115-148.

赵建铭, 梁恩义. 2002. 中国寄蝇科狭颊寄蝇属研究. 动物分类学报, 27 (4): 807-848.

赵建铭, 梁恩义, 史永善, 等. 2001. 中国动物志 昆虫纲 第二十三卷 双翅目 寄蝇科 (一). 北京: 科学出版社, 1-296.

赵建铭, 史永善. 1980. 中国寄蝇科研究 (Ⅱ). 短须寄蝇属. 动物分类学报, 5: 264-272.

赵建铭, 史永善. 1981. 中国寄蝇科的记述黄角寄蝇属新属. 昆虫学报, 24 (2): 203-208.

赵建铭, 史永善. 1982. 双翅目: 寄蝇科 寄蝇亚科. 235-281. 见: 中国科学院青藏高原科学考察队. 西藏昆虫. 第 2 册. 北京: 科学出版社: IX, 508.

赵建铭, 史永善. 1985a. 中国毛瓣寄蝇亚族研究. 见: 中国科学院动物研究所编辑. 动物学集刊 (3). 北京: 科学出版社. 163-167.

赵建铭, 史永善. 1985b. 中国柔毛寄蝇属研究. 见: 中国科学院动物研究所编辑. 动物学集刊 (3). 北京: 科学出版社. 169-174.

赵建铭, 孙雪逯, 周士秀. 1990. 中国俏饰寄蝇族的研究. 动物分类学报, 15 (2): 230-241.

赵建铭, 周士秀. 2001. 双翅目: 寄蝇科. 见: 吴鸿, 潘承文. 天目山昆虫. 北京: 科学出版社.

Albuquerque D D O. 1949. Contribuicão ao conhecimento dos "Eginiae" (Diptera, Muscidae). Revta Brasiliera De Biologia, 9: 163-165.

Aldrich J M. 1923. Two Asiatic muscoid flies parasitic upon the so-called Japanese beetle. Proceedings of the United States National Museum, 63 (Art. 6): 1-4.

Aldrich J M. 1925. New Diptera or two-winged flies in the United States National Museum. Proceedings of the United States National Museum, 66 (Art. 28) [= No. 2555]: 1-36.

Aldrich J M. 1926. Notes on muscoid flies with retracted hind crossvein, with key and several new genera and species. Transactions of the American Entomological Society, 52: 7-28.

Aldrich J M. 1928. Five new parasitic flies reared from beetles in China and India. Proceedings of the United States National Museum, 74 (Art. 8) [= No. 2753]: 1-7.

Aldrich J M. 1930. New two-winged flies of the family Calliphoridae from China. Proceedings of the United States National Museum, 78 (1): 1-5.

Aldrich J M. 1932. New Diptera, or two-winged flies, from America, Asia, and Java, with additional notes. Proceedings of the United States National Museum, 81 (Art. 9) [= No. 2932]: 1-28, 1 pl.

Andersen S. 1982. Revision of European species of Siphona Meigen (Diptera: Tachinidae). Entomologica Scandinavica, 13: 149-172.

Aubertin D. 1933. Revision of the genus Lucilia R. D. (Diptera, Calliphoridae). the Linnean Society Journal of Zoology, 38: 389-436.

Austen E E. 1909. New genera and species of blood-sucking Muscidae from the Ethiopian and Oriental Regions, in the British Museum (Natural History). Annals and Magazine of Natural History, 3 (8): 285-299.

Awati P R. 1916. Studies in flies-Ⅱ: Contributions to the study of specific differences in the genus Musca. 2. —Structures other than genitalia. Indian Journal of Medical Research, 4: 123-139.

Baranov N. 1925. Eine neue Morellia-Art aus Serbien. Encyclopédic Entomologique,(B II), Dipt, 2: 59-60.

Baranov N. 1931. Studien an pathogenen und parasitischen Insekten III. Beitrag zur Kenntnis der Raupenfliegengattung Carcelia R.D. Arbeiten aus der Parasitologischen Abteilung Institut für Hygiene und Schule für Volksgesundheit in Zagreb, 3: 1-45.

Baranov N. 1932a. Larvaevoridae (Ins. Dipt.) von Sumatra, I. Miscellanea Zoologica Sumatrana, 66: 1-3.

Baranov N. 1932b. Neue orientalische Tachinidae. Encyclopédie Entomologique. Série B. Mémoires et Notes. II. Diptera, 6: 83-93.

Baranov N. 1932c. Zur Kenntnis der formosanischen Sturmien (Dipt. Larvaevor.). Neue Beiträge zur Systematischen Insektenkunde, 5: 70-82.

Baranov N. 1934. Übersicht der orientalischen Gattungen und Arten des Carcelia-Komplexes (Diptera: Tachinidae). Transactions of the Royal Entomological Society of London, 82: 387-408.

Baranov N. 1935. Neue paläarktische und orientalische Raupenfliegen (Dipt. Tachinidae). Veterinarski Arhiv, 5: 550-560.

Baranov N. 1936. Weitere Beiträge zur Kenntnis der parasitären Raupenfliegen (Tachinidae=Larvaevoridae) von den Salomonen und Neubritannien. Annals and Magazine of Natural History, 10 (17): 97-113.

Becker T. 1908. Dipteren der Insel Madeira. Mitteilungen aus dem Zoologischen Museum in Berlin, 4: 181-206.

Bezzi M. 1907. Die Gattungen der blutsaugenden Musciden. (Dipt.) Zeitschrift fiir Systematische Hymenopterologie und Dipterologie, 7: 413-416.

Bezzi M. 1911. Miodarii superiori raccolti dal signor C. W. Howard nell'Africa australe orientale. Bollettino del Laboratorio di Zoologia Generale e Agraria della R. Scuola Superiore d'Agricoltura. Portici, 6: 45-104.

Bezzi M. 1913. Einige Bemerkungen über die Dipterengattungen. Auchmeromyia und Bengalia. Entomologische Mitteilungen, 2 (3): 70-78.

Bezzi M. 1921. Musca inferior, Stein, type of a new genus of philaematomyine flies (Diptera). Annals of Tropical Medicine and Parasitology. Liverpool, 14: 333-340.

Bezzi M. 1923. Diptera, Bombyliidae and Myiodaria (Coenosiinae, Muscinae, Calliphorinae, Sacrophaginae, Dexiinae, Tachininae), from the Seychelles and neighbouring Islands. Parasitology, 15: 75-102.

Bezzi M. 1927. Some Calliphoridae (Diptera) from the South Pacific Islands and Australia. Bulletin of Entomological Research, 17: 231-247.

Bigot J M F. 1859. Dipterorum aliquot nova genera. Revue d'Magazine de Zoologique, 11 (2): 305-317.

Bigot J M F. 1885. Description d'un nouveau genre de diptères. Bulletin Bimensuel de la Société Entomologique de France, 1855 (22): cci-ccii.

Bigot J M F. 1888. Dipteres nouveaux ou peu connus. Muscidi (J.B.) Bulletin de la Societe Zoologique de France, Paris, 12: 581-617.

Borisova-Zinovjeva K B. 1964. Parasites of imagines of lamellicorn beetles—tachinids of the genus Urophyllina Villeneuve and allied genera (Diptera, Larvaevoridae) in the fauna of the Far East. Entomologicheskoe Obozrenie, 43: 768-788.

Böttcher G H. 1912. Sauters Formosa-Ausbeute. Genus *Sarcophaga* (Dipt.). Entomologishe Mitteilungen, 1 (6): 163-170.

Böttcher G H. 1913. Sauters Formosa-Ausbeute. Einige neue Sarcophaga-Arten. Annales Historico-Naturales Musei Naturionalis Hungarici, 11: 374-381.

Bouché P F. 1834. Naturgeschichte der Insekten, besonders in Hinsicht ihrer ersten Zustände als Larven und Puppen. Erste Lieferung. Berlin: 216, 10 pls.

Brauer F. 1898. Beiträge zur Kenntniss der Muscaria schizometopa. I. Bemerkungen zu den Originalexemplaren der von Bigot, Macquart und Robineau-Desvoidy beschriebenen Muscaria schizometopa aus Sammlung des Herrn G.H. Verrall. Zweite Folge. Sitzungsberichte der Mathematisch-Naturwissenschaftlichen Classe der Kaiserlichen Akade mie der Wissenschaften in Wien. Abteilung I, 107: 493-546.

Brauer F, Bergenstamm J E von. 1889. Die Zweiflügler des Kaiserlichen Museums zu Wien. IV. Vorarbeiten zu einer Monographie der Muscaria schizometopa (exclusive Anthomyidae). Pars I. Denkschriften der Kaiserlichen Akade mie der Wissenschaften. Wien. Mathematisch-Naturwissenschaftliche Classe, 56 (1): 69-180, 11 pls.

Brauer F, Bergenstamm J E von. 1891. Die Zweiflügler des Kaiserlichen Museums zu Wien. V. Vorarbeiten zu einer Monographie der Muscaria schizometopa (exclusive Anthomyidae). Pars II. F. Tempsky, Wien: 142.

Brauer F, Bergenstamm J E von. 1893. Die Zweiflügler des Kaiserlichen Museums zu Wien. VI. Vorarbeiten zu einer Monographie der Muscaria schizometopa (exclusive Anthomyidae). Pars III. F. Tempsky, Wien: 152.

Brauer F, Bergenstarrun J E von. 1894. Die Zweiflügler des Kaiserlichen Museums zu Wien. VII. Vorarbeiten zu einer Monographie der Muscaria Schizometopa (exclusive Anthomyidae). Pars IV. Denkschriften der Kaiserlichen Akade mie der Wissenschaften. Wien. Mathematisch-Naturwissenschaftliche Klasse, 61: 537-624.

Brauer F, Bergenstamm J E von. 1895. Die Zweiflügler des Kaiserlichen Museums zu Wien. VII. Vorarbeiten zu einer Monographie der Muscaria schizometopa (exclusive Anthomyidae). Pars IV. F. Tempsky, Wien: 88.

Brunetti E. 1910. Revision of the Oriental bloodsucking Muscidae (Stomoxinae, Philaematomyia Aust. and Pristirhynchomyia, Gen. nov.). Records of the Indian Museum, 4: 59-93.

Cerretti P, O'Hara J E, Wood D M, *et al.* 2014. Signal through the noise? Phylogeny of the Tachinidae (Diptera) as inferred from morphological evidence. Systematical Entomology, 39: 335-353.

Chao C M, Arnaud P H Jr. 1993. Name changes in the genus *Tachina* of the eastern palearctic and oriental regions (Diptera: Tachinidae). Proceedings of the Entomological Society of Washington, 95: 48-51.

Cooper B E, O'Hara J E. 1996. Diptera Types in the Canadian National Collection of Insects. Part 4. Tachinidae. Agriculture and Agri-Food Canada, Publication A53-1918/B. Ottawa. 94.

Coquillett D W. 1910. The type-species of the North American genera of Diptera. Proceedings of the United States National Museum, 37 (No. 1719): 499-647.

Crosskey R W. 1966. Generic assignment and synonymy of Wiedemann's types of Oriental Tachinidae (Diptera). Annals and Magazine of Natural History, 13 (8): 661-685.

Crosskey R W. 1967a. A revision of the Oriental species of *Palexorista* Townsend (Diptera: Tachinidae, Sturmiini). Bulletin of the British Museum (Natural History). Entomology, 21: 35-97.

Crosskey R W. 1967b. New generic and specific synonymy in Oriental Tachinidae (Diptera). Proceedings of the Royal Entomological Society of London. Series B. Taxonomy, 36: 95-108.

Crosskey R W. 1969. The type-material of Indonesian Tachinidae (Diptera) in the Zoological Museum, Amsterdam. Beaufortia, 16: 87-107.

Crosskey R W. 1974. The British Tachinidae of Walker and Stephens (Diptera). Bulletin of the British Museum (Natural History). Entomology, 30: 269-308.

Crosskey R W. 1976. A taxonomic conspectus of the Tachinidae (Diptera) of the Oriental Region. Bulletin of the British Museum (Natural History). Entomology Supplement, 26: 1-357.

DeGeer C. 1776. Mémoires pour servir à l'histoire des Insectes. Hesselberg, Stockholm, 6: 1-523.

Duponchel P. 1842. Blondélie P. 609. *In*: Orbigny C V D. d' (ed.), Dictionnaire Universel d'Histoire Naturelle. Tome deuxième. C. Renard, Paris. 795 + [1 (Errata)].

Egger J. 1856. Neue Dipteren-Gattungen und Arten aus der Familie der Tachinarien und Dexiarien nebst einigen andern dipterologischen Bemerkungen. Verhandlungen der Kaiserlich-Königlichen Zoologisch-Botanischen Gesellschaft in Wien, 6 (Abhandlungen): 383-392.

Egger J. 1861. Dipterologische Beiträge. Fortsetzung der Beschreibung neuer Dipteren. Verhandlungen der Kaiserlich-Königlichen Zoologisch-Botanischen Gesellschaft in Wien, 11 (Abhandlungen): 209-216.

Emden F I. 1965. Diptera Volume 7, Muscidae. *In*: Sewell R B S, Roonwal M L. The Fauna of India the Adjacent Countries. India, Baptist Mission Press: 1-647.

Enderlein G. 1927. Dipterologische Studien XVIII. [Erroneously printed as XVII.] Konowia. Zeitschrift fiir systematische Insektenkunde, 6: 50-56.

Enderlein G. 1928. Klassifikation der Sarcophagiden. Sarcophagiden-Studien I. Archiv für klassifikatorische und phylogenetische Entomologie, 1 (1): 1-56.

Enderlein G. 1933. Neue paläarktische Calliphoriden, darunter Schneckenparasiten (Dipt.). Mitteilungen der Deutschen Entomologischen Gesellschaft, 4: 120-128.

Enderlein G. 1934a. Dipterologica. I. Sitzungsberichte der Gesellschaft Naturforschender Freunde zu Berlin, 1934: 416-429.

Enderlein G. 1934b. Dipterologica. II. Sitzungsberichte der Gesellschaft Naturforschender Freunde zu Berlin, 1934: 181-190.

Enderlein G. 1935. Dipterologica. III. Sitzungsberichte der Gesellschaft Naturforschender Freunde zu Berlin, 1935: 235-246.

Enderlein G. 1936. Ordnung: Zweiflügler, Díptera. *In*: Brohmer P, Ehrmann P, Ulmer G. (eds.). Die Tierwelt Mitteleuropas Insekten, Teil III, Leipzig: Quelle & Meyer. 1-259.

Fabricius J C. 1775. Systema entomologiae, sistens insectorum classes, ordines, genera, species, adiectis synonymis, locis, descriptionibus, observationibus. Kortii, Flensbvrgi *et* Lipsiae [= Flensburg and Leipzig][30] + 832.

Fabricius J C. 1781. Species insectorum exhibentes eorum differentias specificas, synonyma auctorum, loca natalia, metamorphosin adiectis observationibus, descriptionibus. Tom. II. C.E. Bohnii, Hambvrgi *et* Kilonii, 2: 1-517.

Fabricius J C. 1794. Entomologia systematica emendata et aucta. Secundum classes, ordines, genera, species adjectis synonimis, locis, observationibus, descriptionibus. Tom. IV. C.G. Proft, Fil. *et* Soc., Hafniae [= Copenhagen][6] +472 + [5].

Fabricius J C. 1805. Systema antliatorum secundum ordines, genera, species adiectis synonymis, locis, observationibus, descriptionibus. C. Reichard, Brunsvigae [=Brunswick]: xiv+15-372+[1 (Errata)] +30.

Fallén C F. 1810. Försök att bestämma de i Sverige funne flugarter, som kunna föras till slägtet Tachina. Kongliga Vetenskaps Academiens Nya Handlingar, Ser. 2, 31: 253-287.

Fallén C F. 1817. Beskrifning öfver de i Sverige funna fluge arter, som kunna föras till slägtet Musca. Första Afdelningen. Kongliga Svenska Vetenskaps-Akademiens Handlingar, [1816] 3 (2): 226-257.

Fallén C F. 1820. Monographia Muscidum Sveciae. [Part II.] [Cont.] Berlingianis, Lundae [= Lund]: 13-24.

Fallén C F. 1825. Monographia Muscidum Sveciae. Part. VIII. Lundae: 73-80.

Fan Z D, Chen Z Z, Ma S Y. 1989. *Lopesohylemya*, a new genus of Anthomyiidae (Diptera) from Qinghai, China. Memóriasdo Instituto Oswaldo Cruz. 84 Supplement, 4: 567-568.

Frauenfeld G R. 1867. Das Insektenleben zur See und der Fauna und Flora von Neucaledonien, ets. Verhandlungen der Kaiserlich-Königlichen Zoologisch- Botanischen Gesellschaft in Wien, 17: 425-502.

Frey R. 1909. Mitteilungen uber finnlandische Dipteren. Acta Societatis pro Fauna et Flora Fennica. Helsinki, 31 (9): 1-24.

Geoffroy E L. 1762. Histoire abrégée des insectes qui se trouvent aux environs'de Paris；dans laquelle ces animaux sont rangés suivant un ordre méthodique, Paris, 2: 1-690.

Gerstaecker A. 1857. Bericht über die wissenschaftlichen Leistungen im Gebiete der Entomologie während des Jahres 1856. Archiv für Naturgeschichte, 23 (II): 273-486.

Girschner E. 1894. Beitrag zur Systematik der Musciden. Berliner Entomologische Zeitschrift. Berlin, 38 (1893): 297-312.

Grimshaw P H. 1901. Diptera. *In*: Sharp D. 1901. Fauna Hawaiiensis or the Zoology of the Sandwich (Hawaiian) Isles., Vol. 3, Part 1., London: Cambridge University Press: 1-78.

Grunin K Y. 1966. New and little known Calliphoridae (Diptera) mainly bloodsucking or subcutaneous parasites of birds. Entomologicheskoe Obozrenie, 45 (4): 897-903.

Haliday A H. 1838. New British insects indicated in Mr. Curtis's Guide (Part). Annals of Natural History, 2: 183-190.

Hall D G. 1948. The Blowflies of North America. Thomas Say Foundation, 4: i-v + 1-477, 51 pls. Lafayette, Indiana.

Harris M. 1780. An exposition of English insects, with curious observations and remarks, wherein each insect is particularly described; its parts and properties considered; the different sexes distinguished, and the natural history faithfully related. London: 1-166.

Hendel F. 1901. Beitrag zur Kenntnis der Calliphorinen (Dipt.). Wiener Entomologische Zeitschrift, 20: 28-33.

Hendel F. 1902. Dipterologische Anmerkungen. Wiener Entomologische Zeitung, 21: 197-199.

Hennig W. 1955. 63b. Muscidae. *In*: Lindner E. Die Fliegen der Paläearktischen Region. Schweizerbart, Stuttgart, 7 (2): 1-99.

Hennig W. 1961. 63b. Muscidae. *In*: Lindner E. Die Fliegen der Paläearktischen Region. Schweizerbart, Stuttgart, 7 (2): 481-576.

Hennig W. 1974. Anthomyiidae. *In*: Lindner E. Die Fliegen der Paläearktischen Region. Schweizerbart, Stuttgart, 63a: 687-920.

Herting B. 1961. Beiträge zur Kenntnis der europäischen Raupenfliegen (Dipt., Tachinidae). [III-VI.] Stuttgarter Beiträge zur Naturkunde, 65: 1-12.

Herting B. 1968. Ergebnisse der zoologischen Forschungen von Dr. Z. Kaszab in der Mongolei. 137. Tachinidae (Diptera). Reichenbachia, 11: 47-64.

Herting B. 1969. Notes on European Tachinidae (Dipt.) described by Rondani (1856-1868). Memorie della Società Entomologica Italiana, 48: 189-204.

Herting B. 1972. Die Typenexemplare der von Meigen (1824-1838) beschriebenen Raupenfliegen (Dipt. Tachinidae). Stuttgarter

Beiträge zur Naturkunde, 243: 1-15.

Herting B. 1974a. Revision der von J. Egger, J. R. Schiner, F. Bauer und J. E. Bergenstamm beschriebenen europäischen Tachiniden und Rhinophorinen (Diptera). Naturkundliches Jahrbuch der Stadt Linz, 129-145.

Herting B. 1974b. Revision der von Robineau-Desvoidy beschriebenen europäischen Tachiniden und Rhinophorinen (Diptera). Stuttgarter Beiträge zur Naturkunde. Serie A (Biologie), 264: 1-46.

Herting B. 1975. Nachträge und Korrekturen zu den von Meigen und Rondani beschriebenen Raupenfliegen (Dipt. Tachinidae). Stuttgarter Beiträge zur Naturkunde. Serie A (Biologie), 271: 1-13.

Herting B. 1978. Revision der von Perris und Pandellé beschriebenen Tachiniden und Rhinophorinen (Diptera). Stuttgarter Beiträge zur Naturkunde. Serie A (Biologie), 316: 1-8.

Herting B. 1982. Beiträge zur Kenntnis der paläarktischen Raupenfliegen (Dipt. Tachinidae), XVI. Stuttgarter Beiträgezur Naturkunde. Serie A (Biologie), 358: 1-13.

Herting B. 1983. 64c. Phasiinae. Die Fliegen der Palaearktischen Region, 9 (Lieferung 329): 1-88.

Herting B. 1984. Catalogue of Palaearctic Tachinidae (Diptera). Stuttgarter Beiträge zur Naturkunde, Serie A (Biologie), 369: 1-228.

Ho C. 1932. Notes on sarcophagid flies with description of new species. I. *albiceps*-group. Bulletin of Fan Memorial Institute of Biology, 3 (19): 345-360.

Ho C. 1934. Notes on a collection of sarcophagid flies from Chekiang and Kiangsu with descriptions of two new species. Bulletin of Fan Memorial Institute of Biology, 5 (1): 31-39.

Ho C. 1936. On the *Sarcophaga* from Hainan. Bull Fan meml Inst Biol, 6: 207-214.

Ho C. 1938. The significance of the female Terminalia of house flies as a grouping character. Annals of Tropical Medicine and Parasitology. Liverpool. 32: 287-312.

Holdaway F G. 1933. The synonymy and distribution of *Chrysomyia rufifacies* (Macq.), an Australian sheep blow fly. Bull Ent Res, 24: 549-560.

Hori K. 1954. Morphological studies on muscoid flies of medical importance in Japan. VI. Descriptions of three new species of the genus Sarcophaga (Diptera, Sarcophagidae) from Japan. Japanese Journal of Sanitary Zoology, 4 (3): 296-299.

Hori K, Kurahashi H. 1967. Three species of Japanese Dichaetomyia, with description of two new species (family Muscidae, Diptera). The Science Reports of the Kanazawa University, 12: 67-74.

Hough G N. 1899. Some North American genera of the dipterous group Calliphorinae Girschner. Entomological News, 10: 62-66.

Hsien L. 1958. Notes on the families Calliphoridae, Sarcophagidae and Muscidae in Amoy with descriptions of three new species. Acta Entomologica Sinica, 8 (1): 77-84.

Huckett H C. 1965. The Muscidae of Northern Canada, Alaska and Greenland (Diptera). Memoirs of the Entomological Society of Canada, 42: 1-369.

Johnston T H, Hardy G H. 1923. A revision of the Australian Diptera belonging to the genus *Sarcophaga*. Proceedings of the Linnean Society of New South Wales, 48 (2): 94-129.

Johnston T H, Tiegs C W. 1921. New and little-known sarcophagid flies from south-eastern Queensland. Proceedings of the Royal Society of Queensland, 33 (4): 46-90.

Joseph A N T, Parui P. 1972. A new subgenus of *Musca* from India (Diptera: Muscidae). Zoologischer Anzeiger, 189: 179-181.

Kano R. 1962. Notes on the flies of medical importance in Japan. Part XVI. Three new species of the genus *Melinda* (Calliphoridae, Diptera) from Japan. Japanese Journal of Sanitary Zoology, 13 (1): 1-6.

Karl O. 1935. Aussereuropaische Musciden (Anthomyiden) aus dem Deutschen Entomologischen Institut. Arbeiten ueber Morphologische und Taxonomische Entomologie, 2: 29-49.

Karl O. 1936. Ergänzungen und Berichtigungen zu meiner Arbeit über die Musciden (Prof. Dr. Fr. Dahl, Die Tierwelt Deutschlands, Teil 13). Entomologische Zeitung Stettiner, 97: 137-140.

Karl O. 1939. Zwei neue Musciden (Anthomyiiden) aus der Mandschurei (Diptera). Arbeiten ueber Morphologische und Taxonomische Entomologie, 6: 279-280.

Karl O. 1943. Ergänzungen und Berichtigungen zu meiner Arbeit über die Musciden (Prof. Dr. Fr. Dahl, Die Tierwelt Deutschlands, Teil 13). Entomologische Zeitung Stettin, 104: 64-77.

Kertész K. 1908. Zwei neue Fucellia-Arten. Wien. ent. Ztg, 27(2-3): 71-72.

Kirner S H, Lopes H S. 1961. A new species of *Boettcherisca* Rohdendorf, 1937 from Formosa (Diptera, Sarcophagidae). Memórias do Instituto Oswaldo Cruz, 59 (1): 65-67.

Kocha T. 1969. On the Japanese species of the genus *Nemoraea* Robineau-Desvoidy, with descriptions of two new species (Diptera: Tachinidae). Kontyû, 37: 344-354.

Kolomiets N G. 1970. Parasitic Diptera of the genus *Dexia* Mg. (Diptera, Tachinidae) to the USSR fauna. Novye i maloizvestnye vidy fauny Sibiri, 3: 53-76. [In Russian with English summary.]

Kowarz F. 1873. Beitrag zur Dipteren-Fauna Ungarns. Verhandlungen der Kaiserlich-Königlichen Zoologisch-Botanischen Gesellschaft in Wien, 23 (Abhandlungen): 453-464.

Kowarz F. 1885. *Mikia* nov. gen. *dipterorum*. Wiener Entomologische Zeitung, 4: 51-52.

Kowarz F. 1893. Calliophrys novum Coenosiarum genus. Wiener Entomologische Zeitung, 12: 49-52.

Kurahashi H. 1964. Studies of the calyptrate muscoid flies from Japan. I. Revision of the genera *Calliphora*, *Aldrichina* and *Triceratopyga* (Diptera, Calliphoridae). Kontyû, 32 (2): 226-232.

Kurahashi H. 1972. Tribe Calliphorini from Australian and Oriental Regions. III. A new *Calliphora* from Phoenix Island, with an establishment of a new subgenus group (Diptera: Calliphoridae). Pacific Insects, 14 (2): 435-438.

Kurahashi H. 1973. Studies on the calypterate muscoid flies in Japan. X. Genus *Synorbitomyia* (Diptera, Sarcophagidae). New Entomologist, 22 (1-2): 17-20.

Lamarck J B P A. 1816. Histoire Naturelle des animaux sans vertèbres, présentant les caractères généraux et particuliers de ces animaux, leur distribution, leurs classes, leurs familles, leurs genres, et la citation des principales espèces qui s'y rapportent; précédée d'une introduction offrant la détermination des caractères essentiels de l'animal, sa distinction du végétal et des autres corps naturels, enfin, l'exposition des principes fondamentaux de la zoologie. Paris, 3: 1-586.

Latreille P A. 1796. Précis des Caractères Génériques des Insectes, Disposés dans un ordre Naturel. Paris: xiii + 1-179.

Latreille P A. 1804. Tableau méthodique des insectes, 129-200. In: Société de Naturalistes et d'Agriculteurs, Nouveau dictionnaire d'histoire naturelle, appliquée aux arts, principalement à l'agriculture et à l'économie rurale et domestique. Tome XXIV [Section 3]: Tableaux méthodiques d'histoire naturelle. Déterville, Paris. 84+4+85+238+18+34

Lehrer A Z. 1970. Considérations phylogénétiques et taxonomiques sur la famille Calliphoridae (Diptera). Annotationes Zoologicae et Botanicae, 61: 1-51.

Lehrer A Z. 2006. Un genre nouveau de la sous-famille Gangelomyinae (Diptera, Bengaliidae). Fragmenta Dipterologica, 3: 13.

Lehrer A Z. 2008. Révision de quatre espèces asiatiques du genre Liosarcophaga Enderlein (Diptera, Sarcophagidae). Fragmenta Dipterologica, 16: 13-18.

Lehrer A Z, Wei L. 2010. Un nouveau genre oriental de la famille Bengaliidae (Diptera). Bulletin de la Société Entomologique de Mulhouse, 66: 21-25.

Lehrer A Z, Wei L. 2011. A propos du genre Tricholioproctia Baranov, 1938 et établissement de quelques nouveaux taxons. Fragmenta Dipterologica, 28: 1-7.

Lepeletier A L M, Serville J G A. 1828. [Various articles on insects.] *In*: Latreille P A, *et al*. Encyclopedie Methodique. Insectes, 499.

Linnaeus C. 1758. Systema naturae per regna tria naturae, secundum classes, ordines, genera, species, cum characteribus, differentiis, synonymis, locis. Tomus I. Editio decima, reformata. Laurentii Salvii, Holmiae [4] + 823 + [1 (Emendanda)].

Linnaeus C. 1761. Fauna Svecica sistens Animalia Sveciae regni: Mammalia, Aves, Amphibia, Pisces, Insecta, Vermes. Distributa per classes et ordines, genera et species, cum differentiis specierum, synonymis auctorum, nominibus incolarum, locis natalium, descriptionibus insectorum. Editio altera, auctior. Laurentii Salvii, Stockholmiae [=Stockholm], [49] + 578 + 2 pls.

Lioy P. 1864. I ditteri distribuiti secondo un nuovo metodo di classificazione naturale. [Cont.] Atti dell' I.R. Istituto Veneto di Scienze, Lettere ed Arti, Ser. 3, 9, 1311-1352.

Lobanov A M. 1976. Morfologiya yaytsseklada y klassifikatsiya mukh podsemeystva Muscinae (Diptera, Muscidae). Zoologicheskii zhurnal. 55: 1178-1187.

Loew H. 1858. Beschreibung einiger japanischer Diptern. Wiener Entomologische Monatschrift, 2: 100-112.

Macquart J. 1834. Insectes diptères du nord de la France. Athéricères: créophiles, oestrides, myopaires, conopsaires, scénopiniens, céphalopsides. [Vol. 5.] L. Danel, Lille. 232+6 pls.

Macquart J. 1839. Diptères. *In*: Webb P B, Berthelot S. Histoire Naturelle des Iles Canaries. Animaux articulés recueillis aux Iles Canaries, 2 (2). Contenant la Zoologie. (Entomologie), 99-119. Béthune, Paris.

Macquart J. 1842. Diptères exotiques nouveaux ou peu connus. Tome deuxième. 1e partie. Mémoires de la Société des Sciences, de l'Agriculture et des Arts de Lille [1841], 65-200.

Macquart J. 1843. Diptères exotiques nouveaux ou peu connus. Tome deuxiènne. 3e partie. Mémoires de la Société des Sciences, de l'Agriculture et des Arts de Lille [1842], 162-460.

Macquart J. 1849. Nouvelles observations sur les diptères d'Europe de la tribu des tachinaires. (Suite.) Annales de la Société Entomologique de France, Sér. 2, 7: 353-418 + pls. 10-12.

Macquart J. 1851. Diptères exotiques nouveaux ou peu connus. Suite du 4.e supplément publié dans les Mémoires de 1849. Mémoires de la Société Royale des Sciences, de l'Agriculture et des Arts de Lille, 1850: 134-294 + pls. 15-28.

Macquart P J M. 1834. Insectes diptères du nord de la France. Athéricères: créophiles, oestrides, myopaires, conopsaires, scénopiniens, céphalopsides. Mémoires de la Société des Sciences, de l'Agriculture et des Arts à Lille [1833]: 137-368 + pls. 1-6.

Macquart P J M. 1835. Histoire Naturelle des Insectes, Diptères. Collection des suites à Buffon. Vol. 2. Paris: N. E. Roret: 1-710.

Malloch J R. 1918. Notes and descriptions of some Anthomyiid genera. Proceedings of the Biological Society of Washington, 31: 65-68.

Malloch J R. 1921. Exotic Muscaridae (Diptera). I. Annals and Magazine of Natural History, 7 (9): 161-173.

Malloch J R. 1922a. Exotic Muscaridae (Diptera). VI. Annals and Magazine of Natural History, 10 (9): 132-143.

Malloch J R. 1922b. Exotic Muscaridae (Diptera). VII. Annals and Magazine of Natural History, 10 (9): 379-391.

Malloch J R. 1923. Exotic Muscaridae (Diptera). X. Annals and Magazine of Natural History, 12 (9): 177-194.

Malloch J R. 1925. Some Indian species of the dipterous genus Atherigona, Rondani. Memoirs of Department of Agriculture India Entomology, 8: 111-125.

Malloch J R. 1926a. Exotic Muscaridae (Diptera). XIX. Annals and Magazine of Natural History, 9 (18): 496-522.

Malloch J R. 1926b. Exotic Muscaridae (Diptera). XVIII. Annals and Magazine of Natural History, 9 (17): 489-510.

Malloch J R. 1928. Notes on Australian Diptera, No. xv. Proceedings of the Linnean Society of New South Wales, 53: 319-335.

Malloch J R. 1929. Exotic Muscaridae (Diptcra). XXVIII. Annals and Magazine of Natural History, 4 (10): 322-341.

Malloch J R. 1930. Notes on Australian Diptera. XXIV. Proceedings of the Linnean Society of New South Wales, 55: 303-353.

Malloch J R. 1931. Exotic Muscaridae (Diptera). XXXI. Annals and Magazine of Natural History, 7 (10): 185-200.

Malloch J R. 1932. Exotic Muscaridae (Diptera). XXXVI. Annals and Magazine of Natural History, 9 (10): 377-405, 421-447, 501-518.

Malloch J R. 1934. New species of Diptera from China. Peking Natural History Bulletin, 9 (2): 147-150.

Malloch J R. 1935. Exotic Muscaridae (Diptera). XXXIX. Annals and Magazine of Natural History, 16 (10): 217-240, 321-343.

Matsumura S. 1905. Thousand insects of Japan. Vol. 2. Keisei-sha, Tokyo. 163 pp. + pls. XVIII-XXXV.

Matsumura S. 1916. Thousand Insects of Japan Additamenta 2 (Diptera): 185-474 [in Japanese].

McAlpine J F. 1981. Morphology and terminology: Adults. In: McAplne J F, et al. Manual of Nearctic Diptera, Vol. 1. Agriculture Canada Monograph. 9-63.

Meade R H. 1876. Monograph upon the British species of Sarcophaga or flesh-flies. Entomologist's Monthly Magazine, 12: 216-220, 260-268.

Meigen J W. 1803. Versuch einer neuen Gattungs Eintheilung der europäischen zweiflügligen Insekten. Magazin für Insektenkunde, 2: 259-281.

Meigen J W. 1824. Systematische Beschreibung der Bekannten Europäischen Zweiflügeligen Insekten. Vierter Theil. Schulz- Wundermann, Hamm. xii + 428 + pls. 33-41.

Meigen J W. 1826. Systematische Beschreibung der Bekannten Europäischen Zweiflügeligen Insekten, 5. Hamm: XII: 1-412.

Meigen J W. 1830. Systematische Beschreibung der Bekannten Europäischen Zweiflügeligen Insekten, 6. Schulz, Hamm, XI + 401 + pls. 55-66.

Meigen J W. 1838. Systematische Beschreibung der bekannten europäischen zweiflügeligen Insekten. Schulz, Hamm, XII + 434 + pls. 67-74.

Mesnil L P. 1939. Essai sur les tachinaires (Larvaevoridae). Monographies publiées par les Stations et Laboratoires de Recherches Agronomiques, 7: 1-67+v pp.

Mesnil L P. 1944. 64g. Larvaevorinae (Tachininae). Die Fliegen der Palaearktischen Region, 10 (Lieferung 153): 1-48+pls. I-II.

Mesnil L P. 1946. Revision des Phorocerini de l'Ancien Monde (Larvaevoridae). Encyclopédie Entomologique. Série B. Mémoires et Notes. II. Diptera, 10: 37-80.

Mesnil L P. 1950. 64g. Larvaevorinae (Tachininae). Die Fliegen der Palaearktischen Region, 10 (Lieferung 164): 105-160 + pls. VI-VII.

Mesnil L P. 1951. 64g. Larvaevorinae (Tachininae). Die Fliegen der Palaearktischen Region, 10 (Lieferung 166): 161-208+pls. III-V.

Mesnil L P. 1952. Notes détachées sur quelques tachinaires paléarctiques. Bulletin et Annales de la Société Entomologique de Belgique, 88: 149-158.

Mesnil L P. 1953. Nouveaux tachinaires d'Orient. (2e partie). Bulletin et Annales de la Société Entomologique de Belgique, 89: 146-178.

Mesnil L P. 1955. 64g. Larvaevorinae (Tachininae). Die Fliegen der Palaearktischen Region, 10 (Lieferung 186): 417-464.

Mesnil L P. 1956. 64g. Larvaevorinae (Tachininae). Die Fliegen der Palaearktischen Region, 10 (Lieferung 192): 513-554.

Mesnil L P. 1957. Nouveaux tachinaires d'Orient (deuxième série). Mémoires de la Société Royale d'Entomologie de Belgique, 28: 1-80.

Mesnil L P. 1960a. 64g. Larvaevorinae (Tachininae). Die Fliegen der Palaearktischen Region, 10 (Lieferung 210): 561-608.

Mesnil L P. 1960b. 64g. Larvaevorinae (Tachininae). Die Fliegen der Palaearktischen Region, 10 (Lieferung 212): 609-656.

Mesnil L P. 1961. 64g. Larvaevorinae (Tachininae). Die Fliegen der Palaearktischen Region, 10 (Lieferung 219): 657-704.

Mesnil L P. 1963a. 64g. Larvaevorinae (Tachininae). Die Fliegen der Palaearktischen Region, 10 (Lieferung 235): 801-848.

Mesnil L P. 1963b. Nouveaux tachinaires de la Region Palearctique principalement de l'URSS et du Japan. Bulletin del'Institut Royal des Sciences Naturelles de Belgique, 39 (24): 1-56.

Mesnil L P. 1966. 64g. Larvaevorinae (Tachininae). Die Fliegen der Palaearktischen Region, 10 (Lieferung 263): 881-928.

Mesnil L P. 1967. Tachinaires paléarctiques inédits (Diptera). Mushi, 41: 37-57.

Mesnil L P. 1968. Nouveaux tachinaires d'Orient (troisième série). Bulletin et Annales de la Société Royale d'Entomologie de Belgique, 104: 173-188.

Mesnil L P. 1970. Description de nouveaux tachinaires de l'Ancien Monde, et notes synonymiques (Diptera, Tachinidae). Mushi, 44: 89-123.

Mesnil L P. 1971. 64g. Larvaevorinae (Tachininae). Die Fliegen der Palaearktischen Region, 10 (Lieferung 286): 977-1024.

Mesnil L P. 1972. 64g. Larvaevorinae (Tachininae). Die Fliegen der Palaearktischen Region, 10 (Lieferung 293): 1065-1112.

Mesnil L P, Shima H. 1979. New tribe, genera and species of Japanese and Oriental Tachinidae (Diptera), with note on synonymy. Kontyû, 47: 476-486.

Mik J. 1863. Beschreibung neuer Dipteren. Verhandlungen der Kaiserlich-Königlichen Zoologisch-Botanischen Gesellschaft in Wien, 13 (Abhandlungen): 1237-1240.

Mik J. 1894. Ueber *Echinomyia popelii* Portsch. Wiener Entomologische Zeitung, 13: 100.

O'Hara J E, Henderson S J, Wood D M. 2019. Preliminary checklist of the Tachinidae of the world. Version 1.0. PDF document, 681 pages. Available at: http: //www.nadsdiptera.org/ Tach/WorldTachs/Checklist/Worldchecklist.html (accessed 7 March 2019).

O'Hara J E, Shima H, Zhang C T. 2009. Annotated catalogue of the Tachinidae (Insecta: Diptera) of China. Zootaxa, 2190: 1-236.

Osten Sacken C R. 1882. Enumeration of the Diptera of the Malay Archipelago collected by Odoardo Beccari etc. Supplement. Annali del Museo Civico di Storia Naturale di Genova, 18: 10-20.

Ôuchi Y. 1938a. Diptera Sinica. Muscidae-Eginiinae. I. A new eginiid muscid fly from eastern China. Journal of the Shanghai Science Institute, 4 (3): 15-18.

Ôuchi Y. 1938b. Diptera Sinica. Muscidae-Muscinae. I. On some muscid flies from eastern China. Journal of the Shanghai Science Institute, 4 (3): 1-14.

Ôuchi Y. 1938c. Notes on some flies genus *Fannia* from Eastern China. Journal of the Shanghai Science Institute, 14 (3): 19-22.

Ôuchi Y. 1939. A new specie of *Megarhinus mosquito* from Amami-Oshima, the southern Japan. Journal of the Shanghai Science Institute, 4 (3): 223-235.

Ôuchi Y. 1942. Notes on some muscid flies from China, Manchoukuo and Japan (Diptera Sinica. Muscidae, Muscinae IV). Journal of the Shanghai Science Institute (n. Ser.), 2 (2): 49-57.

Pandellé L. 1894. Études sur les muscides de France. IIe partie. [Cont.] Revue d'Entomologie, 13: 1-113.

Pandellé L. 1896. Etudes sur les muscides de France. IIe partie. (Suite.) Revue d'Entomologie, 15: 1-230.

Pandellé L. 1898. Études sur les Muscides de France. IIIe partie. (Part.). Revue d'Entomologie, Caen, 17 (Suppl.): 33-64.

Pandellé L. 1899. Études sur les Muscides de France. IIIe partie. (Part.). Revue d'Entomologie, Caen, 18 (Suppl.): 97-120.

Pandellé L. 1900. Études sur les Muscides de France. IIIe partie. (Part.). Revue d'Entomologie, Caen, 19 (Suppl.): 221-292.

Pape T. 1986. A revision of the Sarcophagidae (Diptera) described by J. C. Fabricius, C. F. Fallén, and J. W. Zetterstedt. *Entomologica Scandinavica*, 17: 301-312.

Pape T. 1992. Phylogeny of the Tachinidae family group (Diptera: Calyptratae). Tijdschrift voor Entomologie, 135: 43-86.

Pape T. 1996. Catalogue of the Sarcophagidae of The World (Insecta: Diptera). Memoirs on Entomology, International, Vol 8. Associated Publishers: 1-558.

Parker J B. 1917. A revision of the bembicine wasps of America north of Mexico. Proceedings of the United States Naturional Museum, 52 (2227): 1-155.

Patton W S. 1922. New Indian species of the genus *Musca*. Indian Journal of Medical Research, 10 (1): 69-77.

Patton W S. 1932. Studies on the higher Diptera of medial and veterinary importance: A review of the species of the genus *Musca* based on a comparative study of the male terminalia, 1. The natural grouping of the species and their relationship to each other. Amn Trop Med Parasit, 20: 347-405.

Patton W S, Cragg F W. 1913. On certain haematophagous species of the genus *Musca*, with descriptions of two new species. Indian Journal of Medical Research, 1: 11-25.

Peris S V. 1952. La subfamilia Rhiniinae (Dipt. Calliphoridae). Anales de la Estacion Experimental de Aula Dei, 3 (1): 1-224.

Peus F. 1960. Zur Kenntnis der ornithoparasitischen Phormiinen (Diptera, Calliphoridae). Deutsche Entomologische Zeitschrift, 7: 193-235.

Picard F. 1908. Description de deux nouveaux Stomoxys du Bengale (Dipt.). Bulletin de la Societé Entomologique de France: 20-21.

Pokorny E. 1886. Vier neue österreichische Dipteren. Wiener Entomologische Zeitung, 5: 191-196.

Pokorny E. 1889. IV. Beitrag zur Dipterenfauna Tirols. Verhandlungen der Kaiserlich-Königlichen Zoologisch-Botanischen Gesellschaft in Wien, 39: 543-574.

Pokorny E. 1893. V. (III.) Beitrag zur Dipterenfauna Tirols. Verhandlungen der Kaiserlich-Königlichen) Zoologisch-Botanischen Gesellschaft in Wien, 43: 1-19.

Pont A C. 1968. Some Muscidae (Diptera) from the Philippine Islands and the Bismarck Archipelago. 2. Philippine Muscidae excluding the tribes Muscini, Dichaetomyiini and Coenosiini. Entomologiske Meddelelser, 36: 171-190.

Pont A C. 1973. Studies on Australian Muscidae (Diptera). IV. A revision of the subfamilies Muscinae and Stomoxyinae. Australian Journal of Zoology. Supplement series, 21: 129-296.

Pont A C. 1986. Family Muscidae. *In*: Soós Á, Papp L. Catalogue of Palaearctic Diptera, Vol. 11. Scathophagidae-Hypodermatidae. Akadémiai Kiadó, Budapest: Elsevier Science Publishers, Amsterdam: 41-215.

Portschinsky J A. 1910. Recherches biologiques sur le Stomoxys calcitrans L. et biologie comparée des mouches coprophagues. Trudy Byuro po Entomologii Uchenago Komite, 8 (8): 1-63, 1-90 (In Russian).

Reinhard H J. 1956. New Tachinidae (Diptera). Entomological News, 67: 121-129.

Ringdahl O. 1922. Lispa litorea Fall, und pilosa Loew. Entomologisk Tidskrift, 43: 176-177.

Ringdahl O. 1926. Neue nordische Musciden nebst Berichtigung and Namensänderungen. Entomologisk Tidskrift, 47: 101-118.

Ringdahl O. 1929. Bestämningstabeller tili svenska muscidsläkten. 1. avd. Muscinae. Entomologisk Tidskrift, 50: 8-13.

Ringdahl O. 1938. Översikt av svenska Pegomyia-arter (Diptera: Muscidae). Entomologisk Tidskrift, 59: 190-213.

Ringdahl O. 1945. For svenska faunan nya Diptera. Entomologisk Tidskrift, 66: 1-6.

Robineau-Desvoidy J B. 1830. Essai sur les myodaires. Mémoires présentés par divers Savans a l'Académie Royale des Sciences de l'Institut de France. Sciences Mathématiques et Physiques, Sér. 2, 2: 1-813.

Robineau-Desvoidy J B. 1846. Myodaires des environs de Paris. (Suite.) Annales de la Société Entomologique de France, Sér. 2, 4: 17-38.

Robineau-Desvoidy J B. 1851. Myodaires des environs de Paris. (Suite.) Annales de la Société Entomologique de France, Sér. 2, 9: 177-190.

Robineau-Desvoidy J B. 1863a. Histoire Naturelle des Diptères des Environs de Paris. Tome premier. V. Masson et fils, Paris, F. Wagner, Leipzig, and Williams & Norgate, London. xvi + 1143.

Robineau-Desvoidy J B. 1863b. Histoire Naturelle des Diptères des Environs de Paris. Tome second. V. Masson et fils, Paris, F. Wagner, Leipzig, and Williams & Norgate, London: 1-920.

Röder V von. 1893. Enumeratio dipterorum, quae H. Fruhstorfer in parte meridionali insulae *Ceylon legit*. Entomologische Nachrichten, 19: 234-236.

Rohdendorf B B. 1926. A trial morphological analysis of the copulatory apparatus of Calliphorinae (Diptera, Tachinidae). Zoologicheskiy Zhurnal, 6 (1): 83-128.

Rohdendorf B B. 1930. 64h. Sarcophaginae. Die Fliegen der Paläarktischen Region, 11 (39): 1-48.

Rohdendorf B B. 1931. Calliphorinen-Studien IV (Dipt.). Eine neue Calliphorinengattung aus Ostsibirien. Zoologischer Anzeiger, 95: 175-177.

Rohdendorf B B. 1937. Fam. Sarcophagidae. I. Sarcophaginae. Fauna SSSR. Diptera, 19 (1): i-xv, 1-501.

Rohdendorf B B. 1938. New species of Sarcophaginae from the Sikhote-Alin State Reserve Territory, collected by K. Ya. Grunin. Transations of Sikhote-Alin State Reservatrion, 2: 101-110.

Rohdendorf B B. 1955. The species of genus *Metopia* Mg. (Diptera, Sarcophagidae) from USSR and neighboring countries. Entomologicheskoe Obozrenie, 34 (2): 360-373.

Rohdendorf B B. 1962. Neue und wenig bekannte Calliphorinen und Sarcophaginen (Diptera, Larvaevoridae) aus Asien. Entomologicheskoe Obozrenie, 41 (4): 931-941.

Rohdendorf B B. 1964. Some data on grey flesh-flies from south China (Diptera, Sarcophagidae). Entomologicheskoe Obozrenie, 43 (1): 80-85.

Rohdendorf B B. 1965. Composition of the tribe Sarcophagini (Diptera, Sarcophagidae) of Eurasia. Entomologicheskoe Obozrenie, 44 (3): 676-695.

Rohdendorf B B. 1966. Diptera from Nepal. Sarcophagidae. Bulletin of British Museum (Natural History). Series B. Entomology, 17: 457-464.

Rohdendorf B B, Verves Yu G. 1978. Sarcophaginae (Diptera, Sarcophagidae) from Mongolia (Ergebnisse der zoologischen Forschungen von Dr. Z. Kaszab in der Mongolei, No 434). Annales Historico-Naturales Musei Nationalis Hungarici, 70: 241-258.

Rondani C. 1856. Dipterologiae Italicae Prodromus. Vol. I. Genera Italica ordinis Dipterorum ordinatim disposita et distincta et in familias et stirpes aggregata. A. Stocchi [as "Stoccih"], Parmae [= Parma]. 226 + [2].

Rondani C. 1859. Dipterologiae Italicae Prodromus. Vol. III. Species Italicae ordinis Dipterorum in genera characteribus definita, ordinatim collectae, methodo analitica distinctae, et novis vel minus cognitis descriptis. Pars secunda. Muscidae. Siphoninae et (partim) Tachininae. A. Stocchi, Parmae [= Parma]. 243 + [1] + 1 pl.

Rondani C. 1861. Dipterologiae Italicae Prodromus. Vol. IV. Species Italicae ordinis Dipterorum in genera characteribus definita, ordinatim collectae, methodo analatica distinctae, et novis vel minus cognitis descriptis. Pars tertia. Muscidae. Tachininarum complementum. A. Stocchi, Parmae [= Parma]. 174.

Rondani C. 1862. Dipterologiae Italicae Prodromus. Vol. V. Species Italicae ordinis Dipterorum in genera characteribus definita, ordinatim collectae, methodo analitica distinctae, et novis vel minus cognitis descriptis. Pars quarta. Muscidae. Phasiinae- Dexinae- Muscinae- Stomoxidinae. A. Stocchi, Parmae [= Parma]. 239.

Rondani C. 1865. Diptera Italicae non vel minus cognita descripta vel annotata observationibus nonnullis additis. Fasc. II. Muscidae. Atti della Società Italiana di Scienze Naturali, 8: 193-231.

Rondani C. 1866. Anthomyinae Italicae collectae distinctae et in ordinem dispositae. Dipterorum Stirps XVII. Anthomyinae Rndn. Atti della Societá Italiana di Scienze Naturali e del Museo Civico di Storia Naturale di Milano, 9: 68-217.

Rondani C. 1871. Diptera Italica non vel minus cognita descripta aut annotata. Fasc. IV. Addenda Anthomyinis Prodr. Vol. VI. Bollettino della Societa Entomologica Italiana, Florence; Genoa, 2: 317-338.

Rondani C. 1873. *Muscaria exotica* Musei Civici Januensis observata et distincta. Fragmentum I. Species aliquae in Abyssinia (Regione Bogos) lectae a Doct. O. Beccari et March. O. Antinori, anno 1870-1871. Annali del Museo Civico di Storia Naturale di Genova Giacomo Doria, 4, 282-294.

Rondani C. 1875. Muscaria exotica Musei Civici Januensis. Fragmentum III. Species in insula Bonae Fortunae (Borneo), provincia Sarawak, annis 1865-1868, lectae a March. J. Doria et Doct. O. Beccari. Annali del Museo Civico di Storia Naturale Giacomo Doria, 7, 421-464.

Rondani C. 1877. Dipterologiae Italicae Prodromus. Vol. IV. Species Italicae ordinis Dipterorum ordinatim dispositae, methodo analitica distinctae, et novis vel minus cognitis descriptis. Pars quinta. Stirps XVII-Anthomyinae. Parmae [= Parma]. 1-304.

Rossi P. 1790. Fauna Etrusca. Sistens insecta quae in provinciis Florentia et Pisana praesertim collegit. 2, 348. + 10 pls. Liburni [= Livorno], Masi.

Roubaud E. 1913. Recherches sur les Auchméromyies. Calliphorines à larves suceuses de sang de l'Afrique tropicale. Bulletin Scientifique de la France et de la Belgique, 47 (7): 105-202.

Sabrosky C W. 1949. The Muscid genus Ophyra in the Pacific region (Diptera). Proceedings of the Hawaiian Entomological Society, 13, 423-432.

Sabrosky C W, Arnaud P H, Jr. 1965. Family Tachinidae (Larvaevoridae), 961-1108. In: Stone A, Sabrosky C W, Wirth W W, et al. A Catalog of the Diptera of America North of Mexico. United States Department of Agriculture. Agriculture Handbook: 276. iv + 1696.

Sabrosky C W, Crosskey R W. 1969. The type-material of Tachinidae (Diptera) described by N. Baranov. Bulletin of the British Museum (Natural History). Entomology, 24: 27-63.

Schiner J R. 1868. Diptera. In: Wüllerstorf-Urbair B von (in charge), Reise der österreichischen Fregatte Novara. Zoologischer Theil, 2 (1): 1 388.

Schnabl J. 1889. Contributions à la faune diptérologique. Trudy Russkago Entomologicheskago Obshchestva. St. Petersburg, 23: 313-347.

Schnabl J. 1902. Eine neue Gattung der Muscaria schizometopa (Diptera). Russkoe Entomologicheskoe Obozrenie. St. Petersburg, 2: 79-83.

Schnabl J, Dziedzicki H. 1911. Die Anthomyiden. Nova Acta. Academiae Caesareae Leopoldino-Carolinae Germanicum Naturae Curiosorum, Halle, 95 (2): 53-358.

Séguy E. 1923. Description d' Anthomyides nouveaux (Diptères). Annales de la Société Entomologique de France, 6: 1-393.

Séguy E. 1925. Étude sur quelques calliphorinés testacés rares ou peu connus. Bulletin du Muséum National d'Histoire Naturelle, Paris, 31: 439-441.

Séguy E. 1928. Études sur les mouches prasites. Tome I. Conopides, Oestrides et Calliphorines de l'Europe occidentale. Recherches sur la morphologie et la distribution géographique des diptères larves parasites. Encyclopédie Entomologique, Série A Diptera, 9: 1-251.

Séguy E. 1932 Diptères parasites nouveaux ou peu connus de la Vallée du Loing. Bulletin de l'Assiciation des Naturalistes de la Vallée du Loing, 8: 22-24.

Séguy E. 1934. Diptères de Chine de la collection de M.J. Hervé-Bazin. Encyclopèdie Entomologique, Série B. Mémoires et notes. II. Diptera 7: 1-28.

Séguy E. 1935. Caractères particuliers des calliphorines. Encyclopèdie Entomologique, Série B. Mémoires et notes. II. Diptera 8: 121-150.

Séguy E. 1936. Un nouveau Fucellinae asiatique (Dipt. Muscidae). Bull. Soc. ent. Fr., 41: 281-282 .

Séguy E. 1937. Diptera. Fam. Muscidae Genera Insectorum. Brussels, 205: 1-604.

Séguy E. 1938. Notes sur les Anthomyiides (Muscidae), 12c note. Encyclopèdie Entomologique. Paris. (B) II, Diptera 9: 109-120.

Séguy E. 1946. Calliphorides d'Extrême-Orient. Encyclopèdie Entomologique, Série B. Mémoires et notes. II. Diptera 10: 81-90.

Séguy E. 1948. Trois diptères nouveaux d'Asie orientale. Notes d'Entomologie Chinoise, 12: 143-147.

Senior-White R A. 1923. The Muscidae Testaceae of the oriental region (with descriptions of those found within Indian limits). Spolia Zeylanica, 12: 294-313.

Senior-White R A. 1924. A revision of the sub-family Sarcophaginae in the oriental region. Records of Indian Museum, 26 (3): 193-283.

Senior-White R A. 1927. Notes on the Oriental species of the genus Sarcophaga. Spolia Zeylanica, 14 (1): 77-83.

Shannon R C. 1924. Nearctic Calliphoridae, Luciliini (Diptera). Insecutor Inscitiae Menstruus, 12: 67-81.

Shima H. 1968. Study on the Japanese Calocarcelia Townsend and Eucarcelia Baranov (Diptera: Tachinidae). Journal of the Faculty of Agriculture, Kyushu University, 14: 507-533.

Shima H. 1969. A new species of the genus Carceliopsis Townsend (Diptera: Tachinidae) reared from Dendrolimus spectabilis Butler (Lepidoptera: Lasiocampidae). Kontyû, 37: 233-236.

Shima H. 1987. A revision of the genus Dexiomimops Townsend (Diptera, Tachinidae). Sieboldia, Supplement, 1: 83-96.

Shima H. 1996. A systematic study of the tribe Winthemiini from Japan (Diptera, Tachinidae). Beiträge zur Entomologie, 46, 169-235.

Shima H, Chao C M. 1988. A new genus and six new species of the tribe Goniini (Diptera: Tachinidae) from China, Thailand and New Guinea. Systematic Entomology, 13: 347-359.

Shima H, Chao C M, Zhang W X. 1992. The genus Winthemia (Diptera, Tachinidae) from Yunnan Province, China. Japanese Journal of Entomology, 60: 207-228.

Shinonaga S. 1970. Calypterate muscoid flies of the islands of Tsushima. Memoirs of the National Science Museum, 3: 237-250.

Shinonaga S. 1974. Muscina japonica nom. nov. instead of M. nigra Shinonaga, 1970. Japanese Journal of Sanitary Zoology, 25: 118.

Shinonaga S, Kano R. 1971. Muscidae (Insecta: Diptera), I. In: Ikada Y, Shiraki T, Uchida T, et al. Fauna Japonica. Tokyo: Biogeographical Society of Japan: 1-242.

Snyder F M. 1965. Diptera: Muscidae. Insects Micronesia, 13 (6): 19-327.

Speiser P. 1924. Eine Übersicht über die Dipterenfauna Deutsch-Ostafrikas. *In*: Beiträge aus der Tierkunde. Herrn Geh. Regierungsrat Prof. Dr. med. et phil. M. Braun aus Anlass seines goldenen medizinischen Doktor-Jubiläums als Festgabe dargebracht von Schülern und Freunden. Königsberg: 90-156.

Stein P. 1898. Nordamerikanische Anthomyiden. Beitrag zur Dipterenfauna der Vereinigten Staaten. Berliner Entomologische Zeitschrift, 42 (1897): 161-288.

Stein P. 1900. Anthomyiden aus Neu-Guinea, gesammelt von Herrn L. Biro. Természetrajzi Füzetek Budapest, 23: 129-159.

Stein P. 1903. Die Bestimmung und Beschreibung der Muscinen und Anthomyinen mit Ausnahme der Gattung Lispa Latr.. *In*: Becker, T., Aegyptische Dipteren. Mitteilungen aus dem Zoologischen Museum in Berlin, 2: 99-122.

Stein P. 1909. Neue javanische Anthomyiden. Tijdschrift voor Entomologie. Amsterdam. 52: 205-271.

Stein P. 1910. New species. *In*: Becker, T. Dipteren aus Sudarbien und von der Insel Sokotra. Denkschriften der Kaiserlichen Akademie der Wissenschaften. Wien. Mathematisch-Naturwissenschaftliche Klasse, Vienna, 71: 131-160.

Stein P. 1915. Sauter's Formosa-Ausbeute. Anthomyidae (Diptera). Supplementa Entomological, 4: 13-56.

Stein P. 1916. Die Anthomyiden Europas. Tabellen zur Bestimmung der Gattungen und aller mir bekannten Arten, nebst mehr oder weniger ausführlichen Beschreibungen. Wiegmann's Archiv fur Naturgeschichte. Berlin, 81A (10) (1915): 1-224.

Stein P. 1918. Zur weitern Kenntnis aussereuropaeischer Anthomyiden. Annales Historico-Naturales Musei Nationalis Hungarici, Budapest, 16: 147-244.

Stein P. 1919. Die Anthomyidengattungen der Welt, analytisch bearbeitet, nebst einem kritisch-systematischen Verzeichnis aller aussereuropäischen Arten. Wiegmann's Archiv fur Naturgeschichte. Berlin, 83A (1) (1917): 85-178.

Stein P. 1924. Die verbreitetsten Tachiniden Mitteleuropas nach ihren Gattungen und Arten. Archiv für Naturge schichte. Abteilung A, 90 (6): 1-271.

Stireman J O III, Cerretti P, O'Hara J E, et al. 2019. Molecular phylogeny and evolution of world Tachinidae (Diptera). Molecular Phylogenetics and Evolution, 139: 1-19.

Strobl G. 1910. Die Dipteren von Steiermark. [V.] II Nachtrag. Mitteilungen des Naturwissen schaftlichen Vereines für Steiermark, 46 (1909): 45-293.

Summers S L. 1911. Notes from the entomological department of the London School of Tropical Medicine. No. III. Oriental species of *Stomoxys*. Annals and Magazine of Natural History, 8 (8): 235-240.

Surcouf J M R. 1914. Note sur *Stasisia rodhaini* Gedoelst. Revue Zoologique Africaine, 3: 475-479.

Surcouf J M R. 1920. Révision des Muscidae testaceae. Nouvelles Archives du Muséum d'Histoire Naturelle de Paris, 6 (5): 27-124.

Suwa M. 1974. Anthomyiidae of Japan (Diptera). Insecta Matsumurana New Series, 4: 1-247.

Suwa M. 1979. Description of a new species of the genus *Emmesomyia* Malloch reared from cow dung (Diptera: Anthomyiidae). Akitu N. S., 27: 1-6.

Thomas H T. 1949. New species of Oriental *Sarcophaga* Meigen (Diptera: Sarcophagidae) with a note on the systematic importance of the postsutural dorsocentral bristles in that genus. Proceedings of the Royal Entomological Society of London (Serie B), 18 (9-10): 163-174.

Thomas H T. 1951. Some species of the blow-fly genera *Chrysomyia* R. -D., *Lucilia* R. -D., *Hemipyrellia* Tnsd. and *Calliphora* R. -D. from South-Eastern Czechuan, China. Proceedings of the Royal Zoological Society of London, 121 (1): 147-200.

Thomson C G. 1869. Diptera. Species novas descripsit, pp. 443-614 + pl. 9. *In*: Kongliga svenska fregatten Eugenies resa omkring jorden under befäl af C.A. Virgin, åren 1851-1853. Vetenskapliga iakttagelser på H.M. konung Oscar den förstes befallning utgifna af K. Svenska Vetenskaps-Akademien. Vol. II. Zoologi. 1. Insecta. P.A. Norstedt *et* Söner, Stockholm. [1868], 617 + 9 pls.

Tothill J D. 1918. Some new species of Tachinidae from India. Bulletin of Entomological Research, 9: 47-60.

Townsend C H T. 1909. Descriptions of some new Tachinidae. Annals of the Entomological Society of America, 2: 243-250.

Townsend C H T. 1911. Review of work by Pantel and Portchinski on reproductive and early stage characters of muscoid flies. Proceedings of the Entomological Society of Washington, 13: 151-170.

Townsend C H T. 1912. A readjustment of muscoid names. Proceedings of the Entomological Society of Washington, 14: 45-53.

Townsend C H T. 1916. New genera and species of muscoid flies. Proceedings of the United States National Museum, 51 (No. 2125): 299-323.

Townsend C H T. 1925. Fauna sumatrensis. (Beitrag Nr. 8). Calirrhoinae (Dipt. muscoidea). Entomologische Mitteilungen, 14: 250-251.

Townsend C H T. 1926. Fauna sumatrensis. (Beitrag Nr. 25). Diptera Muscoidea II. Supplementa Entomologica, 14: 14-42.

Townsend C H T. 1927. New muscoid flies in the collection of the Deutsches Entomologisches Institut in Berlin. Entomologische Mitteilungen, 16: 277-287.

Townsend C H T. 1928. New Muscoidea from the Philippines Region. Philippine Journal of Science, 34 (1927): 365-397.

Townsend C H T. 1932. Notes on Old-World oestromuscoid types. Part II. Annals and Magazine of Natural History, Ser (10), 9: 33-57.

Townsend C H T. 1933. New genera and species of Old World oestromuscoid flies. Journal of the New York Entomological Society, 40 (1932): 439-479.

Tschorsnig H P. 1985. Taxonomie for stlichwichtiger Parasiten: Untersuchungen zur Strukturdes Männlichen Postabdomens der Raupenfliegen (Diptera: Tachinidae). Stuttgarter Beiträge zur Naturkunde (A), 383: 1-137.

Tschorsnig H P, Richter V A. 1998. Tachinidae. 691-827. *In*: Papp L, Darvas B. Contributions to a Manual of Palaearctic Diptera (with special reference to flies of economic importance). Volume 3. Higher Brachycera. Science Herald, Budapest: 1-880.

Verbeke J. 1962. Tachinidae I (Diptera Brachycera). Exploration du Parc National de la Garamba. Mission H. de Saeger, 27: 1-76.

Verves Y. 1986. Family Sarcophagidae. *In*: Soós Á, Papp L. Catalogue of Palaearctic Diptera. Vol. 12. Amsterdam & Budapest. Akadémiai Kiadó: Budapest and Elsevier Science Publishers, Amsterdam: 58-193.

Verves Y. 1989. Prof. Hugo de Souza Lopes and the modern system of Sarcophagidae (Diptera). Memórias do Instituto Oswaldo Cruz, 84 (Suppl. 4): 529-545.

Verves Y G. 1979. A review of the subfamily Miltogrammatinae (Diptera, Sarcophagidae) of Sri Lanka. Entomologicheskoe Obozrenie, 58 (4): 883-897.

Verves Y G. 1990. A key to Sarcophagidae (Diptera) of Mongolia, Siberia and neighbouring territories. Insects of Mongolia, 11: 516-616.

Verves Y G. 2005. A catalogue of Oriental Calliphoridae (Diptera). International Journal of Dipterological Research, 16 (4): 233-310.

Verves Y G, Khrokalo L A. 2006. 123. Fam. Sarcophagidae - sarcophagids. Key to the Insects of Russian Far East, 6 (4): 64-178.

Villeneuve J. 1912. Des espèces européennes du genre *Carcelia* R.D. (diptères). Feuille des Jeunes Naturalistes, Revue Mensuelle d'Histoire Naturelle, 42: 89-92.

Villeneuve J. 1916. A contribution to the study of the South African higher Myodarii (Diptera Calyptratae) based mostly on the material in the South African Museum. Annals of the South African Museum, 15: 469-515.

Villeneuve J. 1921. Descriptions d'espèces nouvelles du genre *Actia* Rob. Desv. Annales de la Société Entomologique de Belgique, 61: 45-47.

Villeneuve J. 1922. Descriptions d'especes nouvelles du genre "Musca". Annales des Sciences Naturelles Zoologicae et Biologie Animale. Paris,5 (10): 335-336.

Villeneuve J. 1932. Descriptions de myodaires supérieurs (Larvaevoridae) nouveaux de Formose. Bulletin de la Société Entomologique de France, 37: 268-271.

Villeneuve J. 1933. Myodaires supérieurs asiatiques nouveaux. Bulletin et Annales de la Société Entomologique de Belgique, 73: 195-199.

Villeneuve J. 1936. Myodaires supérieurs de Chine. Bulletin du Musée Royal d'Histoire naturelle de Belgique, 12 (42): 1-7.

Villeneuve J. 1939. Présentation de quelques myodaires supérieurs inédits. Bulletin et Annales de la Société Entomologique de Belgique, 79: 347-354.

Vockeroth J R. 1972. A review of the world genera of Mydaeinae, with a revision to the species of New Guinea and Oceania (Diptera Muscidae). Pacific Insects Monogr, 29: 1-134.

Walker F. 1853. Insecta Britannica. Diptera. Vol. II. Lovell Reeve, London: vi + 297 + [1 (Errata)] + pls. XI-XX.

Walker F. 1856. Catalogue of the dipterous insects collected at Sarawak, Borneo, by Mr. A.R. Wallace, with descriptions of new species. Journal of the Proceedings of the Linnean Society of London. Zoology, 1 (1857): 105-136.

Walker F. 1859. Catalogue of the dipterous insects collected at Makessar in Celebes, by Mr. A.R. Wallace, with descriptions of new species. Journal of the Proceedings of the Linnean Society of London. Zoology, 4 (1860): 97-144.

Walker F. 1861. Catalogue of the dipterous insects collected at Dorey, New Guinea, by Mr. A.R. Wallace, with descriptions of new species. Journal of the Proceedings of the Linnean Society of London. Zoology, 5: 229-254.

Wang P, Xue W Q. 2015. Diagnosis of the *Coenosia* pedella-group (Diptera: Muscidae), with descriptions of three new species from China. Entomologica Fennica, 26: 101-109.

Wang P, Xue W Q. 2015. The genus *Polietes* (Diptera: Muscidae) from China with description of a new species. Oriental Insects, 49 (1-2): 11-15.

Westwood J O. 1840. Order XIII. Diptera Aristotle. (Antliata Fabricius. Halteriptera Clairv.), 125-154. *In*: Westwood J O. Synopsis of the genera of British insects. 158 pp. In his: An introduction to the modern classification of insects; founded on the natural habits and corresponding organisation of the different families. Longman, Orme, Brown, Green *et* Longmans, London.

Wiedemann C R W. 1819. Beschreibung neuer Zweiflügler aus Ostindien und Afrika. Zoologisches Magazin, 1 (3): 1-39.

Wiedemann C R W. 1824. Munus rectoris in Academia Christiana Albertina aditurus analecta entomologica ex Museo Regio Havniensi. Kiliae [= Kiel]. 60. + 1 pl.

Wiedemann C R W. 1830. Aussereuropäische zweiflügelige Insekten. Als Fortsetzung des Meigenschen Werkes. Zweiter Theil. Schulz, Hamm, xii + 684. + 5 pls.

Wood D M. 1987. Tachinidae. *In*: McAlpine J F, Peterson B V, Shewell G E, *et al*. Manual of Nearctic Diptera. Volume 2. Agriculture Canada Monograph, 28: 1193-1269.

Wulp F M van der. 1881. Negende afdeeling. Diptera. 60 + 3 pls. *In*: Midden-Sumatra. Reizen en onderzoekingen der Sumatra-Expeditie, uitgerust door het Aardrijkskundig Genootschap, beschreven door de leden der expeditie, onder toezicht van Prof. P.J. Veth. Vierde deel. Natuurlijke historie. Eerste gedeelte. Fauna. Laatste helft. E.J. Brill, Leiden: 1877-1879.

Wulp F M van der. 1893. Eenige Javaansche Tachininen. Tijdschrift voor Entomologie, 36: 159-188 + pls. 4-6.

Xue W Q, Zhang X S. 2011. Geographic distribution of *Lispocephala* Pokorny (Diptera: Muscidae), with descriptions of new species from China. Acta Zoologica Academiae Scientiarum Hungaricae, 57 (2): 161-202.

Zetterstedt J W. 1838. Dipterologis Scandinaviae amicis et popularibus carissimus. Sectio tertia. Diptera, 477-868. *In*: Zetterstedt J W. Insecta Lapponica. L. Voss, Lipsiae [= Leipzig]. vi + 1140.

Zetterstedt J W. 1844. Diptera Scandinaviae. Disposita *et* descripta. Tomus tertius. Officina Lundbergiana, Lundae [=Lund]. 895-1280.

Zetterstedt J W. 1845. Diptera Scandinaviae. Disposita *et* descripta. Tomus quartus. Officina Lundbergiana, Lundae [=Lund], 1281-1738.

Zetterstedt J W. 1849. Diptera Scandinaviae. Disposita *et* descripta. Tomus octavus. Officina Lundbergiana, Lundae [=Lund]. 2935-3366.

Zhang C T, Shima H. 2006. A systematic study of the genus *Dinera* R.-D. from the Palaearctic and Oriental regions (Diptera: Tachinidae). Zootaxa, 1243: 1-60.

Zhang C T, Shima H, Chen X L. 2010. A review of the genus *Dexia* Meigen in the Palearctic and Oriental Regions (Diptera: Tachinidae). Zootaxa, 2705: 1-81.

Ziegler J, Shima H. 1996. Tachinid flies of the *Ussuri area* (Diptera: Tachinidae). Beiträge zur Entomologie, 46: 379-478.

Zimin L S. 1929. Kurze Uebersicht der palaearktischen Arten der Gattung *Servillia* R-D. (Diptera). II. Russkoe Entomologicheskoe Obozrenie, 23: 210-224.

Zimin L S. 1935. Le système de la tribu Tachinini (Diptera, Larvivoridae). Trudy Zoologicheskogo Instituta Akademii Nauk SSSR, 2: 509-636+11 pls. [In Russian with French summary.]

Zimin L S. 1951. Insects-Diptera, 18, No.4. Family Muscidae (tribes Muscini and Stomoxydini). Fauna SSSR (n. ser.), 45: 1-286.

Zimin L S. 1954. Species of the genus *Linnaemyia* Rob.-Desv. (Diptera, Larvaevoridae) in the fauna of the USSR. Trudy Zoologicheskogo Instituta Akademii Nauk SSSR, 15: 258-282.

Zimin L S. 1958. A short review of the species of the subtribe Chrysocosmiina in the fauna of the USSR and adjacent countries. Sbornik Rabot Instituta Prikladnoi Zoologii Fitopathologii, 5: 40-66.

Zimin L S. 1960. Brief survey of parasitic Diptera of the subtribe Ernestiina in the *Palearctic fauna* (Diptera, Larvaevoridae), II. Entomologicheskoe Obozrenie, 39: 725-747.

Zumpt F. 1973. The Stomoxyine Biting Flies of the World: Diptera: Muscidae; Taxonomy, Biology, Economic Importance and Control Measures. Gustav Fischer Verlag Stuttgart, Germang: Viii, 175.

中 名 索 引

学 名 索 引